生物是门科学

不可思议的生命探险

贾其坤　雷　超　王　昆　主编

李　博　黄秋生　吴轶宁　副主编

清华大学出版社
北　京

内 容 简 介

本书由多位拥有十几年一线教学经验的生物竞赛教练、专家名师共同编写，是一本拓展生物知识、提升技能，提高生物学核心素养的学习指导书。

本书共有六大部分，二十四章内容，分为普通生物学、遗传生物学、动物生理学、植物生理学、宏观生态学、生物技术与工程学。每个专题的梳理、核心知识的归纳，真正做到从读者的角度出发，深入解读，易于理解，帮助读者构建完整的生物学知识体系。此外，书中含有数百幅翔实、精美的原创插图和图表，方便读者快速、准确地掌握相应的知识点。

图书在版编目(CIP)数据

生物是门科学：不可思议的生命探险 / 贾其坤, 雷超,

王昆主编. -- 北京 : 清华大学出版社, 2024.10.

ISBN 978-7-302-67350-7

Ⅰ. Q1-49

中国国家版本馆CIP数据核字第2024KN1164号

责任编辑： 陈立静　刘秀青

封面设计： 李　坤

责任校对： 李玉萍

责任印制： 杨　艳

出版发行： 清华大学出版社

　　　　网　　　址：https://www.tup.com.cn，https://www.wqxuetang.com

　　　　地　　　址：北京清华大学学研大厦A座　　　　邮　　编：100084

　　　　社 总 机：010-83470000　　　　邮　　购：010-62786544

　　　　投稿与读者服务：010-62776969，c-service@tup.tsinghua.edu.cn

　　　　质量反馈：010-62772015，zhiliang@tup.tsinghua.edu.cn

印 装 者： 小森印刷（北京）有限公司

经　　销： 全国新华书店

开　　本： 210mm×285mm　　　　**印　　张：** 35　　　　**字　　数：** 850千字

版　　次： 2024年10月第1版　　　　**印　　次：** 2024年10月第1次印刷

定　　价： 186.00 元

产品编号：108351-01

生物学是探索生命现象和生命活动规律的科学，作为自然科学的基础学科，它对农业科学、环境科学、医药卫生等领域的发展起到了关键作用。生物学还与数学、物理、化学、地理等学科紧密相连，形成了跨学科的知识网络。在 21 世纪，生物学通过基因工程、肿瘤免疫治疗、基因测序等前沿技术，正在不断改变我们的生活和认知。

随着高考改革的深入，生物学试题在内容和形式上都进行了优化，更加注重弘扬中华优秀传统文化、体现人与自然和谐共生的理念，同时融入了体美劳教育、落实立德树人根本任务。这些改革既提高了高考的考核难度，也体现了素质教育的核心要求。在这样的教育背景下，学生需要及时调整学习方式，深入理解生物学的基本概念与基础知识，构建自己的知识体系，并在实践中不断深化和扩展这些知识点。同时，学生应提高自己的问题解决能力，以适应高考对关键能力的考查。

本书是一本以新人教、新浙科、新沪科教材为参考的生物学拓展资料，它在知识点的深度和广度上进行了拓展，配以精美的图示，易于理解，真正从学生学习的角度出发，帮助学生构建生物学知识体系，形成健全的科学思维，是一本值得推荐的诚心之作。愿每位学生都能通过学习生物学，不仅获得知识，更能培养对生命奥秘的热爱和探索精神。让我们一起在科学的海洋中遨游，享受发现的乐趣。

李高峰

陕西师范大学教授

教育学博士，博士生导师

《中学生物教学》期刊主编

国家义务教育科学课标组成员

中国教育学会科学教育分会副秘书长 (2014—2023 年)

东亚科学教育学会 (EASE) 副主席 (2021—2023 年)

序 ii

习近平总书记指出，要"进一步加强科学教育、工程教育，加强拔尖创新人才自主培养，为解决我国关键核心技术攻关提供人才支撑。"党的二十大报告指出，要"全面提高人才自主培养质量，着力造就拔尖创新人才，聚天下英才而用之。"

拔尖创新人才的选拔和培养是建设创新型国家、实现中华民族伟大复兴的重要战略之一，也是当前基础教育改革亟待解答的时代命题。拔尖创新人才培养需要从学校抓起、从青少年学生抓起，保护学生的好奇心、想象力、求知欲，激发学生对科学的浓厚兴趣、对科研的执着坚守，培养学生的科学素养、科学方法和科学精神。

生物学是当今世界上发展最为迅速的领域之一，它涉及生物技术、生物工程、生物信息学、化学、物理、数学等多个学科，为科学研究和社会生产提供了强大的支持和动力。生物学与人类生活的许多方面都有着非常密切的关系。生物学作为一门基础学科，是农学、医学和工学的基础，涉及种植业、畜牧业、渔业、医疗、制药、卫生、能源、环境等方面。随着生物学理论与方法的不断发展，其应用领域也在不断地扩大。

本书强调将知识与实践相结合，通过创新教学方法，提高学生的实际操作能力和创新思维能力。它注重学科交叉，促进跨领域知识融合，并采用探究式学习，鼓励学生自主研究与发现。此外，项目式学习被用来培养学生的团队协作和问题解决能力，而案例教学和实验教学则增强了学生的知识应用能力和实验技能。

作者以通俗易懂、生动有趣的语言，将生物学的奥秘娓娓道来，让学生在轻松和谐的氛围中感受到生物学的独特魅力。通过阅读本书，学生可以了解生物学的发展历史，以及科学家们如何通过不懈地努力揭开生命的神秘面纱。

作为高中生物学教学的参考书籍，本书不仅启迪智慧、激发思考，而且为高中生物学拔尖创新人才培养提供了课程和教材支撑。它将有助于培养更多具有创新精神和实践能力的人才，为我国高中创新人才培养的持续发展做出贡献。

王立志

陕西学前师范学院生命科学与食品工程学院院长
陕西学前师范学院学科带头人
陕西省动物学会副理事长
陕西省青少年科技教育协会常务理事
陕西省中学生生物学竞赛办公室主任

序 iii

　　生物学是一幅描绘生命的织锦，以绚烂的色彩和细腻的纹理，精心编织着生命的篇章。它像一位精妙的工艺师，使用细胞和遗传密码绘制出生态画卷，揭示生命的奥秘和自然的真谛。生物学不仅是农业科学、环境科学、医疗卫生等领域的基石，也是数学、物理、化学、地理等学科的交汇点，连接着自然科学与人文科学。

　　本书是探索高中阶段生命奥秘的钥匙。基于新人教、新浙科、新沪科的高中生物学教材，它以全新的视角和丰富的内容，引领学生踏上探索生命科学的奇妙之旅。

　　作者精心编排了与学生认知特点相匹配的生物学知识，图文并茂、通俗易懂，使学生在轻松愉悦的氛围中了解生物学的发展历程，体会科学探究的乐趣，感悟生命科学的魅力，激发对生物学的热爱。

　　本书不仅涵盖了生物学的基本概念和基础知识，还鼓励学生勇于实践、敢于创新、善于总结，用生物学知识解决实际问题。它将知识、能力、素养的提升与创新精神的培养融为一体，实现了教育的目的。

　　本书是一本高中生物学的辅助教材，它不仅总结和拓展了生物学知识，还启迪智慧、激发思考。愿本书成为你科学探索路上的明灯，照亮你前行的道路，让你在喧嚣的世界中保持对生命奥秘的热爱与追求。

正高级教师，特级教师，西安市碑林区名师

西安市首批名师工作室主持人

全国首届基础教育教学指导委员会生物学教学指导专委会委员

首批国家教材委员会科学学科专家委员会委员

生物学是自然科学中的基础学科，专注于研究生命现象和生命活动的规律。它在微观和宏观层面都取得了迅速发展，并与信息技术和工程技术紧密结合，对社会、经济和人类生活产生了深远的影响。生物学不仅是知识的宝库，也是培养科学思维、积极态度和终身学习能力的重要途径。

本书以其科学性和趣味性，为高中生物学课程提供了丰富的资料和深入的拓展。它以 2017 版高中生物学课程标准为参考，结合人教版、浙科版、沪科版教材，不仅在知识点的深度和广度上进行了拓展，而且通过精美的图示，提高了可读性和理解度。这本书揭示了生物学知识形成的过程，帮助学生构建知识体系，形成健全的科学思维。

作为一本介于高中教材和大学教材之间的教学参考资料，它不仅有助于教师挖掘课程资源，提升课堂教学的思维层次，也适合参加生物奥林匹克竞赛的学生学习和参考，有利于培养创新型人才。

我受雷超老师之邀为这本书写序，通读了必修一的内容。这本书展现了雷超老师作为一位教育工作者的专业精神和教学热情。他在陕西省中学生物教师的专业发展中取得了显著成绩，从一位普通教师成长为教学能手和学科带头人。雷超老师不仅在教学上有所成就，还在教学研究领域有所建树，主持了多项省级规划课题。他将丰富的教学资料和研究成果汇集成这本书，为广大教师和学生提供了宝贵的学习资料和教学资源。

党金明

正高级生物教师，陕西省特级教师

陕西省首批教学名师，陕西省名师工作室主持人

教育部"国培计划"培训专家

陕西省高层次人才特殊支持计划教学名师领军人才

陕西省基础教育资源研发中心学科专家

陕西省教学指导委员会委员

陕西省学校教育督导评价专家

前言

　　生物是门科学，但在高中，它更多的是个学科。而且在大多数学生（可以扩展到"大多数人"）眼中，生物是理科中比较偏文的学科。这句话是否正确，每个人都有自己的看法，在我看来，这句话从一个侧面反映了高中生物学本身是一个综合的学科，它涉及物理、化学、数学、地理等方面的知识，我们在学习的时候一定要"博观而约取，厚积而薄发"，想要真正学好生物学，不是简单地背诵、记忆那么简单。

　　这时候，就体现出一本好的知识拓展资料的重要性了。

　　伟人说"久有凌云志，重上井冈山"，我想要写一本生物知识拓展的资料的想法由来已久。因为虽然自己的能力一般，但眼光却有点儿高：面对市面上的众多教辅资料，就像汪曾祺先生说的，"他乡的咸鸭蛋，我实在看不上"。但事情总是这样，在脑海中构思一件事情的时候，总觉得自己可以运筹帷幄，胸有成竹。临到下笔，总是难以成文，迁延搁置，所以这个事情总是一拖再拖，我也只好安慰自己：人说怀才就像怀孕，时间久了才能看得出来。想必书也是一样，要慢慢地积累才行。可是，想要打消已有的念头，仿佛女人怀孕要打胎一样难受。所以想要自己写一本高中生物知识扩展资料的想法一直萦绕心头，使我辗转反侧。

　　时间如白驹过隙，可是我收获很少，只剩下肥胖的身体。古人云：毕竟几人真得鹿，不知终日梦为鱼，我深以为然。眼看鬓发要起霜，儿女忽成行，不得不逼着自己整天坐在电脑前，夙兴夜寐，枕戈待旦，感觉自己就像是抱窝待蛋的母鸭。

　　好在耗时两年多，这枚"鸭蛋"终于诞下了。屈指算来，耗费时间最多的应该是书中的插图。所谓一图胜千言，很多时候，一幅清晰直观同时又兼具美感的插图在快速准确传递知识的同时，还能让阅读者心生喜悦，为原本枯燥的学习带去一分清凉，本书正文共五百多页，包含400多幅在我看来还算美观的插图，除人像、实物和显微照片外，均是我参考生物学专业书籍和文献一一绘制的。另外，在编写本书时，我特别注重最新的研究进展以及科学史相关内容，希望读者在学习生物知识的同时，能够感受科学家的人格魅力，树立志存高远、脚踏实地、百折不挠、勇于拼搏的精神。所谓成功不必在我，努力必不唐捐，希望大家不管身处顺境逆境，保持心中的梦，眼里的光，成就自己的人生。《圣经》说，你要做世上的盐，要做世上的光。我秉承"努力做一个对别人有用的人"的理念写成的这本书，若能对大家的生物学习有所帮助，也算是这枚"鸭蛋"的荣光。

独学而无友，则孤陋而寡闻。毕竟我们能力有限，虽然本书由各位主编、副主编、编委老师再三审校琢磨，但疏漏在所难免。我们虽无故步自封、向壁虚构之念，难免有闭门造车、一叶障目之实。大家在使用的时候如发现有任何疏漏、错误，或您有任何意见或建议，欢迎不吝指教。

贾其坤、雷超

2024 年 6 月 9 日

编者简介

主 编

贾其坤

中国科学院南海海洋研究
所生物学硕士

高中生物学教师

生物竞赛教练

承担本书第 3 ~ 6 部分内
容，约 40 万字，以及全书
的插图绘制工作

雷 超

西安市铁一中学高级教师

陕西省学科带头人

陕西省教学能手

兼任延安大学研究生导师

承担本书第 2 部分内容，
约 20 万字

王 昆

哈尔滨师范大学附属中学优秀教师

哈尔滨医科大学医学博士

生物学、教育学博士后

承担本书第 1 部分内容，
约 20 万字

副主编

李博

西安市铁一中教师
陕西省特级教师

陕西省学科带头人
西安市模范教师

黄秋生

浙江省德清县第一中学
高级教师

植物学硕士

市"我最喜爱的老师"

县教学能手

吴轶宁

湖州市教育科学研究中心

高中生物学教研员

中学高级教师

编 委

（以姓氏笔画为序）

目录

第 5 章 呼吸作用和光合作用 089 »

第 6 章 细胞的生命历程 114 »

第 2 部分

遗传生物学

第 3 部分

动物生理学

第11章　神经调节　　281»

第 5 部分

宏观生态学

第 20 章　生态系统及其稳定性 　　430»

第 21 章　人类与环境 　　444»

第 6 部分
生物技术与工程学

🔖 参考文献　　　　　　　　　　　　　　　527 »

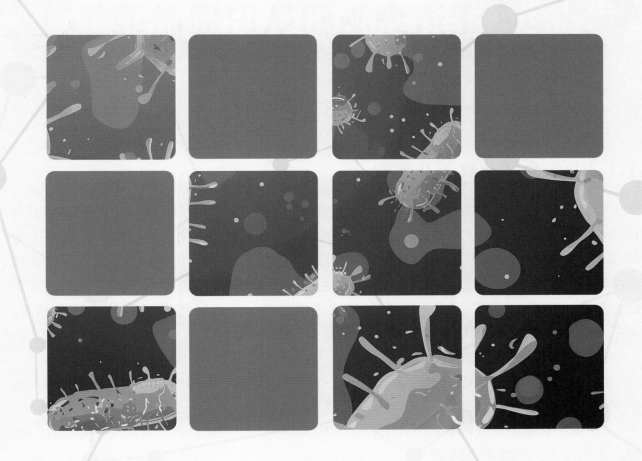

第 1 部分

普 通 生 物 学

第1章 走近细胞和认识显微镜

1.1 走近细胞

1.1.1 生命活动离不开细胞

众所周知，小如蝼蚁，大如参天大树或蓝鲸，虽然它们体型有所不同，但是构成其身体的细胞在大小上并无显著差异。生命系统的结构层次：细胞→组织→器官→系统→个体→种群→群落→生态系统→生物圈。组成细胞的原子、分子以及病毒不属于生命系统的结构层次。植物没有"系统"层次。单细胞生物没有组织、器官、系统等层次。一个单细胞生物，既是"细胞"层次，也是"个体"层次，如一个大肠杆菌、草履虫、变形虫等。最基本的生命系统是细胞，最大的生命系统是生物圈。

以下是不同类型生物的简介。

(1) 单细胞生物：依靠单个细胞就能完成各种生命活动。如细菌、蓝细菌、草履虫、变形虫等。

(2) 多细胞生物：依赖各种分化的细胞密切合作，共同完成一系列复杂的生命活动。如绝大多数动物、植物和真菌。

(3) 病毒：不具有细胞结构，主要由蛋白质和核酸组成，不能独立进行生命活动，必须寄生在活细胞中，借助宿主细胞的物质和结构进行繁殖，表现出生命特征。如 T2 噬菌体专一性寄生在大肠杆菌中、β- 噬菌体专一性侵染白喉杆菌、HIV 主要寄生在人体的辅助性T 淋巴细胞中。

1.1.2 细胞学说的建立过程

1604 年，荷兰眼镜商撒迦利亚·詹森 (Zacharias Janssen) 创造了地球上第一台显微镜，如图 1.1A 所示。

在此基础上，英国科学家罗伯特·胡克 (Robert Hooke，1635—1703) 用自制显微镜观察了大量生物体内部结构，并于 1665 年出版了《显微图谱》一书，书中胡克描述软木及其他植物组织结构类似蜂窝状的小室，取名为 cell(细胞)，虽然放大倍数仅 30 倍，但这是人类有史以来第一次看到细胞轮廓，因此胡克也是细胞的发现者和命名者，如图 1.1B 所示。

1674 年，荷兰布商及科学家安东尼·范·列文虎克(Antonie van Leeuwenhoek, 1632—1723) 为了检查布的质量，亲自磨制透镜，装配了一台能放大 300 倍左右的显微镜，并观察到了血细胞、原生动物、人类和哺乳动物的精子。这是人类历史上第一次观察到完整的活细胞，列文虎克本人也因英国皇家学会肯定而迅速闻名世界，如图 1.1C 所示。

图 1.1　显微镜的历史

▶▶▶

- A. 荷兰眼镜商撒迦利亚·詹森和他创造的世界上第一台显微镜。
- B. 英国科学家罗伯特·胡克和他自制的显微镜及用它观察并命名为 cell 的软木组织。
- C. 荷兰布商及科学家列文虎克和他装配的显微镜。

认识到活细胞各结构的是英国植物学家罗伯特·布朗 (Robert. Brown, 1773—1858)，他研究兰科和萝藦科植物细胞时发现了细胞核。

法国科学家让 – 巴蒂斯特·拉马克 (Jean-Baptiste Lamarck, 1744—1829) 就指出：不是细胞状的组织或不是由细胞状组织构成的任何物体都不可能有生命。这说明拉马克已经认识到细胞状组织与生命的关系。

1838 年，德国植物学家马蒂亚斯·雅各布·施莱登 (Matthias Jakob Schleiden, 1804—1881) 发表了著名论文《论植物的发生》，指出细胞是一切植物结构的基本单位；这篇文章的发表标志了细胞学说的形成。1839 年，德国动物学家西奥多·施旺 (Theodor Schwann, 1810—1882) 发表了名为《关于动植物的结构及生长的一致性的显微研究》的论文，明确指出：动物及植物结构的基本单位都是细胞。1858 年，德国医生和病理学家鲁道夫·魏尔肖 (Rudolf Virchow, 1821—1902) 提出了细胞只能来自细胞这一名言，这是细胞学说的一个重要发展，也是对生命的自然发生学说的否定。

注 意

关于新细胞是如何由老细胞产生的？施莱登认为新细胞是从老细胞的细胞核中长出来的，或者是在老细胞的细胞质中像结晶那样产生的。施莱登的朋友耐格里 (K. Nageli) 用显微镜观察了多种植物分生区新细胞的形成，发现新细胞的产生是细胞分裂的结果；还有学者观察了动物受精卵的分裂。在此基础上，魏尔肖总结出：细胞通过分裂产生新细胞。他的名言是：所有的细胞都来源于先前存在的细胞。这个断言，至今仍未被推翻。

1880 年，德国动物学家奥古斯特·魏斯曼 (August Weissmann，1834—1914) 进一步提出现有所有细胞都可以追溯到远古时代的一个共同祖先，即细胞的连续性和历史性。至此，细胞学说建成。

1.1.3 细胞学说的主要内容

细胞学说的建立者主要是施莱登和施旺，后人根据他们的结果进行整理并加以修正，综合为以下要点。

(1) 细胞是一个有机体，一切动植物都是由细胞发育而来，并由细胞和细胞产物所构成。

(2) 细胞是一个相对独立的单位，既有它自己的生命，又对与其他细胞共同组成的整体的生命起作用。

(3) 新细胞是由老细胞分裂产生的。

人们通常将 1838—1839 年施旺和施莱登确立的细胞学说、1859 年达尔文确立的进化论、1866 年孟德尔确立的遗传学称为现代生物学的三大基石。细胞学说又是后两者的基础。细胞学说的意义：揭示了动物和植物的统一性，从而阐明了生物界的统一性。

> **须知**
>
> 细胞学说建立的方法是不完全归纳法。

1.1.4 真核细胞和原核细胞的比较

生物包括细胞生物和非细胞生物。动物细胞、植物细胞和细菌的结构示意图如图 1.2 所示。

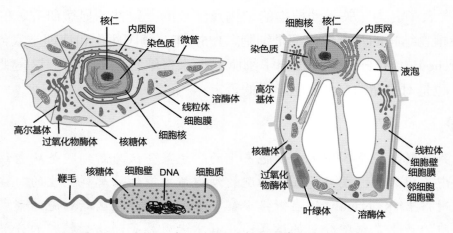

图 1.2 动物细胞、植物细胞和细菌的结构示意图

细胞生物的遗传物质都是脱氧核糖核酸 (DNA)，可根据有无核膜为界限的细胞核，分为原核生物和真核生物。原核生物较低等，不具有核膜为界限的细胞核，其 DNA 主要分布在细胞质的某些区域，称为拟核或拟核区。除此之外，一般还有一些拟核 DNA 之外的、

双链环状的 DNA，称为质粒 (plasmid)。质粒上一般含有一些特殊的基因，如氨苄青霉素的抗性基因、四环素的抗性基因等，可以赋予宿主细胞一些额外的功能。

非细胞生物指的是病毒。病毒可以有多种分类方式，下面介绍两种分类方式。

(1) 根据宿主的不同，可将病毒分为植物病毒、动物病毒、微生物病毒。植物病毒如烟草花叶病毒 (TMV)、马铃薯纺锤块茎类病毒、郁金香碎色病毒等；动物病毒如流感病毒、禽流感病毒、水痘病毒、腮腺炎病毒、乙型脑炎病毒、甲型肝炎病毒等；微生物病毒又叫作噬菌体，如肌病毒科的 T2 噬菌体和 T4 噬菌体，长尾病毒科的 λ 噬菌体和 T5 噬菌体，短尾病毒科的 T7 噬菌体和 P22 噬菌体等。

(2) 根据遗传物质的不同，可将病毒分为 DNA 病毒和 RNA(核糖核酸)病毒。DNA 病毒又可细分为双链 DNA 病毒 (如腺病毒、痘病毒等)、单链 DNA 病毒 (如细小 DNA 病毒等)；RNA 病毒又可细分为双链 RNA 病毒 (如呼肠孤病毒等)、正链 RNA 病毒 (如脊髓灰质炎病毒、冠状病毒等)、负链 RNA 病毒 (如狂犬病毒等)、逆转录病毒 (如 HIV 病毒、劳氏肉瘤病毒等)。

原核细胞 (Prokaryotic cell) 和真核细胞 (Eukaryotic cell) 的区别如表 1.1 所示。

表 1.1 原核细胞与真核细胞的区别

差异类别	原核细胞	真核细胞
细胞核	没有核膜为界限的细胞核	具有核膜为界限的细胞核
DNA	裸露的、双链、环状 DNA，仅有少量蛋白质与之结合，不足以称之为染色质/染色体；拟核外还有小的双链环状 DNA，称为质粒	双链、线性 DNA，与蛋白质结合形成核小体，核小体形成染色质/染色体 (还含有少量 RNA)，线粒体和质体含有双链环状 DNA 分子
单细胞/多细胞	都是单细胞生物	有单细胞生物，也有多细胞生物
细胞大小	较小，一般为 1～10 μm	较大，一般为 10～100 μm
细胞器	仅有唯一的细胞器：核糖体	各种复杂细胞器：线粒体、叶绿体、内质网、高尔基体、液泡、溶酶体、核糖体、中心体等
细胞壁	一般都有细胞壁 (支原体无)，成分是肽聚糖	动物细胞无细胞壁；植物细胞壁成分是纤维素和果胶；真菌细胞壁成分是几丁质
细胞分裂	二分裂	无丝分裂、有丝分裂、减数分裂
核糖体沉降系数 *	沉降系数为 70 S 的核糖体 = 30 S 的小亚基 + 50 S 的大亚基	沉降系数为 80 S 的核糖体 = 40 S 的小亚基 + 60 S 的大亚基
是否遵循经典遗传定律	不遵循经典遗传定律 (包括孟德尔分离定律、孟德尔自由组合定律、摩尔根连锁与交换定律)	核基因遗传遵循经典遗传定律，细胞质基因遵循母系遗传

差异类别	原核细胞	真核细胞
DNA 复制起点	单起点复制	多起点复制
DNA 复制次数	多次复制，如大肠杆菌在葡萄糖充足时可从慢生长切换为快生长	单次复制，真核细胞一个分裂周期 DNA 仅复制一次
基因表达方式	边转录边翻译	转录后翻译
基因结构	无外显子和内含子之分	有外显子和内含子之分
一条 mRNA 合成的多肽链数	多顺反子结构：一条 mRNA 上有多个起始密码子和终止密码子，可合成多种不同多肽链	单顺反子结构：一条 mRNA 上仅一个起始密码子和终止密码子，仅可合成一种多肽链
可遗传变异类型	基因突变	基因突变、基因重组、染色体变异 / 染色体畸变
常见生物	细线织蓝衣：细菌 (球菌、杆菌、螺旋菌、弧菌)、放线菌、支原体、蓝细菌 (念珠藻、鱼腥藻、螺旋藻、发菜、地木耳、颤藻)、衣原体、立克次氏体等	动物、植物、真菌 (霉菌、菇类、蕈类)、原生生物、黏菌、除蓝细菌之外的其他藻类 (绿藻、硅藻、金藻、褐藻、红藻等)

*：沉降系数以 10^{-13} 秒为一个时间单位，颗粒越大，沉降系数越大。

1.2 认识显微镜

1.2.1 显微镜概述

美国细胞生物学家埃德蒙·比彻·威尔逊 (Edmund Beecher Wilson，1856—1939) 曾在 1925 年说过：每一个生物科学问题的答案都必须在细胞中寻找。但细胞体积较小，真核细胞一般在 $10 \sim 100$ μm 之间，原核细胞一般在 $1 \sim 10$ μm 之间。公认的最小的细胞是支原体，大小为 $0.1 \sim 0.3$ μm。2002 年，德国科学家哈拉德·胡贝尔 (Harald Huber) 等在冰岛发现一种海洋古细菌 Nanoarchaeum equitans，中文名字很可爱：骑火球的超级小矮人。之所以叫这个名字，是因为其专一性地与一种名为"火球"的微生物共生，看起来，这种古菌好像是骑在火球上。这个"小矮人"只有大肠杆菌的 $\frac{1}{160}$，比天花病毒还要稍小一些。病毒的直径在 $20 \sim 200$ nm 之间。

众所周知，人眼的分辨率一般为 0.2 mm，古人云：明察秋毫，基本代表人眼的分辨极限了。光学显微镜将分辨率提高了 1000 倍，达到了 0.2 μm，使人们可以较方便地观察各种微生物。光学显微镜的分辨率 D 与光源的波长 λ、物镜镜口角 α、介质的折射率 n 有关，具体可表示为

$$D = \frac{0.61 \cdot \lambda}{n \cdot \sin(\alpha/2)}$$

通常，α 最大可达到 140°，当物镜与观测物之间的介质为空气时，$n = 1$，最短的可见光的波长 $\lambda = 450$ nm，由此可得 $D = 292$ nm。如果我们使用油镜，可将 n 提高至 1.5，即分辨率达到上文提到的 0.2 μm。为进一步提高分辨率，1932 年，德国科学家恩斯特·鲁斯卡 (Ernst Ruska，1906—1988) 制造出世界上第一台电子显微镜，并因此获得了 1986 年诺贝尔物理学奖。一般认为，电子显微镜的分辨率比光学显微镜又提高了 1000 倍，达到 0.2 nm。

注 意

　　显微镜最重要的性能参数是分辨率，而不是中学生物教学中常提到的放大倍数。显微镜放大倍数 = 目镜的放大倍数 × 物镜的放大倍数。显微镜放大倍数指的是物像的长度放大倍数和宽度放大倍数，所以面积放大倍数 = 放大倍数^2。

　　关于如何区分目镜和物镜，很简单：目镜无螺纹，直接安放在目镜套筒上，其放大倍数与镜筒长度成反比；而物镜有螺纹，安装在物镜盘上，其放大倍数与镜筒长度成正比。

1.2.2 ‖ 显微镜的操作

　　在使用显微镜的时候，需要先用低倍镜观察，再用高倍镜观察。低倍镜下，先用粗准焦螺旋找到物像，再用细准焦螺旋进行微调。在低倍镜下找到要观察的目标后，移动载玻片，把目标移到视野的中央，然后转动转换器，使用高倍物镜观察。

注 意

　　在高倍镜下，只允许调动细准焦螺旋、光圈、反光镜，不允许转动粗准焦螺旋，因为此时装片与物镜镜头很近，容易误伤镜头。光圈控制进光量，所以光圈越小，视野越暗。平面镜比凹面镜视野要暗，高倍镜比低倍镜视野要暗。

　　显微镜视野中的"像"与"物"是上下相反，左右相反的关系，即把"物"翻转180°后就是"像"，如玻片上有"b"字，则视野中看到的是"q"，玻片上有"6"字母，则视野中看到的是"9"。所以，视野中观察对象在视野外侧时，要将它移到视野中央，遵循"哪偏哪移"原则，如观察对象在视野的左下方时，要将它移到视野中央，玻片应向左下方移动。

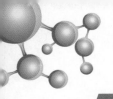

第2章 细胞中的元素和化合物

⚛ 2.1 细胞中的元素

2.1.1 细胞中的大量元素

古今中外，关于人类的起源，人们创造了各种传说，如中国传说中的女娲抟土造人，基督教经典中的上帝用地上的尘土造人，希腊传说中的普罗米修斯用河岸的泥土造人。这些传说有一个共同点：人是由神用泥土创造的。《圣经》创世纪3.19节更是有句流传甚广的话：尘归尘，土归土。这些传说和俗语反映了古人对于生命起源的思考：生命起源于无机环境。目前已知，地球上存在的天然元素有90多种，其中组成细胞的元素大约有20多种，没有哪一种元素是只存在于生物界而不存在于无机环境的。

这里，就涉及生物界与非生物界的统一性和差异性的概念。生物界与非生物界的统一性指的是生物界与非生物界在元素的种类上是统一的，组成细胞的化学元素在无机自然界中都能找到，没有哪种元素是生物界所特有的（见图2.1）。生物界与非生物界的差异性指的是各种元素的相对含量在生物界和非生物界大不相同。

图2.1 人体必需元素与非必需元素

组成人体的主要元素如表2.1所示，其中C、H、O、N、P、S、K、Ca、Mg九种元素含量较多，称为大量元素。在大量元素中，C、H、O、N、P、S六种元素称为主要元素，一般进一步将C、H、O、N四种元素称为基本元素。毫无疑问，最基本的元素是C，因为生物大分子都以碳链为基本骨架。

表2.1 人体内的主要元素及含量

元素	符号	在人体中所占比重(%)	元素	符号	在人体中所占比重(%)	元素	符号	在人体中所占比重(%)	元素	符号	在人体中所占比重(%)
氧	O	65	钾	K	0.4	锌	Zn	微量	钼	Mo	微量
碳	C	18.5	硫	S	0.3	铜	Cu	微量	钴	Co	微量

元素	符号	在人体中所占比重 (%)	元素	符号	在人体中所占比重 (%)	元素	符号	在人体中所占比重 (%)	元素	符号	在人体中所占比重 (%)
氢	H	9.5	钠	Na	0.2	碘	I	微量	硒	Se	微量
氮	N	3.3	氯	Cl	0.2	锰	Mn	微量	氟	F	微量
钙	Ca	1.5	镁	Mg	0.1	硼	B	微量			
磷	P	1	铁	Fe	微量	铬	Cr	微量			

细胞中含量最多的化合物是水。水在生物体内有两种存在形式：自由水和结合水。通常，我们将含有自由水的生物体的重量称为鲜重，通过晒干等方式，除去自由水的重量称为干重。

(1) 鲜重状态：细胞中质量分数占比由多到少的元素依次是 O、C、H、N，含量 (数量) 最多的元素是 H，含量最多的化合物是水，其次一般是蛋白质。

(2) 干重状态：细胞中质量分数占比由多到少的元素依次是 C、O、N、H，含量 (数量) 最多的元素是 H，含量最多的化合物一般是蛋白质。

2.1.2 细胞中的微量元素

除了上述大量元素，细胞中还有一些含量不多但不可或缺的元素，称为微量元素，常见的有 Fe、Mn、Cu、Zn、B、Mo 等。不同生物体内化学元素的种类基本相同，但含量相差很大。

2.2 细胞中的化合物

2.2.1 细胞中的无机物——水

水是生命之源，细胞中含量最多的化合物就是水，细胞的含水量一般在 60% ～ 90% 之间。有些细胞含水量可超过 90%，如水母的含水量可达 97%。女性身体的含水量略低于男性 (见图 2.2)。人体老化的特征之一就是身体细胞的含水量明显下降。

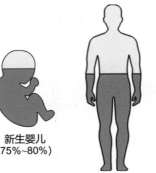
新生婴儿
(75%~80%)

成年男性
(55%~60%)

成年女性
(50%~55%)

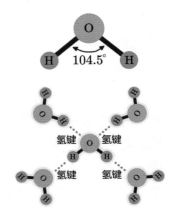

图 2.2　不同年龄和性别的人体内水的含量及水的分子结构示意

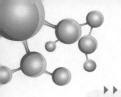

　　水是极性分子，凡是有极性的分子或离子都易溶于水。水分子中的氧原子带有一定的负电荷，氢原子带有一定的正电荷，因此不同的水分子之间可以形成氢键，每个水分子可以和其他四个水分子形成四个氢键。在人和动物的体液、植物的汁液中，均含有大量的水，且都溶有多种多样生物体所必需的溶质。因此，水作为良好的溶剂，能帮助溶解和运输营养物质及代谢产物。

1. 水的理化性质

　　水具有较强的内聚力和表面张力，这保证水在植物体导管内形成连续的水柱而不断裂。水分子由 2 个氢原子和 1 个氧原子构成，氢原子以共用电子对的方式与氧原子结合。由于氧具有比氢更强的吸引共用电子的能力，使氧的一端稍带负电荷，氢的一端稍带正电荷。水分子的空间结构及电子的不对称分布，使得水分子成为一个极性分子。带有正电荷或负电荷的分子或离子都容易与水结合，因此，水是良好的溶剂。

　　由于水分子的极性，当一个水分子的氧端（负电性区）靠近另一个水分子的氢端（正电性区）时，它们之间的静电吸引作用就形成一种弱的引力，称为氢键。每个水分子可以与周围 4 个水分子靠氢键相互作用在一起。氢键比较弱，易被破坏，只能维持极短时间。这样一来，氢键不断地断裂，又不断地形成，使水在常温下能够维持液体状态，具有流动性。

　　水还是细胞中某些代谢的反应物和产物。水在动、植物的分布、繁殖、生长发育以及动物体色、动物行为等方面有着深远的影响。水有较大的比热容和蒸发热，水的比热容是 $4.184 \mathrm{~J} \cdot \mathrm{g}^{-1}$，能有效地维持生物体内热化学反应环境的稳定，对于生物体有效保持体内水分、散失体内热量有重要意义。水有较大的比热容和蒸发热对于生命的起源与进化也具有重要的意义。

2. 水在细胞中的存在形式

　　水在细胞中的主要形式是自由水。自由水可以作为细胞内良好的溶剂，自由水可以参与许多生物化学反应，如呼吸作用，光合作用，ATP、淀粉、蛋白质、核酸等物质的水解等，如图 2.3 所示。自由水还为细胞生活提供液体环境，参与营养物质和代谢废物的运输，如图 2.4 所示。

　　水在细胞中的另一种存在形式就是结合水。结合水是细胞结构的重要组成成分，大约占细胞内全部水分的 4.5%。结合水与纤维素、淀粉、葡萄糖、蛋白质、氨基酸等分子的亲水基团吸附，对于维持亲水分子的空间结构和生物学功能有重要作用。

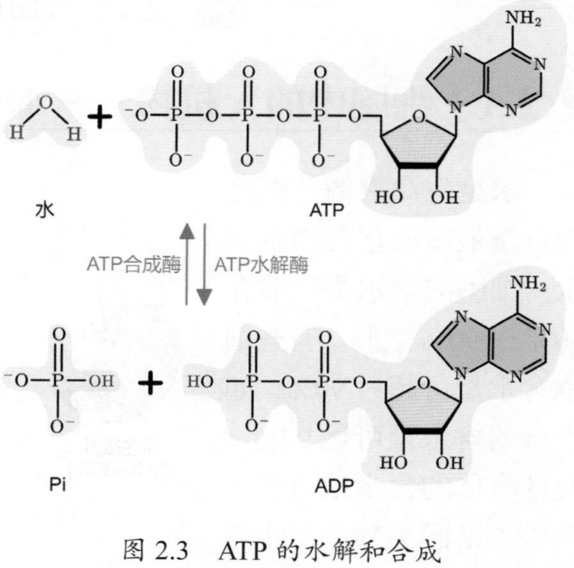

图 2.3　ATP 的水解和合成

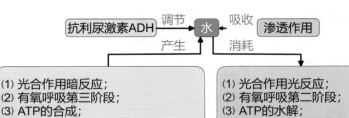

图 2.4 关于细胞中水的产生、消耗、吸收、调节的概念模型

自由水与结合水的比例与细胞代谢活动的活跃性及抗逆能力有关。这里的逆，指的是逆境，即不良环境，如高温、低温、过酸、过碱、高盐、强离子辐射等。和正常值相比，自由水的含量升高时，细胞新陈代谢旺盛，相应地，抗逆性变差；反之，细胞新陈代谢强度降低，但抗逆性能力增强。失去自由水，细胞依然是活的，可以提高细胞的抗逆能力，如将新鲜的花生晒干的过程。失去结合水，细胞就会死亡，如将晒干的花生炒成花生米。

> **须知**
>
> 水的吸收主要是通过渗透作用来完成，也有其他方式，如肾小管对原尿中的水的重吸收主要是通过协助扩散等方式进行。

2.2.2 细胞中的无机物——无机盐

无机盐在生物体内含量不高，占体重的 1% ~ 1.5%。无机盐在细胞中主要以离子形式存在，少数也以化合物的形式存在，如 $CaCO_3$、$Ca_3(PO_4)_2$。无机盐参与组成复杂的化合物，如 Mg^{2+} 参与构成叶绿素；Fe^{2+} 参与构成血红蛋白等。

无机盐对于维持细胞和生物体的渗透压、酸碱度，进而维持正常的生命活动至关重要，无机盐中微量元素的作用如图 2.5 所示。众所周知，动物细胞一般要维持细胞内高 K^+、低 Na^+、低 Ca^{2+}、低 Cl^- 的离子环境。细胞以主动运输的方式将 Ca^{2+} 运出细胞或运入内质网来维持细胞质基质中的低 Ca^{2+} 环境。

哺乳动物血钙过低会导致肌肉抽搐，血钙过高会导致肌无力，这一现象可以从 Ca^{2+} 在神经兴奋传导中的作用进行解释。

(1) 当兴奋传导至轴突末梢，会引起细胞膜通透性改变，引起 Ca^{2+} 内流。细胞内的 Ca^{2+} 增多，进而导致含有神经递质的突触小泡与突触前膜融合，以胞吐的方式释放神经递质。所以，当细胞外的 Ca^{2+} 浓度低的时候，可能导致神经递质无法正常释放，从而阻碍兴奋的传递。

(2) 当神经递质与突触后膜上特定的受体结合后，通常会导致 Na^+ 通道的开放，从而引起 Na^+ 内流，产生新的动作电位。但是 Ca^{2+} 可以与 Na^+ 竞争通过 Na^+ 通道蛋白。所以细胞

外的 Ca^{2+} 浓度高，会抑制 Na^+ 内流，突触后神经元就不容易产生动作电位，即所谓的 Ca^{2+} 浓度过高导致肌无力。细胞外的 Ca^{2+} 浓度低，它对 Na^+ 内流的抑制效果就较弱，突触后神经元就容易产生动作电位，即所谓的缺钙导致肌肉抽搐。

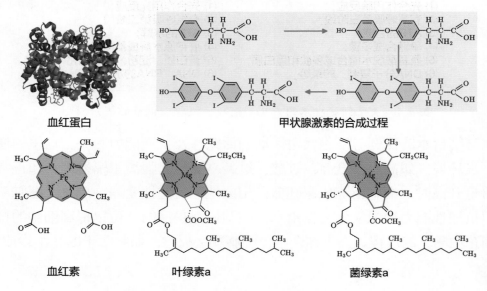

血红蛋白　　　　　　　　　　　　　甲状腺激素的合成过程

血红素　　　　　　　叶绿素a　　　　　　　菌绿素a

图 2.5　无机盐离子在生物体中的作用示例

知识拓展：同位素和同位素示踪

同一元素的质子数相同，但中子数可能不同。质子数相同而中子数不同的同一元素的不同原子互称为同位素，即同位素指质量不同而化学性质相同的原子。"普通"的碳是 ^{12}C，含有 6 个质子、6 个中子，还存在含有 6 个质子、7 个中子的 ^{13}C。含有 6 个质子、8 个中子的 ^{14}C。生物体对这些碳原子一视同仁。类似的还有 ^{16}O 和 ^{18}O、^{31}P 和 ^{32}P、^{32}S 和 ^{35}S、^1H 和 ^2H 和 ^3H、^{14}N 和 ^{15}N 等。

因为同位素具有不同的特性，所以可用不同的方法检测出来。有些同位素能够发生衰变而具有放射性，因此易于检测；有些同位素是稳定的同位素，没有放射性，如 ^{15}N 和 ^{18}O。有放射性的同位素可以做放射性同位素标记，通过放射自显影进行检测，^{14}C 就是碳的一种放射性同位素，研究光合作用时可以利用标记的二氧化碳 ($^{14}CO_2$) 进行实验，以追踪碳元素在植物体内的运行和变化，所以 ^{14}C 称为示踪原子，这种研究技术称为同位素示踪。

没有放射性的同位素也可以做同位素标记，通过密度梯度离心或质谱分析等进行鉴定。研究光合作用时可以利用 ^{18}O 标记的二氧化碳和水分别培养小球藻，检测释放的氧气是 $^{16}O_2$ 还是 $^{18}O_2$，结论是光合作用释放的氧气完全来自水。这种研究技术称为稳定同位素标记。

同位素不仅可用于科学研究，也可用于疾病的诊断和治疗。甲状腺可以选择性地吸收碘，放射性碘同位素发出的射线能破坏甲状腺细胞，故碘同位素 ^{131}I 可用于治疗甲状腺肿大。

2.2.3 ‖ 生物大分子以碳链为骨架

碳元素存在于所有的生物体内，是生命系统中的核心元素。碳原子核外有 6 个电子，分内、外两层：2 个电子在第一层，4 个电子在第二层，即最外层。要使碳原子最外层成为具有 8 个电子的稳定结构，需要其他原子提供 4 个电子，使碳原子与其他原子共用电子形成共价键。碳原子间也可以共用电子形成共价键，从而由很多碳原子连接成长长的直链结构、支链结构或环状结构，共同形成碳骨架，如图 2.6 所示。

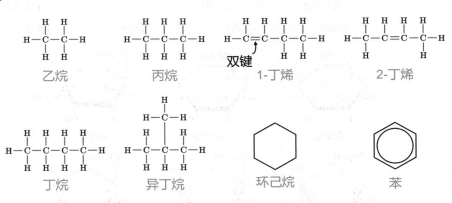

图 2.6　碳原子所形成的几种结构

骨架中的碳还可以与其他元素的原子，如 H、O、N、S、P 等通过共用电子相连接。

组成生物体的有机物都是以碳骨架作为结构基础的，主要包括糖类 (carbohydrates)、脂质 (lipids)、蛋白质 (proteins) 和核酸 (nucleic acids)。许多有机物的相对分子量以万至百万计，所以称为生物大分子。蛋白质、多糖、核酸 (包括 DNA 和 RNA) 是三类最重要的生物大分子。

2.2.4 ‖ 细胞中的有机物——糖类

糖类物质是地球上含量最多的一类有机物。多数糖分子中 H 和 O 的原子比为 2∶1，所以糖类旧称为碳水化合物。但这种名称是很不准确的，不是所有的糖类都符合 H 和 O 的原子比为 2∶1，如鼠李糖 ($C_6H_{12}O_5$) 和脱氧核糖 ($C_5H_{10}O_4$) 等；也不是所有符合 H 和 O 的原子比为 2∶1 的化合物都是糖类，如甲醛 (CH_2O)、乙酸 ($C_2H_4O_2$) 和乳酸 ($C_3H_6O_3$) 等。更恰当的关于糖类的定义应该是多羟基醛或多羟基酮。

大多数糖类只由 C、H、O 三种元素组成，根据能否进一步水解，糖类分为单糖、二糖和多糖。

1. 单糖

单糖指的是不能进一步水解的糖，如葡萄糖、果糖、半乳糖等六碳糖，以及核糖、脱氧核糖等五碳糖等，如图 2.7 所示。

图 2.7　几种常见的单糖结构示意图

> 从葡萄糖的开链结构可见,它既具有醛基,也有醇羟基,因此在分子内部可以形成环状的半缩醛。成环时,葡萄糖的羰基 (C_1) 与 C_5 上的羟基经加成反应,形成稳定的六元环;类似的,果糖的羰基 (C_2) 与 C_5 上的羟基经加成反应,形成稳定的五元环。核糖、脱氧核糖、双脱氧核糖都是五元环的五碳糖,区别在于 C_2、C_3 上是否连接有羟基 (-OH)。

葡萄糖是细胞生命活动所需要的主要能源物质,常被形容为"生命的燃料"。体外燃烧 1 g 葡萄糖释放出约 16 kJ 的能量,均以热能和光能形式散失;体内有氧呼吸 1 g 葡萄糖释放出的能量与之相同,但能量去向有所不同:约 70% 的能量以热能形式散失,约 30% 的能量储存在 ATP 中,用于各种需能的生命活动。

2. 二糖

二糖指的是可水解为 2 个单糖分子的糖,如:蔗糖(葡萄糖 + 果糖)、麦芽糖(葡萄糖 + 葡萄糖)、乳糖(葡萄糖 + 半乳糖)、纤维二糖(葡萄糖 + 葡萄糖),常见的二糖结构示意图如图 2.8 所示。

蔗糖在糖料作物(如甘蔗、甜菜等)中含量丰富,大多数水果和蔬菜中也含有蔗糖。发芽的小麦等谷粒中含有丰富的麦芽糖。人和动物乳汁中含有丰富的乳糖。

二糖一般需要水解成单糖才能被细胞吸收。

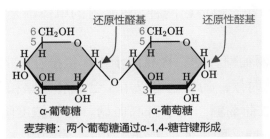 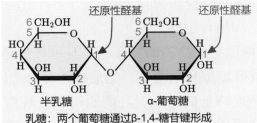

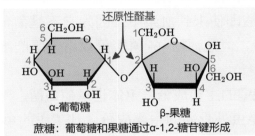 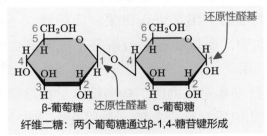

图 2.8 常见的二糖结构示意图

▶▶▶

　　麦芽糖、乳糖、纤维二糖依然含有还原性醛基，所以是还原糖；蔗糖的两个还原性醛基都参与糖苷键的形成，所以不再有还原性。

3. 多糖

　　多糖指的是水解后产生多个单糖的糖。根据其单体是否为同一种单糖，可分为同多糖和杂多糖。同多糖指的是由同一种单糖构成的多糖，如淀粉、糖原、纤维素、几丁质等，如图 2.9 所示。

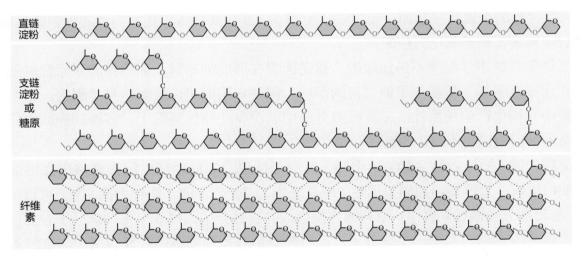

图 2.9　淀粉、糖原和纤维素结构示意图

▶▶▶

　　这三种同多糖的单糖都是葡萄糖，但葡萄糖的连接方式稍有不同。图 2.9 中红色为 α-1,4-糖苷键，蓝色为 β-1,4-糖苷键，粉色为 α-1,6-糖苷键，用于形成分支，纤维素分子中灰色的虚线表示糖链之间的氢键。纤维素和直链淀粉较像；糖原和支链淀粉很像，但糖原的分支更多。

(1) 淀粉是植物的储能多糖，分为直链淀粉和支链淀粉两种，这二者的单体都是葡萄糖，但空间结构稍有不同。

(2) 糖原是动物的储能多糖，其单体也是葡萄糖。糖原极易溶于水，根据存在的场所不同，分成肝糖原和肌糖原。当血糖浓度升高的时候，葡萄糖可以用于合成肝糖原和肌糖原，当血糖浓度降低的时候，肝糖原可以分解形成葡萄糖，用于升高血糖。血糖浓度降低时，肌糖原也可以分解，但是分解的产物不是葡萄糖，而是葡萄糖 -6- 磷酸。葡萄糖 -6- 磷酸不能从肌肉细胞中出来进入血浆。葡萄糖 -6- 磷酸即使来到血浆中，因为它不是葡萄糖，故不构成血糖，所以肌糖原分解并不能升高血糖。但葡萄糖 -6- 磷酸可以用于肌肉细胞自身的呼吸作用。

(3) 纤维素是植物的结构多糖，是植物细胞壁的主要成分，单体也是葡萄糖。

(4) 几丁质又称壳多糖，是甲壳类动物和昆虫外骨骼的主要成分。几丁质的单体为 N- 乙酰 - 葡萄糖胺，由 C、H、O、N 四种元素组成。几丁质及其衍生物在医药、化工等方面有广泛的用途。几丁质能与溶液中的重金属有效结合，可用于废水处理；几丁质可用于制作食品的包装纸和食品添加剂；几丁质还可用于制作人造皮肤等。

(5) 杂多糖是指由不同的单糖组成的多糖，如果胶、琼脂等。

4. 还原糖

如前所述，糖类相对严格的定义应该是多羟基醛或多羟基酮。众所周知，醛具有还原性，可以被氧化为酸。因此，含有还原性醛基的糖即为还原糖，如葡萄糖、乳糖、半乳糖等。有些糖，如果糖，分子本身并不直接含有还原性醛基，但可以通过化学结构的变化（异构化）产生还原性醛基，从而也表现出还原性，这类糖也属于还原糖。这个还原性醛基可以将高价的、氧化性的金属离子还原，如将 Cu^{2+} 还原为 Cu_2O 或将 Ag^+ 还原为 Ag（即银镜反应），醛基自身被金属离子氧化为羧酸。

单糖和二糖中，蔗糖不是还原糖。这是因为在形成蔗糖时，葡萄糖的还原性醛基和果糖的"还原性醛基"都参与了糖苷键的形成。需要说明的是：果糖本身是酮糖，但可在碱性溶液中异构化产生还原性醛基。蔗糖分子中就没有还原性醛基了。多糖的还原性醛基可以忽略不计，所以也不是还原糖。

淀粉与碘（浙江教材为碘 - 碘化钾）反应呈蓝色。如前所述，淀粉通常由直链淀粉和支链淀粉组成。直链淀粉遇碘呈蓝色（或蓝黑色），而支链淀粉遇碘呈紫红色。直链淀粉是由 D- 葡萄糖分子通过 α-(1, 4)- 糖苷键连接而成的直链分子，每 6 个葡萄糖分子卷曲成一个螺旋，螺旋内部刚好容纳一个碘分子。反应的颜色与葡萄糖链的长度有关：当链的长度大于 30 个葡萄糖分子时才会呈现标准的蓝色；当链的长度小于 30 时会呈现红色甚至无色。支链淀粉分子内，除了通过 α-(1, 4)- 糖苷键形成糖链，还通过 α-(1, 6)- 糖苷键形成分支，每个分支的长度在 20 ～ 30 个葡萄糖残基之间，所以一般不呈现标准的蓝色，而是红色或蓝红相间的颜色。不同植物的淀粉中直链淀粉和支链淀粉所占比例不同，因此颜色也会略有差异。

知识拓展：糖 vs 甜

具有甜味的不一定是糖，如山梨醇、甘露醇、麦芽糖醇、木糖醇、天冬苯丙二肽、糖精、应乐果甜蛋白等。糖类不一定都具有甜味，如淀粉、糖原、纤维素、几丁质等。甜度的检测通常以蔗糖作为参照物，将其甜度设定为100，果糖的甜度几乎是蔗糖的二倍，其他天然糖类的甜度均小于蔗糖 (见表 2.2)。《中国居民膳食指南 (2016)》提出的"控糖"建议是：控制添加糖的摄入量，每天摄入不超过 50 g，最好控制在 25 g 以下。添加糖是指在食物的烹调、加工过程中添加进去的单糖、二糖等各种糖类甜味剂，不包括食物中天然存在的糖。市场上的一些饮料 (如碳酸饮料、乳酸菌饮料等)，每 100 mL 可能含糖量就达到 10 g；很多冷饮的含糖量都在 20% 以上。也就是说，如果喝一瓶 500 mL 这样的饮料，当天所摄入的糖量就超标了。

肥胖、高血压、龋齿、某些糖尿病等都直接或间接与长期糖摄入超标有关，所以日常饮食中，注意减少糖类物质的摄入，或使用非糖甜制剂代替糖类物质，对于维持身体健康至关重要。

表 2.2 糖和一些非糖物质的甜度

名　称	甜　度	名　称	甜　度
乳糖	16	蔗糖	100
半乳糖	30	木糖醇	125
麦芽糖	35	转化糖	150
山梨醇	40	果糖	175
木糖	45	天冬苯丙二肽	15000
甘露糖	50	蛇菊苷	30000
葡萄糖	70	糖精	50000
麦芽糖醇	90	应乐果甜蛋白	20000

2.2.5 细胞中的有机物——脂质

脂质是一类难溶于水而易溶于非极性溶剂的有机分子。显然，脂质是根据溶解性定义的一类物质，在化学组成上变化很大，一般难以对其进行进一步的分类。习惯上，人们按化学组成，将脂质分为脂肪 (油脂)、磷脂、固醇三大类，固醇还可以进一步分为胆固醇、性激素、维生素 D 等。

1. 脂肪和脂肪酸

脂肪是由 3 个脂肪酸分子和 1 个甘油分子脱水缩合而成的酯，又称甘油三酯 (TAG) 或三酰甘油。构成脂肪的脂肪酸链的长度、脂肪酸的饱和程度显著影响脂肪的生物学性质。脂肪酸链越短，流动性越高；脂肪酸链的不饱和程度越高 (表现为碳—碳双键 C=C 或三键 C≡C)，流动性越高。

脂肪酸：在组织和细胞中，绝大部分的脂肪酸是作为脂质的基本成分存在的。所有的脂肪酸都有一个长的碳氢链，其一端有一个羧基。碳氢链中完全没有双键的脂肪酸称为饱和脂肪酸。碳氢链中含有双键或三键的脂肪酸称为不饱和脂肪酸。油酸、亚油酸、亚麻酸和花生四烯酸等是人体中主要的不饱和脂肪酸，这些不饱和脂肪酸中有一些是人体不能合成的，必须从食物中摄取，所以被称为必需脂肪酸。亚油酸就是公认的必需脂肪酸。植物油脂中亚油酸的含量较高，所以人的膳食中必须有植物油。

植物细胞主要通过细胞膜上的磷脂分子中的脂肪酸的长度和不饱和度来调节细胞膜的流动性；而动物细胞主要通过胆固醇来调节细胞膜的流动性 (下有详述)。动物细胞的脂肪酸、脂肪、磷脂等的饱和程度较高，而植物细胞的脂肪酸、脂肪、磷脂等的饱和程度较低，多不饱和脂肪酸含量丰富。

脂肪具有保温、缓冲、减压等作用。脂肪彻底氧化分解释放的能量很多，由于脂肪中的含氧量比较低，碳氢含量比较高，与之相比，糖类中的氧的含量较高，而碳氢的含量相对低，所以同等质量的糖类和脂肪在彻底氧化分解时，释放的能量比约为 17∶39。由于油脂的不亲水性，油脂作为储能物质时不必携带多余的水，使得在生物体内，同等质量的脂肪物质氧化分解时，释放的能量约是糖类的 6 倍。所以说，糖类是细胞中的能源物质 (淀粉是植物的储能多糖；糖原是动物的储能多糖；纤维素、几丁质是结构多糖，一般不作为能源物质)，而脂肪是细胞中的储能物质，ATP(三磷酸腺苷) 是直接的能源物质。

<u>知识拓展：</u>**细胞中的糖类和脂质相互转化**

血液中的葡萄糖除供细胞利用外，多余的部分可以合成糖原储存起来。如果葡萄糖还有富余，就可以转变成脂肪和某些氨基酸。给家畜、家禽提供富含糖类的饲料，使它们肥育，就是因为糖类在它们体内转变成了脂肪，食物中的脂肪被消化吸收后，可以在皮下结缔组织等处以脂肪组织的形式储存起来。但是，糖类和脂肪之间的转化程度是有明显差异的：糖类在供应充足的情况下，可以大量转化为脂肪；而脂肪一般只在糖类代谢发生障碍，引起供能不足时，才会分解供能，而且不能大量转化为糖类。

脂肪与空气中的氧气接触时会氧化分解，会产生异味，称为酸败，俗称哈喇，主要由于脂肪中的不饱和脂肪酸发生自动氧化，产生过氧化物，并进而降解成挥发性的醛、酮、酸的复杂混合物。酸败的油脂不宜食用。

腌海雀是爱斯基摩人的一道传统美食 (见图 2.10)。制作腌海雀，首先要捕捉一只海豹和 100～200 只侏儒海燕，将海燕杀死后放在阴凉处保存一天，然后再剖开海豹的腹部，将其内脏取出，将这些海燕完整地塞入海豹的腹中，再将海豹的腹部缝合，排出里面的空气后，用海豹油脂将伤口密封，紧接着将海豹丢到永久冻土层中，埋藏 2～3 年，脂肪酸逐渐氧化酸败，世界美食"腌海雀"制作完成。当地人通常的食用方法是"拔掉海鸟的尾巴，用嘴从海鸟的肛门直接吸食海雀肚子里的发酵腐化的混合物"。爱斯基摩人极为好客，如果你恰好去北极地区旅行碰到了他们，那么他们极有可能会拿出腌海雀招待你，看着周围热情洋溢的外国友人，你也感动地流下了"幸福"的泪水。

图 2.10　腌海雀

2. 磷脂

磷脂是构成细胞膜的重要组成成分，组成元素为 C、H、O、P，有的磷脂还含有 N。在分子构成上，磷脂分子由 1 个甘油分子 + 2 个脂肪酸分子 + 1 个磷酸分子 (可能再连接一些其他的小分子) 形成。两个脂肪酸构成磷脂分子的非极性尾部，磷酸和与磷酸相连的小分子，称为磷脂分子的极性头部，如图 2.11 所示。

磷酸上可能再连接一些其他的小分子，如果是丝氨酸，整个磷脂分子就称为磷脂酰丝氨酸 (代号为 PS)，如果是胆碱，整个磷脂分子就称为磷脂酰胆碱 (代号为 PC)，如果是乙醇胺，整个磷脂分子就称为磷脂酰乙醇胺 (代号为 PE)，如果是肌醇，整个磷脂分子就称为磷脂酰肌醇 (代号为 PI)。这些磷脂分子在细胞膜上的分布是有一定规律的。如 PS 几乎全部位于细胞膜的内侧，细胞凋亡时，PS 会翻转到细胞膜外侧，可以通过检测细胞膜外侧 PS 的量对细胞凋亡进行早期检测，如图 2.12 所示。

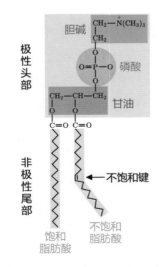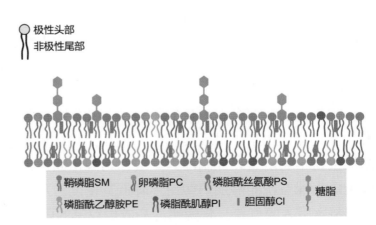

图 2.11　磷脂分子的结构 (以磷脂酰胆碱为例)　　图 2.12　细胞膜内外两侧各种磷脂分子的分布模式

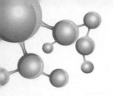

3. 固醇

固醇包括胆固醇、性激素、维生素 D，如图 2.13 和图 2.14 所示。

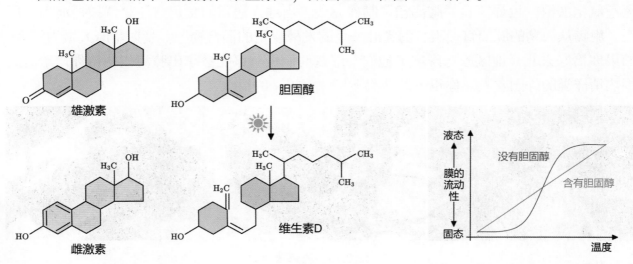

图 2.13　雄激素、雌激素、胆固醇、维生素 D 分子结构　　图 2.14　胆固醇调节细胞膜的流动性

　　胆固醇是构成动物细胞膜的重要成分，参与血液中的脂质运输。胆固醇是刚性分子，它的流动性较少受到温度的影响，动物细胞主要依靠细胞膜上的胆固醇来调节细胞膜的流动性。换句话说，温度低时，胆固醇可以提高细胞膜的流动性；温度高时，胆固醇可以降低细胞膜的流动性。

　　性激素可以促进人和动物生殖器官的发育和生殖细胞的形成。雄性动物体内主要是雄激素，但也含有雌激素；雌性动物体内主要是雌激素，但也含有雄激素；雌雄激素在体内可以相互转化。

　　维生素 D 可以促进人和动物肠道对钙和磷的吸收，在紫外线照射下，皮肤细胞可以将胆固醇转化为维生素 D，所以过度防晒可能会导致缺钙。

4. 蜡

　　蜡也是一类脂质，是长链脂肪酸与长链一元醇或固醇形成的酯，化学结构式为 R-COO-R′。蜡完全不溶于水，比脂肪的疏水性更强。蜡通常存在于皮肤表面，毛、羽、植物叶和果实表面以及昆虫体表等处，防止细胞失水，具有保护作用，如图 2.15 所示。如许多果实（如苹果和梨）的表面就有一层蜡，避免水分的散失，还可以保护植物免受病原体的侵害。

　　抹香鲸的头部含有大量的蜡（每头鲸中蜡的含量高达 1900 L），自 17 世纪以来，捕鲸者就将其提取出来，供人类制作化妆品、纺织品和蜡烛等。对于抹香鲸自己而言，这些鲸蜡的生物学功能是：控制浮力，或作为鲸鱼回声定位的聚焦装置，或两者兼而有之。浮力理论认为抹香鲸能够加热鲸蜡，降低其密度，从而使鲸鱼漂浮。为了让鲸鱼再次下沉，它必须将水吸入喷气孔，将鲸蜡冷却成更致密的固体，然后沉入海底，捕食大王乌贼。

图 2.15　生物体内和体表的蜡质

▶▶▶

　　抹香鲸的头部含有大量的蜡质。鸟类飞羽和很多植物叶片的表面都含有蜡质，保持疏水的同时，也能避免病原体的入侵。

2.2.6 细胞中的有机物——核酸

1. 核酸与核苷酸的结构与构成

　　核酸由核苷酸聚合而成，包括核糖核酸 (RNA) 和脱氧核糖核酸 (DNA)。DNA 是所有的细胞生物和 DNA 病毒的遗传物质；RNA 是 RNA 病毒的遗传物质。核苷酸包括核糖核苷酸和脱氧核糖核苷酸。核糖核苷酸由磷酸 + 核糖 + 含氮碱基〔腺嘌呤 (A)、尿嘧啶 (U)、胞嘧啶 (C)、鸟嘌呤 (G)〕构成，脱氧核糖核苷酸由磷酸 + 脱氧核糖 + 含氮碱基 A、T、C、G 构成，如图 2.16～图 2.18 所示。

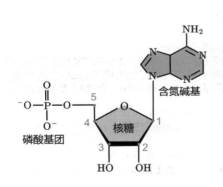

图 2.16　核苷酸的结构

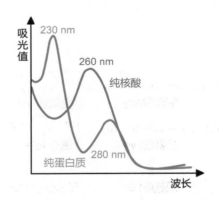

图 2.17　核酸在波长为 260 nm 处有强烈的紫外吸收；蛋白质在波长为 280 nm 处有强烈的紫外吸收

　　高中接触到的 RNA 有三类：mRNA、tRNA、rRNA。mRNA 中的 m 是 messenger 的缩写，mRNA 即信使 RNA，是翻译的模板，其上 3 个相邻的碱基组成一个密码子。tRNA 中的 t 是 transfer 的缩写，tRNA 即转运 RNA，是翻译时负责转运氨基酸的，其二级结构是倒三叶草结构，三级结构是倒 L 结构。tRNA

不同波长下吸光值的比值		
	260/280	260/230
纯DNA	~1.8	>1.8
纯RNA	~2.0	>1.8

图 2.18　通过检测不同波长下吸光值的比值判断 DNA 和 RNA 的纯度

的 3' 端结合氨基酸，含有反密码子，与 mRNA 上的密码子进行碱基互补配对。tRNA 上含有较多的修饰碱基（稀有碱基）。rRNA 中的 r 是 ribosomal 的缩写，rRNA 即核糖体 RNA，与蛋白质一起构成核糖体。rRNA 负责催化氨基酸的脱水缩合，蛋白质只是负责稳定核糖体的结构，因此，核糖体本质上是一种核酶，即 RNA 构成的酶。

2. 核酸和蛋白质的紫外吸收

DNA 和 RNA 在波长为 260 nm 处有强烈的紫外吸收，如图 2.17 所示。

当 DNA 从双链 DNA 变成单链 DNA 时，其紫外吸收能力增加，称为增色效应。类似的，蛋白质在波长为 280 nm 处有强烈的紫外吸收。

2.2.7 细胞中的有机物——蛋白质

1. 氨基酸

氨基酸是蛋白质的基本单位，通过脱水缩合反应形成蛋白质，蛋白质是生命活动的主要承担者。

自然界中的氨基酸有 200 多种，但构成蛋白质的氨基酸主要有 21 种，它们都符合通用结构：一个中心碳原子，分别连有 –R、–COOH、–NH₂、–H，如图 2.19 所示。氨基酸种类的不同，其实就是 R 基的不同，如图 2.20 所示。

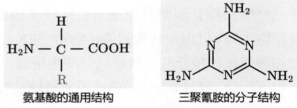

氨基酸的通用结构　三聚氰胺的分子结构

图 2.19　通用结构

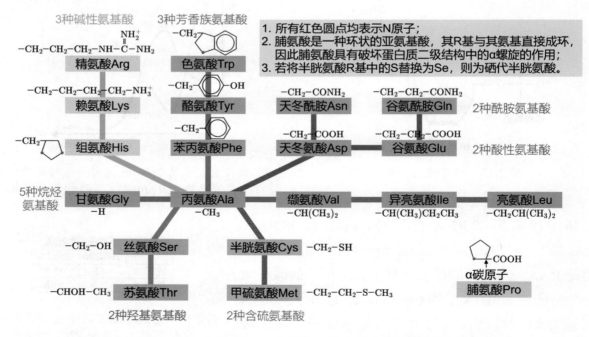

图 2.20　将各种氨基酸按照其 R 基的特点排成类似铁路线的图示

21 种氨基酸中，有两种氨基酸含有硫 (S)[甲硫氨酸 (代号为 Met) 和半胱氨酸 (代号为 Cys)]，Met 是起始密码子对应的氨基酸，即所有的蛋白质在合成的时候，第一个氨基酸都是 Met，但合成后要加工，所以并不是所有的成熟蛋白质都含有 Met。Cys 的 R 基是 $-CH_2$ $-SH$，两个巯基 ($-SH$) 可以氧化形成一个二硫键 ($-S-S-$)，过程中脱去两个 H。还有三种氨基酸 (赖氨酸、精氨酸、组氨酸) 是碱性氨基酸；如果一个蛋白质富含碱性氨基酸，这种蛋白质就是碱性蛋白质，如构成染色质 / 染色体的组蛋白。还有两种氨基酸 (谷氨酸、天冬氨酸) 是酸性氨基酸。另外，三种氨基酸 (苯丙氨酸、酪氨酸、色氨酸) 是 R 基带有苯环的氨基酸，蛋白质在波长为 280 nm 的紫外光下有强烈的吸收，就是由于蛋白质中含有这三种氨基酸导致的。

氨基酸的元素组成是 C、H、O、N，有的含有 S(甲硫氨酸、半胱氨酸)，所以蛋白质的元素组成是 C、H、O、N，有的含有 S、P 等。蛋白质中的 N 的含量在各种蛋白质中比较接近，因此我们可以通过测定 N 的含量反推蛋白质的含量，即凯氏定氮法。

◁─◇ 知识拓展：凯氏定氮法简介 ◆─▷

凯氏定氮法是丹麦化学家凯道尔于 1883 年建立的，是分析有机化合物含氮量的常用方法。其理论基础是蛋白质中的含氮量通常占其总质量的 16% 左右，因此，通过测定物质中的含氮量便可估算出物质中的总蛋白质含量 (假设测定物质中的氮全来自蛋白质)，即：蛋白质含量 $= \dfrac{含氮量}{16\%} =$ 含氮量 $\times 6.25$。具体操作是将蛋白质与浓硫酸 16% 和催化剂一同加热硝化，使蛋白质分解，分解的氨与硫酸结合生成硫酸铵；然后碱化蒸馏，使氨游离，用硼酸吸收后再以硫酸或盐酸标准溶液滴定，根据酸的消耗量乘以换算系数，就可以换算成蛋白质含量。很显然，凯氏定氮法有一个致命缺陷：它默认测定物质中的氮全部来自蛋白质。这也是原本蛋白质含量不达标的牛奶和奶粉等产品，添加一点三聚氰胺 (分子式为 $C_3H_6N_6$，见图 2.19)，就可使蛋白质含量"达标"的原因。

2. 必需氨基酸

21 种氨基酸中，有 8 种氨基酸是人体无法自己合成的，必须从食物中获得，是我们膳食必需的，称为必需氨基酸；对应的，另外 13 种氨基酸是人体细胞能够合成的，称为非必需氨基酸。必需氨基酸是甲硫氨酸、缬氨酸、赖氨酸、异亮氨酸、苯丙氨酸、亮氨酸、色氨酸、苏氨酸，谐音可记为"甲携来一本亮色书"。婴儿的代谢功能尚不健全，连组氨酸也无法自己合成，因此共有 9 种必需氨基酸。植物和微生物一般可以合成所有需要的氨基酸，不存在必需氨基酸。人为诱变产生的代谢缺陷型菌株，可能由于无法合成某种氨基酸，必须生活在额外添加相应氨基酸的培养基上才能生长，或将相应基因回补后才能在基础培养基上生长，在基因工程中有广泛应用。

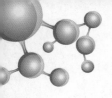

3. 氨基酸脱水缩合形成多肽

氨基酸脱水缩合时：羧基-COOH 脱去-OH，氨基-NH₂ 脱去-H，脱下的-OH 和-H 结合形成水，羧基和氨基形成-CO-NH-，中间的连接键称为肽键。有的氨基酸，如赖氨酸、精氨酸、组氨酸的 R 基上也含有氨基，谷氨酸、天冬氨酸的 R 基上也含有羧基；这些 R 基上的氨基和羧基也可以参与形成肽键，我们称这种肽键为异肽键，以示区分。

4. 蛋白质的空间结构

蛋白质具有极其复杂多样的空间结构，按照不同的结构水平，蛋白质分为四个结构水平，如图 2.21 所示。蛋白质的一级结构指的是多肽链的数目，多肽链之间的连接方式，二硫键的数目和位置，多肽链中氨基酸的种类、数目和排列顺序，一级结构依靠肽键和二硫键维持。蛋白质的二级结构指的是肽链形成的周期性的主体结构，主要有 α-螺旋、β-折叠、β-转角、无规卷曲 4 种，二级结构依靠氢键维持。蛋白质的三级结构指的是在二级结构的基础上，形成的三维立体结构，三级结构主要依靠氢键、疏水键、盐键、范德华力等形成的结构。有些蛋白质由不止一条肽链构成，它们之间以弱键相互作用，形成一定的构象，称为四级结构。

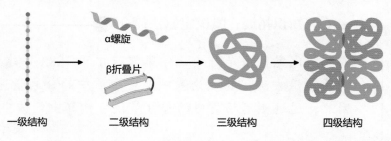

图 2.21　肽链盘曲折叠形成蛋白质

5. 蛋白质的盐析、变性

在水溶液中，蛋白质分子表面形成水化膜，加上蛋白质分子是两性电解质，在非等电点的溶液中带有同种电荷，相互排斥，因此不会聚集沉淀，而是形成胶体。所以，除去蛋白质的水化膜和表面电荷，可以使蛋白质从溶液中沉淀出来，如将溶液的 pH 值调至等电点，此时蛋白质分子呈电中性，虽然不稳定，但由于水化膜的保护，尚不至于沉淀，此时如果再加入脱水剂，去除水化膜，蛋白质分子就会相互凝聚稀释。当然，先脱水，再调至等电点效果是一样的。

盐析就是加入大量的中性盐（如硫酸钠），用盐把蛋白质分子表面的水化膜夺走，从而使蛋白质沉淀。盐析过程是可逆的，因为盐析时，蛋白质的空间结构未发生改变，加水将盐稀释掉，蛋白质会重新变得溶解。

注 意

蛋白质在稀盐溶液中溶解度反而增加。

加入亲水性强的有机溶剂，如乙醇、丙酮等，也可以将蛋白质分子表面的水化膜夺走，使蛋白质变性沉淀。

加入可与蛋白质结合成不溶解的化合物的物质，如 pH 值高于蛋白质等电点时加入重金属盐，pH 值低于蛋白质等电点时加入一些酸根，也可以使蛋白质变性沉淀。

蛋白质变性是一个很大的概念，高温、过酸、过碱、重金属盐、酶解等都可以使蛋白质的生物学活性丧失，称为变性。蛋白质的生物学活性依赖于其空间结构，但空间结构发生细微的改变，不一定引起蛋白质变性，如酶在催化化学反应时空间结构会发生可逆的改变，但未变性；同样，载体蛋白在转运物质时空间结构也会发生可逆的改变，但未变性。但如果蛋白质变性了，则其空间结构一定发生了改变。

6. 蛋白质的鉴定——双缩脲反应

双缩脲是 2 个尿素分子加热至 180℃，脱去 1 个氨分子形成的化合物，如图 2.22 所示。双缩脲在碱性溶液中能与硫酸铜反应，生成紫色络合物 (Cu 和 N 之间形成 2 个共价键、2 个配位键)，称为双缩脲反应，如图 2.23 所示。蛋白质分子中的$-CO-NH-$与双缩脲的结构类似，因此也可以和双缩脲试剂反应显紫色。

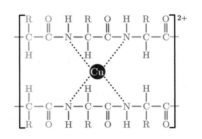

图 2.22　尿素形成双缩脲过程　　　　图 2.23　铜离子与肽链形成络合物

双缩脲试剂由两种溶液组成：质量浓度为 $0.1\ g\cdot mL^{-1}$ 的 NaOH 溶液，质量浓度为 $0.01\ g\cdot mL^{-1}$ 的 $CuSO_4$ 溶液。从反应原理可知：双缩脲反应并不是双缩脲的特有反应，只要含有两个或两个以上的肽键，或一个肽键和一个$-CS-NH_2$、$-CO-NH_2$、$-CH_2-NH_2$、$-CRH-NH_2$、$-CHNH_2-CH_2OH$ 等基团的物质，以及乙二酰乙二胺 ($NH_2-CO-CO-NH_2$) 等，都能发生这种颜色反应，但是，氨基酸或二肽是不能和双缩脲试剂发生颜色反应的，氨 (NH_3) 对反应有一定的干扰：NH_3 与 Cu^{2+} 可生成深蓝色的络离子 $[Cu(NH_3)_4]^{2+}$。

7. 蛋白质的功能

生物界蛋白质的种类估计有 $10^{10}\sim10^{12}$ 种，这是因为构成蛋白质的氨基酸的种类有所不同、氨基酸的数目成千上万、氨基酸的排列顺序千变万化，最终肽链的盘曲折叠形成的空间结构千差万别。蛋白质是生命活动的主要承担者，一切生命活动都与蛋白质有关。理论上讲，一个由 21 种氨基酸组成的二十肽，仅考虑氨基酸的排列顺序，就有 $21^{20}=2.8\times10^{26}$ 种可能。

蛋白质结构的多样性是蛋白质功能多样性的基础。根据蛋白质的作用，可将蛋白质分为以下几类。

(1) 结构蛋白，蛋白质的一个重要功能是建造和维持生物体的结构，为细胞和组织提供强度和保护。结构蛋白的单体一般聚合成长的纤维。大多数是不溶性的纤维蛋白，如 α- 角蛋白、胶原蛋白、弹性蛋白、丝蛋白等。

(2) 调节蛋白，如胰高血糖素、胰岛素、抗利尿激素等绝大多数激素，以及乳糖操纵子中的阻遏蛋白、各种转录因子等。

(3) 催化功能蛋白，蛋白质的一个最重要的生物功能是作为生物体新陈代谢的催化剂——酶，生物体内各种化学反应，几乎都是在相应的酶的参与下进行的，酶催化的反应速率是非催化反应速率的 10^{16} 倍。目前已发现的酶有 3000 多种，绝大多数都是蛋白质，如核糖核酸酶、胰蛋白酶、核酮糖 -1,5- 二磷酸羧化加氧酶 (Rubisco)、过氧化氢酶、碳酸酐酶等。

(4) 防御功能蛋白，如抗体、补体、淋巴因子、血液凝固蛋白、蛇毒、蜂毒、神经毒素蛋白等。

(5) 运动功能蛋白，如肌动蛋白、肌球蛋白、微管蛋白、驱动蛋白、动力蛋白等。

(6) 转运功能蛋白，如血红蛋白、肌红蛋白、血清白蛋白、葡萄糖转运蛋白、水通道蛋白等。

(7) 供能功能蛋白，糖类和脂肪供能不足时，蛋白质也可用于供能。

8. 氨基酸脱水缩合过程的计算

氨基酸脱水缩合形成肽和蛋白质。2 个氨基酸脱去一分子水，形成二肽，以此类推：m 个氨基酸脱水缩合，形成 n 条多肽链 (非环状多肽)，过程中脱去 $m-n$ 个水，形成 $m-n$ 个肽键。因为氨基酸中至少含有 2 个 O 原子 (至少指的是不考虑 R 基中的 O)，脱水缩合过程中脱去 $m-n$ 个 O，所以 n 条多肽链中至少含有 $m+n$ 个 O。另外，每形成一个二硫键 -S-S-，会脱去 2 个 H，相对分子质量减少 2。

氨基酸的平均相对分子质量是 128(注意，这里的平均指的是加权平均，是要考虑各种氨基酸在蛋白质中的含量差异的)，所以 m 个氨基酸形成的一个具有 n 条多肽链的蛋白质分子，其相对分子质量可表示为 $128m-18(m-n)$ 或 $110m+18n$。

❋ 2.3 生物模型的构建与解读

2.3.1 物理模型

物理模型就是人们根据相似原理，把真实事物按比例放大或缩小而制成的模型，其状态变化和原事物基本相同，可以模拟客观事物的某些功能和性质。比如生物体结构的模式标本、细胞结构模式图、减数分裂图解、DNA 分子双螺旋结构、生物膜流动镶嵌模型、食物链和食物网等，如图 2.24 所示。

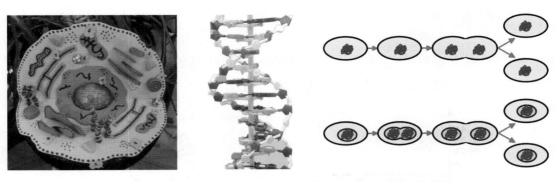

图 2.24　物理模型举例

　　构建物理模型的策略是要明确物理模型中的具体结构分别是什么，并规范书写其名称术语，还要把各种物理模型与相关的理论知识结合在一起，除了了解各物理模型在知识点中说明了什么问题，还要进行知识的迁移和延伸，从而提高解题的判断和推理能力。

2.3.2 概念模型

　　概念模型是以图示、文字、符号等组成的流程图形式对事物的规律和机理进行描述、阐明。比如光合作用示意图、中心法则图解、免疫过程图解、过敏反应机理图解、达尔文的自然选择学说的解释模型、血糖平衡调节的模型等，如图 2.25 所示。

　　概念模型的特点是直观化、模式化，由箭头等符号连接起来的文字、关键词比较简明、清楚，既能揭示事物的主要特征，又直观形象、通俗易懂。构建概念模型的方法有集合图法、知识链法、分析法、图解法等。

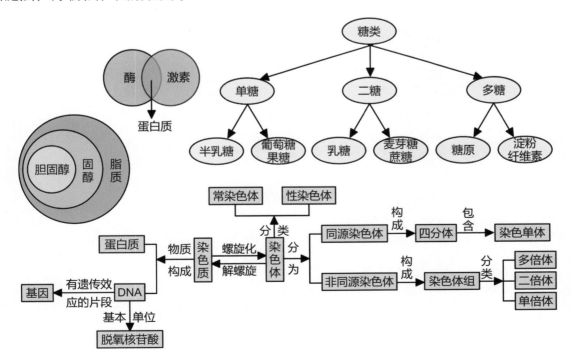

图 2.25　概念模型举例

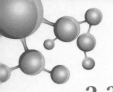

2.3.3 数学模型

数学模型是用来定性或定量表述生命活动规律的计算公式、函数式、曲线图以及由实验数据绘制成的柱形图、饼状图等，如图 2.26 所示。

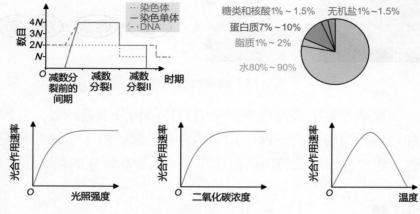

图 2.26　数学模型举例

常见的例子有组成细胞的化学元素饼状图；酶的活性受温度、酸碱度影响的曲线图；光合作用强度随光照强度、温度、CO_2 等条件变化的曲线图；有丝分裂和减数分裂过程中染色体、染色单体以及 DNA 数量的变化规律；基因分离定律和自由组合定律的图表模型；植物对生长素浓度的反应曲线；J 形种群增长曲线的数学模型和公式 $N_t = N_0 \cdot \lambda^t$；能量金字塔等。

第3章 细胞的结构与功能

✿ 3.1 细胞壁

3.1.1 细菌细胞壁

除支原体外，几乎所有的细菌都有细胞壁。细菌的细胞壁成分主要是肽聚糖，不含纤维素。肽聚糖是由 N-乙酰葡萄糖胺和 N-乙酰胞壁酸及短肽组成的多层网状大分子结构，在分类上属于杂多糖。虽然肽聚糖极为坚固，但依然有一些办法可以去除细菌细胞壁。常用的去除细菌细胞壁的方法是用溶菌酶进行处理。溶菌酶可以断开 N-乙酰葡萄糖胺和 N-乙酰胞壁酸之间的 β-1,4- 糖苷键。青霉素、环丝氨酸、万古霉素等抗生素可以通过抑制或干扰肽聚糖中短肽的形成，使细菌无法正常形成细胞壁，从而起到抑菌的效果。

革兰氏染色是一种根据细菌细胞壁上的生物化学性质不同，将细菌分成两类，即革兰氏阳性 (Gram Positive) 与革兰氏阴性 (Gram Negative) 的方法，由丹麦病理学家汉斯·克里斯蒂安·革兰 (Hans Christian Gram，1853—1938) 于 1884 年创立。其操作步骤是结晶紫初染→ 碘液媒染→ 95% 的乙醇脱色→ 番红复染。其结果是革兰氏阳性菌呈蓝紫色，革兰氏阴性菌呈浅红色。其原理是：通过结晶紫初染和碘液媒染后，在细胞壁内形成了不溶于水的结晶紫与碘的复合物，然后使用 95% 的乙醇脱色，革兰氏阳性菌的细胞壁比较厚、肽聚糖网层次较多且交联致密，所以乙醇脱色处理时，因失水反而使网孔缩小，再加上它不含类脂，故乙醇处理不会出现缝隙，因此能把结晶紫与碘复合物牢牢留在壁内，使其仍呈紫色；而革兰氏阴性菌的细胞壁很薄，外膜层中类脂含量高、肽聚糖层薄且交联度差，在遇脱色剂后，以类脂为主的外膜迅速溶解，薄而松散的肽聚糖网不能阻挡乙醇将结晶紫与碘复合物洗脱，因此通过脱色后呈无色，再经番红复染，就会呈现出番红的红色。

革兰氏阳性菌一般产生的是外毒素，对机械力的抗性强，对青霉素和磺胺类药物敏感，对链霉素、氯霉素、四环素类药物不敏感，有的能产生芽孢。根据细菌不同的特征，革兰氏阳性菌可进一步分为以下几类：革兰氏阳性球菌，包括葡萄球菌、链球菌、肠球菌等；革兰氏阳性杆菌，包括有芽孢的杆菌，如芽孢杆菌、芽孢梭菌，无芽孢杆菌，如棒状杆菌、李斯特菌、放线菌等。

革兰氏阴性菌一般产生的是内毒素，对机械力的抗性弱，对青霉素和磺胺类药物不敏感，对链霉素、氯霉素、四环素类药物敏感，大多数不能产生芽孢。革兰氏阴性菌根据是否能够分解葡萄糖，可以分为发酵菌和非发酵菌两大类。发酵菌以肠道杆菌为主，包括大肠杆菌、志贺菌、沙门菌、鼠疫耶尔森菌、肺炎克雷伯菌等，主要引起肠道的感染，也可引起肠道外感染；非发酵菌包括铜绿假单胞菌、鲍曼不动杆菌、嗜麦芽窄食单胞菌、嗜血杆菌、军团菌等，主要引起呼吸道、泌尿道、血液、皮肤软组织等感染。

3.1.2 真菌细胞壁

真菌的细胞壁成分主要是几丁质。几丁质又称甲壳素，是一种同多糖，基本单位是 N-乙酰 - 葡萄糖胺。所以要去除真菌的细胞壁，可以用几丁质酶处理，当然我们也可以用几丁质酶来实现抑制真菌的目的。

3.1.3 植物细胞壁

1. 植物细胞壁的成分

植物细胞都有细胞壁，其成分主要是纤维素和果胶。纤维素是同多糖，基本单位是葡萄糖；果胶是杂多糖，基本单位是半乳糖醛酸和半乳糖醛酸甲酯。所以去除植物细胞壁，可以用纤维素酶和果胶酶进行处理。降解后得到的去壁植物细胞，称为原生质体。

> **知识拓展：原生质层、原生质滴、原生质体的区别**
>
> 原生质层：细胞膜、液泡膜，以及它们之间的细胞质。
>
> 原生质滴：精细胞变形形成精子的过程中，细胞质浓缩形成原生质滴。它附着在尾巴的表面，随着精子的运动，逐渐向后移动，最终脱落。所以雄配子中几乎不携带细胞质，也就不携带细胞质遗传物质，所以我们可以将一些优良的、抗性基因转入线粒体或叶绿体基因组中，从而避免转基因污染问题。
>
> 原生质体：去壁植物细胞，一般建议在等渗或高渗的甘露醇溶液中操作，因为此时植物细胞处于质壁分离的状态，更方便去壁。

2. 植物细胞壁的结构层次

植物细胞的细胞壁一般可分为三层（见图 3.1），由外向内，依次是胞间层、初生壁、次生壁。胞间层又称中层，是最早形成的部分，位于细胞最外层，化学成分主要是果胶。果胶具有很强的亲水性和可塑性，植物细胞依靠它使相邻细胞彼此粘连。初生壁是在细胞生长过程中，在胞间层形成之后产生的，位于胞间层的内侧，化学成分是纤维素、半纤维素、果胶。初生壁的特点是比较薄，具有较大的可塑性，能随细胞的生长而扩大。次生壁是在细胞停止生长后，积累在初生壁的内侧，其化学成分是纤维素、半纤维素、果胶、木质素等。次生壁的特点是较厚、无弹性、不能随细胞的生长而扩大。次生壁在沉积的过程中，渗入栓质等脂肪类物质，随着次生壁的形成，细胞逐渐死亡。

细胞壁生长时并不是均匀增厚的。初生纹孔场指的是初生壁在积累过程中，不均匀增厚，形成的明显凹陷的区域。纹孔指的是次生壁在积累过程中，初生纹孔场区域为增厚的地方形成纹孔。一个初生纹孔场上可以有几个纹孔。在初生纹孔场上集中分布有许多小孔，细胞的原生质细丝通过这些小孔，将相邻细胞的原生质体相连，这样的原生质细丝称为胞间连丝，胞间连丝是细胞间的物质交换和信息交流的桥梁，当然，在初生纹孔场之外的区域，也会有少量的胞间连丝分布。

◇── 知识拓展：蓝细菌、绿藻、低等植物、高等植物的问题 ──◆

蓝细菌是原核细胞，细胞壁成分和细菌相似，也主要是肽聚糖。绿藻是真核细胞，属于广义上的植物，细胞壁是纤维素和果胶。低等植物指的是原植体植物或无胚植物，而高等植物指的是茎叶体植物或有胚植物，如图 3.2 所示。

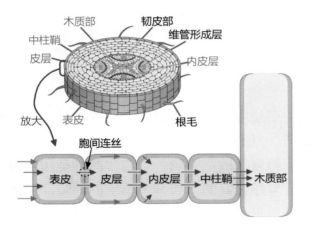

图 3.1　植物根的结构和胞间连丝示意图

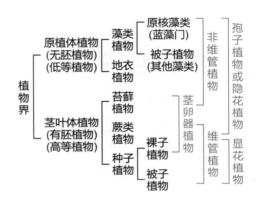

图 3.2　植物的分类系统

✿ 3.2 细胞膜

3.2.1 对细胞膜成分的探索

1895 年，英国生理学家、生物学家查尔斯·欧内斯特·欧文顿 (Charles Ernest Overton，1865—1933) 用 500 多种化学物质对植物细胞的通透性进行了上万次的实验，发现细胞膜对不同物质的通透性不一样：溶于脂质的物质，容易穿过细胞膜；不溶于脂质的物质，不容易穿过细胞膜。欧文顿由此推测细胞膜是由脂质组成的。为了进一步确定细胞膜中脂质成分的类型，科学家利用动物的卵细胞、红细胞、神经细胞等，制备出纯净的细胞膜，经过化学分析，得出结论：组成细胞膜的脂质有磷脂和胆固醇，其中磷脂含量最多。磷脂是一种双亲分子：一端是亲水的头部，另一端是由两个脂肪酸组成的疏水的尾部。多个磷脂分子在水中自发形成双分子层。1925 年，荷兰科学家埃弗特·戈特 (Evert Gorter，

1881—1945) 和弗朗索瓦·格伦德尔 (François Grendel, 1897—1969) 用丙酮从人的红细胞中提取脂质，在空气—水的界面上铺展成单分子层，测得单层分子的面积恰为红细胞表面积的 2 倍；由此推测：细胞膜中的磷脂分子必然排列为连续的两层，如图 3.3 所示。

1935 年，英国科学家詹姆斯·丹尼利 (James Danielli, 1911—1984) 和休·戴维斯 (Hugh Davson, 1909—1996) 研究了细胞膜的表面张力，发现细胞的表面张力明显低于油—水界面的表面张力，说明细胞膜除了含有脂质分子，可能还含有蛋白质，如图 3.4 所示。

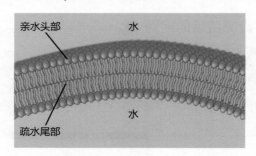

图 3.3　戈特和格伦德尔认为细胞膜中的磷脂分子必然排列为连续的两层

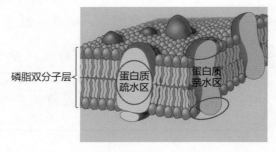

图 3.4　丹尼利和戴维森认为细胞膜除了含有脂质分子，可能还含有蛋白质 (Reece J B, 2024)

3.2.2　细胞膜的结构

通过对细胞膜成分的研究发现，细胞膜主要是由脂质和蛋白质组成的，其中脂质约占细胞膜总质量的 50%，蛋白质约占 40%，此外，还有少量的糖类，占 2%～10%。蛋白质在细胞膜行使功能方面起着重要的作用，功能越复杂的细胞膜，蛋白质的种类和数量就越多。目前已知的膜中：线粒体内膜的蛋白质含量是最高的，与其上丰富的呼吸作用酶系及转运蛋白有关；神经元轴突处的膜的蛋白质含量是最低的，与其绝缘的性质及传导电信号有关。

20 世纪 40 年代，曾有学者推测脂质两边各覆盖有蛋白质这样的细胞膜结构模型。1959 年，大卫·罗伯特森 (J. David Robertson, 1923—1995) 在电镜下看到了细胞膜清晰的暗—亮—暗的三层结构，他结合其他科学家的工作，大胆提出细胞膜结构模型：所有的细胞膜都由蛋白质—脂质—蛋白质三层结构构成，如图 3.5 所示。电镜下看到的中间的亮层是脂质，两边的暗层是蛋白质。遗憾的是，他把细胞膜描述为静态的统一结构。

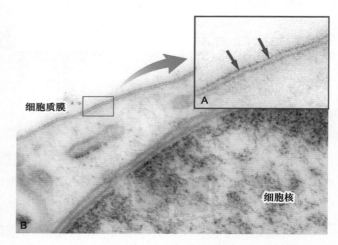

图 3.5　电子显微镜下细胞膜呈暗—亮—暗的结构（翟中和，2007）

知识拓展：为什么亮的是脂质，暗的是蛋白质？

　　电镜观察的亮带是 3.5 nm，刚好符合磷脂双分子层亲水头部之间的距离，即两条疏水尾部距离之和。电镜观察的暗带各自是 2 nm，推测是蛋白质，整个膜的厚度是 7.5 nm。暗带是因为电子穿透的较少，明带是因为电子穿透的较多。脂双层由于对电子阻挡作用小，所以是明带，蛋白质对电子的阻挡作用大，所以是暗带。

　　20 世纪 60 年代以后，人们对这一模型的异议逐渐增多：如果是这样，细胞膜的复杂功能难以实现，就连细胞的生长、变形虫的变形运动都难以解释。1970 年，科学家用发绿色荧光的染料标记小鼠细胞表面的蛋白质分子，用发红色荧光的染料标记人细胞表面的蛋白质分子，然后用灭活的仙台病毒诱导两种细胞融合，融合细胞的一半发绿色荧光，另一半发红色荧光，再在 37℃下培养 40 min 后，细胞膜上的红色荧光和绿色荧光均匀分布，如图 3.6 所示。这一实验以及其他相关实验表明：细胞膜具有流动性。这里提到的其他实验，如荧光漂白恢复实验，如图 3.7 所示。

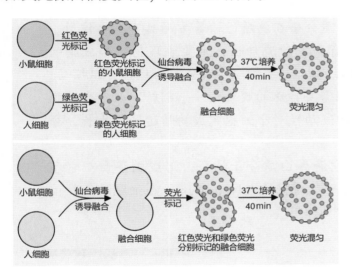

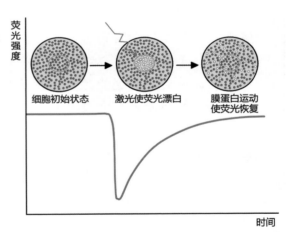

图 3.6　小鼠细胞与人细胞融合实验　　　　　　图 3.7　荧光漂白恢复实验

▶▶▶

　　在小鼠细胞与人细胞融合实验中，可以先分别用绿色荧光和红色荧光染料标记小鼠细胞和人细胞膜蛋白，然后使用病毒诱导细胞融合，也可以先诱导融合，后选择性标记。荧光漂白恢复技术的原理是先用荧光染料标记细胞膜蛋白，然后利用高能激光束照射细胞的某一区域，使该区域内的荧光分子不可逆地猝灭，这一区域称为光漂白区。随后，由于细胞膜中的脂质分子和蛋白质分子的运动，周围非漂白区的荧光分子不断向光漂白区迁移，使光漂白区的荧光强度得以恢复。荧光漂白恢复技术可以根据光漂白区荧光强度的恢复速率，定量分析膜蛋白的迁移率和膜脂分子的扩散系数等。

第 3 章

细胞的结构与功能

在新的观察和实验证据的基础上，1972 年，美国生物学家辛格 (S. J. Singer) 和尼克尔森 (G. Nicolson) 提出了流动镶嵌模型 (fluid mosaic model)，如图 3.8 所示。流动镶嵌模型得到了各种实验结果的支持，奠定了生物膜的结构与特性的理论基础。

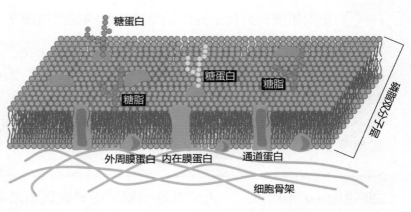

图 3.8　流动镶嵌模型

◁───○ **知识拓展**：流动镶嵌模型的主要内容 ○───▷

细胞膜主要是由磷脂分子和蛋白质分子构成的。

磷脂双分子层是膜的基本支架，其内部是磷脂分子的疏水端，水溶性分子或离子不能自由通过，因此有屏障作用；蛋白质分子以不同的方式镶嵌在磷脂双分子层中：有的镶在磷脂双分子层表面；有的部分或全部嵌入磷脂双分子层中；有的贯穿于整个磷脂双分子层。这些蛋白质分子在物质运输等方面具有重要作用。

细胞膜不是静止不动的，而是具有一定的流动性，主要表现为：构成膜的磷脂分子可以侧向自由移动，也可以围绕轴心进行自旋，脂分子的尾部可以摆动，双层脂分子之间还可以翻转，这个过程需要特殊的膜蛋白——翻转酶来完成；膜中的蛋白质大多数也能运动。细胞膜的流动性对于细胞完成物质运输、生长、分裂、运动等功能是非常重要的。

细胞膜的外表面还有糖类分子：它和蛋白质分子结合，形成糖蛋白；它和脂质分子结合，形成糖脂。这些糖类分子称为糖被 (glycocalyx)，在细胞的保护、润滑、识别、免疫、粘连等方面具有重要作用。

3.2.3 ‖ 细胞膜的功能

1. 将细胞与外界环境分隔开

细胞膜的出现是生命起源过程中至关重要的阶段，它将生命物质与外界环境分隔开，形成了原始的细胞，并成为相对独立的系统。细胞膜保障了细胞内部环境的相对稳定。

2. 控制物质进出细胞

细胞膜对进出细胞的物质进行严格的检查和选择。

细胞需要的营养物质可以从外界进入细胞，不需要的物质不易进入细胞。

抗体、激素等物质在细胞内合成后，可以分泌到细胞外；细胞产生的废物也要排出到

细胞外。但细胞内有用的成分不会轻易流失到细胞外。

需要注意的是：细胞膜的控制作用是相对的，环境中的一些对细胞有害的物质也可能进入，有些病毒、细菌也能侵入细胞，使生物体患病。

3. 进行细胞间的信息交流

在多细胞生物体内，各个细胞都不是孤立存在的，它们之间必须保持功能的协调，才能使生物体健康生存。这种协调性的实现，不仅依赖于物质和能量的交换，也依赖于信息的交流。细胞间信息交流的方式主要有以下几种。

(1) 内分泌细胞分泌的激素，随血液到达全身各处，与靶细胞表面的受体结合，将信息传递到靶细胞。

(2) 相邻两个细胞的细胞膜接触，信息从一个细胞传递到另一个细胞，如精卵细胞识别和结合。

(3) 相邻两个细胞之间形成通道，携带信息的物质通过通道进入另一个细胞。高等植物细胞间通过胞间连丝相互连接，也有信息交流的作用。神经元与神经元之间，除了我们所学过的化学突触外，还有一种电突触，这也是两个细胞之间直接形成通道，进行信息交流的一种方式。

✽ 3.3 细胞质

3.3.1 ‖ 离心技术

1. 离心技术简介

离心技术是分离蛋白质、酶、核酸及亚细胞组分最常用的方法之一，也是生化实验室中常用的分离、纯化和澄清的方法，如图 3.9 所示。尤其是超速冷冻离心，已经成为研究生物大分子实验室中的常用技术方法。离心技术是利用物体高速旋转时产生强大的离心力，使置于旋转体中的悬浮颗粒发生沉降或漂浮，从而使某些颗粒达到浓缩或与其他颗粒分离的目的。这里的悬浮颗粒往往是指制成悬浮状态的细胞、细胞器、病毒和生物大分子等。常用的离心机有多种类型：一般低速离心机的最高转速不超过 6000 r/min；高速离心机在 25000 r/min 以下；超速离心机的最高速度达 30000 r/min 以上。

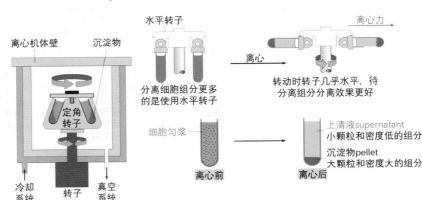

图 3.9　离心原理

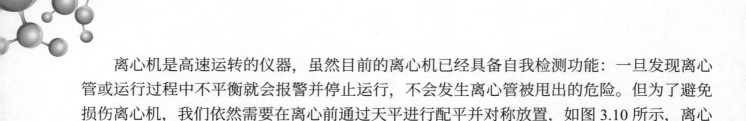

离心机是高速运转的仪器，虽然目前的离心机已经具备自我检测功能：一旦发现离心管或运行过程中不平衡就会报警并停止运行，不会发生离心管被甩出的危险。但为了避免损伤离心机，我们依然需要在离心前通过天平进行配平并对称放置，如图 3.10 所示，离心机上一般都贴有明显的"配平"标志，用于提示操作者。

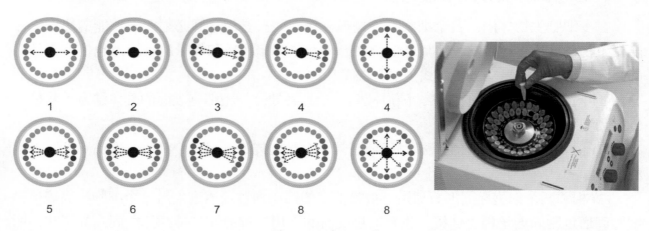

图 3.10　离心配平

常用的离心技术包括沉淀离心、差速离心、密度梯度离心等。

2. 差速离心

差速离心就是根据颗粒大小和密度不同造成沉降速度（即沉降系数）的差异，通过分级提高离心转速，使具有不同质量的颗粒样品（或大分子）从混合液中分批沉降至管底，从而实现分离的目的，如图 3.11 所示。该方法适用于混合样品中各沉降系数差别较大的组分之间的分离，更准确地说是沉降系数差别在 1 至几个数量级的混合样品的分离。差速离心法一般采用固定角转子，通过较低速度的离心沉淀，最重的颗粒将全部沉到管底。继续将上清液以更高的转速沉淀，即可得到次重的颗粒样品。逐步增加离心转速，即可分别得到不同重量的样品颗粒，以达到分离的目的。

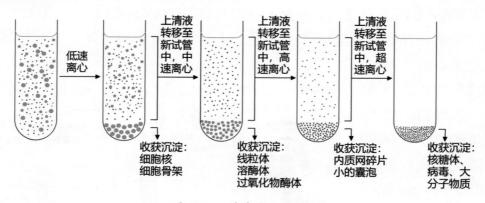

图 3.11　差速离心示意图

差速离心技术的应用十分普遍，尤其适用于有生物活性的物质，如动植物病毒、各种亚细胞组分（细胞核、叶绿体、线粒体等），以及核酸和蛋白质等生物大分子的分离、粗提和浓缩。

3. 密度梯度离心

离心机转子高速旋转时，当悬浮颗粒密度大于周围介质密度时，颗粒离开轴心方向移动，发生沉降；如果颗粒密度低于周围介质的密度时，则颗粒朝向轴心方向移动而发生漂浮。密度梯度离心是使待分离样品在密度梯度介质中进行离心沉降或沉降平衡，最终分配到梯度中某些特定位置上，形成不同区带的分离方法，又称区带离心，如图 3.12 所示。

实验前需制备密度梯度介质溶液：离心管内先装入分离介质 (如蔗糖、甘油、CsCl、Percoll 等)，以形成连续的或不连续的密度梯度介质，管底浓而管顶稀。待分离样品铺在梯度液的顶部，同梯度液一起离心，利用各颗粒在梯度液中沉降速度或漂浮速度的不同，使具有不同沉降速度的颗粒处于不同密度的梯度层内，达到彼此分离的目的。此方法可分离各种细胞、病毒、染色体、脂蛋白、 DNA 和 RNA 等生物样品。

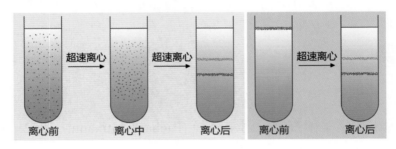

图 3.12　密度梯度离心示意图

补充

差速离心需要进行转速调整、重悬和反复离心等操作；差速离心适用于分离混合样品中各沉降系数差别较大的组分。

密度梯度离心过程中只使用一种转速，中途无须变更实验参数，适宜分离密度有一定差异的样品。

3.3.2　细胞质基质

细胞质 (cytoplasm) 是细胞质膜包围的、除核区外的、半透明的、胶状的、颗粒状物质的总称。细胞质的含水量约为 80%。除水之外，细胞质的主要成分为贮藏物、多种酶类、中间代谢物、各种营养物和大分子的单体等。细胞质由细胞质基质、细胞器、细胞骨架组成，是生命活动的主要场所。

细胞质基质又称细胞溶胶，指的是细胞质中除细胞器以外的液体部分。细胞中的蛋白质有 25% ~ 50% 存在于细胞溶胶中。细胞溶胶中有多种酶，是多种代谢活动的场所。细胞器 (organelle) 是真核细胞中具有特定功能的结构，一般有膜包被，如线粒体、叶绿体、内质网、高尔基体、溶酶体等，但中心体和核糖体是无膜细胞器。分离不同的细胞器主要是通过差速离心法实现的。细胞骨架包括微管、微丝、中间丝、微梁、细胞蛇等。

这里需要注意以下几项。

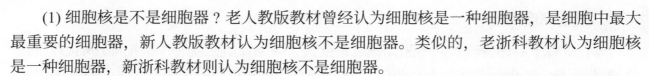

(1) 细胞核是不是细胞器？老人教版教材曾经认为细胞核是一种细胞器，是细胞中最大最重要的细胞器，新人教版教材认为细胞核不是细胞器。类似的，老浙科教材认为细胞核是一种细胞器，新浙科教材则认为细胞核不是细胞器。

(2) 细胞骨架的归属问题。有人认为细胞骨架应该归为细胞质基质，如翟中和的《细胞生物学》以及赵宗江的《细胞生物学》。有人认为细胞骨架应该归为细胞器，因为和中心体一致，细胞骨架也是由微管构成的结构，除微管外，还包含微丝和中间纤维，与维持细胞形态、保持细胞内部结构的有序性、细胞运动、物质运输、能量转换等生命活动密切相关，行使其特定的功能。

其实，讨论这样的问题没有意义，我们学习的重点应该是理解细胞核的结构和功能、细胞骨架的作用。分类这种问题，本身就是人为界定的。过分追究一个事物的分类，学习的重点就有点跑偏了，不是学习生物学的好的行为和想法。与诸君共勉！

3.3.3 细胞器

1. 线粒体

1890 年，德国生物学家理查德·阿尔特曼 (Richard Altmann, 1852—1900) 首次在光学显微镜下观察到动物细胞内存在一种颗粒状的结构并将其命名为生命小体 (bioblast)。1897 年，卡尔·本达 (Carl Benda, 1857—1932) 将其命名为线粒体 (mitochondrion)，mito- 意为线状，-chondrion 意为颗粒体。后来，人们发现在植物细胞中也有线粒体存在，由此确认线粒体是在真核细胞中普遍存在的一种细胞器。

从名字可知，线粒体一般为线状，也有粒状或短线状的，肝细胞中还发现线粒体有分支状并多个线粒体交织成网状形态。线粒体一般只有叶绿体的三分之一，可用光学显微镜观察，但需要结合健那绿等染料染色。线粒体在有的细胞中只有 1 个，玉米根冠细胞中有 100 ~ 3000 个，大鼠肝细胞中有 500 ~ 2000 个，大变形虫可多达 50 万个。线粒体在代谢率高的细胞中含量较多，且在细胞中的分布一般是不均匀的，会集中在代谢活跃的区域。含有叶绿体的植物细胞一般比动物细胞含有较少的线粒体。

在动植物细胞中均可观察到频繁的线粒体融合与分裂现象，这是线粒体调控其形态和数目的基本方式。线粒体频繁地融合和分裂，将细胞中所有的线粒体联合成一个不连续的动态整体。比如，拟南芥每个细胞中有 50 个左右的线粒体 DNA(mtDNA)，却有 500 多个线粒体。所以每个线粒体平均不到 0.1 个 mtDNA，这些没有 DNA 的线粒体只能通过频繁的相互融合与分裂，共享 mtDNA 的遗传信息。

通过染色，光学显微镜下就能观察到线粒体，但线粒体的结构必须在电子显微镜下才能看得清楚。电子显微镜下可观察到线粒体由内外双层单位膜包裹而成，线粒体的外膜平展，而内膜向内反复折叠延伸形成嵴 (cristae)，内外膜之间的区域称为膜间隙，如图 3.13 所示。内膜以内的区域称为线粒体基质，是蛋白质性质的胶状物质，含有几十种酶、

DNA、RNA、核糖体以及多种代谢中间产物，如三羧酸循环、脂肪酸氧化、氨基酸降解等有关酶。线粒体 DNA 可缩写为 mtDNA，双链、裸露。除衣藻、草履虫等极少数生物的 mtDNA 是线性分子外，其他生物都是环状 DNA。

对线粒体的内外双层膜的说明如下。

图 3.13　线粒体结构示意图 (Reece J B, 2024)

(1) 外膜平滑而连续，只有少量的酶。外膜含有孔洞—通道蛋白，通透性较大，如 ATP、NAD(P)$^+$、辅酶 A 等可以自由通过外膜，因此内外膜的膜间隙成分与细胞质基质成分基本相似。

(2) 内膜上存在有氧呼吸电子传递链载体、ADP-ATP 转位酶、ATP 合酶、其他膜转运蛋白。内膜通透性小、不能让包括 H$^+$ 在内的绝大多数离子和小分子自由透过，因此内膜上有很多蛋白质，是目前已知的蛋白质含量最多的膜，这些蛋白包括：运输酶类及运载体、合成酶类 (如与 DNA 复制、转录、翻译有关的酶)、电子传递和 ATP 合酶类。线粒体内膜的标志酶是细胞色素氧化酶。好氧的原核生物没有线粒体，但其细胞膜相当于线粒体内膜的作用。线粒体内膜的嵴上有很多排列规则的颗粒，称为线粒体基粒，本质上是 ATP 合酶复合体，朝向线粒体内膜的内侧，是合成 ATP 的具体部位。

线粒体的主要功能是通过氧化磷酸化合成 ATP，为细胞的生命活动直接提供能量。

2. 质体和叶绿体

植物细胞区别于动物细胞最主要特征之一就是它有质体，某些原生动物也有质体。质体外由两层膜包被。由于质体所含色素和功能不同，可将其分为白色体、叶绿体、有色体等。

前质体又称原质体，是质体的前体，是无色的双层膜颗粒，内含一些散乱的小泡和遗传信息及表达系统，能进行多次分裂并发育成为白色体和叶绿体。在黑暗条件下，前质体发育为白色体，在光照条件下则发育为叶绿体，如图 3.14 所示。

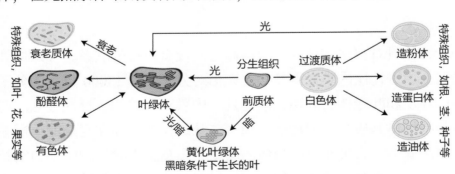

图 3.14　质体和叶绿体等的关系 (Knudsen, C., 2018)

白色体不含光合色素，呈颗粒状，内有简单的片层体结构，主要存在于分生组织及不见光的细胞中。在贮藏组织细胞中的白色体，根据积累的主要物质不同，又可分为造粉体、造蛋白体、造油体等。有色体含有类胡萝卜素等色素，但不含叶绿素，也没有类囊体等结构，和前质体类似。由于胡萝卜素和叶黄素的比例不同，使其呈现出不同的颜色，果实、花瓣、某些植物的根以及秋天的落叶等的颜色，主要就是这些器官组织中含有各种有色体导致的。叶绿体是光合作用的主要场所。藻类一般每个细胞只有一个、两个或少数几个叶绿体，形状有杯状如衣藻、螺旋带状如水绵等。高等植物细胞中叶绿体通常呈椭球形，数目可达数百个。

叶绿体的大小为 $(2 \sim 4\mu m) \times (4 \sim 10\mu m)$。叶绿体在细胞中的分布与光照有关：光照时叶绿体常分布在细胞外围，黑暗时叶绿体常流向细胞内部，如图 3.15 和图 3.16 所示。

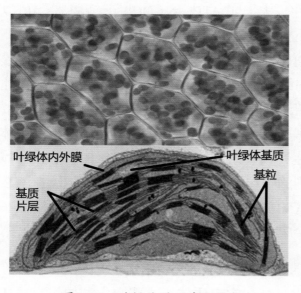

图 3.15　叶绿体的形态和结构

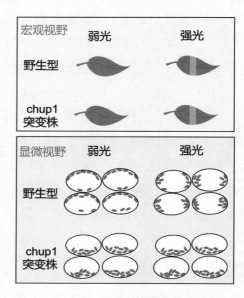

图 3.16　光照强度对叶绿体分布和位置的影响示意图

▶▶▶
　　野生型 (WT) 拟南芥叶片呈深绿色，对叶片一部分强光照射 (整体遮光，中部留有一条窄缝) 1 h 后，被照射的部位变成浅绿色。这是由于细胞中的叶绿体发生了位置和分布的变化，用以减少强光的伤害。在一种叶绿体定位异常的突变体 (chup1) 中，光照强度对叶绿体的位置和分布失去了影响。

高等植物叶绿体具有双层膜结构，两层膜之间没有直接的联系。叶绿体外膜上有很多孔洞—蛋白通道，通透性比内膜大得多，允许相对分子质量 13000 以下的分子通过，因此细胞质基质中的环境和叶绿体膜间隙相差无几。内膜对物质的选择性较强，通透性较差，是细胞质基质与叶绿体基质之间的功能屏障。在叶绿体内部存在复杂的单层膜结构，悬浮于基质中，称为类囊体，它可能与叶绿体内膜毫无瓜葛。类囊体的中部为空腔，称为类囊体腔。类囊体通常是几十个垛叠在一起，整体呈扁盘状，称为基粒，也称为基粒类囊体，基粒与基粒之间通过基质类囊体连接。

所有参与光合作用的色素、参与电子传递的载体、质子泵、ATP 合酶复合体等，都高度有序地排列在类囊体膜上。类囊体腔内积累了大量的 H^+，当类囊体腔内的 H^+ 通过 ATP 合酶复合体顺浓度流出到叶绿体基质时，驱动 ATP 合酶复合体的运转，产生 ATP。

叶绿体基质中也有自己的 DNA、RNA、核糖体，以及蛋白质生物合成的酶类，可以合成一部分自己所必需的蛋白质。此外还有许多淀粉颗粒和大量的可溶性蛋白，如 RuBP 羧化加氧酶 (Rubisco) 占 60% 左右。

3. 内共生学说与分化学说

线粒体和叶绿体具有一些共同的、明显区别于其他细胞器的特点，如都具有双层膜结构，都有自己的 DNA 和 RNA，都能相对独立地进行 DNA 的复制、转录和翻译过程，都能进行独立于细胞分裂之外的分裂等，因此，人们关于线粒体和叶绿体的起源提出了一些学说，支持较多的是内共生学说。

内共生学说认为线粒体起源于被原始的厌氧真核细胞胞吞但未消化的、好氧的原始细菌。真核细胞借助好氧菌进行更为高效的有氧呼吸，好氧菌在真核细胞中也可以过着衣食无忧的生活，实现遗传物质的传递，二者各取所需，是为共生，但因为是一个细胞在另一个细胞内，所以称为内共生，如图 3.17 所示。后来，这个具有线粒体的真核细胞又如法炮制，内吞了具有光合作用的原始蓝细菌，将其作为自己的叶绿体。

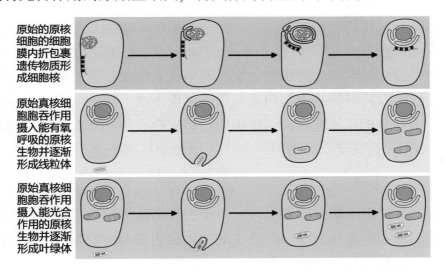

图 3.17　原核生物演变为真核生物的过程以及内共生学说解释线粒体和叶绿体的形成过程

▶▶▶
　　原始的原核生物其 DNA 附着在细胞膜内侧，核糖体也附着在细胞膜内侧。后来，细胞内侧向内凹陷，包裹 DNA，形成细胞核。核糖体附着的区域也一起脱离细胞膜，形成内质网，至此，原核生物成为真核生物。原始的厌氧的真核生物以胞吞作用吞入具有有氧呼吸作用能力的原核生物，没有将其消耗，而是将其作为自己的"奴隶"使用，二者各取所需：真核生物为原核生物提供营养物质和生存环境，原核生物为真核生物提供高效的能量转换，所谓"细菌永不为奴，除非包吃包住"。叶绿体的形成过程与之类似。

这样的学说可以较为自洽地解释已观察到的现象，如上面提到的线粒体和叶绿体的共有特征，但证据呢？证据主要有两个：一是人们通过化学组分分析，发现线粒体和叶绿体的外膜和现有的真核细胞的细胞膜成分相似度较高，而它们的内膜和现有的原核生物的细胞膜成分相对较高，说明它们在进化上的同源性。二是虽然蓝细菌通过内共生演化成质体的时间大概在 12 亿年前，但后来，在某些藻类中还发生了二次内共生：在质体产生后，某些真核细胞通过吞噬已经具有质体的其他真核细胞，形成了在结构上更为复杂的三层或更多的膜结构（一般为四层）包裹的质体。但内共生学说内部也有一些争议：根据线粒体内共生发生的时间不同，产生了两个流派。晚期线粒体模型认为是先形成的细胞核，而后宿主吞噬好氧菌形成线粒体。而早期线粒体模型认为宿主先与好氧菌内共生形成了带有线粒体的原核细胞，在拥有这个动力工厂后，再演化出了细胞核、内膜系统等真核生物特征。争论的关键点看似是好氧菌进入宿主的时间，实际上是好氧菌进入宿主细胞的方式和意义：有人认为是通过吞噬作用进入，有人认为是细胞拥有了线粒体后，才有的吞噬作用。

于是，问题又转到吞噬作用上。吞噬作用是某些细胞以变形方式吞食微生物或细小物体的过程，该过程需要大量能量、动态的细胞骨架和膜运输能力。没有线粒体这个能量工厂为其供能，原核细胞根本无法将好氧菌吞入细胞内。但若是先有吞噬作用，那原始的真核细胞在吞噬好氧菌时，已经进化到很高的程度了，线粒体的到来不过是在真核细胞的进化上锦上添花而已。线粒体内共生的早期、晚期模型之争，至今并无定论。

关于线粒体和叶绿体的起源问题，另一个较有影响的学说是分化学说，又称非内共生假说，有几种不同的模式。托马斯·阿维莱斯 (Thomas Uzzell) 等人认为在进化的最初阶段，原核细胞基因组进行复制但不伴随细胞分裂，而是在基因组附近的细胞膜向内凹陷形成双层膜，双层膜将细胞内的一些基因组包围其中，从而形成了原始的线粒体和叶绿体。后来进化的过程中，增强分化，核膜失去了呼吸作用和光合作用的功能，线粒体成了专营呼吸作用的场所，叶绿体成了专营光合作用的场所，原始原核细胞成了真核细胞。

4. 中心体

动物细胞和低等植物细胞中的中心体由两个相互垂直的中心粒及其周围的物质构成，没有明确的边界。绝大多数植物和一些原生动物细胞的中心体没有中心粒，因此有人把这种不含中心粒的结构不称为中心体。

每个中心粒的横切面上可以看到四周有 9 束微管，称为三体微管，中央没有微管，即为 9(3)+0 结构，如图 3.18 所示。中心体是细胞主要的微管组织中心，许多微管，如细胞分裂时的纺锤体微管，都是从这里开始组装并放射状伸向细胞质中的。最近研究认为，真正起微管组织作用的，不是中心粒本身，而是中心粒周围的一些特异性蛋白。用激光破坏动物细胞的中心粒，纺锤体仍会在有丝分裂时形成。雄性动物减数分裂产生的精细胞变形形成精子的过程中，精细胞的中心体变成精子的尾巴，这是因为中心体 [9(3)+0] 和尾巴的基体 [9(2)+2] 都属于微管蛋白组织中心。

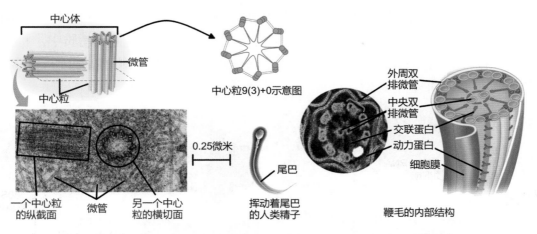

图 3.18 　中心体和精子鞭毛的结构示意图 (Reece J B, 2024)

5. 核糖体

20 世纪 50 年代中期，罗马尼亚裔美国细胞生物学家乔治·埃米尔·帕拉德 (George Emil Palade，1912—2008) 使用电子显微镜首次观察到核糖体为致密颗粒或颗粒。由于其颗粒结构，它们最初被称为 Palade 颗粒。1958 年霍华德·丁提斯 (Howard M. Dintzis) 将其命名为 ribosome，中文译作"核糖体"。1974 年，阿尔伯特·克劳德 (Albert Claude，1899—1983)、克里斯蒂安·德·杜夫 (Christian de Duve，1917—2013) 和乔治·埃米尔·帕拉德因发现核糖体而共同获得诺贝尔生理学或医学奖。2009 年诺贝尔化学奖授予文卡特拉曼·拉马克里希南 (Venkatraman Ramakrishnan)、托马斯·施泰茨 (Thomas A. Steitz，1940—2018) 和阿达·约纳特 (Ada E. Yonath)，以表彰他们对核糖体的详细结构和机制的确定。

核糖体是一种核糖核蛋白颗粒，是细胞内合成蛋白质的细胞器，其功能是按照 mRNA 的信息，将氨基酸高效、准确地合成多肽链。核糖体几乎存在于一切细胞内，不论是原核细胞还是真核细胞，均含有大量的核糖体，即使是最小最简单的支原体，也至少含有数百个核糖体。线粒体和叶绿体中也含有用于合成自身某些蛋白质的核糖体。仅哺乳动物成熟的红细胞及高等植物成熟的筛管细胞等极少数细胞不含核糖体，所以可以说核糖体是细胞最基本的不可缺少的结构。

核糖体是一种不规则的颗粒状结构，没有生物膜包裹，直径在 25 ～ 30 nm，主要成分是 rRNA 和蛋白质，质量比例约为 2：1。蛋白质位于核糖体的表面，主要负责稳定核糖体的结构。rRNA 位于内部，与核糖体蛋白通过非共价键相连，rRNA 对控制翻译的精确性、tRNA 的选择、蛋白因子的结合、肽键的形成等过程发挥重要作用。简单来说，核糖体中负责催化氨基酸脱水缩合形成肽和蛋白质的是 rRNA，即核糖体的本质是一种核酶。核酶指的是化学本质是 RNA 的酶。1981 年，托马斯·罗伯特·切赫 (Thomas Robert Cech) 和同事在研究四膜虫的沉降系数为 26 S 的前体 rRNA 加工去除内含子时发现，内含子的切除是由沉降系数为 26 S 的前体 rRNA 自身催化的，而不是某一种蛋白质。切赫也因此获得了 1989 年诺贝尔化学奖。

真核细胞中，很多核糖体附着在内质网的表面，称为附着核糖体，对应的内质网称为粗面内质网，还有一些核糖体不附着在膜上，呈游离状态，分布在细胞质基质中，称为游离核糖体。附着核糖体和游离核糖体可以相互转化。原核细胞的质膜内侧也常常附着核糖体。

核糖体有以下两种基本类型，如图3.19所示。

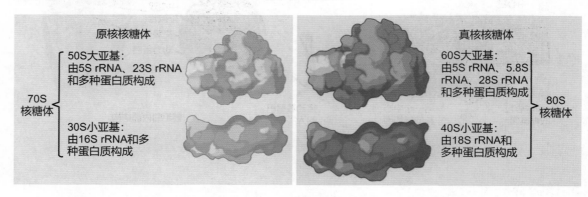

图3.19　大小亚基构成核糖体（其中数字后面加S表示沉降系数的值）

（1）原核细胞核糖体的沉降系数为70 S，由沉降系数为50 S的大亚基和沉降系数为30 S的小亚基构成。小亚基含有沉降系数为16 S的rRNA和21种蛋白质，大亚基含有沉降系数为23 S的rRNA、沉降系数为5 S的rRNA和34种蛋白质。

（2）真核细胞核糖体的沉降系数为80 S，由沉降系数为60 S的大亚基和沉降系数为40 S的小亚基构成。小亚基含有沉降系数为18 S的rRNA和约33种蛋白质，大亚基含有沉降系数为26 S或28 S的rRNA、沉降系数为5.8 S的rRNA、沉降系数为5 S的rRNA和约49种蛋白质。

真核细胞线粒体和叶绿体中的核糖体，与原核细胞的更相似。

核糖体大小亚基常常游离在细胞质基质中，只有当小亚基与mRNA结合后，大亚基才能与小亚基结合，形成完整的核糖体。肽链合成终止后，大小亚基解离，又游离于细胞质基质中。

6.RNA世界假说与生命起源

可能每个人小时候都被问过"先有鸡还是先有蛋"的脑筋急转弯，在生物学上，也有类似的问题：DNA是遗传物质的主要形式，蛋白质是生命活动的主要承担者，那么，在进化的初期，先有DNA还是先有蛋白质呢？科学家深思熟虑后给出答案：先有RNA，如图3.20所示。

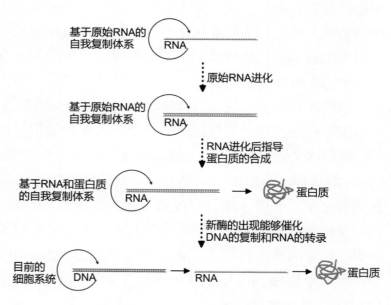

图3.20　RNA世界假说

20 世纪 80 年代，吉尔伯特 (W. Gilbert) 等人大胆提出：最早出现的生物大分子既不是 DNA，也不是蛋白质，而是 RNA，它兼具了 DNA 与蛋白质的功能，既可以像 DNA 一样储存遗传信息，也可以像蛋白质一样催化反应。在亿万年的进化中，逐渐将其携带遗传信息的功能让位给性质上更加稳定的 DNA 分子，将其催化功能让位给催化能力更强的蛋白质。核糖体是核酶的发现，对 RNA 世界假说起到了很大的支撑作用。

7. 内质网

一般真核细胞中都有内质网，只有少数高度分化的真核细胞，如哺乳动物成熟的红细胞、高等植物的成熟筛管细胞没有内质网。电镜下可以看到内质网是一种复杂的内膜结构，它是由单层膜围成的扁平囊状的腔或管。这些管腔彼此之间、其与核膜之间，都是相连通的，向内折叠的细胞质膜有时与内质网之间也有管道相通。内质网在细胞分裂过程中会有解体和重建的过程。

按功能的不同，内质网可分为粗面内质网 (rER) 和光面内质网 (sER) 两大类型。粗面内质网所占比例往往远大于光面内质网，尤其是分泌蛋白质较多的细胞。平滑肌和骨骼肌细胞中却都是光面内质网。粗面内质网的膜多为扁平囊状，有时可以看到扁囊内的物质积累而使其膨大。粗面内质网上所附着的颗粒是核糖体，因此粗面内质网最主要的功能是合成分泌蛋白，以及内质网、高尔基体、胞内体、溶酶体、液泡的跨膜蛋白和其中的可溶性驻留蛋白，所合成的蛋白质的糖基化修饰以及折叠与装配主要发生在粗面内质网和高尔基体中。粗面内质网的另一个功能是参与制造更多的生物膜。光面内质网上没有核糖体，其单位不是扁囊，而是小管或小囊，膜上镶嵌有许多酶。光面内质网广泛存在于能合成类固醇的细胞中，如精巢的间质细胞、肾上腺皮质细胞等。大多数细胞中的光面内质网并不多，仅有一小区域的内质网，是由转移成分构成的，将粗面内质网合成的蛋白和脂类以囊泡的形式出芽、脱落、运输到高尔基体。内质网是细胞内蛋白质和脂质的合成基地，几乎全部的脂质和多种重要的蛋白质都是在内质网上合成的。

内质网与蛋白质的合成、修饰、加工与转运真核细胞内蛋白质的合成发生在核糖体上，但每种蛋白质都需要组装并运送到相应的部位才能发挥作用。蛋白质如何知道各自要去哪里？1975 年，布洛贝尔 (G. Blobel) 和萨巴蒂尼 (D. Sabatini) 提出信号假说，布洛贝尔因此获得了 1999 年的诺贝尔生理学或医学奖。信号肽假说认为分泌蛋白的合成一开始也是在游离核糖体上，但其 mRNA 在起始密码子 AUG 之后有一段 45～90 个碱基的信号序列，能翻译出一段 15～30 个非极性的疏水氨基酸残基构成的肽链，称为信号肽 (见图 3.21)。细胞质中存在信号肽识别颗粒 SRP，能结合在信号肽和核糖体上。如此一来，SRP 就会占据核糖体的 "A" 位点，使翻译过程暂停。SRP 本质是一种核糖核蛋白复合体，由 6 种蛋白质和 1 个沉降系数为 7 S 的 RNA 构成。然后，SRP- 新生肽—核糖体— mRNA 复合物会来到粗面内质网上，SRP 与内质网膜上的特异性受体 (DP 蛋白) 结合，将新生肽链通过移位子 (内质网膜上的通道蛋白) 运入内质网腔，SRP 自身离开核糖体，翻译得以继续。移位子旁边的信号肽酶发挥作用，将信号肽剪除，蛋白质边翻译边转运进入内质网腔。翻译结束后，肽链也彻底进入内质网中，核糖体的大小亚基离开。这个过程也表明附着核糖体与粗面内质网的结合不是结构性的，而是特异性的、暂时性的、功能性的。

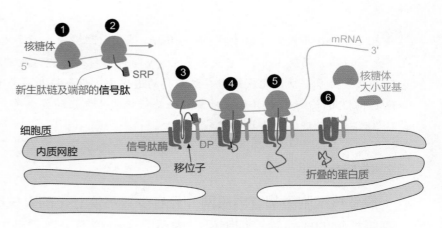

图 3.21 信号肽假说

▶▶▶

① 核糖体结合在 mRNA 的 5' 端，向 3' 端移动，开始合成多肽链。

② 如果合成的多肽链的最前端有一段信号肽序列，则会被细胞质基质中的 SRP 识别，翻译暂停。

③ SRP 带着核糖体—新生肽链—mRNA 一起，来到内质网膜上，SRP 与内质网膜上的 DP 蛋白结合，引导新生肽链通过移位子进入内质网腔。

④ 多肽链前端的信号肽序列被内质网膜上的信号肽酶切除。

⑤ 肽链边合成边转运到内质网中。

⑥ 翻译结束，核糖体离开 mRNA 并解聚成大小亚基，新生肽在内质网腔中加工折叠。

在内质网中，新生肽链经过加工、折叠、修饰，以囊泡的形式运输至高尔基体，在高尔基体中进行进一步的修饰、装配、成熟，最后以囊泡修饰发往各处。信号肽途径合成的蛋白质有以下几种。

(1) 跨膜蛋白，包括内质网膜、高尔基体膜、溶酶体膜、胞内体膜、植物液泡膜、细胞膜、核膜等生物膜的跨膜蛋白，以及过氧化物酶体膜的部分跨膜蛋白。

(2) 分泌蛋白，如胰岛素、生长激素、抗体、血浆蛋白、各种消化酶等。

(3) 可溶性的驻留蛋白，如溶酶体、液泡中的酸性水解酶类、内质网和高尔基体和胞内体等膜腔中的蛋白质。

细胞内另一条蛋白质合成、加工和运输途径称为非信号肽途径，如图 3.22 所示。显然，并不是所有的蛋白质合成时，N 端都有信号肽序列。如果没有信号肽，SRP 就无法与之结合，新生肽就不会被带到内质网上，这些蛋白质的合成完全在细胞质基质中的游离核糖体上进行，翻译后加工过程也完全在细胞质基质中进行，加工过程几乎不发生糖基化。这些蛋白包括：线粒体、叶绿体中的部分蛋白质，微体、细胞骨架成分、核糖体、细胞质基质中的可溶性蛋白，细胞核中的蛋白质等。

进入内质网腔中的蛋白质，发生的化学修饰包括糖基化、羟基化、酰基化、二硫键的形成等共价修饰。糖基化修饰是新生肽链一旦出现在内质网膜内表面，整个预先形成的寡糖链就被转移到肽链上的。酰基化发生在内质网的胞质侧，也可以发生在高尔基体甚至膜蛋白向细胞膜转移的过程中。

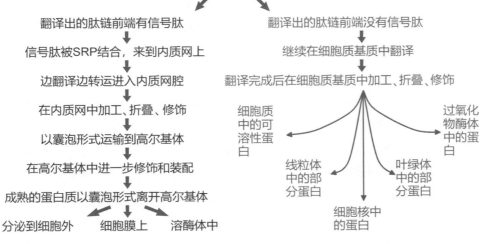

图 3.22 蛋白质分选途径

新生肽在信号肽的牵引下，以伸展的状态穿过磷脂双分子层的内质网膜，然后很快折叠起来。一般新生肽是边合成边折叠的，但也有合成后折叠的，如酵母分泌蛋白。折叠好的蛋白质，疏水基团在里面，亲水基团在外面，因此可以形成水化膜，在水溶液中以胶体的形式存在。未折叠好的蛋白质则由于疏水基团的外露，即使在很低的浓度下也容易发生聚集，这样的多肽一般不能进入高尔基体。一旦被识别，就会在内质网腔内或被转移到细胞质基质中，被蛋白酶降解，寿命只有几分钟。新生肽要折叠成特定的空间结构才具有生物学活性，但这个过程并不是自发进行的，现在已经知道帮助新生肽折叠的蛋白质有两大类。

(1) 分子伴侣：指可以帮助内质网上合成的多肽进行转运、折叠、组装、定位，而本身却不参与最终产物构成的一类蛋白质。新生蛋白质的空间结构异常可能暴露出隐藏的 KEFRQ 五肽序列，分子伴侣可特异性识别这个暴露的 KFERQ 序列，介导这个蛋白质转运到溶酶体内降解，实现细胞自噬。

(2) 催化与折叠有关化学反应的酶：目前已发现两种能帮助蛋白质折叠的酶，一种是蛋白质二硫键异构酶，另一种是肽基脯氨酸顺反异构酶。

这些分子伴侣和酶能够促使肽链通过正确的折叠形成具有生理活性的蛋白质。肽链折叠出错可能导致多种疾病的发生，如 β- 地中海贫血、疯牛病、家族性帕金森等。

内质网与脂类的合成内质网还参与脂类的合成，主要包括甘油三酯、磷脂、糖脂、磷脂酰胆碱、类固醇等的合成，以及脂肪酸的延长。

内质网合成构成细胞所需要的包括磷脂和胆固醇在内的几乎全部的膜脂。合成磷脂所需要的三种酶都定位在内质网膜上，其活性部位在膜的细胞质基质侧；合成磷脂的底物来自细胞质基质。糖脂的合成与卵磷脂的合成过程类似。哺乳动物卵巢和睾丸细胞中的大量的光面内质网还能合成性激素，肾上腺皮质细胞中的大量的光面内质网还能合成肾上腺皮质激素。肝脏是合成胆固醇的最主要的器官，甘油三酯由光面内质网合成并储存在内质网的腔中。除类固醇激素的合成外，其他脂质都可以在粗面内质网上合成。

内质网与解毒作用有关的酶系存在于肝细胞中的内质网上，尤其集中在光面内质网上。重要的酶系实际上是电子传递体系，包括多种以 NADPH、NADH 为辅酶的细胞色素氧化－还原酶类，通过电子传递、氧化还原，催化化合物转化 (一般使不溶变得可溶)，排出体外或转变为无毒物质。

内质网与 Ca^{2+} 的储存和释放肌细胞中含有发达的特化光面内质网，称为肌质网。肌肉细胞通过肌质网对 Ca^{2+} 的储存和释放，调节肌肉的收缩与舒张。肌质网膜上的 Ca^{2+}-ATP 酶可以主动运输将 Ca^{2+} 泵入肌质网腔中。当受到神经冲动刺激后，Ca^{2+} 释放，肌肉收缩。

除此之外，内质网还为细胞质基质中的很多蛋白质，包括多种酶类，提供附着位点。内质网蛋白主要在粗面内质网上合成，也有一部分是在细胞质基质中合成后转入内质网的。大量的蛋白质需要在内质网中折叠、装配、加工、包装后向高尔基体转运，这一过程需要精确的调控，如果内质网腔内未折叠的蛋白质超量积累，或折叠好的蛋白质超量积累，或内质网膜上的膜脂成分发生变化，就会通过不同的信号转导途径，诱导基因表达，保证内质网膜正常行使其功能。

从进化上看，有人认为：内质网起源于细胞膜的内陷，核膜起源于内质网或细胞膜，高尔基体、溶酶体等其他内膜系统也是由内质网膜逐渐形成的，溶酶体起源于高尔基体。

8. 高尔基体

几乎所有的动植物细胞中都有高尔基体。动物细胞的高尔基体通常定位在细胞的一侧，植物细胞的高尔基体通常分散在整个细胞中。不同细胞中的高尔基体的数量不等，每个细胞有 1 至几百个。

电镜下看到高尔基体是由单层膜围成的扁平囊、小囊、小管，并呈扁盘堆叠的结构，每个高尔基体扁盘囊有几个到十几个，如图 3.23 所示。扁盘囊的形状很像一个托盘，从其边缘突出一些小管和小囊。高尔基体成堆的囊并不像内质网那样相互连接，而是各自相对独立。不同的囊有不同的功能，执行功能时就像流水线一样，所以说高尔基体是有极性的，靠近细胞核的一侧称为形成面，靠近细胞膜的一侧称为成熟面。

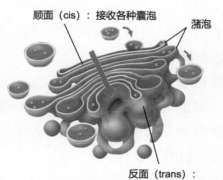
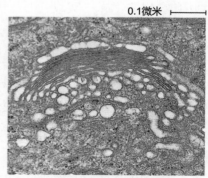

顺面 (cis)：接收各种囊泡　潴泡

反面 (trans)：发出各种囊泡

0.1微米

透射电镜 (TEM) 下的高尔基体

图 3.23　高尔基体 (Reece J B, 2024)

高尔基体的主要功能是将内质网合成的多种蛋白质进行进一步的糖基化、修饰、加工、分类、包装，然后分门别类地运送到细胞特定的部位或分泌到细胞外。在高尔基体腔中，多肽链上的丝氨酸、苏氨酸、酪氨酸残基上的 -OH 可以与寡糖链形成 O- 连接的糖基化。胰岛 B 细胞中的粗面内质网中合成并加工成的、84 个氨基酸残基组成的前胰岛素原，通过出芽形式，以囊泡的方式转运到高尔基体的形成面，与高尔基体膜融合，进入高尔基体。经过剪切加工，生成具有 51 个氨基酸残基的胰岛素，以囊泡的形式分泌到细胞外。偶尔也会有从高尔基体各个部位形成的囊泡沿着微管，回到内质网的现象，这可能是由于粗面内质网在进行蛋白质运输时发生包装错误，高尔基体负责将不合格的产品返厂。高尔基体还将内质网上合成的脂质的一部分运到细胞膜和溶酶体膜等部位。高尔基体是细胞内糖类合成的工厂，包括在植物细胞中合成和分泌的多种多糖、在动物细胞中合成的多糖，这些多糖是细胞外基质的主要成分。不同定位的蛋白质的信号序列如表 3.1 所示。

表 3.1　不同定位的蛋白质的信号序列

靶细胞器	蛋白质中信号序列的定位	信号序列是否切除	信号序列的特征
内质网	N 端	切除	6 ～ 12 个疏水氨基酸核心，前面常有一个或多个碱性氨基酸
线粒体	N 端	切除	两性螺旋，一侧具有碱性氨基酸，另一侧是疏水氨基酸
叶绿体	N 端	切除	没有共同序列
过氧化物酶体	大多在 C 端	不切除	PTS1 信号在 C 端，PTS2 信号在 N 端
	少数在 N 端		
细胞核	不固定	不切除	类型多样，一般都含有碱性氨基酸

高尔基体还在细胞分裂时为新的细胞膜的形成提供原料，参与细胞分泌和植物细胞壁的形成。在精细胞变形形成精子时，高尔基体变为精子的顶体，内含顶体酶，为受精作用所必需。

关于高尔基体的起源和细胞分裂时子细胞高尔基体的形成问题，有人认为高尔基体起源于内质网，也有人认为高尔基体在细胞分裂过程中解体成多个片层，分裂末期再组装成新的高尔基体。

9. 液泡

液泡是细胞质中由单层包围的、充盈着水的囊泡，普遍存在于植物细胞中。原生动物的伸缩泡也是一种液泡，酵母菌也有溶酶体样的液泡 (lysosome-like vacuole)。植物细胞中的液泡有其发生发展过程：茎尖和根尖的分生组织细胞是液泡发生和形成的场所，在这些细胞中产生许多小型的原液泡，它起源于内质网和高尔基体，具有溶酶体的性质。在茎尖和根尖的后部，随着细胞的分化和生长，原液泡通过吞噬细胞质而不断扩大，同时，这些小液泡又相互融合，形成中央大液泡，将细胞质和细胞核挤到细胞的角隅处。

植物液泡中的液体称为细胞液，含有大量的离子、代谢中间产物、次生代谢产物。其中溶有无机盐、氨基酸、糖类、多种酶类、有机物或植物碱、各种非光合色素特别是花青素等。细胞液中的多种酶主要是酸性水解酶，如酸性磷酸酶、蛋白酶、核酸酶、酯酶、糖苷酶、氧化还原酶等，能水解相关的有机物，具有"自体吞噬"或"异体吞噬"等作用，因此能促进细胞分化。

液泡的作用可以归纳为以下几点。

(1) 产生膨压作用：液泡中的大量的水使植物细胞经常处于吸涨饱满的状态，并具有抗旱和抗寒（低温下使之不易结冰）的能力。这是由于液泡膜特殊的选择透过性，使许多物质大量集聚在液泡中，使细胞液具有高渗性。

(2) 起储备库的作用：液泡为植物代谢产物提供临时的储备库，如甘蔗茎和甜菜根的细胞液储存了大量的蔗糖、茶叶细胞液中含有大量的单宁和咖啡因、多种植物种子的液泡中还能暂时储藏蛋白质、脂肪和多糖。

(3) 调节细胞代谢和稳态：细胞液还含有多种离子、柠檬酸、苹果酸、多种氨基酸等，这些物质对细胞代谢起着调节和稳定的作用。

(4) 积极参与细胞中物质的生化循环：液泡中的不少酶类是水解酶，它们在一定的条件下，能分解液泡中的储藏物质，重新用来参与各种代谢活动。液泡可以以"自体吞噬"的方式，将衰老损伤的细胞器，如线粒体、质体、内质网等吞入并予以分解清除。

(5) 细胞液中的花青苷参与植物相应器官的呈色：花、果实，叶的紫色、深红色等，都是由液泡中的花青苷导致的。花青苷在酸性条件下呈红色，中性条件下呈紫色，碱性条件下呈蓝色。

(6) 收集、隔离、处理有毒物质：液泡能收集细胞质中的某些有毒物质并在液泡中使之与单宁等物质结合而丧失毒性。盐生植物的盐腺细胞的液泡能吸收和积累大量的盐离子，通过液泡的小泡膜流将盐分分泌到体外，使细胞质中的盐浓度稳定在正常的无害状态。

(7) 防御的作用：许多植物的细胞液泡中含有几丁质酶，能水解入侵的真菌细胞壁，有的液泡还能吞噬一些病原体并将其消化。

10. 溶酶体

溶酶体是由高尔基体的囊泡发育而来的，外覆一层膜，近似球形结构。不同来源的溶酶体在形态、大小甚至所含酶的种类上有所不同，因此具有高度的异质性，但都含有酸性磷酸酶（催化磷酸单酯水解），这也是溶酶体的标志酶。溶酶体普遍存在于动物细胞中，一个细胞通常可含有数百个溶酶体。植物细胞中有与溶酶体功能类似的细胞器，如圆球体、淀粉粒、糊粉粒、中央大液泡等，它们也都含有酸性水解酶。

溶酶体内含有 60 多种能够水解多糖、脂肪、核酸、蛋白质的酸性水解酶，可以将细胞中几乎所有的生物活性物质进行水解。这些水解酶有的是水溶性的，有的则结合在膜上。这些酶由核糖体合成、粗面内质网加工、高尔基体分类组装，最后经高尔基体以出芽的方式转移到溶酶体中。

溶酶体的 pH 值约为 4.6，细胞质基质中的 pH 值约为 7，动物细胞内环境的 pH 值为 7.35～7.45。溶酶体的基本功能是对生物大分子的强烈的消化作用，溶酶体的消化对象有细胞吞噬的病原体、衰老损伤死亡的细胞残片、细胞内多余或损伤的生物大分子、衰老损伤的细胞器等。

异体吞噬：由高尔基体产生的初级溶酶体与吞噬泡融合，形成次级溶酶体，将从胞外吞噬进入的大颗粒物质消化成小分子并进入细胞质基质，消化的残渣通过外排作用排出细胞，从而实现细胞内消化、清除、防御功能，如人体中的树突状细胞和巨噬细胞的异体吞噬作用，又如变形虫和草履虫等原生动物摄取、消化食物和获得营养的作用。

自体吞噬：通过细胞的内膜系统的内陷，将细胞质中的某些大分子或细胞器有选择性地进行包裹，形成具有双层膜结构的自噬泡，继而被溶酶体识别、融合而水解。因此，自噬不仅是细胞在饥饿状态下获取能量的一种方式，还能清除入侵的病原性微生物，以及细胞内暂不需要的大分子或衰老、损伤的细胞器，同时提供营养。目前发现的有 30 多种蛋白质参与自噬过程。

细胞自溶：如蝌蚪发育为青蛙时其尾部的退化，骨骼发育过程中骨髓腔的增大，昆虫幼虫的变态发育等过程，都是由于相应细胞溶酶体在一定条件下膜发生破裂，其内的水解酶释放到细胞质中，从而使整个细胞被酶水解、消化，甚至死亡，发生细胞自溶。因此，细胞自溶在个体正常发生过程中，对器官及组织的改建起重要作用，同时也有利于对死亡细胞的清除。

其他功能：在分泌蛋白质激素和类固醇激素的细胞中，溶酶体参与激素的分泌调节作用，这种调节作用是通过分泌自噬泡进行的，即通过自体吞噬作用，将一部分合成类固醇激素的细胞器（光面内质网说你不如直接念我的身份证）包裹起来，形成自噬体，由溶酶体将这部分细胞器和其中已合成的激素降解掉。这种自体吞噬作用使细胞能在短时间内消除一部分合成激素的细胞器和其中的激素，从而调节分泌类固醇激素的细胞的激素分泌量。溶酶体除了在细胞内具有消化作用，也具有细胞外消化的作用。

溶酶体的膜之所以不被自身的酶水解，能与细胞器其他部分安全分隔开，是因为溶酶体的膜不同于其他的生物膜：

(1) 存在高度糖基化的膜蛋白；

(2) 膜上有 H^+ 泵，使膜内的 H^+ 浓度比细胞质中高数百倍；

(3) 膜上有多种载体蛋白，可将水解产物运出膜外。这是内膜系统分隔而使代谢区室化的典型。

目前已知的、与溶酶体有关的、先天性的疾病有 30 多种，其中绝大多数是由于缺乏某些溶酶体酶，导致某些物质在组织中大量积累导致的。如类风湿性关节炎就是病人的溶酶体膜的脆性增加，溶酶体酶被释放到关节处的细胞间质中，使骨组织受到侵蚀而引起的炎症。

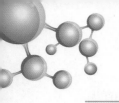

🔆 3.4 细胞骨架

3.4.1 细胞骨架概述

细胞质中的细胞器并不是漂浮于细胞质中的，细胞质中有支持它们的结构：细胞骨架，如图3.24所示。

细胞骨架是由蛋白质纤维组成的网架结构，维持着细胞的形态，锚定并支持着许多细胞器，与细胞运动、分裂、分化，以及物质运输、能量转化、信息传递等生命活动密切相关。细胞骨架主要包括三类：微管、微丝、中间丝，其概述如表3.2所示。

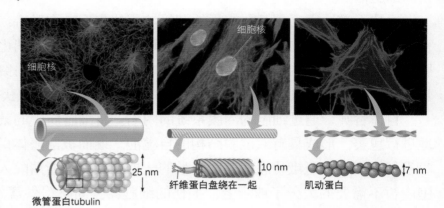

图 3.24 细胞骨架概述 (Reece J B, 2024)

表 3.2 微管、微丝、中间丝概述

细胞骨架类型	蛋白质组成	相对分子质量	细胞内分布	纤维直径 /nm	特异性药物	主要功能
微管	球状微管蛋白异二聚体	50000	靠近细胞核	24	秋水仙素、紫杉醇、长春碱	动物细胞形态、染色体运动、细胞器的分布和转移、细胞内物质运输的轨道
微丝	球状肌动蛋白	43000	细胞质膜内侧	7	细胞松弛素、鬼笔环肽	动物细胞变形、肌肉收缩、胞质环流、细胞爬行、细胞分裂
中间丝	6 种中间纤维蛋白	40000 ～ 200000	整个细胞	10	无	支持结构、保持动物细胞形态、形成核纤层和核骨架、提高神经元轴突的强度、保持肌纤维的稳定

3.4.2 微管

微管是宽约 24 nm 的中空长管状纤维，由微管蛋白亚基组装而成。每个微管蛋白亚基都是由两个非常相似的球蛋白 (α - 和 β - 微管蛋白, tubulin) 结合而成的异二聚体。微管的装配总是先从一定区域开始，称为微管蛋白组织中心 MTOC，前面已有提及，中心体是主要的 MTOC，其他如：基体是鞭毛和纤毛的 MTOC。MTOC 不仅为微管提供生长的起点，而且决定微管的方向，还能封闭微管的起点，使之稳定不解聚。

3.4.3 微丝

微丝又称肌动蛋白丝，是实心纤维，宽度为 4～7 nm，比微管细、短、多，是普遍存在于真核细胞中最丰富的蛋白质。微丝的单体是一种球蛋白，称为球状肌动蛋白 (G-actin)。G-actin 单体相连成串，两串之间以左手螺旋形式缠绕成束，即肌动蛋白丝 (F-actin)。

和微管一样，微丝也有稳定的长寿命微丝和不稳定的短寿命微丝。肌纤维、纤维细胞和小肠微绒毛中的微丝是稳定永久的，细胞质分裂环中的微丝、动植物的微丝实现胞质环流、变形虫的伪足的生成，都涉及不稳定微丝。

微丝的功能：肌肉收缩、细胞质环流、某些细胞的变形、胞质分裂环、细胞质分裂、细胞内物质运输的轨道、参与胞吞和分泌活动、限制膜蛋白的移动。

3.4.4 中间丝

中间丝因其直径介于微管和微丝之间 (8～10 nm) 而得名。微管和微丝都是球状蛋白装配起来的，而中间丝则是由本身就是长的、杆状蛋白质装配起来的。中间丝比微管和微丝都稳定，细胞中几乎没有游离的中间纤维蛋白单体。

中间丝对细胞提供机械强度的支持，中间丝外连细胞膜，内通核纤层，在细胞内信息传递过程中起重要作用。有的中间丝构成核纤层，具有稳定核膜的作用。

🔆 3.5 细胞核

3.5.1 细胞核的结构

细胞核是细胞遗传和代谢的控制中心，大多呈球形或卵圆形，体积随细胞核所含 DNA 量及细胞生理状态有所不同，一般占细胞体积的 10% 左右，如图 3.25 所示。

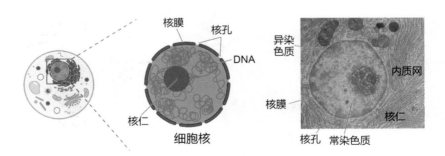

图 3.25　细胞核的结构

一切真核细胞都有完整的细胞核，或曾经有过细胞核，如哺乳动物成熟红细胞、高等植物筛管细胞等没有细胞核，但它们最初是有细胞核的，在后续的分化过程中消失了。一般一个细胞只有一个细胞核，

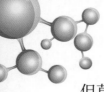

但草履虫等原生动物经常有 2 个细胞核，脊椎动物的骨骼肌细胞有几十甚至几百个细胞核，黏菌甚至可以达到 10^8 个细胞核。

细胞核从结构上可以分为外膜、内膜、核周腔、核孔复合体和核纤层五个部分。

内外核膜 (合称核被膜) 呈扁平囊状，内外核膜之间有 $20 \sim 40$ nm 的核周腔。外核膜与粗面内质网相连并附着核糖体，细胞质骨架通常与核外膜相连，起固定细胞核并维持细胞核形态的作用。

内核膜上有特异蛋白，为核纤层提供结合位点。紧贴在内核膜内侧的一层纤维蛋白片层，由核纤层蛋白 (中间丝的一种) 组成。细胞分裂过程中由于核纤层的解聚和重组使核膜发生消失和重现。两层膜融合形成核孔，RNA 和蛋白质组成的丝状网架结构封在其上，即核孔复合体 (也称核孔复合物，NPC)，一个典型的细胞核上，核孔复合体有 $3000 \sim 4000$ 个。

核孔是一个双功能、双向性、亲水性物质交换通道，如图 3.26 所示。双功能指的是被动运输和主动运输，通过核孔复合体的主动运输是一个信号识别与载体介导的过程，需要 ATP，并表现出饱和动力学特征。双向性指的是一般蛋白质通过核孔运入细胞核，RNA 通过核孔运出细胞核。

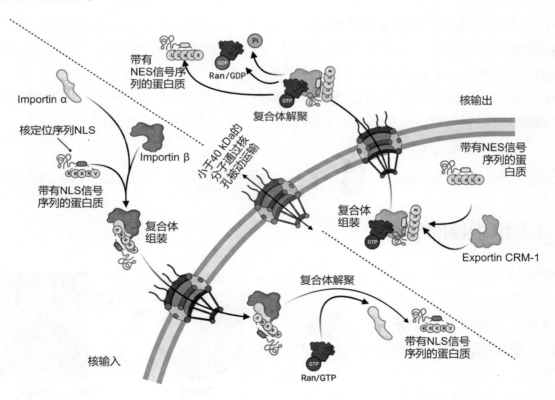

图 3.26 核孔与物质运输 (De Jesús-González LA, 2021)

2022 年 6 月 10 日，西湖大学施一公团队在《科学》上在线发表了最新研究成果，报道了目前分辨率最高的核孔复合物 (NPC) 中胞质环 (CR) 亚基的结构，如图 3.27 所示。在真核细胞的微观世界中，NPC 是其中最庞大、最复杂的分子机器之一，也是在核膜上负责物质双向运输的唯一通道，其功能异常与包括癌症在内的多种疾病的发生有关。此前，该团队已成功解析了 NPC 中核质环 (NR) 和内环 (IR) 的高分辨结构，加上此次解析的 CR 亚基结构，三者共同构成了目前为止最详细且最精确的 NPC 支架结构模型，为理解脊椎动物 NPC 的组成、结构、组装以及功能提供了基础。

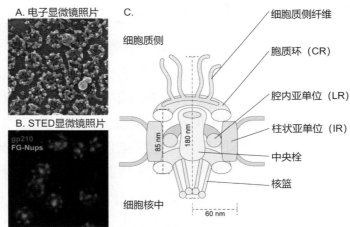

A. 电子显微镜照片

B. STED 显微镜照片

C.
细胞质侧 —— 细胞质侧纤维
—— 胞质环 (CR)
—— 腔内亚单位 (LR)
—— 柱状亚单位 (IR)
—— 中央栓
—— 核篮
细胞核中

STED显微镜：受激辐射损耗显微镜

图 3.27　核孔复合体结构 (Xuechen Zhu et al., 2022)

3.5.2　细胞核的功能

　　核被膜使基因表达具有严格的阶段性和区域性，核被膜控制着细胞核、细胞质之间的物质交换和信息交流，如图 3.28 所示。核被膜有保护性的屏障作用，使核内 DNA 等物质处于一种特定的、稳定的微环境中。核被膜为染色质的定位和酶分子提供支架，有利于核内生化反应的区域化。

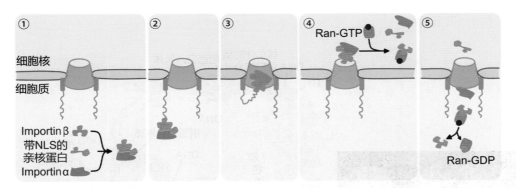

图 3.28　亲核蛋白从细胞质向细胞核运输过程示意图

　　① 带有核输入信号 NLS 的亲核蛋白通过 NLS 识别 Importin α，然后再与 Importin β 结合，形成转运复合物。

　　② 在 Importin β 的介导下，转运复合物与核孔复合体的胞质纤维结合。

　　③ 转运复合物通过改变构象的核孔复合体从胞质侧被转移到细胞核内。

　　④ 转运复合物在细胞核内与 Ran-GTP 结合，导致复合体解离，亲核蛋白释放。

　　⑤ Importin α 通过核孔运出细胞核，与 Ran-GTP 结合的 Importin β 也通过核孔回到细胞质中，在细胞质中，Ran-GTP 水解，形成 Ran-GDP 后，与 Importin β 解离，Ran-GDP 返回细胞核内，再转换为 Ran-GTP 状态。

3.5.3 染色体与染色质

染色质 (chromatin)，其英文中的 chrom- 意为"颜色，有色的"，因易被醋酸洋红、甲紫、苏木精等碱性染料染成深色而得名。染色质呈极细的串珠状长丝，并交织成网，存在于细胞分裂间期。细胞分裂时，细长的染色质高度螺旋化，浓缩变短，形成光学显微镜下可见的染色体。用较低浓度的秋水仙素处理细胞，使纺锤体保持稳定不解聚，染色体停留在中期，可方便观察染色体的形态、计算染色体的数目。少数生物的部分体细胞在细胞分裂间期也有染色体存在，如果蝇幼虫的唾液腺细胞间期的巨大染色体，甲藻的整个细胞周期中都有染色体存在。所以，染色质与染色体是"同一物质在细胞不同时期的两种存在状态"。

同一物质指的是染色质和染色体都主要由 DNA 和蛋白质构成，还有少量的 RNA。这里的蛋白质包括组蛋白和非组蛋白两大类，如图 3.29 所示。组蛋白是碱性蛋白质，因为富含赖氨酸 (K)、精氨酸 (R) 等碱性氨基酸，能和带负电荷的酸性 DNA(磷酸基团) 结合。组蛋白有 5 种：H1、H2A、H2B、H3、H4，后四种组蛋白各两个，组成核心部分，147 个碱基对 (bp) 的 DNA 在其上缠绕 1.75 圈，然后 1 个 H1 蛋白结合其上，形成核小体。核小体是染色质的基本单位。组蛋白经常可以发生修饰 (甲基化、乙酰化、磷酸化)，这些修饰会导致核小体之间变得更紧密 (一般是甲基化修饰的结果) 或更疏松 (一般是乙酰化修饰的结果)。非组蛋白指的是与 DNA 的特异序列结合，与 DNA 的复制和基因的表达有关的蛋白质。非组蛋白结合的这些 DNA 序列在进化上是保守的。那么为什么还会有 RNA? 是因为转录生成而尚未离开的 RNA。

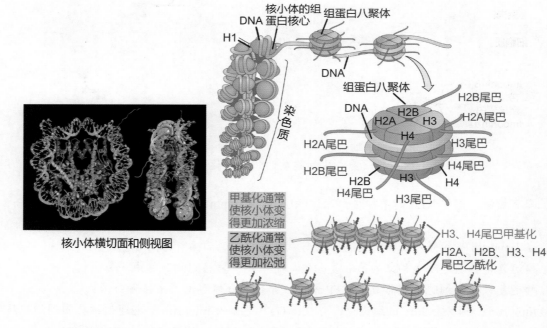

图 3.29　核小体的结构 (Dunn, R. K., 2007) 和核小体的组成及组蛋白的甲基化和磷酸化修饰
(Gilbert S F, 2017)

染色质和染色体以不同的状态存在。如前所述，染色质是松散排列的细丝状结构，染色体是高度压缩螺旋盘曲缠绕形成的棒状或杆状结构。众所周知，染色体因其高度螺旋压缩，所以其上的基因无法或不易表达，染色质因其相对疏松，所以其上的基因容易或有可能表达。故一般情况下，甲基化修饰会导致基因表达程度降低，乙酰化修饰会导致基因表达程度升高，磷酸化修饰的影响不固定。另外，世界并不是非黑即白，染色质与染色体也是如此，细胞中的染色质与染色体经常处于局部高度压缩或松散排列的状态，局部高度压缩的区域称为异染色质，松散的区域称为常染色质。当然，异染色质又分为结构性异染色质和兼性异染色质。结构性异染色质在各类细胞的整个发育过程中都处于凝集状态，多位于着丝粒区、端粒区、次缢痕区（下文有介绍），以及 Y 染色体长臂远端 2 区段，这些部位含有高度重复 DNA 序列，一般没有转录活性。兼性异染色质指的是在特定细胞的某一发育阶段由原来的常染色质失去了转录活性，转变而来的异染色质，与基因表达调控有关。比如，哺乳动物雌性两条 X 染色体在早期胚胎发育时都是常染色质，在胚胎发育的后期其中一条 X 染色质就会沉默变成异染色质，附着在核膜内侧，称为巴氏小体。

3.5.4 染色体的结构与类型

染色体上较细的区域称为缢痕，每个正常染色体都标配一个显著的缢痕，称为主缢痕。此处的 DNA 是一段几千个首尾相连的卫星 DNA 序列，称为着丝粒，是 DNA 最晚复制的区域（中期），此前由动粒结合其上，是微管附着的位点。主缢痕将染色体分为两段，即染色体的两个臂。根据主缢痕（着丝粒）的位置，可将染色体分为：中间着丝粒染色体、近中着丝粒染色体、近端着丝粒染色体、端着丝粒染色体，如图 3.30 和图 3.31 所示。

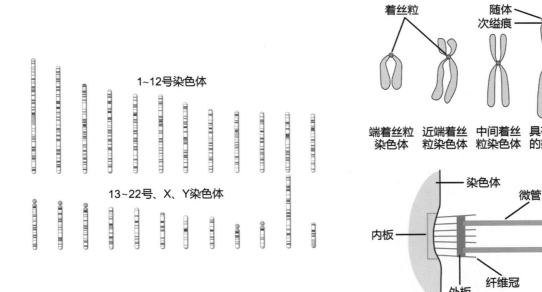

图 3.30　人类染色体的结构示意图 (Merlin G. Butler, 2015)　图 3.31　着丝粒与染色体的关系示意图

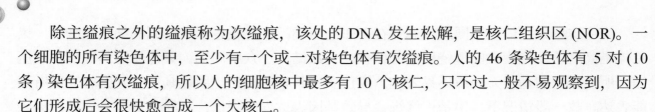

　　除主缢痕之外的缢痕称为次缢痕，该处的 DNA 发生松解，是核仁组织区 (NOR)。一个细胞的所有染色体中，至少有一个或一对染色体有次缢痕。人的 46 条染色体有 5 对 (10 条) 染色体有次缢痕，所以人的细胞核中最多有 10 个核仁，只不过一般不易观察到，因为它们形成后会很快愈合成一个大核仁。

　　核仁与 rRNA 的合成及核糖体的组装有关，具体来说，在核仁处转录生成沉降系数为 18 S 的 rRNA 与细胞质合成的、通过核孔运入的相关蛋白质组装，形成核糖体小亚基，在核仁处转录生成沉降系数分别为 5.8 S、28 S 的 rRNA，细胞核中转录生成的沉降系数为 5 S 的 rRNA，与细胞质合成的、通过核孔运入的相关蛋白质组装，形成核糖体大亚基。大、小亚基通过核孔运至细胞质中，需要时组装成核糖体。"当然，没有核仁，依然可以形成核糖体"，原核细胞补充道。

第4章 物质运输、酶、ATP

4.1 物质运输

4.1.1 扩散、渗透与反渗透

1. 扩散

扩散是一种物理现象，指某些原子、分子、细胞、个体等从高浓度向低浓度的运动，有生物学扩散、化学扩散、物理学扩散几种，如图4.1所示。将一滴红墨水滴入清水中，红墨水在清水中扩散开来；癌细胞可以在身体各组织进行扩散和转移，这些都是扩散。

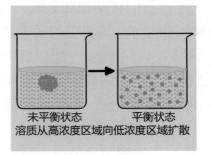

图 4.1　扩散作用

2. 渗透

渗透作用是水分子或其他溶剂分子通过半透膜由低浓度向高浓度扩散。这里的浓度是指溶质的物质的量浓度。切记：不是质量浓度。水分子从溶质浓度低的一侧向溶质浓度高的一侧扩散，其实就是水分子从水的相对浓度高的地方扩散到水的相对浓度低的地方。

在长颈漏斗口上紧扎着一块半透膜，漏斗内装有蔗糖溶液，将漏斗倒置于盛有纯水的烧杯中，开始时，漏斗内外液面相等。由于纯水的水势(这里的"水势"是植物生理学中的一个重要概念，用来描述水分子在系统中移动的趋势和能力。纯水的水势为0，溶液的水势为负，温度越高，数值越小)高，蔗糖溶液的水势低，所以烧杯中的水就会通过半透膜更多地向漏斗内移动，漏斗内液面上升，这一现象就是渗透作用。溶液上升到一定高度后就不再上升。此时，漏斗中的蔗糖溶液的渗透压刚好等于漏斗与烧杯的液面差所构成的压力差(见图4.2)。渗透吸水是植物细胞吸水的一种方式，具有中央大液泡的成熟植物细胞主要靠渗透作用吸水。

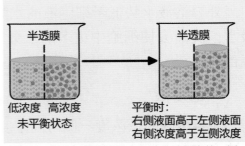

表面上：溶剂从溶质低的一侧流向溶质高的一侧；
本质上：溶剂从溶剂高的一侧流向溶剂低的一侧

图 4.2　渗透作用与平衡

渗透作用的发生需要两个条件：半透膜和半透膜两边有水势差。成熟的植物细胞含有大液泡，液

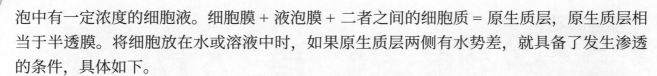

泡中有一定浓度的细胞液。细胞膜＋液泡膜＋二者之间的细胞质＝原生质层，原生质层相当于半透膜。将细胞放在水或溶液中时，如果原生质层两侧有水势差，就具备了发生渗透的条件，具体如下。

(1) 当外界溶液水势高于细胞液的水势时，即外界溶液浓度低于细胞液的浓度，细胞就通过渗透作用吸水。

(2) 当外界溶液水势等于细胞液的水势时，即外界溶液浓度等于细胞液的浓度，细胞就保持动态平衡。

(3) 当外界溶液水势低于细胞液的水势时，即外界溶液浓度高于细胞液的浓度，细胞就通过渗透作用失水。

动物细胞没有细胞壁的保护，所以有以下情况发生。

(1) 当我们将动物细胞放入清水中，它会吸水涨破。

(2) 当我们将动物细胞放入诸如质量分数为 30% 的 NaCl 或高渗的葡萄糖溶液中，细胞在失水的同时，溶液中的葡萄糖或 NaCl 等也会进入细胞内，只不过失水较快，溶质分子进入细胞内相对较慢，所以细胞会失水皱缩，然后随着溶质分子进入细胞内，细胞又会吸水复原。当细胞内外的葡萄糖浓度相等时，因为细胞内还有其他溶质分子构成渗透压，所以细胞会继续吸水，最终细胞吸水涨破。

(3) 当我们将动物细胞放入 30% 蔗糖或麦芽糖等溶液中，因为这些溶质分子无法进入细胞内，所以细胞只是失水皱缩，不会自动复原甚至吸水涨破。

动物细胞与植物细胞在不同溶液中的吸水与失水情况分析如表 4.1 所示。

表 4.1　动物细胞与植物细胞在不同溶液中的吸水与失水情况分析

不同的细胞	清水	30% 葡萄糖溶液	30% 蔗糖溶液
动物细胞	细胞吸水涨破	细胞失水皱缩，然后吸水涨破	细胞失水皱缩
植物细胞	细胞吸水膨胀	细胞失水质壁分离，然后自动复原	细胞失水质壁分离

一般情况下，土壤溶液的水势是比较高的，因此土壤中的水会流入植物根细胞内。但当外界溶液水势低于细胞液的水势时（如一次施用过量的化肥），细胞不仅不能从外界吸水，反而会使细胞中更多的水分子外流，从而造成对植物不利的影响，也就是所谓的烧苗现象。

3. 反渗透

当半透膜的低浓度一侧与高浓度一侧受到相同的压强时：单位时间内从低浓度侧进入高浓度侧的水分子数多于从高浓度侧进入低浓度侧的水分子数，使得高浓度液面升高，浓度降低。随着液面的升高，高浓度一侧的压强也随之增高，阻止了水分子继续从低浓度侧进入高浓度侧。当单位时间内，两个方向透过半透膜的水分子数相等时，渗透即达到平衡。

若在高浓度侧外加一定的压力，使低浓度侧和高浓度侧的渗透达到平衡，这个外加的压力即称为渗透压。渗透压的大小不仅取决于溶液系统，而且与溶质浓度及温度有关。若在高浓度侧的外加压力超过了渗透压，则会出现单位时间内从高浓度侧透过半透膜进入低浓度侧的水分子数，多于从低浓度侧透过半透膜进入高浓度侧的水分子数，此过程称为反渗透。反渗透膜技术的应用较为广泛，工业污水回用装置、海淡工程、化工行业工艺用水都将反渗透膜技术作为核心工艺。

4.1.2 自由扩散

　　自由扩散又称简单扩散，指的是由于分子的热运动，物质顺浓度梯度直接通过生物膜，它是物质通过细胞膜进出细胞的方式之一，如图4.3所示。自由扩散强调的是被扩散的物质本身，其过程不需要载体蛋白的参与，也不消耗外界能量。通过自由扩散运输的物质有：水、氧气、二氧化碳、一氧化碳等气体分子，以及乙醇、甘油、尿素、脂肪酸、脂肪、性激素等小分子脂溶性物质。

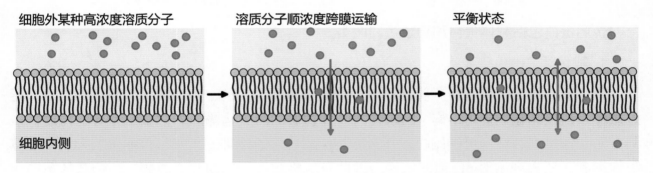

细胞外某种高浓度溶质分子　　　　溶质分子顺浓度跨膜运输　　　　平衡状态

细胞内侧

图4.3　自由扩散是一种不依赖转运蛋白和能量的被动运输方式

　　自由扩散的速度与以下因素有关。

　　(1) 与被运输的物质的脂溶性程度有关：由于脂类双分子层构成质膜的基本骨架，脂溶性物质能够溶于膜脂内，因此能优先通过细胞膜进出细胞，即相似相溶。非极性的小分子易透过。

　　(2) 与溶质分子大小有关：溶质分子越大，越难自由通过细胞膜，反之越简单，如通透性：$O_2 > CO_2 >$ 甘油。水几乎不溶于膜脂，但水分子可以穿过细胞膜中磷脂分子之间的间隙，自由进出细胞。

　　(3) 与膜两侧溶质浓度差有关：溶质浓度差愈大，扩散速度愈快。

　　(4) 与电荷性质有关：带电离子和极性分子需要更高的自由能才能较慢通过细胞膜，即更难通过。细胞内有一些浓度高又不能扩散出细胞的阴离子，因此：带正电荷的离子相对容易进入细胞，带负电荷的离子则较难进入细胞。

4.1.3 协助扩散

协助扩散又称易化扩散，过程中不消耗外界能量，但需要转运蛋白协助，如图4.4所示。亲水小分子通过自由扩散的方式顺浓度梯度运输速度很慢，但协助扩散会快得多。通过协助扩散运输的物质有：水、葡萄糖、氨基酸、核苷酸、所有的离子。

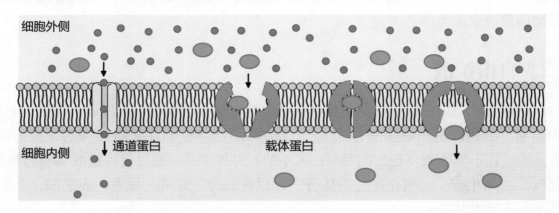

图 4.4　协助扩散是一种依赖转运蛋白但不依赖能量的被动运输方式

转运蛋白包括载体蛋白和通道蛋白两类。

1. 载体蛋白

载体蛋白能与一种甚至一类溶质分子或离子进行短暂的、可逆的、特异性的结合，通过载体蛋白的构象（空间结构）的改变，介导物质的跨膜运输。载体蛋白介导的协助扩散具有专一性、饱和性、可抑制性，可被底物类似物竞争性抑制，又可被痕量的抑制剂非竞争性抑制，还表现出对 pH 值的依赖，因此有人称载体蛋白为"通透酶"。但载体蛋白与酶又有本质的不同：载体蛋白可以改变过程的平衡点，加快物质沿着自由能减少的方向跨膜运输。载体蛋白不会对被转运物质进行任何改变。

2. 通道蛋白

载体蛋白可以介导协助扩散，也可以介导主动运输。通道蛋白只能介导协助扩散，过程中不需要与被转运的物质结合，自身构象也不会发生改变，仅仅提供一个跨膜的亲水性通道。通道蛋白可分为孔蛋白、水孔蛋白和离子通道蛋白三类，如图4.5所示。

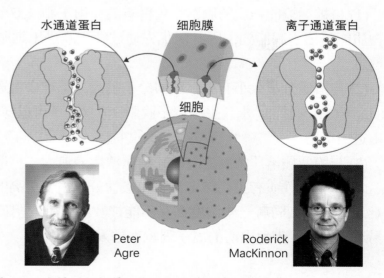

图 4.5　彼得·阿格雷（左）和罗德里克·麦金农（右）二人一起分享了 2003 年诺贝尔奖

孔蛋白存在于革兰氏阴性细菌的外膜和线粒体、叶绿体的外膜上，跨膜区由 β 折叠片形成柱状亲水通道，通道大小不可调节，孔蛋白的选择性低、通透性高。

水孔蛋白又称为水通道蛋白，由美国科学家彼得·阿格雷 (Peter Agre) 于 1990 年发现。水孔蛋白只允许水通过而不允许其他物质通过，具有高度的选择性。部分水通道蛋白的开放程度可通过磷酸化和去磷酸化进行调节。

离子通道只运输无机离子而且具有离子选择性：对被转运离子的大小和电荷具有高度的选择性，如图 4.6 所示。驱动离子通过离子通道进行协助扩散的驱动力来自溶质的浓度梯度和跨膜电位差。离子通道一般是门控的：只能在接受特定的刺激后发生瞬间的开放，而非持续的开放，而且没有开大和开小之分。

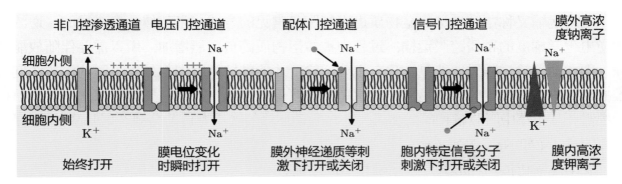

图 4.6　离子通道蛋白实例

根据调节其开闭的刺激种类，可将离子通道分为以下几种 (参见表 4.2)。

(1) 配体门控通道蛋白：其打开或关闭取决于是否有相应的配体和与配体相连的受体结合。

(2) 电压门控通道蛋白：其打开或关闭取决于通道蛋白膜两侧的电位差。

(3) 压力门控通道蛋白：其打开或关闭取决于通道蛋白是否接受机械压力变化。

表 4.2　离子通道蛋白实例

离子通道		典型定位	功　能
非门控的 $Na^+ - K^+$ 渗漏孔道		大多数动物细胞膜	维持静息电位，对 K^+ 的通透性是 Na^+ 的近百倍
电压门控 Na^+ 通道		神经元轴突质膜	产生动作电位
电压门控 K^+ 通道		神经元轴突质膜	恢复静息电位
电压门控 Ca^{2+} 通道		神经终末质膜	刺激释放神经递质
乙酰胆碱受体	兼 Na^+、K^+ 配体门控通道	骨骼肌细胞质膜	在靶细胞中将化学信号转变为电信号
	兼 Cl^-、K^+ 配体门控通道	心肌细胞质膜	
压力门控通道		内耳听觉毛细胞	震动转变为电信号

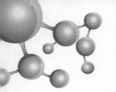

水既能自由扩散，也能协助扩散，但协助扩散的速度要远大于自由扩散。水孔蛋白（水通道蛋白）1 秒内可转运几十亿个水分子，离子通道蛋白 1 秒内可转移数百万个离子，而已知的载体蛋白的最快转运速度仅为每秒数千个离子。

4.1.4 主动运输

主动运输又称主动转运，是物质进出细胞最常见的方式，是载体蛋白介导的、逆浓度或逆电化学梯度的物质跨膜运输，过程中被转运物质的自由能增加，所以需要伴随放能过程，即主动运输过程需要能量。只有主动运输，才能维持细胞内与外界不同的溶质浓度，维持细胞内相对稳定的微环境，如淡水鱼类需要保盐排水，海水鱼类需要保水排盐；植物的根需要从土壤中吸收各种矿质离子。通过主动运输的物质有：葡萄糖、氨基酸、核苷酸、所有的离子（如 Na^+、K^+、Ca^{2+}、Cl^-）等。

主动运输包括两种形式：泵运输和协同运输。

1. 泵运输

一般载体蛋白兼具 ATP 水解酶的功能，直接利用 ATP 水解释放能量进行物质的逆浓度梯度运输，如 $Na^+ - K^+$ 泵、钙泵、质子泵等。

(1) 钠钾泵：钠钾泵存在于一切动物细胞膜上，动物细胞一般要消耗细胞总 ATP 的三分之一用于维持细胞内低 Na^+、高 K^+ 的离子环境，如图 4.7 所示。在神经元中，$Na^+ - K^+$ 泵消耗的 ATP 更是高达细胞总 ATP 的二分之一，这些数据反映了钠钾泵的重要性。

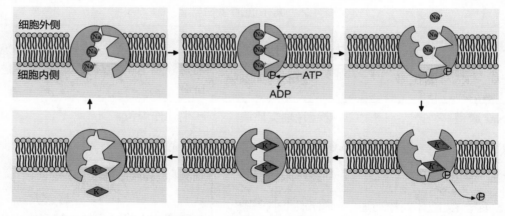

图 4.7　钠钾泵的工作原理

$Na^+ - K^+$ 泵由 α、β 两个亚基构成。α 亚基具有 ATP 酶的活性，即催化 ATP 的水解；β 亚基具有组织特异性的糖蛋白。具体过程：α 亚基与 Na^+ 的结合 → 促进 ATP 水解 → α 亚基上的一个天冬氨酸残基磷酸化→ α 亚基构象改变→ 将 3 个 Na⁺ 泵出细胞→ 细胞外的 K⁺ 与 α 亚基的另一个位点结合→ 使 α 亚基去磷酸化→ α 亚基的构象再次发生改变→ 将 2 个 K⁺ 运入细胞内。如此循环往复，实现消耗 1 个 ATP，将 3 个 Na⁺ 运出细胞，同时将 2 个 K⁺ 运入细胞。

(2) 钙泵：前文已有提及，Ca^{2+} 对细胞和生命活动非常重要，细胞总是要维持细胞质基质中的 Ca^{2+} 处于较低的状态，这种状态的维持就是通过钙泵将 Ca^{2+} 运至细胞外或将 Ca^{2+} 运至内质网中实现的，如图 4.8 所示。每消耗 1 个 ATP 可将 2 个 Ca^{2+} 运出细胞或运入肌质网内。

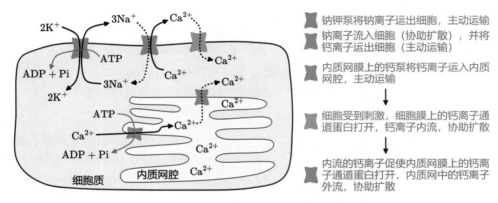

图 4.8 钙泵
（虚线表示协助扩散，实线表示主动运输）

肌肉收缩与 Ca^{2+} 的运输有关，以骨骼肌为例。当受到神经刺激的时候，细胞膜上的 Ca^{2+} 通道打开，引起细胞外的 Ca^{2+} 以协助扩散的方式内流。细胞质基质中的 Ca^{2+} 浓度升高，导致内质网膜上的 Ca^{2+} 通道蛋白打开，引起内质网中的 Ca^{2+} 以协助扩散的方式，大量外流到细胞质基质，引起细胞质基质中的 Ca^{2+} 浓度进一步升高，最终导致肌肉收缩。

(3) 质子泵：上述钠钾泵和钙泵都属于 P 型泵，都有两个独立的 α 亚基作为 ATP 的结合位点，转运离子时至少有一个 α 亚基发生磷酸化和去磷酸化反应 (P 型泵名字的由来)，改变转运蛋白的构象，实现离子的跨膜运输。植物细胞、真菌、细菌细胞膜上没有 Na⁺－K⁺ 泵，而是具有 P 型 H⁺ 泵，将 H⁺ 主动转运至细胞外，然后这些 H⁺ 顺浓度梯度进入细胞内时，带动其他营养物质或离子主动转运至细胞内。如某些细菌可以在协助扩散运入一个 H⁺ 的同时运入一分子乳糖。

质子泵除了上述的 P 型质子泵之外，还有一些其他的形式，如 V 型质子泵和 F 型质子泵等 (见表 4.3)。V 型质子泵存在于动物细胞的细胞膜、溶酶体膜、真菌细胞的液泡膜上；F 型质子泵存在于细菌细胞膜、线粒体内膜、叶绿体类囊体膜上。

V 型质子泵和 F 型质子泵彼此很相似，但与 P 型泵差异较大，结构上也比 P 型泵更复杂。V 型和 F 型质子泵既然不是 P 型泵，其转运 H⁺ 的过程中自然也不涉及磷酸化和去磷酸化过程。V 型泵利用 ATP 水解释放的能量实现 H⁺ 的主动运输，维持溶酶体、液泡中的酸性环境；F 型泵比较另类，它利用 H^+ 的顺浓度梯度运输合成 ATP，所以有人主张将 F 型质子泵称为 $H^+ - ATP$ 合酶更为合适。

表 4.3　不同类型的质子泵和 ABC 超家族对比

类型	运输物质	结构与功能	存在部位
P 型泵	H^+、Na^+、K^+、Ca^{2+}	由大小两个亚基构成，大亚基可发生磷酸化，小亚基调节运输	H^+ 泵：植物、真菌和细菌细胞膜上；Na^+-K^+ 泵：动物细胞膜；H^+-K^+ 泵：哺乳动物胃细胞膜；Ca^{2+} 泵：所有真核细胞膜和肌质网膜
V 型泵	H^+	多个跨膜和胞质亚基，利用 ATP 将 H^+ 从细胞质基质运输到细胞器中	① 植物和真菌的液泡膜；② 动物的溶酶体膜；③ 某些泌酸动物细胞膜
F 型	H^+	多个跨膜和胞质亚基，利用 H^+ 电化学势能合成 ATP	① 线粒体内膜；② 叶绿体类囊体膜；③ 细菌细胞膜
ABC 型	离子和各种小分子	两个跨膜结构域形成水性通道，两个胞质结构域将 ATP 的水解和物质的运输耦联起来	① 细菌细胞膜，吸收氨基酸、糖、小肽；② 哺乳动物内质网膜，运输与 MHC 有关的抗原肽；③ 哺乳动物细胞膜，输出磷脂、胆固醇、亲脂性药物、代谢废物等

ABC 超家族也是一类 ATP 驱动的主动运输的载体，不同于 P 型泵通过磷酸化和去磷酸化介导的构象转变实现离子的跨膜运输，ABC 超家族的构象转变与 ATP 的水解、ADP 的解离有关。ABC 超家族广泛存在于各种生物膜中，原核细胞通过其吸收营养物质，真核细胞通过 ABC 超家族将天然毒物和代谢废物排出细胞外。在多种肿瘤细胞和抗药性细胞中，ABC 超家族将脂溶性的药物运出细胞外，降低细胞内的药物浓度，导致抗药性增强。

囊性纤维化是一种在白人中常见的常染色体隐性遗传病，发病原因是囊性纤维化跨膜转运调节蛋白 (CFTR) 突变，导致 Cl^- 不能顺利地运输至细胞外，细胞外因渗透压降低而缺水，引起肺部分泌物黏稠，导致堵塞支气管。这里的 CFTR 本质上是一种 ABC 转运蛋白。

2. 协同运输

协同运输又称耦联转运，是一类由 $Na^+ - K^+$ 泵或 H^+ 泵与载体蛋白协同作用、靠间接消耗 ATP、实现物质的逆浓度运输的主动运输方式，它包括同向转运和反向转运两种形式。

(1) 同向转运又称共转运，即物质运输的方向和离子转移方向相同，如小肠上皮细胞和肾小管上皮细胞吸收葡萄糖和氨基酸等有机物，伴随着 Na^+ 的内流，如图 4.9 所示。

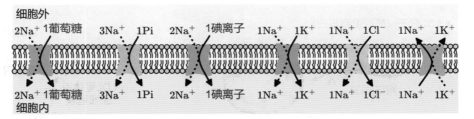

图 4.9　同向转运

（虚线表示协助扩散，实线表示主动运输）

（2）反向转运又称对向转运，即物质运输的方向和离子转移方向相反，如动物细胞通过 Na^+ 驱动的 $Na^+ - K^+$ 对向运输，在 Na^+ 内流的带动下，实现 H^+ 运出到细胞外，从而调节细胞内的 pH 值，如图 4.10 所示。

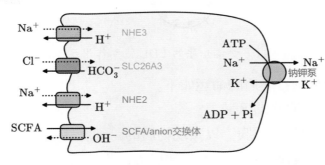

图 4.10　对向转运

（虚线表示协助扩散，实线表示主动运输）

4.1.5 胞吞胞吐

真核细胞还可以通过胞吞胞吐完成大分子与颗粒性物质的跨膜运输，如蛋白质、多核苷酸、多糖等。另外，一些小分子物质，如神经递质，也会以胞吐的方式运输，以实现快速运输的目的。因为在转运过程中，物质包裹在磷脂双分子层包被的囊泡中，因此也称为膜泡运输。

胞吞胞吐属于跨膜运输，但被转运物质是在囊泡的包裹下进行的跨膜运输，被转运物质本身并未穿越质膜。胞吞胞吐是一个依赖于细胞膜的流动性、非常耗能的过程，涉及生物膜的断裂与融合，体现了细胞膜的结构特点；而自由扩散、协助扩散、主动运输，更多的是依赖于细胞膜的选择透过性：属于细胞膜的功能特点。

胞吞胞吐包括：胞吞作用、吞噬作用、胞吐作用。

1. 胞吞作用

胞吞作用又称内吞作用。由于质膜内折，将胞外的固体颗粒或液体包入，并从质膜上脱落下来形成囊泡，将细胞外的物质运输到细胞内，过程中不需要转运蛋白的参与，但需要受体的介导，如图 4.11 所示。

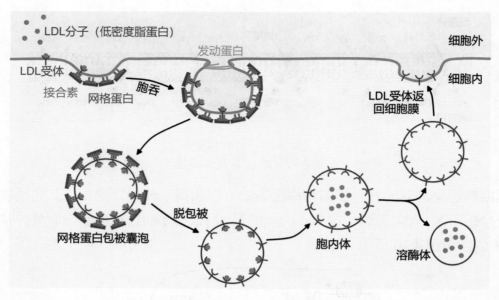

图 4.11　受体介导的 LDL 胞吞作用示意图

不同类型的受体参与胞吞之后的命运如下。

(1) 大多数受体会返回原来的区域;

(2) 有的受体会转移到其他质膜, 以实现物质的跨细胞转运, 如婴儿小肠上皮细胞游离面质膜胞吞母乳抗体后, 直接转移到基底面质膜处, 然后外排到组织液。

(3) 有的受体进入溶酶体降解, 如表皮生长因子 (EGF) 的受体大多被溶酶体降解, 从而下调细胞表面 EGF 受体量, 称为下行调节; 动物细胞内, 由膜包围的细胞器称为胞内体 (其膜上有质子泵, 主动将质子运入囊泡), 其作用是将胞吞作用摄入的物质运送到溶酶体降解。

2. 吞噬作用

吞噬作用形成的胞吞泡称为吞噬体。

原生生物的吞噬体又称食物泡, 与初级溶酶体结合, 形成次级溶酶体。吞噬作用是原生生物摄取食物的一种方式, 如变形虫吞噬草履虫和藻类等, 如图 4.12 所示。

高等多细胞生物体中, 吞噬作用往往发生于巨噬细胞和中性粒细胞等吞噬细胞中 (见图 4.13), 其作用主要是清除侵入体内的病原体及衰老凋亡的细胞, 如人的巨噬细胞每天吞噬清除 10^{11} 个衰老的血细胞。

图 4.12　变形虫在吞噬栅藻

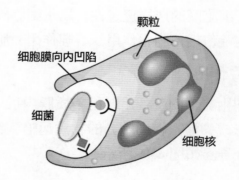

图 4.13　巨噬细胞在吞噬细菌

3. 胞吐作用

胞吐作用又称外排作用，是将细胞内的分泌泡或其他膜泡中的物质排出细胞的过程。

分泌泡一般来源于高尔基体，过程可能涉及促融合蛋白的介导。胞吐作用包括组成型胞吐和调节型胞吐。

(1) 组成型胞吐指的是运输小泡持续不断地从高尔基体运送到细胞膜并立即与细胞膜融合，将分泌小泡中的物质（主要是蛋白质）释放到细胞外，过程中不需要任何信号的触发。这种方式存在于所有类型的细胞中，除了向细胞外分泌胞外酶、生长因子、细胞外基质等外，也为细胞膜提供膜整合蛋白和磷脂等。

(2) 调节型胞吐主要指某些特化细胞，如分泌细胞，受到细胞外信号刺激时，将原本以囊泡形式储存在细胞质中的物质分泌到细胞外。如当血糖升高时，2～3 分钟内，就可以检测到血浆中胰岛素浓度的升高。如果胰岛 B 细胞完全从头开始，转录→翻译→加工→修饰→分泌胰岛素，显然无法快速调节血糖的稳态。此时就体现出胰岛 B 细胞在血糖浓度升高时，将储存在细胞中的胰岛素释放出去的重要性了。当然，这些胰岛素的量一般是不足以有效维持血糖的，所以胰岛 B 细胞会双管齐下，在分泌储存的胰岛素的同时，也会启动胰岛素基因的表达，合成更多的胰岛素。

4.1.6 葡萄糖的跨膜运输方式

葡萄糖的运输有两种：协助扩散和主动运输。小肠上皮细胞、肾小管和集合管吸收葡萄糖是主动运输；其他细胞吸收葡萄糖，葡萄糖从小肠上皮细胞和肾小管、集合管细胞出来则是协助扩散。

小肠上皮细胞是一类极性的细胞，极性指的是细胞具有两面性，如小肠上皮细胞的具有绒毛和微绒毛的游离面（朝向小肠肠腔）以及相对平滑的基底面（朝向组织液），如图 4.14 所示。在游离面，小肠上皮细胞通过 $Na^+ - K^+$ 泵建立跨膜 Na^+ 浓度差（膜外高浓度钠离子），然后伴随着 Na^+ 顺浓度梯度进入小肠上皮细胞内，葡萄糖逆浓度梯度从小肠肠腔进入小肠上皮细胞内（主动运输）。在基底面，小肠上皮细胞内的葡萄糖顺浓度梯度，通过 $GLUT_2$ 载体蛋白，运出细胞外，来到组织液（协助扩散）。

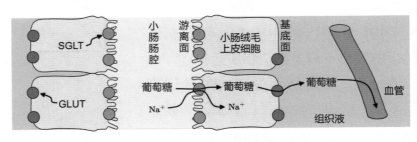

图 4.14　小肠上皮细胞吸收转运葡萄糖示意图

动物细胞膜上的单糖转运载体有多种类型，在结构和功能上属于一个家族。人类基因组中，编码的单糖载体蛋白 GLUTs (glucose transporters) 有 12 种，以及 Na^+ 依赖性葡萄糖转运载体 $SGLT_1$ 和 $SGLT_2$ 两种。它们都是由一条约 500 个氨基酸构成的 12 次跨膜的蛋白质，具有明显的组织特异性。起主要作用的GLUTs是GLUT$_{1～5}$，前四种是葡萄糖转运载体，GLUT$_5$是果糖转运体（其特征参见表4.4）。

表 4.4 不同的葡萄糖转运蛋白及其特征

载　体	分　布	K_m	K_m 值不同的意义
GLUT$_1$	红细胞、小血管壁内皮细胞	1	保证细胞能吸收足够的葡萄糖以完成基本的生命活动
GLUT$_2$	肝细胞、胰岛 B 细胞、小肠和肾小管上皮细胞基底面质膜	15～20	只有血糖浓度过高时才会有大量的葡萄糖被吸收合成肝糖原，然后进入胰岛 B 细胞促进胰岛素的合成和分泌。血糖低时，肝糖原分解升高血糖
GLUT$_3$	大部分细胞，脑细胞最多	1	保证脑细胞等能吸收足够的葡萄糖
GLUT$_4$	胰岛素应答性组织，如肌肉细胞、脂肪细胞	5	在血糖低时优先保证脑、肾、肺等细胞的基本需求
SGLT$_1$/ GLUT$_5$	小肠上皮细胞游离面	/	SGLT$_1$ 帮助 Na$^+$ 与葡萄糖或半乳糖、GLUT$_5$ 帮助 Na$^+$ 与果糖共运输进入细胞，基底面 GLUT$_2$ 帮助三种单糖扩散进入血浆
SGLT$_2$	肾小管上皮细胞游离面	/	SGLT$_2$ 帮助 Na$^+$ 与葡萄糖共运输进入细胞，基底面 GLUT$_2$ 帮助葡萄糖扩散入血浆

4.1.7 各种因素对物质跨膜运输速率的影响（在一定范围内）

影响物质跨膜运输速率的因素有很多，这里仅讨论转运蛋白数量、氧气浓度、被转运物质膜两侧的浓度差、ATP 浓度，如图 4.15 所示。

自由扩散不需要转运蛋白，所以物质运输速率与转运蛋白无关。协助扩散的速度在一定范围内随着载体蛋白数量的增加，物质运输速率增大，P 点后转运蛋白数量不再是影响物质运输速率的主要因素。主动转运受到 ATP 等因素的限制，Q 点后转运蛋白数量不再是影响物质运输速率的主要因素。

氧浓度主要通过影响有氧呼吸的速率，影响 ATP 浓度，进而影响主动运输的跨膜运输的速率。被动运输不需要

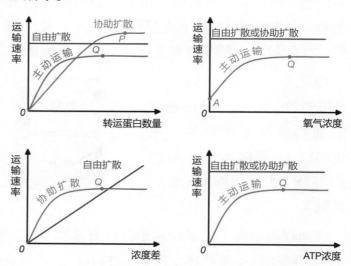

图 4.15 物质跨膜运输速度的影响因素

ATP，速率不会随着氧浓度增加而发生改变。主动运输在 A 点时通过无氧呼吸提供 ATP，所以速度并没有降低到 0，Q 点后氧浓度不再是影响运输速率的主要因素。

注 意

> 哺乳动物的成熟红细胞等无线粒体，只能进行无氧呼吸，故其物质运输速率不会受到氧浓度的影响。厌氧微生物，氧气浓度增加反而会抑制它们的生命活动，物质运输的速率不升反降。

被动运输包括自由扩散和协助扩散，均不需要消耗 ATP，物质运输速率不会随着 ATP 浓度的变化而发生改变；主动运输受到转运蛋白的限制；Q 点后，ATP 浓度不再是限制运输速率的主要因素。

须知

> ① 为方便绘图，将 2～3 种物质运输方式在一个图中展示，但彼此之间并无速度大小的对比关系。
>
> ② 这里的协助扩散指的是载体蛋白介导的，而通道蛋白介导的协助扩散一般不表现出饱和性，或者说，在生物或细胞所能接触到的浓度范围达不到其饱和点。
>
> ③ 如果运输的物质是氧气，氧气自由扩散的速度会随氧气浓度的增加而增加。

自由扩散一定范围内随着半透膜两侧浓度差增大，物质运输速率增大，而且一般不表现出饱和性，即随着浓度差的增大而线性增大。协助扩散在受到浓度差影响的同时，也受到转运蛋白等因素的限制。所以 Q 点后浓度差不再是影响运输速率的主要因素，可通过升高温度来提高物质的运输速率。

温度主要通过影响酶活性来影响细胞呼吸速率，进而影响物质的运输速率，温度还可以通过影响生物膜上磷脂分子及蛋白质分子活性来影响物质的运输速率。

✿ 4.2 酶

4.2.1 酶的研究历史

早在 18 世纪，人们就注意到胃液能消化肉类，唾液能将淀粉变成糖。1857 年，法国著名科学家巴斯德 (Louis Pasteur，1822—1895) 认为发酵是酵母细胞中酵素 (Ferments) 催化作用的结果 (可惜是错的)。1878 年，德国生理学家威廉·屈内 (Wilhelm Kühne，1837—1900) 提出 Enzyme 一词，中文译作酶。1897 年，德国科学家布赫纳 (Buchner，1860—1917) 首次成功用不含细胞的酵母提取液进行催化发酵，证明发酵过程并不需要完整的细胞并因此获得了 1907 年的诺贝尔化学奖。1926 年，美国科学家詹姆斯·萨姆纳 (James Sumner，1887—1955) 首次从刀豆中得到脲酶结晶，并证明脲酶是蛋白质。后续陆续发现两千余种酶，都是蛋白质。直到 1982 年，托马斯·切赫 (Thomas Cech) 在研究四膜虫 rRNA 前体加工的过程中，发现在没有蛋白质存在的条件下，rRNA 具有自我剪切功能，即 rRNA 具有酶的活性，他将这种 RNA 命名为核酶 (ribozymes)。1983 年，西德尼·奥尔特曼 (Sidney Altman) 和诺曼·佩斯 (Norman Pace) 实验室将 RNase P 的蛋白质与 RNA 分离，分别测定，结果发现蛋白质部分没有催化活性，而 RNA 部分具有与全酶相同的催化活性。切赫和奥尔特曼也因此获得了 1989 年诺贝尔化学奖 (见图 4.16)。

图 4.16　西德尼·奥尔特曼 (左) 和托马斯·切赫 (右)

　　1995 年，伯纳德·库努德 (Bernard Cuenoud) 等发现 DNA 也有连接酶和磷酸酯酶的活性，称为脱氧核酶。

4.2.2　酶的结构与功能

1. 酶的分子组成

绝大多数酶的化学本质都是蛋白质，少数是 RNA。

　　根据酶的化学组分，酶可分为单纯酶和结合酶两大类。单纯酶指的是只由氨基酸组成的单纯蛋白质，如脲酶、某些蛋白酶、淀粉酶、脂酶及核糖核酸酶等。有的酶由蛋白质部分和非蛋白质部分组成，称为结合酶。结合酶中，蛋白质部分称为酶蛋白，决定其催化反应的特异性，非蛋白质部分称为辅助因子，决定其反应的类型和性质。辅助因子包括小分子有机化合物和金属离子。

　　酶蛋白与辅助因子结合形成全酶，酶蛋白和辅助因子单独存在时均无催化活性，只有全酶才具有酶活性。酶的辅助因子可分为辅酶和辅基，辅酶与酶蛋白结合疏松，以非共价键相连，可以用透析或超滤方法除去，如 NAD^+ 和 $NADP^+$ 等；而辅基与酶蛋白以共价键紧密结合，不能通过透析或超滤将其除去，如 FAD 等。体内酶种类很多，但辅助因子种类却很少，一种辅酶可与许多种酶蛋白结合。如辅酶在反应中作为底物，接受质子或基团，然后离开该酶蛋白，与另一种酶蛋白结合，将所携带的质子或基团转移。

　　根据酶的结构不同，可将酶分成单体酶、寡聚酶、多酶复合体。单体酶只有一条多肽链 (具有三级结构) 组成的酶，如牛胰核糖核酸酶、溶菌酶、羧肽酶 A 等。寡聚酶是由多个相同或不同亚基以非共价键相连的酶，绝大多数寡聚酶含偶数亚基。寡聚酶多数是可调节酶 (活性可调节)，在代谢调控中起重要作用。生物体内存在许多由几种不同功能的酶聚合形成的多酶复合物，其催化作用如同流水线，底物从一个酶依次流向另一个酶，发生连锁反应，如丙酮酸脱氢酶系是由 3 个酶和 5 个辅助因子组成的复合体，催化丙酮酸脱氢脱羧反应。一些多酶体系在进化过程中由于基因融合，使具有多种不同催化功能的酶形成一条多肽链，这类酶被称为多功能酶或串联酶，如脂肪酸合成酶系，它由两条多肽链构成，每条多肽链含有 7 种不同的酶活性。

2. 酶的活性中心

酶分子中存在着许多化学基团，如氨基、羧基、羟基、咪唑基、巯基等。这些基团不一定都与酶活性有关，只有那些与酶活性有关的基团，称作酶的必需基团，如丝氨酸残基的羟基、组氨酸残基的咪唑基、半胱氨酸残基的巯基、酸性氨基酸残基的羧基等，这些基团多具有孤对电子，易与底物形成配位键。

酶蛋白分子中，能与底物特异结合并发挥催化作用，将底物转变为产物的部位称为酶的活性中心。酶活性中心是由一级结构上可能相距较远但在三维空间结构上却十分接近的几个氨基酸残基形成的具有一定空间结构的区域。酶的活性中心常常是具有三维空间结构的裂缝或裂隙，底物分子全部（或一部分）结合到裂隙内并发生催化反应。此裂缝多为氨基酸残基的疏水基团形成的疏水"口袋"，深入到酶分子内部，因此在此裂隙中底物浓度可能会很高。酶可由数十个或数百个氨基酸残基组成，而构成活性中心的氨基酸残基只是一小部分，常常只占整个酶分子体积的 1% ～ 2%。酶分子的催化部位常常只由 2 ～ 3 个氨基酸残基构成。

3. 酶的变构

酶的一级结构是酶发挥催化功能的结构基础。酶的一级结构改变可能使其催化功能发生一定的改变，有相同催化功能的同一类酶，其活性中心的一些氨基酸序列有极大的同源性。如胰蛋白酶、胰凝乳蛋白酶和弹性蛋白酶均属于胰蛋白酶家族，这三种酶活性中心的氨基酸残基有 25% 的同源性，甚至二硫键的位置亦相同。胰蛋白酶、胰凝乳蛋白酶、弹性蛋白酶的活性中心均含有丝氨酸（缩写为 Ser）和组氨酸（缩写为 His）残基；木瓜蛋白酶、菠萝蛋白酶的活性中心则含有半胱氨酸（缩写为 Cys）和组氨酸（缩写为 His）残基。

酶的催化活性除了依赖于酶的一级结构，也与它的正确的空间构象密切相关。如胰蛋白酶、胰凝乳蛋白酶和弹性蛋白酶的活性中心丝氨酸（缩写为 Ser）残基附近，都有一个立体的"口袋"状结构，被水解的肽键的羧基侧的氨基酸侧链恰好落在这个口袋中。胰蛋白酶的口袋较深，底部含带负电的天冬氨酸（缩写为 Asp），可容纳底物的带正电的长侧链精氨酸（缩写为 Arg）或赖氨酸（缩写为 Lys），使精氨酸或赖氨酸的羧基端肽键被水解；胰凝乳蛋白酶的口袋较宽，并由非极性氨基酸残基构成，故可容纳侧链大的疏水性氨基酸和芳香族氨基酸，使其羧基端肽键被水解；弹性蛋白酶的袋口两侧均为缬氨酸（缩写为 Val），对侧链大或长的残基的进入有阻碍作用，故该酶易水解侧链小的非极性氨基酸的羧基端肽键。

细胞内一些中间代谢物能与某些酶分子活性中心以外的某一部位以非共价键可逆结合，使酶的构象发生改变并影响其催化活性，进而调节代谢反应速率，这种现象为变构效应，这种对酶催化活性的调节方式称为变构调节。具有变构调节的酶被称为变构酶，酶分子中与中间代谢物结合的部位称为变构部位或调节部位，能引起变构效应的代谢物称为变构剂。

变构酶均由多个亚基构成，含催化部位 (活性中心) 的亚基称为催化亚基，含有与变构效应剂相结合的部位 (调节部位) 的亚基称为调节亚基。如果某效应剂能使酶活性增加并加速反应速率，则被称为变构激活剂；如果某效应剂能使酶活性降低并抑制反应速率，则被称为变构抑制剂。

当效应剂与酶的第一个亚基结合后可引起寡聚酶的其余亚基构象发生变化，称为协同效应。如果使酶与底物结合的速率加快，称为正协同效应；如果使酶与底物结合的速率减慢，称为负协同效应。变构剂常常是酶的底物、产物或其他小分子代谢物，这些变构剂的浓度变化，可通过变构效应改变某些酶的活性，进而改变代谢反应速率或代谢途径的方向；变构酶的动力学特点不符合米氏方程。关于米氏方程，下有详述。在变构效应剂作用下，正协同效应变构酶的反应速率对 [S] 的曲线呈 S 形，而不是矩形双曲线。

4. 酶的共价修饰

酶蛋白肽链上的某些基团可在另一种酶的催化下，与某些化学基团发生可逆的共价结合，从而影响酶的活性，这称为酶的共价修饰。酶的可逆的共价修饰包括：磷酸化和去磷酸化、甲基化和去甲基化、腺苷化和去腺苷化、尿苷化和去尿苷化、ADP-核糖化和去ADP-核糖化等。

酶的磷酸化和去磷酸化是常见的酶化学修饰方式。在蛋白激酶的催化下，来自 ATP 的磷酸基团，共价地结合在酶蛋白上，已经磷酸化的酶蛋白在磷酸酶的催化下，也可以发生去磷酸化。磷酸化或去磷酸化可使酶从无 (低) 活性变为有 (高) 活性，或相反。

5. 酶原与酶原的激活

一些酶在最初合成时，没有催化活性，需要经过一定的加工剪切才有活性，这类无活性的酶的前体称为酶原。

人体内与消化、凝血、补体系统等作用相关的酶在分泌过程中都是以酶原形式存在的。酶原分子中没有活性中心或活性中心被掩盖，因此酶原无催化活性。在合适的条件下和特定的部位，酶原转化成有活性的酶的过程称为酶原的激活。酶原的激活本质上是酶原在另一蛋白酶的催化下，切除部分肽段，形成或暴露酶的活性中心的过程。

经胰腺 α 细胞合成的胰蛋白酶原含有 245 个氨基酸 (Amino Acid, AA)，胰蛋白酶原进入小肠时，在 Ca^{2+} 存在时，被肠液中的肠激酶激活，从 N 端水解下一个六肽，分子构象改变，卷曲形成活性中心，胰蛋白酶原变成有活性的胰蛋白酶 (239 个 AA)。生成的胰蛋白酶对胰蛋白酶原有自身激活作用，这大大加速了该酶的激活作用。同时胰蛋白酶还可激活胰凝乳蛋白酶原、羧基肽酶原 A 和弹性蛋白酶原等，加速肠道对食物的消化过程，如图 4.17 所示。消化道蛋白酶以酶原形式分泌，避免了胰腺细胞和细胞外间质的蛋白被蛋白酶水解而破坏，并保证酶在特定环境及部位发挥其催化作用。

另一个例子是凝血过程与纤维蛋白溶解系统的激活，如图 4.18 所示。少量凝血因子被激活时，可通过级联放大作用，使大量凝血酶原转化为凝血酶，迅速引起血液凝固的发生。正常情况下血管内凝血酶原不被激活，则无血液凝固发生，保证血流通畅运行。一旦血管破损，凝血酶原被激活成凝血酶，血液凝固，催化纤维蛋白酶原变成纤维蛋白阻止大量失血，起保护机体的作用。因此，还可以把酶原看成是酶的储存形式，一旦需要时，便可激活使用。

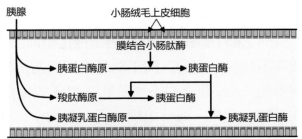

图 4.17　小肠中胰酶的激活

▶▶▶

胰腺分泌胰蛋白酶原，十二指肠黏膜中的肠激酶将其激活为胰蛋白酶，胰蛋白酶在消化膳食蛋白的同时，也可以激活两种胰腺酶原，即羧肽酶原和胰凝乳蛋白酶原。

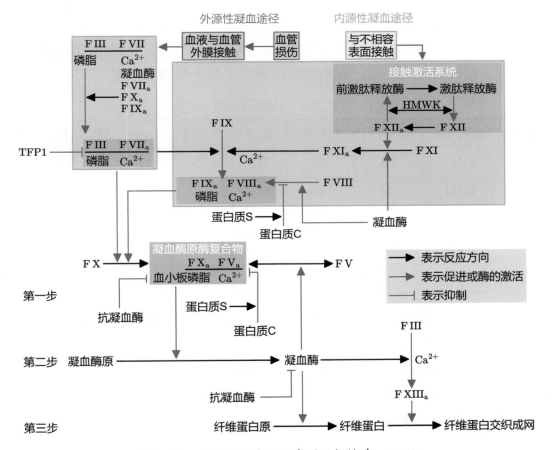

图 4.18　血液凝固过程示意图 (赵铁建 , 2021)

▶▶▶

根据凝血酶原复合物生成途径的不同，可将血液凝固过程分为内源性凝血和外源性凝血两条途径。血液凝固过程分为三步：凝血酶原酶复合物的形成、凝血酶原转变为凝血酶、纤维蛋白原转变为纤维蛋白。

6. 同工酶

同工酶 (isoenzyme) 指的是催化相同的化学反应，但酶分子结构、理化性质及免疫学性质等不同的一组酶。同工酶是由不同基因或等位基因编码的多肽链或由同一基因转录生成的不同 RNA 翻译的不同多肽链组成的蛋白质，可存在于不同个体的不同组织中，也可存在于同一个体、同一组织和同一细胞中。在个体发育的不同阶段，同一组织也可因基因表达不同而有不同的同工酶谱，即在同一个体的不同发育阶段其同工酶亦有不同。以乳酸脱氢酶的同工酶为例。哺乳类动物细胞的乳酸脱氢酶 (lactate dehydrogenase, LDH) 是由两种亚基构成的四聚体：一种亚基是骨骼肌型 (M)，另一种亚基是心肌型 (H)。这两种亚基以不同比例组成 5 种同工酶。由于 5 种同工酶结构上的差异，使各种同工酶的电泳行为及对底物的 K_m(参见 4.2.5 节的 "4. 米氏方程") 有显著不同，在不同组织中含量和分布比例也不同 (参见表 4.5)。各器官组织有各自特定的分布酶谱，使不同组织细胞有不同的代谢特点。

骨骼肌富含 LDH$_5$，其对 NAD$^+$ 亲和力较低，而对 NADH(烟酰胺腺嘌呤二核苷酸，是一种辅酶) 和丙酮酸亲和力强，催化丙酮酸还原成乳酸，保证肌肉组织在短暂缺氧时仍能快速获得能量。心肌富含 LDH$_1$，易使乳酸变成丙酮酸而被利用。可见 LDH$_1$ 和 LDH$_5$ 虽然催化同一反应，但催化方向不同，对不同组织器官起着重要调节作用。

表 4.5   LDH 同工酶

LDH 同工酶	亚基组成	红细胞	白细胞	血清	骨骼肌	心肌	肺	肾	肝	脾
LDH$_1$	H4	43	12	27.1	0	73	14	43	2	10
LDH$_2$	H3M	44	49	34.7	0	24	34	44	4	25
LDH$_3$	H2M2	12	33	20.9	5	3	35	12	11	10
LDH$_4$	HM3	1	6	1137	16	0	5	1	27	20
LDH$_5$	M4	0	0	5.7	79	0	12	0	56	5

在生物体的不同发育期的同工酶种类可不同：如在鼠出生前 5 天时心脏以 LDH$_4$ 为主，而出生后 12 天则主要含 LDH$_2$ 和 LDH$_3$。

这样的例子还有肌酸激酶的同工酶。肌酸激酶 (creatine kinase, CK) 是二聚体酶，其亚基有 M 型 (肌型) 和 B 型 (脑型) 两种，共有 3 种同工酶：脑中含 CK$_1$ 型 (BB 型)、骨骼肌含 CK$_3$ 型 (MM 型)、心肌含 CK$_2$ 型 (MB 型)。

4.2.3 酶的命名与分类

1. 酶的习惯命名

1961 年以前人们使用的是酶的习惯命名法，其原则是：绝大多数的酶是依据其所催化的底物命名，在底物的英文名词上加后缀 (-ase) 作为酶的名称。如催化蛋白水解的酶称为

蛋白酶 (Protease)、水解脂肪的酶为脂肪酶 (Lipase)。某些酶根据其所催化的反应类型或方式命名，如乳酸脱氢酶、谷丙转氨酶等。也可以在上述命名基础上再加上酶的来源和酶的其他特点，如胃蛋白酶，指出酶的来源；而碱性磷酸酶和酸性磷酸酶，指出这两种酶在催化时要求反应条件不同等。

这样的命名方式虽然方便，但常会出现混乱。

2. 酶的系统命名法

目前已发现 4000 多种酶，为了研究和使用的方便，1961 年国际生物化学学会酶学委员会推荐一套系统命名法及分类方法。系统命名法的原则是以酶所催化的整体反应为基础，命名时明确每种酶的底物及催化反应的性质，若有多个底物则都要写明，其间用冒号 (:) 隔开，如乳酸脱氢酶的系统命名是 L-乳酸:NAD^+ 氧化还原酶。该命名法还赋予每种酶一个专有的编号，这样一种酶只有一个名称和一个编号。

首先，国际生物化学学会酶学委员会根据酶催化反应的类型，将酶分为以下 6 个大类。

(1) 氧化还原酶类：催化底物氧化还原反应的酶类，如乳酸脱氢酶、醇脱氢酶、琥珀酸脱氢酶等，还包括氧化酶、加氧酶、羟化酶等。

(2) 转移酶类：催化底物之间基团转移或转换的酶类，如氨基转移酶、甲基转移酶、糖基转移酶、激酶、磷酸化酶等。

(3) 水解酶类：催化底物进行水解的酶类，如淀粉酶、蛋白酶、脂肪酶、蔗糖酶、磷酸酶等。

(4) 裂解酶类 (也称为裂合酶类)：催化底物移去一个基团并形成双键的反应或逆反应的酶类，如醛缩酶、合酶、水化酶、脱水酶、脱羧酶、裂解酶等。

(5) 异构酶类：催化同分异构体的互相转化的酶类，如磷酸葡糖异构酶、消旋酶、磷酸甘油酸异构酶等。

(6) 合成酶类 (也称为连接酶类)：催化两个底物分子合成一种物质，同时与 ATP 磷酸键断裂放能耦联的酶类，如氨基酸:tRNA 合成酶、谷氨酰胺合成酶等；合成酶与上述的合酶不同：合酶为裂解酶类，催化底物移去一个基团或合二为一，如柠檬酸合酶，且不涉及 ATP 的释能改变。

其次，根据酶催化的化学键特点和参加反应基团的不同，将每一类分成亚类、亚亚类。每个酶分类编号，由 4 个阿拉伯数字组成，数字前冠以 EC (enzyme commission)。

如葡萄糖-6-磷酸酶 (系统名为 D-葡萄糖-6-磷酸水解酶) 的编号为 EC 3.1.3.9，编号中：第一位数字 3 表示该酶属于六大类中的第三类，即水解酶；第二位数字 1 表示该酶属于哪一亚类；第三位数字 3 表示亚亚类；第四位数字 9 表示该酶在亚亚类中的排号。

系统命名法的优点在于其标准化和系统性，使得每种酶都有一个独一无二的编号，便于科学文献和数据库中的检索；缺点是对于非专业人士来说，EC 编号可能不够直观，难以从编号中直接了解酶的主要功能。因此人们还经常使用习惯命名法。

酶的分类和命名如表 4.6 所示。

表 4.6　酶的分类和命名

类　别	催化的反应	推荐名称	系统名称	编　号
氧化还原酶类	醇 +NAD⁺ ⇌ 醛或酮 +NADH	醇脱氢酶	醇:NAD+ 氧化还原酶	EC 1.1.1.1
转移酶类	L-天冬氨酸 +α- 酮戊二酸 ⇌ 草酰乙酸 +L-谷氨酸	天冬氨酸氨基转移酶	L-天冬氨酸:α-酮戊二酸氨基转移酶	EC 2.6.1.1
水解酶类	D-葡萄糖 -6-磷酸 +H₂O ⇌ D-葡萄糖 +H₃PO₄	葡萄糖 -6-磷酸酶	D-葡萄糖 -6-磷酸水解酶	EC 3.1.3.9
裂解酶类	酮糖磷酸 ⇌ 磷酸二羟丙酮　醛	醛缩酶	酮糖 -1-磷酸醛裂合酶	EC 4.1.2.13
异构酶类	D-葡萄糖 -6-磷酸 ⇌ D-果糖 -6-磷酸	磷酸果糖异构酶	D-葡萄糖 -6-磷酸酮醇异构酶	EC 5.3.1.9
合成酶类	L-谷氨酸 +ATP+NH₃ ⇌ L-谷氨酰胺 +ADP+ 磷酸	谷氨酰胺合成酶	L-谷氨酸：氨连接酶	EC 6.3.1.2

4.2.4　酶促反应的特点

酶是生物催化剂，它遵守一般催化剂的共同性质，例如：在化学反应前后质和量都没有改变；只能促进热力学上允许进行的反应；等效地加速正、反两向反应，而不能改变反应的平衡点，即不改变反应的平衡常数。

酶和一般催化剂都是通过降低反应活化能而使反应速率加快的，但因为酶的化学本质主要是蛋白质，因此又具有不同于一般催化剂的特点，其显著特点有以下几点。

1. 酶的催化效率极高——高效性

在任何一种热力学允许的反应体系中，底物 (substrates, S) 分子平均能量都较低，只有那些能量较高、达到或超过一定能量水平的分子才能发生化学反应，这些分子称为活化分子。化学反应中，活化分子占底物的比例愈大，反应速率愈快。使底物分子变成活化分子所需的能量为活化能，单位为 $kJ \cdot mol^{-1}$。

因此，要使反应加速进行，或给予能量，如加热，使分子活化，提高活化分子所占的比例；或降低反应活化能，如使用无机催化剂或酶。

和无机催化剂相比，酶降低活化能的幅度更大，能使底物只需较少的能量便可进入活化状态，如在过氧化氢分解成水和氧气的反应：$2H_2O_2 \rightarrow 2H_2O + O_2$，无催化剂时，需要的活化能为 75312 $J \cdot g^{-1}$，用胶体钯作为催化剂时，需要的活化能为 48953 $J \cdot g^{-1}$；用过氧化氢酶作为催化剂时，需要的活化能为 8368 $J \cdot g^{-1}$。

酶的催化反应速率比非催化反应高 $10^8 \sim 10^{20}$ 倍。即使和无机催化剂相比，酶的催化效率也很高：比无机催化剂高 $10^7 \sim 10^{13}$ 倍，如图 4.19 和图 4.20 所示。

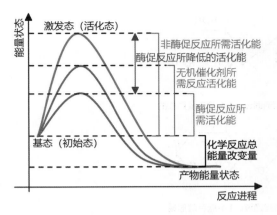

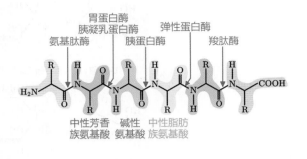

图 4.19　酶能显著降低化学反应所需的活化能　　　图 4.20　各种蛋白酶对肽键的选择性

2. 酶具有高度专一性

无机催化剂通常可催化同一类型的许多种化学反应，如 H^+ 可催化淀粉、脂肪、蛋白质等多种物质的水解，对底物结构没有严格的选择性。而酶对所催化的底物具有严格的选择性，即一种酶只作用于一种或一类化合物或一种化学键。催化一定的化学反应并产生一定结构的产物，这种现象称为酶的特异性或专一性，根据各种酶对其底物结构要求的程度不同，酶的特异性可大致分为以下三种类型。

(1) 相对专一性：大多数酶作用于一类化合物或一种化学键，这种不太严格的选择性称为相对特异性。脂肪酶不仅水解脂肪，也可水解简单的酯；蔗糖酶不仅水解蔗糖，也可水解棉子糖中的同一种糖苷键：

$$果糖-葡萄糖 \xrightarrow{\text{蔗糖酶}} 果糖 + 葡萄糖$$

$$果糖-葡萄糖-半乳糖 \xrightarrow{\text{蔗糖酶}} 果糖 + 葡萄糖 - 半乳糖$$

蛋白酶则可水解多种蛋白质的肽键，但消化道的蛋白酶对构成肽键的氨基酸残基种类有选择性 (见图 4.20)：胰蛋白酶仅水解由碱性氨基酸的羧基所形成的肽键；胃蛋白酶能水解中性芳香族氨基酸的羧基所形成的肽键；弹性蛋白酶水解中性脂肪族氨基酸的羧基所形成的肽键；羧基肽酶和氨基肽酶只能分别水解多肽链的羧基末端和氨基末端的肽键。

(2) 绝对专一性：有的酶只能作用于特定结构的底物，催化专一的反应，生成特定结构的产物，这种特异性称为绝对特异性，如脲酶只能催化尿素水解生成 NH_3 和 CO_2；该酶对与尿素结构相近的甲基尿素无催化作用。在自然界中具有绝对特异性的酶比较少。

(3) 立体异构专一性：一些酶仅对其底物的一种立体异构体进行催化反应，或其催化的结果只产生一种立体异构体，这种选择性称为立体异构特异性。如乳酸脱氢酶仅能催化 L-乳酸脱氢，而对 D-乳酸不发生作用；肠道的淀粉酶只能水解淀粉中 α-1,4-糖苷键，但不能水解纤维素中葡萄糖残基间的 β-1,4-糖苷键。因此人类肠道酶能使淀粉水解，却不能消化纤维素，如图 4.21 所示。

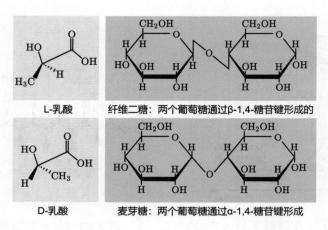

图 4.21 酶的专一性

4.2.5 酶促反应的机制

1. 锁和钥匙学说

早在 1890 年，德国化学家赫尔曼·埃米尔·路易斯·费舍尔 (Hermann Emil Louis Fischer, 1852—1919) 就提出锁和钥匙学说，在一定程度上解释了酶促反应的特性，如图 4.22 所示。

该学说认为：酶的活性中心如锁的锁眼一样固定不变，催化正反应时，酶的活性中心可以和底物 (钥匙) 完美匹配。费歇尔因对糖和嘌呤合成相关贡献获得了 1902 年的诺贝尔化学奖，但生活很悲惨。他的一个儿子在第一次世界大战中阵亡，另一个儿子在 25 岁时因忍受不了征兵的严厉训练而自杀。费歇尔因此陷入抑郁之中，并患上了癌症，于1919 年去世。

但是所有的酶促反应都是可逆反应，所以催化逆反应时，酶的活性中心也可以和产物(另一把钥匙) 完美匹配，而底物和产物的结构并不完全相同。

显然，上述几点是不可能同时全部成立的，所以锁和钥匙学说受到很多人的质疑。

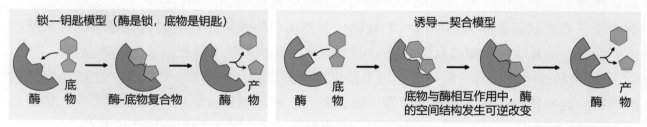

图 4.22 锁—钥匙模型与诱导契合模型

2. 酶-底物复合物学说

1913 年，德国化学家雷昂诺·米凯利斯 (Leonor Michaelis) 和贸特·门顿 (Maud Menten) 提出酶 - 底物复合物学说，认为酶要与底物结合，形成酶 - 底物复合物，然后该复合物形成酶和产物；$E + S \rightleftharpoons E - S \rightleftharpoons E + P$。

3. 诱导契合学说

在酶 – 底物复合物学说的基础上，1958 年，柯施兰德 (D. E. Koshland) 提出诱导契合学说，如图 4.22 所示。该模型认为酶的天然结构与底物并不能完美结合。在酶与底物相互靠近时，在底物的诱导下，酶的构象发生变化，使其能够与底物完美契合，从而发生催化反应。当然，产物也可以诱导酶的空间结构发生改变，所以酶也可以催化逆反应。酶的 X 射线衍射实验也证实了这种构象的改变。

酶促反应降低化学反应的活化能，就是因为酶与底物结合的过程中释放了一些结合能。

4. 米氏方程

米凯利斯和门顿根据自己提出的酶 – 底物复合物学说推导出能够表示整个反应中，底物的摩尔浓度 [S] 和反应速度 v 关系的公式，称为米氏方程。其推导过程简述如下：

$$E+S \underset{k_2}{\overset{k_1}{\rightleftharpoons}} E-S \overset{k_3}{\longrightarrow} E+S \tag{1}$$

公式 (1) 中，k_1、k_2、k_3 代表各反应的速度常数，如酶 (E) 和底物 (S) 的反应速度 $v_1 = k_1 \cdot [E] \cdot [S]$，酶和底物形成的复合物 (ES) 生成酶 (E) 和底物 (S) 的速率 $v_2 = k_2 \cdot [ES]$，酶和底物形成的复合物 (ES) 生成酶 (E) 和产物 (P) 的速率 $v_3 = k_3 \cdot [ES]$。

当反应达到稳定状态，ES 的生成速度等于 ES 的分解速度，即反应体系中的 ES 的浓度维持不变。此时有：$k_1 \cdot [E] \cdot [S] = k_2 \cdot [ES] + k_3 \cdot [ES] = (k_2 + k_3) \cdot [ES]$，所以

$$\frac{[E] \cdot [S]}{[ES]} = \frac{k_2 + k_3}{k_1}$$

令 $K_m = \dfrac{k_2 + k_3}{k_1}$，可得

$$\frac{[E] \cdot [S]}{[ES]} = K_m \tag{2}$$

用 $[E_t]$ 代表酶的总浓度，则有 $[E] = [E_t] - [ES]$，代入公式 (2)，可得

$$\frac{([E_t] - [ES]) \cdot [S]}{[ES]} = K_m$$

即

$$[ES] = \frac{[E_t] \cdot [S]}{K_m + [S]} \tag{3}$$

因为酶促反应速度 v 是由有效酶浓度，即 [ES] 决定的，所以 $v = k_3 \cdot [ES]$，将公式 (3) 代入其中，得

$$v = \frac{k_3 \cdot [E_t] \cdot [S]}{K_m + [S]} \tag{4}$$

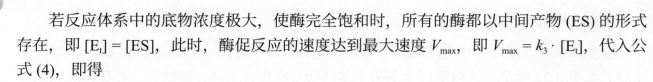

若反应体系中的底物浓度极大，使酶完全饱和时，所有的酶都以中间产物 (ES) 的形式存在，即 $[E_t] = [ES]$，此时，酶促反应的速度达到最大速度 V_{max}，即 $V_{max} = k_3 \cdot [E_t]$，代入公式 (4)，即得

$$v = \frac{V_{max} \cdot S}{K_m + S}$$

如果温度、pH 值、酶的起始浓度条件一定，则式中的 V_{max} 和 K_m 是一个常数。米氏方程圆满地表示了底物浓度和反应速度之间的关系。

米氏方程的意义如下。

(1) 当底物浓度很低时，即 $[S] \ll K_m$ 时，米氏方程可以简化为：$v = \dfrac{V_{max}}{K_m} \cdot S$，即反应速度与底物浓度成正比，符合一级反应，即图 4.23 中的 A 点之前。

(2) 当底物浓度很高时，$[S] \gg K_m$ 时，米氏方程可以简化为：$v = V_{max}$，即反应速度与底物浓度无关，符合零级反应，即图 4.23 中的 B 点之后。

(3) 当底物浓度等于 K_m 时，代入米氏方程，$V = \dfrac{1}{2} \cdot V_{max}$，即米氏常数 K_m 有了新的含义：当反应速度达到最大反应速度一半时的底物浓度，单位是 $mol \cdot L^{-1}$ 或 $mmol \cdot L^{-1}$。

米氏常数是酶的特征性物理量，一种酶在一定的条件下，对某一底物有固定的 K_m 值，K_m 值反映的是酶对底物的亲和力：K_m 值越小，说明在较低的底物浓度下就可以达到酶促反应最大反应速度的一半，即酶对底物的亲和力越高。一种酶经常会有多种底物的情况，我们将 K_m 值最小的底物称为这种酶的天然底物。

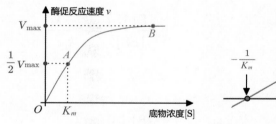
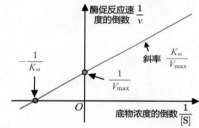

图 4.23　米氏方程求倒数

5. 测定某种酶促反应的 K_m 和 V_{max} 的方法

理论上讲，根据米氏方程，我们只需测定一系列 $[S]$ 下对应的 v，就可以求出该酶对该底物的 K_m 值和 V_{max} 值。但很显然，米氏方程是一个倒数曲线 $\left(相当于是 y = \dfrac{a \cdot x}{b + x}\right)$，并不方便进行准确测算 a 和 b，所以我们可以对米氏方程求倒数，得

$$\frac{1}{v} = \frac{K_m}{V_{max}} \cdot \frac{1}{[S]} + \frac{1}{V_{max}}$$

这是大家熟悉的 $y = a \cdot x + b$ 形式，以 $\dfrac{1}{v}$ 对 $\dfrac{1}{[S]}$ 作图，即可得到一条直线。若有两个或两个以上的 $[S]$ 关于底物浓度和对应的反应速度 v 的数据，换算成 $\dfrac{1}{[S]}$ 和 $\dfrac{1}{v}$，就可以求出该酶对该底物的 K_m 和 V_{max}。

4.2.6 酶的抑制剂

1. 酶的抑制剂概述

和激活剂相反，凡是能改变酶的必需基团的化学性质，使酶的活性降低甚至完全丧失的物质，称为酶的抑制剂。

抑制剂和失活剂不同，抑制剂对酶活性的影响具有选择性，但不引起酶蛋白的变性。失活剂使酶蛋白变性而失去活性，如强酸、强碱、酒精、丙酮等有机溶剂都是失活剂，其失活作用是无选择性的。

2. 不可逆抑制剂

不可逆抑制剂与酶分子以共价键结合，其过程不可逆，使酶永久失活，甚至使酶分子受到破坏，不能通过透析、超滤、凝胶过滤等物理方法除去抑制剂而使酶复活，因此在酶促反应中，加入一定量的不可逆抑制剂，可以使有效酶的绝对量减少。

很多毒物都是酶的不可逆抑制剂，氰化物抑制细胞色素氧化酶，神经毒物（如有机磷杀虫剂）抑制乙酰胆碱酯酶，青霉素不可逆抑制细胞转肽酶，抑制细胞壁的产生，重金属，如 Ag^+、Cu^{2+}、Hg^{2+}、Pb^{2+}、Fe^{3+} 等，以及有机汞，在较低浓度时能与酶分子中的 $-SH$ 络合，不可逆抑制酶的活性，F^-、CN^- 等能与某些酶分子中的金属离子络合而使酶活性受到抑制，其他的还有有机砷、硫化物、CO 等。

3. 可逆抑制剂

可逆抑制剂与酶分子以非共价键（如氢键）结合，其过程可逆，这种抑制剂能用透析、超滤、凝胶过滤等物理方法除去而使酶恢复活力，因此在酶促反应体系中加入一定量的可逆抑制剂，可以使有效酶的平均催化效率下降。

(1) 竞争性抑制剂：竞争性抑制剂的结构和底物很相似，能够和底物竞争酶的活性中心结合位点，使酶不能与底物顺利结合，酶的平均活性下降，如丙二酸的结构和琥珀酸（丁二酸）很像，所以是琥珀酸脱氢酶的竞争性抑制剂。在竞争抑制过程中，底物或抑制剂与酶的结合都是可逆的，并存在一定的平衡，当底物浓度升高时，底物与酶的结合处于优势，甚至可能消除抑制剂对酶的抑制效果，如图 4.24 所示。所以竞争性抑制剂对 V_{max} 没有影响，但会使 K_m 增大。

(2) 非竞争性抑制剂：非竞争性抑制剂的结构和底物不同，故不与底物竞争酶的活性中心结合位点，而是与酶分子的其他部位可逆结合，因此酶与抑制剂的结合不影响酶与底物的结合。当然，酶与底物的结合也不影响酶与抑制剂的结合，但"抑制剂—酶—底物"三元复合物不能催化底物生成产物，即此时酶是处于失活的状态。很多重要的非竞争性抑制剂都是细胞中的正常代谢物，它们通过这种方式来调节细胞内的某些酶的活性。

① 当反应产物抑制了前一步反应，从而调节了生物化学途径，称为负反馈。

② 当反应产物促进了前一步反应，从而调节了生物化学途径，称为正反馈。

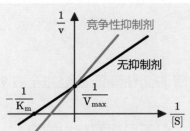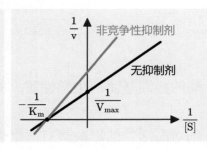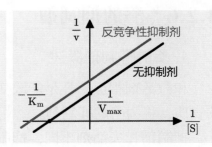

图 4.24　不同类型的可逆抑制剂对 $V_{\max}$ 和 K_m 的影响

非竞争性抑制剂可以降低一定量的酶的最大反应速度 $V_{\max}$，但不改变酶对底物的亲和力，即 K_m 不变。

(3) 反竞争性抑制剂：反竞争性抑制剂只能与酶-底物复合物进行可逆的结合，不能直接与酶分子结合，并且存在平衡状态，所以这种抑制剂能降低一定量的酶的最大反应速度 $V_{\max}$ 和 K_m，但 $\dfrac{K_m}{V_{\max}}$ 不变。

4. 可逆抑制作用与不可逆抑制作用的鉴别

酶促反应体系中的可逆抑制剂可以通过透析、超滤、凝胶过滤等方法去除，但不可逆抑制剂却与酶不可逆结合，无法通过这些方式去除，因此可以通过这些方式将两种抑制剂进行区分。除此之外，我们还可以用动力学方法进行鉴定。在测定酶活力系统（底物浓度足够大）中，加入一定量的抑制剂，然后测定不同酶浓度的反应初速度，以初速度对酶浓度作图。

(1) 在测定酶活力系统中，不加抑制剂时，初速度对酶浓度作图，得到直线。

(2) 当加入一定量的不可逆抑制剂时，抑制剂使一定量的酶失活，只有加入的酶量多于这些不可逆抑制剂时，才表现出酶活力，即不可逆抑制剂的作用相当于把原点向右移动了一定的距离。

(3) 当加入一定量的可逆抑制剂时，由于抑制剂的量是恒定的，因此得到一条通过原点、斜率较低的直线。

4.3 ATP

4.3.1 ATP 简介

ATP，全称腺苷三磷酸，是细胞中的能量通货，是主要的、直接的能源物质。ATP 中的 A 表示腺苷；T 为 tri-，表示"三"；P 表示磷酸基团。ATP 可表示为 A-P～P～P：“-”表示腺苷与第一个磷酸基团之间的普通磷酸键；“～”表示磷酸基团之间特殊的化学键，如图 4.25 所示。

ATP 的特点如下。

(1) 不稳定：距离核糖较远的两个磷酸基团有一种强烈的离开 ATP 的趋势，即具有较高的转移势能。

(2) 高能量：ATP 水解释放的能量高达 30.54 kJ·mol^{-1}，是细胞内的一种高能磷酸化合物，如图 4.25 所示。

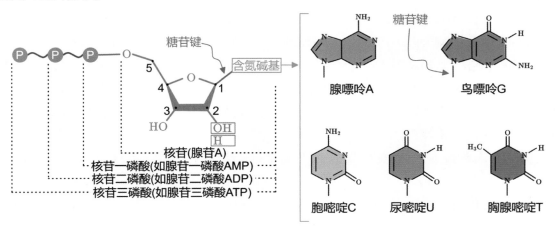

图 4.25　各种核苷酸

▶▶▶

　　含氮碱基与核糖的 1 号碳通过糖苷键连接，形成核苷 (全称核糖核苷)，如腺嘌呤 A 与核糖连接，形成腺苷 A。其他的核苷还有鸟苷 G、尿苷 U、胞苷 C。类似地，含氮碱基与脱氧核糖的 1 号碳通过糖苷键连接，形成脱氧腺苷，如腺嘌呤 A 与脱氧核糖，形成脱氧腺苷 dA。其他的脱氧核苷还有脱氧尿苷 dG、脱氧胸苷 dT、脱氧胞苷 dC。

　　以腺苷为例，腺苷的核糖的 5 号碳与磷酸根相连，形成腺苷一磷酸 (AMP)，又称腺嘌呤核糖核苷酸。AMP 的磷酸根可以再与另一个磷酸相连，形成腺苷二磷酸 (ADP)。ADP 的磷酸根可以再与第三个磷酸相连，形成腺苷三磷酸 (ATP)。

4.3.2 ‖ ATP 的产生和消耗

1. 产生 ATP 的过程

产生 ATP 的过程主要有呼吸作用和光合作用的光反应过程。

呼吸作用分为有氧呼吸和无氧呼吸。有氧呼吸包括三个阶段，第一阶段和第二阶段产生的 ATP 较少，产生 ATP 的方式都是底物磷酸化。第三阶段产生较多的 ATP，方式是氧化磷酸化。无氧呼吸包括两个阶段，第一阶段与有氧呼吸第一阶段完全一样；第二阶段不产生 ATP。光合作用的光反应阶段可以将光能转变成 ATP 中活跃的化学能，产生 ATP 的方式为光合磷酸化。

除此之外，化能合成作用可以产生 ATP。有些化能自养微生物 (如硝化细菌) 可以将 NH_3 氧化成 NO_2^- 并进一步氧化成 NO_3^-，氧化还原反应中释放的能量储存在 ATP 和 NADH 中，然后利用这些 ATP 和 NADH 合成有机物。

○ 知识拓展：固氮作用、硝化作用、反硝化作用等 ◇

固氮作用：$N_2 + 8H^+ + 8e^- \rightarrow 2NH_3 + H_2$，主要有高能固氮、工业固氮、生物固氮几种。高能固氮是通过闪电、宇宙射线、陨石、火山爆发等所释放的能量进行固氮，形成的氨或硝酸盐随着降雨到达地球表面，属于天然固氮方式。工业固氮是在高温、高压、催化剂的作用下，将氮气还原为氨气。生物固氮是通过固氮菌和蓝藻等自养或异养微生物进行固氮，生物固氮是最重要的固氮途径。

硝化作用：$NH_3 + O_2 + 2e^- \rightarrow NH_2OH + H_2O \rightarrow NO_2^- + 5H^+ + 4e^-$，氨和铵盐被硝化细菌（包括亚硝酸盐细菌和硝酸盐细菌）氧化为亚硝酸盐和硝酸盐的过程称为硝化作用。因为虽然有些自养细菌和海洋中的很多异养细菌可以利用氨或铵盐来合成它们自己的组成成分，但一般说来，氨和铵盐难以被直接利用，必须通过硝化作用转化为硝酸盐。一般认为所有的硝化作用都是在有氧条件下进行的，但 1999 年人们发现一种在厌氧条件下发生的新型硝化作用：$NH_4^+ + NO_2^- \rightarrow N_2 + 2H_2O$。

反硝化作用：$2NO_3^- + 10e^- + 12H^+ \rightarrow N_2 + 6H_2O$，硝酸盐等含氮化合物在反硝化细菌的作用下转化为 N_2、NO 和 N_2O 的过程。

硝化作用产生的跨膜 H^+ 浓度梯度可以用于产生 NADH，也可以用于产生 ATP。运动亚硝化球菌（Nitrosococcus mobilis）氧化亚硝酸盐获得电子以还原 Cyt a_1，其中一些电子被用于还原 O_2，形成质子动力势（正向电子传递），其余的电子逆向传递到 $NAD(P)^+$ 获得用于生物合成的还原力，后一过程需要消耗质子动力势，因此被称为逆向电子传递，如图 4-26 所示。

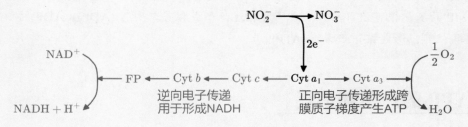

图 4.26　正向电子传递与逆向电子传递

2. 消耗 ATP 的过程

细胞内各种生命活动，除了自由扩散和协助扩散不需要能量外，其他生命活动基本都是需要能量的，如 DNA 复制、基因转录、蛋白质合成、细胞内各种物质的运输、细胞运动、萤火虫发光、细胞内各种生命活动的有序性的维持等。

重申：ATP 是细胞中的主要能量形式，但不是唯一能量形式，其他还有 GTP、CTP、UTP、dATP、dCTP、dGTP、dTTP、磷酸肌酸等。主动运输和胞吞胞吐等需能过程，只能说是需要能量，而不能说是需要 ATP。

3. 能荷

能荷，即能量负荷 (energy charge)，指的是细胞中的总腺苷酸所负荷的高能磷酸基的数量；能荷 = $\dfrac{ATP+0.5ADP}{ATP+ADP+AMP}$，数值在 $0 \sim 1$ 之间。

(1) 当所有腺苷酸充分磷酸化为 ATP，能荷值为 1；

(2) 当所有腺苷酸去磷酸化为 AMP，能荷值为 0；

(3) 大多数细胞维持的稳态能荷状态在 $0.8 \sim 0.95$ 的范围内。

研究发现，ATP 的生成和 ATP 的消耗途径是和细胞内能荷状态相呼应的：高能荷时，ATP 生成过程被抑制，而 ATP 的利用过程被激发；当能荷值低时，其效应相反。所以说，能荷对代谢起着重要的调控作用。

4.3.3 ATP 的功能

如前所述，ATP 能够直接为生命活动提供能量，是驱动细胞生命活动的直接能源物质。ATP 和 ADP 相互转化时刻不停地发生，且处于动态平衡之中，ATP 和 ADP 相互转化的能量供应机制，在所有细胞内都一样，体现了生物界的统一性。

细胞中的吸能反应一般与 ATP 的水解相耦联，放能反应一般与 ATP 的合成相耦联。人体的骨骼肌收缩时会产生肢体运动，肌肉的收缩需要消耗 ATP。一般情况下，肌肉中的 ATP 含量很低，只能供肌肉很短时间 (毫秒级) 的活动之需，如图 4.27 所示。但是，肌肉中还有一种高能物质：磷酸肌酸，它能迅速产生 ATP，而且，肌肉中的磷酸肌酸的含量比 ATP 的含量高得多，足以维持肌肉较长时间 (数秒) 的活动。所以进行百米赛跑的前数秒，ATP 主要来源于磷酸肌酸；进行 $200 \sim 400$ m 赛跑时，ATP 主要靠无氧呼吸产生；进行较长时间的运动，如马拉松，主要靠需氧呼吸供应 ATP。

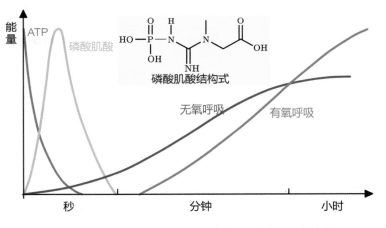

图 4.27　随运动时间不同，能量供应机制的转变
(小图为磷酸肌酸的结构式)

4.3.4 cAMP

众所周知，激素、生长因子等信息分子通常是与细胞表面的受体结合，通过一定的机制将信号传递到细胞内，调节细胞的代谢活动。这些信息分子称为第一信使。对应的，细胞内会产生一些非蛋白类的小分子，通过其浓度的变化应答细胞外的信号，调节细胞内酶的活性和非酶蛋白的活性，在细胞信号转导中行使携带和放大信号的作用。

　　第二信使学说是萨瑟兰 (Earl Wilbur Sutherland) 于 1965 年首次提出的。萨瑟兰发现肾上腺素可以作用于肝脏，引起糖原分解为葡萄糖，但肾上腺素本身并不能将糖原转化成葡萄糖。他发现，肾上腺素必须触发一个第二信使，3',5'- 环腺苷酸 (cAMP)(见图 4.28)，才把肝脏的糖原转化为葡萄糖，萨瑟兰也因此获得了 1971 年诺贝尔生理学或医学奖。当然，从肾上腺素与受体结合，到 cAMP 的产生，涉及 G 蛋白耦联受体，揭示这一过程的是美国科学家罗德贝尔 (Martin Rodbell) 和吉尔曼 (Alfred G.Gilman)，他们也因此获得了 1994 年诺贝尔生理学或医学奖。

　　作为人类发现的第一个第二信使，人们对 cAMP 功能的了解也是最清楚的。cAMP 在体内可以促进心肌细胞的存活，增强心肌细胞抗损伤、抗缺血和缺氧能力；cAMP 还具有促进钙离子向心肌细胞内流动，增强磷酸化作用，促进兴奋 – 收缩耦联，提高心肌细胞收缩力等功能。美国哥伦比亚大学教授埃里克·坎德尔发现 cAMP 在修复脑细胞、活化脑细胞、调节脑细胞功能方面有非常重要的作用，使短时记忆力转化为长时记忆力，并缓解脑细胞疲劳，延缓脑细胞的衰老，坎德尔也因此获得了 2000 年诺贝尔生理学或医学奖。目前已经发现的其他第二信使，除了 cAMP 外，还有 cGMP、DAG、IP3、Ca^{2+}。

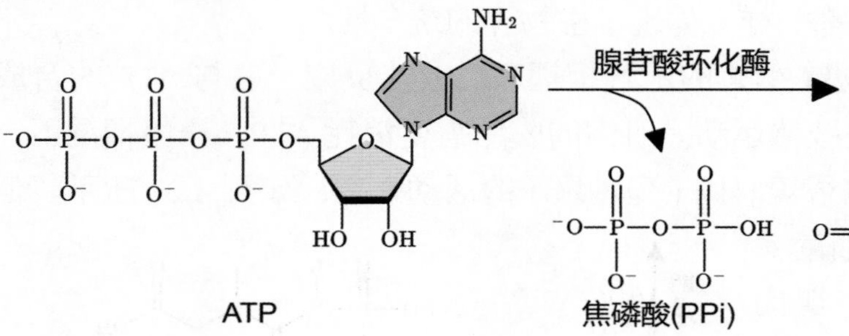

图 4.28　ATP 转变为 cAMP

第5章 呼吸作用和光合作用

✳ 5.1 呼吸作用

呼吸，是指生物体从环境中吸入空气，利用其中的氧气，呼出二氧化碳的气体交换过程。细胞呼吸 (cell respiration) 是指细胞内进行的、将糖类等有机物分解成无机物或者小分子有机物，并释放出能量的过程。根据细胞呼吸过程中是否有氧的参与，我们可将细胞呼吸分为：需氧呼吸 (有氧呼吸，aerobic respiration) 和厌氧呼吸 (无氧呼吸，anaerobic respiration)。

先来看有氧呼吸，有氧呼吸和燃烧很像：都是将糖类等有机物彻底氧化分解并释放出能量的过程。不同的是，燃烧是剧烈的氧化还原反应，有机物中的能量瞬间全部释放，转变成光能、热能等形式；而有氧呼吸是在多种酶的催化下、在较温和的条件下，逐步将有机物中的能量释放的过程：大多数 (约 70%) 以热能的形式释放，少部分 (约 30%) 储存在 ATP 等物质中。

生物最早出现的呼吸方式为无氧呼吸，有氧呼吸是在无氧呼吸基础上发展起来的。大约 24 亿年前，由于蓝细菌等能自养生物的光合放氧活动导致大气中氧气的浓度显著增加，称为大氧化事件 (Great Oxidation Event, GOE)。对许多原始的只能进行无氧呼吸的生物而言，氧气是有毒的，它们或逐渐灭绝，或隐匿在无氧的角落，或进化出有氧呼吸途径。

5.1.1 呼吸作用的意义

在具体讲解细胞呼吸过程之前，我们要先明确一个问题：细胞呼吸是为了什么？我们可能最容易想到的是为了产生 ATP。

首先，其实这样说并不严谨：如前所述，ATP 是细胞中的能量通货，或者说 ATP 是细胞中最主要的能量存在形式；但能量并不是只有 ATP 这一种形式，所以细胞呼吸产生的是能够用于做功的自由能，主要是 ATP，其他还有如 GTP 等。

其次，细胞呼吸过程中还产生大量的热能，使生物能够维持体温，维持细胞内正常代谢活动所需要的温度。

> **须知**
>
> 主要是恒温动物，或者说恒温动物为了维持体温稳定，消耗的能量更多一些。温血动物当然也有想要维持体温的想法，奈何实力不够，只能在一定环境温度范围内维持体温稳定，还要配合冷时晒太阳、热时躲阴凉的行为；变温动物控制体温的能力就更差了，几乎完全受环境影响，但即使如此，它们的呼吸作用释放的能量中，大部分也是以热能的形式散失，只不过这些能量未能使其体温稳定而已。

最后，细胞呼吸过程中还产生众多中间代谢产物——碳骨架，这些产物将细胞的三大营养物（糖类、蛋白质、脂质）的代谢联系起来，如图 5.1 所示。

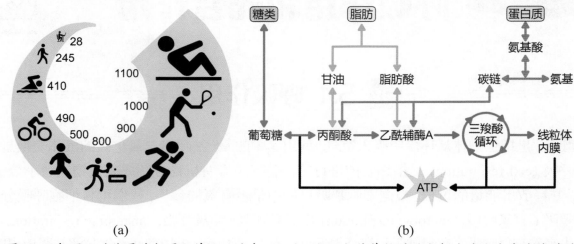

图 5.1　各项运动能量消耗量（单位：千卡／小时）和三大营养物质的分解代谢和合成代谢关系

注意

新陈代谢包括合成代谢和分解代谢。

合成代谢：即同化作用，其方式主要有自养、异养、混养三种。自养就是生物可以利用二氧化碳和水等无机物合成有机物，异养就是生物不能利用二氧化碳和水等无机物合成有机物，只能利用现成的有机物合成有机物，而混养生物，如绿叶海蜗牛、棕鞭毛虫等，既可以进行光合作用，又可以捕食现成有机物。

分解代谢即异化作用，其方式主要有三种：好氧、兼性厌氧、厌氧。

5.1.2　有氧呼吸概览

葡萄糖的有氧呼吸分为以下三个阶段。

(1) 有氧呼吸第一阶段：即糖酵解 (glycolysis)，1 个葡萄糖分子分解为 2 个丙酮酸分子和 4 个 H 原子，过程中净产生 2 个 ATP，发生在细胞质基质（细胞溶胶）中。

(2) 有氧呼吸第二阶段：即柠檬酸循环 (TCA cycle)，2 个丙酮酸和 6 个水反应，生成 6 个 CO_2 和 20 个 H 原子，过程中产生 2 个 ATP，发生在线粒体基质（真核细胞）或细胞质基质（原核细胞）中。

(3) 有氧呼吸第三阶段：即呼吸电子传递链，第一阶段和第二阶段产生的 24 个 H 原子和 6 个 O_2 生成 12 个 H_2O，过程中产生大量 ATP，约 26 个，发生在线粒体内膜（真核细胞）或细胞膜（原核细胞）上。

关于1个葡萄糖分子彻底氧化分解产生多少个ATP的问题,人教版教材认为是26个,浙科版教材认为是28个。真实的情况是最高26~28个。没错,数值居然也是一个范围,咱们后面有详述。

5.1.3 有氧呼吸第一阶段——糖酵解

糖酵解过程包括10步化学反应,如图5.2所示,说明如下。

(1) 葡萄糖在己糖激酶或葡萄糖激酶催化下,消耗一个ATP,磷酸化为葡萄糖-6-磷酸。葡萄糖激酶只有在葡萄糖浓度很高时才有活性,如果是淀粉或糖原作为糖酵解的原料,在磷酸化酶的作用下,淀粉或糖原与磷酸反应,产生葡萄糖-1-磷酸,无须消耗ATP。

(2) 葡萄糖-6-磷酸在异构酶催化下变为果糖-6-磷酸;

(3) 果糖-6-磷酸在磷酸果糖激酶催化下,又消耗一个ATP,转变为果糖-1,6-二磷酸。

(4) 果糖-1,6-二磷酸在醛缩酶催化下产生磷酸二羟丙酮(DHAP)和3-磷酸甘油醛(PGAL)。

(5) DHAP和PGAL在丙糖磷酸异构酶的催化下可相互转化。

以上五步反应是EMP的第一阶段。

(6) PGAL在PGAL脱氢酶催化下通过氧化磷酸化生成1,3-二磷酸甘油酸(DPGA)和$NADH + H^+$;释放的能量储存在DPGA中。

(7) DPGA的能量在磷酸甘油酸激酶催化下,通过底物磷酸化的方式,转移给ADP,生成ATP和3-磷酸甘油酸。

(8) 3-磷酸甘油酸在3-磷酸甘油酸变位酶催化下异构化为2-磷酸甘油酸。

(9) 2-磷酸甘油酸在烯醇化酶催化下异构化为磷酸烯醇式丙酮酸(PEP)。

(10) 磷酸烯醇式丙酮酸在丙酮酸激酶催化下通过底物磷酸化,生成ATP和丙酮酸。

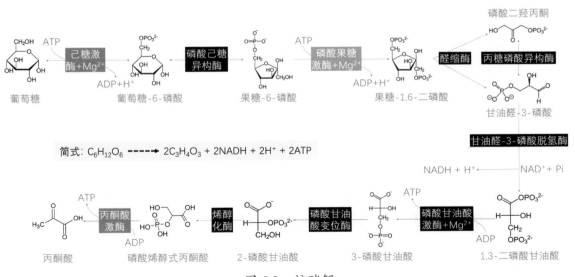

简式:$C_6H_{12}O_6 \dashrightarrow 2C_3H_4O_3 + 2NADH + 2H^+ + 2ATP$

图5.2 糖酵解

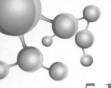

5.1.4 有氧呼吸第二阶段——柠檬酸循环

有氧呼吸第二阶段称为柠檬酸循环，但其实有氧呼吸第一阶段的产物——丙酮酸在进入线粒体基质后，并不能进入柠檬酸循环，而是要经过脱氢、脱羧，转变为乙酰辅酶A(乙酰-CoA) 后，乙酰-CoA 才能进入柠檬酸循环，如图 5.3 所示。催化该过程的酶是一个复杂的酶系——丙酮酸脱氢酶复合体，该酶包括 24 个 E_1(丙酮酸脱氢酶)、24 个 E_2(二氢硫辛酸乙酰转移酶)、12 个 E_3(二氢硫辛酰脱氢酶)。20 世纪，曾将砷化物用作锥虫和梅毒治疗，原因是砷化物可与上述的 E_2 共价结合，使其失去催化活性。

(a) 依次是采采蝇、非洲昏睡病患者、锥虫、李斯特·瑞德

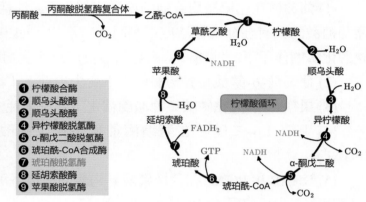

(b) 丙酮酸脱氢酶复合体模型

图 5.3　有氧呼吸第二阶段示意图

▶▶▶

采采蝇又叫布氏锥虫经舌蝇，在非洲撒哈拉南部肆虐。人被叮咬后，寄生的锥虫转染被叮者，患者初期出现发热、皮疹、水肿和淋巴结肿大等症状，接着脑部也可出现炎症。病晚期可能会出现其他神经系统症状，昏睡逐渐增加，最终导致昏迷并死亡，又被称为嗜睡性脑炎、非洲昏睡病、非洲锥虫病。第一种用于治疗昏睡病的药物是砷的化合物，俗称砒霜。砷化物可以抑制丙酮酸脱氢酶复合体中 E_2 的活性。琥珀酸脱氢酶是柠檬酸循环中位移定位在线粒体内膜上的酶，其是连接氧化磷酸化与电子传递的枢纽之一，可为真核细胞线粒体和多种原核细胞需氧和产能的呼吸链提供电子。

之所以称为柠檬酸循环，是因为反应过程中第一个产物是柠檬酸。因柠檬酸含有三个羧基，故又称三羧酸循环，因柠檬酸的英文缩写为 TCA，故又称为 TCA 循环，因该过程是德裔英籍生化学家汉斯·阿道夫·克雷布斯 (Hans Adolf Krebs，1900—1981) 发现的，故又称 Krebs 循环，如图 5.3 所示。具体过程如下。

(1) 柠檬酸在顺乌头酸酶的催化下，脱水为顺乌头酸，再水化为异柠檬酸。

(2) 异柠檬酸在异柠檬酸脱氢酶的催化下脱氢脱羧，生成 α- 酮戊二酸 $+CO_2+NADH+H^+$。

(3) α- 酮戊二酸在 α- 酮戊二酸脱氢酶催化下脱氢脱羧，并与 CoA 结合，生成含一个高能硫键的琥珀酰 -CoA $+ CO_2 + NADH + H^+$。

(4) 琥珀酰 -CoA 在琥珀酸硫激酶催化下高能硫键水解，脱去 CoA，形成琥珀酸，释放的能量, 通过底物磷酸化形成 1 个 GTP, GTP 水解为 GDP 和 Pi 过程中释放的能量, 用于将 ADP 和 Pi 转化为 ATP。

(5) 琥珀酸在线粒体内膜上的琥珀酸脱氢酶催化下脱氢, 生成延胡索酸, 琥珀酸脱氢酶的辅基是 FAD 而不是 NAD^+, 即产物是 $FADH_2$ 而不是 $NADH + H^+$。

(6) 延胡索酸在延胡索酸酶催化下水合, 形成苹果酸。

(7) 苹果酸在苹果酸脱氢酶催化下脱氢, 形成草酰乙酸 $+ NADH + H^+$。

5.1.5 有氧呼吸第三阶段——电子传递链

1. 底物磷酸化和氧化磷酸化

如前所述, 有氧呼吸第一阶段和第二阶段产生 ATP 的方式是底物磷酸化。底物磷酸化指的是一个反应底物本身含有高能键, 这个键的断裂, 可以直接和 ATP 或 GTP 等物质的形成相耦联, 底物 1,3-二磷酸甘油酸的 1 号碳和 3 号碳分别连有一个磷酸根, 在酶的催化下, 把 1 号碳的磷酸根转移给 ADP, 形成 ATP 和 3-磷酸甘油酸 (见图 5.4)。这个过程就是一个标准的底物磷酸化的过程, 上述已经介绍过的糖酵解中的磷酸烯醇式丙酮酸转变为丙酮酸的过程生成 ATP, 以及柠檬酸循环中琥珀酰-CoA 转变为琥珀酸的过程生成 GTP, 也都是底物磷酸化的过程。

最初, 人们猜测有氧呼吸第三阶段产生 ATP 的过程也是类似底物磷酸化的形式, 但底物磷酸化产生 ATP 的过程要求有一个含有高能键的底物的存在。但科学家们"上穷碧落下黄泉", 始终找不到这样的含有高能键的底物。1961 年, 英国的彼得·米切尔 (Peter Dennis Mitchell) 提出化学渗透假说, 较好地解释了有氧呼吸第三阶段是如何产生 ATP 的, 以及光合作用光反应阶段是如何产生 ATP 的。根据化学渗透假说, 这两个过程分别称为氧化磷酸化和光合磷酸化。米切尔因此获得了 1978 年的诺贝尔化学奖, 如图 5.4 所示。

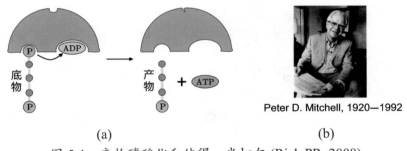

图 5.4 底物磷酸化和彼得·米切尔 (Rich PR, 2008)

Peter D. Mitchell, 1920—1992

▶▶▶ 1943 年, 米切尔获剑桥大学理学学士学位, 1950 年获哲学博士学位。毕业后在剑桥大学生物化学系任教并从事生物化学的基础理论研究工作。米切尔首次提出了"化学渗透学说""生物膜具有转化活性"的观点, 来研究生物能的转化规律, 因对生物体内能量转换机理的杰出研究, 获得了 1978 年诺贝尔化学奖。

用化学渗透假说来解释有氧呼吸第三阶段, 简而言之: 有氧呼吸第一阶段和第二阶段产生的 H^+ 在线粒体内膜上发生氧化还原反应, 氧化还原反应释放的能量驱动 H^+ 的逆浓度跨膜运输, 从而建立起跨膜的 H^+ 浓度梯度, 然后 H^+ 会顺浓度梯度进行跨膜运输, 在这个过程中, 会驱动 ATP 合酶的运转, 产生 ATP。

2. 电子传递链具体过程

电子传递链上的电子传递体在线粒体内膜上顺序排列，其中很多电子传递体和线粒体内膜上的蛋白质紧密结合，形成4个复合体，分别是复合体Ⅰ~复合体Ⅳ。

(1) 复合体Ⅰ：NADH脱氢酶也称NADH-CoQ还原酶，由25条肽链构成，含有2个FMN和至少12个铁硫蛋白，其作用是催化NADH的2个电子传递给CoQ，同时将质子泵出线粒体。

(2) 复合体Ⅱ：琥珀酸-CoQ还原酶，含有FAD和铁硫蛋白，其作用是将琥珀酸脱下的电子经过$FAD \rightarrow Fe \rightarrow S \rightarrow CoQ$，过程中释放的自由能较少，不泵出质子。

(3) 复合体Ⅲ：CoQ-细胞色素c还原酶，含有4个Cyt b、2个Cyt c_1和2个铁硫蛋白，其作用是催化电子从CoQ传递给Cyt c，同时将质子泵出线粒体；Cyt表示细胞色素cytochrome。

(4) 复合体Ⅳ：细胞色素氧化酶，还有Cyt a、Cyt a_3和4个铜原子，其作用是催化电子从Cyt c传递给O_2生成水，同时将质子泵出线粒体。

电子传递的结果：每2个电子从NADH传递到O_2，可以泵出10个质子；每2个电子从$FADH_2$传递到O_2，可以泵出6个质子。电子传递的过程建立了跨线粒体内膜的H^+浓度梯度，线粒体内膜和外膜之间的膜间隙H^+浓度很高，线粒体基质中的H^+浓度很低；线粒体膜间隙中的H^+会通过线粒体内膜上的ATP合酶顺浓度梯度流入线粒体内，流动的过程中驱动酶的转动，合成ATP，如图5.5所示。

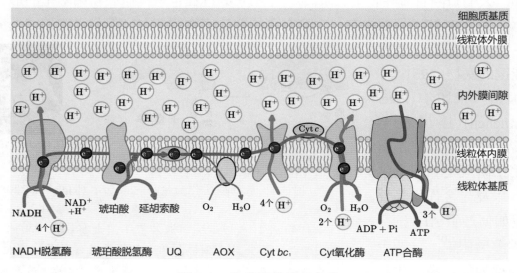

图 5.5　电子传递链示意图

▶▶▶

　　图中红色箭头表示电子传递过程，绿色箭头表示建立H^+浓度梯度过程，蓝色箭头表示H^+顺浓度梯度流回线粒体基质时产生ATP的过程。柠檬酸循环中，琥珀酸脱氢生成延胡索酸时，产生的是$FADH_2$而非NADH，$FADH_2$也可以失去电子转变为FAD，该电子沿电子传递链传递时建立的H^+浓度梯度为6个，而不是NADH的10个。在某些植物中，线粒体内膜上还有交替氧化酶(AOX)，可以提前将电子传递给O_2生成水，则产生的H^+浓度梯度就更少了，产生的ATP也就更少了，能量较多地以热能形式散失。

生物是门科学　不可思议的生命探险 ▽

整个过程：NADH 氧化过程（失去的电子在线粒体内膜上的复合体上的传递过程）和 ADP 的磷酸化过程相互耦联，所以称为氧化—磷酸化。光合作用的光反应阶段：水的光解过程伴随 ATP 的产生，与之类似，称为光合磷酸化，参见光合作用相关介绍。

3. UCPs

褐色脂肪组织细胞的线粒体内膜上存在 H^+ 通道蛋白：UCPs。UCP 是一个家族蛋白，而不是一种蛋白，所以这里加 s 表示复数。UCP 平时是关闭的状态，但当细胞收到相应的信号，如甲状腺激素和肾上腺素时，可以打开 UCP 通道。线粒体膜间隙中的 H^+ 也不傻，一看这里有"门"，就大量从 UCP 流入线粒体基质，不再走 ATP 合酶这条路了。结果电子传递过程辛辛苦苦建立的跨膜 H^+ 浓度梯度白白地流入线粒体内，没有产生 ATP，即 1 个葡萄糖分子产生的 ATP 少了，如图 5.6 所示。

但细胞或身体并不太在意 1 个葡萄糖分子产生多少 ATP，它只关心自己单位时间需要多少 ATP。所以当 1 个葡萄糖分子产生的 ATP 少了，细胞或身体就要消耗更多的葡萄糖等有机物来产生 ATP。如前所述，有氧呼吸释放的能量，70% 都以热能的形式散失，所以此时产生的热量也就更多了，即甲状腺激素和肾上腺素可以增加产热，升高体温。

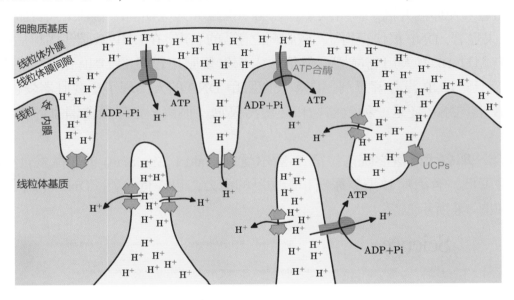

图 5.6　UCPs 通过提供氢离子从线粒体膜间隙流回线粒体基质的通道，
使有氧呼吸第三阶段产生的 ATP 量减少

4. DNP

DNP 即 2,4-二硝基苯酚，在第一次世界大战时，被用于制造炸弹，它本身就能爆炸。

1933 年，斯坦福大学的温斯顿·卡廷 (Winston Cutting) 和毛瑞思·泰恩特 (Maurice Tainter) 发现 DNP 能够减肥：在线粒体膜间隙，DNP^- 与 H^+ 结合形成 DNP；DNP 可以自由跨膜，进入线粒体基质。在线粒体基质，DNP 可以解离为 DNP^- 和 H^+。这样一来，DNP 就作为一种质子载体，夹带着 H^+ 进入线粒体内了。此时，电子传递过程仍在进行，但磷酸化过程却受阻了，即氧化和磷酸化过程不再耦联，所以 DNP 等类似的物质被称为解耦联剂，如图 5.7 所示。

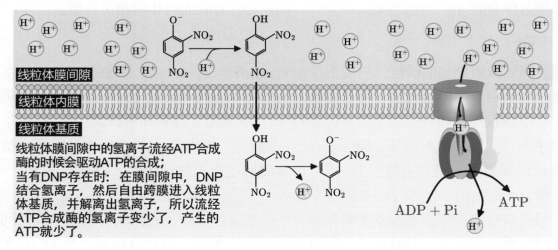

线粒体膜间隙

线粒体内膜

线粒体基质

线粒体膜间隙中的氢离子流经ATP合成酶的时候会驱动ATP的合成；

当有DNP存在时：在膜间隙中，DNP结合氢离子，然后自由跨膜进入线粒体基质，并解离出氢离子，所以流经ATP合成酶的氢离子变少了，产生的ATP就少了。

ADP + Pi   ATP

图 5.7　DNP 可将氢离子带入线粒体基质

每服用 100 mg 的 DNP，人体代谢率平均提高 11%，本应用于合成 ATP 的能量大量地转化成了热量，使体温升高，浑身燥热。在第二次世界大战期间，苏联士兵曾服用 DNP 取暖。因为效果显著，DNP 很快获得了"减肥药之王"的名声，在 DNP 减肥药面世后的 1 年里，仅美国就有超过 10 万人用它减肥。但很快人们发现服用过量的 DNP 的死亡时间平均是 14 小时，而且，DNP 没有解毒剂。许多长期服用 DNP 的人出现了重要脏器受损和白内障的情况。另外，DNP 还是一种致癌物和环境污染物。很快，全球很多国家都将 DNP 列为禁药。

2015 年，耶鲁大学医学院杰拉德·舒尔曼 (Gerald I. Shulman) 的团队发现 DNP 在被改造后毒性降低，有治疗 II 型糖尿病和脂肪肝的潜力，也许有一天，DNP 能成为一款安全的药品，如图 5.8 所示。

图 5.8　耶鲁大学医学院医学、细胞、分子生理学教授舒尔曼关于 DNP 用于 II 型糖尿病和脂肪肝的研究

5. AOX 和植物开花放热现象

呼吸作用的第三阶段有多种调节位点和专一性抑制剂，如氰化物可强烈抑制复合物 IV 的活性，即电子无法最终传递给 O_2，如图 5.9 所示。所以当用氰化物处理细胞时，细胞的呼吸耗氧量降为 0。但真实的情况是：当我们用氰化氢处理某些植物 (如菖蒲、滴水观音、天南星科植物等) 时，细胞的呼吸耗氧量并没有完全降为 0，这就提示我们：细胞中肯定存在其他的电子传递到氧的途径。

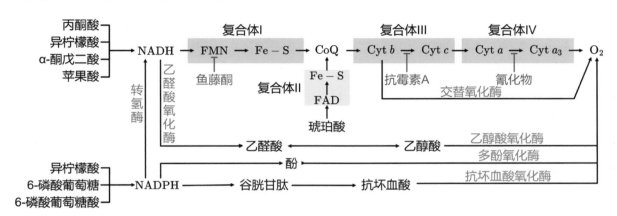

图 5.9　电子传递链及调节

研究发现，在这些植物的线粒体内膜上存在另一类可以实现把电子传递给 O_2 的蛋白质，我们称其为 AOX(alternative oxidase，交替氧化酶)。NADH 失去的电子经过复合体 I 后，直接经由 AOX，传递给 O_2 生成水。由此，一个 NADH 氧化只建立了 4 个 H^+ 浓度梯度，产生的 ATP 更少了。植物不得不提高代谢速率以产生足够的 ATP，过程中产生了很多的热量，称为植物的开花放热现象，有利于花粉的成熟，也有利于散布气味以吸引昆虫传粉，如图 5.5 所示。

5.1.6 有氧呼吸总览

1. 产生 ATP 的计算

有氧呼吸第一阶段，其场所是细胞质基质。

己糖分子活化消耗 ATP ————————————————————2 个；

底物水平磷酸化产生 ATP ————————————————————4 个；

产生 2 个 NADH，经过电子传递链生成 ATP 并运出线粒体————3 ～ 5 个。

有氧呼吸第二阶段，其场所是线粒体基质。

丙酮酸氧化脱羧产生 2 个 NADH，生成 ATP 并运出线粒体————2×2.5=5 个；

柠檬酸循环中底物水平磷酸化产生 GTP 后转化为 ATP ————2 个；

柠檬酸循环中产生 6 个 NADH，生成 ATP 并运出线粒体————6×2.5=15 个；

柠檬酸循环中产生 2 个 $FADH_2$，生成 ATP 并运出线粒体————2×1.5=3 个。

总计生成并运出的 ATP ——————————————————————————————— 30～32 个。1 mol ATP 的高能键储存的能量是 30.54 kJ，30 mol ATP 储存的能量是 915 kJ。1 mol 葡萄糖氧化共释放 2870.2 kJ 能量，约有 32% 被储存在 ATP 中，其余以热能散失。

2. NADH 转运的问题

为什么糖酵解过程产生的 NADH 可以产生 1.5～2.5 个 ATP，而柠檬酸循环产生的 NADH 可以产生 2.5 个 ATP？

NADH 失去的电子在电子传递链上传递时，经过复合体Ⅰ、复合体Ⅲ、复合体Ⅳ，分别建立 4 个、2 个、4 个 H^+ 浓度梯度；$FADH_2$ 失去的电子在电子传递链上传递时，经过复合体Ⅱ、复合体Ⅲ、复合体Ⅳ，分别建立 0 个、2 个、4 个 H^+ 浓度梯度。当 H^+ 通过 H^+ – ATP 合成酶流进线粒体基质时，每 3 个 H^+ 可以驱动一个 ATP 的合成。但我们要知道：线粒体主要是为线粒体外提供 ATP 的，所以线粒体内的 ATP 要源源不断运出线粒体，线粒体外的 ADP 和 Pi 要源源不断运入线粒体，才能保证 ATP 和 ADP 的快速转化。其他都没有问题，而 Pi 在穿过线粒体内膜时需要一个 H^+ 流入的协助，所以线粒体每向外输送一个 ATP，相当于消耗 4 个跨膜 H^+ 浓度梯度。所以一个 NADH 相当于 $\frac{10}{4}$ =2.5 个 ATP，一个 $FADH_2$ 相当于 $\frac{6}{4}$ =1.5 个 ATP。

糖酵解过程产生的 NADH 存在于细胞质基质，要运输到线粒体中才能进行有氧呼吸第三阶段，这个运输的过程有两种途径，如图 5.10 所示。

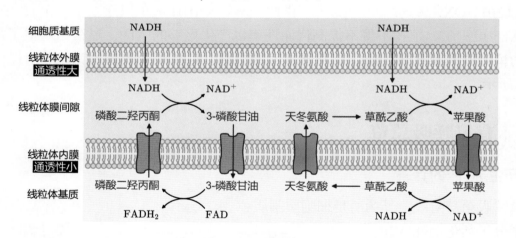

图 5.10 NADH 的跨膜运输

(1) 磷酸甘油环路：NADH 与磷酸二羟丙酮反应，生成 3- 磷酸甘油，进入线粒体内，3- 磷酸甘油再生成磷酸二羟丙酮并生成 $FADH_2$，这样，明明价值 2.5 个 ATP 的 NADH 运入线粒体内，变成了价值 1.5 个 ATP 的 $FADH_2$，这样的环路主要发生在骨骼肌和神经细胞中；有中间商赚差价。

(2) 苹果酸—天冬氨酸环路：细胞质基质中的 NADH 与草酰乙酸结合生成 NAD^+ 和苹果酸，苹果酸进入线粒体中和 NAD^+ 结合生成 NADH 和草酰乙酸，草酰乙酸转变为天冬氨酸，天冬氨酸回到细胞质基质并转变回草酰乙酸，构成循环。这个过程不消耗 ATP，只与细胞质基质和线粒体基质中的 $\dfrac{\text{NADH}}{\text{NAD}^+}$ 值有关；所以 1 个 NADH 可产生 2.5 个 ATP，主要发生在心脏、肝脏、肾脏中。没有中间商赚差价。

综合考虑，1 个葡萄糖分子产生的 ATP 数量应该在 30 ~ 32 个 ATP 之间。

5.1.7 无氧呼吸

1. 无氧呼吸的基本类型

无氧呼吸是细胞呼吸的另一种形式，有机物经不彻底氧化，脱下来的电子经部分电子传递链，最后传递给外源的无机氧化物（个别是有机氧化物）而非 O_2 并释放较少能量的过程。在高等植物和酵母菌中，不完全氧化产物为酒精，所以又称酒精发酵。在动物细胞、乳酸菌、马铃薯的块茎、甜菜的块根、玉米的胚等细胞中，不完全氧化产物为乳酸，所以又称为乳酸发酵，如图 5.11 所示。

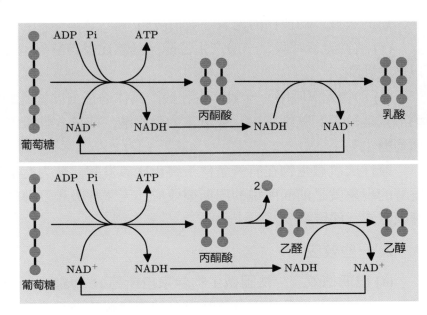

图 5.11　两种无氧呼吸代谢

无氧呼吸的第二阶段虽然不产生 ATP，但该过程消耗第一阶段产生的 NADH 并产生 NAD$^+$。如果没有第二阶段的进行，那么无氧呼吸第一阶段就没有足够的 NAD$^+$ 可用，整个过程也就无法进行。这里我们要建立一个理念：化学上的反应通常是线性的，A + B → C + D；而生物上的反应经常是借助循环（柠檬酸循环、碳循环、尿素循环等），实现底物到产物的持续运行。

葡萄糖在厌氧条件下分解产生丙酮酸和能量的过程主要有 EMP 途径（糖酵解）、HMP 途径（戊糖磷酸途径）、ED 途径 (2-酮-3-脱氧-6-磷酸葡萄糖酸裂解途径)、PK 途径（磷酸酮裂解酶途径）等。这些过程中均有 NADH 或 NADPH 产生，需将它们氧化为 NAD$^+$ 或 NADP$^+$，否则葡萄糖分解就会中断，微生物就以葡萄糖分解过程中的中间产物作为氢和电子受体，于是产生了各种发酵产物：乙醇发酵、乳酸发酵、琥珀酸发酵、丁酸发酵、丙酮 – 丁醇发酵、混合酸与丁二酸发酵、丁二醇发酵、乙酸发酵等。

乙醇发酵又可分为酵母型和细菌型两种。酵母型乙醇发酵是在 pH 值在 3.5 ~ 4.5 及厌

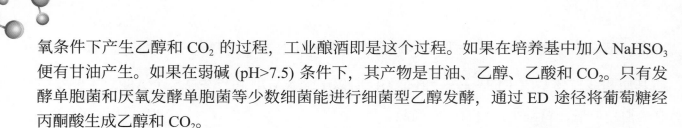

氧条件下产生乙醇和 CO_2 的过程，工业酿酒即是这个过程。如果在培养基中加入 $NaHSO_3$ 便有甘油产生。如果在弱碱 (pH>7.5) 条件下，其产物是甘油、乙醇、乙酸和 CO_2。只有发酵单胞菌和厌氧发酵单胞菌等少数细菌能进行细菌型乙醇发酵，通过 ED 途径将葡萄糖经丙酮酸生成乙醇和 CO_2。

乳酸细菌 (大多数是乳杆菌属的细菌) 能发酵葡萄糖产生乳酸，可分为同型和异型两种。同型乳酸发酵指的是葡萄糖经过 EMP 途径生成的丙酮酸直接作为氢和电子受体，还原为乳酸，如乳酸乳球菌、植物乳杆菌等。异型乳酸发酵指的是发酵终产物除了乳酸之外，还有乙醇或乙酸和 CO_2 等产物，如短乳杆菌等以 HMP 途径为基础的发酵，产生的能量比同型发酵低。

总的来说，动植物的无氧呼吸情况如下。

(1) 植物无氧呼吸：一般产生乙醇，具体途径与酵母型乙醇发酵相同；部分组织细胞可以产生乳酸。

(2) 动物无氧呼吸：一般产生乳酸，具体途径与同型乳酸发酵相同。乳酸由肌肉以乳酸钠形式运输至肝脏细胞中，或氧化为丙酮酸，或进入柠檬酸循环，或通过糖异生途径合成葡萄糖。

兼性厌氧微生物在有氧条件下终止厌氧发酵，转为有氧呼吸，这种有氧呼吸抑制无氧发酵的现象就是前面所说的巴斯德效应。无氧呼吸和发酵的意义：是地球早期生物的唯一呼吸方式，保留至今。

2. 一些效应

(1) 巴斯德效应：法国微生物学家巴斯德 (L. Pasteur, 1822—1895) 在研究酵母发酵时发现，供氧充分的条件下有氧呼吸会抑制酵解的进行。后来在肌肉酵解中也观察到同样的现象。在剧烈运动时，肌肉中供氧不足，有氧呼吸受到限制，糖酵解加强，糖消耗和乳酸生成都升高，反之，在供氧充足的条件下，糖酵解受到抑制，糖消耗和乳酸生成都减少。它实际上是糖酵解和有氧氧化间的一种调节，如图 5.12(a) 所示。

(2) 瓦堡效应 (也称沃伯格效应)：德国生理学家奥托·沃伯格 (Otto. Warburg, 1883—1970) 于 1924 年提出。癌症的产生是由于细胞无氧呼吸增强，加上氧消耗量降低造成的。癌细胞生长很快，使得细胞经常处于一种缺氧状态，于是癌细胞就关闭了需要线粒体的有氧呼吸，能量主要通过葡萄糖的无氧酵解提供的，如图 5.12(c) 所示。沃伯格因此获得了 1931 年的诺贝尔奖，但之后人们一直对这个假说有着无休止的争论，争论的焦点是这个代谢转变是癌症产生的原因还是癌细胞代谢改变的结果。

(3) 克勒勃屈利效应：因为与巴斯德效应现象相反，又称为反巴斯德效应，如图 5.12(b) 所示。1929 年英国生物化学家克勒勃屈利发现在高浓度的葡萄糖和有氧条件下培养细胞时，细胞生长反而受到抑制，而且生成了乙醇 (或乳酸)。此效应也称葡萄糖效应，一般的解释是：在这些细胞中，糖酵解的酶系活性很强，而线粒体中有氧呼吸第三阶段的酶系活性较低。

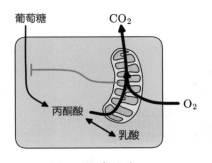
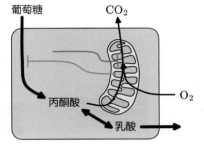
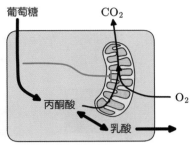

(a) 巴斯德效应　　　　　　　(b) 克勒勃屈利效应　　　　　　　(c) 瓦堡效应

图 5.12　一些有氧呼吸和无氧呼吸调节效应示意图

5.1.8 呼吸商

呼吸商 (respiratory quotient, RQ)，指的是呼吸作用产生的 CO_2 和消耗的 O_2 的比值。如果无氧呼吸的产物是乳酸：

(1) 当呼吸作用的底物是糖类时，由于糖类含有的 H 和 O 一般为 2:1，所以不管是否进行无氧呼吸，$RQ \equiv 1$；

(2) 当呼吸作用的底物是脂类时，由于脂类含有的 C、H 较多，而 O 较少，所以，$RQ \approx 0.7$；

(3) 当呼吸作用的底物是蛋白质类时，由于蛋白质类含有的 C、H 较多，而 O 较少，所以，$RQ \approx 0.9$。

如果无氧呼吸的产物是乙醇 + CO_2，此时，我们只能讨论呼吸作用的底物是糖类的情况：

(1) 如果只进行有氧呼吸，$RQ = 1$；

(2) 如果进行了无氧呼吸，$RQ > 1$。

✲ 5.2 光合作用

5.2.1 光合作用的研究历史

公元前 3 世纪，古希腊学者亚里士多德曾提出土壤是构成植物体的原材料。17 世纪，布鲁塞尔医生海尔蒙特 (van Helmont) 的柳树实验否定了该说法，认为植物生长所需的物质来自水。1772 年，英国化学家普利斯特利 (Joseph Priestley) 发现动物呼吸会使空气变得污浊，植物可以更新空气，1779 年，荷兰医生英格豪斯 (Jan Ingenhousz) 确认植物在光照时可以更新空气并认为 CO_2 参与光合作用。1782 年，日内瓦牧师塞尼比尔 (Jean Senebier) 证明植物在照光时吸收 CO_2 并释放 O_2。1804 年，瑞士学者索热尔 (N. T. de Saussure) 发现植物光合作用的增重大于 CO_2 和 O_2 的差，因此认为有水的参与。1864 年，萨克斯 (Julius von Sachs) 观察到照光的叶绿体有淀粉的积累，即初中学的液泡遮光与否结合碘染证明光合作用的产物是淀粉的实验, 如图 5.13 所示。

至此, 人们得到光合作用方程: $CO_2 + H_2O \xrightarrow{\text{光照}} (CH_2O) + O_2$。

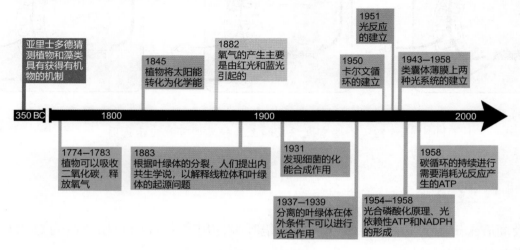

图 5.13　光合作用研究历史

19 世纪 80 年代, 德国科学家恩格尔曼 (Theodor Wilhelm Engelmann, 1843—1909) 选用水绵作为实验材料研究光合作用光谱问题。水绵是一种真核藻类, 细胞中有一条或多条螺旋状排列的带状叶绿体。他将水绵和能运动的好氧细菌放在一起, 制作临时玻片标本, 再置于没有空气的黑暗环境中, 用极细的光束照射水绵, 结果发现: 细菌聚集在被光束照射到的叶绿体部位。如果将临时玻片标本置于光下, 则好氧细菌的聚集现象消失, 它们分布于叶绿体所有的受光部位。他又用透过三棱镜的光照射临时玻片标本, 让不同颜色的光投射到水绵的带状叶绿体上, 实验结果是: 在红光区和蓝光区的叶绿体部位都聚集了大量的好氧细菌。

20 世纪 30 年代, 美国斯坦福大学的研究生尼尔 (C. B. van Niel) 比较了不同生物的光合作用过程, 发现它们的共同之处:

$$\text{绿色植物 } CO_2 + 2H_2O \rightarrow (CH_2O) + O_2 + H_2O$$
$$\text{紫硫细菌 } CO_2 + 2H_2S \rightarrow (CH_2O) + 2S \downarrow + H_2O$$
$$\text{氢细菌 } CO_2 + 2H_2 \rightarrow (CH_2O) + H_2O$$

并提出了光合作用的通式:

$$CO_2(\text{ 氢受体 }) + 2H_2A(\text{ 氢供体 }) \rightarrow (CH_2O)(\text{ 还原态产物 }) + 2A(\text{ 氧化态产物 }) + H_2O$$

可见, 尼尔已经科学地预见了光合作用中的 O_2 来自水。

1937 年, 英国植物学家希尔 (Robert Hill) 从细胞中分离出叶绿体, 发现在电子受体存在时, 有光但无 CO_2 时, 叶绿体依然可以产生 O_2, 同时使电子受体还原。这一实验有力地证明了光合作用产生的 O_2 只可能来自于水, 而且将光合作用分成了两个阶段: 水的光解和 O_2 的释放 (又称希尔反应) 和暗反应。

20 世纪 40 年代, 同位素的应用大大加速了光合作用的研究进程, 美国生物化学家、植物生理学家卡尔文 (Melvin Calvin, 1911—1997) 及其同事用 ^{14}C 标记 CO_2，追踪光合作用中碳元素的行踪，历经 10 年，终于在 1948 年发现 CO_2 被用于合成糖类等有机物的途径，即卡尔文循环 (Calvin cycle)。

5.2.2 光合色素的种类及提取分离实验

1. 光合色素的种类

高等植物叶绿体的类囊体膜上分布有与光合作用相关的主要色素，主要是叶绿素类和类胡萝卜素。在藻类植物中还含有藻胆素 (包括藻蓝素、别藻蓝素、藻红素) 等，原核细胞光合色素主要有叶绿素、菌绿素及辅助色素 (类胡萝卜素和藻胆素)，如蓝细菌也含有 P_{680} 和 P_{700} 光吸收的叶绿素 a 分子。

高等植物和藻类中共含有 5 种，即叶绿素 a、b、c、d、e。所有的光合放氧生物中均含有叶绿素 a，高等植物和绿藻裸藻中含有叶绿素 b，硅藻、鞭毛甲藻和褐藻中含有叶绿素 c，红藻中含有叶绿素 d。不同的叶绿素在结构上都是由一个四吡咯组成的卟啉环头部和一个叶醇基的尾部组成，区别在于卟啉环上的取代基有所不同，如图 5.14 所示。卟啉环中央一般结合有一个 Mg^{2+}，叶醇基亲脂，嵌入到类囊体膜上。在酸性或加热条件下，叶绿素中的 Mg^{2+} 被 H^+ 取代，即为脱镁叶绿素，颜色也从绿色变为褐色。如果 H^+ 又被 Cu^{2+} 或 Zn^{2+} 取代，就是铜代叶绿素或锌代叶绿素，颜色又恢复成绿色，而且对酸很稳定，一般用于制作植物标本。

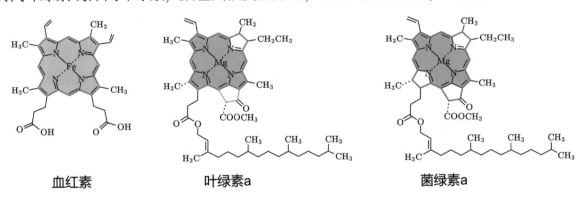

图 5.14　血红素、叶绿素 a 和菌绿素 a 的结构

叶绿素 a 和叶绿素 b 在可见光谱范围 (波长为 400 ~ 700 nm) 内有两个吸收高峰，分别在 450 nm 处和 650 ~ 700 nm 处，后者是叶绿素的特征吸收峰，如图 5.15 所示。

类胡萝卜素存在于所有的光合细胞中，是一类含有 40 个碳原子的化合物，成员有 70 多种。绿色植物中主要有橙黄色的 β-胡萝卜素和黄色的叶黄素。类胡萝卜素的基

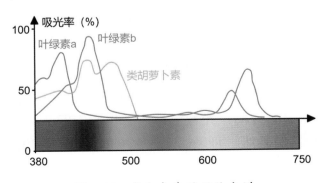

图 5.15　光合色素的吸收光谱

本结构都是由8个异戊二烯单位构成的四萜，也是非极性的，可溶于己烷、石油醚、酒精、丙酮等。类胡萝卜素的吸收光谱主要在 400 ～ 500 nm，有 2 ～ 3 个吸收峰。在光合作用过程中，类胡萝卜素的主要作用是吸收光能并传递给叶绿素 a 及保护叶绿素免受辐射引起的氧自由基的破坏，如图 5.16 所示。

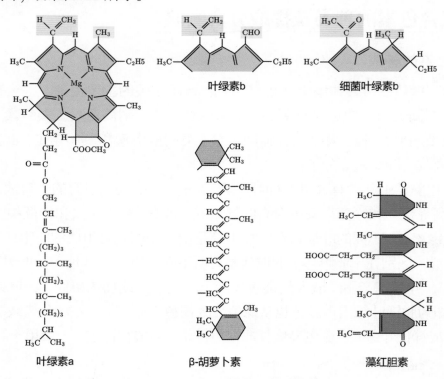

图 5.16 光合色素的结构示意图

在红藻、蓝藻细菌中存在一类水溶性的色素——藻胆素，在细胞内以藻胆蛋白的形式存在。在藻类细胞中藻胆蛋白聚集形成藻胆体并有规律地排列在类囊体膜上。大多数光合细菌依靠菌绿素进行光合作用，菌绿素 a 与叶绿素 a 结构相似，已发现 6 种，分别为菌绿素 a、b、c、d、e、g，其中菌绿素 a 和菌绿素 b 的作用与叶绿素 a 相似，可将光能转化为化学能，但不产生氧气。

2. 光合色素的提取和分离

(1) 方法：无水乙醇或 95% 的乙醇进行提取，利用纸层析法进行分离。

(2) 原理。

① 提取：光合色素是有机物，是脂溶性的，能溶解在有机溶剂中，如无水乙醇（人教版、苏教版）或 95% 的乙醇（浙教版、沪科版）、丙酮（沪科版），而不溶于水。

② 分离：光合色素在层析液中的溶解度不同，溶解度越高，随着层析液在滤纸（人教版、苏教版、浙教版）或聚酰胺薄膜（沪科版）上扩散得越快，反之越慢。

(3) 主要试剂。

① 提取：无水乙醇，用于溶解色素，换用水则几乎提取不出光合色素；$CaCO_3$，用

于保护色素，这是因为液泡中是酸性的，研磨时，液泡中的 H^+ 会使叶绿素变性，使用 $CaCO_3$ 消耗液泡中的 H^+，类胡萝卜素较稳定，一般不受影响；SiO_2，即石英砂，使研磨更充分，色素提取效率更高，如果不加会导致提取的总色素量较少。

② 分离：层析液可以是石油醚∶丙酮∶苯 =20∶2∶1(人教版、苏教版)，也可以是乙醚或石油醚 (浙教版)，还可以用 95% 的乙醇作为层析液 (沪科版)。

(3) 实验结果。

① 自上而下，依次为胡萝卜素、叶黄素、叶绿素 a、叶绿素 b。

② 颜色自上而下，依次为橙黄色、黄色、蓝绿色、黄绿色。

③ 含量自上而下，依次为最少、较少、最多、较多。

5.2.3 光合作用的过程——光反应

光反应包括原初反应、电子传递、光合磷酸化三个阶段。

1. 原初反应

光反应中，最小的结构单位称为光合作用单位，即每吸收和传递 1 个光子到反应中心、完成光反应所需的所有光合色素分子，包括约 300 个捕光色素及 1 个反应中心色素 (叶绿素 a)。原初反应发生的场所是光系统 PS，真核细胞都具有两个光系统。

(1) PSII：包括 1 个捕光复合物和 1 个反应中心复合物 (内含 P_{680})。

(2) PSI：包括 2 个捕光复合物和 1 个反应中心复合物 (内含 P_{700})。

原初反应过程包括以下阶段。

(1) 光能的吸收：由捕光复合体完成。

(2) 光能的传递：由捕光复合体完成。将能量最终传递给 P_{680} 或 P_{700}。

(3) 光能的转换：由反应中心复合体完成，将光能转变为高能电子的电能。光能传递到反应中心后，反应中心色素由基态激发为激发态，其电子传递给电子受体 (A)，失去电子的反应中心色素从电子供体 (一般是水) 夺取电子后恢复基态，水则变为 H^+ 和 O_2。

2. 电子传递

20 世纪 40 年代初，罗伯特·爱默生 (Robert Emerson) 等发现：

(1) 用波长大于 685 nm 的远红光照射小球藻时，光合效率明显下降，称为红降现象；

(2) 但如果补充波长为 650 nm 的红光，光合效率比用两种波长的光分别照射的总和还大，称为双光增益效应或爱默生效应，如图 5.17 所示。

人们由此设想光合作用可能是两个光反应的接力过程。

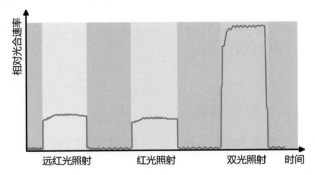

图 5.17 双光增益效应

PSII 中的电子传递过程是：

$$H_2O \text{ 或其他} \rightarrow Mn \rightarrow Z \rightarrow P_{680} \rightarrow Pheo \rightarrow PQA \rightarrow PQB$$

电子从 PSII 到 PSI 的传递过程是 Cyt b_6f 和可移动电子载体构成连接 PSII 和 PSI 的介质，如图 5.18 所示。

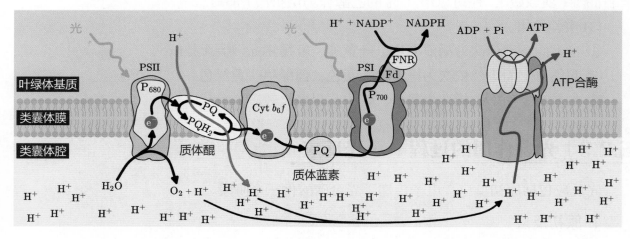

图 5.18 光反应

PSI 中的电子传递过程是：

$$PC \rightarrow P_{700} \rightarrow AO \rightarrow A_1 \rightarrow FeSX \rightarrow FeSB \rightarrow Fd \rightarrow NADP^+$$

在电子传递过程中建立了跨类囊体膜的 H^+ 浓度梯度：

(1) PSII 吸收光子，引起类囊体腔内的水光解，产生 H^+；

(2) PQ 接受电子后，将 H^+ 从叶绿体基质泵入类囊体腔；

(3) PSI 吸收光子，将电子最终传递给 $NADP^+$，与叶绿体基质中的 H^+ 结合成 NADPH。上述所有都导致类囊体腔中 H^+ 浓度升高，叶绿体基质中的 H^+ 浓度降低。

知识拓展：光反应过程

简而言之，光反应过程就是在光能的激发下，H_2O 失去电子，变成 O_2 和 H^+。这些电子沿着类囊体膜上的电子传递链传递，最终传递给 $NADP^+$，$NADP^+$ 接受电子后，与 H^+ 结合，形成 NADPH。在电子传递的过程中，电子中的能量不断降低，驱动叶绿体基质中的 H^+ 逆浓度梯度运输到类囊体腔，建立跨膜 H^+ 浓度梯度。类囊体腔中高浓度的 H^+ 通过类囊体膜上的 ATP 合酶流回到叶绿体基质，过程中伴随 ATP 的合成。

3. 光合磷酸化

类囊体腔中 H^+ 通过类囊体膜上的 ATP 合酶，从类囊体腔流至叶绿体基质的过程，驱动酶的运转，将 ADP 磷酸化为 ATP，称为光合磷酸化，有以下两种方式。

(1) 非环式磷酸化：P_{680} 和 P_{700} 光系统参与，有水的裂解、O_2 的释放、NADPH 的形成。

(2) 环式磷酸化：仅有 P_{700} 这一个光系统参与，P_{700} 释放的高能电子经过环式途径 (Fd → PQ → Cyt $b_6 f$ → PC) 重新回到 P_{700}，过程中不生成 NADPH，也不发生水的裂解和 O_2 的释放，但有质子的梯度建立，即可产生少量的 ATP。一般发生在 $NADP^+$ 供应不足或 NADPH 过高时，细胞通过此过程调节 ATP 和 NADPH 的比例，以满足碳反应的需求。

5.2.4 光合作用的过程——碳反应

碳反应的实质是 CO_2 的固定和同化，即将光反应产生的 ATP 和 NADPH 中活跃的化学能转变为稳定的化学能的过程。这里我们介绍三种类型：卡尔文 – 本生循环 (简称卡尔文循环或 C_3 途径)、C_4 途径、景天科酸代谢途径 (属于一种特殊的 C_4 途径)。

20 世纪 50 年代初，美国化学家卡尔文 (M. Calvin) 及其同事通过 $^{14}CO_2$ 标记阐明，故称卡尔文 – 本生 (Calvin-Bensen) 循环，包括三个阶段：CO_2 的固定、C_3 的还原、C_5 的再生，如图 5.19 所示。

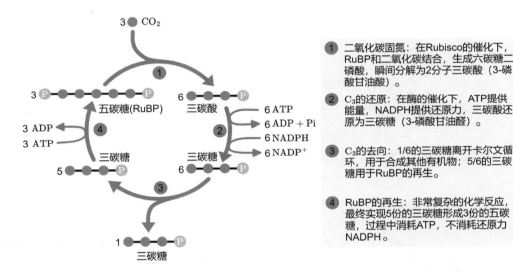

① 二氧化碳固氮：在 Rubisco 的催化下，RuBP 和二氧化碳结合，生成六碳糖二磷酸，瞬间分解为 2 分子三碳酸（3-磷酸甘油酸）。

② C_3 的还原：在酶的催化下，ATP 提供能量，NADPH 提供还原力，三碳酸还原为三碳糖（3-磷酸甘油醛）。

③ C_3 的去向：1/6 的三碳糖离开卡尔文循环，用于合成其他有机物；5/6 的三碳糖用于 RuBP 的再生。

④ RuBP 的再生：非常复杂的化学反应，最终实现 5 份的三碳糖形成 3 份的五碳糖，过程中消耗 ATP，不消耗还原力 NADPH。

图 5.19　碳反应

CO_2 的固定又称羧化阶段，在核酮糖-1,5-二磷酸羧化 / 加氧酶 (Rubisco) 的作用下，以核酮糖-1,5-二磷酸 (C_5，RuBP) 为 CO_2 的受体，形成一个 C_6 化合物。该 C_6 化合物极不稳定，在 10^{-12} 秒内分解为 2 个 3-磷酸甘油酸：3-PGA，即 C_3，三碳酸。此过程不可逆。Rubisco 是由 8 个催化亚基 (大亚基，由叶绿体 DNA 编码，需要 Mg^{2+}) 和 8 个调节亚基 (小亚基，核 DNA 编码) 形成的寡聚酶。

C_3 的还原又称还原阶段，在消耗光反应产生的 ATP 和 NADPH 的情况下，3-磷酸甘油酸 (3-PGA) → 1,3-二磷酸甘油酸 (1,3-PGA) → 3-磷酸甘油醛 (3-PGAL)。

还原阶段产生的 C_3(3-磷酸甘油醛) $\frac{5}{6}$ 用于 RuBP 的再生，RuBP 再生过程非常复杂，了解即可。$\frac{1}{6}$ 离开卡尔文循环，所以卡尔文循环的直接产物不是葡萄糖，而是 3-PGAL，后续可以再由 2 个 3-PGAL 沿着糖酵解的前四步的逆反应合成葡萄糖，当然也可以用于其他物质的合成。

3-PGAL 从叶绿体经过转运体运出到细胞质基质，缩合形成蔗糖并经质膜上的蔗糖转运体运至质外体到筛管。如果蔗糖不能及时运出细胞，则 3-PGAL 在叶绿体中既能抑制卡尔文循环，也能通过 RuBP 再生途径中的果糖 -1,6- 二磷酸大量地转变为果糖 -6- 磷酸并最终形成淀粉储存。

5.2.5 | 光合作用的调节及影响因素

1. 光损伤

当光照强度过强而 CO_2 供应不足时，光反应产生的 NADPH 和 ATP 很多，但碳反应产生的三碳酸不足，所以三碳酸还原成三碳糖过程不顺利，NADPH 和 ATP 不能有效地转变为 $NADP^+$ 和 ADP+Pi。而 $NADP^+$ 和 ADP+Pi 是光反应的底物，因此 CO_2 供应不足最终抑制了光反应的进行。但光却不管 CO_2 足或不足，一如既往地照射在叶片上，光合色素吸收的光能不能及时传递或转化出去，就会产生自由基，损伤光系统膜、光合色素等，造成光损伤。

2. 光呼吸

植物为了避免光损伤，进化出光呼吸 (见图 5.20)：Rubisco 除了催化 CO_2 与 RuBP 结合，形成 2 分子 3-磷酸甘油酸 (三碳酸) 外，在 CO_2 分压低、O_2 分压高时，也可以催化 O_2 与 RuBP 结合，产生 1 分子 3-磷酸甘油酸 (C_3) 和 1 分子 2-磷酸乙醇酸 (C_2)。3-磷酸甘油酸可继续用于光合作用碳反应；2-磷酸乙醇酸分解为乙醇酸和 Pi，乙醇酸进入过氧化物酶体中被氧气氧化产生乙醛酸，随后通过转氨基作用生成甘氨酸并进入线粒体中，产生 CO_2，这些 CO_2 可以溢出，也可以继续用于光合作用碳反应。这个过程消耗了 O_2 和有机物，产生了 CO_2，所以称为光呼吸。但其和真正的呼吸作用差别很大：发生的场所、参与的酶系不同，最为关键的是呼吸作用产生 ATP，而光呼吸消耗 ATP 和 NADPH，能量以热能形式散失。

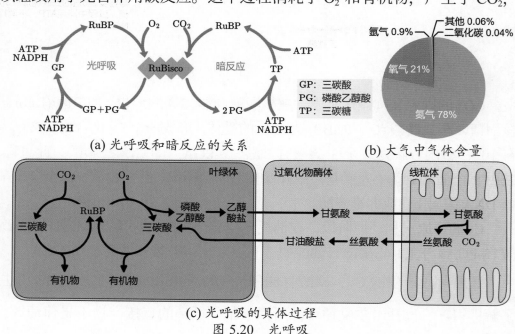

(a) 光呼吸和暗反应的关系

GP: 三碳酸
PG: 磷酸乙醇酸
TP: 三碳糖

其他 0.06%
氩气 0.9%
二氧化碳 0.04%
氧气 21%
氮气 78%

(b) 大气中气体含量

(c) 光呼吸的具体过程

图 5.20　光呼吸

光呼吸使得光合作用在CO_2浓度低时能够继续运行，避免了光损伤，对植物来说，有一定的保护意义。但如果光呼吸进行得太强烈，如水稻、小麦等植物，通过光呼吸会耗损光合作用总有机物的四分之一，非常不利于光合产物的积累。

3. C_4途径和CAM途径

甘蔗、玉米、高粱等原产热带的植物，常因为温度过高，为了避免蒸腾作用加剧而关闭气孔，所以CO_2供应不足，因此光呼吸进行得更为剧烈，耗损的有机物会更多。原本为避免光损伤而进化出的光呼吸成为植物积累有机物的阻碍。为了避免光呼吸，植物进化出C_4途径，如图5.21所示。对应的，前面所述的光合作用称为C_3途径。C_4、C_3名字的由来是CO_2固定的初产物是四碳化合物(草酰乙酸、苹果酸等)还是三碳化合物(3-磷酸甘油酸)。

和C_3植物相比，C_4植物的叶片结构本身就有很大不同：其维管束鞘细胞很大，有较大的叶绿体，光合作用能力很强，在维管束鞘细胞外还有叶肉细胞环绕形成花环状结构。这些叶肉细胞吸收的CO_2，在PEP羧化酶(PEPC)的作用下形成四碳化合物(C_4)，C_4通过叶肉细胞与维管束鞘细胞之间的胞间连丝运输到维管束鞘细胞内，脱羧生成CO_2和C_3：CO_2参与卡尔文循环；C_3返回叶肉细胞，继续参与吸收CO_2。也就是说，C_4植物CO_2的吸收发生在叶肉细胞，但CO_2固定和C_3的还原发生在维管束鞘细胞，二者分场所进行。

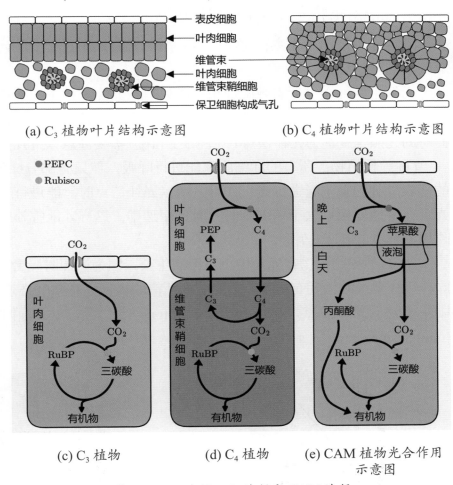

(a) C_3植物叶片结构示意图　　　　(b) C_4植物叶片结构示意图

(c) C_3植物　　(d) C_4植物　　(e) CAM植物光合作用示意图

图5.21　C_3途径、C_4途径和CAM途径

初看之下，好像C_4植物的光合作用更为迂回，不如C_3植物高效；但实际上，PEPC对CO_2的亲和力比Rubisco对CO_2的亲和力高得多！二者对CO_2的K_m值分别为7 $\mu mol\cdot L^{-1}$和450 $\mu mol\cdot L^{-1}$。K_m的概念参考酶的相关介绍。所以通过这样的方式，可以极大地将大气中的CO_2浓缩到维管束鞘细胞内，在维管束鞘细胞内光合作用速度很快，而且几乎不发生光呼吸。所以C_4植物的光合作用效率很高，相应的植物也生长得更快。

生活在沙漠里的景天科和仙人掌科植物面临的问题更严峻：白天如果打开气孔，则会因为蒸腾作用失水死亡；如果不打开气孔，则会因为没有办法吸收 CO_2 饥饿而死。面对困境，这些植物苦心孤诣，绝处逢生，进化出景天科代谢 (CAM) 途径 (见图 5.21)，硬生生在沙漠里开出花来。沙漠中晚上气温很低，蒸腾作用很弱，它们赶紧打开气孔，通过 PEPC 吸收 CO_2 并以 C_4 化合物的形式储存在液泡中。太阳升起，气温升高，它们紧闭气孔防止水分散失，并将液泡中储存的 C_4 化合物脱羧释放 CO_2 用于光合作用的 CAM 途径，实现 CO_2 的吸收和固定分时间地进行。虽然光呼吸释放的 CO_2 和正常呼吸作用释放的 CO_2 也有可能离开植物体，但此时植物气孔多处于关闭状态，溢出植物体有限，主要用于光合作用。

4. 光照对植物光合作用速率的影响

光合作用是一个光生物化学反应，所以光合速率显著受到光照强度、光质、光暗周期等因素的影响。

活细胞始终在进行着呼吸作用，而只有在光照条件下才能进行光合作用。随着光照增强，光合速率逐渐增强，当整株植物的总光合作用速率与整株植物的呼吸作用速率相等，此时的光照强度称为光补偿点 (见图 5.22(a))。需要注意以下几点。

(1) 整株植物，所有的活细胞都能进行呼吸，但只有部分绿色细胞 (如叶肉细胞、幼嫩的茎表皮细胞等) 能进行光合作用。所以光补偿点时，能进行光合作用的细胞，其自身的光合作用速率应该大于该细胞的呼吸作用速率，这样才能弥补整株植物其他不能进行光合作用的细胞的呼吸作用。

(2) 自然界的植物在光补偿点下无法生长，因为光照时光合作用等于呼吸作用，晚上呼吸作用还要继续消耗有机物。因此植物所需的最低光照强度必须大于光补偿点。一般来说，阳生植物的光补偿点为 $9 \sim 18$ μmol protons $\cdot$ m^{-2} $\cdot$ s^{-1}，而阴生植物的光补偿点则小于 9 μmol protons $\cdot$ m^{-2} $\cdot$ s^{-1}。

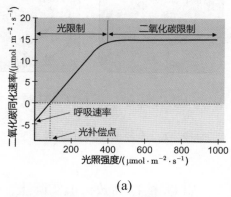

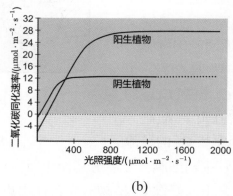

(a)   (b)

图 5.22   光合速率与光照强度的关系 (潘瑞炽 , 2012) 以及阳生植物和阴生植物的光合速率与光照强度的关系示意图 (武维华 , 2018)

光补偿点在实践中有重要意义。间作和套作时作物种类的搭配，林带树种的配置，间苗、修剪、采伐的程度，冬季温室栽培蔬菜等都与光补偿点有关。栽培作物由于过密或肥、水过多，造成徒长，封行过早，中下层叶子所受的光照往往在光补偿点以下，这些叶子不但不能制造养分，反而消耗养分，变成"消费"器官，因此，生产上要注意合理密植，肥水管理恰当，保证透光良好。

当光照强度在光补偿点以上继续增加时，光合速率就呈比例地增加，光合速率和光强呈直线关系。此时，光照强度是光合作用的限制因子，光越强，光合速率越快。当光照强度继续增加，超过一定范围之后，光合速率的增加变慢，当达到某一光强度时，光合速率就不再增加，这一光强称为光饱和点 (light saturation point)。光饱和点之所以产生，是电子传递反应、Rubisco 活性或丙糖磷酸代谢在该时成为限制因子，CO_2 代谢不能与吸收光能同步，因此通常认为此时光合作用是被 CO_2 的浓度限制。植物的光饱和点与品种、叶片厚薄、单位叶面积叶绿素含量多少等有关，大体上，阳生植物叶片光饱和点为 $360 \sim 450\ \mu mol$ protons $\cdot\ m^{-2}\ \cdot\ s^{-1}$ 或更高，阴生植物的光饱和点为 $90 \sim 180\mu mol$ protons $\cdot\ m^{-2}\ \cdot\ s^{-1}$，如图 5.22(b) 所示。

根据对光照强度需要的不同，可把植物分为阳生植物 (sun plant) 和阴生植物 (shade plant) 两类。阳生植物要求充分直射日光，才能生长或生长良好，而阴生植物适宜于生长在荫蔽环境中，它们在完全日照下反而生长不良或不能生长。阳生植物和阴生植物之所以适应不同的光照，这与它们的生理特性和形态特征的不同有关。

(1) 以光饱和点来说，阳生植物的光饱和点比阴生植物的高；阴生植物由于叶片的输导组织比阳生植物的稀疏等原因，当光照强度很大时，其光合速率便不再增加。

(2) 以叶绿体来说，阴生植物与阳生植物相比，前者有较大的基粒，基粒片层数目多得多，叶绿素含量又较高，这样，阴生植物就能在较低的光照强度下充分地吸收光线。

(3) 阴生植物还适应于遮阴处波长的光；如阴生植物经常处于漫射光中，漫射光中的较短波长占优势；叶绿素在红光部分的吸收带偏向长光波方面，而叶绿素 b 在蓝紫光部分的吸收带较宽；阴生植物的叶绿素 a 和叶绿素 b 的比值小，即叶绿素 b 的含量相对较多，所以阴生植物便能强烈地利用蓝紫光，适应于在遮荫处生长。

光质也影响植物的光合效率。在自然条件下，植物会或多或少受到不同波长光线的照射。如阴天的光照不仅光强弱，而且蓝光和绿光成分增多。树木的叶片吸收红光和蓝光较多，故树冠下的光线富含绿光，尤其是树木繁茂的森林更加明显。

5. CO_2 对植物光合作用速率的影响

CO_2 是光合作用的原料，对光合速率影响很大。

陆生植物光合作用所需要的碳源，主要是空气中的 CO_2。目前空气中的 CO_2 含量约为 $15.6\ \mu mol \cdot L^{-1}$，城市周围为 $16.5 \sim 17.9\ \mu mol \cdot L^{-1}$，对 C_3 植物的光合作用来说是比较低的。CO_2 主要是通过气孔以气体状态扩散进入叶子，速度很快。但当 CO_2 通过细胞壁渗透到叶绿体时，便必须溶解在水中，扩散速度就大减。陆生植物的根部也可以吸收土壤中的 CO_2 和碳酸盐，用于光合作用，把菜豆幼苗根部放在含有 $^{14}CO_2$ 的空气中或 $NaH^{14}CO_3$ 的营养液中，进行光照，结果在光合产物中发现 ^{14}C。

水生植物其光合作用的碳源是溶于水中的 CO_2、碳酸盐和重碳酸盐，这些物质可通过表皮细胞进入叶子中。

光照条件下，光合作用吸收的 CO_2 量等于呼吸放出的 CO_2 量，此时环境 CO_2 浓度称为 CO_2 补偿点 (CO$_2$ compensation point)。光照强度降低时，光合速率随之降低，但呼吸作用速率基本不受影响，所以要求较高的 CO_2 水平，才能维持光合速率与呼吸速率相等，也即是 CO_2 补偿点高。反之，光照强度升高时，光合速率随之升高，但呼吸作用速率基本不受影响，即 CO_2 补偿点就低。一般情况下，C_4 植物的 CO_2 补偿点和饱和点均比 C_3 植物低。如 C_3 植物小麦的 CO_2 补偿点约为 $2.2 \ \mu mol \cdot L^{-1}$，而 C_4 植物玉米的 CO_2 补偿点为 $0 \sim 0.2 \ \mu mol \cdot L^{-1}$。

CO_2 补偿点也受其他环境因素的影响。在温度升高、光照较弱、水分亏缺等条件下，光合作用下降，CO_2 补偿点上升。在温室栽培中，加强通风、增施 CO_2 可防止植物出现 CO_2 "饥饿"。在大田生产中，增施有机肥，经土壤微生物分解释放 CO_2 能有效地提高作物的光合效率。目前，由于人类的活动，使大气中的 CO_2 浓度持续上升，这虽然可能减轻由于 CO_2 缺乏对植物光合作用的限制，但所导致的"温室效应"会给地球的生态环境及人类活动带来一系列严重的影响。

6. 温度对植物光合作用速率的影响

光合过程中的碳反应是由酶所催化的化学反应，而温度直接影响酶的活性进而影响光合作用速率。除了少数的例子以外，一般植物可在 $10 \sim 35℃$ 下正常地进行光合作用，其中以 $25 \sim 30℃$ 最适宜。超过 $35℃$，光合作用就开始下降，$40 \sim 50℃$ 时即完全停止。一些耐寒的植物如地衣在 $-20℃$ 时还能进行光合作用，而一些热带的植物光合作用的热限高达 $50 \sim 60℃$。

C_3 植物与 C_4 植物对温度变化的反应不同。随着温度升高，C_3 植物的光合速率变化较平缓，而 C_4 植物变化要大得多。这是因为在温度升高时，虽然光合速率升高，但同时溶解 O_2/CO_2 也加大，C_3 植物的光呼吸加强，消耗了温度升高对光合作用的促进；而 C_4 植物光呼吸弱，所以其最适温度比 C_3 植物高，如图 5.23 所示。

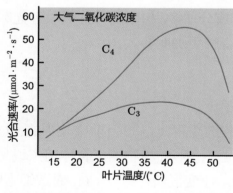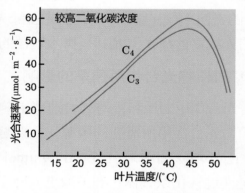

图 5.23　正常 CO_2 和较高 CO_2 浓度下，C_3 植物和 C_4 植物光合速率与温度变化的关系 (武维华 , 2018)

光合作用在高温时降低的原因，一方面是由于高温破坏了叶绿体和细胞质的结构，并使叶绿体的酶钝化；另一方面是在高温时，呼吸作用和光呼吸加强，净光合速率因此降低。在低温中，酶促反应下降，也会限制光合作用的进行。

其他如水分、矿质元素等外界因素和植物发育阶段等内部因素也会影响植物的光合作用速率。作物产量取决于干物质的多少，其中从土壤中吸收的矿质元素占 5% ~ 10%，光合作用固定的有机物占 90% ~ 95%。光合作用速率直接决定作物产量，其他如光合作用面积、光合作用时间、呼吸消耗速度等也显著影响作物产量。

提高作物产量的途径，主要是通过促进光合作用 (如控制环境条件、提高光合速率、延长光合时间)，提高群体光能利用率，减少光合产物的消耗，调节光合产物的分配和利用等方面着手。在农业生产中，关键的是提高作物群体的光能利用率 (efficiency for solar energy utilization)。在作物生育期内，通过光合作用储存的化学能占投射到这一面积上的日光能的百分比称为光能利用率。太阳能经过大气层时其强度已经大为削弱，照射到叶片的太阳能仅有可见光中的一部分能被植物吸收，还有一部分被叶片散射、反射、透射出去，一般最多约 5% 的光能被储存在有机物中，如图 5.24 所示。

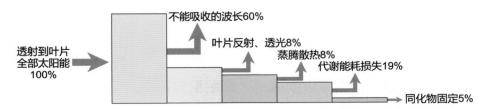

图 5.24　叶片吸收转换太阳能的能力

第6章 细胞的生命历程

6.1 细胞分裂

6.1.1 细胞分裂概述

1. 细胞不能无限增大的原因

关于细胞为什么不能无限增大的问题，我们可从以下两个角度回答。

(1) 比表面积问题。比表面积也可以称为相对表面积，比表面积 = $\dfrac{\text{细胞膜表面积}}{\text{细胞体积}}$，即单位体积所占有的表面积，比表面积反映的是细胞与外界进行物质交换的效率。如果我们将细胞简化为一个半径为 r 的正球体，则其表面积为 $4\pi r^2$，体积为 $\dfrac{4}{3}\pi r^3$，所以比表面积为 $\dfrac{3}{r}$。显然，比表面积随着 r 的增大而减小。细胞维持正常的生命活动需要与外界进行顺畅的物质交换与信息交流，所以当细胞体积增加到一定程度时，必须进行分裂。

(2) 核质比问题，核质比 = $\dfrac{\text{细胞核的体积}}{\text{细胞质的体积}}$。对于真核细胞而言，细胞核是细胞质遗传和代谢的控制中心，而细胞核对细胞体积的控制能力有限，一般情况下，细胞核体积要占细胞体积的 5% ~ 10%。但细胞核的体积不会随着细胞体积的增加而增加，所以，当细胞体积增大到一定程度时，细胞就必须从以下两种操作中选其一进行。

① 进行细胞分裂，形成多个细胞。

② 进行细胞核分裂，形成多核细胞，实现对细胞的分区域或分功能控制。如：草履虫有 2 个细胞核，大核负责营养代谢，小核负责生殖代谢；人的骨骼肌细胞含有 200 多个细胞核；有一种黏菌，通过连续的核分裂而细胞质不分裂，可形成含有 10^8 个细胞核的多核体。

这里，我们需要思考一个问题：形成多核细胞，固然解决了核质比的问题，但有没有解决比表面积的问题呢？答案是：这些多核细胞既然能活着，肯定解决了所有的问题。事实上，比表面积的问题，在大多数细胞眼里，并不是一个真正的问题，因为比表面积问题存在的前提是我们假设细胞是一个正球体，但事实上，很多细胞呈梭形、椭圆形、不规则形等，在体积不变的情况下，表面积得到了增加。

2. 细胞分裂方式

原核细胞没有细胞核，其分裂方式为复制 DNA，然后细胞一分为二，称为二分裂，如图 6.1 所示。

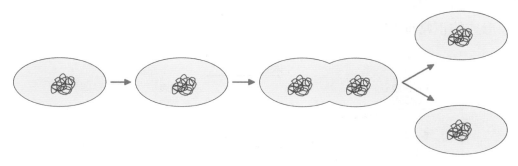

图 6.1　原核细胞二分裂示意图

真核细胞分裂的方式包括无丝分裂、无合成分裂、有丝分裂、减数分裂 (在遗传的基本规律部分单独介绍) 等。

(1) 无丝分裂。早在 1841 年，雷马克 (Remak) 在对鸡胚血细胞的研究中就发现了无丝分裂。1882 年，弗莱明 (WFleming) 发现其分裂过程与有丝分裂不同：分裂时没有发生纺锤体和染色体等的变化，因此取名无丝分裂。又因为这种分裂方式是细胞核和细胞质的直接分裂，因此又叫直接分裂，如图 6.2 所示。

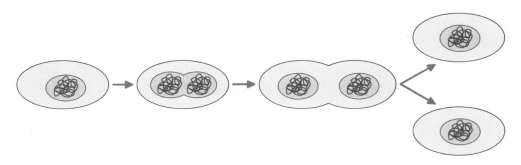

图 6.2　无丝分裂示意图

具体来说，无丝分裂时，核仁先行分裂，继而核延长并分裂成两部分。接着细胞质也拉长并分裂，形成两个子细胞，这期间不经过染色体的变化。有时一个母细胞的核先分裂成许多子核，每个子核各有一部分细胞质并各自形成新的细胞膜，结果一个细胞可分裂成许多个新细胞，称为多分裂。还有一种无丝分裂称为出芽分裂，是母核表面突出一个芽，核仁也伸入其中，然后核芽断裂形成新核，进而胞质出芽，形成一个新细胞。

高中生物课本中称蛙的红细胞等少数细胞进行无丝分裂，其实无丝分裂并没有那么罕见，如动物的上皮细胞、疏松结缔组织、肌肉组织、肝细胞都可以进行无丝分裂；植物各种器官的薄壁组织、表皮、生长点、胚乳等也有发现过无丝分裂。由于无丝分裂过程中不产生染色体，分裂迅速，消耗能量少，细胞可以正常执行功能，因此有一定的适应意义。

(2) 无合成分裂。2022 年 4 月，《自然》发表了中国台湾研究者的一篇文章，报道了在斑马鱼幼体内，一些表皮细胞可以在不进行 DNA 复制的情况下连续分裂两次，形成 4 个子细胞，研究者将其称为 asynthetic fission，即无合成分裂，如图 6.3 所示。这种分裂方式可以迅速增加皮肤表面积，满足身体快速增长的需求，得到的子细胞遗传物质是原来的 1/4，因此很不稳定。不过，这些细胞只是斑马鱼生命中的过客，后期会被皮肤基底组织通过有丝分裂形成的正常细胞替换掉。

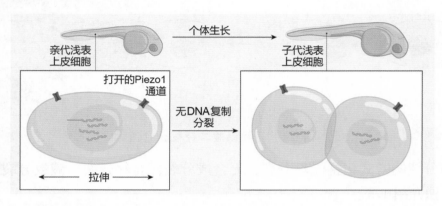

图 6.3　斑马鱼表皮细胞可进行无 DNA 复制的细胞分裂 (Chan KY, 2022)

(3) 有丝分裂。我们首先要解释一下有丝分裂概念的变化。旧人教版教材中，沿用历史上人们对有丝分裂的认识，认为有丝分裂包括间期和分裂期，而新教材将分裂间期归入细胞周期，认为细胞周期包括间期和分裂期，有丝分裂只是分裂期中的一种分裂方式。这种分类方式更准确。这里，我们以新教材为准。

有丝分裂是绝大多数真核细胞的细胞分裂方式，经过间期的 DNA 复制和物质能量准备，进入有丝分裂期，有丝分裂期可大致分为前期、中期、后期、末期，最后细胞一分为二，得到的两个子细胞和最初的那个亲代细胞一模一样，如图 6.4 所示。

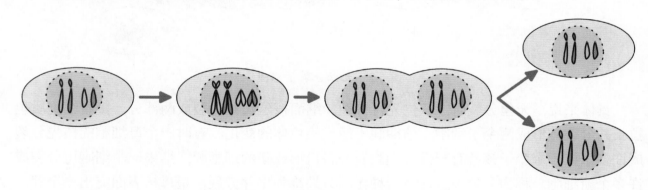

图 6.4　真核细胞中核分裂示意图

(4) 减数分裂。减数分裂是进行有性生殖的真核细胞，从原始的生殖细胞形成成熟的生殖细胞时的一种特殊的细胞分裂方式。在减数分裂的过程中，DNA 复制一次，但细胞分裂两次，所以得到的四个子代细胞，DNA 含量和染色体数量都是体细胞的一半。

甲藻类细胞在间期，染色体不解聚消失，核膜在分裂期也不消失，表现为介于原核细胞和真核细胞之间的状态，称为中核或间核分裂。

6.1.2 有丝分裂

1. 细胞周期

细胞周期指细胞从上一次细胞分裂结束开始，到下一次分裂结束为止所经历的全过程。包括间期和分裂期。需注意的是，只有连续分裂的细胞才具有细胞周期。

20 世纪 50 年代，人们用 ^{32}P 标记蚕豆根尖细胞并做放射自显影实验，发现 DNA 合成是在间期中的某个特定时期进行的，称为 DNA synthesis phase，即 S 期。它不在间期的开始，也不在间期的末尾，S 期前后还存在两个 gap，称为 G_1 期和 G_2 期。因此一个标准的细胞周期一般包括 4 个时期。

(1) G_1 期：指上一个细胞周期的 M 期与本细胞周期的 S 期之间的时期，主要进行 mRNA 的合成、蛋白质的合成、核糖体的增生。

(2) S 期：主要进行 DNA 的复制，如果有中心体，还要进行中心体的复制。

(3) G_2 期：指 S 期结束之后到 M 期开始之前的时期，继续进行蛋白质的合成。

(4) M 期：G_2 期结束之后到下一个细胞周期的 G_1 期之前的时期，分裂的执行期。

高等生物体的细胞周期长度主要取决于 G_1 期；S 期、G_2 期、M 期的总时间相对稳定，尤其是 M 期，一般约为 0.5 h。

上文提到，必须是能连续分裂的细胞，才有细胞周期，这是因为，并不是所有的细胞都有分裂能力。我们可以根据分裂能力，将细胞分为以下几类。

(1) 周期细胞：即连续分裂的细胞，如植物根尖生长点细胞、人的皮肤生发层细胞。

(2) G_0 期细胞：又称静止期细胞，一般情况下保持静止状态，得到相关信号时又可以重新进入细胞周期开始分裂的细胞，如结缔组织中的成纤维细胞、记忆 B 细胞、尚未萌发的植物种子中的胚细胞等。体外培养的细胞在营养缺乏时也可进入 G_0 期。

(3) 终端分化细胞：不分裂细胞，如人出生后的神经细胞、骨骼肌细胞等。

G_0 期细胞和终端分化细胞很难界定：有的细胞过去认为是终端分化细胞，后来却认为是 G_0 期细胞。

补充

S 期也可以进行蛋白质的合成，因为理论上，蛋白质的合成可以发生在任何时候。

2. 有丝分裂过程

(1) 前期。特点是"两消两现"，即核仁消失、核膜解体、染色质凝缩形成染色体、纺锤体出现，如图 6.5 所示。

在细胞周期中，核仁也会经历消失后又重现的周期性变化，称为核仁周期。核仁本身是 rDNA 转录生成 rRNA 以及 rRNA 的加工和核糖体大小亚基组装的场所，真核细胞除 5S rRNA 外，其他 rRNA 都是在核仁合成的。细胞在进行分裂时，染色质凝缩形成染色体，松散的 DNA 袢环逐渐缩回到染色体的核仁组织区，转录活动受阻，同时核膜破裂，核仁也就消失了。在有丝分裂末期，核仁组织区的 DNA 解聚，rRNA 重新开始合成，形成小核仁，随后这些小核仁聚集融合形成较大的核仁。

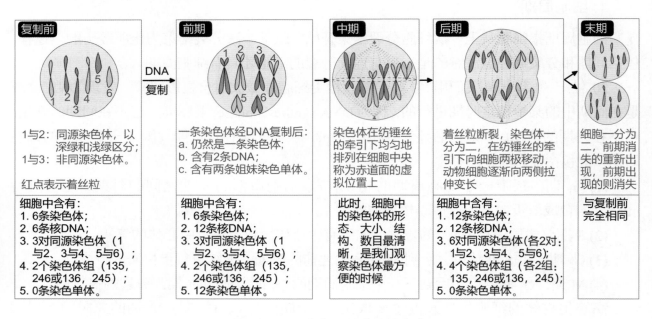

图 6.5　动物细胞有丝分裂过程示意图

核膜原本是双层膜结构，解体为单层膜的囊泡，散乱地分布在细胞中。注意：这些囊泡和植物细胞中用于形成细胞板的囊泡没有关系。

染色体和染色质的关系在前文细胞结构相关章节已有详述，这里不再介绍。

间期加倍的中心体彼此分开，移向细胞两极，发出纺锤丝，这些纺锤丝有的传入细胞核，附着在染色体的着丝粒上，称为动粒微管；有的与来自对侧的纺锤丝相互结合，称为极微管；有的从中心体发出，围绕在中心体周围呈发散状，末端结合分子马达，负责把握两极的距离并确定纺锤体纵轴的方向。

高等植物细胞中没有中心体，但依然从细胞两极发出纺锤丝，形成纺锤体。

(2) 中期。特点是"赤道板"，每条染色体都被来自细胞两极的纺锤丝附着，在动粒微管的拉力或推力或二者兼而有之作用下，细胞中的染色体由前期的散乱分布转变为排列在细胞中央的平面上。这个平面与纺锤体的中轴相垂直，类似地球上的赤道位置，因此称为赤道板或赤道面。注意：赤道板不是真实存在的，赤道当然也不是真实存在的。

此时，细胞中的染色体的形态、大小、结构、数目最清晰，是观察染色体最方便的时候。但一般情况下，我们观察染色体时所用的细胞都是经过处理、染色后的死细胞，所以是看不到动态变化的，我们需要在视野中找寻不同的细胞，拼凑出一个完整的细胞周期。因此，细胞周期各阶段的时间长短也可以通过处于各阶段的细胞比例来估算。众所周知，间期的时间占整个细胞周期的比例很高，这很好理解，准备期可以很长，一旦准备工作结束，进入分裂期，此时细胞是很脆弱的，容易受各种因素的影响而导致细胞分裂异常，因此务必迅速完成分裂活动。但是，我们观察细胞分裂时，主要目的是观察分裂期各阶段的特征，

因此在选材时，应尽量选择那些分裂期占整个细胞周期比例较高的材料。当然，选材的标准不止这一个，还有细胞中染色体的数目、材料是否容易获取等，有一种植物叫作瓶尔小草蕨，其细胞中的染色体数目有 1260 条 (也有研究说是 1270 条甚至 1280 条)，很显然，它不适合作为我们观察有丝分裂过程中染色体形态变化的材料。

有没有方法能够看到动态的细胞分裂过程呢？当然有，1937 年，施密特首次使用偏振光显微镜观察到了活细胞中双极纺锤体的形成，这一发现在十几年后得到了井上山的明确验证 (INOUE S, 1953)。从那时起，活细胞成像一直是捕获有丝分裂事件和有丝分裂纺锤体动态的首选方法。近年，随着染料技术的革新，染色等操作对细胞活力的影响已经降到很低，活细胞荧光标记已经能达到 20 天。

(3) 后期。特点是着丝粒断裂，染色体一分为二，在纺锤丝的牵引下向细胞两极移动。着丝粒的断裂与纺锤丝的牵引无关，而是在分离酶的作用下，原本负责将姐妹染色单体联结在一起的黏连蛋白 (cohesin) 降解的结果。为了保证分离酶准时地发挥作用，分离酶的活性需要受到严格的调控。细胞中有一种称为保全素 (securin) 的蛋白质，在此之前一直与分离酶结合并充当假底物，阻断分离酶发挥作用。在细胞由中期向后期转变时，后期促进复合物 (APC) 与 CDC20 蛋白结合而被激活，保全素与激活的 APC 相互作用，然后保全素被泛素化而降解。在此之前，CDK1 也通过磷酸化抑制分离酶的活性，APC 激活后将CyclinB 蛋白降解，使 CDK1 蛋白失活，失去了对分离酶的磷酸化作用，因此分离酶得以分解黏连蛋白复合体，染色体一分为二。

即使我们不知道上述具体的调控过程，但也可以通过简单的推理，得出着丝粒的断裂与纺锤丝的牵引无关。首先，秋水仙素可以抑制纺锤丝纺锤体的形成，导致细胞中染色体的数量加倍；其次，染色体数量加倍是着丝粒断裂而细胞未分裂导致的。所以说，在秋水仙素的作用下，没有形成纺锤丝纺锤体，着丝粒依然断裂，说明着丝粒断裂与纺锤丝的牵引没有关系。

(4) 末期。特点是"两现两消，细胞一分为二"。两现两消没有太多需要解释的，前期消失的重新出现，前期出现的重新消失。细胞一分为二的过程中，动物细胞一般在赤道板位置，由肌动蛋白和肌球蛋白形成收缩环，收缩环不断收缩，将细胞缢裂为二。植物细胞因为有细胞壁的束缚，不能像动物细胞一样拉伸缢裂，于是像关系不和而又不愿搬家的兄弟二人，在院子中间砌堵墙一样，实现一分为二。砌墙的砖来自高尔基体形成的囊泡，囊泡聚集在细胞中央，形成细胞板，继续堆积，形成两个子细胞的细胞膜—细胞壁—细胞膜。其上有一些通道，称为胞间连丝。

6.1.3 细胞周期同步化

在同种细胞组成的细胞群体中，不同的细胞可能处于不同的时期。我们经常会有让培养的细胞都处于同一个时期的需要，即细胞周期同步化。

有些细胞天生就处于细胞周期同步化状态，称为天然细胞周期同步化 (natural synchronization)，如图 6.6 所示。如黏菌的变形体 (plasmodia) 只进行核分裂而不进行细胞质分裂，结果形成多核原生质体，细胞内的核数目可达 10^8，细胞直径可达 $5 \sim 6$ cm，这些细胞核在相同的细胞质环境下，都是同步化分裂的。大多数无脊椎动物和个别脊椎动物的早期胚胎细胞可同步化卵裂数次甚至十多次，形成数量可观的同步化细胞群。

但大部分细胞并不能自然而然地处于同步化状态，不过我们可以通过一些方式获得同步化的细胞，称为人工细胞周期同步化 (artificial synchronization)，又可分为人工选择同步化和药物诱导同步化。

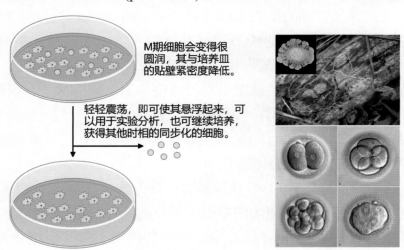

(a) 人工选择细胞周期同步化　　(b) 天然细胞周期同步化

图 6.6　细胞周期同步化

人工选择同步化就是利用动物细胞在培养时会出现贴壁生长和接触抑制的特点，将某些特定时期的细胞筛选出来的技术。研究发现，M 期的细胞会变得圆润，细胞与培养基底部的接触面也会变小，此时如果轻轻振荡，就可以将 M 期的细胞悬浮起来，实现 M 期细胞的分离。这种方式的优点在于细胞未经过任何处理，能更真实地反映细胞周期状况；但不足之处在于分离的细胞数量少，且得到的是处于 M 期的细胞而不是处于某一时间点的细胞。

药物诱导同步化又可分为两类，即 DNA 合成阻断法和分裂中期阻断法。前者常采用低毒或无毒的 DNA 合成抑制剂抑制 DNA 合成而不影响细胞周期其他时期的运转，如胸腺嘧啶脱氧核苷 (TdR) 或羟基脲 (HU) 等。

TdR 双阻断法细胞周期同步化具体操作如图 6.7 所示。

(1) 细胞培养液中加入 TdR，原本处于 S 期的细胞原地踏步，原本处于 G_2、M、G_1 期的细胞继续运转，培养一段时间 a，即可保证所有的细胞处于 S 期和 G_1 期与 S 期的交界点。培养时间 a 的要求是 $a \geq G_2+M+G_1$。

(2) 通过更换培养基的方式去除 TdR，处于 S 期和 G_1 期与 S 期的交界点的细胞得以继续运转，培养一段时间 b，即可保证所有的细胞离开 S 期且不会重新进入 S 期。培养时间 b 的要求是 $S \leq b \leq G_2+M+G_1$。

(3) 再次加入 TdR，培养一段时间 c，即可保证所有的细胞处于 S 期和 G_1 期的交界点。培养时间 c 的要求是 $c \geq G_1+S+G_2+M-b$。

(4) 再次更换培养基去除 TdR，细胞周期继续运转，这些细胞都是同步化的细胞。

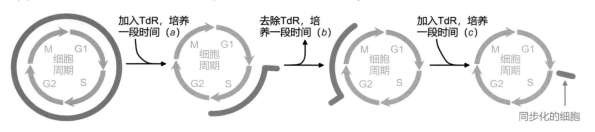

图 6.7　TdR 双阻断法细胞周期同步化流程图

分裂中期阻断法一般采用秋水仙素、秋水酰胺、诺考达唑等抑制微管聚合，从而抑制纺锤体的形成，将细胞阻断在细胞分裂中期，而间期的细胞受药物影响较小，可以继续运转到 M 期。

细胞分裂阻断法所使用的药物，毒性相对较大，若处理时间过长，所得到的细胞常常不能恢复正常的细胞周期运转。所以在实际操作中，一般用 DNA 合成阻断法进行细胞周期同步化。

6.2　细胞分化

6.2.1　细胞分化的概念

在个体发育中，由一种相同的细胞类型，经细胞分裂后，逐渐在形态、结构和生理功能上形成稳定性差异的过程，称为细胞分化。细胞分化是基因选择性表达的结果，如表 6-1 所示。基因的表达指的是基因中的遗传信息通过转录、翻译，合成功能性产物的过程。基因表达产物通常是蛋白质，也可以是以 RNA 状态发挥生物学功能的 RNA。通常有以下三种方式可以对基因表达进行检测。

(1) Southern 杂交实验可以对细胞中的 DNA/gene 进行检测。

(2) 基因芯片 (gene chip) 技术可以实现对某一类型细胞中所表达的几乎所有种类的 mRNA 及丰度进行检测。

(3) 双向电泳 (IEF-SDS-PAGE) 和质谱技术 (MS、GC-MS、HPLC-MS) 可用于分析蛋白质表达谱。

分化细胞所表达的基因大致可分为两种类型：管家基因和奢侈基因。管家基因 (housekeepinggene) 指所有细胞中均表达的一类基因，其产物是维持细胞基本生命活动所必需的。这类基因在细胞周期的 S 期的早期复制，占基因总数不超过 3%，转录起点部位没有 TATA box，仅有 CG 岛，内含子相对很短。奢侈基因 (luxury gene) 又称组织特异性基因 (tissue-specific gene)，其产物赋予各种类型细胞特异的形态、结构、特征与功能。这类基因在表达的细胞中，复制发生在 S 期的早期，在不表达的细胞中，复制发生在 S 期的晚期。

表 6.1　细胞分化的实质是基因的选择性表达

样　品	细胞总 DNA			细胞总 RNA		
细胞种类	输卵管细胞	成红细胞	胰岛细胞	输卵管细胞	成红细胞	胰岛细胞
卵清蛋白基因探针	+	+	+	+	-	-
β- 珠蛋白基因探针	+	+	+	-	+	-
胰岛素基因探针	+	+	+	-	-	+
实验方法	Southern 杂交			Northern 杂交		

6.2.2　细胞分化的组合调控

　　人体有 200 多种不同类型的细胞，但并不需要有相应种类的调控蛋白来调节细胞分化。细胞只用少量的调控蛋白就可以启动为数众多的特异细胞类型的分化程序，这种机制就是组合调控 (combinational control)，如图 6.8 所示。在启动细胞分化程序的各类调节蛋白中，往往存在一两种起决定作用的调控蛋白，其对应的基因称为主导基因 (master gene)，如在发育的早期，把果蝇 ey 基因转入原本将要发育成腿的幼虫细胞中，将在腿中诱导眼的形成；又如在体外培育的成纤维细胞中表达 MyoD 基因，该细胞将发育为肌细胞。

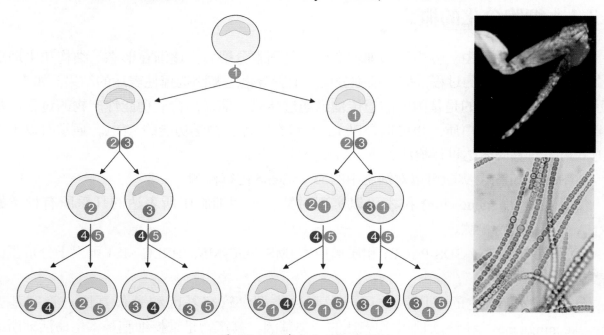

图 6.8　细胞分化的组合调控

　▶▶▶
　　基因的组合控制对发育至关重要，几种转录调节因子的组合可以产生多种细胞类型。每个转录调节因子一旦产生，就会自我延续，通过这种方式，五种不同的转录调节因子可产生八种不同的细胞类型。

原核生物细胞分化：高中认为没有！但事实上，单细胞生物和原核细胞也存在细胞分化，如原核生物枯草芽孢杆菌芽孢的形成、鱼腥藻固氮异形胞的形成等。芽殖酵母有 3 种类型的细胞：二倍体细胞 (α/a)、单倍体孢子萌发形成的 α 和 a 两种交配型。黏菌的营养体直径约 1 mm、如变形虫似的单细胞有机体，在形成孢子的过程中，由单细胞变形体形成多细胞的蛞蝓形假原质团，并进一步分化为菌柄和孢子囊。

6.2.3 细胞全能性和干细胞

细胞的全能性 (totipotency) 指细胞经分裂和分化后，仍具有形成完整有机体或分化成其他各种细胞的潜能或特性。动物的受精卵及卵裂早期的胚胎细胞是具有全能性的细胞，植物体细胞在适宜的条件下可培育成正常的植株。

干细胞 (stem cell) 是一类具有分裂能力的、能够产生至少一种类型的高度分化的子细胞的细胞。动物细胞，尤其是高等动物细胞，随着胚胎发育和细胞分化，细胞逐渐丧失了发育成个体的能力，仅具有分化成多种细胞类型的潜能，这样的细胞称为多能干细胞，类似的，还有分化能力较低的单能干细胞或称专能干细胞。2006 年，日本京都大学教授山中伸弥 (Shinya Yamanaka) 实验室发现向小鼠的成纤维细胞中转入 4 种基因 (Oct4、Sox2、c-myc、KLF4) 就可以诱导产生一种多能干细胞，称为诱导多功能干细胞 iPSc，可分化为三个胚层 (内胚层、外胚层和中胚层)，四种因子被命名为"Yamanaka 因子"，统称为 OSKM。山中伸弥因此和英国科学家戈登 (John B. Gurdon) 一起获得了 2012 年诺贝尔生理学或医学奖。近年，中国科学家先后实现了将多能干细胞回滚至 8 细胞胚阶段 (Mazid MA, 2022) 以及使用 4 种小分子化合物替换山中伸弥所使用的 4 种转录因子 (其中的 c-myc 有致癌倾向)(Hu Y, 2023)。笔者相信：距离我们说动物细胞具有全能性应该并不遥远了。

如图 6-9 所示是几位和克隆动物及干细胞研究有关的人物。

威尔穆特　　坎贝尔　　小保方 晴子　　若山照彦　　笹井芳树　　黄禹锡　　山中伸弥

图 6.9　和克隆动物及干细胞研究有关的人物

▶▶▶

据称，2006 年 3 月，威尔穆特在法庭上承认，世界首例克隆哺乳动物 (多利羊) 不是他的成果，坎贝尔才是在多利研究中拥有 66% 成果的人，而此时坎贝尔已经离开威尔穆特团队 7 年了。2008 年，4 名前威尔穆特团队的工作人员向时任英国女王的伊丽莎白二世发出请愿，呼吁收回威尔穆特的爵位，但未获得官方和威尔穆特本人的回应。2012 年，酒后的坎贝尔在卧室里将皮带系在天花板横

梁上自杀身亡。2014年，曾被捧为日本"国宝""居里夫人2.0"的小保方晴子、若山照彦与日本干细胞研究权威笹井芳树(Sasai Yoshiki，1962—2014)一起培育出世界上第一只克隆鼠，宣称发现类似干细胞的多能细胞。但很快被证明涉嫌学术造假。因不堪名誉受损，笹井芳树在实验室楼道里自缢身亡。2004年，韩国黄禹锡发表文章称自己是全世界第一个成功研究人类胚胎干细胞的人，2005年，他克隆出世界上第一只克隆狗。当时韩国政府和民众对诺贝尔奖的期望达到顶峰，黄禹锡本人也被冠以"民族英雄"的称号，然而很快也被发现多项研究涉嫌造假。

一种类型的分化细胞转变为另一种类型的分化细胞的现象称为转分化(transdifferentiation)，过程涉及脱分化和再分化过程。脱分化又称去分化，指分化细胞失去其特有的结构与功能，变成具有未分化细胞特征的细胞的过程。植物的体细胞在一定条件下可形成未分化的细胞团(愈伤组织)，经再分化可形成根和芽，最终长成植株。高等动物的克隆也涉及细胞去分化的过程，称为基因重编程(reprogramming)，过程涉及DNA与组蛋白修饰的改变。

6.2.4 影响细胞分化的因素

细胞分化的实质是基因的选择性表达，这样说当然没有问题，但这并未从根本上解释为什么两个相同的细胞，一个细胞表达一些基因，另一个细胞表达另一些基因。或者说，细胞分化只是基因选择性表达的结果，而不是基因选择性表达的原因。影响细胞分化或基因选择性表达的因素是什么呢？我们可以大胆地去思考，这里仅提供一些思路，供大家参阅。

(1) 受精卵细胞质的不均一性对细胞分化的影响。在卵母细胞的细胞质中，除了营养物质和各种蛋白质，还含有多种mRNA，其中多数mRNA都与蛋白质结合处于非活性状态，称为隐蔽mRNA，不能被核糖体识别。而且，这些mRNA在细胞质中是不均匀分布的，在卵裂过程中不同mRNA的细胞质被分配到不同的子细胞中，从而决定未来细胞分化的命运，产生分化方向的差异。根据这一现象，人们提出决定子(determinant)的概念，即影响卵裂细胞向不同方向分化的细胞质成分。

(2) 胞外信号对细胞分化的影响。在研究早期胚胎发育的过程中发现，一部分细胞会影响周围细胞，使其向一定方向分化，这种作用称为近旁组织的相互作用，也称胚胎诱导。近旁组织的相互作用主要通过细胞旁分泌产生的信号分子实现，包括成纤维细胞生长因子FGF、转化生长因子TGF、Wnt家族等，也可以通过激素进行远距离影响，如无尾两栖类的蝌蚪变态过程中，尾部退化和前后肢形成是由甲状腺分泌的甲状腺激素调控的，昆虫变态过程主要是20-羟蜕皮素和保幼素的共同作用。

(3) 细胞间的相互作用与位置效应对细胞分化的影响。细胞所处的位置不同对细胞分化的命运有明显的影响，改变细胞所处的位置可导致细胞分化方向的改变，称为位置效应(position effect)。在鸡胚发育的原肠胚期，由脊索细胞分泌的shh基因编码的信号蛋白作用下，靠近脊索的细胞分化形成底板，远离脊索的细胞分化成运动神经元。如果将另一个脊

生物是门科学 不可思议的生命探险

索植入鸡胚中线，则会以同样的方式诱导底板和运动神经元，如果 shh 基因突变，则会导致中枢神经系统发育异常，甚至会出现面部仅有一个眼和一个鼻孔的畸形胎。

(4) 细胞记忆与决定对细胞分化的影响。信号分子的有效作用时间是短暂的，然而细胞可以将这种短暂的作用储存起来，并形成长时间的记忆，逐渐向特定方向分化。果蝇幼虫的成虫盘是一些未分化的细胞群，将来发育为成虫的不同器官。人们曾把果蝇幼虫的成虫盘细胞植入成虫体内，连续移植 9 年，细胞增殖 1800 多代，然后将这种成虫盘细胞再移植回幼虫体内，依然发育成相应的器官。所以人们提出决定早于分化的概念。

(5) 环境对性别的影响。许多爬行动物，在低温孵化时，雌性比例高于雄性，龟类则相反。蜗牛的性别取决于它们在上下相互叠压的群体中的相互位置，下方为雌性，上方为雄性。斑马鱼则会在营养条件好时发育为雌性，条件不利时发育为雄性。

(6) 染色质变化与基因重排对细胞分化的影响。马蛔虫在卵裂至 32 细胞时，除一个细胞保留正常的染色体外，其余将分化为体细胞的细胞中，全部出现染色体丢失的现象。草履虫细胞中有两个细胞核，小核包含完整的二倍体基因组，但基因基本不表达；大核是营养核，丢失 10% ～ 90% 的 DNA，剩余的 DNA 经重排与扩增后形成多倍体，基因活跃转录并决定一切表型特征。

淋巴细胞成熟过程中也出现基因重排现象，具体介绍参考免疫相关章节。

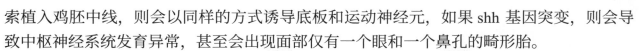

6.3 细胞衰老

6.3.1 细胞衰老的研究历史

细胞衰老 (cell senescence) 一般指的是复制衰老，即体外培养的正常细胞经过有限次数的分裂后，停止生长，细胞形态和生理代谢活动发生显著改变的现象。

1881 年，德国生物学家魏斯曼 (August Weismann) 就提出：有机体终究会死亡，因为组织不可能永远自我更新，而细胞凭借分裂来增加数量的能力是有限的。

法国外科医生、1912 年诺贝尔生理学或医学奖获得者卡雷尔 (Alexis Carrel) (见图 6.10) 不认同这种观点，他觉得体外培养的细胞是能够永生不死的，如果它停止增殖，那只是因为培养条件不适宜。

1958 年，美国生物学家海弗利克 (Leonard Hayflick) (见图 6.10) 证实人的成纤维细胞的复制能力是有限的，首次提出细胞的衰老现象。同时海弗利克还注意到癌细胞能够在体外无限增殖，这一发现导致了细胞永生化概念的提出。

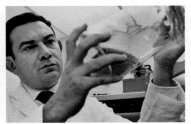

图 6.10　卡雷尔 (左) 与海弗利克 (右)

卡雷尔简介：

1894 年 6 月，卡诺总统在去里昂的路上，被一个持刀的无政府主义者袭击，一根大动脉被切断，当时的外科医生根本不知道如何重新连接被切断的血管，最终卡诺总统因流血过多而去世。

眼睁睁地看着总统去世，一名年轻的医生大受震撼，之后痴迷般致力于血管缝合技术，经过数年的研究，最终找到一种完美的方法，能将血管严密缝合，血液畅通无阻，这位医生也因此获得了 1912 年的诺贝尔生理学或医学奖，他就是亚力克西斯·卡雷尔。第一次世界大战期间，卡雷尔回到法国，研究出用消毒剂冲洗伤口、治疗创伤的卡雷尔·达金消毒法。1911 年，他发现胚胎提取液对某些细胞有较强的促生长作用，于是，用胚胎提取液凝集血浆的技术得以推广应用。在悬滴培养的基础上，1923 年他设计了用卡氏瓶培养细胞，使组织培养进入一个迅速发展的阶段。

1912 年 1 月，卡雷尔把胚胎期的鸡心组织，培养在他自制的培养皿里，定期更换从鸡胚提取液中获得的营养成分。卡雷尔声称，在自己实验室，鸡心胚细胞培养了 34 年，远远超过了鸡的寿命，未出现任何衰老症状。而其他人之所以未能成功，是由于他们的培养条件或手法不太得当。

由于人类对"永生"的热衷和好奇，当然还有一部分诺贝尔奖得主的权威性加持，卡雷尔的实验在当时得到了科学界乃至整个社会的极大关注，卡雷尔也坚定地认为，人体所有的细胞都具有永生的能力，只要给予合适的生长环境和营养成分，它们都能够无限分裂增殖。

海弗利克简介：

1948 年，加拿大科学家巴尔和他的研究生伯特伦发现雌猫的神经细胞核中有一个染色很深的结构而雄猫却没有，后续研究发现，这个深染的结构是雌猫的两条 X 染色体随机失活后凝结而成的，其附着在细胞核核膜的内表面，他们将其称为巴氏小体。巴氏小体的发现对遗传学有重要意义，甚至在奥运会等重大体育赛事中都有广泛应用。1961 年，海佛烈克应用巴氏小体，将幼年男性细胞和成年女性细胞混合培养，结果发现培养一段时间后基本只剩下不具有巴氏小体的男性细胞，反过来，若将幼年女性细胞和成年男性细胞混合培养，培养一段时间后，只剩下具有巴氏小体的女性细胞。这说明，细胞能否进行分裂与培养条件无关，而是由细胞本身的状态决定的。同时，海佛烈克在研究中发现，正常的人类胎儿细胞，在体外培养条件下大约只能分裂 60 次，此后细胞群体将停止分裂，进入衰老期，最终死去。

海佛烈克的实验结果有力地驳斥了卡雷尔"细胞不死学说"的论点。后来，人们把海佛烈克所观察到的动物细胞分裂停止前所能分裂的次数限制称为"海佛烈克极限"。海佛烈克的研究发现第一次让人们清醒地认识到，只有癌变的细胞才会永生，任何正常的人类细胞，最终都会走向衰老。至于当年卡雷尔的实验，我们已经无从知道是主观学术造假，还是在更换鸡胚提取液营养成分的时候，不小心混入了新鲜鸡心细胞的无意识错误了。

生物是门科学　不可思议的生命探险

6.3.2 ‖ 细胞衰老过程的变化

细胞衰老过程是细胞的生理状态和化学反应发生复杂变化的过程，并表现为细胞形态、结构、功能上的改变。首先，衰老的细胞其细胞膜通透性改变，物质运输能力下降，同时细胞内水分减少，细胞萎缩，体积减小。其次，细胞内多种酶的活性降低，呼吸速率减慢，新陈代谢速率减慢。黑色素细胞内酪氨酸酶的活性降低，影响黑色素的合成，造成白发。细胞内色素逐渐积累，妨碍细胞内物质的交流和传递。另外，衰老的细胞的细胞核体积增大，核膜内折，染色质固缩，染色加深。

关于衰老细胞体积减小的问题，因为是书本上的明确表述，本无异议。但翟中和院士的《细胞生物学》一书中明确表示衰老的细胞，其体积明显增大。此外，还有很多研究都表明细胞体积增大是细胞衰老的典型特征之一。2023 年 11 月 16 日，《细胞》发表了名为 *Genome homeostasis defects drive enlarged cells into senescence* 的文章，探究了细胞从体积变大到完全衰老的过程。

笔者认为：细胞衰老是个长时间的过程。随着细胞生命由盛入衰，细胞体积逐渐增大，影响细胞增殖，过大的细胞中 p53-p21 信号通路被激活，导致细胞对 DNA 损伤更敏感，出现基因组不稳定现象。所以，过大的细胞是细胞衰老的原因，也是细胞衰老早期的表现。随后，细胞由于水分减少，体积萎缩，进入衰老的晚期状态。所以，说衰老的细胞体积变大或变小，都不错，只不过前者描述的是前期的、时间较长、较易观察的现象，后者描述的是后期的、时间相对较短的现象。

对于体外培养细胞的衰老研究，常用的生物学特征有两个。其一是生长不可逆停滞，添加生长因子也无济于事。其二是衰老相关的 β- 半乳糖苷酶的活化，该酶是溶酶体内的水解酶，通常在 pH=4 时表现出活性，但在衰老细胞中，pH=6 时亦表现出活性，因此将培养的细胞固定，用 pH=6 的 β-半乳糖苷酶底物进行染色，就能明显区别年轻和衰老的细胞。

6.3.3 ‖ 细胞衰老的分子机制

1. 自由基学说

我们通常把异常活泼的带电分子或基团称为自由基，身体内最多的是氧自由基。

正常情况下，O_2 需要得到 4 个电子才能饱和，但不如意事常八九，哪有这么巧，刚好有 4 个电子等着 O_2 得到呢？得到 1 ～ 3 个电子的情况时有发生，分别生成超氧阴离子自由基、过氧化氢、羟基自由基 (已知最强的氧化剂)。

这些自由基，尤其是羟基自由基，迫切地希望能够从别处再夺取电子，即具有极强的氧化性。自由基产生后，会攻击和破坏细胞内各种执行正常功能的生物分子，如磷脂分子、DNA、蛋白质，导致细胞衰老。

细胞肯定不能任由这些自由基搞破坏，细胞中有相应的超氧化物歧化酶、过氧化氢酶、过氧化物酶，可以清除这些自由基。研究发现：在果蝇中提高超氧化物歧化酶和过氧化氢酶的表达量，果蝇的寿命将提高 34%。

2. 端粒学说

1970 年，研究者就提出所谓 DNA 的末端复制问题：由于 DNA 聚合酶不能从头合成子链，复制母链 3' 端时，子链 5' 端与之配对的 RNA 引物被切除后会产生末端缺失，使得子链的 5' 端随着复制次数的增加而逐渐缩短。

1972 年，苏联理论生物学家阿列克谢·奥洛夫尼科夫 (Alexey Olovnikov) 在地铁站中获得灵感，提出随着复制次数增加而不断缩短的 DNA 末端可能是正常细胞分裂次数有限的原因；可惜未被重视。

1978 年，美国生物学家伊丽莎白·布莱克本 (Elizabeth Blackburn) 发现四膜虫的端粒由 TTGGGG 重复序列构成，而哺乳动物细胞的端粒序列是类似的 TTAGGG，从而使得端粒的长度得以测算。每条染色体的两端都有一段特殊的短的重复 DNA 序列，随着 DNA 复制的进行，每复制一次，重复的次数就减少一次。当端粒缩短到一定程度，端粒内侧的正常基因就会受到损伤，细胞活动将趋于异常。所以正常情况下，动物细胞只能分裂 50 ～ 60 次，即海佛烈克界限。为什么癌细胞、干细胞、生殖细胞的分裂次数不受限制？因为在这些细胞中存在端粒酶 (telomerase)，可以将由于 DNA 复制而缩短的端粒补回去，不让端粒缩短。其他正常的细胞也有端粒酶基因，但是不表达。于是科学家试着在正常细胞中表达端粒酶基因，细胞的分裂次数和寿命大大增加，但也趋向于癌变，如图 6.11 所示。

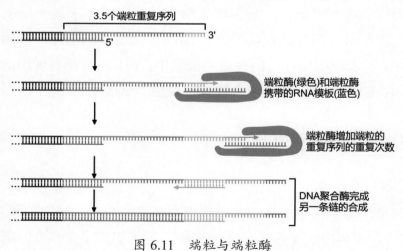

图 6.11　端粒与端粒酶

1986 年，研究证实不同组织细胞端粒长度不同，体外培养细胞的端粒长度随着世代增加确实在不断缩短，这才使得海佛烈克界限得到公认。1998 年，研究者获得端粒的缩短能够导致细胞衰老的直接证据：在人的生殖细胞以及能够无限分裂的癌细胞中存在一种端粒酶，能够以自身含有的 RNA 为模板，逆转录出母链末端的端粒 DNA，从而避免 DNA 缩短现象。将活化的端粒酶导入正常人的成纤维细胞并使之持续表达，细胞的端粒不再缩短，

细胞的复制寿命增加了近 5 倍。

端粒的缩短是如何引发细胞衰老的？这与 p53 信号通路有关。p53 是著名的肿瘤抑制因子，通过诱导细胞凋亡或生长停滞，避免细胞因为 DNA 损伤而发生癌变。DNA 损伤会诱导 p53 表达，这里的 DNA 损伤包括端粒的缩短。具体过程是：DNA 损伤→ p53 识别损伤→ p53 诱导 p21 表达→ p21 抑制 CDK 的活化，使得 Rb 不能被磷酸化，E2F 处于持续失活状态→ 细胞不能从 G_1 期进入 S 期→ 细胞衰老。

端粒酶本身是 RNA 和蛋白质构成的复合物，蛋白质是发挥酶活性的物质，它是一种逆转录酶，可以利用自己携带的 RNA 作为模板，合成端粒的重复序列，使缩短的端粒变长 (见图 6.11)。众所周知，DNA 聚合酶不能从头合成，需要由引物酶先合成一段 RNA 引物，然后 DNA 聚合酶才能继续合成，而这段 RNA 引物后续将被切去，DNA 聚合酶 I 过来填补留下的空缺。但 DNA 聚合酶 I 因没有模板无法填补末端的空缺。面对随着细胞复制而缩短的端粒和行将凋亡或异常的细胞，端粒酶临危受命。端粒酶含有约 150 碱基的 RNA 链，其中含有 1.5 个重复序列，端粒酶以此 RNA 为模板合成 DNA 端粒结构。合成一个重复单位后再向前移动一个单位，继续合成，从而达到延长端粒的目的。

✱ 6.4 细胞凋亡

6.4.1 细胞凋亡的研究历史

1885 年，德国生物学家华尔瑟·弗莱明 (Walther Flemming) 就曾描述过卵巢滤泡细胞的凋亡形态特征: 细胞死亡时,伴随着染色质的水解。因此称之为染色质溶解 (chromatolysis)。但当时学者并未意识到其与细胞坏死不同，以致这一现象被忽略了将近一个世纪。

1965 年，澳大利亚病理学家约翰·克尔 (John Kerr) 观察到结扎大鼠门静脉后，在局部缺血的情况下，大鼠肝细胞连续不断地转化为小的圆形的细胞质团，这些细胞质团由质膜包裹的细胞碎片 (包括细胞核和染色质) 组成，并称为皱缩型坏死。后来发现死亡细胞内的溶酶体完整，死亡细胞从周围的组织中脱落并被吞噬，机体不发生炎症反应，与细胞坏死有明显不同。

1972 年，约翰·克尔、怀利 (A. H. Wyllie) 和柯里 (A. R. Currie) 一起，将其称为细胞凋亡 (apoptosis)，该词源于希腊语，意为花瓣凋零。

1977 年，马西塔·西特·丹 (Mashitah Mat Don) 发现了生理或病理性刺激条件下淋巴细胞发育过程中的凋亡现象。

1980 年，怀利总结了细胞凋亡的共同形态学特征。

1986 年，罗伯特·霍维茨 (Robert Horvitz)(见图 6.12) 利用一系列线虫突变体，发现了线虫发育过程中控制细胞凋亡的关键基因，即细胞凋亡是基因控制的细胞主动结束生命的过程，罗伯特因此获得了 2002 年的诺贝尔生理学或医学奖。

▶▶▶

左起依次为布伦纳、霍维茨和苏尔斯顿，不过，苏尔斯顿更为人熟知的成就是带领英国团队完成了人类基因组三分之一的测序，以及成功确保所有基因组数据都得以在科学界完整公开。

图 6.12 2002 年诺贝尔生理学或医学奖获得者

6.4.2 细胞凋亡的特征

（1）凋亡的起始。此阶段历时数分钟，形态学表现有：细胞表面的特化结构（如微绒毛等）消失，细胞间的接触消失，但细胞膜依然完整，仍具有选择透过性；细胞质中，线粒体大体完整，但核糖体逐渐与内质网脱离，内质网腔膨胀，并逐渐与细胞膜融合；细胞核内染色质凝缩，形成新月形帽状结构，沿着核膜分布，如图 6.13 所示。

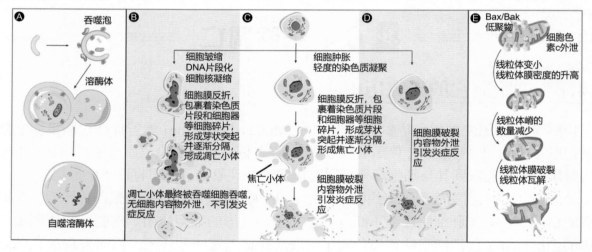

图 6.13 细胞自噬 (A)、细胞凋亡 (B)、细胞焦亡 (C)、细胞坏死 (D)、铁死亡 (E) 的过程及特征 (Hu XM, 2021)

▶▶▶

自噬体的形成是自噬的典型特征，ATG12-ATG5-ATG16L1 复合物和 LC3-II 有助于吞噬载体的延伸。当自噬体完全形成时，LC3-II 会从外膜分离，自噬体与溶酶体融合，最终出现自噬体。细胞凋亡早期，细胞核凝聚从细胞收缩开始。在后期阶段，细胞核破裂，质膜气泡化但没有破裂，也就没有炎症反应。最后，它形成凋亡小体。细胞凋亡后细胞肿胀和大量起泡，与细胞凋亡不同，细胞焦亡在最后阶段有质膜破裂。当发生细胞坏死时，细胞肿胀的出现往往伴随着细胞器扩张，细胞核分解得很晚。在某些情况下，也会发生染色质凝聚。最后，随着血浆的破裂，会引发组织中的大规模炎症。铁死亡的形态特征主要反映在线粒体的变化上。与坏死性凋亡中的细胞器肿胀相比，在第一阶段，线粒体变小，膜密度升高，随后线粒体嵴减少和质膜破裂。

（2）凋亡小体的形成。核染色质断裂为大小不等的片段，与某些细胞器，如线粒体等，聚集在一起，被内折的细胞质膜包裹，形成球形的结构，称为凋亡小体 (apoptosis body)。

外观上，细胞表面产生许多泡状或芽状突起，随后逐渐分割，形成单个的凋亡小体。

(3) 吞噬。凋亡小体逐渐被邻近细胞或吞噬细胞吞噬，在溶酶体内被消化分解。整个过程中细胞膜始终保持完整，细胞内容物不泄露，因此不会引起炎症反应；整个过程 30 分钟至几小时。

6.4.3 细胞凋亡的检测方法

检测细胞凋亡的方式有很多，这里介绍几种常见的方法。

(1) 形态学检测。应用各种染色法可观察凋亡细胞的形态学特征，如台盼蓝 (trypan blue) 无法进入活细胞，但可使死细胞着色。DAPI 是常用的一种能与 DNA 结合的荧光染料，可以染细胞核，染色后借助荧光显微镜，可以观察细胞核的形态变化，如图 6.14(b) 所示。姬姆萨 (Giemsa) 染色法可以使染色质着色，染色后可利用光学显微镜观察染色质固缩、趋边化、凋亡小体的形成等凋亡过程。

(2) DNA 电泳检测。凋亡时，细胞内特异性核酸内切酶被活化，染色质 DNA 在核小体间被特异性切割，DNA 降解成 180～200 bp 或其整数倍的片段。对凋亡细胞提取 DNA 进行琼脂糖凝胶电泳时，这些 DNA 呈现出梯状条带，是鉴定细胞凋亡最简便可靠的方法之一，如图 6.14(c) 所示。

(3) DNA 断裂的原位末端标记法。转移酶介导的 dUTP 缺口末端标记方法 TUNEL，通过对 DNA 分子断裂缺口的 3'-OH 进行原位标记，而正常的细胞几乎没有 DNA 断裂，所以很少能被染色。因此可借助一种可观测的标记物，如荧光素，对单个凋亡细胞核或凋亡小体进行原位染色，再用荧光显微镜进行观察。

(4) 彗星电泳法。将单个细胞悬浮于琼脂糖凝胶中，经裂解处理后，再在电场中进行短时间电泳，最后用荧光染料染色。凋亡细胞的 DNA 降解片段在电场中移动速度快，使细胞核呈现一种彗星式图案，正常的细胞无 DNA 断裂的核在泳动时保持圆球形，这也是一种快速简便的凋亡检测法，如图 6.14(a) 所示。

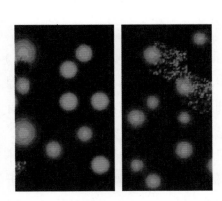

(a) 凋亡细胞电泳呈彗星拖尾现象

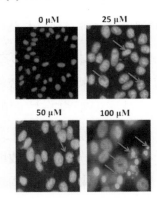

(b) DAPI 染色显示凋亡细胞的染色质凝集现象

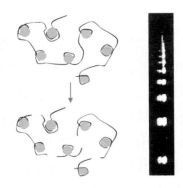

(c) 凋亡细胞 DNA 断裂，电泳呈梯状条带

图 6.14 细胞凋亡的检测 (翟中和，2007)

(5) 流式细胞分析。与正常的二倍体细胞相比，凋亡细胞 DNA 发生断裂和丢失，呈亚二倍体状态。用碘化丙啶染色，使 DNA 产生荧光，再用流式细胞仪就能够检测出凋亡的亚二倍体。

(6) 细胞膜成分变化分析。凋亡早期，位于细胞膜内侧的磷脂酰丝氨酸翻转至细胞膜外侧，可以用针对磷脂酰丝氨酸的荧光标记探针进行检测。如一种钙依赖型的磷脂结合蛋白 AnnexinV 能特异性识别暴露在细胞外侧的磷脂酰丝氨酸，这是一种比 TUNEL 更灵敏的检测早期细胞凋亡的方法。

还有其他一些检测细胞凋亡的方法，如 caspases 的激活检测、Cyt c 的释放检测、线粒体膜电位的变化检测等。

6.4.4 | 细胞凋亡的意义

1972 年，约翰·克尔等确立细胞凋亡的概念时就提出细胞凋亡和细胞分裂是控制细胞簇群大小的两大原动力。

在动物个体发育的组织形成时期，一开始往往制造数量过多的细胞，继而依据某种需求选择最后留存的功能细胞，如脊椎动物神经系统发育过程中，约有 50% 的原始神经元与靶细胞建立联系并存活，没有建立联系的神经元则发生凋亡，如图 6.15 所示。这与靶细胞（如肌肉细胞）分泌的一种存活因子（神经生长因子 NGF）有关，只有接受了足够量的存活因子的神经元才能生存。

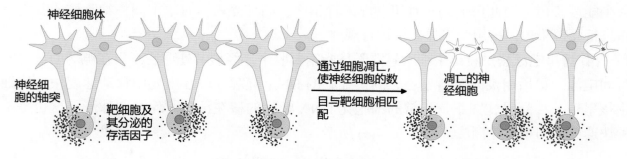

图 6.15 细胞凋亡使得神经细胞与靶细胞的数量相匹配

动物发育过程中，细胞凋亡是塑造个体及器官形态的机制之一。高等哺乳动物指（趾）间蹼的消失、腭融合、肠管腔道的形成、视网膜发育等过程，都有细胞凋亡的参与。胸腺细胞发育过程中，通过细胞凋亡，对能识别自身抗原的 T 细胞进行选择性消除，既形成有免疫活性的淋巴细胞，又产生了对自身抗原的免疫耐受。

用苯巴比妥处理大鼠，其干细胞开始分裂，导致肝体积增大，当药物处理停止后，肝细胞发生凋亡，一周内大鼠的肝恢复到原来大小。健康成人体内每秒钟分裂产生 10 万个新细胞，同时有相当数量的细胞发生凋亡。杀伤性 T 淋巴细胞能够分泌一种细胞因子 Fas 配体（死亡配体），与被感染的细胞表面的死亡受体 Fas 蛋白结合，启动被干扰细胞的凋亡。

正常凋亡不足会引起肿瘤和自身免疫病，如自身免疫性淋巴增生综合征 (ALPS) 患者体内的 Fas 配体和 Fas 蛋白均发生突变，使得增生的 T 淋巴细胞无法正常凋亡，造成淋巴细胞增殖性自身免疫病。肿瘤细胞中一系列的癌基因过量表达，不仅能直接刺激肿瘤细胞的生长，也能够阻断肿瘤细胞的凋亡。

细胞的过度凋亡将会导致免疫功能的丧失或引起炎症反应。如由 HIV 引起的 AIDS 的机理就是 HIV 特异性破坏 CD4$^+$ T 淋巴细胞，使 CD4$^+$ T 淋巴细胞及其相关免疫细胞功能缺陷。败血症、心肌梗死、急性肝损伤、亨廷顿舞蹈症、神经元退行性帕金森、阿尔兹海默病等都与细胞过度凋亡有关。阿尔兹海默病的发生主要是由于海马及基底神经核的神经元大量丧失，其原因可能是 β- 淀粉样蛋白过量表达，沉积于神经元内，激活周围的吞噬细胞释放细胞因子和炎性介质，促使神经细胞凋亡。

6.4.5 细胞凋亡的机制

对于动物细胞而言，诱导细胞凋亡的因子大致可分为两大类：物理性因子和生物化学因子。物理性因子包括射线 (紫外线等)、较温和的温度刺激 (热激、冷激) 等。生物化学因子主要是活性氧 (超氧自由基、羟自由基、H_2O_2)、钙离子载体、VK_3、视黄酸、细胞毒素、DNA 和蛋白质合成抑制剂 (如环己亚胺等)、正常生理因子 (激素、细胞生长因子等)、凋亡因子 (如肿瘤坏死因子 α) 等。

在细胞凋亡因子的刺激下，所有动物细胞都具有类似的凋亡途径，具体过程可分为 4 个阶段：接收凋亡信号→凋亡相关分子的活化 → 凋亡的执行 → 凋亡细胞的清除。蛋白酶 caspases 家族成员在这一过程中发挥着重要作用，因此称为 caspases 依赖型细胞凋亡。近年发现细胞中还存在不依赖于 caspases 的凋亡途径。当细胞受到凋亡信号刺激后，两条途径一般同时被激活。

caspases 是一组存在于细胞质中的蛋白酶，它们的活性位点均包含半胱氨酸残基，能够特异性切割靶蛋白的天冬氨酸 C 端肽键，因此称为天冬氨酸特异性的半胱氨酸蛋白水解酶 (cysteine aspartic acid specific protease)。切割的结果是使靶蛋白活化或失活，而不是完全降解。caspases 的发现源于秀丽隐杆线虫细胞凋亡的研究。该线虫从胚胎发育到成体，共产生 1090 个体细胞，其中 131 个体细胞凋亡。1986 年，麻省理工学院的霍维茨发现：当 ced3 或 ced4 突变后，这 131 个体细胞依然存活，ced9 的突变将导致所有细胞在胚胎早期死亡，无法得到成虫，由此推测 ced3 和 ced4 是线虫发育过程中细胞凋亡的必需基因，ced9 是抑制细胞凋亡基因。霍维茨也因此共享了 2002 年诺贝尔生理学或医学奖。

ced3 编码半胱氨酸蛋白酶，它在哺乳动物中的同源蛋白是白细胞介素 -1β- 转换酶 (ICE)，负责白细胞介素 -1β- 前体的剪切成熟，ICE 后来被命名为哺乳动物细胞 caspases 家族中的 caspases-1。现已发现的哺乳动物 caspases 家族有 14 种。起始者包括 caspases-2、caspases-8、caspases-9、caspases-10、caspases-11，负责对效应者的前体进行切割；效应者包括 caspases-3、caspases-6、caspases-7，负责切割细胞核内与细胞质中的结构蛋白和调节蛋白，使其活化或失活，保证凋亡程序的正常进行。

不论是起始 caspases 还是效应 caspases，通常都以无活性的酶原形式存在于细胞质中，收到凋亡信号后，酶原分子的特异的天冬氨酸位点被切割，产生两个多肽亚基，再聚合形成异二聚体，即有活性的酶。起始 caspases 的活化属于同型活化 (homo-activation)，即同一酶原分子彼此结合或与接头蛋白形成复合物，在复合物中构象发生改变，导致活化，进而彼此切割，形成有活性的异二聚体。效应 caspases 的活化属于异型活化 (hetero-activation)，即活化的起始 caspases 招募效应 caspases，对其进行切割活化，如图 6.16 所示。

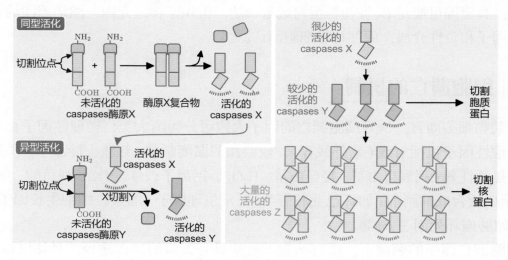

图 6.16　细胞凋亡过程中 caspases 级联效应

　　① caspases 酶原的活化。接收凋亡信号次级后，酶原分子在特异的天冬氨酸位点被切割，产生的两段多肽形成大小两个亚基，聚合成异二聚体，即有活性的酶。其中起始 caspases 酶原的活化属于同型活化，效应 caspases 酶原的活化属于异型活化。

　　② caspases 级联效应。少量活化的起始 caspases X 能够切割许多下游 caspases Y，进而通过级联放大作用，产生更多活化的下游 caspases Z。效应 caspases 切割细胞质内及细胞核内重要的结构和功能蛋白，产生凋亡效应。该过程不可逆转。

知道这些之后，我们可将 caspases 作为药物设计的靶标，对凋亡程序进行控制。caspases 抑制剂已被证实对细胞过度凋亡引发的疾病有药理效果。我们也可以选择性激活caspases，这有助于治疗由凋亡敏感性降低导致的癌症，如将肿瘤细胞内或细胞外的特异性蛋白与 caspases 连接，形成融合蛋白，通过特异性蛋白的融合作用，引发 caspases 的活化，从而选择性杀死肿瘤细胞。

6.4.6 ‖ 自噬性细胞凋亡

细胞自噬 (autophage) 是细胞通过溶酶体与双层膜包裹的细胞自身物质融合，从而降解细胞自身物质的过程。通常寿命短的蛋白质，如调控蛋白等，通过泛素—蛋白酶体系统进

行降解，寿命长的蛋白质及细胞结构则通过细胞自噬途径，由溶酶体进行降解。

电镜下细胞自噬的形态特征是细胞中出现大的双层膜包裹的囊泡结构，囊泡中常包裹着整个的细胞器，如线粒体、过氧化物酶体等，囊泡的双层膜来自内质网或细胞质中的囊泡（见图6.17）。细胞内的这种结构称为自噬体(autophagosome)。自噬体与溶酶体融合后，形成自噬溶酶体(autophagolysosome)，继而其内含物被溶酶体中的水解酶消化。

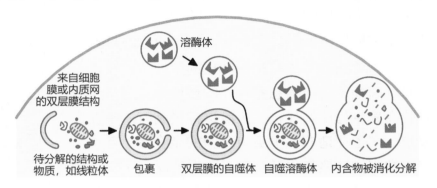

图 6.17　细胞自噬过程示意图

(1) 植物细胞的程序性死亡。1994年，研究者在拟南芥的超敏反应中发现细胞凋亡现象，之后证明，程序性细胞死亡在植物中也广泛存在，如导管的分化、通气组织的形成、糊粉层的退化、绒毡层细胞的死亡、胚胎发育过程中胚柄的退化、单性植物中花器官的程序性退化，以及对环境胁迫，如缺氧、高盐等反应和病原体入侵引发的超敏反应中，均存在细胞程序性死亡过程，如图6.18所示。与动物细胞凋亡相比，植物细胞凋亡最大的特点是：死亡细胞的残余物被细胞壁固定在原位，不被周围细胞吞噬，而是被自身液泡中的水解酶消化。

诱导植物细胞凋亡的因素有活性氧和植物激素等。水杨酸、NO 能够协调促进植物细胞超敏反应中的细胞凋亡，细胞分裂素和脱落酸则会抑制细胞程序性死亡。细胞内离子浓度平衡的破坏也会导致过敏性细胞凋亡。

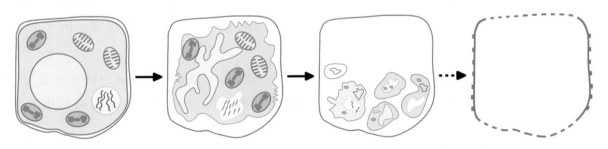

图 6.18　植物细胞程序性死亡形态学示意图 (Dickman M, 2017)

▶▶▶
和动物细胞凋亡过程类似，植物细胞凋亡时也可以观察到染色质凝聚、DNA降解成50 kb片段、细胞膜等现象，同时，液泡膜皱缩破裂，质壁分离，末期细胞内含物泄露到质外体中。在管状细胞分化的凋亡过程中，细胞壁增厚，随着液泡膜的破裂，核DNA被迅速降解，细胞内含物被水解消化，最后仅剩下细胞壁。

第 6 章

细胞的生命历程

(2) 酵母细胞的程序性死亡。之前人们一直认为酵母菌细胞不发生凋亡，因为对于单细胞生物而言，凋亡意味着生命结束，对个体生存无益。1997 年，大隅良典 (见图 6.19) 发现酵母菌突变株具有程序性死亡现象。一些药物，如低浓度过氧化氢、醋酸、较高浓度的盐或糖、植物抗真菌多肽，都能诱导酵母菌细胞发生程序性死亡。酵母菌细胞凋亡过程的形态学特征与动物细胞类似：DNA 发生凝聚→ 边缘化和断裂→ Cyt c 从线粒体释放等。也存在 caspases 的类似物 Yca1，缺失则导致酵母菌细胞对凋亡诱导因子的敏感性降低。

图 6.19　日本科学家大隅良典因酵母菌细胞自噬方面的贡献获得了 2016 年的诺贝尔生理学或医学奖

我们可以这样考虑单细胞酵母菌细胞凋亡的生理学意义。首先，当单倍体的酵母菌处于交配信息素存在的环境中，而又无法进行接合繁殖时就会发生程序性死亡；推测这种机制有助于促进酵母菌的接合繁殖，产生在适应性上更有优势的杂合体。其次，自然界中，单倍体细胞往往聚集生活，营养匮乏的状态下，群体中的衰老酵母菌会发生细胞凋亡，以将有限的营养留给具有最佳适应性的个体。不同种属的酵母菌为营养展开争夺，某些酵母菌会释放病毒基因表达的毒素，导致其他种属的酵母菌发生凋亡。

✳ 6.5　细胞癌变

6.5.1 ‖ 细胞癌变概述

多细胞生物是指由多个、分化的细胞组成的生物体。癌细胞 (cancer cell) 脱离了细胞社会所构建和维持的规则的制约，表现出细胞增殖失控和侵袭并转移到其他部位这两个基本特征。癌细胞和正常分化的细胞明显不同的一点是：正常分化的细胞形态特征和生理功能各异，但遗传物质相同，而癌细胞的形态特征和生理功能相近，但遗传物质一般不同。

> **须知**
>
> 少数癌细胞，其基因组 DNA 序列并未改变，但由于 DNA 或组蛋白的修饰发生了改变，即表观遗传学发生了改变，导致基因表达模式改变，从而引发癌症的发生。

6.5.2 ‖ 癌细胞的基本特征

动物体内因细胞分裂调节失控而无限增殖的细胞称为肿瘤细胞 (tumor cell)，具有转移能力的肿瘤称为恶性肿瘤 (malignancy)，源于上皮组织的恶性肿瘤称为癌 (cancer)。目前，癌细胞的词义已经扩大，作为恶性肿瘤细胞的等价词汇。

1. 细胞生长与分裂失去控制

在正常机体中，细胞或生长与分裂，或处于静息状态，执行特定的生理功能，因此在正常成体中，会有新细胞的增殖、衰老细胞的死亡，二者处于动态平衡状态。而癌细胞失去控制，成为"不死"的永生细胞，核质比变大，分裂速度加快，破坏了正常组织的结构与功能。

2. 具有浸润性和扩散性

动物体内，特别是衰老的动物体内常常出现肿瘤，这些肿瘤仅位于某些组织的特定部位，称为良性肿瘤，如疣子和息肉，如果肿瘤细胞具有浸润性和扩散性，则称为恶性肿瘤，即癌。良性肿瘤和恶性肿瘤的最主要区别是：恶性肿瘤细胞（癌细胞）的细胞间黏着性下降，具有浸润性和扩散性，容易浸润周围健康组织，或通过血液循环或淋巴循环转移并在其他部位黏着和增殖。转移并在身体其他部位增殖而产生的次级肿瘤称为转移灶 (metastasis)，这是癌细胞的基本特征。此外，癌细胞在分化程度上低于正常细胞和良性肿瘤细胞，失去了原组织细胞的某些结构和功能。

3. 细胞间相互作用改变

正常细胞之间的识别主要是通过细胞表面特异性蛋白的相互作用实现的。癌细胞冲破了正常细胞互相识别的束缚，在转移过程中，除了会产生水解酶外，还会异常表达某些膜蛋白，以便与别处细胞黏着和继续增殖，并以此逃避免疫系统的监视，防止天然杀伤细胞等的识别和攻击。

4. 表达谱改变或蛋白质活性改变

癌细胞的种种生物学特征的产生原因归根结底，是基因表达和调控方式发生改变。癌细胞的蛋白质表达谱中，往往出现一些在胚胎细胞中表达的蛋白质，如在肝癌细胞中表达了胚胎干细胞的多种蛋白质，多数癌细胞中具有较高的端粒酶活性。癌细胞还异常表达了一些与其恶性增殖、扩散等过程相关的蛋白质，如黏连蛋白减少而蛋白激酶 Src、转录因子 Myc 等过量表达。

5. 体外培养的恶性转化细胞的特征

应用人工诱变技术可以培养出恶性程度不同的转化细胞。恶性转化细胞和癌细胞一样，具有无限增殖的能力，在体外培养时，贴壁性下降，可不依附在培养皿壁上生长。正常细胞生长到彼此相互接触时会停止分裂，即所谓接触抑制，而癌细胞失去接触抑制特点。将恶性转化细胞注入动物体时，往往会形成肿瘤。

6.5.3 | 癌基因、原癌基因和抑癌基因

1. 癌基因

癌基因 (oncogene) 是控制细胞生长和分裂的一类正常基因，其突变能引起正常细胞发生癌变。癌基因最早发现于能诱发鸡肿瘤的劳氏肉瘤病毒 (Rous sarcoma virus，属于逆转录病毒)，称为 Src 基因，该基因对病毒繁殖不是必需的，但当病毒感染鸡时，可以引起细胞癌变，形成肉瘤。

20 世纪七八十年代，迈克尔·毕晓普 (Michael Bishop) 和哈罗德·瓦穆斯 (Harold E. Varmus) 证实：癌基因起源于干细胞，并普遍存在于许多生物基因组中，二人因此获得了 1989 年诺贝尔生理学或医学奖，如图 6.20 所示。

图 6.20　毕晓普 (左) 和瓦尔姆斯 (右) 共享 1989 年诺贝尔生理学或医学奖

癌基因可以分为两类：病毒癌基因和细胞癌基因。病毒癌基因指逆转录病毒的基因组中带有的、可使病毒感染的宿主细胞发生癌变的基因，一般写作 v-onc；细胞癌基因又称原癌基因，一般写作 c-onc。大多数 c-onc 基因是用 v-onc 基因探针找到的，即二者高度同源，所以人们推测：病毒癌基因起源于细胞中的原癌基因；逆转录病毒所携带的癌基因，很可能是由于这里病毒特殊的增殖方式而从宿主细胞中获得的。

2. 原癌基因

c-onc 对细胞正常的生命活动起重要的调控作用，这些基因一旦发生突变或被异常激活，就可使细胞发生恶性转化。已活化的癌基因或从癌细胞中分离出的癌基因，可将体外培养的正常细胞转化为癌细胞，所以癌基因有时又被称为转化基因。原癌基因向癌基因的转化是一种功能获得性突变，即显性突变。

已发现的 c-onc 有 100 多个，其编码的蛋白质主要是生长因子、生长因子受体、信号转导通路中的分子、基因转录调节因子、细胞凋亡蛋白、DNA 修复相关蛋白、细胞周期调控蛋白等。细胞信号通路中蛋白因子的突变是细胞癌变的主要原因，如人类各种癌症中，约有 30% 是信号转导通路中的 ras 基因突变引起 ras 基因过量表达导致的。

3. 抑癌基因

视网膜母细胞瘤是由于 Rb 基因突变失活导致的，后来研究者又发现 p53 等基因均有类似的现象。这类基因被称为抑癌基因或抗癌基因。这类基因编码的蛋白质，或是正常细胞增殖过程中的负调控因子，在细胞周期的检验点上起阻止细胞周期进行的作用；或促进细胞凋亡；或既抑制细胞周期，又促进细胞凋亡。因此，当抑癌基因突变，丧失了其细胞增殖的负调控作用时，会导致细胞周期失控而发生癌变。所以抑癌基因是基因的功能丧失性突变，即隐性突变。目前已发现的抑癌基因有 10 多种，p53 是在 1979 年发现的第一个抑癌基因。最初它被认为是原癌基因，因为它能加快细胞分裂周期，后来发现，只有 p53 失活或突变时才会导致细胞癌变，这才认识到它是一个抑癌基因。

6.5.4 肿瘤的发生是基因突变累积的结果

DNA 复制过程中，基因突变的概率是 10^{-6}，人的一生中细胞分裂总次数约为 10^{16}，所以人的基因组中，每个基因都可能发生 10^{10} 次突变。如果再考虑生活环境中的致癌因素，这个数值可能会更高。但为什么现实中肿瘤发生的频率远低于此呢？分析大量病例发现：一般在一个细胞中发生 5 ~ 6 个基因突变，才能赋予癌细胞所有的特征，如图 6.21 所示。

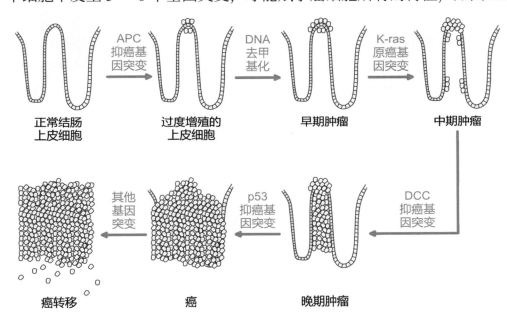

图 6.21 癌症的发生是多个基因突变累积的结果

细胞基因组中产生的、与肿瘤发生相关的某一原癌基因的突变，并非马上形成癌；而是继续生长，直到细胞群体中心的偶发突变的产生。以此类推，最终积累成癌细胞。如结肠癌的病程中，开始的突变仅在肠壁形成多个良性肿瘤（息肉），进一步突变才会发展成恶性肿瘤（癌），全程至少需要 10 年，或者更长的时间。所以说癌症是典型的老年性疾病，它涉及一系列原癌基因和抑癌基因的突变累积。

某些癌症病例中，其生殖细胞中的原癌基因或抑癌基因已发生突变，结果个体所有的体细胞的相应基因均已突变。在这种情况下，癌变发生所需的基因突变积累时间就会减少，携带这种基因突变的家族成员更容易患癌。另外，白血病等血细胞的恶性增殖并不涉及浸润环节，直接随血液遍布全身，所以只需少量突变就可导致癌症的发生，所以患病年龄可能较早。

6.5.5 肿瘤干细胞

随着研究的深入，人们发现在恶性肿瘤组织中，并非将每一个癌细胞移植到免疫缺陷的裸鼠体内，都能形成肿瘤。肿瘤的形成往往需要 10^6 个癌组织的细胞。化学药物是治疗恶性肿瘤的有效方法，但总有少量癌细胞依然存活，引起肿瘤的复发。所以人们猜测：癌组织中各细胞的致癌能力和对化学药物的抗性是有差异的，肿瘤组织中存在类似于成体干细胞的肿瘤干细胞 (cancer stem cell)。

肿瘤干细胞是一群存在于某些肿瘤组织中的干细胞样细胞。1997 年首次分离出白血病肿瘤干细胞后，陆续又分离出乳腺癌干细胞、脑瘤干细胞、黑色素瘤干细胞。肿瘤干细胞具有无限增殖、转移、抗化学毒物损伤的能力。更关键的是，和一般肿瘤细胞相比，肿瘤干细胞具有高致瘤性，很少量的肿瘤干细胞在体外培养，就能生成集落；将少量肿瘤干细胞注入实验动物体内即可形成肿瘤。和一般肿瘤细胞相比，肿瘤干细胞耐药性更强。多数肿瘤干细胞的细胞膜上表达 ATP 结合盒 (ABC box) 家族膜转运蛋白，这类蛋白可将代谢产物、药物、毒性物质、内源性脂质、多肽、核苷酸、固醇类等多种物质排出细胞，使之对许多化疗药物产生抗性。目前认为，肿瘤干细胞的存在是导致肿瘤化疗失败的主要原因。

肿瘤干细胞是从已分化的细胞再分化而来的，还是由成体干细胞分化而来的，目前还没有答案。

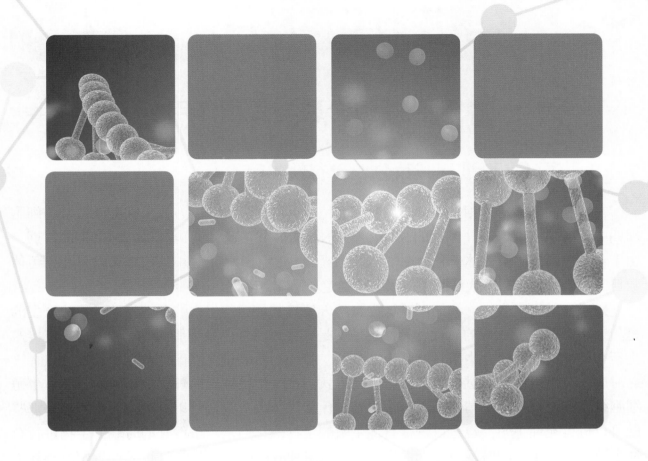

第 2 部分

遗 传 生 物 学

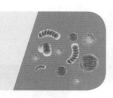

第7章 遗传的基本规律

✿ 7.1 减数分裂与受精作用

7.1.1 为什么要进行减数分裂和有性生殖

在细胞的生命历程相关章节中，我们介绍了有丝分裂等分裂方式。在有丝分裂的细胞周期中，DNA 复制一次 (间期的 S 期，核 DNA 加倍)，染色体加倍一次 (分裂期的后期，由于着丝粒断裂，染色体一分为二)，细胞分裂一次。所以细胞中的核 DNA 含量和染色体数目，在亲代细胞和子代细胞中得以维持稳定。

如果是单细胞生物，我们可以认为有丝分裂其实是这些生物的无性生殖过程，产生的是和亲代个体一模一样的后代。无性生殖就是不经过两性生殖细胞的结合，由母体直接产生新个体的过程。无性生殖具有繁殖速度快、节约物质能量、能保持亲本性状的优点。与之对应，有性生殖是通过生殖细胞结合的方式，产生生殖细胞的过程称为减数分裂，生殖细胞结合的过程称为受精作用。有性生殖有什么优势呢？我们可以先考虑一个问题：那些既可以进行无性生殖，也可以进行有性生殖的生物，它们是：条件好的时候，生物进行有性生殖，条件不好的时候进行无性生殖，还是条件好的时候，生物进行无性生殖，条件不好的时候进行有性生殖呢？

这个问题其实很简单：当条件好的时候，生物会觉得自己非常适应当前的环境。所以生物会通过无性生殖，迅速地、大量地产生和自己一模一样的后代，这些后代也都能适应环境，使种群迅速扩张。当条件不好的时候，生物会觉得要通过有性生殖，增加后代的遗传多样性，产生性状更多样的后代，这样可以大大增加种群延续的可能性。这样的例子有很多，如草履虫、水螅、薮枝螅、轮虫、水绵等。

那么，有性生殖为什么可以提高后代的遗传多样性呢？我们要从减数分裂开始说起。

7.1.2 减数分裂

1. 减数分裂概述

进行有性生殖的真核生物，在从原始的生殖细胞形成成熟的生殖细胞的过程中，会以一种特殊的分裂方式进行细胞分裂：减数分裂。之所以说它特殊，是因为在整个过程中，DNA 复制一次 (核 DNA 加倍一次)，着丝粒也只断裂一次 (所以染色体也只加倍一次)，但细胞却分裂两次。导致的结果是：分裂得到的子细胞（生殖细胞）中的DNA含量和染色体数量均是亲代细胞（体细胞）的一半，因此我们称为减数分裂(meiosis)。

减数分裂是一种特殊的有丝分裂。众所周知，生物演化过程是不断修修补补的过程，而不是另起炉灶。现代生物学认为，减数分裂是在有丝分裂的基础上诞生的，自然选择这位演化设计师写减数分裂的代码，不是从头开始写的，而是将现有的有丝分裂的代码复制过来，再改写其中的几行：减数第一次分裂加入了联会、四分体、染色体互换等概念，而减数第二次分裂与有丝分裂一模一样。

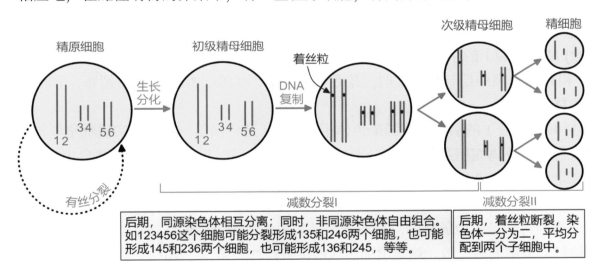

注意

减数分裂没有细胞周期，因为只有连续分裂的细胞才有细胞周期。减数分裂产生的是不再分裂的生殖细胞。

这里以雄性动物减数分裂过程为例进行说明，如图7.1所示。雄性动物的睾丸中有一些精原细胞，属于原始的生殖细胞，可以通过有丝分裂产生更多的精原细胞。当精原细胞通过生长分化发育成熟后，可以进入减数分裂过程，此时细胞称为初级精母细胞。初级精母细胞经减数第一次分裂，形成2个次级精母细胞。2个次级精母细胞不经DNA复制，各自直接进行减数第二次分裂，形成4个精细胞。

相应地，在雌性动物的卵巢中，有一些性原细胞，称为卵原细胞。

精原细胞　初级精母细胞　次级精母细胞　精细胞

着丝粒

生长分化　DNA复制

有丝分裂

减数分裂I　减数分裂II

后期，同源染色体相互分离；同时，非同源染色体自由组合。如123456这个细胞可能分裂形成135和246两个细胞，也可能形成145和236两个细胞，也可能形成136和245，等等。

后期，着丝粒断裂，染色体一分为二，平均分配到两个子细胞中。

图7.1　减数分裂简图

2. 减数分裂的具体过程

下面依然以雄性动物减数分裂过程为例，介绍减数分裂的具体过程，如图7.2所示。

首先，在减数分裂前的间期，细胞需要为分裂进行物质和能量的准备，主要是DNA的复制和相关蛋白质的合成。这个过程与有丝分裂类似，不再赘述。

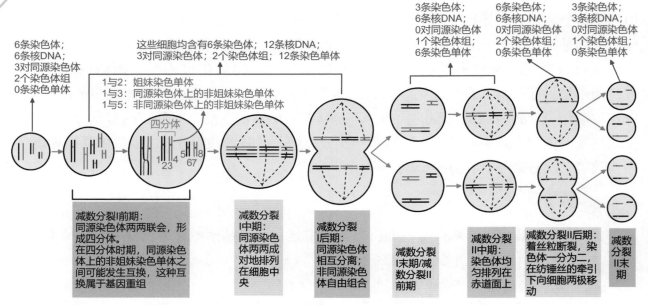

6条染色体；
6条核DNA；
3对同源染色体
2个染色体组
0条染色单体

这些细胞均含有6条染色体；12条核DNA；
3对同源染色体；2个染色体组；12条染色单体

1与2：姐妹染色单体
1与3：同源染色体上的非姐妹染色单体
1与5：非同源染色体上的非姐妹染色单体

3条染色体；
6条核DNA；
0对同源染色体
1个染色体组
6条染色单体

6条染色体；
6条核DNA；
0对同源染色体
2个染色体组
0条染色单体

3条染色体；
3条核DNA；
0对同源染色体
1个染色体组
0条染色单体

四分体

减数分裂I前期：
同源染色体两两联会，形成四分体。
在四分体时期，同源染色体上的非姐妹染色单体之间可能发生互换，这种互换属于基因重组。

减数分裂I中期：
同源染色体两两成对地排列在细胞中央

减数分裂I后期：
同源染色体相互分离；非同源染色体自由组合

减数分裂I末期/减数分裂II前期

减数分裂II中期：
染色体均匀排列在赤道面上

减数分裂II后期：
着丝粒断裂，染色体一分为二，在纺锤丝的牵引下向细胞两极移动

减数分裂II末期

图 7.2　减数分裂具体过程 (其中的 DNA 均指核 DNA)

　　然后，初级精母细胞进入减数第一次分裂 (减数分裂 I)，具体可分为前、中、后、末四个时期。

　　(1) 减数分裂 I 的前期：细胞内的同源染色体会两两联会，形成四分体 (tetrad)。之所以叫四分体，是因为每个四分体中都含有 4 条染色体、4 条染色单体。在四分体时期，同源染色体上的非姐妹染色单体之间可能发生互换 (crossing over)。同源染色体上的非姐妹染色单体之间的交换属于基因重组，这是增加后代遗传多样性的第一个原因。

　　(2) 减数分裂 I 的中期：联会的同源染色体两两成对地排列在细胞中央 (假想的赤道面)。和有丝分裂中期一样，此时，染色体的形态、大小、结构、数目清晰，方便我们观察染色体。

　　(3) 减数分裂 I 的后期：同源染色体相互分离 (遗传学第一定律的实质就是等位基因随同源染色体的分离而相互分离)，分别移向细胞两极；同时，非同源染色体自由组合 (遗传学第二定律的实质就是非同源染色体上的非等位基因随非同源染色体的组合而自由组合)。图 7.2 中，黑色标记父源的三条染色体，红色表示母源的三条染色体。这三对同源染色体相互分离的时候是完全随机的，并不一定是父源的三条染色体移向细胞一极，母源的三条染色体移向细胞的另一极。这是增加后代遗传多样性的第二个原因。

　　(4) 减数分裂 I 的末期：细胞一分为二。

　　经过减数第一次分裂，细胞内的染色体和 DNA 均减半。细胞很快就开始进行减数第二次分裂 (减数分裂 II)，也分为前、中、后、末四个时期。

　　(1) 减数分裂 II 的前期：染色体散乱分布在细胞中。

　　(2) 减数分裂 II 的中期：染色体在纺锤丝的牵引下，均匀地排列在细胞中央。和有丝分裂中期一样，此时，染色体的形态、大小、结构、数目清晰，这也是我们观察染色体较方便的时候。

(3) 减数分裂 II 的后期：着丝粒在蛋白酶等的催化下断裂，染色体一分为二，染色单体消失，染色体加倍，这些染色体在纺锤丝的牵引下，向细胞两极移动。

(4) 减数分裂 II 的末期：细胞一分为二，每个细胞中的核 DNA 和染色体含量只有体细胞的一半。

3. 染色体、染色体组、染色单体等的数量问题

染色体的数量变化：最简单的方法是直接观察着丝粒的个数。有几个着丝粒，就有几条染色体。一条染色体，由于经过 DNA 复制之后，还是被一个着丝粒拴在一起，所以仍然是一条染色体。一条染色体，如果着丝粒断裂，就变成两条染色体。

核 DNA 的数量变化：正常情况下，一条染色体含有一条 DNA。在 DNA 复制（间期的 S 期）之后、着丝粒断裂（有丝分裂后期或减数分裂 II 的后期）之前，一条染色体含有 2 条 DNA。所以 DNA 的数目 =1× 染色体的数目或 2× 染色体的数目。

同源染色体：同源染色体肯定是两两成对的，所以细胞中的同源染色体的对数只能是 0 或 0.5× 染色体的数目。由于减数第一次分裂后期同源染色体相互分离，末期分配到两个子细胞中，所以整个减数第二次分裂过程中，都没有同源染色体。其他时期，同源染色体的对数都是染色体数目的一半。

染色体组：细胞中一组非同源染色体，它包括细胞中全套的染色体但又不包括任何的同源染色体。一个染色体组中的染色体数目，我们用 N 来表示，物种不变，N 值恒定。例如，果蝇：$2N=8$；人：$2N=46$；小麦：$6N=42$。所以染色体组的数目 $=\dfrac{染色体的数目}{N}$。

染色单体：染色单体是 DNA 复制之后、着丝粒断裂之前，一条染色体上的两条"染色体"的特殊称呼，着丝粒一旦断裂，一条染色体就变成了两条真正的染色体，染色单体不复存在，即为 0。所以染色单体的数目 =0 或 2× 染色体的数目。

表 7.1 细胞分裂过程中各种物质数量的变化

项 目	增加时期与原因	减少时期与原因
DNA 含量	有丝间期、减数间期；DNA 分子复制	有丝末期、减数分裂 I 末期、减数分裂 II 末期；细胞一分为二
染色体	有丝后期、减数分裂 II 后期；着丝粒断裂，染色体一分为二	有丝末期、减数分裂 I 末期、减数分裂 II 末期；细胞一分为二
同源染色体的对数	有丝后期；着丝粒断裂，染色体一分为二	有丝末期减半，减数分裂 I 末期减为 0；有丝末期细胞一分为二，染色体减半导致同源染色体对数减半
染色体组	与染色体数目变化完全一致	与染色体数目变化完全一致
染色单体	有丝间期、减数间期；间期 DNA 复制，染色单体从无到有	有丝后期和减数分裂 II 后期减为 0，减数分裂 I 末期减半；着丝粒断裂，染色单体变为 0，细胞一分为二，染色体减半导致染色单体减半

表 7.1 的内容，大家千万不要去背或记，而是去默想，想完之后，和这个表去对照，看自己想的是否完整且准确。

4. 一些比较和差异

雌、雄生殖细胞形成过程基本相似，但也有一些差异，具体如表 7.2 所示。

表 7.2　高等动物中雄性和雌性的减数分裂区别

项　目	雄　性	雌　性
产生部位	动物的睾丸	动物的卵巢
细胞质的分裂方式	减数分裂 I 和减数分裂 II 都是均等分裂	减数分裂 I 是不均等分裂，产生一个很小的第一极体和一个很大的次级卵母细胞，次级卵母细胞在减数分裂 II 时依然不均等分裂，产生一个很小的第二极体和一个卵细胞；第一极体很多时候不再进行减数分裂 II，如果进行，是均等分裂，产生两个第二极体
子细胞是否变形	减数分裂产生的精细胞需要经过变形才能形成精子	卵细胞不需要经过变形
子细胞数量	正常情况下，一个精原细胞经过减数分裂形成 4 个 2 种精细胞	一个卵原细胞经过减数分裂形成 1 个 1 种卵细胞和 3 个第二极体
减数分裂发生时期	青春期性成熟之后	胚胎期性别分化之后
减数分裂 I 与减数分裂 II 是否连续	虽然雄性动物减数分裂开始较晚，但减数分裂 I 和减数分裂 II 是连续进行的	雌性动物虽然减数分裂开始较早，但减数分裂 I 结束后，一般不会进行完整的减数分裂 II，而是停留在减数分裂 II 的中期之前；可能停三五个月，也可能停七八年，人的次级卵母细胞最多可以停 45 年，直到它遇到精子，只有在精子的刺激下，它才能迅速完成减数分裂 II

雌雄生殖细胞形成过程中细胞质的分裂方式有所不同，因此我们可以根据细胞质的分裂方式判断减数分裂中的细胞类型，如图 7.3 所示。

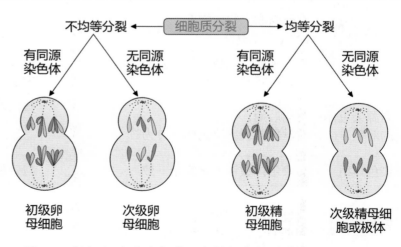

图 7.3　根据细胞质的分裂方式判断减数分裂中的细胞类型

精细胞在变形形成精子的过程中涉及很多转变，具体如表 7.3 所示。

表 7.3　精细胞变形形成精子的过程

精细胞	精　子
高尔基体	发育成头部的顶体，内含顶体酶，可直接溶解卵丘细胞之间的物质，形成精子穿越放射冠的通路，随后顶体酶将透明带溶解出一条孔道，精子借自身运动穿越透明带，接触卵细胞膜
中心体	演变成精子的尾巴
线粒体	聚集在尾巴的基部，形成线粒体鞘，为精子的运动提供能量
细胞质	浓缩为球状，叫作原生质滴，附着在尾巴的表面，随精子的成熟过程向后移动，直到最后脱落
细胞核	精子头的主要部分

我们有必要对有丝分裂和减数分裂进行比较，方便大家理解和记忆。

(1) 三种前期的比较：有丝分裂前期和减数分裂 I 的前期都有同源染色体 (减数分裂 I 前期同源染色体联会形成四分体)，但减数分裂 II 的前期已经没有同源染色体了。

(2) 三种中期的比较：有丝分裂中期与减数分裂 II 的中期很像，染色体在纺锤丝的牵引下均匀地排列在细胞中央 (称为赤道板) 的位置，二者的区别还是在于减数分裂 II 的中期细胞中没有同源染色体；减数分裂 I 的中期，同源染色体两两成对地排列在细胞中央 (赤道板) 的两侧。

(3) 三种后期的比较：有丝分裂后期和减数分裂 II 的后期都会发生着丝粒断裂，染色体一分为二；减数分裂 I 的后期，同源染色体相互分离，非同源染色体自由组合，如图 7.4 所示。

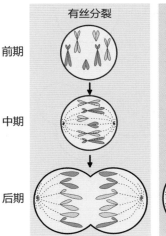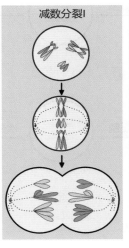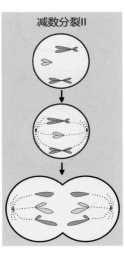

图 7.4　有丝分裂和减数分裂的前中后期比较

> **易错点**
>
> ① 并非所有的细胞分裂方式都存在四分体，联会形成四分体是减数第一次分裂特有的现象，有丝分裂过程中虽有同源染色体但不进行联会，故不存在四分体。
>
> ② 同源染色体分离与非同源染色体自由组合的发生时间无"先后"，是同时进行的。减数分裂过程中同源染色体分离，其上的等位基因也分离；同时，非同源染色体自由组合，其上的非等位基因也自由组合。

③ 同源染色体的"同源"指的是两条染色体拥有同一个进化起源，而不是同一个来源。同源染色体的形态、大小一般都相同，但也有大小不同的，如男性体细胞中的 X 染色体和 Y 染色体是同源染色体。人类的 X 染色体较大，Y 染色体较小，但果蝇的 Y 染色体比 X 染色体要大。

④ 形状、大小相同的两条染色体不一定是同源染色体，如着丝粒分裂后，姐妹染色单体形成的染色体尽管大小、形状相同，但不是同源染色体。

⑤ 同源染色体的非姐妹染色单体之间的交换不一定导致基因重组，交换的片段所含基因也可能相同。

⑥ 同源染色体的非姐妹染色单体之间的交换和非同源染色体的自由组合都可能导致基因重组。

⑦ 减数分裂 II 的时候，细胞中就一定没有同源染色体吗？当然不一定，万一减数分裂 I 时出错了，同源染色体没有正常分离呢，万一这个个体是个四倍体呢，万一是逆反减数分裂呢，如图 7.5 所示。

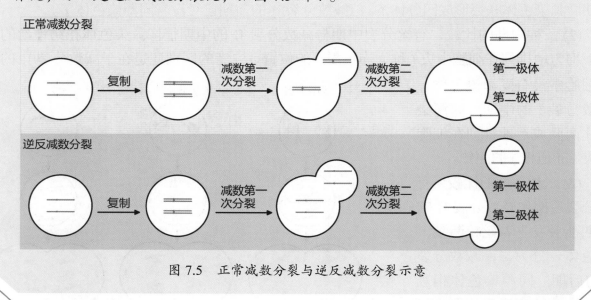

图 7.5　正常减数分裂与逆反减数分裂示意

5. 减数分裂异常

正常情况下，减数分裂 I 的后期，同源染色体相互分离，非同源染色体自由组合；减数分裂 II 的后期，着丝粒断裂，姐妹染色单体相互分离。但是，有时候，也会发生个别染色体在减数分裂 I 或 II 的后期未正常分离的情况。这里以性染色体为例进行说明。

一个男性，性染色体组成为 XY，复制后应该是 X·XY·Y，·表示着丝粒。正常减数第一次分裂，得到的两个次级精母细胞应该是 X·X 和 Y·Y；正常减数第二次分裂，得到的四个精细胞应该是 X、X、Y、Y。但如果减数分裂 I 的后期，性染色体未正常分离，得到的两个次级精母细胞就会是一个 X·XY·Y，一个没有性染色体；经过减数分裂 II，最终形成的四个精细胞，两个是 XY，两个无性染色体。类似地，如果减数分裂 II 的后期姐妹染色单体未正常分离，得到的四个精细胞就可能是 X、X、YY、无性染色体；当然也可能是 XX、Y、Y、无性染色体。

所以，正常情况下，男性产生的精子 (性染色体是 X 或 Y) 与女性产生的卵细胞 (性染色体是 X) 结合，形成的受精卵的性染色体是 XX(女性) 或 XY(男性)。但如果精子或卵细胞出现异常，就有可能产生以下几种情况。

(1) XXX：出错的时期可能是卵原细胞减数分裂 I 后期、卵原细胞减数分裂 II 后期、精原细胞减数分裂 II 后期。

(2) XXY：出错的时期可能是卵原细胞减数分裂 I 后期、卵原细胞减数分裂 II 后期、精原细胞减数分裂 I 后期。

(3) XO：出错的时期可能是卵原细胞减数分裂 I 后期、卵原细胞减数分裂 II 后期、精原细胞减数分裂 I 后期、精原细胞减数分裂 II 后期。

(4) XYY：出错的时期可能是精原细胞减数分裂 II 后期。

7.1.3 受精作用

和体细胞相比，经过减数分裂形成的精子和卵细胞中的核 DNA 和染色体均减半。要想使子代个体和亲代个体在遗传物质上保持稳定，必须经过受精作用，通过精子和卵细胞的融合，实现遗传物质数量的恢复。

一个雄性个体可以产生种类众多的精子，以人类为例，$2N=46$，人类有 23 对染色体，所以仅考虑染色体的组成，男性产生的精子的种类是 2^{23} 种，如果再考虑基因突变、同源染色体的非姐妹染色单体之间的交换、基因转座等，种类将更多。类似地，一个雌性个体可以产生种类众多的卵细胞。精子和卵细胞的结合，可以产生种类更多的受精卵，这是有性生殖提高后代遗传多样性的第三个原因。

受精作用的过程包括卵细胞和精子相互识别 (细胞膜的信息交流的功能)、精子和卵细胞融合形成受精卵，过程涉及细胞膜的流动性。受精作用的实质是精子的细胞核与卵细胞的细胞核相互融合，使彼此的染色体会合在一起，使受精卵中的染色体数目又恢复到体细胞中的数目，其中一半染色体来自精子 (父方)，一半来自卵细胞 (母方)。

减数分裂和受精作用对于维持每种生物亲子代个体体细胞中染色体数目的恒定、生物的遗传与变异都十分重要。

7.2.1 需要辨析的几组遗传学名词

1. 单性花与两性花

从形态上看，花的各部分具有叶的一般性质，花是不分枝的变态短枝。18 世纪 90 年代，德国哲学家和博物学家歌德就提出植物的一切器官共同性、多样性的植物器官统一性的观点，认为花是适应于繁殖功能、节间极度缩短的变态枝。

花的结构主要包括以下几部分。

(1) 花萼：着生于花托的边缘或外围，起保护作用。

(2) 花冠：由花瓣构成；花萼和花冠合称花被，有些植物的花被还有助于传播花粉。

(3) 雄蕊：多数植物的雄蕊可分化为花药和花丝两部分；雄蕊群指的是一朵花中雄蕊的总称，由多数或一定数目的雄蕊组成。

(4) 雌蕊：一朵花中可有一枚或多枚雌蕊；雌蕊群指的是一朵花中雌蕊的总称。

如果一朵花同时具备花萼、花冠、雄蕊、雌蕊，称为完全花，如桃花；而缺少其中某些结构的则称为不完全花。单性花指的是一朵花中只有雌蕊或雄蕊，单性花肯定是不完全花，因为缺少雌蕊或雄蕊。桑树花和栗树花缺花冠，杨树花和柳树花缺花萼、花冠、雄蕊或雌蕊。两性花指的是一朵花中既有雌蕊又有雄蕊。

2. 自花传粉与异花传粉

自花传粉指的是两性花的花粉，落在同一朵花的雌蕊柱头上，完成授粉过程。自花传粉植物，如何保证落在自己雌蕊上的花粉全是自己的花粉，没有外来花粉呢？植物想了个好办法：闭花授粉。闭花授粉指的是花在开放前，雄蕊和雌蕊仍被花瓣包裹着时，雄蕊和雌蕊已经成熟并完成严格的自花授粉的过程。

异花传粉指的是同株异花传粉和异株异花传粉。异花传粉在植物界是普遍存在的，与自花传粉相比，是一种更高级的方式。因为连续长期的自花传粉对植物是有害的，会使后代的生活力逐渐衰退，而植物的异花传粉和动物的异体受精则不同：它们的后代往往具有强大的生活力和适应性。

> **须知**
>
> 自花传粉、自体受精之所以有害，异花传粉、异体受精之所以有益，是因为自花传粉植株所产生的两性配子处于同一遗传背景和环境条件下，所以受精卵携带纯合的、有害的、隐性的等位基因的概率增加，降低了种群的适合度，造成近交衰退。反之，异花传粉和异体受精则会出现杂种优势。至于有害基因为什么一般都是隐性的，也很容易理解：因为突变产生的显性有害基因很容易通过自然选择被淘汰，而隐性有害基因可能通过杂合子躲避自然选择。

植物当然也知道自花传粉有害、异花传粉有益，但为什么还有植物会进行自花传粉呢？

注 意

> 豌豆、花生等进行严格的自花传粉、闭花授粉；淫羊藿、水稻、大麦、小麦、番茄等，虽然也能接受外来花粉，但多为自花授粉。

原因就一个字：懒！异花传粉是很耗能的。异花传粉植物首先要解决或避免自花传粉的问题，方法有很多，如形成单性花；如雌雄蕊不同时成熟；如雌雄蕊异位或异长；自交不亲和。其次，异花传粉植物要借助风、水、昆虫等媒介物进行传粉（风媒、水媒、虫媒）。风媒植物的花粉要具有数量极大、质轻干燥的特点；水媒植物的花粉要具有量大质轻的特点；虫媒植物更是要向昆虫奉献自己最宝贵的花蜜和花粉，才能招蜂引蝶。

与异花传粉的模式相比，自花传粉的植物完全不需要考虑传粉问题，自给自足。

有的植物，如太子参，同时有两种类型的花：一种为普通花，长在茎端，依靠昆虫进行异花传粉，实现种内个体间的基因交流，没有它，太子参可能早就因为自交衰退灭绝了；另一种为封锁花，从不开放，进行严格的自花传粉，没有它，太子参可能因个体过少无法有效授粉繁殖。

3. 融合遗传与颗粒遗传

俗语说："龙生龙凤生凤，老鼠生来会打洞。""龙生九子，九子不同。"这是什么原因呢？这个问题在很长的一段时间里困扰着无数人，当然，也包括达尔文和孟德尔，他俩各自给出了答案，分别是融合遗传和颗粒遗传。

融合遗传认为两亲代的相对性状在杂种后代中融合而成为新的性状，也即子代的性状是亲代性状的平均结果，且杂合子后代中没有一定的分离比例。就像我们把一滴红墨水和一滴蓝墨水混合后，再也不可能把它分开；就像一个黑人和一个白人通婚，后代是肤色介于父母之间的混血儿；混血儿与混血儿结婚，后代肯定还是混血儿，谁也不会相信会是既有黑人又有白人，且黑人：白人的比例为 3:1 或 1:3。融合遗传的提出者是达尔文，我们在高中时至少有三个地方提到了达尔文。

(1) 在关于遗传的本质章节，达尔文（见图 7.6）支持的是融合遗传，与之对应的是孟德尔的颗粒遗传。很显然，在这里，达尔文是一个反面教材。

(2) 在进化相关章节，达尔文在拉马克等人的基础上提出了相对进步的生物进化理论，但和我们目前所接受的现代生物进化理论相比，还是有一些疏漏之处，可以说比上不足比下有余。

(3) 在讲到植物激素的时候，达尔文是作为相关研究的开创者出现的。

图 7.6　达尔文

关于达尔文，我们可以稍作介绍。古今中外，人们早已知道：同姓不蕃。甚至很多国家都通过法律硬性规定：三代之内有血缘关系的人不能结婚，因为他们的结合会让孩子极大增加患遗传病的概率。但是在旧社会，一些皇室和贵族为了保持所谓的血统，进行近亲结婚。其实达尔文对于婚姻大事，有着科学家的谨慎态度，他拿了一张纸，中间画条线，一边写结婚的好处，另一边写单身的好处。经过对比，达尔文觉得结婚带来的好处比较大，于是决定结婚（达尔文感觉不结婚太孤单，甚至连写了三个"结婚"）。达尔文在确定要结婚之后，果断选中了自己的表姐作为结婚对象。

1839 年，30 岁的达尔文与 31 岁的表姐爱玛结婚，在接下来的 20 年里，他们夫妻生育了 10 个孩子（6 儿 4 女）但有 3 个夭折（2 女 1 儿），剩下的 7 个不健全的孩子中有 3 个没有生育能力，4 个具有不同程度的精神病。这一连串的打击，简直是毁灭性的。爱玛是个基督徒，她认为是自己"不道德"的惩罚；达尔文也有些绝望，甚至怀疑自己的家族会断根儿。

达尔文为了研究近亲结婚是如何影响下一代，进行了大量实验，他试图用科学方法得到论据，解析遗传后果，达尔文的次子乔治，帮助父亲做关于近亲婚姻后果的统计研究，达尔文的三儿子弗朗西斯（我们会在后面的植物激素章节中再次提到他）成为父亲的得力搭档。令人不解的是，达尔文的四儿子伦纳德，居然仍然遵循家族传统，娶了自己的表妹。

直到达尔文晚年的时候，他才在一次研究中发现了真相，并为此痛心不已。当时达尔文正在进行植物领域的相关研究，他发现如果两朵花之间互相交换花粉，那么授粉之后结出的果实不仅数量多，质量也高。而如果用一朵花单独授粉，不仅很难结出果实，即使结出了果实，果实也是又小又涩。从这次针对植物的研究，达尔文发现原来"近亲结婚"是有缺陷的，是不被大自然接受的。

提到颗粒遗传，就必须提到孟德尔（Gregor Mendel）。孟德尔（见图 7.7）家境贫寒，21 岁就出家当修道士去了。在修道院里，他遇到了一生的伯乐圣·托马斯修道院院长纳泊（Cgral Frantisek Napp）。纳泊（见图 7.7）吸引并支持有智力追求的神父，在人数不多的修道院形成了一个有智力追求的群体，有革命家、作家、数学家、哲学家、语言学家、作曲家和指挥家，连修道院的厨娘翁德拉科娃（Luise Ondrakova）后来都出版了关于烹饪的书。

图 7.7 纳泊（左）和孟德尔（右）

1849 年，27 岁的孟德尔正式行教时间不长，纳泊就发现孟德尔羞于在人前发言，这样的性格显然不适合做传教的神父，于是建议他去教书。彼时奥匈帝国担任正式教师已需教师资格证。孟德尔于 1850 年参加了教师资格证考试，但动物学和地质学挂科了。纳泊一边安慰他，一边帮他办理好到维也纳大学进修的事宜。1851—1853 年，孟德尔在维也纳大学学了两年的物理、数学、植物、动物和显微镜知识，毕业后再次参加了教师资格证考试，不出意外，孟德尔还是没考到教师资格证。

孟德尔的再次不第，并没有让纳泊怀疑自己的眼光，也没有动摇他支持孟德尔的决心：孟德尔没钱吃饭，纳泊就收他进修道院；孟德尔喜欢科学，纳泊就让他不用传教；孟德尔没有教师资格证，纳泊就让他代课；孟德尔没有考过证书，纳泊就让他去大学进修；孟德尔需要研究条件，纳泊就给他盖用于豌豆实验的暖房。正是他一如既往、尽心竭力的支持成就了孟德尔，造就了这位超越时代的天才，催生了遗传学，奠定了现代生命科学的一个主要支柱。1870 年，孟德尔在自己出任修道院院长时指出："修道院从来都认为培育所有方向的科学是首要任务之一。"这反映了他对纳泊时期修道院工作实质的认识和评价。

正是在修道院的花园里，孟德尔完成了豌豆的杂交实验，如图 7.8 所示。通过实验，孟德尔发现以下几点。

(1) 将红花豌豆种下去，自然状态下，所结种子（子代）均为红花。

(2) 将白花豌豆种下去，自然状态下，所结种子（子代）均为白花。

(3) 如果在红花豌豆授粉前，将白花的花粉涂抹在红花雌蕊的柱头上，即进行杂交，子代均为红花。

(4) 将这些子代红花种下去，自然状态下，所结种子有红花，也有白花，而且基本符合红花：白花 =3：1。

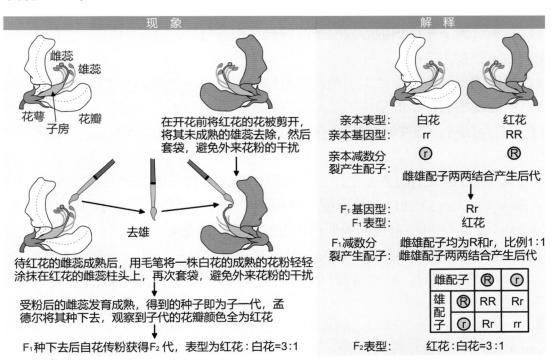

图 7.8　孟德尔豌豆杂交实验及其假说演绎示意图

不仅如此，孟德尔还选择了豌豆的其他性状，如花的位置是顶生的还是腋生的、种子是黄色的还是绿色的、种子是饱满的还是皱缩的、豆荚是饱满的还是皱缩的、豆荚是黄色的还是绿色的、植株的高度是高秆还是矮秆。这另外的 6 种相对性状，无一例外，都符合自己关于红花和白花的实验结果。

表 7.4　孟德尔的实验数据

性状	F₂ 的表现				
	显性	数量	隐性	数量	比例
茎的高度	高茎	787	矮茎	277	2.84∶1
种子形状	圆粒	5474	皱粒	1850	2.96∶1
子叶颜色	黄色	6022	绿色	2001	3.01∶1
花的颜色	红色	705	白色	224	3.15∶1
豆荚形状	饱满	882	不饱满	299	2.95∶1
未成熟的豆荚颜色	绿色	428	黄色	152	2.82∶1
花的位置	腋生	651	顶生	207	3.14∶1

面对这样的现象，孟德尔"大胆假设，小心求证"，运用假说演绎法，给出了解释。

（1）控制生物性状的遗传因子在体细胞中是成对存在的，如红花可以记作 AA，白花记作 aa。

（2）这些遗传因子在体细胞形成配子的时候会相互分离，如 AA 植株产生的配子只有 A，aa 植株产生的配子只有 a。

（3）在授粉的过程中，雌雄配子两两随机结合，所以子一代 F₁ 可以记作 Aa。

（4）这些控制生物性状的遗传因子是有显性和隐性之分的，当显性的遗传因子和隐性的遗传因子同时存在时，隐性的遗传因子所决定的性状就被显性性状掩盖，所以子一代的 Aa 表现为红花。

（5）当 Aa 进行自交的时候，它产生的雌配子中，A 和 a 的比例为 1∶1，它产生的雄配子中，A 和 a 的比例也为 1∶1，这些配子两两随机组合，所以产生的 F₂ 代的基因型和比例就是 AA∶Aa∶aa=1∶2∶1，对应的表型比例就是红花∶白花 =3∶1。

这样的解释虽然很大胆，但却能完美地解释已有的现象。面对一种现象，每个人都可以给出自己的解释，不过，这些解释只是一种假说并不是真理。而围绕假说进一步的推测，就属于演绎的范畴。

孟德尔也围绕假说做了进一步的推测。

（1）如果我的这个解释是对的，那么 F₁ 代的红花豌豆应该是 Aa，亲代的白花豌豆是 aa。

（2）让它俩杂交，F₁ 的红花豌豆只能产生 A 和 a 两种配子，比例为 1∶1；白花豌豆只能产生一种 a 的配子；那么它们的后代应该是 Aa∶aa = 1∶1，所以后代的表型和比例应该是红花∶白花 =1∶1。

接着，孟德尔做了这样一个实验：他让 F₁ 的红花和亲本的白花进行杂交，结果发现子代真的是红花：白花约为 1:1。孟德尔就这样通过实验验证了自己的假说。

7.2.2 不同生物作为遗传实验材料的优点

1. 豌豆作为遗传实验材料的优点

豌豆是严格的自花传粉、闭花受粉植物，可以避免外来花粉的干扰，在自然状态下都是纯合子。豌豆具有一些稳定遗传的、易于区分的相对性状。豌豆花相对较大，便于实验操作和统计。

2. 玉米作为遗传实验材料的优点

玉米具有很多易于区分的性状，后代数目多，统计结果更方便。玉米的生长周期相对较短，繁殖速度快。玉米既能自花传粉，也能异花传粉，雌雄同体，是单性花，方便杂交操作。

3. 水稻作为遗传实验材料的优点

水稻的基因组简单，容易进行基因编辑。水稻生长迅速，有很多易于区分的相对性状，繁殖能力强，后代数目多。

4. 果蝇作为遗传实验材料的优点

果蝇体型小，体长不到半厘米。饲养容易，既可用腐烂的水果饲养，又可配制培养基饲养，一个牛奶瓶里可以养上百只。果蝇繁殖系数高，孵化快，只要一天时间，其卵即可孵化成幼虫，2 ~ 3 天后变成蛹，再过 5 天就羽化为成虫。从卵到成虫只要 10 天左右，一年就可以繁殖 30 代。果蝇的染色体数目少，仅有 3 对常染色体和 1 对性染色体，方便观察和分析。果蝇还有一些易于区分的性状。

5. 线虫作为遗传实验材料的优点

线虫的生活周期短、遗传性状特征明显。线虫具有自体和异体两种交配方式。线虫以大肠杆菌为食，在实验室条件下容易培养。线虫全基因组测序已完成，相关工作容易开展。

6. 斑马鱼作为遗传实验材料的优点

斑马鱼的个体小，繁殖能力强，便于大规模养殖，持续提供大量分析材料，用于人工诱变的突变体的筛选。斑马鱼的卵和胚胎透明，体外受精，体外发育，胚胎发育速度快，24 小时便可完成从受精卵到形成主要器官的发育过程，便于在不受损害的情况下，进行细胞发育命运的连续跟踪观察和细胞谱系的分析。斑马鱼的卵子比一般哺乳动物的卵子大 10 倍，外源物质包括外源基因容易导入胚胎中。关于斑马鱼的胚胎学和遗传学操作技术成熟，基因组全系列测序已经完成，可用来建立治疗人类疾病药物的模型，用于化学物品和毒理学的研究。

7. 小鼠作为遗传实验材料的优点

小鼠是哺乳动物，和人有 90% 的基因是相同的。实验小鼠已获得很多纯种，方便进行遗传研究。小鼠的体型小、繁殖速度快、后代数量多，在同一品系中遗传变异小，能够保证实验数据的可重复性。小鼠的基因组测序已相对完整，能够支持各种基因编辑和转基因操作。

7.2.3 几种遗传符号

P：亲本 (parents)。

F：子代 (filial generation)。

×：杂交。但杂交本身的定义就很广泛，一般地，杂交指基因型不同的个体之间的交配。由此延伸，分子生物学上把两条单链 DNA 或 RNA 的碱基互补配对也称为杂交，如基因工程中我们会提到目的基因的检测与鉴定中的 DNA 分子杂交技术和分子杂交技术。细胞生物学中，我们把由体细胞相互融合获得杂种细胞并培养成植株的过程，也称为杂交。

⊗：自交。狭义上的自交就是自己和自己交配，从广义上讲，自交指的是基因型相同的个体间的交配。所以，不仅植物能自交，动物也可以自交。如小狗的毛色，B 是黑色，b 是黄色，纯种的黑色小狗 BB 和纯种的黄色小狗 bb 杂交，后代基因型都是 Bb，这些 Bb 相互交配，可以认为是自交。

♀、♂：分别表示雌性、雄性。1735 年，瑞典自然科学家卡尔·冯·林奈 (Carl von Linne) 在他的著作《自然系统》一书中，使用这些符号表示植物的父本和母本。林奈之所以会这样做，是因为在古希腊神话中，火星对应战神玛尔斯，代表铁 (古希腊人写作 "Thouros")，因为铁能锻造武器；金星对应爱与美之神维纳斯，代表铜 (古希腊人写作 "Phosphoros")，因为铜可以用来制作铜镜。在书写这些金属时，一种速记形式逐渐出现 (其实就是写字潦草)，Thouros 逐渐演变成♂，Phosphoros 逐渐演变成♀ (见图 7.9)。到了中世纪，欧洲的炼金术士就广泛使用这两种符号表示铁和铜，林奈取其战神和爱与美之神的本意，用这两个符号分别代表父本和母本。当然，由此延伸出其他的符号，如雌雄同体⚥等。

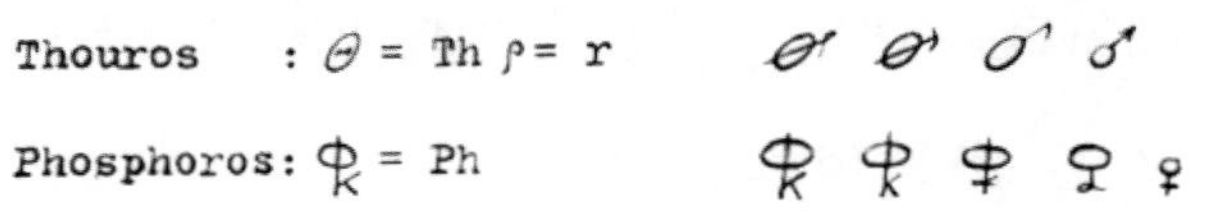

图 7.9　雌雄符号由来

纯合子和稳定遗传：二者有本质不同，纯合子的定义是没有等位基因，强调的是基因型，比如一个基因型为 Aa 的植株，当然是杂合子。如果用秋水仙素或低温诱导使之加倍成 AAaa 的四倍体，它依然是杂合子，因为有等位基因。而稳定遗传的定义是自交后代不出现性状分离，强调的是表型。纯合子肯定能稳定遗传，但能稳定遗传的不一定是纯合子。比如，AaBb 自交产生的后代表型比例为 9 : 7，这个 7 里面的纯合子为 AAbb、aaBB、aabb，但 7 中的个体全部都是稳定遗传。

7.2.4 交配类型

杂交和自交的概念如前文所述。测交指杂交产生的子一代个体再与其隐性 (或双隐性) 亲本交配，用以测验子代个体基因型的一种回交。名字中的"测"字带有测验、检验的意思，所以，测交不一定是指杂合子与隐性纯合子杂交，也可以是显性纯合子与隐性纯合子杂交。换句话说，测交指的是显性性状的个体与隐性性状的个体杂交，用来确定显性性状个体的基因型到底是杂合子还是纯合子。

进行测交的前提是要知道什么是显性性状，什么是隐性性状。比如，某植物正常是红花，突然我们发现一株白花，我们现在想知道它是显性突变 (aa 突变为 Aa) 还是隐性突变 (AA 突变为 Aa 然后形成 aa)，应该怎么办？我们只能让这株白花自交，而不能测交，因为我们现在还不知道谁是显性谁是隐性，测交更无从谈起了。

正交和反交是相对概念，正交中的父方和母方分别是反交中的母方和父方。正交和反交有以下几种作用。

(1) 检验某种性状是细胞核遗传还是细胞质遗传。如果是前者，则符合孟德尔遗传规律，如果是后者则子代性状只与母本的细胞质基因有关。

(2) 检验某种性状是常染色体遗传还是性染色体遗传，一般情况下：如果是常染色体遗传，正反交结果 (无论是子代表型的类型还是比例) 都是一致的；如果是性染色体遗传，正反交结果会不同。

但是，要注意以下几点。

(1) 正反交结果一致，就一定是常染色体遗传吗？不一定，也可以是 XY(或 ZW) 的同源区段啊。

(2) 正反交结果不一致，就一定是性染色体遗传吗？不一定，也可以是某种基因型的雄配子 (或雌配子) 致死。

7.2.5 生物性状相关名词

性状是生物体的形态特征和生理特性的总称。相对性状指的是同种生物的同一种性状的不同表现类型，类似地，显性性状指的是具有一对相对性状的两纯种亲本杂交，F_1 表现出来的性状，隐性性状指的是具有一对相对性状的两纯种亲本杂交，F_1 未表现出来的性状。

性状分离指的是杂合子自交后代中同时出现显性性状和隐性性状的现象。因此，Aa 和 aa 杂交，后代出现显性性状：隐性性状 =1 : 1 当然不叫性状分离，因为亲本本身就有显性性状和隐性性状，没有什么性状分离。

相同基因指的是同源染色体相同位置上控制同一性状的同一形基因，如 A 和 A 为相同基因，a 和 a 为相同基因。等位基因指的是同源染色体的相同位置上，控制某一性状的不同形态的基因，如 B 和 b 为等位基因，当然，I^A 和 I^B、G^+ 和 g^*、a_1 和 a_2 也是等位基因，如图 7.10 所示。非等位基因有两种，一种是位于非同源染色体上的非等位基因，如图 7.10 中的 Bb 与 Dd，符合自由组合定律；还有一种是位于同源染色体上的非等位基因，如图 7.10 中的 Cc 和 Dd，符合摩尔根连锁与交换定律。

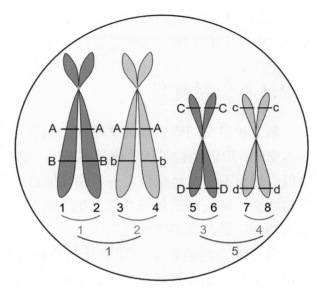

图 7.10　染色体与基因的关系

▶▶▶

黑色 1 ~ 8 表示 8 条染色单体，其中 1 与 2 为一条染色体上的 2 条姐妹染色单体，1 与 3 为同源染色体上的非姐妹染色单体，1 与 5 为非同源染色体上的非姐妹染色单体。红色 1 ~ 4 表示 4 条染色体，其中 1 与 2 为同源染色体，1 与 3 为非同源染色体。蓝色的 1 和 2 表示细胞中有两对同源染色体。图 7.10 中字母表示染色体上的基因。

7.2.6　显隐关系与相对性

完全显性指的是具有相对性状的纯合体亲本杂交后，F_1 只表现一个亲本性状的现象，即显性外显率为 100%。如 A 对 a 是完全显性，则 Aa 个体只表现出 A 基因对应的性状，如果 A 是红色，a 是白色，则 AA 和 Aa 表型为红色，aa 为白色。不完全显性指的是具有相对性状的纯合亲本杂交后，F_1 显现中间类型的这一现象。如 A 对 a 是不完全显性，则 Aa 个体表现出 A 和 a 基因对应性状的综合，如果 A 是红色，a 是白色，则 AA 为红色，Aa 为粉色，如图 7.11(a) 所示，aa 为白色。我们在这里再提一下孟德尔，其实孟德尔也发现豌豆的开花时间这个性状不表现为完全的显 / 隐性关系，可惜未能深究。1935 年，拉斯姆森 (Rasmusson) 发现 AA 和 aa 的开花时间相差 5 天，Aa 和 aa 的开花时间相差 3.7 天。

外显率指的是某一基因型表现出预期表型的概率。如在某个常染色体显性遗传病家族中，Aa 的个体有 10 个，但只有 7 个人患病，则外显率为 70%。还有一个概念是表现度，指的是具有相同基因型的个体间表型的变化程度，比如果蝇有个细眼基因会影响复眼的大小和形状，可能使眼睛大小变得如针尖一般，也可能使眼睛和野生型没有太大差别。

共显性指的是双亲的性状同时在 F_1 个体上表现出来，即一对等位基因在杂合体中都表达的遗传现象。如人的 ABO 血型是由 I^A、I^B、i 这组复等位基因决定的，其中 I^A 和 I^B 是共显性，

I^A 和 I^B 对 i 是完全显性。所以 I^AI^A、I^Ai 表现为 A 型血；I^BI^B、I^Bi 表现为 B 型血；I^AI^B 表现为 AB 型血；ii 表现为 O 型血。ABO 血型是奥地利卡尔·兰德施泰纳 (Karl Landsteiner, 1868—1943) 发现的人类血型系统，并因此获得了 1930 年诺贝尔生理学或医学奖。人的 MN 血型也是共显性，我们将在血型介绍部分详述。

镶嵌显性指的是双亲的性状在同一 F_1 个体的不同部位表现出来，形成镶嵌图式，其实，与共显性并没有实质差异。1946 年，我国遗传学家谈家桢 (见图 7.11(b)) 首先发现了这种特殊的遗传现象；异色瓢虫的鞘翅色斑遗传，黑缘型 (鞘翅前部为黑色) 和纯种均色型 (鞘翅后部为黑色) 杂交的 F_1 表现为鞘翅的前后都有黑色。

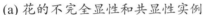

(a) 花的不完全显性和共显性实例

(b) 卡尔·兰德施泰纳和谈家桢

图 7.11　显隐关系及研究学者

▶▶▶ 　1900 年, 卡尔·兰德施泰纳发现了 A、B、O 血型, 1937 年, 他又与亚历山大·所罗门·维纳 (Alexander Solomon Wiener, 1907—1976) 一起发现了 Rh 血型。从 2004 年开始兰德施泰纳的生日被定为世界献血日。谈家桢 (1909—2008), 浙江宁波人, 中国遗传学主要奠基人之一。1934 年 赴美国加州理工学院, 师从摩尔根及其助手杜布赞斯基, 博士毕业后拒绝导师挽留, 回国任教于浙江大学, 并将"基因"一词带入中文。后来在复旦大学相继建立了中国第一个遗传学专业、第一个生命科学院和第一个遗传学研究所。在亚洲异色瓢虫色斑的遗传变异研究和果蝇的细胞遗传基因图及种内、种间遗传结构的演变等方面都有杰出研究成果, 为现代综合进化理论的创立做出重大贡献。

显隐性的相对性：性状的显隐性之间往往没有严格的界限，只是根据对性状表现的观察和分析进行的一种划分，从不同的观察和分析的水平或者角度看，相对性状间可能表现出不同显隐性关系。

如豌豆种子的圆粒和皱粒的问题，纯合圆粒淀粉粒的持水力强，发育完善，结构饱满；纯合皱粒淀粉粒的持水力较弱，发育不完善，结构皱缩；杂种 F_1 淀粉粒的发育程度和结构是两者中间型，而外形为圆粒。所以从种子外表观察，圆粒对皱粒是完全显性，但是深入研究淀粉粒的形态结构，则可发现它是不完全显性。

又如镰状细胞贫血 (见图 7.12)，从红细胞形状上看，镰状细胞贫血属于共显性遗传；从病症表现上来看，镰状细胞贫血是不完全显性 (表现为两种纯合体的中间类型)，因为基因型纯合的贫血病人经常性表现为贫血，杂合体在一般情况下表现正常，在缺氧的条件下会表现为贫血；从是否患镰状细胞贫血上看，患病基因是常染色体隐性基因，Hb^SHb^S 患病；从是否能够抵抗疟疾上看，Hb^S 基因是显性基因，Hb^SHb^S 和 Hb^AHb^S 个体可以抵抗疟疾。

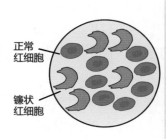
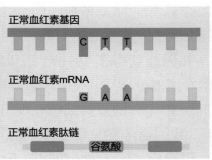
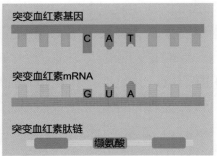

图 7.12　镰状细胞贫血

表 7.5　镰状细胞贫血的显隐性

基因型	临床表现	细胞类型		两种细胞比例		血红蛋白含量		血红蛋白电泳	
		正常	镰状	正常	镰状	HbA	HbS	HbA 条带	HbS 条带
Hb^AHb^A	正常	有	无	100%	0	100%	0	一条	无
Hb^AHb^S	正常	有	有	67%	33%	60%～80%	20%～40%	一条	一条
Hb^SHb^S	贫血	极少	有	仅极少数	绝大多数	10%	90%	无	一条
遗传规律	隐性	镶嵌显性		不完全显性		不完全显性		共显性	

7.2.7　质量性状与数量性状

质量性状是指同一种性状的不同表型之间不存在连续性的数量变化，而呈现质的中断性变化的那些性状。例如，豌豆的红花和白花，不存在红和白之间的若干种不同梯度的颜色变化。如白化病的患病和不患病，不存在 0.1 患病、0.2 患病这样的情况。质量性状由少数起决定作用的遗传基因支配，如鸡羽的芦花斑纹和非芦花斑纹、水稻的粳与糯、毛色、血型、遗传缺陷和遗传疾病等都属于质量性状，这类性状在表面上都显示质的差别；质量性状的差别可以比较容易地用分离定律和连锁定律来分析。

除质量性状外，还广泛存在着另一类性状差异，这些性状的差异呈连续状态，界限不清楚，不易分类，这类性状称为数量性状。动植物的许多重要经济性状都是数量性状，如作物的产量、成熟期，奶牛的泌乳量，棉花的纤维长度、细度，人的肤色、身高等。如人的身高，我们并不能简单地分为高和矮，因为实际上各种身高都有，是一个连续变化的性状。数量性状的遗传在本质上与孟德尔式的遗传一样，可以用多基因理论来解释。1908 年，瑞典学者 Nilson Ehle 在研究小麦籽粒种皮颜色时提出以下几条关于数量性状的假说。

(1) 数量性状由多对效应微小的基因控制，称为微效基因。

(2) 微效基因效应相等且可以累加，后代的分离表现是连续的。

(3) 等位基因间没有显隐性关系。

(4) 基因的作用受环境影响很大。

(5) 多基因往往具有多效性。

后来发现，支配数量性状的基因之间往往不是完全平等的，有主效基因和修饰基因之分，同时还有上位效应、基因与环境互作效应等。

多基因效应的累加方式主要有以下两种。

(1) 按算术级数累加 (见图 7.13)。如苹果果实的重量受 Aa、Bb、Dd 三对等位基因控制，三者独立遗传，显性基因对果实重量的增加是等效的且具有累加效应。现已知 AABBDD 为 270 g，aabbdd 为 150 g，那么说明每个显性基因可以增重 20 g，所以 AaBbDd 自交后代表型依次为 270g、250g、230g、210g、190g、170g、150g，比值为 $1:6:15:20:15:6:1$。

(2) 按几何平均数累加。

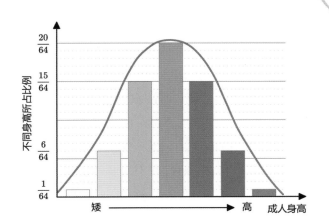

图 7.13 数量性状的多基因效应累加方式一般按算术级累加

▶▶▶
　　计算方法就是数学上的排列组合中的组合公式，如 n 对基因控制的性状，AaBbCc... 自交后代，有 m 个显性基因的个体所占比例为 C_{2n}^{m}。

7.2.8 人类的血型

Rh 血型：在多次输血或经产妇体内，经常发生无法用 ABO 血型解释的凝集现象，相关研究导致 Rh 血型的发现。Rh 血型由 Rr 决定，RR 和 Rr 个体的红细胞表面有 Rh 抗原，即 Rh 阳性，rr 个体的红细胞表面没有 Rh 抗原，即 Rh 阴性。中国大多数人都是 Rh 阳性个体，阴性较少。Rh 阴性个体在正常情况下并不含有对抗 Rh 阳性细胞的抗体，除非多次接受 Rh 阳性血液或 Rh 阴性女性生育了一个 Rh 阳性的胎儿，在分娩时，由于母婴之间的血液交流，母亲获得了胎儿的 Rh 阳性细胞 (相当于抗原)，产生了对抗 Rh 阳性细胞的抗体。产生的 Rh 阳性抗体并不影响母亲，因为这些抗体只会把进入母亲体内的 Rh 阳性细胞杀死，母亲的红细胞是 Rh 阴性的；也不影响这个胎儿，因为已经分娩结束，如图 7.14 所示。

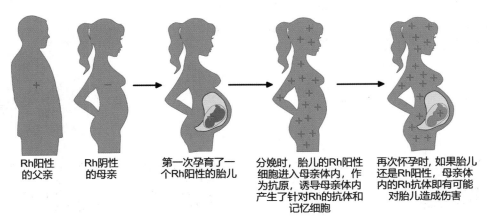

Rh阳性的父亲　　Rh阴性的母亲　　第一次孕育了一个Rh阳性的胎儿　　分娩时，胎儿的Rh阳性细胞进入母亲体内，作为抗原，诱导母亲体内产生了针对Rh的抗体和记忆细胞　　再次怀孕时，如果胎儿还是Rh阳性，母亲体内的Rh抗体即有可能对胎儿造成伤害

图 7.14　Rh 阴性经产妇与 Rh 阳性胎儿可能发生免疫反应

但是，如果这个女性再次怀孕，胎儿仍为 Rh 阳性，怀孕期间，母亲体内已有的、针对 Rh 阳性抗原的抗体就可以通过胎盘进入胎儿血液循环并杀死胎儿。即使胎儿可以安全出生，也会全身浮肿，患有重症黄疸和贫血，称为新生儿溶血症。

但是，即使 Rh 阴性女性和 Rh 阳性男性结婚且生育多胎，生出的新生儿为溶血患儿的概率并不高，这主要有以下几个原因。

(1) Rh 抗原存在于红细胞表面，首胎分娩时要有足够的胎儿血液经胎盘进入母体才会引起母亲产生 Rh 阳性抗体。

(2) 即使有足够多的红细胞进入母体内，有些产妇并不因此产生 Rh 阳性抗体，因为父亲如果是 Rr，只有半数胎儿是 Rh 阳性。

(3) 由于母婴之间在其他血型上的不合而受到保护。如 O 型 Rh 阴性女性孕育一个 A 型 Rh 阳性胎儿，分娩时，即使有足够数量的红细胞进入母体内，也会迅速被母亲的针对 A 抗原的抗体中和掉，这样就间接避免了母亲产生 Rh 阳性抗体。

而一旦发生溶血现象，就要用换血的方式治疗，即将婴儿的血液换成既无 Rh 抗体又无 Rh 抗原的血液，即来自 rr 个体 (少见) 的血液，或在第一胎分娩后 48h 内给母亲注射抗 Rh 的抗体，把进入体内的 Rh 阳性红细胞清除掉，防止自身产生相应的抗体和记忆细胞。

ABO 血型：由 I^A、I^B、i 控制，三者是复等位基因 (见图 7.15)。如前文所述，I^A 与 I^B 是共显性，I^A 和 I^B 对 i 是完全显性。所以 I^AI^A 和 I^Ai 是 A 型血，人的红细胞表面有 A 抗原，血浆中有针对 B 抗原的抗体，类似地，I^AI^B 是 AB 型血，人的红细胞表面有 A 抗原和 B 抗原，血浆中没有针对 A 抗原和 B 抗原的抗体，ii 是 O 型血，红细胞表面没有 A 抗原和 B 抗原，血浆中有针对 A 抗原的抗体和针对 B 抗原的抗体。A 抗原和针对 A 的抗体相遇会发生凝集，当然，B 抗原也一样。当 O 型血输入 A 型血患者体内，理论上也会发生凝血反应，但为什么还会有 AB 型血是万能受血者，O 型血是万能输血者这样的说法呢？这主要有以下几个原因。

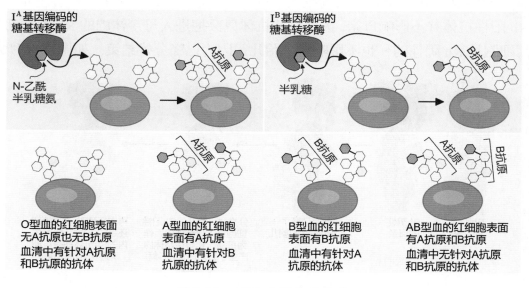

图 7.15　ABO 血型相关内容

(1) 输血时，我们主要输的是红细胞。

(2) 一般是同血型进行输血。

(3) 如果没有同型血，只能按照 ABO 配型输血，需要少量缓慢输入，以减少凝血现象的发生。

抗原是一类特异性跨膜脂多糖，ABO 抗原的共同前体是 H 物质，在 H 基因存在时才能合成；I^A 基因可以在 H 物质上添加乙酰半乳糖胺，I^B 基因可以在 H 物质上添加半乳糖，i 基因无活性，保持 H 物质原貌。

孟买血型：上文提到，H 物质是合成 A 抗原、B 抗原的前提条件，即必须在 HH 或 Hh 的前提下，上述 ABO 血型才成立。如果是 hh 时，不管 ABO 血型是什么基因型，统统表现为 O 型血，称为孟买血型，由耶什万特·马达夫·本德(Yeshwant Madhav Bhende，1928—2006) 于 1952 年发现，主要分布在印度、孟加拉国、巴基斯坦、中东地区，中国极少，如图 7.16 所示。

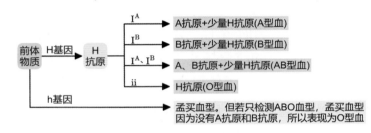

图 7.16　孟买血型与 ABO 血型关系

孟买血型表现的 O 型血和真正意义上的 O 型血是不一样的，真正的 O 型血没有 A 抗原和 B 抗原，但有 H 抗原。由于 hh 基因频率很低，绝大多数人都有 H 抗原，所以绝大多数正常个体没有抗 H 抗原的抗体，从而无法检测到 H 抗原的存在。后来从植物种子中提取出植物凝集素，才检测到 H 抗原的存在。

H、h 基因位于人类 19 号染色体上，而 I^A、I^B、i 复等位基因位于 9 号染色体上，所以二者符合孟德尔自由组合定律。

MNS 血型：1927 年，生物学家卡尔·兰德施泰纳和菲利普·列文 (Philip Levine, 1900—1987) 将人类血液输入家兔体内以获得特异性抗体时，发现了 M 抗原和 N 抗原。基因 L^M 和基因 L^N 为共显性关系，人群中有 M 型、N 型、MN 型。M 型红细胞表面有 M 抗原，N 型有 N 抗原，MN 型同时具有两种抗原。MN 血型的红细胞表面有对应的抗原，但是血浆中并没有对应的抗体，只有把人的红细胞注入兔子血液中，才会有相应的抗体存在于血清中。1947 年，理查德·约翰·沃尔什 (Richard John Walsh, 1886—1960) 和卡梅尔·蒙哥马利 (Carmel Montgomery) 发现了另一个抗原 S，后来露丝·桑格 (Ruth Sanger, 1918—2001) 和罗伯特·拉塞尔·雷斯 (Robert Russell Race, 1907—1984) 等证明 S 抗原与 MN 是连锁的，都是位于 4 号染色体上。1951 年，列文和库米歇尔·阿布拉西夫 (Kuhmichal Abrasiv) 等进一步发现了与 S 对应的 s 抗原。MNS 血型系统还有许多变异型和亚型，如 U、M^g、M^c、M_1、M_2、M^k、M^z、M^r、M^A、N^A、N_2、En、T^m、Can、Sj、M^v、St^a、S^z、S^d、U^z、U^x 等，这些类型当然相对罕见。

7.2.9 复等位基因与自交不亲和

有时一个基因可以有多种等位基因形式 (allelic form)，但一个二倍体细胞，最多只能有其中两个，称为复等位基因 (multiple allelism)。等位基因的出现是基因突变的结果，那么，复等位基因的出现，就是基因突变不定向性的结果。复等位基因并不罕见，例如，上述瓢虫的鞘翅色斑相关基因、ABO 血型相关基因，以及植物的自交不亲和相关基因等。自交不亲和指可以形成正常雌、雄配子的两性花，却无法自花授粉、结实的现象。具有自交不亲和性的作物有甘蓝、黑麦、白菜型油菜、向日葵、甜菜、白菜和甘薯等。

20 世纪四五十年代，育种学家开始利用自交不亲和系配制杂交种。他们利用自交不亲和系做母本，其他自交不亲和系、自交系或正常品系做父本，进行杂交。这样既避免了去雄的烦琐操作，省时省工，又可以通过远缘杂交获得杂种优势。植物传粉时，花粉到处飘，难免会飘到自己的雌蕊柱头上了，这是谁都管不住的事儿。植物只能管住自己的雌蕊：不要和这些花粉玩 (配子体自交不亲和)，实在管不住，就只能把门关上，即把雌蕊锁起来，不让它俩相见 (孢子体自交不亲和)，如图 7.17 所示。

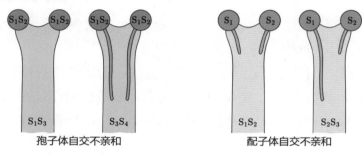

孢子体自交不亲和　　　　　　　　配子体自交不亲和

图 7.17　自交不亲和的两种类型

▶▶▶

　　孢子体自交不亲和指的是花粉亲和与否由产生花粉的二倍体亲本 (即孢子体) 的基因型决定，主要存在于油菜、拟南芥等十字花科植物中。配子体自交不亲和指的是花粉表型由单倍体花粉 (即配子体) 自身的 S 基因型决定，分布最为广泛的是一种称为 S 核酸酶类的自交不亲和性，主要存在于茄科、蔷薇科、车前科等植物中。

7.2.10 环境对性状的影响

环境对性状的影响主要是环境影响基因的表达，从而影响生物的表型。

(1) 温度：如一种金鱼草品种和象牙花品种杂交，F_1 的表型受环境温度影响，在低温下表现为红色；在高温下表现为象牙色。如野生果蝇皆为长翅，野生果蝇幼虫在 25°C 条件下培养，皆为长翅；35°C 条件下处理 6～24 h 后培养得到残翅。

(2) 阳光："太阳红"品种的玉米，红色对绿色为显性，但红色只有在直射阳光下才能表现出来，若进行遮光处理时，不接触阳光的部分则不表现为红色，仍为绿色。水毛茛的叶片水上部分和水下部分呈现不同的形态。

(3) 营养：对绝大多种植物而言，缺氮植物则表现植株矮小，叶小色淡；缺磷植物则表现植株矮小，叶小，色暗绿，有时呈紫色或红色；缺钾植物则表现植株矮小，叶卷曲，缺绿。兔子的皮下脂肪有白色和黄色之分，白色 Y 对黄色 y 为显性，白色脂肪的纯合个体和黄色脂肪的纯合个体交配，F_1 个体是白脂肪。如果 F_1 中雌雄兔 (Yy) 个体近亲交配，F_2 群体中 3/4 的个体是白脂肪，1/4 的个体是黄脂肪。以上都是正常的情况，但如果 F_2 群体中的 yy 个体只喂食麸皮等不含黄色素的饲料，则皮下脂肪不表现为黄色，也是白色的。

7.3 孟德尔自由组合定律

7.3.1 孟德尔与自由组合定律

前文我们讨论的都是一对基因 (在介绍质量性状和数量性状的时候也简单涉及一些两对甚至多对的情况)，那么如果同时考虑两对基因呢？如前文所述，这两对基因存在以下两种情况。

(1) 可能位于两对同源染色体上，这就是我们这里要讨论的基因的自由组合定律。

(2) 可能位于一对同源染色体上，这是我们下一个部分要讨论的连锁与交换定律。

豌豆一共有 7 对同源染色体，孟德尔选择了 7 种相对性状，控制这 7 种相对性状的 7 对等位基因恰好就位于其中的 6 对同源染色体上，如图 7.18 所示。也就是说，孟德尔发现：这 7 种相对性状，任意两两组合，有 21 种可选方式，其中有 20 种，都是符合自己提出的自由组合定律的，但唯独种子的性状 (圆粒与皱粒) 和豆荚的颜色 (黄色与绿色) 这两对相对性状，偏偏不符合自由组合定律。

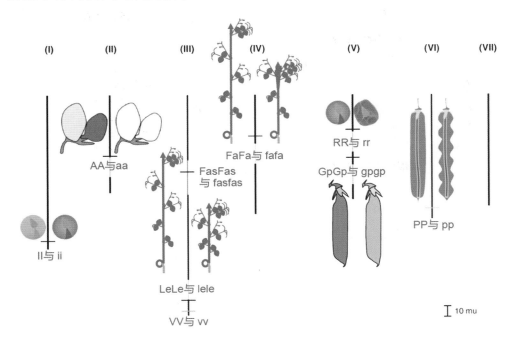

图 7.18　孟德尔研究的 7 对等位基因 (及对应的性状) 与豌豆的 7 对同源染色体的位置关系 (Ellis T H, 2011)

孟德尔想破脑袋也不可能想到基因位于染色体上，以及控制种子形状和豆荚颜色的基因是位于同一条染色体上 (连锁的)。孟德尔于 1884 年去世，而直到 1888 年，威廉·冯·瓦尔德耶 (Wilhelm von Waldeyer，1836—1921) 才第一次提出染色体这个概念，1903 年，沃尔特·萨顿 (Walter Sutton，1877—1916) 才根据蝗虫减数分裂的显微观察结果，运用归纳推理法，提出基因位于染色体上。所以，孟德尔在当时是无法解释种子的形状和豆荚的颜色为何不符合自由组合定律的。孟德尔想了又想，最后，作出了决定：忽略！

当然，他的忽略，也给了摩尔根一个发现遗传学第三大定律的机会。

7.3.2 | 9∶3∶3∶1 的来历

两对等位基因位于两对同源染色体上 = 两对等位基因是独立遗传的 = 两对基因符合孟德尔自由组合定律 = 两对基因位于不同的染色体上。

在自由组合的前提下，AaBb 自交后代的表型比例，最常见的当然是 9∶3∶3∶1。这个 9∶3∶3∶1 具体是怎么来的，我们还是要简单提一下，如图 7.19 所示。AaBb 自交的意思是它自己既做父本，又做母本。AaBb 减数分裂时，在减数第一次分裂的后期，A 与 a 相互分离，B 与 b 相互分离，这是孟德尔分离定律的本质。与此同时，Aa 与 Bb 自由组合，即可以 A 和 B 在一起，a 和 b 在一起；也可以 A 与 b 在一起，a 与 B 在一起。所以 AaBb 这个个体能够产生的配子的种类和比例应该是 AB∶Ab∶aB∶ab = 1∶1∶1∶1。雌雄配子的种类和比例均如此，雌雄配子两两结合产生后代，所以 AaBb 自交产生后代的表型比例为 9∶3∶3∶1。

当然，我们也可以将 Aa 和 Bb 分开计算，Aa 自交后代的表型比例为 3∶1，Bb 自交后代的表型比例也为 3∶1，二者结合，所以 AaBb 自交产生后代的表型比例为 9∶3∶3∶1。

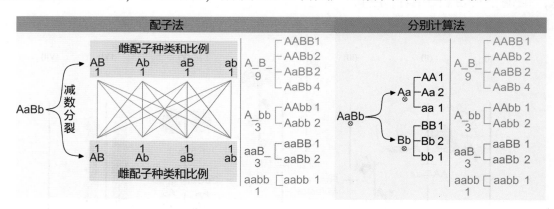

图 7.19　配子法和分别计算法解释 9∶3∶3∶1 的来历

7.3.3 | 9∶3∶3∶1 的变形

9∶3∶3∶1 这是表型的比例，而表型会因为基因间的相互作用、配子致死、合子致死、伴性遗传、从性遗传、限性遗传、不完全显性等诸多因素产生非常多的变形，如表 7.6 所示。

表 7.6　基因互作常见形式

基因互作	效　果	例　子	双杂 F_1 自交 F_2 代基因型				F_2 表型比例
			A_B_	A_bb	aaB	aabb	
无效应	F_2 有 4 种表现型	扁豆种皮颜色	9	3	3	1	9:3:3:1
互补性	两个显性等位基因都是产生表型所必需的	甜豌豆花颜色	9	3	3	1	9:7
隐性上位	隐性基因 b 抑制显性基因 A 的功能	拉布拉多猎犬毛色	9	3	3	1	9:3:4
显性上位 I	显性基因 B 抑制显性基因 A 和隐性基因 a 的功能	西葫芦颜色	9	3	3	1	12:3:1
显性上位 II	显性基因 B 抑制显性基因 A 的功能	鸡羽毛颜色	9	3	3	1	13:3
重叠基因	两个基因中任何一个是显性基因即可赋予显性性状	玉米叶片发育	9	3	3	1	15:1

(1) 如 A 是红花，B 也是红花，A 和 B 同时存在则表现为紫花，9:3:3:1 的表型变形为 9:6:1。

(2) 如隐性上位，即隐性基因 b 可以抑制显性基因 A 的功能，9:3:3:1 的表型变形为 9:3:4。

(3) 如 A 和 B 同时存在时才表现为红花，否则就是白花，9:3:3:1 变形为 9:7。

(4) 如只要有显性基因就表现为红花，隐性纯合才表现为白花，9:3:3:1 变形为 15:1。

(5) 如显性上位，即显性基因 B 可以抑制显性基因 A 和隐性基因 a 的功能，9:3:3:1 变形为 12:3:1。

(6) 如显性抑制，即显性基因 B 并不控制性状表现，但可以抑制显性基因 A 的功能，9:3:3:1 变形为 13:3。

(7) 如 A 和 B 均表现为红花，但 A 和 B 同时存在时会相互干扰，使得 AB 的表型和隐性纯合子 aabb 一致，9:3:3:1 变形为 10:6。

(8) 如我们前面说过的数量性状，性状的差异是由显性基因的数量决定的，9:3:3:1 变形为 1:4:6:4:1。

(9) 如含有 AB 的某种配子致死，通常是雄配子，9:3:3:1 变形为 5:3:3:1。

(10) 如含有 Ab 的某种配子致死，通常是雄配子：9:3:3:1 变形为 7:1:3:1。

(11) 如含有 aB 的某种配子致死，通常是雄配子，9:3:3:1 变形为 7:3:1:1。

(12) 如含有 ab 的某种配子致死，通常是雄配子，9:3:3:1 变形为 4:1:1。

(13) 如 A 对 a 是完全显性，B 对 b 是不完全显性，9:3:3:1 变形为 3:6:3:1:2:1。

(14) 如 A 对 a 是完全显性，B 对 b 是不完全显性，但 A 是 B、b 表现的前提，即 aaBB、aaBb、aabb 均为一种表型，则 9:3:3:1 变形为 3:6:3:4。

(15) 如含有 AA 的纯合子致死，9:3:3:1 变形为 6:2:3:1。

(16) 如含有 BB 的纯合子致死，9:3:3:1 变形为 6:3:2:1。

(17) 如 Aa 位于常染色体上，Bb 位于 X 染色体上，则 AaX^BX^b 和 AaX^BY 杂交，子代表型比例为 6:2:3:1:3:1。

7.3.4 配子法与基因频率法的辨析

接下来，讨论一个很关键的问题，前面在解释 9:3:3:1 来历的时候，我们用了以下两种方法。

(1) 分别计算雌性个体和雄性个体所产生配子的种类及比例，然后两两相乘，即配子法。

(2) 分别计算 Aa 和 Bb 各自自交后代的基因型和比例，然后两两相乘，即基因频率法。

一般情况下，基因频率法相对简单一些。但须知：基因频率法可能会出错，但配子法永远是对的。换句话说，基因频率法是有一定适用性的，而配子法却是普遍适用的。

举例说明，已知 Aa 和 Bb 独立遗传，AaBb 个体自交，F_1 代的表型比例为 9:7，如果我们让 F_1 代的 9 自由交配，F_2 代的表型比例是多少？

在这个例子中，9:7 这个比例我们再熟悉不过了：A_B_ 是一种表型，A_bb、aaB_、aabb 是另一种表型。此时，我们可以用基因频率法计算：F_1 代的 9 中，A 的基因频率为 $\frac{2}{3}$，a 的基因频率为 $\frac{1}{3}$，所以 F_2 代产生 A_ 的概率为 $\frac{8}{9}$。F_1 代的 9 中，B 的基因频率为 $\frac{2}{3}$，b 的基因频率为 $\frac{1}{3}$，所以 F_2 代产生 B_ 的概率为 $\frac{8}{9}$。所以 F_2 代 A_B_ 的概率为 $\frac{64}{81}$，F_2 代的表型比例自然是 64:17。

当然，我们也可以用配子法来计算：F_1 代的 9 中，AABB:AABb:AaBB:AaBb=1:2:2:4，所以能够产生的雌雄配子是 AB:Ab:aB:ab = 4:2:2:1。所以 F_2 代中：$A\_B\_ = \frac{64}{81}$，$A\_bb = \frac{8}{81}$，$aaB\_ = \frac{8}{81}$，$aabb = \frac{1}{81}$；F_2 代的表型比例为 64:17。

两种方法都能得出正确答案，但是，我们把上面的题目改一下：已知 Aa 和 Bb 独立遗传，AaBb 个体自交，F_1 代的表型比例为 13:3，问：如果我们让 F_1 代的 13 自由交配，F_2 代的表型比例是多少？

13∶3 这个比例我们可能也是比较熟悉的：13 是由 9 + 3 + 1 得来的，我们可以认为其他基因型是一种表型，A_bb 为另一种表型。当然，你也可以认为其他基因型是一种表型，aaB_ 为另一种表型。两种情况没有实质性差异，这里，我们以第二种情况为例进行说明。

此时，我们如果用基因频率的方法计算：F_1 代的 13 中，A 的基因频率为 $\dfrac{8}{13}$，a 的基因频率为 $\dfrac{5}{13}$，所以 F_2 代产生 aa 的概率为 $\dfrac{25}{169}$。F_1 代的 13 中，B 的基因频率为 $\dfrac{6}{13}$，b 的基因频率为 $\dfrac{7}{13}$，所以 F_2 代产生 B_ 的概率为 $\dfrac{120}{169}$。所以 F_2 代 aaB_ 的概率为 $\dfrac{25}{169} \times \dfrac{120}{169}$。

但是，当我们用配子法来计算时：F_1 代的 13 中，AABB∶AABb∶AaBB∶AaBb∶AAbb∶Aabb∶aabb = 1∶2∶2∶4∶1∶2∶1；所以 F_1 代的 13 能够产生的配子有四种基因型，比例是 AB∶Ab∶aB∶ab = 4∶4∶2∶3(雌雄配子均如此)。所以 F_2 代中，aaB_ = $\dfrac{16}{169}$。

很显然，$\dfrac{16}{169} \neq \dfrac{25}{169} \times \dfrac{120}{169}$。配子法肯定是正确的，因为真实的亲本杂交产生后代的过程，即亲本先产生配子，然后配子之间两两结合，产生后代。所以只能是基因频率的方法错了。那么，基因频率的方法在这里为什么不适用呢？我们可以这样想：基因频率法认为，AA<u>B</u>B、AA<u>B</u>b、Aa<u>B</u>B、Aa<u>B</u>b、AAbb、Aab<u>b</u>、aabb，这里下画线的四个基因是可以形成 aaB_ 的。但这四个基因属于 4 个个体，怎么可能共同形成一个子代个体呢？所以，可以理解为：基因频率的方法，将一些不可能的情况算进去了。

同时，我们可能有这样一个需求：有没有办法判断一个题目是否能用基因频率法计算？如果能用基因频率法计算，我们就用基因频率法，毕竟稍简单一点。如果不能用，我们就老老实实地用配子法计算。答案当然是有！我们只需先算出亲本中 A、a、B、b 的基因频率，再算出亲本产生的配子中 AB、Ab、aB、ab 的比例，最后再看一下它们是否满足：AB% = A% × B%、Ab% = A% × b%、aB% = a% × B%、ab% = a% × b%。如果满足上述等式，那么这个题目就既可以用配子法计算，也可以用基因频率法计算。如果不满足上述等式，那么这个题目就只能用配子法，而不能用基因频率法计算。

说到这里，可能会有同学说，我要是已经计算出亲本中 A、a、B、b 的基因频率，以及产生 AB、Ab、aB、ab 的配子的比例，我就直接用配子法了，何苦再去判断能否用基因频率法呢？笔者的回答是：确实如此，但也不完全如此。上述四个等式，其实只要有一个等式符合，剩下的三个等式也是符合的；只要有一个等式不符合，剩下的三个等式也是不符合的。所以，面对复杂的题目，我们只需挑最容易计算的一个等式，就可以判断了。例如，我们目测 A%、b%、Ab% 是比较好算的，那就算一下 Ab% 是否等于 A% × b% 即可。

7.4 摩尔根连锁与交换定律

7.4.1 孟德尔关于连锁的工作

孟德尔在发现分离定律和自由组合定律的同时，也观察到种子的形状（圆粒或皱粒）和豆荚的颜色（黄色或绿色）不符合自由组合定律，并且再次选择了忽略。这是当时的科学发展水平和认知水平导致的，一个人是很难超越所处时代太久的，像孟德尔这种天才式的发现和创造已经是极难能可贵了，因此称他为现代遗传学之父。历史的齿轮开始转动，接下来就是另一个现代遗传学之父托马斯·亨特·摩尔根(Thomas Hunt Morgan, 1866—1945)的时代了。

7.4.2 从遗传因子到基因位于染色体上的认知过程

1. 摩尔根其人其事

其实在摩尔根开始关于果蝇的研究之前，染色体与遗传的关系已被提出，甚至所谓的遗传学第三定律（摩尔根连锁与交换定律）也有一半的内容（连锁）已被提出。

1901年，美国的克拉伦斯·欧文·麦克隆(Clarence Erwin McClung)曾提出马的附着染色体（后被证明是X染色体）决定雄性，这是第一次提出染色体与生物性状的关系。后来，美国动物学家和遗传学家埃德蒙·比彻·威尔逊(Edmund Beecher Wilson, 1856—1939)实验室的研究生萨顿在观察了染色体的行为后，提出染色体可能携带孟德尔的遗传因子。威尔逊不仅支持自己的学生萨顿，也长久地支持摩尔根，安排摩尔根在哥伦比亚大学工作。摩尔根曾表示："如果不搬到哥伦比亚大学，不一定会转行做遗传学"，威尔逊则谦称"我最大的贡献就是发现了摩尔根"。

摩尔根反对达尔文的有关进化的自然选择学说、孟德尔的遗传学说、威尔逊支持的染色体遗传学说。他是这样讥笑孟德尔的，对孟德尔主义的现代理解中，事实被快速转化为因子，如果一个因子不能解释事实，马上就求之于两个因子，两个不够，还可以有第三个。解释结果有时需要高级杂耍，我们从事实出发，得出因子，然后，再用我们专门发明出来的、用于解释事实的因子，来解释事实。事实上，上面提到的摩尔根的每一个反对，都是摩尔根错了。

但真正令人钦佩之处在于：摩尔根不是一味地、感性地批判和反对，而是严谨地设计和开展相关实验去反驳那些观点。当实验结果与自己的想法不一致而和别人的观点一致时，摩尔根能够迅速接受实验结果而不是自己的感觉。这是非常难能可贵的。摩尔根的严谨性还有一例，可见一斑。1933年10月20日，摩尔根接到来自斯德哥尔摩诺贝尔奖委员会的电话，我谨代表卡罗琳研究院通知您，1933年诺贝尔生理学或医学奖授予您，以表彰您有关染色体遗传功能方面的发现。摩尔根挂断电话，淡定地回家，并淡定地将这个消息告诉他的妻子莉莲·摩尔根，然后把疯狂尖叫的妻子留在客厅，来到书房，淡定地给卡罗琳研究院写了一封信，表示他不能参加计划于12月10日在斯德哥尔摩举行的授奖仪式："非常抱歉我不能出席诺贝尔奖授奖仪式。在不久的将来，在这儿（指加州理工学院）要建立一个生理学的新研究组以及有关遗传学方面的工作，使我分身乏术。否则，即使远隔千里，我也应该出席此次授奖仪式。请接受我对所授荣誉的谢意。我希望在明年的 5 月或 6 月到斯德哥尔摩会见我的朋友和同事们。"后人推测，真实的原因可能是当时关于果蝇唾液腺巨大染色体的一些研究使得摩尔根一度怀疑自己的研究。1881 年，爱德华 - 热拉尔·巴尔比亚尼 (Édouard-Gérard Balbiani) 发现昆虫唾液腺有多线染色体, 1933 年，埃米尔·海茨（Emil Heitz）和卡尔·海因里希·鲍尔 (Karl Heinrich Bauer) 发现多线染色体有些区域染色深、有些浅，形成有规则的染色条带。在这样的情况下，可以猜想条带与基因的关系，能检验基因是否只是通过数字关联而推出的理论模型还是确有物质基础。摩尔根的理论推导即将面临物理的检验。好在很快就证明：多线染色体的形成原因是 DNA 复制很多倍以后，细胞却不分裂，这样本来只有一套 DNA 的单条染色体被放大很多倍才可以在显微镜下观察到。

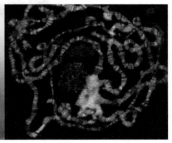

图 7.20　摩尔根和果蝇巨大染色体

1934 年，他在看到结果后，确认自己这次没错之后，才安心地去领奖了。1934 年 4 月 25 日，摩尔根偕夫人、女儿由纽约乘船先到英国，5 月 22 日辗转到挪威，在奥斯陆待了几天，还在奥斯陆大学做了一次演讲，然后来到斯德哥尔摩，补做了他的诺贝尔获奖演讲，然后又去了瑞士、比利时、英国，最后回到美国。

2. 传奇的白眼雄果蝇

1910 年，摩尔根在一堆野生型红眼果蝇中，发现一只熠熠生辉的白眼果蝇。摩尔根把这只白眼雄蝇与野生型红眼雌蝇交配，获得了 1237 只红眼 F_1 果蝇 (还有 3 只白眼果蝇，摩尔根认为是突变导致的，不予讨论)。F_1 果蝇随机交配，在 F_2 代中有 2459 只红眼雌蝇，1011 只红眼雄蝇，782 只白眼雄蝇。也就是说，白眼性状与性别是连锁的。

有没有可能白眼只能是雄性呢？摩尔根将第一只白眼雄蝇与 F_1 雌蝇交配，发现后代雌雄中均既有红眼，也有白眼，且比例接近。

面对不争的事实，摩尔根迅速转变思路，改变观念，采用了孟德尔的假说演绎法，用自己一年前嘲笑的萨顿的遗传因子位于染色体上等概念，对现象进行了完美的解释。

(1) 控制果蝇红眼、白眼这对相对性状的基因位于 X 染色体上，分别记作 X^E 和 X^e。

(2) 白眼雄性的基因型为 X^eY，它和野生型红眼雌蝇 (基因型 X^EX^E) 杂交，F_1 的基因型为 X^EX^e 和 X^EY，比例为 1:1，表型均为红眼。

(3) F_1 果蝇随机交配，F_2 代的基因型和比例为 $X^EX^E : X^EX^e : X^EY : X^eY=1:1:1:1$。

摩尔根的弟子中，阿尔弗雷德·亨利·斯特蒂文特 (Alfred Henry Sturtevant) 是很值得我们关注的。1911 年，斯特蒂文特突然想到基因连锁的紧密程度可以用染色体上线性排列来表示，通过重组发生频率，推算出两个基因在染色体上的距离：距离越远，发生交换形成重组型配子的概率就越大。当天，他用一个晚上画出了世界上第一张遗传图谱 (见图 7.21)，发表在 1913 年的《实验动物学》杂志上。

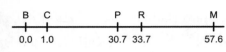

图 7.21　斯特蒂文特和他确定的第一张遗传图谱

3. 性别决定——基因型性别决定

性别决定指的是雌雄异体的生物体所具有的性别发展趋势的内在机制，包括基因型性别决定 (GSD) 和环境型性别决定 (ESD)。

基因型性别决定包括 XY 型和 ZW 型。XY 型在自然界中普遍存在，如哺乳类、多数昆虫、鱼类、两栖类、雌雄异体的植物等。性别取决于 Y 染色体上的、决定雄性特征的基因 SRY 和 TDF 等。TDF 是睾丸决定因子，1959 年人们发现 Y 染色体决定人类及哺乳动物的雄性表型，1966 年人们将具体的基因定位在 Y 染色体的短臂上，证明 Y 短臂上存在睾丸决定因子 TDF，其基因表达产物是 H-Y 抗原。有了这种抗原，原始性腺将发育成睾丸，没有就发育成卵巢。1990 年又发现 SRY 基因，其基因表达产物是性转换因子。第一个月，人的胚胎在形态学上是中性的，含有原始的卵巢组织和睾丸组织等。随着胚胎的发育，在性转换因子存在时，原始性腺向睾丸组织方向分化；反之则向卵巢分化。XO 是 XY 的特殊类型，是蚱蜢、蝗虫、蟋蟀、蟑螂、虱子等的性别决定方式。

ZW 型是鸟类、某些鱼类、两栖类、爬行类、鳞翅目昆虫等的性别决定方式，雌性为 ZW，雄性为 ZZ。ZO 是 ZW 的特殊情况，是某些鱼类和鳞翅目昆虫等的性别决定方式。

4. 性别决定——环境型性别决定

在爬行类、两栖类、鱼类等低等脊椎动物中，有些种类没有真正的性染色体，其性别受环境决定，其后代性比例不会是1∶1。爬行动物中最常见的 ESD 模型由温度决定性别，即 TSD，如图 7.22 所示。

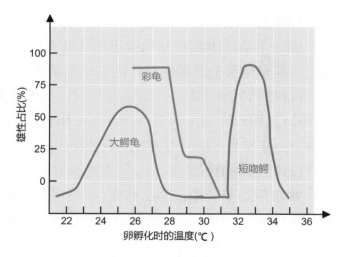

图 7.22　温度决定性别

为什么这些动物会进化出这种性别决定方式？原因很简单：避免近亲繁殖。

凡是有性别分化的生物，幼体都有可能向雌雄两方面发育，具体方向受遗传物质和内外环境条件的影响，如激素、营养、光照、温度等。

(1) 营养条件：蜜蜂幼虫，获取蜂王浆 (含有有利于雌性器官发育的蜂乳酸) 较多地可以发育成蜂王，其余发育成工蜂。黄瓜发育早期施加氮肥或通入 CO_2 可使雌花数量增加。

（2）温度和光照条件：鳖在 30℃ 孵化多为雌性，25℃ 多为雄性。蜥蜴在 32℃ 全为雄性，24℃ 全为雌性。某些蛙类，本身是 XY 型性别决定，但若在 20℃ 以下发育，雌雄参半，30℃ 则全为雄性。

（3）位置效应：雌雄同株的植物里，同一朵花原基上，靠近外边的细胞发育成雄蕊，靠近中央的发育成雌蕊。一种蜗牛，它们形成上下叠压的群体，位于下方的发育成雌性，上方的发育成雄性。一种称为后螠的海生蠕虫，雌雄体型悬殊：雌虫 6 cm，形似豆子，有一个长吻，吻顶端分叉；雄虫结构简单，体长仅为雌虫的 1/500，没有消化器官，寄生在雌虫的子宫内。在受精卵发育成幼虫时，如果周围海水中没有雌性成体存在，即发育成雌虫；如果幼虫落在雌虫吻部，则发育成雄虫，而且雄性程度与它们在雌虫吻部停留的时间有关；如果把落在吻部的幼虫取下来使之独立发育，则呈中间性。

5. 性反转

《尚书·牧誓》有云：牝鸡司晨，惟家之索。意思是母鸡代公鸡报晓，古时比喻妇女窃权乱政。这说明中国古人就已经观察到生物的性反转现象。当一只母鸡的卵巢因为伤病等因素不能分泌雌性激素，就会抑制卵巢发育。结果发育中退化的精巢重新发育并分泌雄性激素，然后就长出大红冠子花外衣，开始打鸣了，甚至它还可以和另一种母鸡进行交配繁殖，产生后代。当然，因为它的基因型是 ZW，小母鸡的基因型也是 ZW，所以它俩的后代基因型比例应该是 ZZ:ZW:WW = 1:2:1，但 WW 纯合致死，所以后代的表型比例是雄性：雌性 = 1:2。

当然，公鸡也可以发生性反转变成母鸡，但概率要小得多。

不只是鸡，还有很多其他的生物也存在性反转现象。如鲷鱼种群中最强壮的个体是首领，发育成雄鱼。一旦雄鱼死亡，剩下的个体中，最强壮的那条会摇身一变，发育成雄鱼，作为新王。而且，更离谱的是：这个反转过程是由视觉引起的。如果把一只鲷鱼和鱼群的其他个体用不透明的木板隔开，这只鲷鱼会觉得整个空间自己最强壮，它就会变成雄性。如果我们把木板换成玻璃板，它突然发现对面的鱼群中有比自己更大的鱼，就会乖乖地重新变回雌性。而黄鳝、小丑鱼等雌雄同体的个体具有两个类型的性器官，其发育可先后交替，即"先雄后雌"或"先雌后雄"，后者更常见。其他诸如海兔则会选择比输赢，谁输谁发育成雌性。

须知

性反转仅是表型发生改变，遗传物质（基因型）是不会发生改变的。

6. 巴氏小体

巴氏小体指在雌性哺乳动物体细胞核中，两条 X 染色体中的随机一条浓缩成染色较深的异染色体状态，附着于核膜边缘。1949 年，加拿大的默里·巴尔 (Murray Barr，1908—1995) 和其研究生尤尔特·乔治亚·伯特伦 (Ewart George Bertram) 等发现雌猫的神经细胞间期核中有一个深染的小体而雄猫却没有，如图 7.23 所示。人类男性细胞核中很少或根本没有巴氏小体，而女性则有 1 个。

　　某种猫，雄性个体有两种毛色：黄色和黑色；雌性个体有三种毛色：黄色、黑色、黑黄相间。研究人员分析这种猫的基因，发现控制毛色的基因位于 X 染色体上：X^B（黑色）和 X^b（黄色）。雄猫只有一条 X 染色体，毛色不是黄色就是黑色；而 X^BX^b 的雌猫，身体的不同部位，两条 X 染色体随机失活，所以出现黑黄相间的颜色。

　　巴氏小体通过体细胞染色体检查把男女性别区别得一清二楚，也为性染色体病的检出提供了新方法，一般用于早期胎儿性别鉴定和运动员性别鉴定。

　　1936 年在柏林举办的第 11 届奥运会女子 100 米田径比赛中，美国选手海伦·斯蒂芬斯获得了冠军。而这场比赛中的第二名，来自波兰的斯特拉对海伦的性别产生怀疑。斯特拉向国际田联提出验证海伦性别的要求，这是国际体育赛事上第一次对运动员进行性别测试。国际奥委会通过直观的目测法鉴定海伦的性别，也就是让她脱光衣服，检查性别特征，结果证明海伦的确是女性，斯特拉的质疑不成立。然而讽刺的是：44 年后，斯特拉不幸遭遇了一场抢劫，被劫匪枪杀，而她的尸检结果显示，斯特拉具有一个微小、但无功能的男性器官；而"她"的体细胞中性染色体类型也有问题，携带着部分 XY 染色体，部分只有一个 X 染色体，这说明胚胎细胞分裂错误，导致了镶嵌现象。

　　在同一年的奥运会中，还有一名德国跳高运动员，多拉·拉简也存在性别质疑。警方介入调查才发现，多拉出生时就被助产士误当成女孩子，家人从小用女孩子的方式养育多拉。其实多拉不是女性，也不能算是男性，她是双性人。在多拉的意识中，

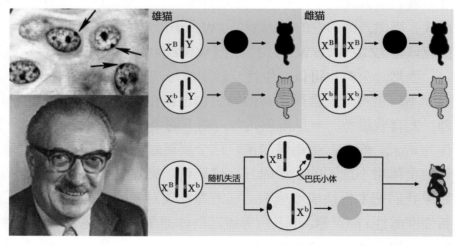

图 7.23　巴氏小体

自己是女性，于是她只能隐藏身体特征，避免暴露身体，并以女性的身份参加比赛。直到尴尬的性别身份被揭露，她赢得的奖牌被悉数没收，名字也从记录中被删除了。

　　接连几起性别纠纷让体育界意识到其中存在的问题，于是 1966 年，国际田联规定了性别鉴定步骤。运动员在医生面前集体全裸列队，医生粗略地通过肉眼鉴定性别。这种方法虽然直观、简单，但也引起了人们心理上的反感，被批判为不文明、不道德的方法。1967 年，国际田联引入巴氏小体检测法，一年后国际奥委会也采取了同样的方式。

　　然而，在推出巴氏小体检测法的那一年，一位波兰女运动员就无法通过性别鉴定。她的染色体结果显示"无巴氏小体"，也就是说"她"被判定为男性，但她的确是一名女性，

只是患上了罕见的特纳氏综合征：X 染色体部分或完全缺失，染色体组成不是常人的 44 + XX，而是 44 + X。她自然不会出现巴氏小体。但当时，组委会还是遵照鉴定结果，判定这名女运动员终身禁止参加奥运会和职业体育比赛。其后，人们逐渐发现，巴氏小体检测法出现了越来越多的盲点：除了患特纳氏综合征的女性没有巴氏小体的异常情况之外，患有克氏综合征的男性性染色体为 XXY，却能检测出一个巴氏小体。

1992 年，国际奥委会引入 PCR(聚合酶链式反应) 检测方法，这是比染色体更微观的基因层面的检测方法，检测的是我们已经提到的 SRY 基因。这就绕开了染色体异常的情况，直接根据基因情况判断其后续的表达。但这就万无一失了吗？显然不是，因为这段基因虽然通常位于 Y 染色体上，但极少数情况下也会转移到 X 染色体上发挥作用。这样一来，即使性染色体是 XX 的胎儿也会发育成男性，同样，如果 Y 染色体上的 SRY 基因失效，性染色体为 XY 的胎儿也会发育成女性。

7. 伴性遗传

很多生物都有性染色体，如果基因位于性染色体上，这些基因所控制的性状，在遗传方式上，自然就和位于常染色体上的基因有所不同。

伴性遗传的首要特点是位于性染色体上的基因所决定的性状是和"性别"这一性状相关的，其次，X 染色体与 Y 染色体是不完全同源的，如图 7.24 所示。

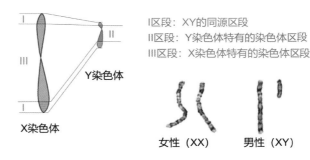

I区段：XY的同源区段
II区段：Y染色体特有的染色体区段
III区段：X染色体特有的染色体区段

女性 (XX)　　　男性 (XY)

图 7.24　XY 染色体不同区段

如果基因位于 I 区段上，就是 XY 同源区遗传，对应的基因型有 $X^A X^A$、$X^A X^a$、$X^a X^a$、$X^A Y^A$、$X^A Y^a$、$X^a Y^A$、$X^a Y^a$，要注意的是 $X^A Y^a$ 和 $X^a Y^A$ 是不同的基因型。

如果基因位于 II 区段上，就是伴 Y 遗传。我们之所以将一些性状或疾病分为显性或隐性，是因为需要判断杂合子是患病还是正常的，所以伴 Y 遗传是不分显性遗传和隐性遗传的。

如果基因位于 III 区段上，就是伴 X 遗传，对应的基因型有 $X^A X^A$、$X^A X^a$、$X^a X^a$、$X^A Y$、$X^a Y$。伴 X 遗传是最常考的伴性遗传方式。

具体来说，除了前面已提到的摩尔根发现的果蝇的红眼、白眼基因位于 X 染色体上外，还有以下几种伴性遗传病。

(1) 伴 X 隐性遗传病：血友病、红绿色盲、杜氏进行性肌营养不良、葡萄糖 -6- 磷酸脱氢酶缺乏症、神经源性腓肠肌萎缩、肾上腺脑白质营养不良等。

(2) 伴 X 显性遗传病：抗维生素 D 佝偻病、色素失调症、遗传性肾炎 (Alport 综合征) 等。

(3) XY 同源区遗传：果蝇的刚毛与截毛等。

(4) 伴 Y 遗传病：人类外耳道多毛症、蹼趾、箭猪病等。

8. 从性遗传与限性遗传

从性遗传指的是决定一种性状的基因本身并不位于性染色体上，但该基因所决定的性状受到性别的影响（主要是内分泌），所以在雌雄性别中有差异。如羊的有角和无角受常染色体上的 Aa 等位基因控制：雄羊中 AA、Aa 均是有角的，aa 是无角的；而雌羊中 AA 是有角的，Aa 和 aa 均是无角的。又如人的青年秃顶和不秃顶受常染色体上的 Bb 等位基因控制：男性中 BB 是不秃顶的，Bb 和 bb 都是秃顶的；女性中 BB 和 Bb 都是不秃顶的，bb 是秃顶的。

限性遗传指的是由常染色体或性染色体的基因决定的性状，在一种性别中仅有一种性状，在另一种性别中才有不同的性状。如单睾、隐睾、泌乳量、产蛋量、产仔数量等。如鸡的羽形是常染色体基因 Hh 控制的：雌鸡都是母羽；雄鸡既有雄羽又有母羽。如某甲虫的有角和无角是常染色体 Dd 控制的：雄虫 DD、Dd 为有角，dd 为无角；雌虫均为无角。

9. 母系遗传与母性效应

(1) 母系遗传：母系遗传又称细胞质遗传 (cytoplasmic inheritance)，指的是子代的性状由细胞质内的基因（线粒体、质体等）所控制的遗传现象和遗传规律。1903 年和 1909 年，卡尔·科伦斯 (Carl Correns，1864—1933) 和埃尔温·鲍尔 (Erwin Baur,1875—1933) 分别发现细胞质基因遗传现象。母系遗传的特点是不论正交还是反交，F_1 性状总是受母本（卵细胞）细胞质基因控制，这是因为受精卵中的细胞质几乎全部来自卵细胞，精子几乎不携带细胞质。因为减数分裂时，细胞质中的遗传物质随机不均等分配，所以杂交后代不出现一定的分离比，即不符合经典遗传学定律。值得一提的是，卡尔·科伦斯就是我们平时所说的在孟德尔的成果淹没在历史长河 35 年之后，1900 年春，在两个月内独立重新发现了孟德尔遗传学定律的三位科学家之一。

如果一位母亲的线粒体携带致病基因，那么她所孕育的后代几乎无一例外都会出现遗传病。针对这种情况，我们可以将母亲的细胞核移入去核的卵细胞中，再将得到的重组细胞和精子进行体外受精，由此可降低生育遗传病后代的概率。这样诞生的后代将会继承一位父亲和两位母亲的遗传基因，即两母一父，所以称为三亲婴儿，如图 7.25 所示。

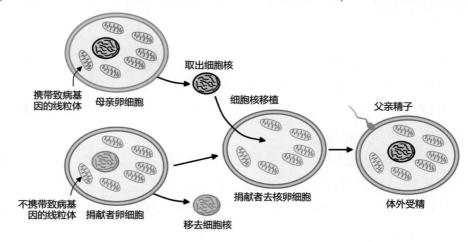

图 7.25　三亲婴儿示意图

(2) 母性效应：与母系遗传完全不是一个概念，指的是子代的表型只由母本的基因型决定，而与自己的基因型无关。本质上讲，这是卵细胞的细胞质中的非基因物质对受精卵发育的影响导致的。

母性效应可分为短暂母性效应和持久母性效应。短暂母性效应指的是受影响的对象主要是幼体。有一种麦粉蛾，含有犬尿素基因 A 的个体能产生犬尿素，使个体有颜色，而 aa 个体无颜色。Aa 和 Aa 的亲本杂交，会产生 aa 的受精卵，aa 的受精卵自己当然不能产生犬尿素，但形成这个受精卵的卵细胞中含有犬尿素，所以 aa 的幼体是有颜色的，然后逐渐变淡。

持久母性效应最经典的例子是椎实螺（见图 7.26）。椎实螺的螺壳旋转方向分左旋和右旋两种，判断方式是让螺口朝向自己，拇指和螺尖的方向一致，四指的抓握方向和螺纹的旋转方向与左手一致则为左旋，否则为右旋。左旋还是右旋受 Dd 等位基因控制：D 为右旋，d 为左旋。椎实螺是雌雄同体的软体动物，单个饲养时，可以进行自交；群养时，一般是杂交。研究后有以下几个发现。

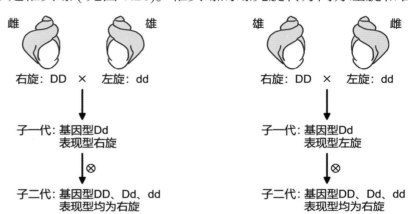

图 7.26　椎实螺与母性效应

① 右旋个体 (DD) 自交后代全是右旋 (DD)，左旋个体 (dd) 自交后代全是左旋 (dd)。

② 右旋个体 (DD) 做母本，左旋个体 (dd) 做父本，后代个体基因型都是 Dd，表型全是右旋，因为它们的母亲的基因型是 DD。

③ 右旋个体 (DD) 做父本，左旋个体 (dd) 做母本，后代个体基因型都是 Dd，表型全是左旋，因为它们的母亲的基因型是 dd。

④ Dd 个体自交，后代基因型为 DD : Dd : dd = 1 : 2 : 1，但表型都是右旋，因为它们母亲的基因型是 Dd。

7.4.3 交叉概率与交换律

1. 两对基因可能的位置关系

(1) 自由组合：如果两对基因 (Aa 和 Bb) 位于不同的染色体上，我们说 Aa 和 Bb 是自由组合的。因为在减数第一次分裂的后期，A 所在的染色体和 a 所在的染色体会相互分离；B 所在的染色体和 b 所在的染色体相互分离；与此同时，A 所在的染色体可能和 B 所在的染色体到同一个细胞中，相应地，a 所在的染色体就会和 b 所在的染色体到另一个

细胞中，最终，形成的配子种类和比例为
AB：ab=1：1。当然，也可能是 A 所在的染色
体可能和 b 所在的染色体到同一个细胞中，
相应地，a 所在的染色体就会和 B 所在的染
色体到另一个细胞中。最终，形成的配子种
类和比例为 Ab：aB = 1：1，如图 7.27 所示。

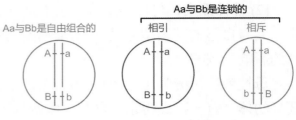

图 7.27　自由组合、相引和相斥

以上两种情况的发生概率是同等的，我们说 Aa 和 Bb 是自由组合的。

① 对于一个 AaBb 的细胞而言，它只能产生两种配子，要么是 AB 和 ab，要么是 Ab 和 aB。

② 对于一个 AaBb 的个体而言，它有无数的生殖细胞，产生的全部配子应该是
AB：Ab：aB：ab = 1：1：1：1。

(2) 相引：如果两对基因 (Aa 和 Bb) 位于一对同源染色体上，且 A 和 B 在一起，a 和 b
在一起，我们说 Aa 和 Bb 是连锁的，而且是相引的。因为在减数第一次分裂的后期，A 所
在的染色体和 a 所在的染色体会相互分离，同时，B 所在的染色体和 b 所在的染色体会随
之分离，无法自由组合。对于一个 AaBb 的细胞而言，它只能产生两种配子，AB 和 ab。
对于一个 AaBb 的个体而言，它有无数的生殖细胞，产生的全部配子应该是 AB：ab = 1：1。

(3) 相斥：如果两对基因 (Aa 和 Bb) 位于一对同源染色体上，且 A 和 b 及 a 和 B 在一起，
我们说 Aa 和 Bb 是连锁的，而且是相斥的。因为在减数第一次分裂的后期，A 所在的染色
体和 a 所在的染色体会相互分离；同时，b 所在的染色体和 B 所在的染色体会随之分离，
无法自由组合。对于一个 AaBb 的细胞而言，它只能产生两种配子，Ab 和 aB。对于一个
AaBb 的个体而言，它有无数的生殖细胞，产生的全部配子应该是 Ab：aB = 1：1。

以上情况，都是建立在不考虑染色体互换的情况下。

2. 交换及其产生的配子情况分析

(1) 自由组合 + 交换：假如在减数第一次分裂的前期，A 和 a 发生了交换，经过减数第
一次分裂，会出现以下几种情况。

① 对于一个细胞而言，可能产生 AaBB
和 Aabb 两种细胞，经过减数第二次分裂，
最终产生的四个细胞的基因型和比例是
AB：Ab：aB：ab = 1：1：1：1。

② 对于一个个体而言，它有无数的初级
性母细胞，不管是否发生交换，最终产生的
全部配子的基因型和比例是 AB：Ab：aB：ab
= 1：1：1：1，如图 7.28 所示。

同源染色体上的非姐妹
染色单体未发生交换

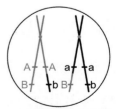

同源染色体上的非姐妹
染色单体发生了交换

图 7.28　Aa 与 Bb 连锁，未发生交叉互换与发生
交叉互换示意图

(2) 相引 + 交换：假如在减数第一次分裂的前期，A 和 a 发生了交换，经过减数第一次分裂，会出现以下几种情况。

① 对于一个细胞而言，可能产生 AaBB 和 Aabb 两种细胞，经过减数第二次分裂，最终产生的四个细胞的基因型和比例是 AB∶Ab∶aB∶ab = 1∶1∶1∶1。

② 对于一个个体：它有无数的初级性母细胞，交换是一个概率事件：如果发生了交换，产生的配子的基因型和比例是 AB∶Ab∶aB∶ab = 1∶1∶1∶1；如果没有发生交换，产生的配子的基因型和比例是 AB∶ab = 1∶1。综合考虑，一个 AaBb 的个体，产生的全部配子的基因型和比例是 AB∶Ab∶aB∶ab = 多∶少∶少∶多，如图 7.29 所示。

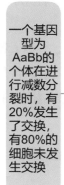
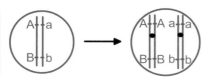
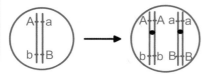

图 7.29　连锁与交叉互换与交换律

(3) 相斥 + 交换：假如在减数第一次分裂的前期，A 和 a 发生了交换，那么经过减数第一次分裂，会出现以下几种情况。

① 对于一个细胞而言，可产生 Aabb 和 AaBB 两种细胞，经过减数第二次分裂，产生的四个细胞，基因型和比例是 AB∶Ab∶aB∶ab = 1∶1∶1∶1。

② 对于一个个体而言，它有无数的初级性母细胞，交换是一个概率事件：如果发生了交换，产生的配子的基因型和比例是 AB∶Ab∶aB∶ab = 1∶1∶1∶1；如果没有发生交换，产生的配子的基因型和比例是 Ab∶aB = 1∶1。综合考虑，一个 AaBb 的个体，产生的全部配子的基因型和比例是 AB∶Ab∶aB∶ab = 少∶多∶多∶少。

3. 交换率（重组率）与交换概率

一个个体含有无数的初级精母细胞或初级卵母细胞，这些细胞可能发生交换，也可能不发生交换，只是一个概率事件。如果全部的初级母细胞，有 20% 发生了交换，我们可以很容易计算出产生的全部配子中，AB∶Ab∶aB∶ab = 45%∶5%∶5%∶45%。其中，AaBb 在正常情况下不会产生 Ab 和 aB 这两种配子，是因为发生了交换才产生这两种新的配子，所以这两种配子称为重组型配子。重组型配子占全部配子的比例，叫作重组率（或交换率），在这个例子中，重组率 =10%。

重组率 =1/2 发生交换的概率，这是因为交换时，除了产生一般重组型配子，还会产生一半正常的配子。

4. 对应的自交和测交结果分析

如果 Aa 与 Bb 相引，因为 AaBb 产生的配子中，AB：Ab：aB：ab = 大：小：小：大（和 1：1：1：1 相比），所以 AaBb 测交后代表型比例也是大：小：小：大（和 1：1：1：1 相比），以及 AaBb 自交后代表型比例是（大：小：小：大）×（大：小：小：大）= 大：小：小：大（和 9：3：3：1 相比）。

如果 Aa 与 Bb 自由组合，因为 AaBb 产生的配子中，AB：Ab：aB：ab = 1：1：1：1，所以 AaBb 测交后代表型比例也是 1：1：1：1，以及 AaBb 自交后代表型比例是 (1：1：1：1)×(1：1：1：1) = 9：3：3：1。

如果 Aa 与 Bb 相斥，因为 AaBb 产生的配子中，AB：Ab：aB：ab = 小：大：大：小（和 1：1：1：1 相比），所以 AaBb 测交后代表型比例也是小：大：大：小，以及 AaBb 自交后代表型比例是（小：大：大：小）×（小：大：大：小）= 小：大：大：小（和 9：3：3：1 相比）。

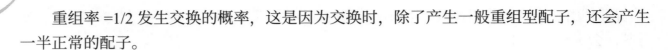

7.5 遗传系谱图及相关计算

7.5.1 遗传系谱图

遗传系谱图 (genetic pedigree chart)，是遗传学中一种重要的工具，用于揭示遗传性状或疾病在家族中的传递规律，并推测遗传模式和基因类型，对于疾病的诊断、预测和预防都有重要作用。其基本程序是先对某家族各成员出现的某种遗传病的情况进行详细的调查，再以特定的符号和格式绘制成反映家族各成员相互关系和发生情况的图解，然后根据孟德尔定律对各成员的表型和基因型进行分析，如图 7.30 所示。

系谱图中必须给出的信息包括：性别、性状表现、亲子关系、世代数以及每一个个体在世代中

□ 健康男性　　○ 健康女性　　◇ 性别未知
■ 先证者
■ ▨ ▨ 患有某种病的男性
▨ 患有两种病的男性
▨ ■ 已死亡的健康和患病男性
⊡ ⊙ 某种致病基因的男性和女性携带者

□─○ 配偶关系
□═○ 近亲结婚
□⌐○ 离婚
□┉○ 婚外夫妻关系
不育
异卵双生　　同卵双生

图 7.30　遗传系谱图各种符号

的位置。由于系谱法是在表型的水平上进行分析，而且系谱图记录的家系中世代数少、后代个体少，所以，为了确定一种单基因遗传病的遗传方式，往往需要得到多个具有该遗传病家系的系谱图，并进行合并分析。系谱图的绘制过程一般是从该家系中首次确诊的患者

(又称先证者，proband) 开始，追溯其直系和旁系各世代成员及该病患者在家族亲属中的分布情况。

7.5.2 人类遗传病

如前文所述，常见的遗传病一般可分为三大类：单基因遗传病、多基因遗传病、染色体遗传病。

单基因遗传病指的是受一对等位基因控制的遗传病，目前世界上已发现的这类遗传病有 8000 多种。

多基因遗传病指的是受两对或两对以上等位基因控制的遗传病，常见的有先天性发育异常和一些常见病，如原发性高血压、冠心病、哮喘、青少年型糖尿病等。多基因遗传病一般群体发病率高，呈现家族聚集现象，易受环境因素影响。

染色体异常遗传病指的是由染色体变异所引起的遗传病，简称染色体病，目前已发现有 500 多种，几乎涉及人类的每一条染色体。如 21- 三体综合征，又称唐氏综合征或先天愚型，发病原因是 21 号染色体多了一条，患者的智力低于常人，身体发育缓慢，并且表现出特殊的面容，50% 的患儿有先天性心脏病，部分患儿在发育过程中夭折。形成三体综合征的原因可能是在减数分裂时，21 号染色体未正常分离。又如猫叫综合征，发病原因是 5 号染色体短臂缺少一段，因患者婴儿时有猫叫样啼哭声而得名，其原因在于患儿的喉部发育不良或未分化，发病率约为 1/50000，女性患者多于男性患者。

调查人群中的遗传病时，最好选取群体中发病率较高的单基因遗传病，如红绿色盲、白化病、高度近视 (600 度以上) 等。同时，为保证调查的群体足够大，可将小组调查数据进行班级或年级汇总。

调查某种病的发病率，应在自然人群中进行调查。调查某种病的遗传方式，应在患者家族中进行调查。

某 种 遗 传 病 的 发 病 率 $= \dfrac{某种遗传病的患病人数}{某种遗传病的被调查人数}$，A 基 因 的 基 因 频 率 A%$=$

$\dfrac{AA + \frac{1}{2}Aa}{AA + Aa + aa} \times 100\%$，$X^a$ 基 因 的 基 因 频 率 $X^a\% = \dfrac{X^aX^a + \frac{1}{2}X^AX^a + \frac{1}{2}X^aY}{X^AX^A + X^AX^a + X^aX^a + \frac{1}{2}X^AY + \frac{1}{2}X^aY} \times$

100%。其他情况与之类似，不再赘述。

7.5.3 遗传病的判断方式

虽然遗传病有很多种，但考试中一般只涉及单基因遗传病，所以接下来，我们重点讨论单基因遗传病的各种情况。

如前文所述，单基因遗传病可分为：常染色体显性遗传病、常染色体隐性遗传病、伴

X 显性遗传病、伴 X 隐性遗传病、伴 Y 遗传病。伴 Y 遗传一般不考，即使考到，也相对简单，在此不再赘述。

对于前四种遗传病，我们可以先判断它是显性还是隐性，如果是显性，再去判断它是常染色体显性还是伴 X 显性；如果是隐性，再去判断它是常染色体隐性还是伴 X 隐性。当然，也可以先判断它是常染色体还是伴性，然后再判断是显性还是隐性。

不管判断它是常染色体还是伴性，还是判断它是显性还是隐性，我们的原则都是反证：我们说一种病是显性，理由必须是它不能是隐性；反之亦然。类似地，我们说一种病是常染色体，理由必须是它不能是伴性；反之亦然。

通常情况下，可利用以下口诀进行判断。

(1) 无中生有为隐性：父母都不患病，但生出患病孩子，一定是隐性遗传病。

(2) 隐性遗传看女病：既然是隐性病，那么可能是常隐，也可能是 X 隐；我们假设是 X 隐，那么一个女性患者的基因型一定是 X^aX^a。

(3) 父子无病非伴性：那么她的父亲和儿子的基因型一定都是 X^aY，即女性患者的父亲和儿子一定都患病，那么只要她的父亲或儿子中有一个不患病，这种病就不可能是 X 染色体隐性遗传病，就只能是常染色体隐性遗传病。

(4) 有中生无为显性：父母都患病，但生出不患病孩子，一定是显性遗传病。

(5) 显性遗传看男病：既然是显性病，那么可能是常显，也可能是 X 显；我们假设是 X 显，那么一个男性患者的基因型一定是 X^AY。

(6) 母女无病非伴性：那么他的母亲和女儿的基因型一定都是 X^AX^-，即男性患者的母亲和女儿一定都患病，那么只要他的母亲或女儿中有一个不患病，这种病就不可能是 X 染色体显性遗传病，只能是常染色体隐性遗传病。

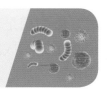

第8章 遗传的分子基础

✳ 8.1　DNA 是主要的遗传物质

8.1.1 肺炎链球菌简介

1881 年，由美国的乔治·米勒·斯滕伯格 (George Miller Sternberg，1838—1915) 和法国的路易斯·巴斯德 (Louis Pasteur，1822—1895) 同时发现了肺炎链球菌。在最初的时候，命名为肺炎链球菌，后来更名为肺炎双球菌，1974 年正式命名为肺炎链球菌，如图 8.1 所示。

　(a) 斯滕伯格　　　　(b) 巴斯德　　　(c) 肺炎链球菌形成的粗糙和光滑菌落的电镜照片及模式图

图 8.1　肺炎链球菌发现者及其电镜照片和模式图

▶▶▶
　　　斯滕伯格，美国陆军医生，被认为是第一位美国细菌学家，撰写了《细菌学手册》。巴斯德，法国著名的微生物学家、化学家，他把微生物的研究从主要研究微生物的形态转移到研究微生物的生理途径上来，奠定了工业微生物学和医学微生物学的基础，并开创了微生物生理学，在治愈狂犬病、鸡霍乱、炭疽病、蚕病等方面都取得了成果。《影响人类历史进程的 100 名人排行榜》中，巴斯德名列第 12，可见其对人类历史的巨大影响力。其发明的巴氏消毒法至今仍被应用。他的著名言论是：科学虽没有国界，但是科学家却有自己的祖国。

弗雷德里克·格里菲斯 (Frederick Griffith，1879—1941) 发现肺炎链球菌有以下两种不同的类型。

(1) 固体培养基上形成的菌落是光滑的，称为 S 型菌。

(2) 固体培养基上形成的菌落是粗糙的，称为 R 型菌。

我们当然不关心这些菌所形成的菌落到底是光滑还是粗糙。但是我们随后发现了以下几种情况。

(1) S 型菌在感染小鼠时会引起小鼠得败血症死亡，感染人会使人患肺炎，也就是说，S 型菌是有毒的。进一步的研究发现，S 型菌之所以有毒，是因为菌细胞表面有一层黏多糖构成的荚膜，这层荚膜的存在，使得 S 型肺炎链球菌能够抵抗宿主 (如小鼠、人) 的免疫系统的杀伤。

(2) R 型菌在感染小鼠时不会引起小鼠得败血症死亡，感染人不会使人患肺炎，也就是说，R 型菌是无毒的。进一步的研究发现，R 型菌之所以无毒，是因为菌细胞表面没有一层黏多糖构成的荚膜，所以 R 型肺炎链球菌不能够抵抗宿主 (如小鼠、人) 的免疫系统的杀伤。

8.1.2 格里菲斯的肺炎链球菌体内转化实验

格里菲斯进行肺炎链球菌体内转化实验后有以下几个发现，如图 8.2 所示。

(1) 无毒的 R 型菌 + 小鼠→ 小鼠活蹦乱跳: 一切都显得合情合理。

(2) 有毒的 S 型菌 + 小鼠→ 小鼠死亡: 一切都显得合情合理。

(3) 有毒的 S 型菌加热杀死 + 小鼠→ 小鼠活蹦乱跳: 一切都显得合情合理。

(4) 有毒的 S 型菌加热杀死 + 无毒的 R 型菌 + 小鼠→ 小鼠死亡。并且，格里菲斯从死亡的小鼠体中分离出活的 S 型菌和 R 型菌。

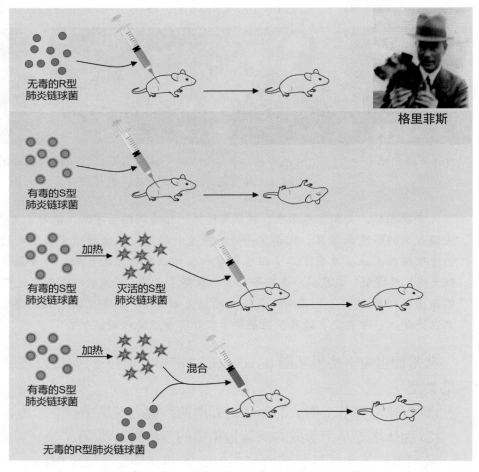

图 8.2　格里菲斯进行的肺炎链球菌体内转化 (活体转化) 实验

第 4 组实验如何解释呢？活的 S 型菌哪来的呢？有可能是加热杀死的 S 型菌死而复活 (可能性较小)，也有可能是 R 型菌转变成了 S 型菌 (可能性较大)。但是，如果是转化而来的，第 1 组的 R 型菌为什么没有转变成 S 型菌呢？它和第 4 组的区别就在于第 4 组还加入了加热杀死的 S 型菌，所以格里菲斯得出结论：加热杀死的 S 型菌中存在某种转化因子，可以使 R 型菌转变成 S 型菌。转化因子是什么？不知道。但是不管是什么，这种转化因子应该就是肺炎链球菌的遗传物质。

格里菲斯没有能够继续开展相关实验，1941 年，德国炮轰伦敦，格里菲斯死于炮轰。

8.1.3 艾弗里的肺炎链球菌体外转化实验——简述

简单来说，奥斯瓦尔德·西奥多·艾弗里 (Oswald Theodore Avery，1877—1955) 做的体外转化实验就是：先加热杀死 S 型菌，再从中分离提取出各种物质 (如 DNA、RNA、蛋白质、脂质等)，将这些物质分别和活的 R 型菌混合，进行液体悬浮培养 (见图 8.3)。这个过程叫作转化。

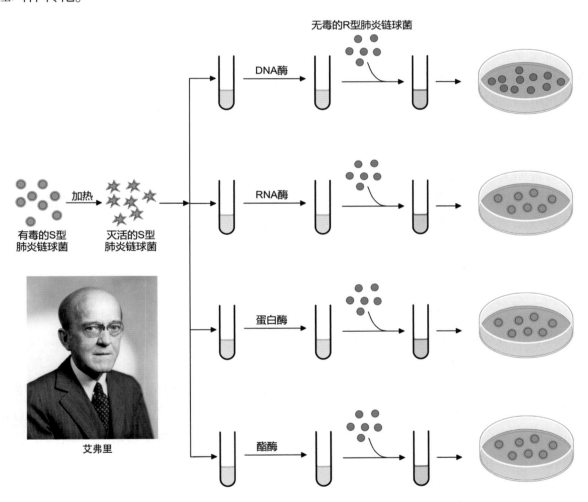

图 8.3 艾弗里的肺炎链球菌体外转化 (离体转化) 实验

为什么要液体悬浮培养？转化就是菌体从环境中 (细胞外) 吸收了外源的 DNA，然后将其整合到自己的 DNA 上，从而发生遗传物质的改变。所以说，要想转化过程能够发生，菌体必须和外源的 DNA 充分接触，液体悬浮培养的目的就是使 R 型菌和培养基中的 S 型菌的 DNA 充分接触。

另外，艾弗里的实验中额外加入了以下两种物质。

(1) Ca^{2+}，用以提高细胞的通透性，使细胞处于感受态 (处于一种能够从环境中吸收 DNA 分子的状态)，提高转化效率。

(2) 针对 R 型菌的抗体，用以抑制 R 型菌的增殖，使少数的转化而来的 S 型菌能够脱颖而出，形成光滑的菌落，被我们观察到。

然后将培养液稀释涂布在固体培养基上，观察长出的菌落是光滑的还是粗糙的：如果都是粗糙的菌落，说明 R 型菌没有转化成 S 型菌；如果有粗糙的菌落，也有光滑的菌落，说明有 R 型菌转化成了 S 型菌。

为什么一定要在固体培养基上培养？因为只有进行固体培养，才能观察菌落是粗糙的还是光滑的，进而判断是 R 型菌还是 S 型菌。

艾弗里本来想要证明蛋白质是遗传物质，但是实验结果大大出乎艾弗里自己的意料，他研究发现：只有 DNA 能够使 R 型菌转化成 S 型菌，蛋白质和其他物质并不能使转化发生。由此艾弗里得出结论：DNA 才是肺炎链球菌的遗传物质。

艾弗里在论文的结尾处写道："本文提出的证据支持以下观点：脱氧核糖类型的核酸是肺炎链球菌 III 型转化因子的基本单位。"艾弗里根据这些实验证据得出上述结论已经有足够的说服力，但是当时科学界普遍认为蛋白质才是遗传物质，因此艾弗里在论文中也曾十分谨慎地说："当然也有可能，这种物质的生物学活性并不是核酸的一种遗传特性，而是由某些微量的其他物质所造成的，这些微量物质或者吸附在它上面，或者与它密切结合在一起，因此检测不出来。"

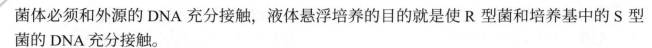

8.1.4 艾弗里的肺炎链球菌体外转化实验——详述

在格里菲斯发表论文两年后的 1930 年，美国洛克菲勒研究所艾弗里实验室的马丁·亨利·道森 (Martin Henry Dawson, 1896—1945) 和理查德·赛亚 (Richard Sia) 实现了肺炎链球菌的离体转化实验。他们在含有抗 R 型菌的血清和加热致死的 S 型菌的液体培养基中培养 R 型菌，结果产生了活的 S 型菌，后来，艾弗里实验室的詹姆斯·阿洛韦 (James Alloway) 将 S 型菌过滤，除去一些细胞组分，得到一种无细胞的提取液，并用提取液进行体外转化实验，最后获得成功。1934 年，科林·麦克劳德 (Colin MacLeod, 1909—1972) 加入了艾弗里实验室，他同艾弗里一起用阿洛韦的体外系统进行转化实验。1941 年，他们已经很有信心地认为转化因子是"胸腺类的核酸"。1943 年 3 月，艾弗里首先在洛克菲勒理事会上介绍了他们的实验过程和结果，并于 1944 年发表了这个经典的实验，具体实验过程如下。

(1) 将 S 型菌用去氧胆酸盐溶液漂洗数次，用乙醇沉淀，得到黏性的乳白色沉淀。

(2) 将沉淀溶于盐溶液，然后用氯仿抽提 2 ～ 3 次除去蛋白，再用乙醇沉淀。

(3) 将沉淀溶于盐溶液，加入能够水解多糖的酶，37℃ 消化 4 ～ 6 h 后鉴定溶液中的多糖已除去。

(4) 用氯仿抽提 1 次除去水解糖的酶和残留蛋白，然后用乙醇沉淀。

他们就这样从 75 L 培养物中得到 10 ～ 25 mg 沉淀，然后将沉淀溶于盐溶液制成细胞提取物。

他们首先用 III 型 S 菌的细胞提取物与活的 II 型 R 菌混合进行转化实验，并获得了成功。接着，将细胞提取物用不同的酶进行处理后，再与活的 II 型 R 菌混合进行转化。具体分以下几组。

(1) 细胞提取物用蛋白酶处理，结果能够转化。

(2) 细胞提取物用 RNA 酶处理，结果能够转化。

(3) 细胞提取物用 DNA 酶处理，结果不能转化。

(4) 细胞提取物用酯酶处理，结果能够转化。

只有 DNA 酶能够阻止转化发生，这表明被 DNA 酶消化分解的 DNA 极可能就是细胞提取物中有活性的转化因子。接下来，他们分析了转化因子的理化特征，具体如下。

(1) 转化因子的分子量很大，分子氮磷比约为 1.67∶1。

(2) 在 260 nm 的紫外线照射时具有最大的吸收峰值，检测 DNA 的二苯胺，反应结果呈强阳性，检测 RNA 的苔黑酚检测结果呈弱阳性。

(3) 两种检测蛋白质的方法结果都是阴性等。

这些理化特征或测试反应的结果都与 DNA 的极为相似。

8.1.5 反对艾弗里的阵营

艾弗里的论文一经发表就引发质疑，质疑点主要是：转化因子究竟是 DNA 还是和 DNA 混在一起的少量蛋白质。这些质疑既与"细胞提取物不够纯"的实际情况有关，还与当时科学界对 DNA 和蛋白质已形成的共识密不可分。

20 世纪初，科学家已经知道核酸是由许多核苷酸单元聚合而成的化合物。德国生化学家卡尔·科赛尔 (Karl Kossel, 1853—1927) 发现核酸由碱基、磷酸和糖组成，并探明了组成核苷酸的四种碱基。1909 年，美国生化学家费伯斯·列文 (Phoebus Levene, 1869—1940) 提出了核苷酸的概念，并指出核苷酸是核酸的基本组成单位。他明确将核酸细分为核糖核酸 (RNA) 和脱氧核糖核酸 (DNA)，并提出四核苷酸假说：四个互不相同的核苷酸连接构成四核苷酸，四核苷酸连接组成 DNA 分子，如图 8.4 所示。这个假说认为 DNA 链是单调重复的分子，这可能是因为列文在分析 DNA 结构时采用了剧烈的提取方法，破坏了 DNA 的结构，导致他将 DNA 视作分子量很小 (1500 Da) 的分子。当时"四核苷酸假说"深入人心，并促进了对蛋白质的研究。

图 8.4　列文的四核苷酸假说模型和反对艾弗里的阵营

图 8.4 中，上面三位从左至右依次是卡尔·科赛尔、马克斯·德尔布吕克、萨尔瓦多·卢里亚，下面三位从左至右依次是费伯斯·列文、阿尔弗雷德·赫尔希、阿尔弗雷德·米尔斯基。科赛尔是德国生化学家，他发现核酸由四种碱基、磷酸和糖组成，1910 年获诺贝尔生理学或医学奖。列文是美国生化学家，他提出了核苷酸的概念并提出四核苷酸假说，最左侧就是列文提出的四核苷酸假说模型。该假说认为 DNA 链是单调重复的分子。四核苷酸假说深入人心，严重阻碍了 DNA 的研究，却加速了蛋白质结构的研究。尽管现在人们大多记得他错误的 DNA 四核苷酸理论，但列文一生成果斐然，发表过 700 多篇关于物质化学结构的原创论文和文章。德尔布吕克、沃森的导师卢里亚、赫尔希是当时赫赫有名的"噬菌体小组"成员，他们三位共享了 1969 年的诺贝尔生理学或医学奖。

　　进入 20 世纪，12 种基本氨基酸已被发现，到 1940 年，其他 8 种基本氨基酸也一一被揭示。很多科学家认为以 20 种氨基酸为基本单位的蛋白质似乎含有无数复杂且不重复的遗传信息。况且，艾弗里实验中的细胞提取物含有微量的蛋白质，因此，他们就不接受艾弗里的实验结论。

　　持怀疑态度的还有"噬菌体小组"的多位成员，该小组的核心人物是马克斯·德尔布吕克 (Max Delbrück，1906—1981)、萨尔瓦多·卢里亚 (Salvador Luria，1912—1991) 和阿尔弗雷德·赫尔希 (Alfred Hershey，1908—1997)。许多取得杰出成就的科学家都出自这个小组，如詹姆斯·沃森 (James Watson，1928—)、马修·梅塞尔森 (Matthew Meselson，1930—)、富兰克林·斯塔尔 (Franklin Stahl，1929—) 等。当时，德尔布吕克和"噬菌体小组"的大多数成员相信四核苷酸假说，因此并不相信艾弗里的结论。他们认为 DNA 只是一种单调乏味的大分子，怎么可能是遗传物质的载体呢？反对艾弗里的还包括他的同事、核酸研究权威人物阿尔弗雷德·米尔斯基 (Alfred Mirsky，1900—1974)。米尔斯基尝试从多种生物材料中提取核酸和蛋白质，1946 年，他从 III 型肺炎链球菌中提取了核酸和蛋白质，并重复了艾弗里的实验，但是因为很难获得不含蛋白质的纯 DNA，所以选择质疑艾弗里。1949 年，米尔斯基发现同种生物不同细胞中的 DNA 含量相同，体细胞中 DNA 的含量是精子中 DNA 含量的两倍，这个结论本可以支持 DNA 是遗传物质，但他仍然不相信仅靠 DNA 就会携带遗传信息。

8.1.6 支持艾弗里的阵营

面对争议，艾弗里的研究团队细化实验，进一步加强实验证据。他们采取的方法有以下几种。

(1) 优化提取转化因子的方法，提高转化因子的种类、产量和纯度，将蛋白质最大污染量降至 0.02%。

(2) 纯化 DNA 酶，1944 年他们在实验中使用的 DNA 酶并非纯化的 DNA 酶。1946 年，麦卡蒂从牛胰中纯化 DNA 酶，并在转化实验中稀释该 DNA 酶，致使无法检测到蛋白水解酶活性。

也有科学家利用其他实验材料取得了与艾弗里等人相同的结果，如图 8.5 所示。1945 年 11 月，法国的安德烈·博伊文 (Andre Boivin) 宣布：他成功地实现了大肠杆菌的转化。他们用从 S_2 型的 S 菌 (大肠杆菌) 提取到的核酸去培养 S_3 型的 R 菌，结果获得了 S_2 型的 S 菌；而且，他们也能使 S_3 型转化为 S_1 型。

以下几位科学家的发现则彻底否定了四核苷酸假说。

(1) 1934 年托比昂·卡斯珀森 (Torbjörn Caspersson，1910—1997) 用过滤的方法得到核酸，他推测核酸是比蛋白质还要大的大分子。

(a) 安德烈·博伊文　　(b) 托比昂·卡斯珀森　　(c) 鲁道夫·席格纳　　(d) 埃尔文·查哥夫

图 8.5　支持艾弗里的阵营

(2) 1938 年，卡斯珀森与鲁道夫·席格纳 (Rudolf Signer) 合作得到了分子量为 50 万 Da、100 万 Da 的 DNA 分子，这就反对了 "DNA 是一个小分子" 的观点。

(3) 美国生化学家埃尔文·查哥夫 (Erwin Chargaff，1905—2002) 发现：不同生物 DNA 中四种碱基的比例并不一致，但是腺嘌呤 (A) 总是与胸腺嘧啶 (T) 含量一致，鸟嘌呤

(G) 总是与胞嘧啶 (C) 含量一致。这个发现彻底否定了四核苷酸假说，为人们接受 DNA 是遗传物质扫清了障碍。

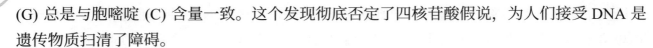

知识拓展：伟大的艾弗里

　　作为发现遗传物质本质的第一人，艾弗里的研究结论长期不被接受。在介绍分子生物学历史的早期著作中，赫尔希和蔡斯的 T₂ 噬菌体侵染大肠杆菌实验被视为证明 DNA 是遗传物质的唯一实验。事实上，艾弗里是用确凿的实验证据说明 DNA 是遗传物质的本质，揭示 DNA 的重要性的第一人，查哥夫正是知道了艾弗里的研究结论后，才转而研究 DNA，因此，艾弗里的卓越贡献不容忽视。

　　(1) 格里菲斯实验是艾弗里等人探究遗传物质本质的基础，格里菲斯利用肺炎链球菌做转化实验，开辟了用细菌研究遗传物质的新领域，并取得重要结论。

　　(2) 而艾弗里的一系列研究是对格里菲斯实验的延伸，并取得了里程碑式的成果，人类历史上第一次证明 DNA 是遗传物质。

　　(3) 赫尔希和蔡斯的实验则是对艾弗里实验结论的进一步支持，他们利用噬菌体作为研究材料，巧妙设计实验，显示出了杰出科学家的素养和能力。

8.1.7 关于病毒的一些基本知识

1. 生物的分类

所有的生物可以分为两大类：细胞生物和非细胞生物。

细胞生物都具有细胞结构，可分为原核生物和真核生物。原核生物没有以核膜为界限的细胞核，如"细线织蓝衣"，"细"指的是细菌 (如各种球菌、杆菌、螺旋菌、弧菌等)，"线"指的是放线菌，"织"指的是支原体，"蓝"指的是蓝细菌，"衣"指的是衣原体。真核生物有以核膜为界限的细胞核，如动物、植物、霉菌 (如青霉、曲霉、毛霉、水霉)、菇类、蕈类、黏菌、原生生物等。

非细胞生物指的是寄生于细胞中的病毒。病毒对于宿主细胞是具有很强的选择性的，我们可以根据病毒宿主细胞的不同，将病毒分为以下几类。

(1) 动物病毒：如 HIV(人类免疫缺陷病毒，由它导致的疾病是 AIDS，即获得性免疫缺陷综合征)、SARS、2019-nCoV、禽流感病毒 H7N9、狂犬病毒、肝炎病毒等。

(2) 植物病毒：如 TMV(烟草花叶病毒)、番茄斑萎病毒、大蒜 E 病毒等。

(3) 细菌病毒：又叫噬菌体，如 T₂ 噬菌体、T₄ 噬菌体、T₅ 噬菌体、T₇ 噬菌体、λ 噬菌体、P₂₂ 噬菌体等。

2. 病毒的研究历史

病毒 (virus)，这个词源自罗马，原意是"蛇的毒液"与"男人的精液"，后被赋予了"毁灭"和"创造"两层意思。

20 世纪，德米特里·伊万诺夫斯基 (Dmitri Ivanovsky，1864—1920) 在研究烟草花叶病的病因时，发现患花叶病的烟草榨出的汁液，通过细菌过滤器后得到的无菌滤液，依然可以使正常的烟叶患病，虽然当时无法看到它，但伊万诺夫斯基依然由此推测：肯定存在一种比已知的细菌还小的生物，并把它命名为病毒。直到 1939 年，科学家才用电子显微镜首次观察到病毒。

在过去的 3000 年里，天花病毒大概是杀死人类最多的病毒之一。1400—1800 年的欧洲，每百年都有约 5 亿人死于天花，受害者包括俄国沙皇彼得二世、英国女王玛丽二世等。人类最常见的病毒性疾病，是鼻病毒引发的感冒，它的多样性和演化快的特点，导致其非常难以治愈。

人类刚消灭天花病毒，另一种可怕的病毒悄然袭来：HIV。1983 年，HIV 首次从患者身上分离出来，科学家用了 30 年的时间，大概摸清了艾滋病的根源：来自非洲的猴子与黑猩猩。HIV 攻击的细胞主要是一种名叫 CD^{4+} 的 T 细胞，这是一种免疫细胞。起初，人体内 HIV 成不了气候，因为免疫系统会攻击 HIV。但总有一小部分病毒潜伏下来继续生长并不断破坏免疫系统，直到免疫系统全面崩溃而发病，即获得性免疫缺陷综合征 (AIDS)。

20 世纪造成人类死亡最多的病毒，大概是第一次世界大战时爆发的西班牙大流感，全球约 5000 万人死亡。此外还有狂犬病、水痘、麻疹、病毒性肝炎等。

3. 病毒的种类

病毒的种类很多，具体如表 8.1 所示。

表 8.1　根据遗传物质对病毒进行分类

病毒类型		所携带的酶	例　子
DNA 病毒	双链 DNA 病毒		腺病毒、痘病毒等
	单链 DNA 病毒	RNA 复制酶	细小 DNA 病毒等
RNA 病毒	双链 RNA 病毒		呼肠孤病毒等
	正链 RNA 病毒		脊髓灰质炎病毒、冠状病毒等
	负链 RNA 病毒	RNA 复制酶	狂犬病毒等
	逆转录病毒	逆转录酶	HIV、Rous 肉瘤病毒等

4. 病毒侵染宿主细胞的方式

病毒侵染细胞的方式多种多样，除了 T_2 噬菌体这种通过吸附在宿主细胞表面，然后将遗传物质注入宿主细胞内这种方式外，还有一类病毒入侵细胞的方式需要格外引起我们的关注：囊膜病毒，又叫冠状病毒，如 SARS 病毒、新冠病毒 COVID、人类免疫缺陷病毒 HIV，如图 8.6 所示。

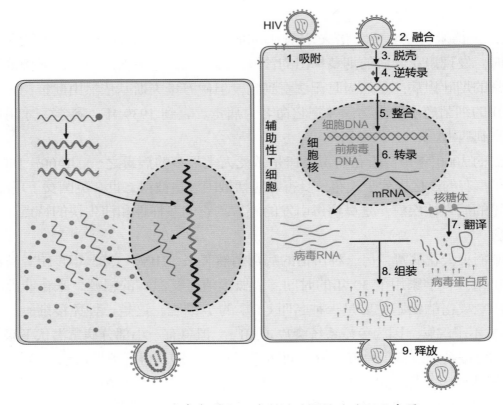

图 8.6　HIV 病毒在宿主细胞内增殖和释放过程示意图

　　逆转录病毒在侵染宿主细胞后，会在自身携带的逆转录酶的作用下合成 DNA，然后整合到宿主细胞的 DNA 上，经转录、翻译，合成自身遗传物质和蛋白质，最后组装成病毒颗粒，以类似胞吐的方式，包裹着宿主细胞膜离开细胞。囊膜病毒在蛋白质外壳外还有一层来自上一个宿主细胞的细胞膜包被的囊膜。囊膜上含有病毒的 S 蛋白，可帮助其侵染下一个宿主细胞。侵染方式类似细胞融合，整个病毒颗粒进入宿主细胞内，然后脱壳，进行遗传物质和蛋白质的合成。

5. 烈性噬菌体和温和噬菌体

　　烈性噬菌体指的是在短时间内能连续完成吸附、侵入宿主细胞，并在宿主细胞内增殖、装配，最终使宿主细胞裂解这五个阶段而实现繁殖的噬菌体。烈性噬菌体进入菌体后就改变宿主的性质，使之成为制造噬菌体的工厂，大量产生新的噬菌体，最后导致菌体裂解死亡。

　　与烈性噬菌体相对应，温和噬菌体是指吸附并侵入细胞后，噬菌体的 DNA 整合在宿主的 DNA 上并长期随宿主 DNA 的复制而复制，在一般情况下不进行单独的增殖和引起宿主细胞裂解的噬菌体，我们称这种状态为溶原状态 (lysogenic state)。只有当宿主的营养状态不好时才会转变为溶菌状态 (lytic growth)，在溶菌状态下病毒 DNA 离开宿主 DNA 而游离出来，恢复增殖、装配、裂解过程，如图 8.7 所示。

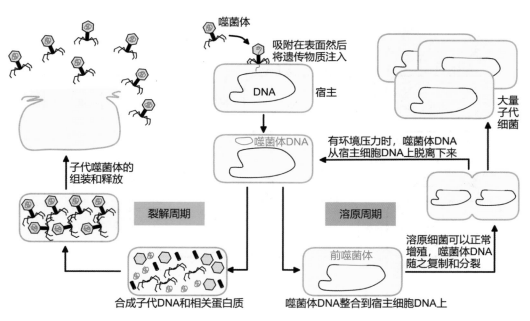

图 8.7　温和噬菌体的溶菌状态和溶原状态

> 温和噬菌体侵染宿主细胞时，先吸附在宿主细胞的细胞膜上，然后将其遗传物质 (DNA 或 RNA) 注射到宿主细胞内，然后利用宿主细胞的物质、能量、酶系合成自身的遗传物质和蛋白质，或整合在宿主细胞基因组 DNA 上稳定存在。

8.1.8 　赫尔希和蔡斯的 T_2 噬菌体侵染大肠杆菌实验

前文提到过曾经煊赫一时的"噬菌体小组"，他们最初认为蛋白质是真正的遗传物质，对艾弗里的实验持怀疑态度。但"噬菌体小组"的赫尔希和他的助手玛莎·蔡斯 (Martha Chase，1927—2003) 所进行的 T_2 噬菌体侵染大肠杆菌实验再次证明 DNA 是遗传物质，如图 8.8 所示。

我们现在知道：T_2 噬菌体的结构具有蝌蚪状外形，头部呈正 20 面体，外壳由蛋白质构成，头部包裹 DNA 作为遗传物质。侵染宿主时，尾鞘收缩，头部的 DNA 即通过中空的尾部注入细胞内，进而通过宿主体内的物质合成子代噬菌体。当噬菌体增殖到一定数量后，大肠杆菌裂解，释放出大量的噬菌体，所以 T_2 噬菌体为烈性噬菌体。

但在当时，人们并不清楚 T_2 噬菌体的具体结构。不过，人们依然通过化学组分分析，知道了 T_2 噬菌体仅由蛋白质和 DNA 构成，其蛋白质的元素组成为 C、H、O、N、S，DNA 的元素组成为 C、H、O、N、P。所以可以用 ^{35}S 和 ^{32}P 分别标记噬菌体的蛋白质和 DNA，从而实现独立监测噬菌体在侵染大肠杆菌时，是将其蛋白质还是 DNA 注射到大肠杆菌体内。

因为理论上讲，T_2 噬菌体将什么物质注射进大肠杆菌，该物质就是 T_2 噬菌体的遗传物质。

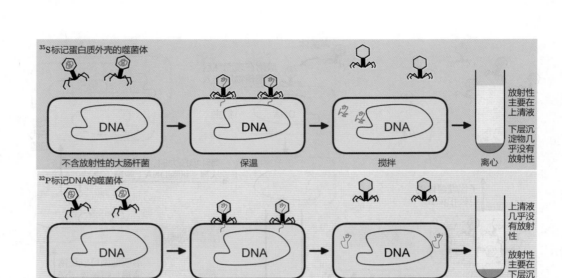

图 8.8　赫尔希和蔡斯的 T_2 噬菌体侵染大肠杆菌实验示意图

须知

　　噬菌体属于病毒，不能在无细胞的培养基中直接培养。要想用 ^{35}S 标记噬菌体的蛋白质，需要先用含有 ^{35}S 的培养基培养大肠杆菌，使大肠杆菌含有 ^{35}S 的放射性标记。然后再用未标记的噬菌体去侵染这些大肠杆菌，从中裂解释放的子代噬菌体就是蛋白质被 ^{35}S 标记的噬菌体。然后再用它们做图 8.8 的实验，即用它们去侵染没有标记的大肠杆菌，然后搅拌、离心、检测放射性。^{32}P 的标记实验也是如此，不再赘述。

8.1.9　烟草花叶病毒 TMV 的重建实验

　　T_2 噬菌体侵染大肠杆菌实验使人们普遍接受了"DNA 是遗传物质"这样一个科学事实。但没过多久，人们惊奇地发现了烟草花叶病毒 TMV，它只有 RNA 和蛋白质，没有 DNA，所以它的遗传物质不可能是 DNA。

　　好在此时人们已经普遍接受了 DNA 是遗传物质，所以较容易接受 TMV 的遗传物质是 RNA。当然，人们也通过一系列实验证明了 TMV 的遗传物质是 RNA，如图 8.9 所示。

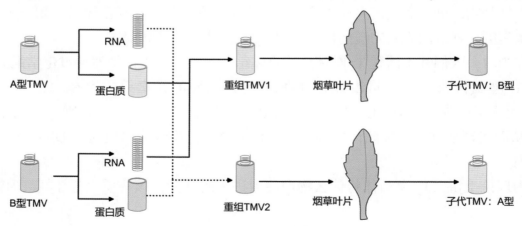

图 8.9　烟草花叶病毒重建实验

8.1.10 目前关于遗传物质的结论

通过不完全归纳法，人们得出结论：DNA 是主要的遗传物质。通过完全归纳法得出的结论肯定是对的，通过不完全归纳法得出的结论可能是错的。没有任何一个实验能够得出"DNA 是主要的遗传物质"这个结论，因为这是我们归纳总结出来的一个结论。

在所有的细胞生物中，都是既有 DNA，也有 RNA，但 DNA 是遗传物质。至于非细胞生物 (病毒)，由于目前没有发现任何一种病毒既有 DNA，也有 RNA，所以可以说：病毒有什么种类的核酸，什么就是它的遗传物质，即遗传物质可能是 DNA，也可能是 RNA。

所以我们也可以说：一种生物，只要有 DNA，DNA 就是遗传物质；没有 DNA，RNA 是遗传物质。我们也可以说：核酸 (包括 DNA 和 RNA) 是所有生物的遗传物质。

目前发现如下几个特例。(这些属于题目中不说，我们就不考虑的情况)

(1) 新发现的一些肝炎病毒，既有 DNA，也有 RNA，DNA 是遗传物质。

(2) 朊病毒：正常神经元中存在一种蛋白质 PrP^C，PrP^C 的空间结构 (折叠出错) 发生改变，可以转变为 PrP^{SC}，PrP^{SC} 可以诱导更多的 PrP^C 转变为 PrP^{SC}，当 PrP^{SC} 增多时，可以引起神经元死亡，进而导致疯牛病、羊瘙痒症、人的克雅氏病。更多的人认为这不是一种生物，所以只将其称为朊粒。

(3) 类病毒：只有 RNA，没有蛋白质。

8.2 DNA 分子的结构

8.2.1 核苷酸的结构

核糖核苷酸或脱氧核糖核苷酸的结构是之前已经提过的知识，这里仅以图示帮助大家回忆 (见图 8.10)，不再以文字赘述。

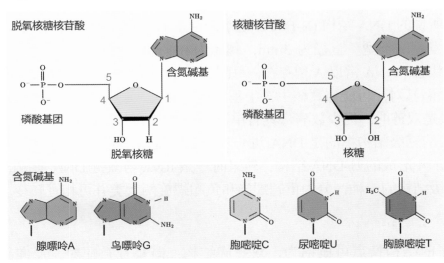

图 8.10　核糖核苷酸或脱氧核糖核苷酸的结构

8.2.2 ‖ DNA 分子的结构

1. DNA 分子的一级结构、二级结构、三级结构

DNA 分子的一级结构指的是四种脱氧核糖核苷酸通过 3',5'- 磷酸二酯键彼此连接形成的线性多聚体以及脱氧核糖核苷酸的排列顺序。DNA 的四种含氮碱基的组成具有种属特异性，即四种含氮碱基所占比例在同物种的不同个体间是一致的，但不同物种间有差异。

$$腺嘌呤(A) \xrightarrow{+核糖} 腺苷(A) \xrightarrow{+磷酸} AMP \xrightarrow{+磷酸} ADP \xrightarrow{+磷酸} ATP ;$$

$$鸟嘌呤(G) \xrightarrow{+核糖} 鸟苷(G) \xrightarrow{+磷酸} GMP \xrightarrow{+磷酸} GDP \xrightarrow{+磷酸} GTP ;$$

$$胞嘧啶(C) \xrightarrow{+核糖} 胞苷(C) \xrightarrow{+磷酸} CMP \xrightarrow{+磷酸} CDP \xrightarrow{+磷酸} CTP ;$$

$$尿嘧啶(U) \xrightarrow{+核糖} 尿苷(U) \xrightarrow{+磷酸} UMP \xrightarrow{+磷酸} UDP \xrightarrow{+磷酸} UTP ;$$

$$腺嘌呤(A) \xrightarrow{+脱氧核糖} 脱氧腺苷(dA) \xrightarrow{+磷酸} dAMP \xrightarrow{+磷酸} dADP \xrightarrow{+磷酸} dATP ;$$

$$鸟嘌呤(G) \xrightarrow{+脱氧核糖} 脱氧鸟苷(dG) \xrightarrow{+磷酸} dGMP \xrightarrow{+磷酸} dGDP \xrightarrow{+磷酸} dGTP ;$$

$$胞嘧啶(C) \xrightarrow{+脱氧核糖} 脱氧胞苷(dC) \xrightarrow{+磷酸} dCMP \xrightarrow{+磷酸} dCDP \xrightarrow{+磷酸} dCTP ;$$

$$胸腺嘧啶(T) \xrightarrow{+脱氧核糖} 脱氧胸苷(dT) \xrightarrow{+磷酸} dTMP \xrightarrow{+磷酸} dTDP \xrightarrow{+磷酸} dTTP ;$$

ATP、GTP、CTP、UTP 合称 NTP，dATP、dGTP、dCTP、dTTP 合称 dNTP。

DNA 分子的二级结构是双螺旋结构，磷酸和五碳糖 (脱氧核糖) 交替排列，位于 DNA 分子的外侧，构成基本骨架，碱基位于内侧，通过氢键连接，形成碱基对，遵循碱基互补配对原则。A 和 T 配对，2 个氢键；G 和 C 配对，3 个氢键；DNA 分子中的氢键越多，DNA 分子的结构越稳定。

DNA 分子的二级结构分为两大类：一类是右手螺旋，如 A-DNA、B-DNA、C-DNA、D-DNA 等；一类是左手螺旋，如 Z-DNA。

我们平时所说的 DNA 结构 (B-DNA) 是水结合型 DNA，在细胞中最为常见，也是沃森和克里克最初发现的类型。直径为 2 nm，螺距为 3.4 nm，每圈螺旋含有 10.4 个碱基对。在高盐或脱水状态，DNA 常以 A 型存在，每圈约有 11 个碱基对。Z-DNA 是左手螺旋形式，每圈约有 12 个碱基对，可能与真核生物中基因活性有关。

DNA 一般是双链的，但少数病毒具有单链的 DNA 结构，如 φX174、M13、G4 等。

DNA 分子的三级结构指的是 DNA 进一步盘曲缠绕形成的特定空间结构，如一条单链 DNA 与双链 DNA 形成的 H-DNA 结构、转录时一条 RNA 与双链 DNA 形成的 R 环结构等。超螺旋也是三级结构的一种，分为正超螺旋和负超螺旋两大类并可相互转变。

2. DNA 分子的结构特点

DNA 分子的结构特点可概括为：双螺旋结构、碱基互补配对、反向平行。DNA 和 RNA 的结构如图 8.11 所示。

只要碱基互补配对，不管是 DNA-DNA，DNA-RNA，RNA-RNA，一定是反向平行的。

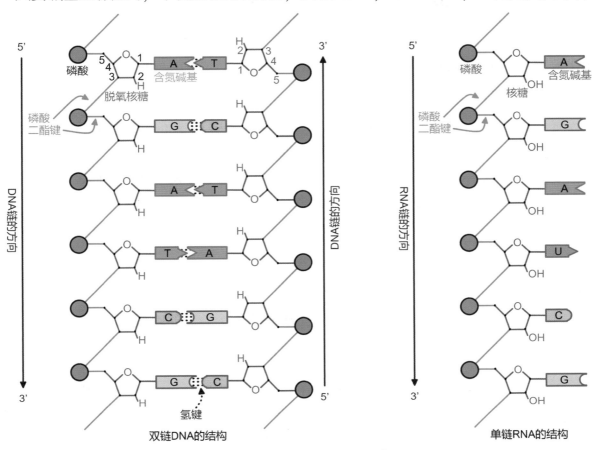

图 8.11　DNA 和 RNA 结构示意图

我们人为规定 DNA 链或 RNA 链的方向是 5' → 3'。

3. DNA 分子是晶体结构

将 DNA 溶液加热时，DNA 双链之间的氢键会打开，即 DNA 会从双链变性为单链。但是一开始，随着温度的升高，DNA 从双链变性为单链的速度很慢，直到达到某一个临近温度，体系中的 DNA 分子会迅速从双链变成单链。当然，当我们开始将温度降低时，DNA 也是缓慢地从单链复性成双链，当温度降到一个临界温度时，DNA 分子会迅速从单链变成双链。

我们规定：溶液中有一半的 DNA 从双链变性成单链或从单链复性成双链，此时的温度称为该 DNA 的 T_m 值 (见图 8.12)。T_m 值与 DNA 分子的 (G+C)% 有关，(G+C)% 越高，T_m 值越高。经验公式：$(G + C)\% = (T_m - 69.3) \times 2.44$。$T_m$ 值越高，DNA 越稳定。

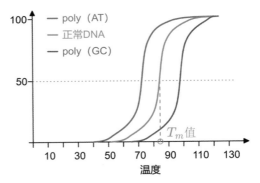

图 8.12　DNA 的 T_m 值与 DNA 分子中的 GC 含量 [(G+C)%] 有关

但是我们如何知道或如何检测溶液中有多少 DNA 从双链变性成单链或从单链复性成双链呢？前文已经提过，DNA 分子具有紫外吸收的特性。研究发现：DNA 从双链变性成单链时，260 nm 的紫外吸收值会增加（增色效应）。所以紫外吸收值增加一半的温度，对应的就是使一半的双链 DNA 变性成单链 DNA 的温度，即该 DNA 的 T_m。

4. DNA 分子结构的一些小提示

众所周知，脱氧核糖或核糖总是通过 1' 碳连接含氮碱基，5' 碳连接磷酸根，形成脱氧核糖核苷酸或核糖核苷酸。核苷酸与核苷酸之间，通过上一个核苷酸的 3' 碳上的羟基与下一个核苷酸的 5' 碳上的磷酸根形成磷酸二酯键，所以这个磷酸二酯键全称是 3',5'- 磷酸二酯键。所以，在一条 DNA 单链上有以下两种情况。

(1) 它的 5' 端连有一个游离的磷酸根，因为除了这个磷酸根只和一个脱氧核糖相连之外，其他的磷酸根都是和两个脱氧核糖相连。

(2) 它的 3' 端连有一个游离的羟基，因为除了这个羟基之外，其他的 3' 碳的羟基都和磷酸根形成磷酸二酯键。

所以线性的双链 DNA 分子中，在两个 5' 端各有 1 个游离的磷酸根，在两个 3' 端各有 1 个游离的羟基。但是，在环状的双链 DNA 分子中，既没有游离的磷酸根，也没有游离的羟基。

原核生物的拟核 DNA 为什么要是环状的？因为线性的 DNA 两端是很不稳定的，容易被一些外切酶当成突破口，逐步降解 DNA，而形成环状可以提高 DNA 分子的稳定性。那真核生物的 DNA 是线性的，就不怕外切酶破坏吗？当然怕，但真核生物有自己的办法，具体如下。

(1) 与蛋白质结合，形成染色质，以提高自己的稳定性。

(2) 真核生物的 DNA 的两端有端粒（一段短的、重复的 DNA 分子序列，与蛋白质结合，形成端粒），可以保护内部的 DNA 分子序列不被破坏。

在双链 DNA 分子中，两条链上的两个相对的碱基之间通过"氢键"连接。在单链 DNA 分子中，两个相邻的碱基之间通过"—脱氧核糖—磷酸—脱氧核糖—"连接。

8.2.3 卡伽夫法则

双链 DNA 分子中：A=T，G=C。

双链 DNA 分子中，若一条链的 $\dfrac{A+T}{G+C} = x$，则互补链的 $\dfrac{A+T}{G+C} = x$，整个双链 DNA 的 $\dfrac{A+T}{G+C} = x$。

双链 DNA 分子中，若一条链的 $\dfrac{A+G}{T+C} = y$，则互补链的 $\dfrac{A+G}{T+C} = \dfrac{1}{y}$，整个双链 DNA 的 $\dfrac{A+G}{T+C} = 1$。

8.2.4 核酸的分子结构研究历史

　　1951 年，23 岁的沃森从美国到剑桥大学做博士后，在那里，沃森结识了比他年长 12 岁的才华横溢的弗朗西斯·克里克 (Francis Crick，1916—2004)。沃森说服了克里克放弃原本的蛋白质的 X 射线衍射相关研究，和他一起，从 1951 年 10 月开始研究 DNA 分子结构模型，如图 8.13 所示。

图 8.13　从左至右，从上至下，依次是：威尔金斯、富兰克林、莱纳斯·鲍林、DNA 三股螺旋模型、布拉格、高斯林、沃森和克里克的经典摆拍、照片 51 号

　　那时，研究 DNA 分子结构的主要有以下三个团队。

　　(1) 威尔金斯和富兰克林小组，优势是拥有第一手的实验资料。

　　(2) 莱纳斯·鲍林团队，拥有丰富的建构分子模型的经验，1954 年因在化学键方面的工作获得诺贝尔化学奖。

　　(3) 沃森和克里克小组，他们有一腔热血，其他什么都没有。

　　1952 年初，沃森和克里克率先发表了一篇关于 DNA 为三螺旋结构的论文。其实三股螺旋并不是沃森和克里克的专利，鲍林最初关于 DNA 分子结构的设想也是三股螺旋。富兰克林看到这个三螺旋结构模型后，毫不留情地指出了错误，这让沃森和克里克的领导劳伦斯·布拉格觉得很没面子。要知道，布拉格可是 25 岁就获得了诺贝尔物理学奖的天才人物，是历史上最年轻的诺贝尔物理学奖获得者。于是布拉格让沃森和克里克停止研究。

　　1952 年 5 月，富兰克林和她的研究生雷蒙·高斯林 (Raymond Gosling) 拍到了一张 DNA 的 X 射线晶体衍射照片，也就是著名的"照片 51 号"，被誉为"几乎是有史以来最美的 X 射线照片"。这是一张具有里程碑意义的图像。

　　富兰克林最初准备和鲍林展开合作，收到电报的鲍林兴致勃勃地收拾行囊，准备从美国飞往英国与富兰克林会面。却在机场被美国 FBI 的工作人员拦了下来。无奈的鲍林只得电报告知富兰克林自己的境况。其实鲍林也没有什么遗憾，1962 年他又因反对核弹在地面测试的行动获得了诺贝尔和平奖。

既然鲍林来不了，富兰克林只好自己展开工作。通过这张照片，富兰克林准确地推断出 DNA 的双螺旋结构每 10 个碱基对为一个周期，距离为 34 Å，螺旋直径为 20 Å。1953 年 2 月 24 日，富兰克林已经完成了关于 DNA 分子螺旋结构的构想，3 月 17 日，她完成了相关论文草稿。可以说，她已经接近破解 DNA 分子结构的秘密了。

机缘巧合，沃森和克里克看到了这张照片！

多年以后，沃森回忆当时看到这张照片时的情景说："我张大了嘴，脉搏开始急速跳动。尽管自己不是一位训练有素的晶体学家，但也有足够的知识，知道照片中的 X 造型意味着 DNA 是一个螺旋线，很可能就是双螺旋线。"但是！关于沃森和克里克是如何看到这张照片的，又有不同的看法。有人说，当时，富兰克林已经决定离开伦敦国王学院，前往伦敦大学伯贝克学院，高斯林就将"照片 51 号"作为纪念品送给了威尔金斯。1953 年 1 月，威尔金斯将"照片 51 号"展示给了沃森和克里克，因为威尔金斯以为二人已经不再进行 DNA 结构的研究了。也有人说，威尔金斯在富兰克林不知情的情况下进入档案室，取回了这张照片，并将其展示给沃森和克里克。史学家马克尔认为，许多当事人各执一词使得真相扑朔迷离。但威尔金斯向沃森展示这张照片并没有明确经过富兰克林的许可这件事，是没有任何争议且严重违背道德准则的，这是科学史上最恶劣的一次剽窃。

如果说这张不告而取的照片是对富兰克林的第一次冒犯，那么随后，剑桥大学生物物理研究部门的负责人马克斯·佩鲁茨 (Max Perutz) 再次未经富兰克林许可，向沃森和克里克展示了富兰克林和高斯林对 DNA 的分析报告，就是第二次犯罪。多年后，沃森曾为马克斯·佩鲁兹的不当行为公开道歉。

1953 年 2 月 4 日，沃森和克里克决定重启 DNA 结构模型相关研究，同年 3 月 7 日，沃森和克里克在实验室中成功联手搭建 DNA 双螺旋结构模型。1953 年 4 月 25 日，《自然》同时发表了三篇论文，分别来自沃森和克里克、威尔金斯、富兰克林和雷蒙·高斯林。

沃森和克里克的论文在最前面，富兰克林的论文在最后面，这很容易给人们一种错觉：富兰克林的论文只是验证了沃森和克里克的构想，而不是为他们的构想提供了关键性数据。更令人气愤的是，沃森和克里克在这篇文章中省略了对富兰克林数据的引用。当他俩和威尔金斯三人获得 1962 年诺贝尔生理学或医学奖时，克里克和沃森在获奖演讲中更是对富兰克林只字未提。

1960 年韦斯特·格伦在他的诺贝尔化学奖提名报告中写道：克里克和沃森提出了一个巧妙的假设，但在破译 DNA 分子结构方面，最值得赞扬的人是威尔金斯、富兰克林和高斯林。绕过这三人而去褒奖克里克和沃森是"不值得考虑"的。他说："如果富兰克林还活着，她完全可以要求分享诺贝尔奖。"

但很显然，诺贝尔评审委员会并不这样认为，沃森也不这样认为：2018 年，马克尔采访 90 岁的沃森，问他："如果在一个理想的世界，富兰克林在 1962 年还活着，她不配与沃森分享诺贝尔奖吗？"沃森慢慢地从椅子里站起来，用一根手指指着马克尔，大声说："如果一个人只是获得了相应的数据，却无法解释这些数据，是不可能获得诺贝尔奖的，富兰克林手握'照片 51 号'长达 8 个月，并没有破解 DNA 的结构。"

图 8.14　罗莎琳·富兰克林

富兰克林本人并没有因为输掉 DNA 双螺旋结构的竞赛或是研究数据被"剽窃"而沮丧，事实上她和克里克的关系并不差。在富兰克林罹患卵巢癌后最艰难的日子里 (见图 8.14)，她一直在克里克位于剑桥的家中养病，克里克和他的妻子奥黛尔 (Odile) 一直陪伴着她。

DNA 双螺旋结构的发现被誉为"生物学的一个标志，开创了新的时代"。这是在生物学历史上唯一可与达尔文的进化论相媲美的重大发现，它与自然选择一起，统一了生物学的大概念，是科学史上的一个重要里程碑，标志着分子生物学的诞生。

富兰克林对 DNA 双螺旋结构的贡献不容遗忘，但"DNA 之母"绝不是富兰克林的全部注脚。富兰克林利用自己擅长的 X 射线衍射成像技术，成功确定了烟草花叶病毒 (TMV) 的 RNA 结构，并陆续研究了许多导致重要农作物枯萎的植物病毒，后来又研究了导致人类疾病的病毒，首先就是在当时令人恐惧的导致小儿麻痹症的脊髓灰质炎病毒。1959 年，她的合作者亚伦·克鲁格 (Aaron Klug) 和约翰·芬奇 (John Finch) 在《自然》杂志发表了关于脊髓灰质炎病毒结构的论文，并将论文献给富兰克林以做纪念。亚伦·克鲁格因为在病毒结构方面的研究工作而被授予 1982 年诺贝尔化学奖。

更重要的是，富兰克林对科学的热爱，以及她对科学界女性的鼓舞，将在未来的历史长河中依然熠熠生辉。正如她的墓志铭所言：她对病毒的研究和发现让人类持久受益。2003 年，伦敦国王学院将一栋新大楼命名为富兰克林—威尔金斯馆 (Franklin-Wilkins building)，以纪念她和威尔金斯的贡献。沃森在命名演说中说道："富兰克林的贡献是我们能够有这项重大发现的关键。"2019 年，欧洲航天局 (ESA) 将他们的火星探测器流浪者命名为罗莎琳·富兰克林号。

8.3 DNA 的复制

8.3.1 | DNA 复制概述

DNA 复制发生于什么时候？我们可能很容易脱口而出：有丝分裂前的间期、减数分裂前的间期。可能有的同学会更确切地说是间期的 S 期。那么，原核生物呢？或许，DNA 复制发生在细胞分裂之前是更严谨的说法。因为 DNA 复制是为细胞分裂做准备的，不分裂的细胞不复制。

> **须知**
>
> 除染色体/拟核之外，还有一些其他的遗传物质，如真核生物的线粒体 DNA、叶绿体 DNA，原核生物拟核之外的质粒 (plasmid) 等。真核细胞与原核细胞的 DNA 如图 8.15 所示。
>
>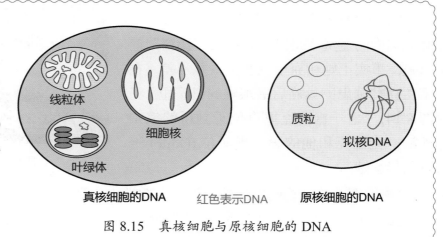
>
> 图 8.15　真核细胞与原核细胞的 DNA

8.3.2 | 三种 DNA 复制方式的假说

1953 年，冷泉港国际会议上，赫尔希和蔡斯公布了自己关于 T_2 噬菌体侵染大肠杆菌的实验，证明了 DNA 是 T_2 噬菌体的遗传物质。在这次会议上，沃森和克里克也提出了 DNA 的双螺旋结构。至此，人们相信了 DNA 是遗传物质，而且知道了 DNA 是以怎样的结构作为遗传物质的。

当沃森和克里克提出 DNA 的双螺旋结构后，人们立即提出"DNA 是如何复制"这个问题。当时人们主要有以下三种观点，如图 8.16 所示。

(1) 全保留复制：一条 DNA 复制后，得到两条 DNA，其中一条的两条单链全部来自母链，另一条 DNA 的两条单链全部是新合成的。

(2) 半保留复制：一条 DNA 复制后，得到两条 DNA。复制后得到的两条 DNA 分子，每个 DNA 的两条单链中，一条单链来自母链，一条单链来自新合成的子链。这种复制方式是沃森和克里克提出的、已被证实是正确的 DNA 复制方式。

(3) 弥散复制：一条 DNA 复制后，得到两条 DNA。在 DNA 复制的时候，会将原来的 DNA 链打断，然后进行新链的合成。合成后，这些 DNA 片段会进行随机的拼装。

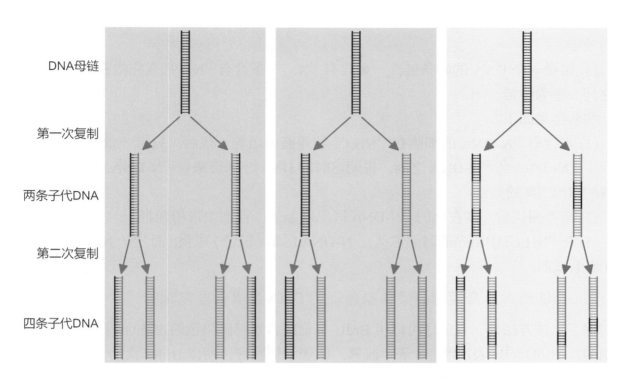

图 8.16　DNA 复制三种假说

（从左至右依次是半保留复制、全保留复制、弥散复制示意图）

1.^{15}N 标记结合密度梯度离心证明 DNA 是半保留复制的

1958 年，科学家利用 N 的同位素 (^{14}N 和 ^{15}N) 标记大肠杆菌的 DNA，然后利用 CsCl 密度梯度离心，首先证明了 DNA 的半保留复制，如图 8.17 所示。

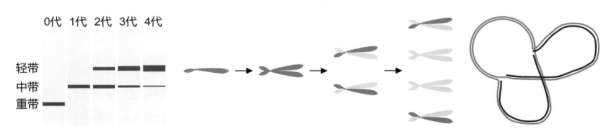

图 8.17　证明 DNA 的半保留复制

首先将大肠杆菌放在 $^{15}NH_4Cl$ 培养基中生长 15 代，使 DNA 被 ^{15}N 充分标记。再移到只含 $^{14}NH_4Cl$ 的培养基中培养。在不同的时间取出样品，等细胞裂解后，将裂解液 (DNA) 放在 CsCl 溶液中进行密度梯度离心 (140000 g，20 小时)。离心后，从管底到管口，CsCl 形成下高上低的密度梯度溶液，DNA 停留在与其密度相等的位置。在 260 nm 的紫外光下可以检测到 DNA 区带位置。

(1) 如果一个 DNA 的两条链都含有 ^{14}N，那么它的分子密度较小 ($1.7\ g \cdot cm^{-3}$)，停留在靠上位置，称为轻带。

(2) 如果一个 DNA 的两条链都含有 ^{15}N，那么它的分子密度较大，停留在靠下位置，称为重带。

(3) 如果一个 DNA 的两条链，一条含有 ^{14}N，一条含有 ^{15}N，那么它的密度应该介于两者之间，称为中带。

实验结果如下。

(1) 当含有 ^{15}N-DNA 的细胞在 $^{14}NH_4Cl$ 培养液中培养一代后，只有一条区带（中带），即介于 ^{14}N-DNA 与 ^{15}N-DNA 之间，说明这时的 DNA 一条链来自 ^{15}N-DNA，另一条链是新合成的含有 ^{14}N 的新链。

(2) 培养两代后，则在纯的 ^{14}N-DNA 区出现条带，得到中带和轻带。

(3) 在 $^{14}NH_4Cl$ 中培养的时间愈久，^{14}N-DNA 区带（轻带）愈强，而 $^{14}N/^{15}N$-DNA 区带（中带）逐渐减弱。

2. BrdU 掺入结合姬姆萨染料染色证明 DNA 是半保留复制的

除了上述方法外，我们还可以用 BrdU 标记结合姬姆萨染色的方法证明 DNA 是半保留复制的。BrdU：Br 表示溴，d 表示脱氧，U 表示尿嘧啶，所以 BrdU 就是 5′-溴尿嘧啶脱氧核苷，它的结构和 T 类似，所以能够代替 T，与 A 配对，掺入到新合成的 DNA 分子中。用姬姆萨染料进行染色后会出现的结果如下。

(1) 如果一条 DNA 分子的两条单链都不含 BrdU，染色体呈深蓝色。

(2) 如果一条 DNA 分子的两条单链一条含有 BrdU，另一条不含 BrdU，染色体呈深蓝色。

(3) 如果一条 DNA 分子的两条单链都含有 BrdU，染色体呈浅蓝色。

将植物根尖分生组织放在含有 BrdU 的培养液中培养，细胞处于第一个细胞周期中期时，所有染色体的染色单体都是深蓝色，处于第二个细胞周期中期时，所有染色的两条染色单体一条深蓝色，另一条浅蓝色。此实验也证明 DNA 是半保留复制的。

3. ^3H 标记结合放射自显影证明 DNA 是半保留复制的

上述两种方法的原理很简单，但都不是证明 DNA 复制方式的最直接手段。比如，我们在提取 DNA 的时候经常得到的是 DNA 碎片而不是完整的一条 DNA，获得完整的染色体就更难了。1963 年，凯恩斯（John Cairns）利用放射自显影的方法第一次观察到完整的正在复制的大肠杆菌 DNA。

放射自显影方法的操作步骤是：首先用 ^3H-脱氧胸苷标记大肠杆菌 DNA，然后放在不含 ^3H 的培养基上，一段时间后用溶菌酶把细胞壁消化掉，使完整的 DNA 释放出来。将 DNA 铺在一张透析膜上；在暗处感光乳胶覆盖于干燥了的表面上，放置若干星期。在这期间，^3H 由于放射性衰变而放出 β 粒子，使乳胶曝光生成银粒。显影以后，银粒黑点勾勒出 DNA 分子的形状；黑点的数目（密度）代表了 ^3H 在 DNA 分子中的密度。

8.3.3 | DNA 复制的过程

1. DNA 复制的起点

基因组中能独立进行复制的单位称为复制子 (replicon)，每个复制子都含有控制复制起始的点 (origin of replication，ORI)，也叫复制原点。可能还有终止复制的终点 (terminus)。

原核生物一条 DNA 只有一个复制起点，oriC，即单起点复制。用遗传学和生物化学的方法可以确定大肠杆菌 DNA 的复制起点在基因图谱上的位置：在一个生长的群体中几乎所有的 DNA 都在复制过程中，因此离复制起点越近的基因出现频率越高，越远的基因出现频率越低。所以将从大肠杆菌中提取出来的 DNA 切成大约 1% 染色体长度的片段，通过分子杂交的方法，测定各基因片段的频率，最终确立 oriC 位于基因的位置，如图 8.18 所示。

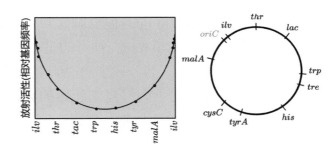

```
GGATCCTGGGTATTAAAAAGAAGATCTATTTATTTAGAGATCTGTTCTATTGTGAT
CCTAGGACCCATAATTTTTCTTCTAGATAAATAAATCTCTAGACAAGTAACACTA

CTCTTATTAGGATCGCACTGCCCTGTGGATAACAAGGATCGGCTTTTAAGATCAAC
GAGAATAATCCTAGCGTGACGGGACACCTATTGTTCCTAGCCGAAAATTCTAGTTG

AACCTGGAAAGGATCATTAACTGTGAATGATCGGTGATCCTGGACCGTATAAGCTG
TTGGACCTTTCCTAGTAATTGACACTTACTAGCCACTAGGACCTGGCATATTCGAC

GGATCAGAATGAGGGTTATACACAGCTCAAAAACTGAACAACGGTTGTTCTTTGGA
CCTAGTCTTACTCCCAATATGTGTCGAGTTTTTGACTTGTTGCCAACAAGAAACCT

TAACTACCGGTTGATCCAAGCTTCCTGACAGAGTTATCCACAGTAGATCGC
ATTGATGGCCAACTAGGTTCGAAGGACTGTCTCAATAGGTGTCATCTAGCG
```

(a) 大肠杆菌复制原点碱基序列　　　　　(b) 大肠杆菌复制原点的确立

图 8.18　DNA 复制的起点

真核生物每条 DNA 不只一个复制原点，即多起点复制。

2. 双向复制 / 单向复制的问题

复制通常是对称的，即复制是双向进行的，如图 8.19 所示。

原核生物的拟核 DNA、质粒、线粒体、叶绿体的 DNA 都是环状分子，复制都

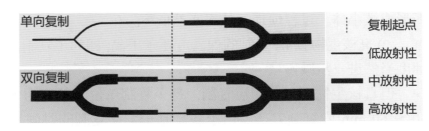

图 8.19　单向复制与双向复制示意图

是从固定的起点开始的。一旦复制开始，复制叉向两侧以相等的速度向前移动，两个复制叉在起点的 180° 的 trp 位点处会合。但有些是不对称的，一条链复制后另一条链才开始复制。

通过放射自显影实验可以判断 DNA 的复制是双向进行还是单向进行的：在复制开始时，先用低放射性的 ^{3}H- 脱氧胸苷标记大肠杆菌；数分钟后，再转移到含有高放射性的 ^{3}H- 脱氧胸苷的培养基中继续标记。这样，在放射自显影图像上，复制起始区的放射性标记密度低，感光还原的银颗粒密度就低。

3. 原核生物在一个细胞周期可以多次复制

大肠杆菌可以在快生长和慢生长之间切换，如图 8.20 所示。

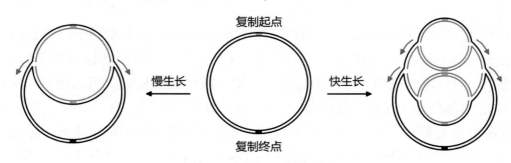

图 8.20　大肠杆菌快生长与慢生长

细菌 DNA 的复制叉移动速度大约为每分钟 50000 bp(base pair，碱基对)。大肠杆菌的基因组 DNA 约 4600000 bp，但复制起点处会形成两个复制叉，即双向复制，所以大肠杆菌 DNA 完成复制需要 40 min。神奇的是：在丰富营养(葡萄糖)的条件下，大肠杆菌可以每 20 min 分裂一次。既然分裂了，说明复制已经完成了。那么大肠杆菌如何在这么短的时间内完成 DNA 复制呢？调整复制起始的频率。大肠杆菌的复制原点可以在一次复制结束之前，再次开始新一轮的复制，使得刚刚分裂完的细胞中，DNA 其实已经复制一大半了！以此实现慢生长到快生长的切换。

4. 真核生物在一个细胞周期只能复制一次

真核生物的复制叉移动速度比原核生物要慢得多，仅有 $1000 \sim 3000$ bp·min^{-1}。原因如下。

(1) 真核生物的染色体具有核小体等复杂结构，复制时需要解开核小体，复制后又要重新形成核小体。过程烦琐，效率必然低下。

(2) 真核生物 DNA 复制的保真度要求更高，即为了复制准确度牺牲复制速度。干活细致，速度当然进一步减慢。

但真核生物可以多起点复制，每个复制单位的长度为 $100 \sim 200$ kb，每个复制单位在 $30 \sim 60$ min 内复制完毕。由于各复制子发动复制的时间有先后，但就整个细胞而言，通常完成染色体复制需 $6 \sim 8$ h。

但真核生物在一个细胞周期只能复制一次，这是因为 DNA 的复制需要一种许可因子 (licensing factor)。这种蛋白质在细胞质和细胞核中均匀分布。许可因子本身是一种消耗品，随着复制的进行，细胞核中的许可因子逐渐耗尽。此时由于核膜的阻隔，细胞质中的许可因子无法进入细胞核，所以不会开始下一轮的复制。

当细胞经过分裂，末期重新形成细胞核时，新的许可因子被包裹在细胞核内。这些许可因子可能允许 DNA 进行下一次复制。

为什么要说可能，因为许可因子是 DNA 复制的必要不充分条件。

5. DNA 聚合酶的发现和功能

1956 年，阿瑟·科恩伯格 (Arthur Kornberg) 等首先从大肠杆菌提取液中发现 DNA 聚合酶，称为 DNA 聚合酶I，后续实验证明该酶有以下几个性质。

(1) 在适量 DNA 和镁离子存在时，能催化 dNTP 合成 DNA，反应本身可逆，但焦磷酸 PPi 的水解推动反应的进行。

(2) 延长方向是 5′ → 3′ 方向进行。

(3) 反应需要引物链的存在，即不能从头合成。

(4) 加入的核苷酸由模板链决定。

(5) 相对分子质量 10300 Da，一条肽链构成，含有一个锌原子，直径约 6.5 nm，每个大肠杆菌中约有 400 个 DNA 聚合酶I。

(6) 37℃ 条件下，每分钟约聚合 1000 个核苷酸。

太慢了，它不可能是负责 DNA 复制的酶。

1969 年，DeLucia P 和 Cairns J 分离到一个突变株：其 DNA 聚合酶I活性仅有野生型的 0.5% ～ 1%，但它可以和野生型一样的速度繁殖。这进一步说明 DNA 聚合酶I不是复制酶。该突变株对紫外线、X 射线和化学诱变剂 EMS(甲基磺酸甲酯) 等很敏感，表明 DNA 聚合酶I应该是在 DNA 出现损伤时负责修复 DNA 的酶，即在 DNA 复制中负责将引物链切除。

所谓失之东隅，收之桑榆，上述的突变体，其 DNA 聚合酶I活性很低，这正是寻找其他 DNA 聚合酶的理想材料！1970 年和 1971 年，阿瑟·科恩伯格的次子托马斯·科恩伯格 (Thomas Kornberg) 先后分离到 DNA 聚合酶II 和 III，如表 8.2 所示。

表 8.2　大肠杆菌中的三种 DNA 聚合酶

DNA 聚合酶	结构基因	亚基数目	相对分子质量	3′ → 5′ 外切酶活性	5′ → 3′ 外切酶活性	聚合速度	持续合成能力	功能
I	pol A	1	103000	+	+	1000 ～ 2000	3 ～ 200	切除引物、修复
II	pol B	≥ 7	88000	+	−	2400	1500	修复
III	pol C	≥ 10	830000	+	−	15000 ～ 60000	≥ 50000	复制

(1) DNA 聚合酶II：多亚基酶，活性比 DNA 聚合酶I高，每分钟可聚合 2400 个核苷酸，每个大肠杆菌约有 100 个分子，具有 3′ → 5′ 的外切酶活性，但没有 5′ → 3′ 的外切酶活性。后来分离到另一种大肠杆菌突变株，其 DNA 聚合酶II 活性仅为野生型的 0.1%，但仍能以正常速度生长，表明 DNA 聚合酶II 不是复制酶，而是一种修复酶。

(2) DNA 聚合酶III：多亚基酶，大肠杆菌中真正负责 DNA 复制的酶！每个大肠杆菌中仅有 10 ～ 20 个，但它催化的合成速度达到了体内 DNA 合成的速度，具有 3′ → 5′ 的外切酶活性，但没有 5′ → 3′ 的外切酶活性。

1999 年，又发现另外两种酶，IV 和 V，它们参与 DNA 的易错修复：当 DNA 受损严重时，可诱导产生这两种酶，因修复过程缺乏准确性，故称易错修复，即高突变率。

1959 年，阿瑟·科恩伯格因关于 DNA 复制过程中 DNA 聚合酶相关研究获得了诺贝尔生理学或医学奖。2006 年，阿瑟·科恩伯格的长子罗杰·科恩伯格 (Roger Kornberg) 又因为真核生物转录的分子基础相关研究获得了诺贝尔化学奖。

6. DNA 的半不连续复制和冈崎片段

1968 年，日本学者冈崎令治和冈崎恒子夫妇用 ^{3}H - dT 标记 T_4 噬菌体感染大肠杆菌，经密度梯度离心分离标记的 DNA 产物，发现短时间内首先合成的是较短的 DNA 片段（约 1000 nt 的核苷酸链，称为冈崎片段），然后出现较长的片段。用 DNA 连接酶突变的温度敏感株进行实验，在连接酶不起作用的温度下，有大量 DNA 片段积累，这说明 DNA 复制时，先合成短的片段，然后再由连接酶连成长的 DNA 片段，如图 8.21 所示。

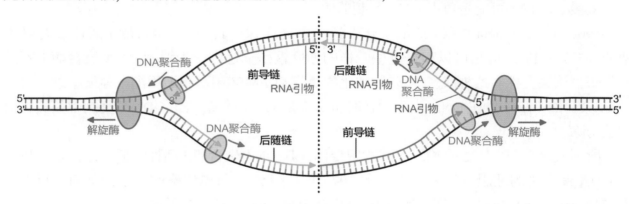

图 8.21　DNA 的半不连续复制

细菌的冈崎片段约 1000 ～ 2000 nt，相当于一个顺反子；顺反子的概念在后面介绍。真核生物的冈崎片段 100 ～ 200 nt，相当于一个核小体。

冈崎令治生于日本广岛，1945 年，正在广岛高等师范附中读书。1975 年，由于核辐射引起的骨髓性白血病而早逝。冈崎恒子现在是名古屋大学教授，继续冈崎片段相关研究。

至此，我们知道：

(1) DNA 复制是从特定的起点开始进行复制的，这个起点称为复制原点。

(2) 原核生物是单起点复制，真核生物是多起点复制。

(3) 不管是哪一种，从起点开始，一般都是双向复制的，即两个解旋酶从复制原点开始，向两侧移动。

(4) 因为 DNA 聚合酶只具有 5' → 3' 聚合酶活性，所以，每一个复制方向上的两条子链中，一条链的延伸方向（即 DNA 聚合酶的移动方向）和解旋酶的移动方向是一致的，该链也是连续复制，移动速度较快，称为前导链 (leading strand)；另一条链的复制是不连续的，而是片段进行的，这样的片段称为冈崎片段，该链称为后随链 (lagging strand)，该链的延伸方向是和解旋酶的移动方向相反的。

另外，所有已知的 DNA 聚合酶都不能从头合成，因此需要 RNA 聚合酶（即引物合成酶）合成一段引物（几个到十几个核苷酸，图 8.21 中的浅绿色片段），然后 DNA 聚合酶 III 继续合成，如图 8.22 所示。

图 8.22　DNA 聚合酶不能从头合成

▶▶▶

　　当一个新的核苷酸出现在待合成的位点，碱基互补配对，DNA 聚合酶就会催化它和前面的子链形成磷酸二酯键。但是，DNA 聚合酶在催化磷酸二酯键形成之前，需要先检查一下该位点之前的两个碱基是否正确碱基互补配对，如果检查通过，那么就会催化这个磷酸二酯键的形成；如果检查没有通过，DNA 聚合酶就会发挥 3' → 5' 的外切酶活性，将没有正确碱基互补配对的核苷酸切除。所以说，DNA 聚合酶是一种保真度较高的酶，具有校对功能！此功能也导致 DNA 聚合酶不能从头合成！因为在催化第一个核苷酸和第二个核苷酸之间形成磷酸二酯键之前，DNA 聚合酶需要先对第一个核苷酸之前的核苷酸是否正确碱基互补配对进行检查。遗憾的是，第一个核苷酸之前没有其他核苷酸了，所以 DNA 聚合酶就无法完成检查工作，继而只能停止不前。

RNA 引物的消除和缺口的填补由 DNA 聚合酶 I 完成，最后由 DNA 连接酶连成长链。

DNA 聚合酶只能催化多核苷酸的延长反应，不能使链（如一个个的冈崎片段）之间连接。以及，环状 DNA 的复制也表明，必定存在一种酶，能催化链的两个末端之间形成共价连接。1967 年，几个不同的实验室同时发现了 DNA 连接酶的连接反应需要能量。

(1) 大肠杆菌和其他细菌以 NADH 为能量来源。

(2) 动物细胞和噬菌体的连接酶以 ATP 为能量来源。

大肠杆菌 DNA 连接酶只能连接黏性末端，T_4 DNA 连接酶既能连接黏性末端，也能连接平末端。

🔬 8.4 DNA 与基因的关系

8.4.1 ┃ 孟德尔对基因的认知——遗传因子

　　1854 年，孟德尔在布隆开展豌豆实验（见图 8.23）。1865 年，孟德尔在布隆自然历史学会上宣读了含有分离定律和自由组合定律的《植物杂交实验》论文时，首次使用"遗传因子"一词，认为植物的性状是由体细胞中成对的遗传因子控制的。

图 8.23　孟德尔与遗传因子

8.4.2 萨顿和博韦里的遗传因子位于染色体上

1902，美国细胞学家萨顿 (Walter Sutton，1877—1916) 和德国细胞学家博韦里 (Theodor Boveri，1862—1915) (见图 8.24) 在各自的研究中同时发现：减数分裂中染色体的行为与孟德尔的遗传因子传递存在平行关系的现象。他们运用归纳推理法，提出"遗传因子位于染色体上"的假说。这一假说后来被摩尔根通过果蝇的红白眼实验，运用假说演绎法证实。

图 8.24　沃尔特·萨顿 (左)、博韦里 (中) 和维尔赫姆·路德维希·约翰逊 (右)

▶▶▶

　　萨顿是美国遗传学家、生物学家。1903 年，发表了论文《遗传中的染色体》，提出"基因在染色体上"的假说，后由摩尔根及其学生通过实验证明。1916 年 11 月 10 日，萨顿因阑尾破裂逝世，一生仅发表了 3 篇论文，最伟大的成就便是提出了 "基因在染色体上" 的假说。博韦里是德国细胞学家，他发现染色体并不是在细胞分裂时形成然后又消失的，他还极其仔细地研究了细胞分裂的细节，并且为他发现的"中心体"命了名。约翰逊 (Wilhelm Ludvig Johannsen 1857—1927) 是丹麦遗传学家，1905 年，他首次使用"gene"(基因) 取代孟德尔之前提及的"factor"(遗传信息因子)，来描述遗传的生理及功能单位，并明确指出基因型 (genotype) 与表型 (phenotype) 的差异。"gene"源自古希腊文的"genea"，意为"种族、世代"。

　　1909 年，约翰逊将孟德尔的遗传因子更名为基因。不过，当时 gene 只是表示生物体某个性状的一个抽象的符号而已。众所周知，一个基因对应一种性状，这种观点是错误的。

　　举个例子，豌豆有红花和白花之分，红花对白花为显性，那么我们认为看到的红花植株是 AA 或 Aa，白花植株是 aa，白花植株和白花植株杂交，后代一定是白花。但假如前体物质形成红色素的过程需要经过中间产物，中间产物分别由基因 A 和基因 B 的 A 酶和 B 酶催化 (见图 8.25)，那么基因 A 和 B 任何一个基因的缺失，都会导致红色色素无法合成编码，植株表现为白色。那么，谁是红花基因，谁又是白花基因呢？白花和白花杂交，后代就不能是红花吗？如果是基因型为 AAbb 的白花植株和基因型为 aaBB 的白花植株杂交呢？后代的基因型是 AaBb，当然是红花植株。

　　所以说，在此之前，人们关于基因的定义和认识，只是一个假想的概念。

图 8.25　基因 A、B、C 共同催化红色色素的合成

8.4.3 摩尔根关于基因的认知

摩尔根利用果蝇的灰身—黑身、长翅—残翅两对相对性状发现基因的连锁与交换定律，创立的三位一体的基因假说，具体如下。

(1) 基因是遗传物质的结构单位和功能单位，遗传物质以基因为最小单位进行重组，一个基因不能通过交换而被分割。

(2) 基因是控制性状的功能单位，能产生相应的表型。

(3) 基因是突变单位，一个基因可以通过突变形成另一个等位基因。

(4) 基因位于染色体上，呈线性排列。

这种"功能—交换—突变"三位一体的基因假说就是经典遗传学的基因概念。前文提过，摩尔根是个很有意思的人，他支持过很多理论，支持一个错一个，比如这里提到的基因的三位一体假说，就错了 2/3，基因是功能的基本单位，但不是交换的基本单位，染色体互换时，可以在基因内部，基因当然也不是突变的基本单位，因为突变的基本单位是核苷酸。

不过，摩尔根知错能改，他对感兴趣的问题不是停留在表面，而是通过实验进行研究，有了实验证据，他会坚定地相信实验结果。这是摩尔根的伟大之处，也是我们应该学习的地方。

8.4.4 一个基因一种酶假说

1941 年，美国遗传学家乔治·威尔斯·比德尔(George Wells Beadle) 和生物化学家爱德华·劳里·塔特姆 (Edward Lawrie Tatum) 以粗糙脉孢菌 (Neurosporacrassa) 为实验材料，通过营养缺陷型的研究，提出一个基因一种酶的假说 (见图 8.26)。这种假说当然也是不准确的。

(1) 一种酶不一定是只由一个基因合成的。

(2) 一个基因合成的酶也不止一种，如基因内含子可变剪接后，不同的成熟 mRNA 可以翻译成不同的蛋白质，所以可能一个基因几个酶。还有很多基因不合成酶，只是起到调节其他基因表达的作用；还有的基因编码其他蛋白质不编码酶；还有的基因编码 tRNA、rRNA 等，不编码蛋白质。

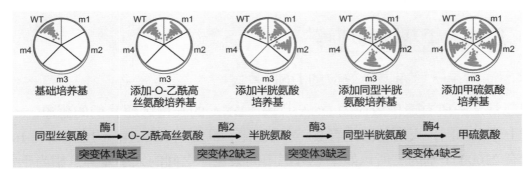

图 8.26 一个基因一种酶假说

(WT 表示野生型 (wild type)；m 表示突变体 (mutant))

8.4.5 | 基因是功能单位而不是结构单位

1944 年，艾弗里等证实遗传物质是 DNA 而不是蛋白质，基因位于 DNA 上。1955 年，美国分子生物学家本泽尔通过大肠杆菌——T₄ 噬菌体的互补和重组实验，证明基因是可分的，即基因是一个功能单位而不是结构上的最小单位，如图 8.27 所示。

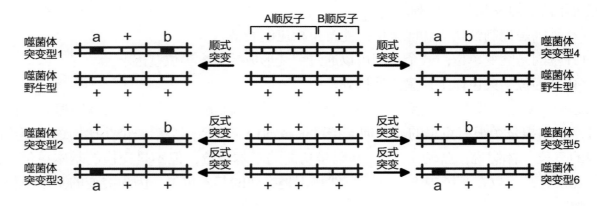

图 8.27　两个突变子的顺式突变和反式突变

> 顺式突变：两个突变子的突变发生在同一 DNA 上表示为 $\dfrac{a\ b}{+\ +}$
>
> 反式突变：两个突变子的突变各发生在两个相同的 DNA 上，表示为 $\dfrac{a\ +}{+\ b}$

T₄ 噬菌体裂解大肠杆菌时必须同时存在由 T₄ 噬菌体 DNA 上的 rII 区编码的两种多肽。野生噬菌体能迅速裂解 *E. coli*，突变体 1 ～ 6 单独侵染均不能裂解 *E. coli*。突变体 2 和突变体 3 ～ 6，两两混合侵染后，均会导致 *E. coli* 裂解，但其他类型两两组合不能裂解 *E. coli*。说明噬菌体的 rII 区存在两个功能独立的片段，能分别编码一种多肽。本泽尔将这种编码一种多肽所需要的最短的 DNA 片段称为一个顺反子，即一个顺反子就是一个基因。本泽尔发现在 rII 区存在的两个片段有 1000 多个突变型，可见两个顺反子上存在多个突变位点。

本泽尔对摩尔根的"三位一体基因假说"进行修正：基因不是突变单位，也不是重组单位，但确实是功能单位。

8.4.6 | 现代关于基因的理解

1. 基因通常是一段有遗传效应的 DNA 片段

基因通常是一段有遗传效应的 DNA 片段。DNA 的长度远超我们的想象，一条 DNA 上有成百上千个基因。人的基因组有 23 对染色体 (即 23 个 DNA)，约含有 3×10^9 个碱基对，约含有 23000 个基因。所以如果不考虑不同染色体之间的大小差异，相当于每条染色体 (DNA) 约含有 1000 个基因。

基因是一段 DNA(或 RNA) 上具有遗传效应的片段和功能单位。一个基因包含 RNA 编码区及其上下游的转录控制区，基因随 DNA 复制而复制，细胞生物的每个基因有 500 ～ 6000 bp。

2. 基因在 DNA 分子上线性排列

一条染色体上的基因与基因之间由间隔序列隔开，如图 8.28 所示。

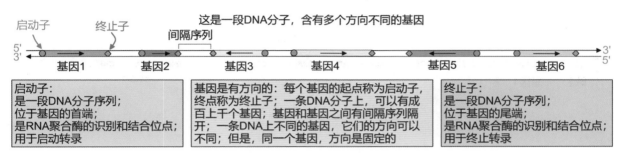

图 8.28　基因与 DNA 的关系：一条 DNA 上可以有成百上千个基因

真核生物的间隔序列其实很大，但细胞经常可以通过 DNA 的盘曲折叠，实现基因和基因之间的相互作用。

基因是有方向的，是从启动子到终止子的方向。一条 DNA 上不同的基因，方向可以不同，也可以相同；同一个基因，方向是固定的。

基因的方向，也是转录时 RNA 聚合酶的移动方向 (见图 8.29)。基因在转录的时候，以 DNA 的一条链为模板，这条链就称为这个基因的模板链，另一条链称为这个基因的编码链。转录时，RNA 聚合酶沿着模板链的 3' → 5' 移动，所以新合成的 RNA 的方向是 5' → 3'。

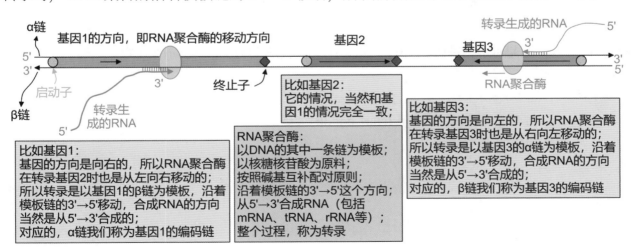

图 8.29　基因的方向其实就是转录时 RNA 聚合酶的移动方向

所以同一条 DNA 分子上的两个基因：

(1) 如果它们的方向相同，那么转录的时候用的一定是同一条模板链；

(2) 如果方向不同，那么转录的时候用的一定是不同的模板链。

8.4.7 ▎原核生物基因的结构

原核生物的基因序列包括编码区和非编码区，如图 8.30 所示。

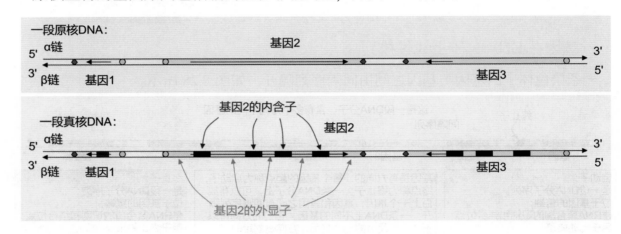

图 8.30　原核生物和真核生物基因的结构

编码区指基因内部能转录成相应的 RNA，进而指导蛋白质合成的 DNA 序列区。编码区是连续的，没有外显子和内含子之分。

非编码区不能转录成 RNA，更不能编码蛋白质，如启动子和操纵基因等；这些序列位于编码区的上游和 / 或下游，上游最重要的非编码调控序列是 RNA 聚合酶结合位点，即启动子。启动子指的是一段 DNA 分子序列，位于基因的首端，是 RNA 聚合酶的识别和结合位点，是用来启动转录的；对应的，终止子也是一段 DNA 分子序列，是 RNA 聚合酶的识别和结合位点，是用来终止转录的。

原核生物的多个基因一般会聚集成簇，形成操纵子。这些基因，称为结构基因，它们在同一个启动子、终止子、操纵基因、调节基因的调控下，若表达就全部表达，若不表达就全不表达。这是原核生物特有的一种调节基因表达的方式，更简洁高效。

> **注意**
>
> 启动子和起始密码子 (start codon)、终止子和终止密码子 (stop codon)，它们之间没有任何关系！

8.4.8 ▎真核生物基因的结构

真核生物的基因序列也包括编码区和非编码区。

真核生物的编码区是间隔的、不连续的，分为外显子和内含子。外显子对应的序列可以转录成 RNA，在转录后加工过程中会被保留，所以会用来合成蛋白质；内含子对应的序列可以转录成 RNA，但转录后在加工过程中会被切去，所以不会合成蛋白质。

人们猜测，内含子可能有以下几类功能。

(1) 有的内含子对基因的转录可能具有某种调控作用，如有些增强子就位于内含子中。

(2) 内含子的存在有利于不同基因的外显子之间的重组。

(3) 内含子把编码同一种功能蛋白的外显子连锁在一起。

(4) 有的内含子对应的 RNA 序列具有核酶和 RNA 连接酶的作用，催化 hnRNA 的剪接。

(5) 基因由于其中的内含子突变的积累可能会演化为新的基因；外显子的保守性远高于内含子，因为内含子序列可以不受自然选择的压力，自由突变。

真核生物的非编码区，除了和原核生物类似的启动子、终止子等调控基因表达的序列外，还有如增强子、TATAATAAT 序列等。启动子往往含有不止一个可被不同转录因子识别并结合的 DNA 序列。

真核生物没有原核生物那样的操纵子结构，真核生物每个基因都有独立的一套启动子和终止子等调节基因表达的元件，所以原核生物调控基因表达更简洁高效；真核生物调控基因表达更严密精准。

8.4.9 重叠基因

基因间一般不重叠。

不过，1973 年，维纳 (Weiner) 和韦伯 (Weber) 在研究大肠杆菌中的 RNA 病毒时发现：有两个基因从同一起点开始翻译，一个在 400 bp 处结束，另一个在 800 bp 处才结束。遗憾的是，当时他们认为后者的含量太少，未予重视。后来，韦斯曼 (Weissman) 发现小分子蛋白质是衣壳蛋白，需要量大；大分子蛋白质是组成有感染能力的病毒所必需的。

但当维纳想要回过头来研究这一现象时，已经晚了！ 1977 年，弗雷德里克·桑格 (Frederick Sanger，1918—2013) 在《自然》上发表 ΦX174 的 DNA 序列时，正式提出了重叠基因 (overlapping gene)，如图 8.31 所示。

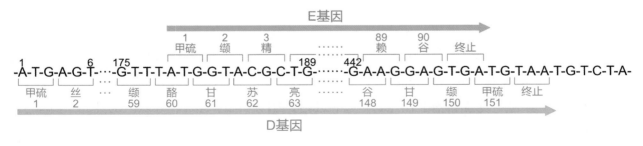

图 8.31　重叠基因

关于桑格，我们可以多介绍一些。

桑格是英国生物化学家（见图 8.32），因完整测定了胰岛素的氨基酸序列获得了 1958 年的诺贝尔化学奖，时年 40 岁。此后十年，桑格在科研上几乎毫无建树。直到 1980 年，桑格又因开发出双脱氧 DNA 分子测序技术再次获得诺贝尔化学奖。 1983 年的某一天，桑格突然感到自己已经够老了，于是停下了实验并宣布自己退休。从此离开实验室，拒绝了女王的封爵，搬到乡下小屋，一心打理起了花园。2013 年，95 岁的弗雷德里克·桑格在睡梦中离世，安然结束了普通人的一生。

(a) 1958 年，桑格（左 4）获得　　　(b) 1980 年，桑格再次获得　　　(c) 退休后的桑格
　　　诺贝尔化学奖　　　　　　　　　　诺贝尔化学奖　　　　　　　　　　和他的花园

图 8.32　桑格

关于 DNA 测序技术，目前已经发展到第三代，即单分子测序，理论上可以进行超长读长（达到 10 kbp），也不需要进行 PCR 扩增。第三代测序技术的重要组成部分是零模波导孔，这是一个足够小的小孔 (10nm)，小到只能插入一个 DNA 聚合酶和一条 DNA 序列，因此在检测的时候可以不受到背景干扰，只探测到一条 DNA 的信号，因此需要的样品量极少。

我们需要着重掌握的是第一代 DNA 测序技术，包括桑格于 1975 年发明的双脱氧 DNA 测序技术和马克萨姆 (A. Maxam) 和吉尔伯特 (W. Gilbert) 于 1977 年发明的化学断裂测序法。

双脱氧 DNA 测序技术的原理是如果在 DNA 复制混合液中加入双脱氧的核苷三磷酸（即 C_3 位也连接 -H 而不是 -OH，记为 ddATP、ddTTP，以此类推），则双脱氧的核苷三磷酸会和正常的脱氧核苷三磷酸竞争性掺入到合成中的 DNA 链的末端，但因为它的 C_3 位连接的是 -H，所以无法和下一个脱氧核糖核苷酸形成 3',5' - 磷酸二酯键，也就是说，下一个脱氧核糖核苷酸无法加入进来，复制到这里就提前终止了。如在加入有 dNTP 和 ddATP 的反应体系中，同时进行很多复制，因此最终会形成末端是 A 的各种片段。当然，在加入有 dNTP 和 ddTTP 的反应体系中，同时进行很多复制，因此最终会形成末端是 T 的各种片段。将四个反应体系的产物加样在四个点样孔中进行高分辨率的电泳（可以区分 1 个碱基的差异），即可自下而上读出待测 DNA 序列的 5' → 3' 的碱基序列，如图 8.33 所示。

化学断裂法则是利用不同的化学反应，使待测的核苷酸链分别在 A、T、C、G 处断裂，然后根据断裂片段的大小，判断断裂位点的碱基组成。测定 DNA 时，先获得单链 DNA 片段，通常有 100～200 个核苷酸，用 ^{32}P 标记 5′ 端，再经过某种化学处理，使 DNA 在含有 T 的地方被切断，产生一系列随机片段。类似地，也使 DNA 在 A、C、G 处断裂，形成随机片段。然后进行凝胶电泳，即可自下而上读出片段的碱基序列。

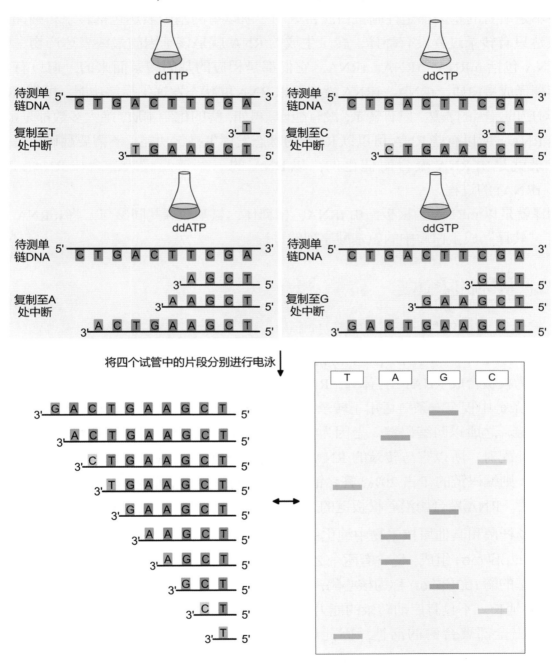

图 8.33　双脱氧测序法示意图

8.5 基因表达概述

8.5.1 基因的表达

基因表达 (gene expression) 包括转录和翻译。

并不是所有的基因都是控制蛋白质合成的，所以有的基因表达包括转录和翻译，有的基因表达只有转录过程没有翻译，转录生成的 RNA 就是该基因的最终表达产物。如细胞中的 RNA 包括 mRNA、tRNA、rRNA，它们都是相应的基因转录而来的，但只有 mRNA 会继续翻译成蛋白质，tRNA、rRNA 就直接以 RNA 的状态发挥生物学功能，所以 tRNA 和 rRNA 对应的基因的表达，只有转录，没有翻译。再如，酶的化学本质，绝大多数都是蛋白质，少量是 RNA，所以有些 RNA 可以以 RNA 的状态发挥生物学功能，不需要翻译成蛋白质。

转录就是由 RNA 聚合酶催化的，以 DNA 的一条链为模板，合成 RNA(mRNA、tRNA、rRNA) 的过程。

翻译就是以 mRNA 为模板，由 tRNA、核糖体、氨基酸等共同参与，将 mRNA 上的碱基序列 "转译" 成蛋白质中的氨基酸序列的过程。

8.5.2 基因的表达——转录

1. 转录所需要的酶——RNA 聚合酶

1960—1961 年，科学家从微生物和动物细胞中分别分离出 DNA 指导的 RNA 聚合酶 (以 DNA 为模板合成 RNA)。在体外，RNA 聚合酶能使 DNA 的两条链同时转录；但体内，DNA 的两条链中仅有一条链可用于转录，称为模板链或负链；另一条无法转录的链称为编码链或正链。之所以叫编码链，是因为它与模板链碱基互补配对，转录的 RNA 也与模板链碱基互补配对，所以它与转录的 RNA 碱基几乎一致 (T 换成 U)。问：若一条 mRNA 中 U 占 20%，则编码链的 T 占 20%? 答：错，因为编码链指的是整条 DNA，mRNA 只是它对应的某一段。RNA 聚合酶沿着模板链的 3' → 5' 的方向移动，合成的 RNA 方向为 5' → 3'。

从大肠杆菌和其他原核生物中纯化的 RNA 聚合酶，由 6 个亚基 (α2ββ' ωσ) 组成，还含有两个 Zn 原子 (见图 8.34)。没有 σ 亚基的酶 (α2ββ' ω) 称为核心酶，只能使已开始合成的 RNA 链延长，不具有启动转录的能力。必须有 σ 亚基，才能表现出全部聚合酶的活性，因此 σ 亚基称为起始亚基。细菌的 mRNA、tRNA、rRNA 是由同一种 RNA 聚合酶

核心酶　　　　全酶

图 8.34　原核生物 RNA 聚合酶示意图

转录而成的，转录速度约为 50 nt · s⁻¹，与翻译的速度 (15 AA · s⁻¹) 相当。前面已经说过，bp 表示 base pair，意为碱基对；这里的 nt 表示 nucleotide，意为碱基；AA 表示 amino acid，意为氨基酸。

大肠杆菌仅有一种RNA聚合酶，但有多种不同的σ因子，它们负责在不同的环境条件下识别特定的启动子序列，控制不同的基因表达，是大肠杆菌调控基因表达的重要方式。其他原核生物也由多种σ因子在不同条件下调控基因表达。

RNA聚合酶催化的具体过程是：RNA聚合酶以DNA的一条链为模板，在Mg^{2+}的辅助下，遵循碱基互补配对原则，将核糖核苷酸聚合为核糖核酸RNA，即催化核糖核苷酸之间形成磷酸二酯键。RNA聚合酶干的活有点多，它一方面使DNA的两条链之间的氢键断裂，即发挥解旋酶的作用，发生在待转录区域；一方面以模板链的碱基序列为参照，按照碱基互补配对原则，通过形成磷酸二酯键的方式，使核糖核苷酸聚合形成核糖核酸，即发挥RNA聚合酶的作用，发生在转录区域；另一方面使转录过程产生的DNA-RNA的杂交链之间的氢键断裂，使得新合成的RNA迅速及时离开。

补充

氢键的断裂可能需要酶的催化；之所以说可能，是因为高温、过酸、过碱其实也可以断开氢键。氢键的形成是自发形成的，不需要酶的催化。

把氢键想象成两个磁铁之间的吸引力就好理解了。

强调：氢键不是化学键，而是一种特殊的分子间作用力，只影响物质的物理性质，不影响化学性质。

2. 原核生物的转录过程：识别、起始、延伸、终止

(1) 识别：RNA聚合酶在σ亚基(蛋白质)的引导下结合在启动子上，DNA双链局部解开，形成转录泡，如图8.35所示。

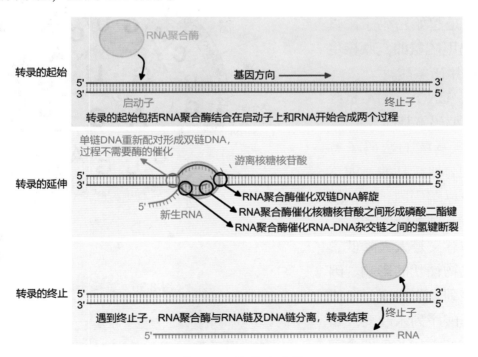

图8.35 转录的过程

(2) 起始: 在模板链上通过碱基互补配对合成最初的 RNA 链。

(3) 延伸: 核心酶 (RNA 聚合酶, 即不包括 σ 亚基) 向前移动, RNA 链不断延长。

(4) 终止: RNA 聚合酶识别转录终止信号 (终止子), 停止转录, 转录生成的 RNA 和 RNA 聚合酶从 DNA 上脱落。

3. 转录以基因为单位, 从启动子开始, 到终止子结束

同一 DNA 上的不同基因之间的转录与否没有关系。如前所述, 一条 DNA 分子上的不同的基因方向不同, 所以转录时的方向也不同, 使用的模板链和编码链也不同。所以, 我们平时说 DNA 的复制、基因的表达、基因的转录, 是有原因的。

8.5.3 基因的表达——翻译

翻译的具体过程就是将 mRNA 上的碱基序列 (信息) 读取成氨基酸的序列的过程, 需要 mRNA、tRNA、rRNA 共同参与。

(1) mRNA: 作为模板, mRNA 上每三个相邻的碱基决定一种氨基酸, 这样的三个碱基称为密码子 (codon)。

(2) tRNA: 用来运输氨基酸到核糖体 -mRNA 复合物上。

(3) rRNA: 与相关蛋白质结合, 形成核糖体, 负责催化氨基酸脱水缩合, 形成肽链。

1. mRNA 与密码子表

mRNA 上的密码子的种类有 $4 \times 4 \times 4 = 64$ 种。

(1) AUG 是起始密码子, 真核生物中编码甲硫氨酸, 原核生物中编码甲酰甲硫氨酸。

(2) UAA、UAG、UGA 是终止密码子, 不编码氨基酸。

(3) 编码氨基酸的密码子有 61 种, 对应 21 种氨基酸, 即不同的密码子可以编码同一种氨基酸, 称为密码子的简并性。

简并性的意义是大大降低了基因突变对生物性状的影响。因为基因碱基序列发生突变, 可能编码出的氨基酸序列未改变, 如 UCU、UCC、UCA、UCG 四个密码子都编码丝氨酸 (Ser)。

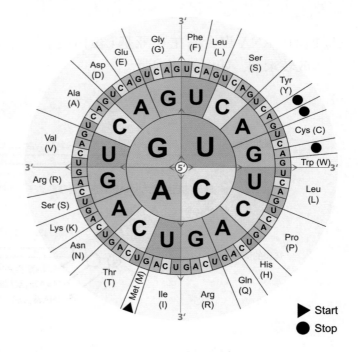

图 8.36 密码子表

▶▶▶ 从 5' → 3' 读码。在正常情况下, UGA 是终止密码子, 但在特殊情况下, UGA 可以编码硒代半胱氨酸。在原核生物中, GUG 也可以作起始密码子, 此时它编码甲硫氨酸。

2. tRNA 的结构与功能

tRNA(transfer RNA) 结构如图 8.37 所示，其一级结构富含修饰碱基，修饰碱基的存在可以稳定 tRNA 的结构，使其不易被降解。

tRNA 的二级结构呈倒三叶草形。

(1) 3' 端含有氨基酸结合位点，在专一性酶的作用下与对应的氨基酸连接，tRNA 也由此从空载 tRNA 变为负载 tRNA，过程中需要 ATP 提供能量。

(2) tRNA 的反密码子环，含有三个碱基构成的反密码子，可与 mRNA 上的密码子碱基互补配对，读取 mRNA 上的信息，实现 mRNA 上的信息 (核糖核苷酸的排列顺序) 转换为肽链上的信息 (氨基酸排列顺序)。

(3) tRNA 的 5' 端比 3' 端短 3 个核苷酸。

tRNA 的三级结构呈倒 L 形。

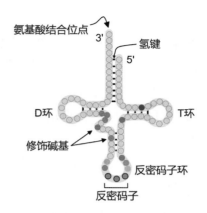

图 8.37　tRNA 结构示意图

3. rRNA 与核糖体

参考本书第 3 章细胞的结构与功能中关于核糖体的介绍。

4. 翻译的具体过程

首先是核糖体的小亚基与 mRNA 的 5' 端结合，然后核糖体小亚基在 mRNA 上向 3' 端移动，寻找起始密码子。找到起始密码子后，小亚基在 mRNA 上的移动会稍稍卡顿，此时携带甲硫氨酸的 tRNA 上的反密码子就与起始密码子碱基互补配对结合，核糖体的大亚基也识趣地结合了过来，完成翻译的起始。核糖体上有 3 个 tRNA 结合位点，分别称为 E、P、A，最初的 tRNA 就结合在 P 位点上，如图 8.38 所示。

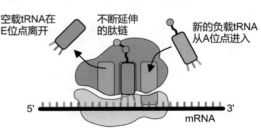

图 8.38　核糖体的结构 (左) 和翻译过程 (右) 示意图

接着，第二个 tRNA 带着它的氨基酸进入核糖体，结合在 A 位点上。在核糖体的催化下，第一个氨基酸与之结合，形成肽键并转移到第二个 tRNA 上，因此，起始 tRNA 变成空载状态。核糖体向 mRNA 的 3' 端移动一个密码子，导致起始 tRNA 结合的位点从 P 位点变为 E 位点，第二个 tRNA 结合的位点从 A 位点变为 P 位点，A 位点空缺。空载的起始 tRNA 离开核糖体，然后，第三个 tRNA 携带着它的氨基酸进入 A 位点，开始新一轮的翻译过程。

5. 变偶学说

tRNA 的种类是由其反密码子的种类决定的，而不是由其携带的氨基酸决定的。反密码子与密码子碱基互补配对，编码氨基酸的密码子有 61 种，细胞中是不是就有 61 种 tRNA 呢？初想之下，好像是那么回事，但生命的奥秘又岂是我们能够轻易预料到的呢？

真实的情况如下。

(1) mRNA 上的密码子的第一个碱基，与 tRNA 上反密码子的第三个碱基严格碱基互补配对。

(2) mRNA 上的密码子的第二个碱基，与 tRNA 上反密码子的第二个碱基严格碱基互补配对。

(3) mRNA 上的密码子的第三个碱基，与 tRNA 上反密码子的第一个碱基可以不严格碱基互补配对。

这一现象最初由弗朗西斯·克里克 (Francis Crick，1916—2014) 在 1966 年提出，称为密码子的摆动学说或变偶学说 (wobble，见图 8.39)。由于变偶性的存在，细胞内只需要 32 种 tRNA 就能识别 61 个编码氨基酸的密码子。碱基 I 为次黄嘌呤。

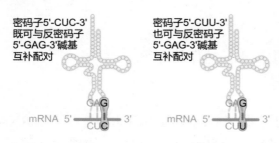

tRNA的反密码子第一个碱基	mRNA的密码子第三个碱基
A	U
C	G
G	C或U
U	A或G
I	A或U或C

图 8.39 变偶学说和克里克

▶▶▶ 弗朗西斯·克里克，英国生物学家。1953 年与詹姆斯·沃森共同发现了 DNA 的双螺旋结构，二人也因此与莫里斯·威尔金斯共同获得了 1962 年的诺贝尔生理学或医学奖。他与沃森在提出 DNA 双螺旋结构的时候，也一起预测了 DNA 的半保留复制方式。克里克又提出中心法则、序列假说、三联体密码、密码子的变偶学说。

2004 年 7 月 28 日，克里克因大肠癌病逝，享年 88 岁。他的同事评价克里克说："他临死前还在修改一篇论文，他至死都是一名科学家。"

8.5.4 原核生物基因的表达：边转录边翻译

1. 原核生物为什么可以边转录边翻译

原核生物的基因在表达的时候是边转录边翻译，其原因如下。

(1) 从细胞结构上说，原核生物没有以核膜为界限的细胞核，转录和翻译都是发生在细胞质中，是在同一个场所进行的，所以可以边转录边翻译。

(2) 从基因结构上说，原核生物的基因是连续的，没有外显子和内含子之分，所以转录得到的 mRNA 不需要加工，可以直接作为翻译的模板，所以可以边转录边翻译。

2. 原核生物的操纵子模型 (operator)

原核生物的遗传物质较少，为了尽可能提高基因表达调控的效率，经常会把在代谢上前后相关的一些酶或蛋白质对应的结构基因整合在一起，使它们在同一套调控机制下。这样一来，这些结构基因就会要表达就全部表达，要不表达就全不表达，提高基因调控效率。这样一来，这些结构基因如果转录，会形成一条 mRNA，所以，原核生物的一个 mRNA 分子可以编码多种多肽链。

这些多肽链对应的 DNA 片段则位于同一转录单位内，共同拥有一个转录的起点 (启动子) 和终点 (终止子)，称为多顺反子。顺反子的概念来自遗传学中的顺反重组试验，是确定交换片段究竟在一个基因内还是在两个基因内的试验。简单理解为：一个顺反子就是一个基因，多顺反子就是多个基因。

3. 乳糖操纵子

大肠杆菌非常喜欢葡萄糖，在有葡萄糖的时候只利用葡萄糖。但不如意事常八九，哪能到处都是葡萄糖啊。没有葡萄糖而有乳糖的时候，大肠杆菌也能退而求其次利用乳糖。即大肠杆菌本来是可以合成代谢乳糖的酶，就是图 8.40 的结构基因是 lacZ、lacY 、lacA，各自编码 β- 半乳糖苷酶、β- 半乳糖苷透性酶、β- 半乳糖苷乙酰基转移酶。这一现象是 1940 年莫诺 (Jacques L. Monod) 最早发现的。

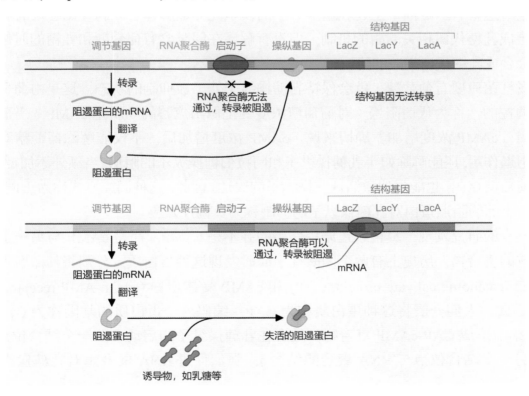

图 8.40　乳糖操纵子示意图

这些酶是大肠杆菌以乳糖为碳源时的关键酶，但这些结构基因平时是不表达的，因为平时大肠杆菌利用的是葡萄糖，不是乳糖，就没有必要去合成代谢乳糖所需要的酶。那么，大肠杆菌如何控制这些乳糖代谢相关的基因什么时候表达什么时候不表达呢？

雅各布 (François Jacob) 和莫诺发现这三个结构基因和它们的启动子之间，还有一段 DNA 序列，称为操纵基因（见图 8.40）。如果操纵基因结合一个阻遏蛋白，阻遏蛋白就会阻止 RNA 聚合酶对结构基因的转录，所以结构基因就无法表达。那阻遏蛋白是哪来的呢？原来还有一个调节基因，它转录并翻译产生阻遏蛋白。简而言之，有葡萄糖可用的时候，调节基因表达产生阻遏蛋白，阻遏蛋白结合在操纵基因上，阻止了 RNA 聚合酶对结构基因的转录，导致结构基因（乳糖代谢所需要的酶）无法表达。

当有诱导物（如乳糖）存在时，诱导物很快就结合在阻遏蛋白上。然后阻遏蛋白就失活了，就不能与操纵基因结合了，RNA 聚合酶就能转录结构基因 lacZ、lacY、lacA 了，大肠杆菌就能合成乳糖代谢相关的酶了，也就能利用乳糖了。

科学家在用既含有葡萄糖又含有乳糖的培养基培养大肠杆菌的时候，发现大肠杆菌会优先利用葡萄糖，在葡萄糖消耗殆尽后停止生长。但经过约 1 h 的停滞后，大肠杆菌诱导表达了乳糖代谢相关的酶，恢复了生长，如图 8.41 所示。

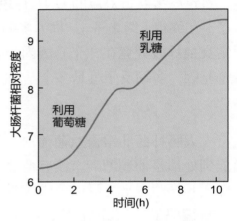

图 8.41　大肠杆菌二次生长曲线

但是，这里有个疑问：上述乳糖操纵子的模型完美地解释了大肠杆菌在没有乳糖的时候不会合成乳糖代谢相关的酶的机制，但没有解释在同时含有葡萄糖和乳糖的时候，为什么也不会合成乳糖代谢相关的酶。

大肠杆菌只要有葡萄糖，就会保持乳糖操纵子处于被抑制的状态，这是由葡萄糖的代谢产物调控的，称为代谢阻遏。对葡萄糖浓度变化做出应答的物质是 cAMP，当葡萄糖浓度降低时，cAMP 浓度增加。确切来说，cAMP 浓度增加后，不仅能解除葡萄糖对乳糖操纵子的阻遏作用，还能解除如半乳糖操纵子和阿拉伯糖操纵子的阻遏。当额外添加 cAMP 时，即使有葡萄糖存在，也能强烈激活这些操纵子的表达。因此，这种调控方式称为正调控效应，相应地，上面的阻遏蛋白对乳糖操纵子的抑制称为负调控效应。

进一步的研究发现，真正起正调控作用的并不是 cAMP，而是 cAMP 与另一个蛋白质结合形成的复合物。历史上有两个团队几乎同时发现这种蛋白质，分别将其命名为代谢物激活蛋白 (catabolite activate protein, CAP) 和 cAMP 受体蛋白 (cyclin-AMP receptor protein, CRP)。因此，人们一般将这种蛋白质称为 CAP，编码这个蛋白质的基因称为 crp。cAMP 与 CAP 结合形成 CAP-cAMP 复合物，结合在乳糖操纵子的启动子的一个结合位点上（启动子的另一个结合位点与 RNA 聚合酶结合），强烈促进 RNA 聚合酶对乳糖操纵子等的转录。

1965 年，雅各布、安德烈·利沃夫 (André Michel Lwoff) 和莫诺一起分享了诺贝尔生理学或医学奖 (见图 8.42)。雅各布是法国著名的生物学家，主要工作是研究细菌及噬菌体的遗传机制以及突变的生物化学效应。他预言基因和蛋白质之间有 mRNA 作为信息传递的媒介，因此被认为是分子生物学创始人。

雅各布　　　　利沃夫　　　　莫诺

图 8.42　1965 年诺贝尔生理学或医学奖得主

1969 年，贝克维斯 (J. R. Beckwith) 从大肠杆菌的 DNA 中分离出乳糖操纵子，完全证实了雅各布和莫诺的模型。

小小大肠杆菌居然懂得"按需配给"：没有乳糖的时候就不合成代谢乳糖的酶，有乳糖的时候才合成代谢乳糖的酶，而且，这三个基因通过形成操纵子的方式，使得它们的表达同步地受到同一诱导物的调控，极大地避免了能量和物质的浪费，提高了调控的效率。

4. 色氨酸操纵子

如前所述，乳糖操纵子、半乳糖操纵子、阿拉伯糖操纵子等编码分解代谢的酶，其调控原则是有相应底物才会表达，没有则不表达。而色氨酸操纵子表达的酶参与色氨酸的生物合成，当有环境中色氨酸的时候，不需要表达，当没有色氨酸供应时则会被诱导表达，使细胞能够自己合成色氨酸 (见图 8.43)。另外，色氨酸操纵子还具有乳糖操纵子所不具备的衰减机制。

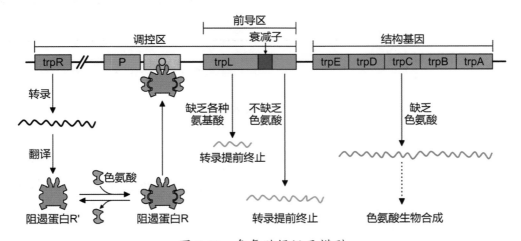

图 8.43　色氨酸操纵子模型

色氨酸的生物合成主要分为 5 步，有 7 个基因参与整个合成过程，分别是 TrpE、TrpG、TrpD、TrpF、TrpC、TrpA、TrpB，其中基因 E、D、C、B、A 位于色氨酸操纵子的结构基因中，表达与否受上游的启动子 P 和操纵基因 O 的调控。当没有色氨酸时，trpR 基因以组成型低水平表达无活性的阻遏蛋白 R'。当有色氨酸存在时，色氨酸与 R' 结合，改变其构象，形成有活性的阻遏蛋白 R，R 与操纵基因 O 结合，阻止结构基因表达。

但是，在色氨酸操纵子中，R 对结构基因的阻遏作用很弱，只有乳糖操纵子中阻遏蛋白 I 对结构基因阻遏效果的 $\frac{1}{1000}$，这显然是不够的。这就涉及上文提到的衰减作用了。

色氨酸操纵子上有一段前导序列，在操纵基因和第一个结构基因之间，前导序列中有一段 123 ～ 150 bp 的序列，称为衰减子 (attenuator)。如果衰减子序列缺失，相关结构基因表达水平可提高 6 ～ 10 倍。除非环境中完全没有色氨酸，否则，RNA 聚合酶在转录到衰减子区域的时候就会被终止，结构基因自然无法表达。

色氨酸操纵子中的衰减子的工作原理是这样的 (见图 8.44)：在前导序列转录得到的 mRNA 中含有 4 段特殊的序列，依次是 1、2、3、4，1 可以和 2 碱基互补配对，形成茎环结构；3 可以和 4 碱基互补配对，形成茎环结构；2 也可以和 3 碱基互补配对，形成茎环结构。其中，3 和 4 形成的茎环结构属于终止结构，可以终止转录。在这四个特殊的序列前面 (5' 端方向) 还有两个色氨酸密码子，这是很不寻常的，因为色氨酸在蛋白质中的含量很低，在这里连续的两个色氨酸密码子，核糖体在上面移动时，有没有充足的携带色氨酸的 tRNA 就会成为限制核糖体在 mRNA 上移动速度的关键。

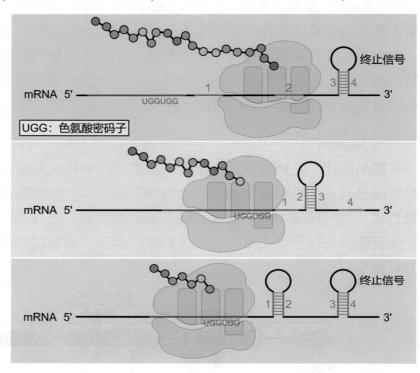

图 8.44　色氨酸操纵子的衰减模型

当环境中有色氨酸时，核糖体就能够较顺利地通过这个区域，此时，核糖体占据了序列 2，所以序列 3 只能和序列 4 形成茎环结构，终止转录。

当环境中无色氨酸时，核糖体就会在两个色氨酸密码子处卡顿，此时，核糖体占据了序列 1，所以序列 2 只能和序列 3 形成茎环结构，导致序列 3 和序列 4 不能形成终止信号，色氨酸操纵子的结构基因得以转录。

当环境中不仅没有色氨酸，其他氨基酸也缺乏时，核糖体在这个区域的移动速度更慢，此时，核糖体连序列 1 也没有占据，此时序列 1 和序列 2、序列 3 和序列 4 形成茎环结构，转录终止。对于大肠杆菌而言，现在即使合成色氨酸，也因为缺乏其他氨基酸而无法合成蛋白质，不如不合成色氨酸，还能节省物质和能量。

5. SD 序列

聪明如你，至此一定有以下几个疑问。

(1) 原核生物一条 mRNA 上面可以合成不止一种蛋白质，也就是说在这条 mRNA 上有多个起始密码子 AUG。在第一个起始密码子前面，有没有其他的序列？有。有没有可能是 AUG？有可能。这些 AUG 是不是起始密码子？当然不是，它们既不是起始密码子，也不编码氨基酸。

(2) 在第一个起始密码子和第一个终止密码子之间，会不会有 AUG？会！这些 AUG 是不是起始密码子？当然不是，只是编码甲硫氨酸的密码子。

(3) 在第一个终止密码子和第二个起始密码子之间，会不会有 AUG？会！这些 AUG 是不是起始密码子？当然不是，它们既不是起始密码子，也不编码氨基酸，如图 8.45 所示。

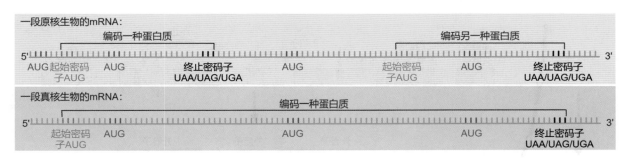

图 8.45　原核生物和真核生物一条 mRNA 可以编码蛋白质的差异

（紫色均可能是 AUG，但只有两个红色的 AUG 会被识别为起始密码子）

那么在原核生物的 mRNA 上，当核糖体结合在 mRNA 的 5' 端并开始向后滑动时，它如何准确识别哪些 AUG 是起始密码子，哪些是编码甲硫氨酸的密码子，哪些不是密码子呢？研究发现，在细菌 mRNA 的真正的起始密码子 AUG 的上游 5 ～ 10 个碱基处，有一段特殊的序列，称为 SD 序列，能与核糖体小亚基的 16 S rRNA 的 3' 端的碱基序列互补配对，从而保证小亚基能够准确识别起始密码子，忽视非起始密码子的 AUG。也就是说，首先是核糖体小亚基结合在 mRNA 的 5' 端，然后向 3' 端滑动，如果遇到了 SD 序列，那由于 SD 序列与核糖体的 rRNA 可以碱基互补配对，所以核糖体的滑动会出现卡顿。就是这么一个小小的卡顿，使得起始密码子对应的 tRNA 携带着甲硫氨酸就结合了过来，核糖体的大亚基也结合了过来，翻译就正式启动了。所以，原核生物的识别原则是：SD 序列后面的第一个 AUG 才是起始密码子。

8.5.5 ｜ 真核生物基因的表达：转录后翻译

1. 真核生物为什么不可以边转录边翻译

真核生物的核基因在表达的时候是转录后翻译，原因如下。

(1) 从细胞结构上说，真核生物有以核膜为界限的细胞核，转录主要发生在细胞核（线粒体和叶绿体的基因表达与原核生物类似，均是边转录边翻译），翻译都是发生在细胞质中。它们两不是在同一个场所进行的，所以不可能边转录边翻译。

(2) 从基因结构上说，真核生物的核基因是隔断的，有外显子和内含子之分，由外显子转录得到的 RNA 区段可以编码蛋白质，由内含子转录得到的 RNA 区段不能编码蛋白质。所以真核生物核基因转录后得到的 RNA，需要在细胞核中加工后才能来到细胞质中，作为翻译的模板。因此，真核生物的核基因不可能边转录边翻译。

2. 真核生物的基因是单顺反子

真核生物的一个 mRNA 分子编码一个多肽链，和原核生物的多顺反子对应，称为单顺反子。这是因为真核生物的遗传物质较多，它可以每个基因都有自己的一套调控表达的系统，从而使得基因表达和生命活动调节更精细、精确、严格，如图 8.46 所示。

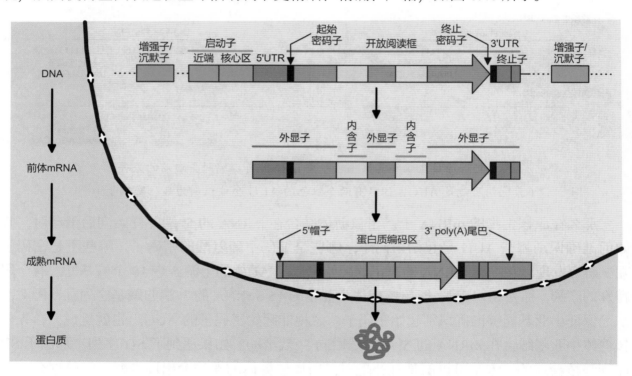

图 8.46　真核生物基因结构及基因表达简图

一条 mRNA 上可以同时结合多个核糖体，称为多聚核糖体。每个核糖体独立完成一条多肽链的合成，大大提高了 mRNA 合成多肽链的效率。这多个核糖体翻译出的多肽链的氨基酸序列完全一致。

3. 真核生物 RNA 的选择性拼接

真核生物一条 mRNA 只能翻译出一种蛋白质，那是不是可以说真核生物的一个基因只能表达出一种蛋白质呢？

当然不是！真核生物的一个基因一般含有 n 个内含子和 $n+1$ 个外显子（一般 $n>10$）。但是转录后加工过程中，内含子转录得到的序列当然都要被切去，但外显子转录得到的序列并不是都会被保留在成熟 mRNA 中，而是会发生选择性拼接 (见图 8.47)。这也是导致真核生物中，较少的基因可以编码众多蛋白质的其中一个原因。当然，真核生物中还存在基因重编程过程，使得极少数的基因可以表达出极为多样的蛋白质这个问题。

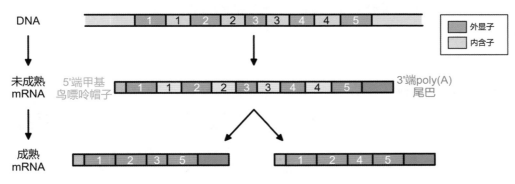

图 8.47　真核生物外显子选择性拼接示意图

4. 真核生物的其他转录后加工过程

如前所述，原核生物奉行极简主义，将功能上相关的几个基因融合成操纵子，在一个启动子和表达调控系统下同时表达或同时不表达，真核生物的基因表达调控更精细，各个基因在各自独立的启动子和表达调控系统下调节表达。

真核生物基因转录后生成的 RNA，称为核内不均一 RNA(hnRNA)，需要经过加工后才能变为成熟的 mRNA。加工过程主要包括以下步骤。

(1) 内含子转录得到的序列被特异性剪去。

(2) 外显子转录得到的序列被选择性保留。

(3) 5' 端加上甲基鸟嘌呤的帽子 (见图 8.48) 和 3' 端加上 poly(A) 的尾巴。

5' 端的帽子结构的作用有：稳定 mRNA 的结构，有助于距离 5' 端较近的那个内含子序列的切除，对于成熟 mRNA 出核是必须的，对于核糖体识别并结合在 mRNA 上开始翻译有协助作用。

3' 端 poly (A) 尾巴的作用有：稳定 mRNA 的结构，有助于距离 3' 端较近的那个内含子序列的切除，对于成熟 mRNA 出核是必须的。

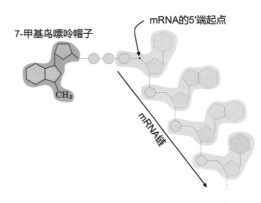

图 8.48　甲基鸟嘌呤帽子结构示意图

5. 真核生物当然就不需要 SD 序列

真核生物的基因是单顺反子结构，所以一条 mRNA 只合成一种多肽链，所以核糖体小亚基首先识别 mRNA 的 5' 端甲基化帽子，然后在 mRNA 上向后移动，找寻第一个 AUG 并把它当作起始密码子。后面无论有多少个 AUG，都只当作甲硫氨酸的密码子，自然不需要 SD 序列。

8.5.6 原核生物与真核生物

(1) DNA 结构：原核生物一般是双链环状 DNA。真核生物一般是双链线性 DNA。

(2) DNA 复制：原核生物单起点复制，一个细胞周期多次复制。真核生物多起点复制，一个细胞周期只能复制一次。

(3) 基因转录和翻译：原核生物边转录边翻译。真核生物转录后翻译，如图 8.49 所示。

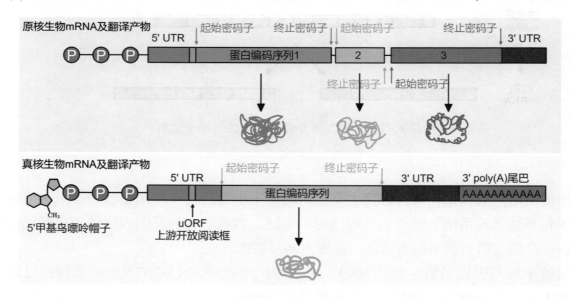

图 8.49　原核生物与真核生物 mRNA 结构及翻译产物差异示意图

(4) mRNA 的结构：原核生物是多顺反子，即原核生物的一条 mRNA 可以有多个核糖体结合，可以翻译出不止一种蛋白质。真核生物是单顺反子，即真核生物的基因转录得到的一条 mRNA，可以有多个核糖体结合，但这些核糖体各自从头到尾翻译出一条完整的多肽链，这些核糖体翻译的多肽链都是一模一样的。

病毒的各种遗传分子的基础性质，一般和原核生物类似。

🐾 8.6 基因对性状的控制

8.6.1 基因通过控制酶的合成来控制代谢，进而控制生物的性状

对于细胞而言，DNA 是其主要的遗传物质，基因是一段有遗传效应的 DNA 片段，蛋白质是生命活动的主要承担者。我们把这几句话结合起来，很容易想到一个问题：基因是如何控制生物性状的？

我们在前面学过孟德尔的圆粒豌豆和皱粒豌豆的杂交实验，当时的解释是圆粒基因 R 对皱粒基因 r 是完全显性的，所以才会出现纯合的圆粒和皱粒杂交得到的 F_1 代全是圆粒，F_1 自交得到的 F_2 出现圆粒：皱粒 = 3:1 这样的性状分离比。如果从更深入的分子水平去解

释圆粒和皱粒的形成原因呢？众所周知，淀粉是由葡萄糖通过糖苷键连接而成的生物大分子，淀粉分为直链淀粉和支链淀粉两种。直链淀粉中只有 α－1, 4－糖苷键，支链淀粉中除了 α－1, 4－糖苷键外，还有 α－1, 6－糖苷键。α－1, 6－糖苷键是在 α－1, 4－糖苷键形成后，由淀粉分支酶催化形成的，如图 8.50 所示。

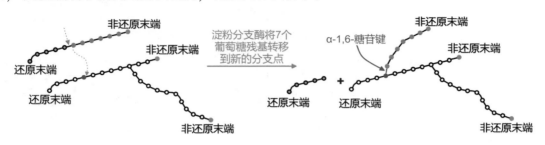

图 8.50　淀粉分支酶催化形成新的分支

在皱粒豌豆中，一段外来的 DNA 序列插入淀粉分支酶的基因序列中，发生了基因突变，破坏了淀粉分支酶这个基因，导致淀粉分支酶的活性大大降低，导致皱粒豌豆中几乎全是直链淀粉，没有支链淀粉。直链淀粉与纤维素类似，是极不易溶于水的；而支链淀粉与糖原类似，是极易溶于水的。也就是说，细胞中的支链淀粉可以起到保留水分的作用。当豌豆成熟的时候，RR 和 Rr 这样的豌豆因含有支链淀粉可以有效地保留水分，十分饱满。而 rr 这样的豌豆因为几乎没有支链淀粉，所以保水能力很差，很皱。

再举一例，白化病是由于编码酪氨酸酶的基因异常所引起的。酪氨酸酶存在于正常人的皮肤、毛发等处，能够将酪氨酸转变为黑色素。细胞衰老的时候，酪氨酸酶的活性降低，导致黑色素合成不足，导致须发变白等现象。白化病患者视网膜无色素，虹膜和瞳孔呈现淡粉色，怕光，皮肤、眉毛、头发及其他体毛都呈白色或黄白色。白化病属于家族遗传性疾病，为常染色体隐性遗传，常发生于近亲结婚的人群中。

再举一例，苯丙酮尿症是由于苯丙氨酸羟化酶缺陷导致的常染色体隐性遗传病。苯丙氨酸是人体必需的氨基酸之一，正常人每日需要的摄入量为 200 ～ 500 mg，其中，约有 1/3 用于合成蛋白质，还有 2/3 则被肝细胞中苯丙氨酸羟化酶 (PAH) 转化为酪氨酸，以合成甲状腺素、肾上腺素和黑色素等。苯丙氨酸代谢缺陷导致苯丙氨酸及苯丙酮酸蓄积，并随尿大量排出，即苯丙酮尿症，基因定位在 12 号染色体的长臂上。临床特征为智力低下、精神神经症状、湿疹、皮肤抓痕征、色素脱失、鼠气味及脑电图异常等。与之相关的，还有尿黑酸尿症，即尿中含有尿黑酸 (2,5- 二羟基苯醋酸)，也是常染色体隐性遗传。正常状态下，从酪氨酸、苯丙氨酸等芳香族氨基酸生成的尿黑酸能进一步氧化，但患者缺乏使之氧化的酶 (2,5- 二羟苯乙酸 -1,2- 二氧化酶)，因此将病人的尿放置时，尿黑酸自动氧化而产生黑色。

8.6.2 | 基因通过控制蛋白质的结构直接控制生物的性状

如前所述，基因可以通过控制酶的合成来控制代谢过程，进而控制生物体的性状。但除此之外，基因还能通过控制蛋白质的结构直接控制生物的性状。

举个例子，在大约 70% 的囊性纤维化患者中，编码 CFTR 蛋白的基因缺失了 3 个碱基，导致 CFTR 蛋白 508 位的苯丙氨酸缺失，CFTR 蛋白的空间结构发生改变。CFTR 是一种转运蛋白，负责将氯离子主动运输至细胞外，如图 8.51 所示。CFTR 活性丧失或降低，导致氯离子无法有效运出细胞，影响上皮细胞外的渗透压和酸碱平衡，导致液体量减少，呈脱水状态，分泌物中的酸性的糖蛋白含量增加，造成分泌物黏稠。这些黏稠的分泌物会引起支气管阻塞等症状。

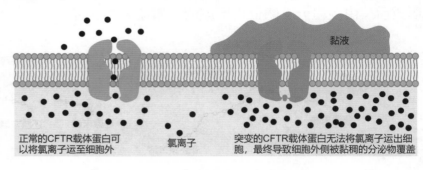

图 8.51　囊性纤维化发病原因

再举一例，亨廷顿舞蹈症 (Huntington's disease, HD) 是一种进行性脑功能障碍性疾病，导致行为活动不受控制、情绪障碍、认知能力丧失等问题，遗传方式是常染色体显性遗传，致病基因 Htt 编码 Htt 蛋白，如图 8.52 所示。在它的第一个外显子中，包含了重复的 CAG 三联密码子，正常情况下，重复 9～36 次。在 HD 中，CAG 的重复次数会异常增加。

(1) 重复次数在 36～39 次，可能患病，也可能正常。

(2) 重复次数在 40 次以上几乎都会发病。

(3) 重复次数越多，发病时间越早。

CAG 片段的增加导致亨廷顿蛋白质异常增长，变长的蛋白质被切割成较小的有毒片段，这些片段结合在一起并在神经元中积累，破坏了这些细胞的正常功能，造成大脑某些区域的神经元的功能障碍和死亡，这是导致亨廷顿舞蹈症的根本原因。

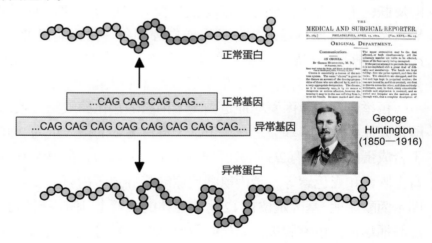

图 8.52　亨廷顿舞蹈症 (Huntington G., 1872)

8.7　中心法则

8.7.1　复制

DNA 复制发生在分裂前的间期 (S 期)，复制是为分裂做准备的，不分裂的细胞不复制，如图 8.53 所示。DNA 复制所需的酶有：DNA 聚合酶、解旋酶、RNA 聚合酶 (用来合成

RNA 引物)、DNA 连接酶(用来连接冈崎片段)、拓扑异构酶(通过切断、旋转、再连接等操作使 DNA 的螺旋状态得以松开)等，如图 8.54 所示。

DNA 复制所需要的原料为四种游离的脱氧核苷酸。其特点有：边解旋边复制、多起点复制、双向复制、半不连续复制、原核生物单起点复制、真核生物多起点复制、原核生物一个细胞周期可以多次复制、真核生物一个细胞周期只能复制一次。

复制原点是 DNA 上的一段序列，富含 A、T 碱基，是解旋酶和 DNA 聚合酶的识别和结合位点，用来启动复制。

图 8.53　中心法则

▶▶▶

1 为 DNA 复制，2 为基因的转录，3 为翻译，4 为 RNA 的自我复制，5 为逆转录。黑色部分为克里克最初提出的中心法则内容，红色部分为后来发展完善的信息流动途径。

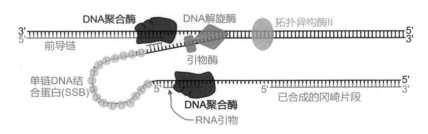

图 8.54　复制总览

8.7.2 | 转录

转录发生在什么时候？染色质和染色体是同一种物质不同的状态，都主要是由 DNA 和蛋白质构成。染色质是松散排列的细丝状结构，染色体是高度压缩螺旋盘曲缠绕形成的棒状或杆状结构。染色质是有活性的，染色体没有活性，这里的活性指的是能够指导蛋白质合成、决定生物性状的活性。

有丝分裂前期，染色质凝缩形成染色体；有丝分裂末期，染色体解螺旋形成染色质。所以，转录发生在除了分裂期之外的任何时期。

转录所需要的酶为 RNA 聚合酶，转录需要解旋，但不需要专门的解旋酶，因为 RNA 聚合酶本身就有解旋酶的活性。

转录所需要的原料为四种游离的核糖核苷酸。

转录的特点为：以 DNA 的一条链为模板，沿着这条模板链的 3' → 5' 方向移动，按照碱基互补配对原则，合成 RNA，方向是 5' → 3'。合成的 RNA 可以是 mRNA、tRNA，也可以 rRNA。原核生物的基因是连续的，没有外显子和内含子之分，所以转录得到的 mRNA 可以直接作为翻译的模板。真核生物的基因是隔断的，有外显子和内含子之分，内含子转录得到的 RNA 片段不用于翻译，外显子转录得到的 RNA 片段可能用于翻译，所以真核生物转录得到的 mRNA 需要经过加工过程。为什么要说可能？因为真核生物的 tRNA

和 rRNA 也是由对应的基因转录而来的，这些基因有没有外显子和内含子之分？当然有！因此转录之后要加工，要把内含子对应的序列切去，将外显子对应的序列连接起来，形成成熟的 tRNA 或 rRNA，没有翻译过程。

转录的起点是启动子 (promoter)，是一段 DNA 分子序列，位于基因的首端，RNA 聚合酶的识别和结合位点，用于启动转录。终点是终止子 (terminator)，是一段 DNA 分子序列，位于基因的尾端，RNA 聚合酶的识别和结合位点，用于终止转录。

8.7.3 翻译

翻译可以发生在任何时候。

翻译所需要的酶为核糖体，核糖体的本质是一种核酶。核酶指的是 RNA 构成的酶。翻译还需要负责运输氨基酸的 tRNA、作为模板的 mRNA。核糖体沿着 mRNA 的 5' → 3' 方向，识别 mRNA 上面的三联体密码，每三个碱基决定一种氨基酸。密码子一共有 64 种 (4 × 4 × 4)，其中，起始密码子是 AUG，编码甲硫氨酸；终止密码子有三种 UAA、UAG、UGA，任何一个 mRNA 只需要一个终止密码子即可终止翻译。编码氨基酸的密码子有 61 种，能编码 21 种氨基酸。这说明不同的密码子可以编码同一种氨基酸，同一种氨基酸可以被不同的密码子编码，这称为密码子的简并性。

翻译的起点是起始密码子 (start codon)，终点是终止密码子 (stop codon)。

8.7.4 逆转录

逆转录发生于被逆转录病毒侵染的宿主细胞内、病毒进行增殖时。逆转录是以 RNA 为模板，在逆转录酶的催化下，合成 DNA 的过程，如图 8.55 所示。

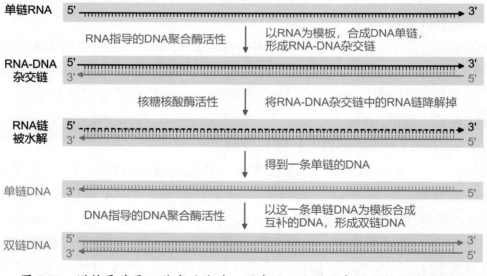

图 8.55　逆转录酶是一种多功能酶，图中这三个过程都是逆转录酶催化的

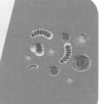

第9章 变异与遗传病以及遗传育种与进化

9.1 可遗传变异

9.1.1 遗传与变异概述

遗传是指子代与亲代在性状上表现出相同或相似的现象，这是因为子代的遗传物质是由亲代提供的。

变异是指子代与亲代在性状上表现出不同或差异的现象，这是因为子代的遗传物质一半来自父方一半来自母方，以及父方和母方提供的遗传物质可能发生了可遗传变异。如果子代的遗传物质全部来自父方或母方（一般是母方），称为单性生殖，那么子代的性状几乎和亲本的一模一样，如克隆羊多莉。

可遗传变异是指遗传物质发生改变引起的变异，如图 9.1 所示。可遗传变异不一定就会遗传，如体细胞发生的可遗传变异并不会通过有性生殖遗传给后代，如三倍体、不育，则无法产生后代。对应地，不可遗传变异是指遗传物质并没有发生改变，仅仅是环境条件改变导致的性状改变。如 A 是高茎的基因，a 是矮茎的基因，一株 AA 的豌豆理论上是高茎的，但如果它生长在贫瘠、缺水少肥的环境下，也会生长得较矮。例如，人的肤色是由 AaBbCc 共同决定的，显性基因的数量越多，肤色越黑；aabbcc 理论上是最白的，但晒太阳依然会晒黑。例如，R 是果蝇的正常翅基因，r 是残翅基因；一个 RR 的果蝇受精卵，如果在 35℃的环境中发育，会发育成残翅性状。

最近几年新兴的表观遗传学（epigenetics），研究的是遗传物质没有发生改变的可遗传变异。

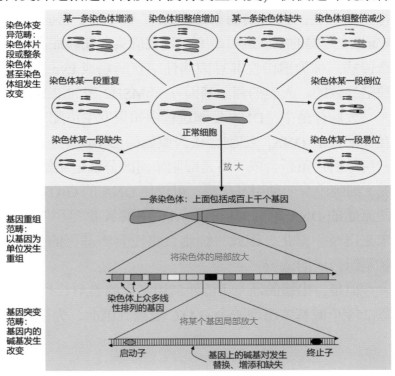

图 9.1　可遗传变异概述

9.1.2 DNA 的损伤修复

DNA 复制所需要的酶主要是解旋酶和 DNA 聚合酶。DNA 复制的特点是半保留复制、边解旋边复制、双向复制、半不连续复制、原核生物单起点复制、真核生物多起点复制、原核生物在一个细胞周期可以多次复制、真核生物在一个细胞周期只能复制一次。

DNA 复制过程中，严格的碱基互补配对，理论上讲，是可以保证亲代细胞和子代细胞的遗传物质是稳定的。因此，DNA 在复制过程中可能产生错配。另外，某些物理因素（紫外线、电离辐射等）、化学因素（化学诱变剂等）、生物因素（病毒、某些细菌等），都能作用于 DNA，造成其结构与功能的破坏，从而引起基因突变，甚至细胞、个体死亡。

当然，在一定条件下，生物机体能将突变或损伤的 DNA 修复，这种修复机制是生物在长期进化过程中获得的一种保护机制。如果没有修复的突变，这些突变可能破坏生物体与现有环境的协调关系，对生物有害。但有些突变，也可能使生物产生新的性状，适应改变的环境，获得新的生存空间。当然，绝大多数突变，在当时看来，既无害也无益，而是中性的。

基因突变是新基因产生的途径，是生物变异的根本来源，为生物进化提供原始材料。

如前文所述，造成 DNA 损伤的原因可能是生物因素、物理因素和化学因素；可能来自细胞内部，也可能来自细胞外部。受到破坏的，可能是 DNA 的碱基、五碳糖、磷酸二酯键。面对这些损伤，细胞对 DNA 的修复有以下 5 种。

1. 错配修复

1895 年，阿尔弗雷德·斯科特·沃斯汀 (Alfred Scott Warthin) 的女佣就告诉他，她将死于癌症，因为她的家庭中已有多人死于癌症。后来她真的死于子宫癌，Alfred Scott Warthin 对她的家族进行研究，发现确实存在癌症高发的倾向。其后的研究表明，这是一种遗传病，称为遗传性非息肉病性结直肠癌或 Lynch 综合征，是 DNA 的错配修复机制出现缺陷导致的。人类的两个基因——hMSH2 和 hMLH1 发生突变，是癌症的主要病因。

大肠杆菌中，DNA 复制过程中如果发生错配，细胞将会对其进行修复。面对不能碱基互补配对的 DNA，细胞会认为原始的 DNA 单链是对的，新合成的 DNA 单链是错的，将其切除后，重新合成。可是细胞如何区分谁是原始的 DNA 单链，谁是新合成的 DNA 单链呢？细胞中有一种甲基化酶，可以使 DNA 的 GATC 序列中的 A(腺嘌呤) 的 N6 位甲基化，即原始的 DNA 单链的所有 GATC 中的 A 都是甲基化修饰过的，而新合成的 DNA 单链尚未来得及甲基化。因此，细胞会将没有甲基化的那条 DNA 单链认为是新合成的 (它确实就是新合成的)。

但是，出错的地方可能距离甲基化的 GATC 位点有点远。数学概率上讲，DNA 链上，每 256 个碱基才出现一个 GATC 位点。因此，为了校正一个错配的碱基，细胞要从错配位点溯流而上 1000 多碱基对，才能发现有没有 GATC 位点。在那里，一条链甲基化，另一条链没有甲基化，然后，将未甲基化的那条链降解，然后重新按照碱基互补配对原则，合成新链。

生物如此费力地修复突变，说明维持遗传物质的稳定对于生物而言意义重大。

高等生物和上述大肠杆菌的 DNA 错配修复机制大致相同。上述人类的 hMSH2 和 hMLH1 基因编码的蛋白质能区分错配碱基和 GATC 序列，若这两个基因出错，错配修复过程也就不能完成。

2. 直接修复

紫外线照射可以使 DNA 分子中同一条链的两个相邻的 T 聚合形成二聚体 (TT)，这种二聚体会影响 DNA 的双螺旋结构，使其复制和转录功能受阻。细胞的修复方式有以下两种。

(1) 光复活修复。紫外线照射可以引起细菌突变，进而起到杀菌的作用。细菌在紫外线照射后，如果立即用可见光照射，可以显著提高细菌的存活率。这是因为可见光 (最有效的是 400 nm 波长) 可以激活光复活酶，光复活酶能将由于紫外线照射形成的二聚体分开。光复活作用是一种高度专一的直接修复机制，它只作用于紫外线照射引起的 DNA 嘧啶二聚体。

(2) 暗修复。上述光复活酶广泛存在，从低等单细胞生物一直到鸟类都有，但哺乳动物却没有。哺乳动物用暗修复机制，即直接切除嘧啶二聚体，然后再修复合成。

3. 切除修复

在一系列酶的作用下，将 DNA 分子中受损伤的部分切除，并以完整的那一条链为模板，合成被切去的部分。如果只有单个碱基缺陷，细胞会将碱基切除，形成无嘌呤或无嘧啶的 AP 位点。AP 位点一旦形成，AP 核酸内切酶就会在 AP 位点附近将 DNA 链切开，然后 DNA 聚合酶 I 一边发挥核酸外切酶作用，将包括 AP 位点的 DNA 链切除，一边发挥 DNA 聚合酶作用，形成新的 DNA 链。

如果 DNA 出现较大的损伤，则会将损伤处的核苷酸切除以进行修复。

4. 重组修复

上述三种修复都属于发生在新一轮 DNA 复制开始之前，因此又称为复制前修复。然而，当 DNA 发动新一轮的复制时，DNA 上的损伤尚未修复，细胞可以先复制再修复。例如，含有嘧啶二聚体、烷基化引起的交联、其他结构损伤的 DNA 仍然可以进行复制，但损伤位点无法复制，复制酶会跳过损伤部位，在下一个冈崎片段的起始位置或前导链的相应位置重新开始合成 DNA。

DNA 合成后，进行重组修复的过程如图 9.2 所示。

5. 易错修复

许多能造成 DNA 损伤或抑制复制的处理，均能引起一系列复杂的诱导效应，称为应急反应 (SOS 反应)，是细胞为了求生而出现的应急效应。SOS 反应诱导的修复包括避免出错的修复 (error free repair) 和容易产生差错的修复 (error-prone repair)。前面说的错配修复、直接修复、切除修复、重组修复能够识别 DNA 的错配或损伤碱基而加以修复，因

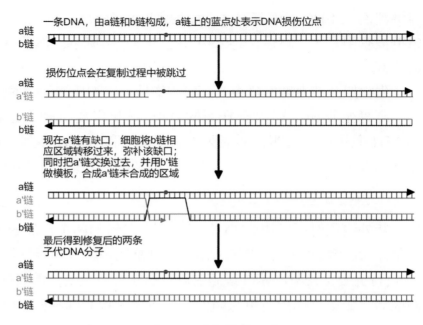

一条DNA，由a链和b链构成，a链上的蓝点处表示DNA损伤位点

a链
b链

损伤位点会在复制过程中被跳过

a链
a'链

b'链
b链

现在a链有缺口，细胞将b链相应区域转移过来，弥补该缺口；同时把a'链交换过去，并用b'链做模板，合成a'链未合成的区域

a链
a'链
b'链
b链

最后得到修复后的两条子代DNA分子

a链
a'链
b'链
b链

图 9.2　重组修复示意

此，在修复过程中不会明显引入错误碱基，也属于避免出错的修复，而容易产生差错的修复简称为易错修复。因为易错修复使用的是缺乏校对功能的 DNA 聚合酶，它能在 DNA 损伤部位进行修复，但修复得比较粗糙，较易引起突变。

9.1.3 基因突变

1. 突变的类型

基因突变主要发生在 DNA 复制的过程中。基因突变其实可以简单地理解为 DNA 复制时出错了。在 DNA 复制到某一个位点时，应该加入 T，这样才能与母链的 A 碱基互补配对，结果 DNA 聚合酶错误地引入了 C、G 或 A，这样就可能引起碱基对的替换 (见图 9.3)。当然，也会因为一些其他原因，导致子链相比母链，发生碱基对的增添或缺失。

胞嘧啶C　　　NH₃　　尿嘧啶U　　　腺嘌呤A　　　NH₃　　次黄嘌呤H或I

(a)　　　　　　　　　　　　　　　　　　(b)

图 9.3　碱基之间的转变

之所以说基因突变主要发生在复制的过程中，是因为在 DNA 非复制时，也会引起碱基之间的相互转变，引起碱基对的替换，导致基因突变。如图 9.4 所示，U 发生甲基化，即可变成 T 等；C 脱氨氧化，即可变成 U。

生物是门科学　不可思议的生命探险▼

碱基的替换 (substitution)，又称点突变，是指由原来的一个碱基替换为另一个碱基的情况。碱基替换的类型包括转换和颠换两种。转换 (transition) 是指两种嘧啶之间互换，或两种嘌呤之间互换，这种替换方式较为常见。颠换 (transversion) 是指嘌呤变为嘧啶或嘧啶变为嘌呤，这种替换方式较为少见。

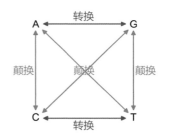

图 9.4　碱基替换的类型

我们还可以根据突变后对蛋白质的氨基酸序列的影响，将碱基对的替换细分为有义突变、同义突变和无义突变。有义突变是指基因上的一个碱基发生替换，导致 mRNA 上一个密码子发生改变，导致蛋白质的一个氨基酸发生改变。这种突变导致蛋白质的功能发生改变，突变真正产生了影响。同义突变中，虽然基因的碱基发生了替换，但是由于密码子的简并性，不同的密码子可以编码同一种氨基酸；由于突变位点可能在内含子等不编码氨基酸的位点，由于密码子的变偶性等，氨基酸的序列未发生改变，突变后的基因编码的蛋白质与突变前的基因编码的蛋白质完全一样，所以称作同义突变。如果由于基因发生碱基对的替换，导致对应的 mRNA 上提前出现了终止密码子，这个基因翻译成蛋白质过程提前终止了，翻译出来的蛋白质与正常的蛋白质差别极大，甚至翻译出来的蛋白质没有任何功能，这个基因变得没有意义，变成了假基因，对应的突变就称为无义突变。

假基因又称拟基因，是指基因组中与有功能的基因很相似，但失去编码功能的 DNA 序列。假基因可分为两类，常规假基因和加工后假基因。常规假基因就是正常突变产生的，加工后假基因是指正常基因转录得到的 RNA 逆转录成 DNA 后，随机插入基因组中形成的结构，一般保留有脱氧腺嘌呤核苷酸 (poly-A tail)，但没有启动子序列，自然不能正常转录和表达。在人的核基因组中，约有 10% 的基因有不同拷贝数的假基因，全部假基因约有 2 万个甚至更多，几乎与基因的数目相当 (约 23 000 个)。

移码突变 (frameshift mutation)，是指由于一个或多个非 3 的整数倍的核苷酸对的增添或缺失，导致突变位点后的三联体密码子阅读框改变，氨基酸序列完全错乱的情况。如前文所述，这种情况很容易产生终止密码子，使翻译提前终止，可以避免物质和能量的浪费。

注 意

　　碱基对的增添或缺失，这种类型的基因突变当然也会导致无义突变，而且非 3 的整数倍的碱基对的增添或缺失，几乎一定会产生无义突变。为什么碱基对的增添或缺失产生终止密码子的概率那么高？为什么一个基因的 mRNA 明明只需要一个终止密码子 (通常情况下) 就可以终止其翻译，生物偏要进化出 3 种终止密码子？为什么不把另外两种终止密码子作为氨基酸的密码子，进一步提高密码子的简并性？

　　答案是生物要增加一旦发生碱基对的增添或缺失，突变后的 mRNA 就会产生终止密码子的概率，从而避免能量和物质的浪费。

2. 一个小问题

举一个例子可以很好地说明基因突变和密码子以及模板链和编码链的问题。将野生型暗红眼和突变型亮红眼基因进行测序，图 9.5 所示为基因 cDNA(转录的非模板链) 的部分测序结果。问题：已知转录从第 1 位碱基开始，由图 9.5 可知，亮红眼突变体的基因内发生了_____，造成蛋白质翻译到第_____位氨基酸后提前终止 (终止密码子：UAA、UAG、UGA)。

第1位碱基　　第1320位碱基

暗红眼E: 5'……ATG……TTCTTGAAACA AATAGCAGTTTAG……3'

亮红眼e: 5'……ATG……TTCTTGAAAC—TATAGCAGTTTAG……3'

图 9.5　基因突变的一个小问题

我们的分析应该是：比较暗红眼和亮红眼的碱基序列可知，突变是由于第 1320 位的 A 碱基对发生了缺失，以及，第 1321 位的 A 碱基发生了替换 (A 变成了 T) 导致的；因此，第一个空的答案应该是"碱基对的缺失和替换"。题目中给的是非模板链的碱基序列，也就是编码链的碱基序列。编码链与模板链碱基互补配对，mRNA 也是和模板链碱基互补配对，因此 mRNA 的碱基序列和编码链的碱基序列是一致的，只是把编码链上相应的 T 换成 U 即可。

所以，在暗红眼碱基序列中：第一个密码子应该是 ATG 对应的 AUG；第 440 个密码子应该是 ACA(第 1318 位、第 1319 位、第 1320 位碱基) 对应的 ACA。

所以，在亮红眼突变体中：第 440 个密码子应该是 ACT 对应的 ACU；第 441 个密码子应该是 ATA 对应的 AUA；第 442 个密码子应该是 GCA 对应的 GCA；第 443 个密码子应该是 GTT 对应的 GUU；第 444 个密码子应该是 TAG 对应的 UAG，即终止密码子。所以第二个空的答案应该是 443。

◇ 知识拓展：生命的一种容错机制——遗传补偿效应

Capn3a 基因编码一种蛋白酶，对肝脏大小的调节起着关键作用。特异性抑制 Capn3a 基因的翻译 (基因敲降，knockdown)，会导致斑马鱼的肝脏比正常斑马鱼的肝脏小。而通过基因编辑使 Capn3a 基因突变失活 (基因敲除，knockout) 后，发现斑马鱼的肝脏发育反而是正常的。斑马鱼约 80% 的基因都存在类似现象，在拟南芥、小鼠、人类等生物中也普遍存在类似现象。

为解释这种现象，科学家提出"遗传补偿"的概念：一个基因在突变失活后，生物可以通过上调这个基因的同源基因的表达量，来弥补突变掉的这个基因的功能。

研究发现，并非所有的基因突变都会激活遗传补偿效应，无义突变是激活遗传补偿效应的必要条件，其他类型的基因突变不能激活遗传补偿效应。

真核细胞具有一种质量监控体系 (NMD)，可识别并降解无义突变的 mRNA。无义突变 mRNA 也可以与 Upf3a 蛋白结合，然后 Upf3a 可招募 COMPASS 复合体。无义突变 mRNA 利用碱基互补配对原则，将 COMPASS 带到同源基因处。COMPASS 将染色体中的组蛋白 H3 进行甲基化修饰，改变染色体的结构，从而促进同源基因的表达。

遗传补偿效应使突变个体得以正常发育和存活，这是生命的一种容错机制。遗传补偿效应分子机制的发现，不仅具有重要的理论意义，而且为基因功能的研究以及遗传病的治疗提供了新的思路。

3. 基因突变的影响分析

DNA 序列上的碱基发生替换、增加、减少，一定是基因突变吗？不一定，因为必须在基因的内部，才称为基因突变，而基因是一段有遗传效应的 DNA 片段，基因在 DNA 上是线性排列的，基因和基因之间有间隔序列，间隔序列当然可以发生碱基对的替换、增添、缺失，但不属于基因突变。

发生基因突变，生物的性状不一定发生改变，原因如下。

(1) 密码子的简并性，不同的密码子可能对应同一种氨基酸。

(2) 如果非编码区（不是基因间的间隔序列）、内含子序列发生碱基对的替换，氨基酸序列不发生改变。

(3) 隐性突变，如 AA → Aa，该生物的性状不发生改变。

(4) 突变的基因在该细胞中不表达，如胰岛 B 细胞中的胰高血糖素基因发生改变并不影响生物的性状，因为该基因在胰岛 B 细胞中并不表达。

4. 基因突变的特点

一是普遍性。自然界中所有的生物都可以发生基因突变，基因突变在自然界中普遍存在。可遗传变异的三个来源（基因突变、基因重组、染色体变异）中，只有基因突变具有普遍性。比如基因重组，狭义的基因重组只包括减数分裂 I 前期的交换和减数分裂 I 后期的自由组合，也就是说，只有进行有性生殖的真核细胞的减数分裂 I 才能发生基因重组。比如染色体变异，并不是所有的生物都有染色体，比如原核细胞没有染色体，所以不可能发生染色体变异。

二是随机性。任何个体、任何生命时期、个体的任何细胞、细胞的任何 DNA、DNA 的任何基因、基因上的任何一个碱基对，都可以发生基因突变。一个基因由成千上万个碱基对构成，比如 AT 碱基对，它可以突变为 TA、CG 和 GC。

三是低频性。DNA 聚合酶具有校对功能，所以复制出错的概率其实很低，在高等动物生殖细胞中，出错的概率为 $10^{-8} \sim 10^{-5}$。

四是不定向性。任何一个基因，它可以突变为显性的或隐性的，A 可以突变为 a，也可以突变为 A^+、A^-、A'、a^+、a^*，但是只能突变成其他形式的 a，不能突变成 B 或 D 或其他非等位基因。

五是多害少利性。基因突变可能破坏生物体与现有环境之间的协调适应，对生物有害。但有些基因突变，可能使生物产生新的性状，适应改变的环境，获得新的生存空间。当然，也有一些突变，既不表现出有害性，也不表现出有益性，是中性的。

5. 基因突变的意义

等位基因的出现是基因突变的结果。复等位基因（G、g、g^- 或 I^A、I^B、i 等）的出现是基因突变不定向性的结果。基因突变是新基因产生的途径，是生物变异的根本来源，为生物进化提供最原始的材料。

6. 诱变剂的作用

碱基类似物 (base analog)，与 DNA 正常碱基结构类似，因此能在 DNA 复制时，以假乱真，掺入 DNA 子链中；但这类物质易发生互变异构，改变配对的碱基，因此引发碱基对的替换；需注意的是，碱基类似物引起的全是转换，而不是颠换。常见的碱基类似物如下。

(1) 5- 溴尿嘧啶：胸腺嘧啶的类似物。当它以酮式结构存在时，可以与 A 配对；当它以烯醇式结构存在时，可以与 G 配对。因此可以引发 AT 和 GC 的转变。

(2) 2- 氨基嘌呤：腺嘌呤的类似物。正常情况下与 T 配对；以亚氨基结构存在时，可以与 C 配对；因此可以引发 AT 和 GC 的转变。

碱基的修饰剂 (base modifier)，某些化学诱变剂能对碱基进行修饰，改变其配对情况。

(1) 亚硝酸：能脱去碱基上的氨基；A 脱氨基后变成 I(次黄嘌呤)，I 与 C 配对；C 脱氨基后变为 U，U 与 A 配对，因此可以引发 AT 和 GC 的转变。

(2) 羟胺：可以使 C 变成 4- 羟胺胞嘧啶，后者与 A 配对，因此 CG 变为 TA。

(3) 烷化剂：极强的化学诱变剂，其中常见的包括氮芥、硫芥、乙基甲烷磺酸 EMS 等；G 发生甲基化后转变为 7- 甲基鸟嘌呤，后者与 T 配对。氮芥和硫芥，能使 DNA 同一条链或不同链上的鸟嘌呤连接成二聚体，因此又称交联剂，二聚体可以阻止 DNA 的正常修复，因此交联剂往往是强致癌剂。

◇ 知识拓展：硫芥与氮芥化疗 ◆

第一次世界大战 (以下简称"一战") 时，纳粹德国将硫芥 (芥子气) 制成军用毒气，第一次使用就导致近 2000 人员伤亡。据不完全统计，一战中，英、德、美等主要参战国家，一共生产了 18 万吨的毒剂，因毒剂致死的 130 万人员中，绝大多数是因芥子气中毒。芥子气对人体的打击几乎是毁灭性的，它能借助呼吸道扩散至整个人体，引起全身中毒，1 小时之内就会让人体全身器官陷入衰竭。它还可以从皮肤进入人体，接触部位很快就会溃烂，而且伤口终生不会愈合。

一战后，各国签署《日内瓦协定书》，其中明文规定：不可以在战争中使用毒气攻击。但在第二次世界大战时期，德国、日本等国家都公然践踏了这份国际约定，大规模地使用芥子气。为了强化芥子气的杀伤力，日本臭名昭著的"731 部队""516 部队"甚至利用中国老百姓来进行活体实验。

芥子气中毒的士兵骨髓造血干细胞呈焦土状，于是科学家灵光一闪：芥子气可以杀死骨髓细胞，它是否能抑制白血病或淋巴癌患者体内大量增殖的白细胞呢？为了降低芥子气的毒性，科学家用氮代替硫，合成了与芥子气相似的化合物——氮芥。1943 年美国耶鲁大学的药理学家吉尔曼 (Alfred Gilman) 和古德曼 (Louis Goodman) 采用氮芥成功进行了淋巴瘤治疗的临床试验，拉开了现代肿瘤化疗的序幕。

(4) 嵌入染料 (intercalating dye)：一些扁平的稠环分子，如吖啶橙、溴化乙啶 EB 等，可以插入 DNA 的碱基对之间，因此称为嵌入染料。这种插入能将碱基对间的距离撑大约一倍，刚好占据一个碱基的位置，从而可能引起碱基对的插入或缺失，造成移码突变。

(5) 紫外线和电离辐射：紫外线 (ultraviolet) 的高能量可以使两个相邻嘧啶之间双键打开，形成二聚体，引起 DNA 弯曲。电离辐射 (ionizing radiation) 的伤害，除了射线本身外，还可以通过水在电离时形成的自由基发挥作用。紫外线和电离辐射都是强的诱变剂。

7. 诱变剂和致癌剂的检测

致癌剂具有诱变作用，其中 90% 有致癌作用。

由于食品、日用品、环境中存在的诱变剂和致癌剂对人类健康十分有害，因此需要有效的方法将它们检测出来。布鲁斯·艾姆斯 (Bruce Ames) 博士发明了一种简易的检测方法，称为 Ames 实验 (Ames test)。该实验采用鼠伤寒沙门氏菌的营养缺陷型菌株，其组氨酸生物合成途径的一个酶的基因发生突变，导致不能自己合成组氨酸，只能在额外添加了组氨酸的基础培养基上生长。将该菌和待测物放在无组氨酸的基础培养基上培养，如果待测物有诱变作用，就可以将营养缺陷型细菌恢复突变，产生菌落，根据菌落的多少可以判断诱变力的强弱。

大肠杆菌的 SOS 反应可以使溶原状态的 λ 噬菌体转变为裂解状态，从而形成噬菌斑。通常能引起细菌 SOS 反应的化合物，对高等动物也有致癌风险。Devoret R 根据这一原理，利用溶原菌被诱导产生噬菌斑的方法检测致癌剂，大大简化了检测方法。

9.1.4 基因重组

1. 基因重组的含义

基因重组是指生物体进行有性生殖的过程中，控制不同性状的基因的重新组合，强调的是不同的基因之间的重组。

基因重组包括狭义基因重组和广义基因重组。狭义基因重组是指自然发生的、非人力的基因的重新组合，包括以下两种形式。

(1) 减数分裂 I 前期的同源染色体上的非姐妹染色单体之间的交换。

(2) 减数分裂 I 后期的非同源染色体之间的自由组合。

也就是说，狭义基因重组只能发生在真核细胞中，只能发生在进行有性生殖的真核细胞中，只能发生在进行有性生殖的真核细胞的减数分裂的第一次分裂过程中。

广义基因重组指的是所有遗传物质发生重组组合的情况。换句话说，只要一种生物表达了不属于它自己原本的基因，都叫作基因重组。所以，广义基因重组包括狭义基因重组和一些其他类型的基因重组。

(1) 肺炎链球菌转化实验中，R 型菌的遗传物质和 S 型的 DNA 发生了重组，才使得 R 型菌转化为 S 型菌。

（2）HIV 在侵染人的辅助性 T 细胞的时候，在辅助性 T 细胞内，HIV 的单链 RNA 会逆转录成双链 DNA，并整合到辅助性 T 细胞的基因组 DNA 上。所以辅助性 T 细胞的 DNA 发生了重组。

（3）在基因工程中，可以将一种生物的基因导入另一种生物中，使受体细胞的遗传物质发生重组。基因工程得以实现的理论基础是几乎所有的生物都共用同一套遗传密码。

2. 基因重组的意义

DNA 重组对生物进化有重要意义，因为要先有突变和重组，产生可遗传变异，然后才有遗传漂变（genetic drift）和自然选择，最后才有进化。可遗传变异的根本原因是突变，但突变的概率很低，而且多数都是有害的。如果只有突变没有重组，在积累有利突变的同时，会不可避免地积累不利突变，即有害的基因无法排除，有利的基因无法积累，进化的速度将会大大减慢。

基因重组能迅速增加群体的遗传多样性，使有利突变和不利突变分开，使有害的基因得到排除，有利的基因得到积累，通过优化组合积累有利的遗传信息，有助于物种在多变的、无法预测的环境中生存。基因重组也是生物变异的来源之一，对生物进化具有重要意义。

3. 遗传学 3M

19 世纪下半叶—20 世纪上半叶，遗传学界三位伟大的科学家，他们的姓氏都以字母 M 开头：开天辟地的孟德尔（Mendel）、建宗立派的摩尔根（Morgan）、向经典遗传学说不的麦克林托克（Mc Clintock）。

孟德尔：控制生物性状的遗传因子符合分离定律和自由组合定律。

摩尔根：孟德尔的遗传因子已经过时了，现在叫作基因。基因位于染色体上，在减数分裂的时候，同源染色体相互分离，等位基因就会相互分离；非同源染色体自由组合，非同源染色体上的非等位基因就会自由组合。这是分离定律和自由组合定律的实质。我还发现了同源染色体上的非等位基因的连锁与交换定律。

孟德尔：我研究的 7 对性状位于豌豆的 6 对同源染色体上，我本可以发现遗传学的三大定律，但遗憾的是，我未能完全揭示它们。

摩尔根：行啦行啦，你那时候连基因、染色体都不知道，想破脑袋也想不出基因在染色体固定的位置上啊，人是很难超越时代的局限性的，你已经领先所处时代 34 年了，不错啦。

麦克林托克：等一下，谁说基因在染色体上的位置是固定的？还有，领先时代几十年，很难吗？

4. 麦克林托克和转座基因

1902 年 6 月 16 日，麦克林托克出生于美国的康涅狄格州。1941 年 6 月，她进入美国纽约长岛的冷泉港实验室，正式开始了她关于玉米的著名研究。

此前，麦克林托克早已发现，在印度彩色玉米中，籽粒和叶片往往存在着许多色斑。

色斑的大小或出现的早晚受某些不稳定基因或"异变基因"的控制。进一步的研究有如下发现。

(1) 玉米籽粒和叶片颜色的有无，是由位于 9 号染色体上的控制色素形成的基因 C 控制的。当有 C 基因存在时，玉米籽粒和叶片可以合成色素，籽粒和叶片表现为有色；当无 C 基因时，玉米籽粒和叶片不能合成色素，籽粒和叶片表现为无色。

(2) 但在 C 基因附近，有一个 Ds 基因 (称为解离因子)，又控制了 C 基因的表达。当 Ds 基因紧靠 C 基因时，有 C 基因也不能合成色素，所以籽粒仍然表现为无色；Ds 基因如果离开 C 基因，即从原来位置上断裂或脱落，C 基因又可以重新表达，籽粒有色。

(3) 但是 Ds 基因能否从染色体上解离，又受到第三个基因 Ac(称为激活因子) 的支配。当 Ac 基因存在时，Ds 基因就可以从染色体上解离，从而解除了它对 C 基因的抑制，C 基因得以表达，籽粒有色；当 Ac 不存在时，Ds 基因就不能从染色体上解离，C 基因的表达受到抑制，不能合成色素，籽粒无色。

(4) Ds 基因从原染色体上解离，转移到其他位置，然后，可能过一段时间，在 Ac 基因的作用下，Ds 基因重新回到原来的位置。以及在 Ds 基因解离的过程中，可能造成染色体断裂或重排。这些都预示着基因 (严格来说是某些基因) 在染色体上的位置并不是固定的。这就是麦克林托克发现的"Ds-Ac 调控系统"。尽管她在 1938 年就已提出"转座基因"的概念，但是这一调控系统却是她从 1944 —1950 年，整整花了 6 年时间才完全弄清楚的。

1951 年，当麦克林托克在冷泉港定量生物学会议上宣读论文时，很少有人真正明白她讲的内容，几乎都忽视了她。生物学家斯特蒂文特 (Sturtevant)(摩尔根的三大弟子之一) 评论说："我一个字也没有听懂，但是如果麦克林托克说它是这样，它就一定是这样。"1963 年，泰勒 (Taylor) 发现噬菌体 Mu 能随机地插入细菌基因组内；1966 年，贝克威斯 (Beckwith) 等在大肠杆菌中发现了可以整合在染色体上，也可游离于染色体外的 F 因子 (性因子)。19 世纪 60 年代末，科学家们在大肠杆菌中发现存在所谓的"插入序列"(IS)，之后又在沙门氏菌中发现了基因的流动性 (转座子) 和抗药性基因等。这一系列的发现，迫使人们不得不回过头来审视麦克林托克在玉米中的研究，惊讶她超越时代的科学发现以及她那不屈不挠的超越常人的意志和毅力。1976 年，在冷泉港召开的"DNA 插入因子、质粒和游离基因"专题讨论会上，明确地承认可用麦克林托克的术语"转座因子"来说明所有能够插入基因组的 DNA 片段。1983 年，81 岁的麦克林托克获得诺贝尔生理学或医学奖，成为遗传学领域第一位独立获得诺贝尔奖的女科学家，也是世界上第三位独立获得诺贝尔奖的女科学家。

玉米夫人麦克林托克终身未婚，没有子女，她把一生都献给了遗传学研究。1992 年 9 月逝世，享年 90 岁。

9.1.5 染色体变异

染色体变异又称染色体畸变，包括染色体数目变异和染色体结构变异 (见图 9.6)。因为一条染色体上常含有成百上千个基因，所以染色体变异对生物的性状影响很大。

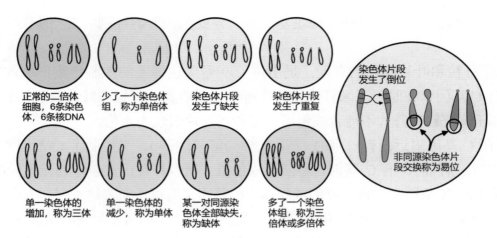

图 9.6　染色体变异类型

1. 染色体数目变异

染色体数目变异又可分为非整倍染色体变异和整倍染色体变异。

非整倍染色体变异是指细胞中单一染色体的增加或减少。产生的细胞类型有以下几种。

(1) 单体型：染色体数目为 $2n-1$，绝大多数不能存活。如人类特纳氏综合征，仅有一条 X 染色体 (75% 是母亲提供的，25% 是父亲提供的)。

(2) 缺体型：染色体数目为 $2(n-1)$，生物无法存活，但癌细胞可以存活。

(3) 三体型：染色体数目为 $2n+1$，如唐氏综合征 (21 三体综合征)、爱德华氏综合征 (18 三体综合征)、帕塔综合征 (13 三体综合征) 等。

(4) 多体型：染色体数目大于 $2n+1$，人类如 44+XXXX、44+XXXXX 等染色体数目异常的情况。

整倍染色体变异是指细胞中染色体组整倍的增加或减少。如单倍体、三倍体、四倍体、六倍体、八倍体等。一般而言，多倍体体型大，营养物质含量丰富，抗虫、抗病、抗逆能力都较强，但生长缓慢。相比之下单倍体长势较弱，但可以加倍染色体成为纯合子，从而实现快速育种。

2. 染色体结构变异

染色体结构变异涉及染色体的断裂与重新连接。无着丝粒的染色体片段常常在细胞分裂时丢失。

缺失：染色体的某一片段缺失引起的变异，例如，果蝇缺刻翅的形成。其特征是联会时同源染色体呈环状折叠，可用于基因定位。

重复：染色体中增加某一片段引起变异，例如，果蝇棒眼的形成。多余的基因可能会发生突变但不会被自然选择筛选掉，因为还有一份正常的基因可以正常工作，不会影响细胞的正常功能，因此可以为生物适应新环境提供机会。其特征是联会时同源染色体也会呈环状折叠。

倒位：染色体的某一片段位置颠倒引起的变异，例如，果蝇卷翅的形成。由于无法正常联会导致交换的概率降低，如图 9.7 所示。

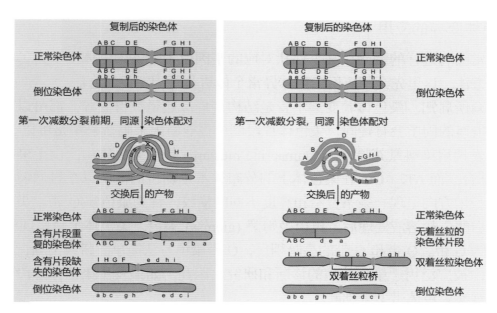

图 9.7　染色体倒位示意

易位：染色体的某一片段移接到另一条非同源染色体上引起的变异，例如，果蝇花斑眼的形成和人慢性粒细胞白血病（血癌）的发生，如图 9.8 所示。易位打破了原有基因的连锁关系，使配子的染色体不完整。

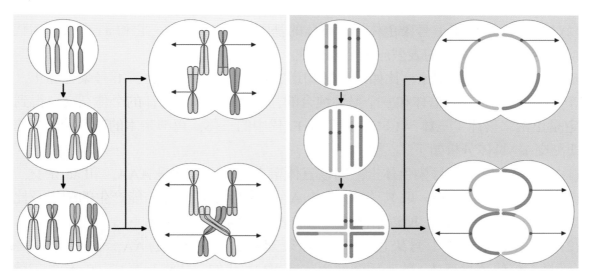

图 9.8　易位杂合体的同源染色体配对情况

▶▶▶
　　左图画出了姐妹染色单体。右图没有展示姐妹染色单体结构，左右图为同一个过程，因为题目中一般是右图的形式，而左图更容易理解，因此绘出两种类型。

　　并非所有的染色体结构变异都能在光学显微镜下观察到。染色体变异可能会导致生物体死亡，不死也可能会导致生活力的降低。奇数染色体组的生物通常不育，因为它们减数分裂时联会出现紊乱。秋水仙素可以抑制纺锤体的形成，导致有丝分裂停止在中期，结果是染色体加倍。秋水仙素对动物细胞是有毒的，当然，低温也可以阻止纺锤体的形成，使染色体加倍。

3. 染色体变异的应用

我们经常会有这样的疑问：某个性状对应的基因位于哪条染色体上。为了解决这个问题，有许多方法，这里先介绍应用染色体异常个体进行基因定位的方法。

首先，众所周知，染色体畸变，不管是结构变异，还是数目变异，都可以在显微镜下观察到；可能有的同学会有疑问：染色体片段倒位也能看出来吗？答案是可以。1968 年，瑞典科学家发现用染料氮芥喹吖因(quinacrine mustard)处理染色体后，由于染料选择性与 AT 或 GC 结合，而 AT、GC 在染色体上的分布并不是随机的，所以在显微镜下可观察到染色体沿其长轴方向呈现一条条宽窄和亮度不同的横纹，称为染色体 Q 带。类似地，如果用碱、胰蛋白酶、盐溶液处理后，再用姬姆萨(giemsa)染色，染色体上会呈现和 Q 带类似的横纹，称为 G 带。Q 带和 G 带的亮暗相反；G 带染色方法简单，带纹清晰，染色体标本可长期保存，被广泛用于染色体病的诊断和研究。因此，如果发生染色体片段倒位，可以通过显微镜观察染色体带型来判断。

应用染色体畸变进行基因定位的方法如下。

应用单体进行基因定位：比如，如果想知道 Aa 这个基因是否位于 1 号染色体上，可以让一个基因型为 aa 的二倍体和一个显性的、1 号染色体是单体的个体进行杂交。

(1) 如果 Aa 位于 1 号染色体上，单体的基因型应该是 A-，它和 aa 杂交，后代的基因型应该是 Aa∶a- = 1∶1，即 F_1 的表型比例应该是 1∶1。

(2) 如果 Aa 不位于 1 号染色体上，单体的基因型应该是 AA，它和 aa 杂交，后代的基因型应该全是 Aa，即 F_1 的表型应该全是显性。

应用三体进行基因定位：比如，要想知道 Aa 这个基因是否位于 1 号染色体上，可以让一个基因型为 aa 的二倍体和一个显性纯合的、1 号染色体是三体的个体杂交，得到的 F_1 代肯定是正常二倍体∶三体 = 1∶1；我们让 F_1 代中的三体，再与亲本的隐性纯合二倍体杂交(即测交)。具体分析如下。

(1) 如果 Aa 位于 1 号染色体上，则该三体亲本的基因型就是 AAA，和 aa 杂交，所以 F_1 的基因型为 AAa 和 Aa；取 F_1 代的三体(AAa)进行测交，AAa 能产生的配子及比例是 AA∶Aa∶A∶a = 1∶2∶2∶1，所以它测交后代的表型比例应该是 5∶1。

(2) 如果 Aa 不位于 1 号染色体上，则该三体的基因型就是 AA，和 aa 杂交，所以 F_1(不管是二倍体还是三体)的基因型都为 Aa；取 F_1 代的三体进行测交，F_1 代的三体能产生的配子及比例是 A∶a = 1∶1，所以它测交后代的表型比例应该是 1∶1。

应用染色体片段缺失进行基因定位：比如，要想知道 Aa 这个基因是否位于 1 号染色体上的某个区段上，可以让一个基因型为 aa 的正常二倍体和 1 号染色体有部分片段缺失的、显性纯合的个体杂交，得到的 F_1 代随机交配得到 F_2 代，统计 F_2 代的表型及比例；注意前提是如果一个个体的一对同源染色体均是染色体片段缺失，它将致死。

(1) 如果 Aa 不位于 1 号染色体上，则 1 号染色体有部分片段缺失的、显性纯合的个体的基因型是 AA，所以它和 aa 杂交，F_1 代的基因型将全部为 Aa，随机交配得到 F_2 代，F_2 代的表型比例应为 3∶1。

(2) 如果 Aa 位于 1 号染色体缺失的区段上，两个亲本可以表示为 aa 和 A*，F_1 基因型和比例应该是 Aa：*a = 1：1，F_1 代自由交配时，产生的配子比例为 A：a：* = 1：2：1，因此 F_2 代的基因型比例应为 AA：Aa：A*：aa：a*：** = 1：4：2：4：4：1。由于 ** 基因型的个体会死亡，所以存活的表型比例应为 7：8。

(3) 如果 Aa 位于 1 号染色体未缺失的区段上，两个亲本可以表示为 aa 和 AA'，F_1 基因型和比例应该是 Aa：A'a = 1：1，F_1 代自由交配时，产生的配子比例为 A：a：A' = 1：2：1，因此 F_2 代的基因型比例应为 AA：Aa：AA'：aa：aA'：A'A' = 1：4：2：4：4：1。由于 A'A' 基因型的个体会死亡，所以存活的表型比例应为 11：4。

除此之外，还可以利用已知染色体位置的基因对未知位置的基因进行定位：例如已知 Aa 位于 1 号染色体上，可以观察 Bb 和 Aa 是连锁的还是自由组合的，从而确定 Bb 是否位于 1 号染色体上。如果确定了 Aa 和 Bb 是位于同一条染色体上，还可以通过分析它们之间的重组率来计算两个基因在染色体上位置的远近关系，也可以应用原位杂交进行基因定位，具体原理是利用核酸分子单链之间有互补的碱基序列，将有放射性或非放射性的外源核酸 (探针) 与组织、细胞或染色体上待测 DNA 或 RNA 互补配对，结合成专一的核酸杂交分子，经一定的检测手段将待测核酸在组织、细胞或染色体上的位置显示出来。

还可以通过分子标记进行基因定位。举例说明，水稻 ($2n = 24$) 是我国的主要粮食作物，杂交水稻具有很多性状优势，但水稻是不严格的自花传粉植物且花极小，杂交操作难以进行，因此科学家通过 60Co 照射籼稻诱导产生了一株雄性不育系品种，经鉴定该突变为隐性突变。现欲确定该雄性不育基因所在的位置 (见图 9.9)。科研人员选取了水稻的 12 条非同源染色体上的遗传标记进行分析，该分子标记在不同的品系间具有不同的重复次数，野生型的标记为 SSR^1/SSR^1，该突变体的标记为 SSR^2/SSR^2，代表野生型的两条 1 号染色体的分子标记都是 SSR^1，两条 2 号染色体的分子标记都是 SSR^1，以此类推，两条 12 号染色体的分子标记都是 SSR^1；类似地，突变体的两条 1 号染色体的分子标记都是 SSR^2，两条 2 号染色体的分子标记都是 SSR^2，以此类推，两条 12 号染色体的分子标记都是 SSR^2。所以野生型与突变体杂交，F_1 表型当然是雄性可育，而且 F_1 的 1～12 号染色体的分子标记都应该是 SSR^1/SSR^2。让 F_1 自交，得到 F_2。这些 F_2 自然是 3/4 雄性可育，1/4 雄性不育。很容易想到，假如雄性不育基因位于 1 号染色体上，那么会有以下几种情况。

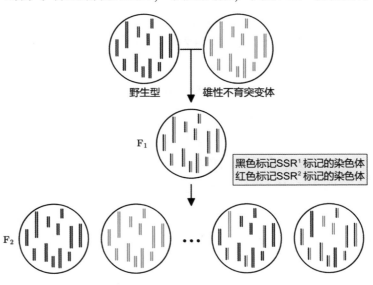

图 9.9　利用分子标记进行基因定位

▶▶▶

F_2 的类型很多，这里只是简单示例。

（1）F_2 中所有的雄性不育个体，1 号染色体的分子标记一定都是 SSR^2/SSR^2，至于 2～12 号染色体的分子标记，可能是 SSR^1/SSR^1，也可能是 SSR^1/SSR^2，也可能是 SSR^2/SSR^2，因为这些染色体都和雄性不育性状无关。

（2）F_2 中所有的雄性可育个体，1 号染色体的分子标记一定都是 SSR^1/SSR^1 或 SSR^1/SSR^2，不可能有 SSR^2/SSR^2 的情况。至于 2～12 号染色体的分子标记，可能是 SSR^1/SSR^1、SSR^1/SSR^2 或 SSR^2/SSR^2，因为这些染色体都和雄性不育性状无关。

基于此，可以将雄性不育基因定位在水稻的某一条染色体上。假如是 1 号染色体，需要进一步对雄性不育基因进行精确定位，我们在 1 号染色体上不同位置依次找一些分子标记，记为 R_1、R_2、R_3、R_4、R_5、R_6、R_7、R_8、R_9、R_{10}，如图 9.10 所示。也就是说，上述的野生型个体的两条 1 号染色体的 R_1 处的分子标记应该是 SSR^1/SSR^1，R_2 处的分子标记也应该是 SSR^1/SSR^1，以此类推。类似地，突变体的两条 1 号染色体的 R_1～R_{10} 处的分子标记应该都是 SSR^2/SSR^2，而 F_1 代个体的两条 1 号染色体的 R_1～R_{10} 处的分子标记应该都是 SSR^1/SSR^2。

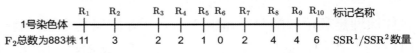

图 9.10 F_2 代雄性不育个体 (883 个) 的 1 号染色体 R_1～R_{10} 分子标记检测结果

理论上，F_2 代雄性不育个体的两条 1 号染色体的 R_1～R_{10} 处的分子标记应该都是 SSR^2/SSR^2。但是，对 883 株 F_2 代雄性不育个体的两条 1 号染色体进行检测，结果发现，有 11 株水稻的 R_1 处表现为 SSR^1/SSR^2，有 3 株水稻的 R_2 处表现为 SSR^1/SSR^2 等，但没有任何一株水稻在 R_6 处表现为 SSR^1/SSR^2。

一条染色体上不同的位置 (R_1～R_{10}) 出现 SSR^1 和 SSR^2 两种情况，显然是减数分裂 I 的前期，同源染色体上的非姐妹染色单体发生片段互换导致的。同时，分析图 9.10 结果也可以得出，雄性不育基因位于 1 号染色体的 R_5～R_7。

最初人们发现，有的大肠杆菌可以抵抗链霉素，但不能抵抗青霉素，有的可以抵抗青霉素但不能抵抗链霉素，有的则都能抵抗，有的则都不能抵抗。为了方便理解，人们将这些菌种按照它们的特点进行命名，如 met^- 表示甲硫氨酸合成缺陷，bio^- 表示生物素合成缺陷，对应的野生型则记为 met^+ 和 bio^+。

1946 年，美国遗传学家莱德伯格 (J. Lederberg) 和生化学家塔图姆 (E. L. Tatum) 做了一个实验，大肠杆菌 A 菌株需要在补充有甲硫氨酸和生物素的培养基上才能生长，菌株 B 需要在补充有苏氨酸、亮氨酸和维生素 B1 的培养基上才能生长，因此可分别记作 $met^- bio^- thr^+ leu^+ thi^+$ 和 $met^+ bio^+ thr^- leu^- thi^-$。莱德伯格、塔图姆因相关工作与乔治·威尔斯·比德尔 (George Wells Beadle, 1903—1989) 共享了 1958 年诺贝尔生理学或医学奖。

理论上，不管是菌株 A 还是菌株 B 都不能在基础培养基上生长，实际上也是如此。然而，将菌株 A 和菌株 B 混合培养在基础培养基上时，情况并非如此，他们发现大约 10^7 个菌体就会有一个菌落产生，这种可以在基础培养基上生长的菌落称为原养型菌落。

首先，10^{-7} 这样的概率太低了，通过豌豆、果蝇等几乎不可能发现，这是遗传学研究从宏观生物转向微生物研究后的一个显著优势。

其次，这些原养型菌落是怎么产生的？是菌株 A 和菌株 B 相互提供了代谢产物，还是它们相互提供了遗传物质？通过一个简单的实验（见图 9.11），人们确信结论是后者，即菌株 A 和菌株 B 在直接接触的过程中，像高等生物的有性生殖过程一样，发生了杂交，遗传物质发生了交换，产生了与两个亲代菌株不同的野生型菌株 $met^+bio^+thr^+leu^+thi^+$。

后来，威廉·海斯（William Hayes）发现大肠杆菌等原核生物的杂交与高等生物的有性生殖并不相同，他用菌株 A($met^-thr^+leu^+thi^+$) 和菌株 B($met^+thr^-leu^-thi^-$) 进行杂交实验，但在杂交前先用链霉素处理菌株 A 或菌株 B，链霉素的处理不至于杀死它们却可以阻止其分裂。结果发现：用链霉素处理过的菌株 A 与未处理过的菌株 B 杂交的结果，与用链霉素处理过的菌株 B 与未处理的菌株 A 杂交的结果大不相同。唯一的解释是大肠杆菌在杂交时，遗传物质的交换并不是双向的，而是有"雌雄"之分，一方作为遗传物质的供体，另一方作为遗传物质的受体。

供体和受体在杂交时表现出的不同是由一个微小的质粒引起的，这个质粒称为 F 因子，又称性因子或致育因子，F 因子的本质是能独立复制的环状 DNA 分子，可以存在于细胞质中，也可以整合到拟核 DNA 上。供体菌株含有 F 因子，记作 F^+，菌体表面有细长的纤毛，一旦与 F^- 菌株接触，纤毛发生改变，形成两细胞间的原生质通道，这个通道称为结合管。

F^+ 菌株产生的后代还是 F^+ 菌株，F^- 菌株产生的后代仍然是 F^- 菌株。但 F^+ 菌株与 F^- 菌株混合培养时，F^+ 菌株可将 F 因子转移至 F^- 菌株体内，使其转变为 F^+ 菌株。这种 F 因子的转移是"复制—粘贴"，而不是"剪切—粘贴"，所以原来的 F^+ 菌株依然是 F^+ 菌株。

需要强调的是，F 因子（确切地说，应该是游离的 F 因子）可以很容易转移到 F^- 菌株中，但 F^+ 菌株的拟核 DNA 上的基因转移到 F^- 菌株的概率很低，不到百万分之一。但是，人们发现 F 因子整合到拟核 DNA 上的菌株（依然是 F^+ 菌株）与 F^- 菌株发生杂交时，F^+ 菌株拟核 DNA 上的其他基因转移到 F^- 菌株上的概率大大增加（提高了 1000 倍）。这种 F 因子整合到拟核 DNA 上的菌株称为高频重组菌株 (Hfr)。

沃尔曼 (E. L. Wollman) 和雅各布 (Jacob) 利用 Hfr 菌株和 F^- 菌株进行杂交，Hfr 菌株基因型为 $thr^+leu^+azi^rton^r\ lac^+gal^+str^s$，$F^-$ 菌株基因型为 $thr^-\ leu^-\ azi^ston^s\ lac^-\ gal^-\ str^r$，右上角的 s 表示敏感，r 表示抗性，str 表示链霉素。然后每隔一段时间通过搅拌的方式阻断结合管，

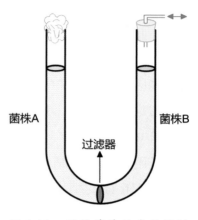

图 9.11　两种菌株的直接接触

▶▶▶

　　将菌株 A 和菌株 B 分别培养在 U 形管的两侧，中间以过滤器隔开。菌体本身无法通过过滤器，通过在一侧提供压力或吸力，可使两侧的培养液相互流通，经过几个小时的培养，将菌株 A、菌株 B 分别涂布在基本培养基上。结果并无原养型菌落出现。

即阻断 Hfr 菌株向 F⁻ 菌株转移基因。然后将这些菌株稀释 (防止再次杂交) 后涂布在含有链霉素但不含苏氨酸和亮氨酸的培养基上。Hfr 菌株对链霉素敏感，F⁻ 菌株无法在不含有苏氨酸和亮氨酸的培养基上生长。只有带有 thr⁺ 和 leu⁺ 和 thrʳ 的 Hfr 菌株与 F⁻ 菌株的重组子才能生长。将得到的重组子影印到其他相应的培养基上，以检验其是否获得了 aziʳ、tonʳ、lac⁺、gal⁺ 等基因。

结果发现，在 9 min 时，F⁻ 菌株获得了 aziʳ 基因，11 min 时获得了 aziʳ 和 tonʳ 基因，18 min 时获得了 aziʳ、tonʳ 和 lac⁺ 基因，25 min 时获得了 aziʳ、tonʳ、lac⁺ 和 gal⁺ 基因。

沃尔曼和雅各布意识到这些基因是按一定的顺序依次转移到 F⁻ 菌株中的，那么 Hfr 菌株的基因在 F⁻ 菌株中出现的时间可以作为这些基因在 DNA 上的距离，单位是 min，如图 9.12 所示。

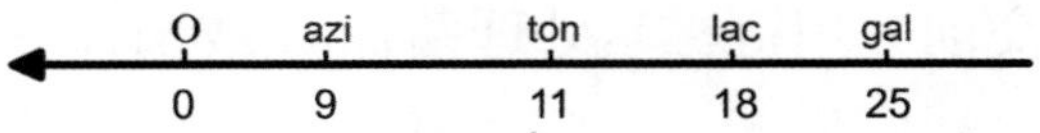

图 9.12　根据中断杂交计数制作的大肠杆菌基因转移顺序图

当用不同的大肠杆菌 Hfr 菌株进行实验时，得出的结论却不尽相同，如图 9.13 所示。

(1) Hfr H 的结果是：O − thr − azi − lac − tsx − gal − trp − mal − xyl − metB − thi − F。

(2) Hfr C 的结果是：O − tsx − lac − azi − thr − thi − metB − xyl − mal − trp − gal − F。

(3) Hfr J4 的结果是：O − thi − metB − xyl − mal − trp − gal − tsx − lac − azi − thr − F。

(4) Hfr P72 的结果是：O − metB − thi − thr − azi − lac − tsx − gal − trp − mal − xyl − F。

这样的结果其实很好解释：是 F 因子插入拟核 DNA 的位置不同和方向不同导致的，一般情况下，F 因子最后会转入 F⁻ 菌株细胞中。

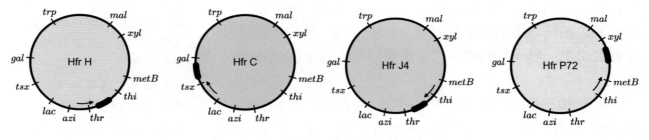

图 9.13　不同的大肠杆菌 Hfr 菌株实验

▶▶▶

图 9.13 是大肠杆菌 4 种 Hfr 菌株的基因转移顺序与 F 因子插入位置和方向的关系 (黑色块表示 F 因子插入位置，箭头表示 Hfr 菌株的染色体转移起点和方向)。

9.2　表观遗传学

9.2.1　先成论

1942 年，康拉德·哈尔·沃丁顿 (Conrad Hal Waddington，1905—1975) 首次将 epigenesis 和 genetics 组合成 Epigenetics，中文翻译为表观遗传学。

在解释 Epigenesis 之前，我们要先了解一下先成论 (Preformation)，如图 9.14 所示。

先成论是希波克拉底 (Hippocrates，公元前 460 年至公元前 370 年) 提出的，他认为，胚胎中所有的部分都是同时形成，没有任何器官是在其他器官之前形成或之后形成，所有的肢体相互分开并独自生长，并非更早形成。先成论的支持者有意大利的马尔切诺·马尔比基 (Marcello Malpighi)、荷兰的列文虎克 (Antonie van Leeuwenhoek)、德国的莱布尼茨 (Gottfried Wilhelm Leibniz) 等。

(a) 希波克拉底

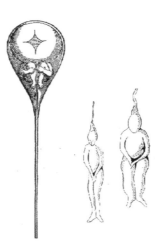
(b) 各种器官健全的小人

(c) 荷兰数学家、物理学家尼古拉斯·哈特索克 (Nicolaas Hartsoeker)

图 9.14　先成论的形成

▶▶▶
　　希波克拉底是古希腊伯里克利时代的医师，被西方尊称为"医学之父"和"西方医学奠基人"。1695 年，哈特索克使用自己发明的螺旋筒式显微镜观察人类精子时，虽然并未在精子头部看见"小人"，但他依然坚信先成论，在实验记录中将自己"眼中"的"小人"画了出来。

9.2.2 后成论

　　后成论是亚里士多德为反驳先成论而提出的，他认为，先成论显而易见是不对的，因为，并不是所有的部分在胚胎期都清晰可见，这并不是因为它们太小，比如肺比心大，但其发育比心晚。亚里士多德认为，机体的发育不是现成雏形的简单放大，而是在发育过程中逐渐形成的。后成论的支持者有英国的哈维 (William Harvey)、法国的笛卡儿 (Rene Descartes) 等。

9.2.3 表观遗传学的翻译问题

　　沃丁顿用这一新创的术语来说明，为什么有时遗传变异并不导致表型改变，以及基因如何与环境相互作用产生表型。现在 Epigenetics 的译名有"表遗传学""拟遗传学""后遗传学""外遗传学""表征遗传学""表观遗传学"等。在生物学和特定的遗传学领域，表观遗传学研究的是在不改变 DNA 序列的前提下，通过某些机制引起可遗传的基因表达或细胞表型的变化。其研究内容主要包括以下两类。

（1）基因选择性表达的调控：有 DNA 甲基化、基因印记、组蛋白共价修饰和染色质重塑。

（2）基因转录后的调控：包括基因组非编码 RNA、微小 RNA、反义 RNA、内含子等。

众所周知，Epigenetics 的前缀 epi- 的意思是"附于……之上""在……之外"，因此 Epigenetics 的字面意义：次于遗传学，附于遗传学。把 epi- 翻译成表观并不精确，因为 Epigenetics 的各个研究分支并不浅显，同样存在各种生化的、遗传的调控，但是不像遗传学那样有中心法则、有基因型和表型近似线性对应等规律。同时，Epigenetics 并不违反中心法则，实质是经典遗传学的完善和补充。

9.2.4 生活习惯的改变对后代性状的影响

20 世纪 90 年代，瑞典科学家拜格林 (Lars Olov Bygren) 对瑞典北部的诺伯顿地区的居民寿命进行了调查和研究。诺伯顿位于北极圈内，地广人稀，交通不便，粮食收成极不稳定。当年景不佳时，人们就会忍饥挨饿；当风调雨顺时，人们就会暴饮暴食。因此，拜格林有以下研究发现。

（1）如果祖父和祖母在青春期前有暴饮暴食的经历，那么他们的孙子的寿命就比较短，患糖尿病的概率也会相应增加。

（2）而在青春期前挨过饿的祖父，其孙子患心血管疾病的概率就会相应降低；反之，在青春期前暴饮暴食的祖母，其孙女死于心血管疾病的概率就会明显增加。

（3）如果父亲在 11 岁前开始抽烟，那么他的儿子在 9 岁时体重超标的概率会增加。以上资料表明，祖辈或父辈的生活印记会以某种方式遗传给后代，如图 9.15 所示。

这样的结果似乎与我们已有的概念相悖。以往的知识和经验显示：一代人的生活经历只对自己本身产生一些影响，一般不会影响下一代，因为 DNA 是很稳定的分子，生活经历只会影响体细胞，不会影响生殖细胞。然而，越来越多的实验被报道出来，遗传基因会影响下一代。

2009 年，美国芝加哥拉什大学医学中心和塔夫茨大学医学院的科学家对一些小鼠的遗传基因进行人为突变，使其智力出现缺陷。然后，将这些小鼠置于特定的环境下进行刺激，引起它们的注意并提供各种玩具进行频繁的练习。两个星期后，这些小鼠的记忆缺陷得到

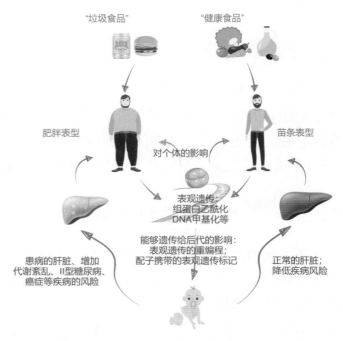

图 9.15 由食物导致的肥胖和苗条表型可能会遗传 (Tiffon C. 2018)

了恢复。然而，它们的后代，和亲代一样，有基因突变，但在没有进行过玩具练习的前提下，其记忆能力并未表现出缺陷。可见，记忆能力可以通过上一代的生活经历遗传给后代。

类似的实验还有以下几种。

(1) 让雌性小鼠摄入高脂肪的食物，它们第三代中的雌性会出现体型变大和胰岛素敏感度下降的现象。

(2) 用格尔德霉素 (geldanamycin) 对果蝇进行处理，该药物能干扰果蝇眼睛的正常发育，导致眼睛上长出赘疣。这些果蝇的后代，即使不接触格尔德霉素，它们的眼睛上也会长出赘疣，甚至一直到第 13 代。

(3) 给线虫喂食某种细菌，它们的体型会变得又小又圆，这些线虫的后代即使从不接触这种细菌，体型也是又小又圆，直至第 40 代。

这些表观遗传现象如何解释呢？

众所周知，人体是由 200 多种不同类型的细胞组成的，这些细胞的遗传信息完全相同，细胞之所以表现出不同的形态结构和生理功能，只是被转录和翻译的基因不同。那么，哪些基因可以表达，哪些基因不能表达，和很多因素有关 (参见第 6 章第 2 节)。这里仅讨论 DNA 的碱基序列没有发生改变的情况下，可遗传的基因的表达出现差异的情况。真核细胞的 DNA 和众多蛋白质结合，形成染色质和染色体，这些蛋白包括组蛋白和非组蛋白，不管是 DNA 的碱基，还是这些组蛋白，都可以发生各种修饰，包括组蛋白甲基化、组蛋白乙酰化等，如图 9.16 所示。

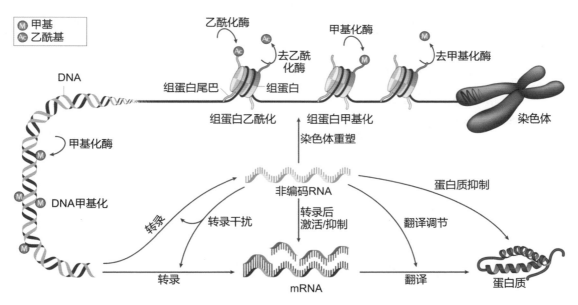

图 9.16　表观遗传学的可能作用机制 (Joosten, S.C., 2018)

DNA 是带有负电荷的酸性物质，组蛋白是富含赖氨酸、精氨酸、组氨酸的带正电荷的碱性蛋白质。如果组蛋白被乙酰化了，就相当于将组蛋白的正电荷屏蔽掉了，所以组蛋白和 DNA 的结合力就减弱了，基因就容易转录了。反之，甲基化一般会使 DNA 缠绕得更紧密，使基因更难以表达。磷酸化对基因的表达影响很多，要视具体的基因而定。

生物是门科学 不可思议的生命探险

2013 年，中国科学院基因组研究所刘江团队以斑马鱼为实验材料，基于实验绘制了斑马鱼的精子、卵细胞和早期胚胎全基因组的 DNA 甲基化图谱。由图谱可知，受精前的精子平均甲基化水平显著高于卵细胞。受精后，早期胚胎的甲基化水平接近精子和卵细胞甲基化水平的平均值，随着胚胎的发育，基因组 DNA 甲基化水平逐渐上升，到囊胚期阶段即接近精子的甲基化水平。

进一步的研究发现，斑马鱼早期胚胎中的父源 DNA 完全保留了精子的甲基化图谱，而母源 DNA 则抛弃了卵细胞的甲基化图谱，逐渐重编程为精子的甲基化图谱，这一过程最终导致早期胚胎遗传了精子的甲基化图谱。

对斑马鱼的研究为 DNA 甲基化可以遗传提供了证据，哺乳动物的 DNA 甲基化变化是否具有相同的规律呢？研究人员对小鼠的精子、卵细胞和早期胚胎的 DNA 甲基化数据进行分析，发现小鼠和斑马鱼早期胚胎 DNA 甲基化的变化规律存在显著差异。在小鼠的发育过程中，精卵结合后，早期胚胎的甲基化水平大幅降低，随后又发生了整体范围的重新甲基化，全基因组范围内甲基化水平升高。

尽管斑马鱼和小鼠胚胎发育过程中 DNA 甲基化的变化存在显著差异 (见图 9.17)，但都遵循一个共同规律，即甲基化的动态变化符合发育过程的需要。随着甲基化的变化过程，与发育相关的各个基因有序地关闭或开启，调控发育过程的顺利进行。同时，多个证据表明，甲基化动态模式的差异可能与生物的进化程度相关。因此，追踪不同进化阶段物种的早期胚胎 DNA 甲基化动态，或许能够揭示 DNA 甲基化与生物进化的关联，以及 DNA 甲基化影响遗传发育的机制。

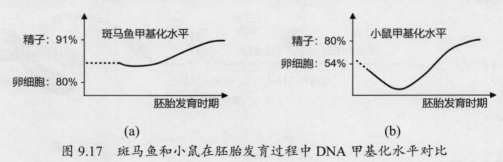

图 9.17　斑马鱼和小鼠在胚胎发育过程中 DNA 甲基化水平对比

✿ 9.3 人类遗传病

9.3.1 单基因遗传病

常见的单基因遗传病有以下几种。

(1) 常染色体显性遗传病：多指、并指、软骨发育不全等。

(2) 常染色体隐性遗传病：苯丙酮尿症、先天聋哑、白化病等。

(3) 伴 X 染色体显性遗传病：抗维生素 D 佝偻病、钟摆型眼球震颤。

(4) 伴 X 染色体隐性遗传病：血友病、色盲症、进行性肌营养不良。

(5) 伴 Y 染色体遗传病：外耳道多毛症。

若要调查一种单基因遗传病的遗传方式，则需要在患者家族中进行调查。若要调查一种单基因遗传病的发病率，则需要在自然人群中进行调查。

通过遗传咨询和产前诊断，可以有效地预防遗传病的产生和发展。遗传咨询的流程如下。

(1) 医生对咨询对象进行身体检查，了解家族病史，对是否患有某种遗传病做出判断。

(2) 分析遗传病的遗传方式。

(3) 推算出后代的发病率和发病情况。

(4) 向咨询对象提出防治对策和建议，如进行产前诊断或终止妊娠等。

产前诊断常见的方式有羊水检查、B 超检查、孕妇血细胞检查、基因检测等。羊水检查主要检查羊水和羊水中胎儿脱落的细胞，检查项目包括细胞培养、染色体核型分析和羊水生化检查等，以确定胎儿成熟程度和健康状况，并诊断胎儿是否患有某些遗传病。B 超检查主要检查胎儿是否畸形。孕妇血细胞检查指通过对孕妇血液进行检查，以筛选唐氏综合征、帕陶氏综合征、特纳氏综合征、克氏综合征、爱德华兹综合征、地中海贫血等遗传性疾病。基因检测主要用于检测单基因遗传病 (如白化病)，以及线粒体遗传病。

9.3.2 多基因遗传病

多基因遗传病的特点如下。

(1) 不符合孟德尔遗传规律。

(2) 群体发病率较高。

(3) 一般呈现家族聚集现象。

(4) 易受环境因素影响。

常见的多基因遗传病包括原发性高血压、冠心病、哮喘、青少年型糖尿病等。

9.3.3 染色体异常遗传病

如果一个人多出一条 21 号染色体，就是 21 三体综合征，又称唐氏综合征。类似地，还有 18 三体综合征等。

XO：只有一条 X 染色体，称为特纳氏综合征，又称先天卵巢发育不全。对于人类而言，有 Y 染色体就是男性，否则就是女性。

XXX：超雌综合体。

XXY：葛莱弗德氏综合征，雌雄同体。

XYY：超雄综合体。表现为智力低下、暴力倾向、反社会人格。

其他还有如 XXXX、XXXXX 等。

🌼 9.4 遗传育种

9.4.1 选择育种

大约在一万年前，古人就开始驯化野生动物、栽培植物。

在生产实践中，人们知道要挑品质好的个体来传种。这样，利用生物的变异，通过长期选择，去粗取精，就能培育出许多优良品种，如产量好、能抗虫抗病的粮食作物，产奶、产肉、产蛋较多的家畜、家禽等，如图 9.18 所示。

选择育种不仅周期长，而且可选择的范围很有限，在生产实践中，人们逐渐摸索出杂交育种的方法。

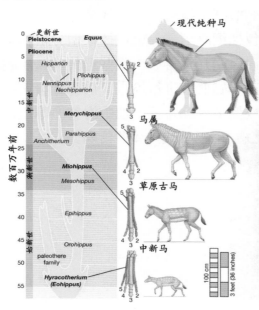

图 9.18 选择育种举例

▶▶▶
　　鸡的驯化、家猪放归野外很快会恢复野猪的形态、17 世纪的西瓜、玉米的祖先——墨西哥玉蜀黍。

9.4.2 杂交育种

众所周知，杂交的后代大多数性状优良，而自交的后代大多数逐渐破败。

奈何植物不能运动，在种群密度不够大时，只有自交才能充分保证成功繁殖。因此，自然选择使植物绝大多数是雌雄同体甚至同花的，也就顺理成章地选择自花传粉的方式进行繁殖，所以一般野生型都是纯合子。而绝大多数动物是能运动的，使雌雄个体的分化和个体间的交配成为可能，通过远缘杂交克服隐性疾病的危害，表现出明显的杂种优势，因此绝大多数动物都是雌雄异体且是杂合体。纯合体和杂合体都各有优势，纯合体可以稳定遗传；杂合体有杂种优势。在培育作物新品种时，我们追求的不仅是杂种优势，还要确保遗传的稳定性，因此要设法进行杂交，同时也要选育出纯合子。

举例说明，甲品系的番茄具有高产特性但不抗病 (AABB)，乙品系的番茄具有抗病的优势 (aabb)，要想把两个番茄品种的优良性状结合在一起，获得高产且抗病的稳定遗传的新品种 (AAbb)，可以将这两个品种杂交得到 F_1(AaBb)，再令其自交得到 F_2；从第二代中挑选高产、抗病的个体 (A_bb，占 3/16)，将它们的种子再次播种下去，逐代筛选，将 Aabb 淘汰，提高 AAbb 的占比；通过几代的优胜劣汰和人工选择，就可以得到稳定遗传的优良品种。这样的方法乍一听很容易，但在实际工作中却有很多的问题。

(1) 有些植物 (如水稻) 的花极小，自己的雄蕊距离自己的雌蕊很近，自然状态下虽然也有杂交的情况，但绝大多数都是自花传粉的。这时候很难实现"去雄""杂交"等操作。为此，中国工程院院士袁隆平从众多水稻中筛选出一株野败水稻，即雄性不育植株，天生就是杂交实验中作为母本的材料，使水稻的杂交实验成为可能。

(2) 我们经常为了获得稳定遗传的优良品种，需要较长时间的选育，短则五六年，长则十年甚至数十年。

(3) 杂交育种只能利用已有的基因进行重组，并不能创造新的基因，不能充分发挥人的主观能动性。

9.4.3 诱变育种

众所周知，物理、化学、生物因素都能诱发基因突变。物理因素如 X 射线、紫外线、激光等；化学因素如亚硝胺、硫酸二乙酯、溴化乙啶、氮芥、联苯胺、烯环烃、黄曲霉毒素等，生物因素如 Rous 肉瘤病毒等。物理因素不仅能引起基因突变，也可能引起染色体变异，化学因素一般直接引起的是基因突变，也有可能间接导致染色体变异。

利用物理或化学因素处理生物，虽然突变依然是随机的、不定向的，但生物发生基因突变的概率大大增加了，使人们可以在较短时间内获得更多选择的机会，因此可能获得更多优良的变异类型。

在农作物方面，已培育出多种水稻、小麦、玉米、大豆等优良品种。在微生物方面，交替使用 X 射线、紫外线和化学物质诱变，选育出的青霉菌产生青霉素的能力比野生株提高了数千倍。在动物方面，家蚕的常染色体上有一个卵色基因 A，人们利用辐射的方法，将这个基因所在的染色体片段易位到 W 染色体上，记为 W^A。让 aaZW^A 和 aaZZ 杂交，后代的卵中：雄性都是没有颜色的，雌性都是有颜色的，因此，人们就可以在家蚕卵还未孵化时区分出雌雄，以便尽早淘汰雌蚕，毕竟，雄蚕的出丝率比雌蚕高 20% ～ 30%。

9.4.4 单倍体育种

单倍体的植株很孱弱且高度不育，在生产上没有什么价值，但如果对单倍体植株进行诱导加倍，就可以得到纯合的二倍体，极大地缩短获得稳定遗传的新品种的育种年限。在上面的杂交育种中，人们将获得的 F_1 的花粉 (或花药，基因型为 AB、Ab、aB、ab) 进行离体培养，得到单倍体的小幼苗，其基因型也是 AB、Ab、aB、ab。然后用秋水仙素、秋水酰胺、诺考达唑等诱导其染色体加倍，就可以得到 AABB、AAbb、aaBB、aabb，只需两年，就可以获得稳定遗传的作物新品种。

秋水仙素作用于正在分裂的细胞时，能够抑制纺锤体的形成，导致染色体不能移向细胞两极，从而引起细胞内染色体数目加倍；染色体数目加倍的细胞继续进行有丝分裂，就可以发育成多倍体植株。

秋水仙素处理得到的其实是嵌合体：因为它只是使小幼苗的部分分裂的细胞染色体加倍，由这些加倍的细胞继续分裂，得到的部分当然是多倍体，但由未加倍的细胞分裂得到的部分是二倍体。遗传学上，将含有不同遗传性状的嵌合或混杂表现的个体称为嵌合体。

秋水仙素是从百合科植物秋水仙的种子和球茎中提取出来的一种植物碱，形态为白色或淡黄色的粉末或针状结晶，对人和动物有剧毒，对植物也有一定的毒性，所以在诱导染色体加倍前，要通过预实验探究合适的秋水仙素浓度和处理时间，以期获得更好的加倍效果。

9.4.5 多倍体育种

单倍体植株很孱弱，多倍体植株自然很壮硕。和二倍体植株相比，多倍体植株常常是茎秆粗壮，叶片、果实和种子都很大，糖类和蛋白质等营养物质的含量都有所增加，各种抗虫、抗病、抗逆能力也较强。如四倍体番茄的维生素 C 的含量比二倍体多一倍；三倍体甜菜比较耐寒，含糖量和产量都较高；三倍体西瓜、香蕉、葡萄不仅果实更大，含糖量更高，而且还无籽。

多倍体在动物界是非常罕见的，但在植物界并不稀有。裸子植物中 13% 的物种是多倍体；双子叶植物中 42.8% 的物种是多倍体，单子叶植物中 68.6% 的物种是多倍体。分类地位越高，多倍体所占的比重越大。因为当植物面对低温等不良环境时，缺乏逃避能力，只能被动承受。例如，当植物正处于细胞分裂过程时，温度的突然下降可能导致其染色体数目发生异常加倍。

在生产上，人们通常利用物理、化学因素诱导多倍体的产生，如用秋水仙素处理萌发的种子、幼苗等。三倍体西瓜的育种过程如图 9.19 所示。

秋水仙素处理会形成二倍体和四倍体的嵌合体：
① 已有的细胞和未被秋水仙素处理的部分依然是二倍体。
② 被秋水仙素作用的部分有一定的概率会变成四倍体，以及再长出来就是四倍体。

将二倍体西瓜的花粉涂抹在四倍体的雌蕊上，发育形成的西瓜：
① 西瓜皮、西瓜瓤等部分是四倍体。
② 西瓜籽是三倍体。

为什么要给三倍体植株的雌蕊授二倍体的花粉？
① 三倍体植株上面会形成雌蕊。
② 雌蕊授粉后，会形成生长素，生长素可以促进雌蕊的发育，形成西瓜。
③ 如果不给它授粉，这个雌蕊过段时间就会萎缩脱落，无法形成西瓜。

把三倍体的西瓜籽种下去，长出的植株即是三倍体植株，它不能形成卵细胞，因为三倍体减数分裂联会紊乱。但我们可以用正常的二倍体的花粉给它受粉，结出来的西瓜：
① 西瓜皮、西瓜瓤都是三倍体。
② 无籽。

图 9.19   三倍体无籽西瓜的育种过程

六倍体小麦和八倍体小黑麦的育种过程如图 9.20 所示。

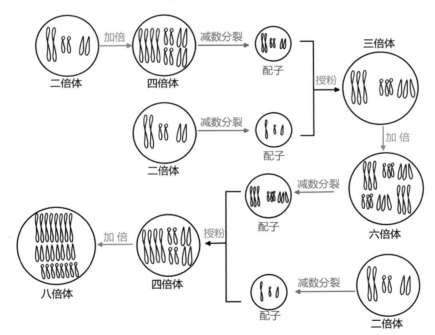

图 9.20   六倍体小麦和八倍体小黑麦的育种过程

9.4.6 | 基因工程育种

基因工程育种参考本书第 24 章基因工程，这里不再赘述。

9.5 生物进化

9.5.1 一句关于进化论的名言

1973 年，美籍俄罗斯生物学家、遗传学家、综合进化论创立者之一，杜布赞斯基 (Theodosius Dobzhansky) 在《美国生物学教师》期刊上，发表了一篇题为 *Nothing in Biology Makes Sense Except in the Light of Evolution* 的文章，如图 9.21 所示。后来，这句话在进化生物学文献、教科书、学术专著和科普著作中被广泛引用。

在笔者看来，进化论是生物学中最大的统一理论，生命科学各个层次的研究以及各分支学科体系的建立无不以生物进化的理论为指导思想，它又同时吸收和综合生物学各学科的研究成果，不断地更新。

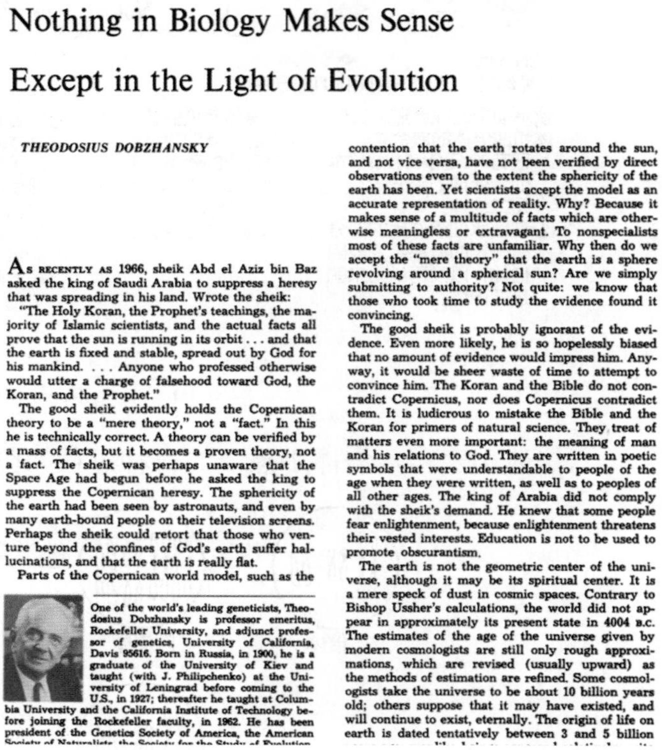

Nothing in Biology Makes Sense Except in the Light of Evolution

THEODOSIUS DOBZHANSKY

As recently as 1966, sheik Abd el Aziz bin Baz asked the king of Saudi Arabia to suppress a heresy that was spreading in his land. Wrote the sheik:
"The Holy Koran, the Prophet's teachings, the majority of Islamic scientists, and the actual facts all prove that the sun is running in its orbit . . . and that the earth is fixed and stable, spread out by God for his mankind. . . . Anyone who professed otherwise would utter a charge of falsehood toward God, the Koran, and the Prophet."
The good sheik evidently holds the Copernican theory to be a "mere theory," not a "fact." In this he is technically correct. A theory can be verified by a mass of facts, but it becomes a proven theory, not a fact. The sheik was perhaps unaware that the Space Age had begun before he asked the king to suppress the Copernican heresy. The sphericity of the earth had been seen by astronauts, and even by many earth-bound people on their television screens. Perhaps the sheik could retort that those who venture beyond the confines of God's earth suffer hallucinations, and that the earth is really flat.
Parts of the Copernican world model, such as the

One of the world's leading geneticists, Theodosius Dobzhansky is professor emeritus, Rockefeller University, and adjunct professor of genetics, University of California, Davis 95616. Born in Russia, in 1900, he is a graduate of the University of Kiev and taught (with J. Philipchenko) at the University of Leningrad before coming to the U.S., in 1927; thereafter he taught at Columbia University and the California Institute of Technology before joining the Rockefeller faculty, in 1962. He has been president of the Genetics Society of America, the American Society of Naturalists, the Society for the Study of Evolution

contention that the earth rotates around the sun, and not vice versa, have not been verified by direct observations even to the extent the sphericity of the earth has been. Yet scientists accept the model as an accurate representation of reality. Why? Because it makes sense of a multitude of facts which are otherwise meaningless or extravagant. To nonspecialists most of these facts are unfamiliar. Why then do we accept the "mere theory" that the earth is a sphere revolving around a spherical sun? Are we simply submitting to authority? Not quite: we know that those who took time to study the evidence found it convincing.
The good sheik is probably ignorant of the evidence. Even more likely, he is so hopelessly biased that no amount of evidence would impress him. Anyway, it would be sheer waste of time to attempt to convince him. The Koran and the Bible do not contradict Copernicus, nor does Copernicus contradict them. It is ludicrous to mistake the Bible and the Koran for primers of natural science. They treat of matters even more important: the meaning of man and his relations to God. They are written in poetic symbols that were understandable to people of all other ages. The king of Arabia did not comply with the sheik's demand. He knew that some people fear enlightenment, because enlightenment threatens their vested interests. Education is not to be used to promote obscurantism.
The earth is not the geometric center of the universe, although it may be its spiritual center. It is a mere speck of dust in cosmic spaces. Contrary to Bishop Ussher's calculations, the world did not appear in approximately its present state in 4004 b.c. The estimates of the age of the universe given by modern cosmologists are still only rough approximations, which are revised (usually upward) as the methods of estimation are refined. Some cosmologists take the universe to be about 10 billion years old; others suppose that it may have existed, and will continue to exist, eternally. The origin of life on earth is dated tentatively between 3 and 5 billion

图 9.21　一句关于进化论的名言

9.5.2 拉马克和获得性遗传

拉马克 (Lamarck) 是法国伟大的博物学家，生物进化论的奠基人，他在《动物学哲学》等著作中提出的进化思想对达尔文的自然选择学说产生了深刻的影响。

1744 年，拉马克出生于法国北部毕伽底的一个破落贵族家族，他是 11 个兄弟中最年幼的一个。父母希望他成为牧师，因此送他进入一个教会学校学习神学，但拉马克对父母的安排并不感兴趣。17 岁那年，他的父亲去世，当时正值普法战争末期，拉马克立即弃学从军。战场上他非常英勇，很快拉马克被提拔为军官，战争结束后他又在军中服役多年，后因病退役，时年 22 岁。后来拉马克转学医学，为其日后的研究奠定了基础。

后来，拉马克结识了著名博物学家布丰 (George Buffon)、植物学家朱西厄 (Bernard de Jussieu)、哲学家卢梭 (Jean-Jacques Rousseau)。他们常结伴采集植物，经过十余年的努力，拉马克在 1778 年完成《法国植物志》。该著作在学界影响很大，第二年，拉马克就被选为法兰西科学院院士。

1801—1802 年，拉马克完成《关于生物组织的研究》和《无脊椎动物分类志》；

1815—1822 年，又完成七卷本的《无脊椎动物的自然史》，对当时所知的无脊椎动物进行了系统总结。在动植物分类学的研究中，拉马克对于生物进化问题进行了深入思考，其主要思想体现在 1809 年出版的两卷本《动物学哲学》一书中。这一年，英国博物学家、《物种起源》的作者达尔文出生。

除了生物学研究之外，拉马克在气象学亦有研究。他曾热衷于气象观测，记录气象数据，并通过观察云的形状变化来预测天气。在朋友的帮助下，拉马克于 1799—1810 年出版了《气象年鉴》，预测下一年度的天气状况。

拉马克总共育有 7 个子女，晚年的拉马克双目失明、贫病交加、生活潦倒，在生命的最后 10 年，靠着女儿的帮助，他完成了《人类意识活动的分析》和《无脊椎动物的自然史》部分卷册。1829 年 12 月 18 日，拉马克在巴黎与世长辞，享年 85 岁。他的遗骸被埋葬在蒙巴纳斯的公墓，等到后人意识到其价值时，其遗骸已经不知所终。

拉马克学说的基本内容和主要观点可以归纳如下。

(1) 传衍理论。他列举大量事实说明生物种是可变的，所有现存的物种，包括人类都是从其他物种变化、演变而来，他相信物种的变异是连续的渐变过程，并且相信生命的"自然发生"(由非生命物质直接产生生命)。

(2) 进化等级说。他认为自然界中的生物存在着由低级到高级，由简单到复杂的一系列等级(阶梯)，生物本身存在着一种由低级向高级发展的"力量"。他把动物分成六个等级，并认为自然界中的生物连续不断地、缓慢地由一种类型向另一种类型，由一个等级向更高等级发展变化。

拉马克描述的进化过程是一个由简单、不完善的较低等级向较复杂、较完善的较高等级转变的进步性过程。拉马克实际上不承认物种的真实存在，认为自然界只存在连续变异的个体，也不承认有真正的物种灭绝，他认为生物的显著改变使它与先前的生物之间的联系不能被辨认了。

关于进化原因，拉马克强调生物内部因素。

(1) 与布丰不同，拉马克不太强调环境对生物的直接作用，他只承认在植物进化中外部环境可直接引起植物变异。

(2) 他认为，环境对于有神经系统的动物只起间接作用。拉马克认为环境的改变可能引起动物内在"要求"的改变，如果新的"要求"是稳定的、持久的，就会使动物产生新的习性，新的习性会导致器官的使用不同，进而造成器官的改变。

(3) 拉马克所说的动物的内在"要求"似乎是动物的欲望，以致后人认为拉马克学说带有活力论 (vitalism) 的色彩。

拉马克又进一步把他的关于动物进化原因的解释概括为以下两条法则。

(1) 不超过发育限度的任何动物，其所有使用的器官都会得到加强、发展和增大。加强的程度与使用的时间长短呈正比，反之某些不经常使用的器官就削弱、退化，以至于丧失机能，甚至完全消失。这就是所谓的"器官使用法则"或"用进废退"法则。

（2）某种动物在环境的长期影响下，甲器官频繁使用，而乙器官不使用，结果使一部分器官发达，而另一部分器官退化，如果由此产生的变异是能生育的雌、雄双亲所共有的，则这个变异能够通过遗传而保存。这就是被后人称为"获得性状遗传"的法则。关于"器官使用法则"，拉马克在其著作中列举了许多例子，如：草食兽咀嚼植物纤维经常使用臼齿，因而臼齿发达；食蚁兽、鲸鱼很少用牙齿咀嚼，因而牙齿退化；鼹鼠因生活于地下不需使用眼睛，因而眼睛退化；很少使用飞翔的昆虫及家禽，其翅退化；水鸟由于用足掌划水时经常用力张开足趾，使足间皮肤扩张而形成蹼；长颈鹿因经常引伸颈部取食高树枝叶发展出长颈；比目鱼在水底总是努力使双目向上看而使双目位置移向一侧等。这些例子表面看来"符合"他的"用进废退"法则，但解释是肤浅的，经不起深究。"获得性状遗传"法则自 20 世纪末到现在仍是存在争论的问题。

总的说来，拉马克的进化学说中，主观推测较多，引起的争议也较多，但他的学说比布丰及达尔文的要更系统，更完整，内容更丰富，因而对后世的影响也更大。多数学者认为，拉马克学说是达尔文以前的最重要的进化学说。布丰、达尔文和拉马克都是当时占统治地位的"创世说"及"物种不变论"的传统自然观的挑战者。他们的学说的共同的中心思想如下。

（1）物种是可变的。

（2）每个物种都是从先前存在的别的物种传衍而来。

（3）物种的特征不是上帝赋予的，而是遗传决定的。

9.5.3 达尔文和生物进化理论

达尔文，全名查理士·罗伯特·达尔文 (Charles Robert Darwin)，1809 年出生于英国，进化论的奠基人。1859 年，达尔文出版《物种起源》，正式提出了生物进化论学说，从而摧毁了各种唯心的、神造的物种不变论。恩格斯将进化论、细胞学说、能量守恒定律称为"19 世纪自然科学三大发现"。

1836 年 10 月，达尔文结束环球考察，开始认真思考了考察期间提出的问题。最终，达尔文放弃了宗教信仰，从自然神学观转变为一个相信物种演变的演变论者。他在回忆录中写道："就是在 1836 —1839 年，我逐渐意识到，由于《旧约全书》中有明显的伪造世界历史的事实……因此就认为它的内容并不比印度教徒们的圣书或其他任何一个未开化民族的信仰更加高明，更加值得我相信……我逐渐变得不再相信基督教是神的启示了……不信神就以很缓慢的速度侵入我头脑中，而且最后完全不信神了。"

1838 年 10 月，达尔文读了托马斯·罗伯特·马尔萨斯 (Thomas Robert Malthus, 1766—1834) 的《人口论》(An Essay on the Principle of Population)，大受启发。他在回忆录中写道："1838 年 10 月……我为了消遣而翻阅了马尔萨斯的《人口论》一书。当时根据我长期对动物和植物的生活方式的观察，就已经胸有成竹，能够去正确估计这种随时随地都在发生的生存斗争的意义，马上在我头脑中出现了一个想法，就是在这些环境条件下，有利变异应该有保存的趋势，而不利变异则应该有消亡的趋势。这样的结果应该会引起新物种的形成。因此，最后我获得了一个用来指导我工作的理论。"

1844—1858 年，达尔文最终完成了他的进化理论，具体如下。

(1) 变异和遗传。一切生物都能发生变异，至少有一部分变异能够遗传给后代。达尔文在观察家养和野生动、植物过程中发现了大量的、确凿的生物变异事实。他从性状分析中看到可遗传的变异和不可遗传的变异，他不知道为什么某些变异不遗传，但他认为变异的遗传是通例，不遗传是例外。关于变异原因，达尔文提到以下几个方面：环境的直接影响，器官的使用与不使用产生的效果，相关变异等。关于变异与环境的关系，达尔文更强调生物的内在因素。关于变异的规律，达尔文得出两点结论：在自然状态下显著的偶然变异是少见的，即使出现也会因杂交消失；在自然界中从个体差异到轻微的变种，再到显著变种，再到亚种和种，其间是连续的过渡；因而否认自然界的不连续，否认种的真实性（认为种是人为的分类单位）。关于遗传规律，达尔文承认他"不明了"，但他所相信的融合遗传和他自己提出的"泛生子"假说都是错误的。

(2) 自然选择。任何生物产生的生殖细胞或后代的数目要远远多于可能存活的个体数目（繁殖过剩），而在所产生的后代中，那些具有最适应环境条件的有利变异的个体有较大的生存机会，并繁殖后代，从而使有利变异可以世代积累，不利变异被淘汰。在说明自然选择的概念之前，达尔文引进了"生存斗争"的概念：一切生物都有高速率增加的倾向，所以生存斗争是必然的结果。各种生物，在它的自然生活内通常会产生大量的卵或种子，但往往在生活的某个阶段、特定季节或年份中遭遇灭亡，否则，依照几何比率增加的原理，它的个体数目将迅速地过度增加，以致生存空间不足。因此，由于产生的个体超过其可能生存的数目，所以不免到处有生存斗争，或者个体和同种其他个体斗争，或者和异种的个体斗争，或者和生活的物理条件斗争。既然在自然状况下，生物由于生存斗争都有大比率的死亡，那么这种死亡是无区别的偶然死亡呢，还是有区别的有条件的淘汰呢？达尔文认为，由于在自然状况下，存在着大量的变异，同种个体之间存在着差异，因此在一定的环境条件下，它们的生存和繁殖的机会是不均等的；那些具有有利于生存繁殖的变异的个体就会有相对较大的生存繁殖机会。又由于变异遗传规律，这些微小的有利的变异就会遗传给后代而保存下来。这个过程与人工选择有利变异的过程非常相似，所以达尔文把这个过程叫作自然选择。"选择"这个词的含义并不是指有一个超自然的有意识的上帝在起作用，它只是被达尔文从人工选择引申过来的，是一种比喻。达尔文还从自然选择引申出性选择概念，把自然选择原理应用到解释同种雌、雄两性个体间性状差异的起源；性成熟的个体往往有一些与性别相关的性状，如雄鸟美丽的羽毛、雄兽巨大的搏斗器官（角等）、雄虫的发声器、雌蛾的能分泌性诱物质的腺体等，这些都称为副性征（或第二性征）；这些副性征是如何造成的呢？达尔文解释为正如人工选择斗鸡的情形一样，在自然界里经常发生的生殖竞争（通常是雄性之间为争夺雌性而发生的斗争）是造成副性征的主要原因；在具有生存机会的个体之间还会有生殖机会的不同，那些具有有利于争取生殖机会的变异就会积累保存下来，这就是性选择。

(3) 性状分歧、种形成、绝灭和系统树。达尔文从家养动植物中看到，由于按不同需要进行选择，从一个原始共同的祖先可以培育出许许多多性状极端歧异的品种。如从岩鸽这个野生祖先可以驯化培育出上百种的家鸽品种；身体轻巧的乘用赛马与身体粗壮的马的体型如此歧异，但都可以追溯到共同的祖先。类似的原理应用到自然界，在同一个种内，个体之间在结构习性上越是歧异，则在适应不同环境方面越是有利，因而将会繁育更多的个体，分布到更广的范围。这样随着差异的积累，差异越来越大，于是由原来的一个种就会逐渐演变为若干个变种、亚种，乃至不同的新种，这就是性状分歧原理。达尔文还强调了地理隔离对性状分歧和新种形成的促进作用。如被大洋隔离的岛屿，如加拉巴戈斯群岛的龟和雀。由于生活条件（空间、食物等）是有限的，因此，每一地域所能供养的生物数量和种的数目也是有一定限度的。自然选择与生存斗争的结果使优越类型的个体数目增加，则较不优越的类型的个体数目减少，减少到一定程度就会灭绝，因为个体数目少的物种在环境剧烈变化时就有完全覆灭的危险，而且个体数目越少，则变异越少，改进机会越小，分布范围也越来越小。因此，"稀少是灭绝的前奏"。达尔文认为，在生存斗争中最密切接近的类型，如同种的不同变种、同属的不同种等，由于具有近似的构造、体质、习性和对生活条件的需要，往往彼此斗争更激烈。因此，在新变种或新种形成的同时，就会排挤乃至消灭旧的类型。由于性状分歧和中间类型的灭绝，新种不断产生，旧种灭亡，种间差异逐渐扩大，因而相近的种归于一属，相近的属归于一科，相近的科归于一目，相近的目归于一纲。如果从时间和空间两方面来看，则这个过程好像一株树。这是达尔文以他的自然选择原理对生物进化的过程最生动形象的描绘，系统树这个概念被沿用至今。

9.5.4 现代生物进化理论

进化的实质是种群的基因频率发生改变。基因频率是指在一个种群基因库中，某个基因的数量占全部等位基因总数的比例。基因库 (gene pool) 就是一个种群中全部个体所含有的全部基因。如豌豆的花色基因有 A 和 a 两种等位基因，则 A 的基因频率就是整个种群中 A 的数量与 (A+a) 的数量比。如人的 A、B、O 血型基因有 I^A、I^B、i 三种等位基因，则 I^A 的基因频率就是整个种群中 I^A 的数量与 ($I^A + I^B + i$) 的数量比。如人的色盲基因有 X^A 和 X^a 两种等位基因，则 X^a 的基因频率就是整个种群中 X^a 的数量与 ($X^A + X^a$) 的数量比。

只要种群的基因频率发生了改变，就可以说发生了进化。要注意基因频率和基因型频率的区别，基因型频率是指不同基因型的个体占整个种群个体数的比例。

种群是生物进化的基本单位，种群是指在一段时间内、生活在一定区域内、同种生物的全部个体。

突变和基因重组产生进化的原材料。可遗传变异是生物进化的原材料，可遗传变异包括基因突变、基因重组、染色体变异，基因突变和染色体变异统称为突变。基因突变为生物进化提供最原始的材料。

可遗传变异不能决定生物进化的方向（因为变异是没有方向的），突变会使种群的基因频率发生不定向的改变。但自然选择决定了生物进化的方向，在自然选择的作用下，种群的基因频率会发生定向改变，导致生物朝一定的方向不断进化。

变异是进化的前提，但是有变异不一定有进化，一种变异一定要引起个体的存活率或繁殖率出现差异，才会出现选择，才会引起进化。选择是进化的动力，只有有了选择，比如，有的个体能够生存，有的个体不能生存，种群才会进化。

选择包括自然选择和人工选择，达尔文就是通过观察人工选择，推测并提出了自然选择的概念。自然选择会提高生物对环境的适应能力；自然选择会引起适应性进化，人工选择并不会。

自然选择直接选择的是个体的表型，间接选择的是基因型，根本上选择的是基因。也就是说，虽然变异没有方向，但是由于选择有方向，所以进化也是有方向的。

当某些表型特征的差异平均起来能在存活率或出生率上造成显著差异时，就会出现选择。如果表型差异仅由环境引起，那么即使这种表型差异足以引起存活率或出生率的差异，也不会引起前后代表型分布的变化。表型的自然选择模式有三种类型：稳定选择、定向选择、分裂选择，如图 9.22 所示。

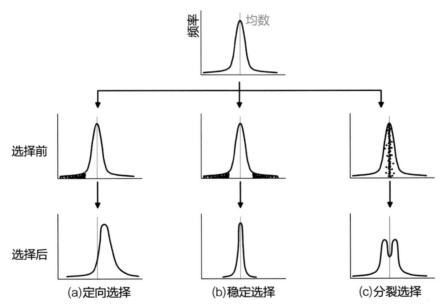

图 9.22　表型特征的三种选择方式 (Charles J., 2003)

▶▶▶

黑点区表示选择压力。

9.5.5 隔离在物种形成中的作用

(1) 地理隔离。同种生物的不同种群由于高山、河流、沙漠等地理上的障碍，使彼此无法相遇而不能自由交配。

(2) 生殖隔离。不同物种的个体之间不能自由交配或交配产生的后代不育。

地理隔离和生殖隔离都能阻断不同种群间的基因交流，一般情况下，地理隔离积累到一定程度就会产生生殖隔离。新物种形成的过程中，地理隔离不一定出现，但生殖隔离一定出现。

9.5.6 协同进化

不同物种之间、生物与环境之间，在相互影响中，不断进化和发展，这就是协同进化。不同物种之间的影响既包括种间互助，也包括种间斗争。无机环境的选择作用可定向改变种群的基因频率，导致生物朝着一定的方向进化；生物的进化，反过来，也会影响无机环境。

协同进化是千姿百态的物种和多种多样的生态系统形成的原因。

9.5.7 自然选择与人工选择

自然选择与人工选择的标准不同，目的不同。

自然选择的标准为"是否有利于该生物的生存"，有利于该生物生存的性状或基因就被保留下来，不利的就被淘汰。人工选择是以"是否对人类有利"为标准，对人类有利的基因或性状被保留下来，不利的就被淘汰。二者都使被选择的种群的基因频率发生改变。

我们可以简单地理解为如果这种选择的结果是人为施加的并且是我们想要的，就是人工选择。如果不是我们想要的，即使是人为施加的，也只能认为是人为原因导致环境条件发生改变，进而导致的选择，所以应该是自然选择。

9.5.8 课外知识补充

1. 社会达尔文主义

社会达尔文主义是根据达尔文物竞天择的生物学理论演变而成，在 19 世纪至 20 世纪特别盛行。

达尔文认为，在有机的自然界中，物种或生命体存在着进化过程，而主导这一过程的是不可更改的自然选择铁律，在由种类繁衍而带来的资源短缺压力下，各物种之间以及同一物种内部存在着残酷的生存竞争。在这场斗争中，那些具备有利生理和心理特征、最能适应环境的物种和生命体生存下来，并在此过程中将优势特征以遗传的方式延续下来，从而形成了自然界从简单到复杂、从低级到高级的进化。

19 世纪中叶，达尔文的这种进化观使现代思想焕然一新。也正是在这个意义上，罗素称："正如 17 世纪是伽利略和牛顿的世纪，19 世纪是达尔文的世纪。"19 世纪后半叶，达尔文主义也实现了从自然领域向社会政治领域的渗透，从自然哲学向社会政治哲学的移植，而社会达尔文主义即是这一过程的产物。这个理论认为，劣等的民族与其文化都会而且应该被优越的民族与文化所替代，人类的生存就像大自然中的生物一样，进行着永恒的斗争，只有强者与适应者才能生存。人类的文化与社会都遵循同样的淘汰与延续原则。

社会达尔文主义在 19 世纪时被用来作为支持资本主义与保守主义正当性的借口。他们认为人类之间的不平等是天经地义的，强者之所以能致富和能控制别人，是因为他们自己的努力、节俭和自律，而弱者也是咎由自取，因为他们无法适应挑战。他们坚决反对政府采取干涉的政策，来改变社会中的不平等现象，因为这违反了大自然运行中永不休止的竞争原则。除此之外，欧美的帝国主义与殖民主义者，也借此来强调他们船坚炮利侵略行为的正确性，因为他们认为，这是优越的种族与文化，遵照天理必须完成的任务。

社会达尔文主义的一个简化观点是：人（特别是男性）必须为了在未来能够生存而竞争，不能给予穷人任何援助，他们必须要养活自己，虽然多数 20 世纪早期的社会达尔文主义者支持改善劳动条件和提高工资，以赋予穷人养活自己的机会，使能够自足者胜过那些因懒惰、软弱或劣等而贫穷的人。

社会达尔文主义是将达尔文式的进化观应用到人类社会，并对社会现象和历史进程做一种准生物学的解释，视生存竞争和自然选择为最高的解释原则。而其核心内容在法国的拉普热 (Vacher de Lapouge，1845—1936) 所锻造的三个社会政治信条中得到了淋漓尽致的展现：determinism, inequality, selection。determinism 意味着"宿命"(fatalism)，意味着对自由意志的否定；inequality 意味着"等级制"和"奴役"，意味着对人人生而平等的否定；selection 意味着"优胜劣汰"，意味着残酷的竞争乃至战争，而这与宣扬博爱的人道主义情怀有云泥之别。

这显然是对作为 18 世纪启蒙理想和革命遗产的"liberty, equality, fraternity"信条的公然背弃和挑战。

对达尔文生物学观点的另外一种社会解读是优生学，该理论由达尔文的表弟弗朗西斯·高尔顿 (Francls Galton，1822—1911) 发展起来。高尔顿认为，人的生理特征明显地世代相传。因此，人的脑力品质（天才和天赋）也是如此。那么社会应该对遗传有一个清醒的认识，即避免"不适"人群的过量繁殖以及"适应"人群的不足繁殖。高尔顿认为，诸如社会福利院和疯人院之类的社会机构允许"劣等"人生存并且让他们的增长水平超过了社会中的"优等"人，如果这种情况得不到纠正的话，社会将被"劣等"人所充斥。达尔文阅读了高尔顿的文章，并且在《人类起源》中用了部分章节来讨论高尔顿的理论。不过无论是达尔文还是高尔顿，都没有主张在 20 世纪上半叶实行优生政策，因为他们在政治上，反对任何形式的政府强制。

19 世纪末 20 世纪初的种族优越和竞争思想也与社会达尔文主义有关联。虽然社会达尔文主义的种族观简单而言是白色人种必须以文明教化全球的有色人种，然而还有其他更复杂的观念。达尔文进化论基于基因分岔和自然选择理论进行种族划分。基因分岔是指一组物种彼此之间互相分离，从而各自发展出自己独特的基因特征，这一理论适用于包括人类的所有生物，正是由于基因分岔，我们今天才有不同的人种和族群。19 世纪末 20 世纪初流行的看法是，北欧的日耳曼人是优等人种，因为他们在寒冷的气候中进化，迫使他们发展出高等生存技巧，在现今时代表现为热衷于扩张和冒险。另外，相对于非洲的温暖气候，自然选择在寒冷的北部以更快的速度，更彻底地淘汰体格软弱和低智力的个体。大日耳曼主义者还论证，如果动物在体能和智力上适应其所在地的气候，那么人类也是如此。这些思想得到当时的人类学家和心理学家的全力支持，其中包括著名生物学家托马斯·亨利·赫胥黎 (Thomas Henry Huxley)，他是达尔文理论的早期捍卫者，并得到"达尔文的斗犬"的绰号。社会达尔文主义在心理学领域的支持者包括麦独孤 (William Mc Dougall)。

2. 达尔文奖

达尔文奖 (Darwin Awards) 由 31 岁的斯坦福大学教授温蒂·诺斯喀特 (Wendy Northcutt) 于 1994 年创建，此命名是为了表示对生物学家查尔斯·达尔文的敬意。达尔文奖是颁发给明明身为智人的一分子，却凭借特别愚蠢的方法，使他们被排除在生命的长河之外的人。他们要么是把自己玩死了，要么是把自己玩的没有繁殖能力，总之，以一己之力，使自己"愚蠢的基因"不会遗传给后代，相当于增加了全人类的智商，为人类的进化做出了突出的贡献。这些男女不分国籍，更不分老幼，使自己丧失繁殖能力的过程越愚蠢，有越高的机会得到这个荣耀。

相关记录网上很容易查到，希望在苦闷学习中能会心一笑！

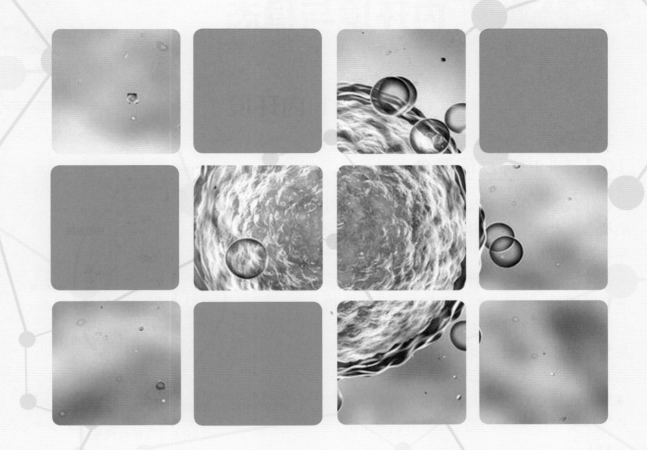

第❸部分

动物生理学

第10章　内环境与稳态

❈ 10.1 内环境

10.1.1 内环境的概念

什么是内环境？内环境是与外环境相对的概念，表示生物体内的环境，通常指多细胞动物体内的环境。

单细胞动物与多细胞动物进行物质交换是有区别的。原核生物、单细胞的原生生物和结构简单的多细胞动物，它们的细胞能直接与外界环境进行物质交换。复杂的多细胞动物体内，绝大多数细胞不与外界环境直接接触，而是通过内环境（细胞外液构成）与外界环境进行物质交换，如图 10.1 所示。

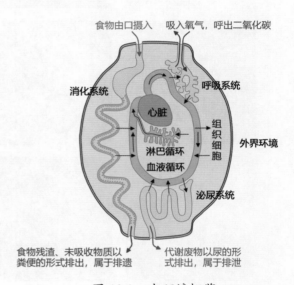

图 10.1　内环境概览

▶▶▶

在图 10.1 中，灰色部分表示外界环境或直接与外界环境相通的场所，如消化道、呼吸道、尿道等。红色部位为体内，并未区分内环境与细胞内。箭头表示物质交换或液体流动的方向。内环境与外界环境的物质交换过程，需要体内各系统的参与。消化系统将营养物质摄入体内，不能消化的食物残渣以粪便的形式排出体外。呼吸系统吸入氧气，呼出二氧化碳。循环系统把各种物质运输到机体的相应部位，淋巴循环将组织液和血细胞收集后汇入静脉血管。泌尿系统把代谢废物、水、无机盐排出体外。机体的各个部分正常运行和协调一致，共同保证内环境与外界环境之间物质交换的顺利进行。细胞与内环境之间是相互影响、相互作用的，细胞既依赖于内环境，也参与内环境的形成与维持。

体液是机体内液体的总称，包括细胞内液和细胞外液。正常成年人的体液约占体重的 60%，其中细胞内液占 2/3，细胞外液占 1/3。

细胞外液是多细胞动物体内绝大多数细胞的直接生活环境，包括血浆、组织液、淋巴液等，如图 10.2 所示。血浆是血细胞直接生活的液体环境，约占细胞外液的 5%。

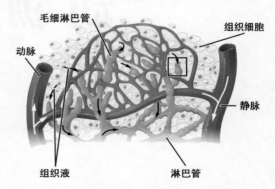

图 10.2　血管、淋巴管与组织细胞

组织液又称细胞间隙液，是存在于细胞之间的液体，也是体内绝大多数细胞生活的液体环境，约占细胞外液的 75%。淋巴液是淋巴细胞生活的液体环境，所占体积较小。

10.1.2 人体不同细胞所处的内环境

体内绝大多数细胞生活的环境是组织液。

毛细血管壁细胞生活的环境是血浆和组织液，如图 10.3 所示。毛细淋巴管壁细胞生活的环境是淋巴液和组织液。

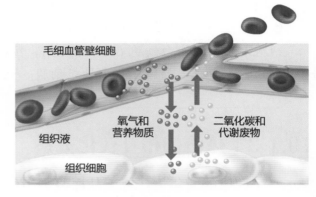

图 10.3　血浆和组织细胞之间的物质交换
(Taylor, M., et al. 2023)

淋巴细胞生活的环境是淋巴液和血浆。

脑脊液为无色透明的液体，总量约 150 mL，对中枢神经系统起缓冲、保护、供应营养、运输代谢产物、维持颅内压的作用。

房水是充满在眼睛前房、后房内的清澈透明的液体，由睫状突产生。其容量取决于睫状突内的毛细血管压、血浆胶体渗透压、眼内压三者之间的关系，当睫状突内的毛细血管压力超过了眼内压和血浆胶体渗透压的总和时，液体就会从血浆中渗出，形成房水。

注意

细胞液是指植物细胞液泡中的液体。细胞质是指细胞膜包围的、除核区外的一切半透明胶状和颗粒状物质的总称，含水量约 80%。细胞质由细胞质基质、内膜系统、细胞骨架和包含物组成，是生命活动的主要场所。细胞质基质又称细胞溶胶，是指细胞质内呈液态的部分，是细胞质的基本成分，主要含有多种可溶性酶、糖、无机盐和水等。原生质是一个逐渐废弃的概念，是指细胞内生命物质，主要成分是蛋白质、核酸、脂质等。一个动物细胞就是一个原生质团，植物细胞由原生质体和细胞壁组成。原生质层是指成熟植物细胞的细胞膜、液泡膜和介于这两层膜之间的细胞质。原生质体是指去除细胞壁之后的植物细胞。精子形成的过程中，细胞核变为精子的头，高尔基体发育成头部的顶体，中心体演变成精子的尾，线粒体演变成线粒体鞘。细胞内的其他物质浓缩为球状，附着在尾巴的表面，称为原生质滴。原生质滴随着精子的成熟向后移动，最后脱落。

血液包括血浆和血细胞。血细胞包括红细胞、白细胞、血小板。红细胞数量最多，哺乳动物成熟的红细胞没有细胞核，也没有任何细胞器，而是充斥着大量的血红蛋白（内含 Fe^{2+}），作用是运输 O_2 和部分 CO_2 等。血小板是血细胞中最小的一类，是骨髓中成熟的巨核细胞的细胞质脱落形成的具有生物活性的碎片，因此其没有细胞核，形状也不规则，负责止血和加速凝血。白细胞是一类无色的有核细胞，体积较大，种类繁多。根据细胞质中有无嗜色颗粒可将白细胞分为有颗粒白细胞（粒细胞）和无颗粒白细胞（无粒细胞）。粒细胞可以根据颗粒的嗜色特征分为嗜酸性粒细胞、中性粒细胞、嗜碱性粒细胞。无粒细胞又可分为单核细胞和淋巴细胞。

10.1.3 体液的相互转化关系

一个健康的成年人，每天从血浆到组织液约有 20 L 的液体，从组织液回到血浆约 17 L，还有 3 L 的液体从组织液进入淋巴液并最终回到血浆，如图 10.4 所示。

在正常情况下，蛋白质等大分子物质及血细胞等是不会从血浆来到组织液的，但实际上经常会有一些蛋白质和血细胞从血浆来到组织液，这些成分是无法从组织液回到血浆的。它们只能从组织液经过淋巴液回到血浆，这就是从组织液到淋巴液再到血浆的 3 L 液体的意义之一。

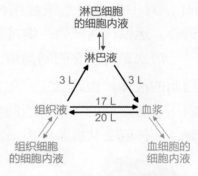

图 10.4　内环境物质交换示意

血管是一个通过心脏构成的循环。从心脏出来的血管称为动脉，其逐渐分支变细，形成毛细动脉血管，然后经过组织处的气体和物质交换，变成毛细静脉血管，其逐渐汇聚变粗，形成静脉血管，流回到心脏。

淋巴管是一个盲管，它起源于各个组织深处，以毛细淋巴管的形式开口于组织处，毛细淋巴管壁细胞以覆瓦状排列，因此毛细淋巴管壁的通透性比毛细血管壁大，能将那些不能通过毛细血管壁的蛋白质和血细胞收集到淋巴液，最终汇聚，流入静脉血管，完成淋巴循环。

❋ 10.2 内环境的组成成分与生理过程

内环境的组成成分与来源如表 10.1 所示。

表 10.1　血浆、组织液、淋巴液简介

类　别	化学成分	成分来源	生活在其中的细胞
血浆	营养物质，代谢废物，O_2、CO_2 等气体，血浆蛋白，激素等	① 从消化道吸收而来； ② 从组织液中回渗而来； ③ 淋巴液在左、右锁骨下静脉汇入	各种血细胞

类　别	化学成分	成分来源	生活在其中的细胞
组织液	与血浆相比，蛋白质含量低	① 从血浆透过毛细血管壁而来； ② 组织细胞代谢产生	体内绝大多数细胞
淋巴液	与血浆相比，蛋白质含量低	① 从组织液透过毛细淋巴管壁而来； ② 由消化道吸收而来	淋巴细胞

10.2.1 内环境中的成分

营养物质：水、无机盐、葡萄糖、氨基酸、核苷酸、甘油、脂肪酸、维生素、血浆蛋白等。
细胞合成的分泌性物质：抗体、白细胞介素、细胞因子、神经递质、激素、部分胞外酶等。
细胞代谢产物：CO_2、尿素、尿酸、乳酸等。

血浆中的部分化学成分及含量如表 10.2 所示。

表 10.2　血浆中的部分化学成分及含量

成　分	含　量	成　分	含　量
丙氨酸氨基转移酶	$9\sim60\ U \cdot L^{-1}$	总胆固醇	$3.1\sim5.2\ mmol \cdot L^{-1}$
总蛋白	$65\sim85\ g \cdot L^{-1}$	钠	$137\sim147\ mmol \cdot L^{-1}$
总胆红素	$5\sim21\ \mu mol \cdot L^{-1}$	钾	$3.5\sim5.3\ mmol \cdot L^{-1}$
碱性磷酸酶	$45\sim125\ U \cdot L^{-1}$	钙	$2.2\sim2.65\ mmol \cdot L^{-1}$
尿素	$2.8\sim7.2\ mmol \cdot L^{-1}$	磷	$0.81\sim1.45\ mmol \cdot L^{-1}$
肌酐	$57\sim111\ \mu mol \cdot L^{-1}$	镁	$0.73\sim1.06\ mmol \cdot L^{-1}$
尿酸	$208.3\sim428.4\ \mu mol \cdot L^{-1}$	血清铁	$11\sim30\ \mu mol \cdot L^{-1}$
葡萄糖	$3.9\sim6.1\ mmol \cdot L^{-1}$	氯	$99\sim110\ mmol \cdot L^{-1}$
乳酸脱氢酶	$140\sim271\ U \cdot L^{-1}$	碳酸氢盐	$22\sim28\ mmol \cdot L^{-1}$
三酰甘油	$0\sim1.7\ mmol \cdot L^{-1}$	总 CO_2	$21\sim31.3\ mmol \cdot L^{-1}$

注：U 表示酶的活力单位。在最适宜条件(25℃)下，每分钟催化 1μmol 底物转化为产物所需的酶量定为一个活力单位，即为 1U。

10.2.2 非内环境中的成分

(1) 存在于细胞内(不分泌出细胞)的物质：血红蛋白、呼吸作用(有氧呼吸和无氧呼吸)相关的酶、膜上的载体蛋白、通道蛋白和受体蛋白等。

(2) 各种细胞。

(3) 存在于人体与外界环境相通的腔中的物质：唾液淀粉酶、胃蛋白酶、肠肽酶、胰蛋白酶等。

概括起来，非内环境中的成分就是细胞内的或细胞膜上的、外环境中的、人体不能吸收的（如纤维素、淀粉等）成分。

10.2.3 发生在内环境中的生理过程

乳酸与碳酸氢钠反应，生成乳酸钠和碳酸，该反应发生在血浆中，作用是维持血浆 pH 值相对稳定。骨骼肌无氧呼吸产生的乳酸被运输到肝脏并重新形成葡萄糖。

在骨骼肌中经常发生无氧呼吸，产生乳酸。乳酸是代谢的终产物，在骨骼肌中无法进一步代谢，因此骨骼肌中的乳酸只能从肌肉细胞中出来，来到组织液。如果短时间内局部组织乳酸过多，会导致肌肉酸痛。组织液中的乳酸接下来要进入血浆，然后随着血液循环，来到肝脏。在肝脏中，消耗 ATP，通过糖异生途径，重新形成葡萄糖。整个过程称为可立氏循环，如图 10.5 所示。

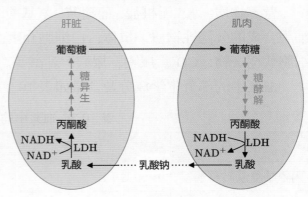

图 10.5　可立氏循环

在乳酸从肌肉组织运输到肝脏这个过程中，即乳酸在血液中，不能以乳酸的形式存在。因为乳酸是酸性的，它会导致血浆的 pH 值下降。正常情况下，血浆的 pH 值要维持在 $7.35 \sim 7.45$，这是一个略微偏碱的、非常狭窄的 pH 值范围。那么如何维持呢？血浆中含有大量的缓冲物质，如 H_2CO_3 和 $NaHCO_3$（主要）、HPO_4^{2-} 和 $H_2PO_4^-$（次要）。它们的解离方程分别为

$$H_2O + CO_2 \longrightarrow H_2CO_3 \xrightarrow{\text{解离}} H^+ + HCO_3^- \xrightarrow{\text{解离}} H^+ + CO_3^{2-}$$

$$H_3PO_4 \xrightarrow{\text{解离}} H^+ + H_2PO_4^- \xrightarrow{\text{解离}} H^+ + HPO_4^{2-} \xrightarrow{\text{解离}} H^+ + PO_4^{3-}$$

在这样的缓冲溶液中，H^+ 的浓度维持在平衡状态。如果往溶液中加入酸 (H^+)，平衡会向左移动，以降低溶液中的 H^+，使 pH 值不至于降低太多。如果往溶液中加入碱 (OH^-)，平衡会向右移动，以提高溶液中的 H^+，使 pH 值不至于升高太多。因此，在一定范围内，不管往溶液中加入酸或碱，溶液中的 H^+ 浓度都不会发生太大的改变，即可以维持溶液的 pH 值稳定，这样的溶液称为缓冲溶液。

从缓冲能力和重复使用角度来看，磷酸缓冲液更好一些，因此在实验中一般使用磷酸缓冲液。但机体却选择碳酸氢盐作为主要的缓冲物质，一是因为磷酸盐在体内有更重要的用途，将其用于缓冲 pH 值可能造成资源浪费；二是因为对我们的身体而言，二氧化碳是一种可调节的代谢副产品，其产量可以通过呼吸频率和深度的调整来控制，从而为维持酸碱平衡提供了一种灵活的缓冲手段。

须知

磷酸缓冲液是三级缓冲，而碳酸缓冲液是二级缓冲。

简单来说，就是酸性的乳酸进入血浆后，可以和中性的碳酸氢钠发生反应，生成中性的乳酸钠和酸性的碳酸，然后酸性的碳酸分解，形成二氧化碳和水，二氧化碳通过呼吸作用排出体外，维持血浆的 pH 值稳定。

注意

磷酸缓冲液可重复使用，而如果碳酸缓冲液中加入的酸较多，则产生二氧化碳溢出，不再具有缓冲能力。

在兴奋传导过程中，神经递质与突触后膜上的受体结合，发生在组织液中。在免疫调节过程中，抗体与相应抗原的特异性结合，发生在血浆和组织液中。在体液调节过程中，激素与靶细胞膜受体结合，主要发生在组织液中。

10.2.4 不发生在内环境中的生理过程

(1) 细胞呼吸的各阶段反应。

(2) 细胞内的各种蛋白质的合成、神经递质的合成、激素的合成。消化道等外部环境中发生的反应，如消化道内淀粉、脂肪、蛋白质等的消化分解。

10.3 内环境的稳态与失调

10.3.1 稳态的内涵

稳态就是机体通过神经—体液—免疫调节，使各器官、系统协调合作，共同维持内环境中的化学成分和理化性质 (酸碱度、温度、渗透压等) 处于相对稳定的状态。

化学成分的稳定：血浆中约 90% 为水，其余的 10% 分别是蛋白质 (7% ~ 9%)、无机盐 (约 1%)，以及血液运输的其他物质，包括各种营养物质 (如葡萄糖等)、激素、各种代谢废物等。组织液和淋巴液的成分及各成分的含量与血浆相近，但蛋白质含量明显低于血浆。从某种意义上来说，细胞外液是一种类似海水的盐溶液，这在一定程度上反映了生命起源于海洋。

酸碱度的稳定：正常人的血浆接近中性，pH 值为 7.35 ~ 7.45，依赖其中的 HCO_3^-、H_2CO_3 等物质维持稳态。

温度的稳定：人体细胞外液的温度一般维持在 37℃ 左右。

渗透压的稳定：渗透压是指溶液中溶质微粒对水的吸引力，其大小取决于单位体积溶

液中溶质微粒的数目，数目越多，即溶液的摩尔浓度越高，溶液的渗透压越高。在组成细胞外液的各种无机盐离子中，含量上明显占优的是 Na^+ 和 Cl^-，细胞外液渗透压的 90% 以上来源于 Na^+ 和 Cl^-。

知识拓展：

人的血浆的渗透压约为 770 kPa，相当于细胞内液的渗透压。其由两部分构成：晶体渗透压和胶体渗透压。

① 晶体渗透压是指血浆中的无机盐构成的渗透压。无机盐分子较小，在水溶液中大部分又起到电离作用，颗粒数目较多，形成的渗透压大。血浆的晶体渗透压的 80% 来自 Na^+ 和 Cl^-。另外，需要说明的是，同等摩尔浓度的 NaCl 溶液的渗透压是葡萄糖溶液的 2 倍，同等摩尔浓度的 $CaCl_2$ 溶液的渗透压是葡萄糖溶液的 3 倍。

② 胶体渗透压是指血浆中的蛋白质（血浆蛋白）构成的渗透压。血浆的胶体渗透压一般不超过 3.9 kPa。在血浆蛋白中，白蛋白的分子质量小，数量多，是构成胶体渗透压的主要成分。水及晶体物质极易通过毛细血管壁，因此血浆与组织液中晶体物质的浓度几乎相等，那么二者的晶体渗透压也基本相等。血浆蛋白不易通过毛细血管壁，同时组织液的蛋白质含量很低，因此血浆的胶体渗透压虽然很小，但对于维持血管内外水的平衡及正常血量具有重要作用。水分子易通过细胞膜，但晶体物质不易通过细胞膜，因此血浆胶体渗透压的相对稳定，对于保持血细胞内外的水平衡、血细胞的正常形态和功能也具有重要作用。

稳态的特性：稳态并不意味着固定不变，而是一种可变的、相对稳定的状态。

稳态的调节：稳态主要依靠神经系统、内分泌系统、免疫系统的活动来实现，即神经—体液—免疫调节。

维持稳态的意义：内环境稳态是机体进行正常生命活动的必要条件。血糖和氧的含量正常，保证机体能量供应。体温、pH 值相对正常，保证酶的活性和细胞代谢正常。渗透压相对稳定，维持细胞的形态与功能。代谢废物及时排出，防止机体中毒。

补充：

因为细胞的各种代谢活动都是酶促生化反应，所以细胞外液需要有足够的营养物质、氧气、水分，以及适宜的温度、离子浓度、酸碱度和渗透压等，细胞膜两侧不同的离子浓度分布也是可兴奋细胞保持其正常兴奋性和产生生物电的基本保证。如果内环境的理化条件发生重大变化或急骤变化，超过机体本身调节与维持稳态的能力，那么机体的正常功能就会受到严重影响。如高热、低氧、水和电解质及酸碱平衡紊乱等都将损害细胞功能，引起疾病，甚至危及生命。

10.3.2 组织水肿

正常情况下，血浆、组织液、淋巴三者处于动态平衡。但某些条件下，组织液渗透压升高或血浆渗透压降低或二者都发生，总之，组织液渗透压大于血浆渗透压，导致血浆中的水渗透到组织液，会引起局部甚至全身组织水肿的现象。

造成组织水肿的常见原因如下。

长期营养不良：饮食中蛋白质摄入不足，导致血浆中的胶体渗透压下降，引发组织水肿。

肾小球肾炎：导致血浆蛋白异常地以尿液形式排出，引发血浆中的胶体渗透压下降，导致组织水肿。尿的形成过程如图 10.6 所示。

过敏反应：导致局部毛细血管壁通透性增加，血浆中的蛋白质、血细胞、液体来到组织液，引发组织水肿。

淋巴循环受阻：导致组织液中的蛋白质和血细胞不能通过淋巴循环回收到血浆，引发血浆中的胶体渗透压下降、组织液中的渗透压升高，导致组织水肿。

局部组织细胞代谢旺盛：导致局部组织处的细胞代谢废物(尿素、尿酸、乳酸、CO_2 等)不能及时运输，引起渗透压升高，导致组织水肿。

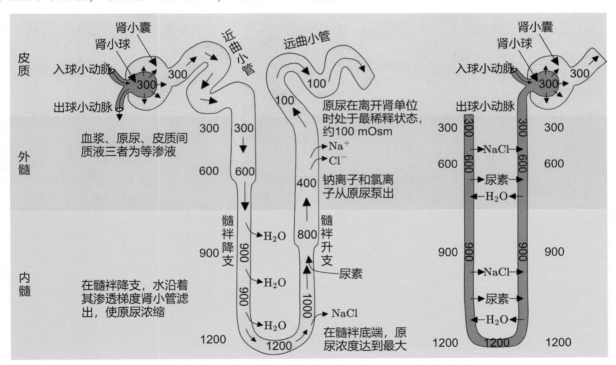

图 10.6　尿的形成

10.3.3 内环境稳态失调及相关疾病举例

内环境要维持理化性质(酸碱度、温度、渗透压)和化学成分的稳定。内环境的稳态一旦被打破，人体就会患病，如图 10.7 所示。

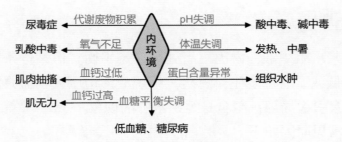

图 10.7　内环境稳态失调引起的疾病

须知

　　内环境的稳态不被打破，身体也可能患病，如一些遗传病、意外事故等引起的伤害。

第11章 神经调节

11.1 神经系统简介

11.1.1 神经系统的组成

神经系统包括中枢神经系统 (central nervous system) 和外周神经系统 (peripheral nervous system)。中枢神经系统包括脑和脊髓。外周神经系统是指中枢神经系统之外的神经元和神经纤维，包括由脑发出的 12 对脑神经和由脊髓发出的 31 对脊神经。

11.1.2 中枢神经系统

中枢神经系统包括位于颅腔中的脑和位于脊椎中的脊髓。脑是高级神经中枢，包括大脑、间脑、小脑、脑干。脊髓是低级神经中枢，是胚胎时期的神经管的后部发育而来的。在中枢神经系统内，大量的神经细胞聚集在一起，形成许多不同的神经中枢，分别负责调控某一特定的生理功能。例如，呼吸中枢和心血管中枢位于脑干，体温调节中枢、内分泌中枢、节律中枢、血糖调节中枢、水盐调节中枢等位于下丘脑，膝跳反射中枢位于脊髓中等。

1. 脑

人和哺乳动物的脑由大脑、小脑和脑干组成。

大脑分为左、右两个半球，中间通过胼胝体连接。大脑半球的表面布满深浅不同的沟，沟之间隆起的部位称为脑回。大脑半球分布有三个大的沟壑，分别是外侧沟、中央沟、顶枕沟。这些沟将大脑半球区分为四个叶：位于中央沟之前、外侧沟以上的额叶，位于外侧沟以下的颞叶，位于外侧沟以上、中央沟和枕顶沟之间的顶叶，位于枕顶沟后方的枕叶，如图 11.1 所示。

覆盖在大脑半球表面的一层灰质称为大脑皮层，是神经元细胞体集中的区域。大脑皮层之下为白质，由大量神经纤维组成。在大脑半球基底部的白质中有灰质核团，称为基底核。半球内腔隙为侧脑室，与其他脑室及脊髓中央管相通，内含脑脊液。

人的大脑是中枢神经系统的最高级部分，数量如此庞大的神经元及它们之间的极为复杂的联系是神经系统高级功能的结构基础。躯体运动中枢主要位于大脑皮层的中央前回，躯体感觉中枢主要位于大脑皮层的中央后回，视觉中枢主要集中在大脑皮层的枕叶后部，听觉中枢主要集中在大脑皮层的颞叶上部。

间脑由前脑发育而来，分为丘脑、后丘脑、上丘脑、底丘脑、下丘脑。下丘脑位于丘脑的正下方，是整合与调控内脏活动的重要中枢。

小脑位于颅后窝，脑干的背面，大脑枕叶的下方。小脑的发达程度与动物的运动方式及运动的复杂程度有关。与大脑类似，小脑的表面为灰质，称为小脑皮质；内部为白质，称为髓质。小脑是运动协调中枢，与身体的平衡、姿势、运动有关。

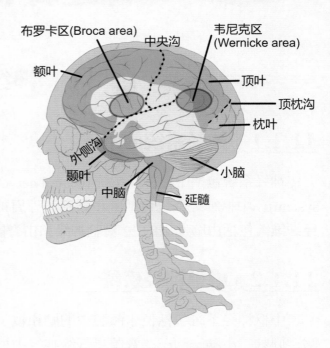

图 11.1　脑的结构

脑干包括中脑、脑桥、延髓。中脑在低等动物中的重要性很高，随着进化水平的提高，中脑的重要性越来越低。哺乳动物的中脑很不发达，一般仅作为视觉和听觉的反射中枢。例如，动物受到强光后瞳孔收缩，听到异响后两耳竖起，这些反射活动的中枢均位于中脑。脑桥主要是联系延髓和脑的其他结构，呼吸中枢即在此处。延髓是呼吸中枢和心血管中枢，是控制吞咽、咳嗽、喷嚏、呕吐的中枢，还是维持内环境稳态的重要器官。

2. 脊髓

脊髓上端与延髓相连，上宽下窄，横截面为前后略扁的扁圆形。脊髓的表面有几层被膜，被脑脊液包围。

脊髓表面有几条纵行的沟，左右前外侧沟各有一条脊神经前根发出，含有运动神经纤维。左右后外侧沟各有一条脊神经后根发出，后根上有膨大的脊神经节，内含感觉神经纤维。前根和后根汇合形成脊神经。

脊髓的内部结构分为两个区域：灰质和白质。灰质位于脊髓的内部，呈"H"形，是中间神经元胞体和运动神经元胞体集中的部位。脊髓的灰质中有很多神经中枢，可以完成某些躯体运动和内脏活动的基本反射活动，如膝跳反射、缩手反射、排尿反射等。白质围在灰质四周，由神经纤维聚集而成，主要为上下纵行的神经纤维，色泽白亮。上行与下行的神经束能够传导感觉和运动的冲动，将躯体各部分组织器官与脑的活动联系起来。因此，脊髓参与完成的基本反射都是在高级中枢的调节下进行的。

11.1.3 外周神经系统

外周神经系统是由中枢神经系统发出的，通过各种末梢与身体其他各器官系统相连。

外周神经系统的分类有多种，从结构上来看，其可分为由脑发出的脑神经和由脊髓发出的脊神经。从功能上来看，其可分为传入神经和传出神经。传入神经又称为感觉神经，传出神经又称为运动神经。运动神经又可分为躯体运动神经和植物性神经。躯体运动神经控制四肢的随意运动，支配的是随意肌，即受意识支配。植物性神经又称为内脏神经或自主神经。既然叫自主神经，说明支配的是不随意肌，不随意是指不受意识支配。

植物性神经又可分为交感神经 (sympathetic nerve) 和副交感神经 (parasympathetic nerve)，它们的作用如图 11.2 所示。

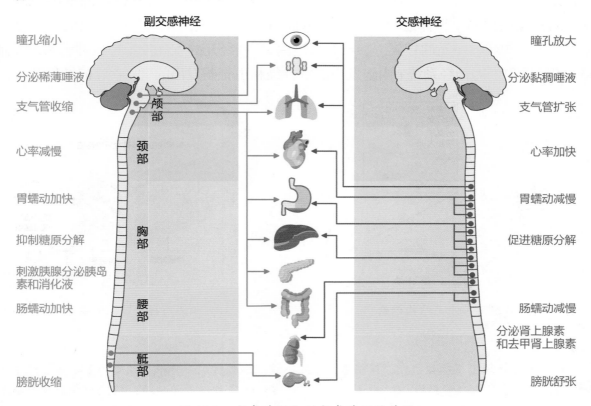

图 11.2　交感神经和副交感神经的作用

交感神经起源于脊髓的胸段和腰段侧角的神经元 (节前神经元)，其轴突经脊神经前根发出，进入椎旁神经节，支配其中的神经元 (节后神经元)。副交感神经起源比较分散，包括脑干和脊髓骶部。

交感神经和副交感神经的作用通常是相反的。当人体处于兴奋状态时，交感神经活动占据优势，心跳加快、支气管扩张，但胃肠的蠕动和消化腺的分泌活动减弱。当人体处于安静状态时，副交感神经活动占据优势，心跳减慢，但胃肠的蠕动和消化腺的分泌活动加强，有利于食物的消化和营养物质的吸收。交感神经和副交感神经对同一器官的相反作用，可以使机体对外界刺激做出更精确的反应，使机体更好地适应环境的变化。

11.2 神经元与神经胶质细胞

11.2.1 神经元的结构与功能

1. 神经元的结构

神经元的细胞结构可分为胞体和突起两部分, 如图 11.3 所示。

胞体是神经元的营养和代谢中心, 除了含有一般的细胞器外, 还含有大量的尼氏体 (平行排列的粗面内质网) 和神经元纤维 (由中间丝和微管组成, 在胞体内交织成网并深入树突和轴突中, 构成神经元的骨架, 参与物质运输)。神经元的胞体位于中枢神经系统 (脑和脊髓) 的灰质和外周神经系统 (由脑发出的脑神经和由脊髓发出的脊神经) 的神经节内。

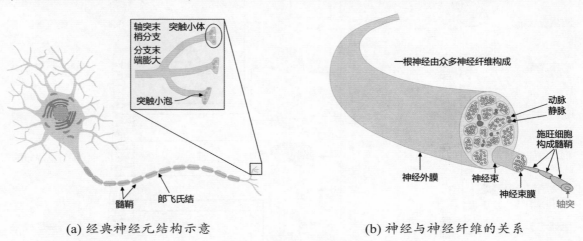

(a) 经典神经元结构示意   (b) 神经与神经纤维的关系

图 11.3 神经元细胞结构

> 神经是指神经中枢以外的神经纤维束, 分为脑神经和脊神经。一根神经是由多根神经纤维集合成束, 外面包裹以致密结缔组织构成的。组成神经的许多神经纤维又被结缔组织分割成大小不等的神经纤维束, 包裹神经纤维束的结缔组织称为神经束膜 (perineurium)。神经纤维束内的每条神经纤维周围的疏松结缔组织称为神经内膜 (endoneurium)。神经内富含血管。

突起可分为树突和轴突两类。

树突短而多, 在树突的分支上, 树突膜还进一步突起形成树突棘, 这里的细胞膜上有很多受体, 作用是接受刺激, 产生并向胞体传导冲动。树突棘的存在极大增加了神经元接收信息的能力。

一个神经元只有一根轴突, 粗细均匀, 内含神经微管、中间丝、线粒体、光面内质网、一些小泡。神经元的轴突可以很长, 支配人足部肌肉的轴突约有 1 m, 长颈鹿体内从头部延伸到骨盆的轴突可达 3 m。轴突中无尼氏体和高尔基体。轴突的末梢会有分支, 每个分支的末端会膨大, 形成突触小体, 在突触小体中有一些单层膜包被的囊泡, 称为突触小泡。突触小泡中含有神经递质。由神经元的轴突和包在它外表的神经胶质所组成的纤维状结构称为神经纤维。

另外，也有无树突或无轴突的神经元，而且在无脊椎动物中还有一些无轴突和树突之分的神经元。

2. 神经元的功能

神经元的功能为：接受刺激、产生兴奋、整合兴奋、传导兴奋。

11.2.2 神经元的分类

1. 根据神经元的形态结构分类

根据神经元突起的种类和数目，可将神经元分为以下几类。

(1) 多极神经元：平时我们说的神经元就是这种类型，从其胞体发出一个轴突和多个树突，如脑皮质、脊髓灰质、自主神经节内的神经元。

(2) 双极神经元：从其胞体发出一个轴突和一个树突，如视网膜和嗅黏膜的感觉神经元。

(3) 假单极神经元：从胞体发出一个突起，很快分支，一支进入中枢，称为中枢突（轴突）；一支分布在组织，称为外周突（树突），其胞体位于脑神经节和脊神经节中，如图 11.4 所示。

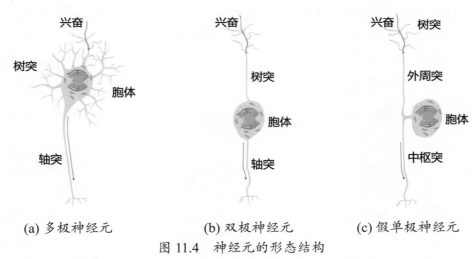

(a) 多极神经元　　　　(b) 双极神经元　　　　(c) 假单极神经元

图 11.4　神经元的形态结构

2. 根据神经元的功能分类

根据神经元的功能，可将神经元分为感觉神经元、中间神经元和运动神经元。

感觉神经元又称为传入神经元，能接受身体内部或外部的刺激，可以将兴奋传导至中枢神经系统。中间神经元又称为联络神经元，是一种多极神经元。在神经传导路径中，连接上行神经元和下行神经元，起联络、整合作用，经常会出现抑制性神经元。运动神经元又称为传出神经元，负责将脊髓和大脑发出的信息传到肌肉或腺体（内分泌腺或外分泌腺），从而支配效应器官的活动。

3. 根据释放的神经递质的种类分类

常见的神经递质有乙酰胆碱(Ach)、多巴胺(CDA)、5-羟色胺、γ-氨基丁酸(GABA)、肾上腺素、去甲肾上腺素、谷氨酸、甘氨酸等。

乙酰胆碱是最常见、最重要的神经递质。在神经元中，乙酰胆碱由胆碱和乙酰辅酶A在胆碱乙酰转移酶(胆碱乙酰化酶)的催化作用下合成；在突触间隙中，乙酰胆碱酯酶可以将乙酰胆碱水解成胆碱和乙酸。多巴胺又名儿茶酚乙胺或羟酪胺，为酪氨酸的衍生物。通常认为多巴胺是使人快乐的物质，如"多巴胺奖励"，是指人们对某些行为的行动顺利或有所收获时，会在大脑中产生多巴胺，让人产生愉悦感、满足感。5-羟色胺是由色氨酸经色氨酸羟化酶催化首先生成5-羟色氨酸，再经5-羟色氨酸脱羧酶催化生成的，是一种能产生愉悦情绪的信使，几乎影响到大脑活动的每一个方面：从调节情绪、精力、记忆力到塑造人生观，一般用作抗抑郁类药物。女性大脑合成5-羟色胺的速率仅是男性的一半，这点可能有助于解释为何女性更容易患抑郁症。γ-氨基丁酸是人们最早发现的抑制性神经递质，具有激活脑内葡萄糖代谢、促进乙酰胆碱合成、降血氨、抗惊厥、降血压、改善脑机能、安定神经、促进生长激素分泌等多种生理功能。肾上腺素和去甲肾上腺素既是一种激素，也是一种神经递质，能够提高心率、升高血压。谷氨酸是大脑中最丰富的游离氨基酸，也是大脑主要的兴奋性神经递质。它可以帮助我们说话、处理信息、思考、运动、学习新事物、存储新知识和集中注意力学习等。甘氨酸是一种抑制性神经递质。

一氧化氮(NO)作用于平滑肌、心肌，引起肌肉舒张。例如，速效救心丸中的硝酸甘油舌下含服，进入体内后释放NO，用于缓解心绞痛。NO具有独特的性质，当前的科学共识已不再将其归类为传统意义上的神经递质。

> **知识拓展：**
>
> NO的特殊之处如下。
>
> ① 正常的神经递质是储存在突触小泡中的，受到刺激后，以胞吐的形式释放；NO是脂溶性的中性气体分子，以简单扩散(自由扩散)的形式释放。
>
> ② 正常的神经递质要与突触后膜上的受体结合，引起突触后神经元细胞膜的通透性发生改变，从而产生动作电位或抑制；NO是脂溶性的中性气体分子，以简单扩散(自由扩散)的形式进入突触后神经元细胞内，与细胞内的受体结合，引发生理功能紊乱。
>
> ③ 正常的神经递质发挥作用后，在突触间隙会有残留，这些残留的神经递质要么被突触前膜回收，要么在突触间隙中被酶降解，总之，不能一直存在于突触间隙中；而NO的半衰期只有5~7s，因此不需要相应的机制来下调NO的浓度。

根据一个神经元兴奋后，释放的神经递质的种类，可将神经元分为胆碱能神经元、肾上腺素能神经元、肽能神经元，或将神经元分为兴奋性神经元和抑制性神经元。若一个神

经元兴奋后，释放的神经递质是一种兴奋性神经递质，我们就称这个神经元为兴奋性神经元；反之，将兴奋后释放抑制性神经递质的神经元称为抑制性神经元。兴奋性神经递质是指它作用于下一个神经元，会让下一个神经元的 Na^+ 通道打开，Na^+ 内流，产生新的动作电位；而抑制性神经递质，是指它作用于下一个神经元，会让下一个神经元的 Na^+ 通道关闭 $/Cl^-$ 通道打开等，总之，更难产生新的动作电位。

> **注意**
>
> 　　同一种神经递质作用于不同的神经元效果可能不同。例如，乙酰胆碱作用于神经元，使神经元兴奋；作用于骨骼肌，使骨骼肌兴奋，收缩。因此可以说乙酰胆碱是兴奋性神经递质。但乙酰胆碱作用于心肌，使心肌抑制，舒张，在这里，乙酰胆碱是抑制性神经递质。因此理论上不存在兴奋性神经递质和抑制性神经递质，但我们一般根据绝大多数的神经元对某一神经递质的响应情况进行分类，如乙酰胆碱是最常见的神经递质，是兴奋性神经递质。

4. 根据有无髓鞘分类

根据有无髓鞘，可将神经元分为有髓神经元和无髓神经元，如图 11.5 所示。

有髓神经元的轴突外包裹有髓鞘和神经膜，可分为中枢神经系统的有髓神经元和外周神经系统的有髓神经元。

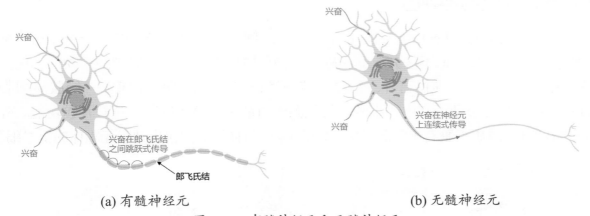

(a) 有髓神经元　　　　　　　　　　　　(b) 无髓神经元

图 11.5　有髓神经元和无髓神经元

中枢神经系统的有髓神经元，其髓鞘是由少突胶质细胞的突起包裹轴突形成的，一个少突胶质细胞可伸出多个突起，分别包裹多根神经元的轴突。外周神经系统的有髓神经元是由神经元的轴突和包裹其周围的髓鞘与神经膜细胞构成的。髓鞘和神经膜细胞都有节段性，段与段之间的无包裹部位称为郎飞结。轴突的侧支均从郎飞结处发出，郎飞结处无髓鞘包裹，轴突裸露，适于膜内外离子交换，产生动作电位。相邻两个郎飞结之间称为节间体(或节间段)。有髓神经元传导兴奋是从一个郎飞氏结跳到相邻郎飞结，呈跳跃式传导，因此兴奋的传递很快，而且很节能。

无髓神经元的直径较细，每个神经膜细胞包裹数条轴突，但不形成髓鞘，也无郎飞结，神经膜细胞连续包裹在轴突外表。因此神经冲动呈连续式传导，速度比有髓神经元慢。无髓神经元包括自主神经节后神经元、嗅神经和部分感觉神经元等。

11.2.3 神经元的再生与修复

传统观点认为，高等动物的神经发生 (neurogenesis) 只存在于胚胎期或出生后的早期发育阶段，成年后的大脑就不会再生长了，即成年后的脑细胞 (主要指神经元) 一旦损失就无法再生。然而，这一传统观点是错误的。

1977 年，科学家发现，在 3 个月的大鼠 (已性成熟) 的某些脑区存在新生神经元。20 世纪 80 年代，研究人员又在成年金丝雀的发声控制最高中枢中发现新生神经元。现在已发现，在包括人类在内的多种动物成体脑中，都有神经发生。神经发生包括细胞增殖、分化、迁移和存活等。神经分化受多种激素和生长因子的影响，还受环境及社会多种因素的复杂调节。另外，年龄也会影响神经发生量，随着动物年龄的增加，神经发生量下降。

成体内的神经元是高度分化的细胞，当神经纤维受损后，只要胞体还保持生活能力，就仍可生成新的突起。但如果胞体受损，突起就不能再生了。神经膜细胞和基膜对轴突的再生有重要的诱导作用。

11.2.4 神经胶质细胞

神经胶质细胞 (glial cell) 广泛分布于神经元之间，数量是神经元的 10 ~ 50 倍。神经胶质细胞也具有突起，但不区分树突和轴突。神经胶质细胞没有传导神经冲动的功能，对神经元起支持、保护、提供营养、绝缘、防御等作用。中枢神经系统的神经胶质细胞有图 11.6 所示的几种类型。其中，小胶质细胞源于血液中的单核细胞，具有吞噬功能。外周神经系统的神经胶质细胞有神经膜细胞 (施旺细胞) 和神经节内包裹神经元胞体的卫星细胞。

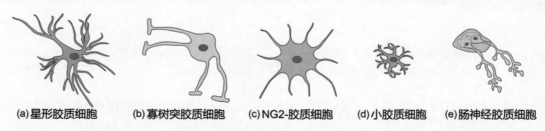

(a) 星形胶质细胞　　(b) 寡树突胶质细胞　　(c) NG2-胶质细胞　　(d) 小胶质细胞　　(e) 肠神经胶质细胞

图 11.6　中枢神经系统的神经胶质细胞示意 (Vila-Pueyo, M., 2023)

11.2.5 神经元之间的联系——突触

突触 (synapse) 是指神经元之间或神经元与非神经元之间一种传递信息的特化连接结构。神经元之间彼此相邻的任何部位几乎都能形成突触。最常见的突触形式是一个神经轴

突末端与另一个神经元的树突、树突棘或胞体形成轴—树、轴—棘、轴—体突触。此外还有轴—轴、树—树突触等。

突触可分为化学突触、电突触和混合突触，如图 11.7 所示。在化学突触中，化学物质作为传递信息的媒介，如神经递质。电突触通过间隙连接传递信息，因此信息传递更为迅速，在人和哺乳动物中较少，主要存在于腔肠动物中。混合突触是同时存在化学突触和电突触的信息传递方式。有些化学物质能够对神经系统产生以下影响，其作用位点往往是突触。

(1) 有些物质能够促进神经递质的合成和释放。

(2) 有些物质会干扰神经递质与受体的结合。

(3) 有些物质会影响分解神经递质的酶的活性或影响神经递质的回收等，如兴奋剂和毒品等。

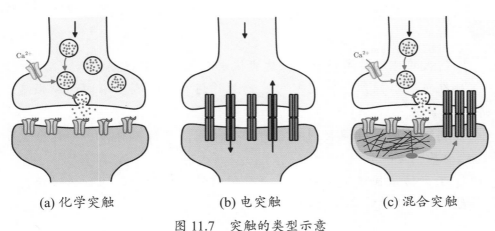

(a) 化学突触　　　　(b) 电突触　　　　(c) 混合突触

图 11.7　突触的类型示意

突触在结构上分为突触前膜、突触间隙和突触后膜。突触前膜一般是上一个神经元的轴突末梢，突触后膜是下一个神经元的树突或胞体，突触间隙是二者之间的组织液。兴奋传递至突触前膜后，刺激突触前膜以胞吐的形式将储存在突触小泡中的神经递质释放至突触间隙。这些神经递质扩散至突触后膜，与其上的受体结合，改变突触后膜的离子通透性，使其产生动作电位或超极化。为了使兴奋迅速地从一个神经元传递至另一个神经元，突触前膜释放的神经递质是过量的，这些神经递质少数与突触后膜上的受体结合，发挥作用后失活；大多数被突触间隙中的专一性酶降解，或被神经胶质细胞回收后转运至突触前神经元，或直接被突触前神经元回收。

❋ 11.3　刺激与兴奋

11.3.1 刺激的三要素

刺激是指动物体内外环境的变化。刺激需要满足三个条件才能称为有效刺激，产生动作电位：足够的强度、适当的作用时间、适当的强度变化率，如图 11.8 所示。

刺激的强度过低时不能引起肌肉收缩，必须达到一定强度，才能引起肌肉收缩，这个最低刺激强度称为阈强度。阈强度的大小与刺激所作用的时间、刺激强度变化率有关。

如果刺激作用的时间太短，即使阈强度的刺激也不能引起组织的兴奋。刺激作用的时间不同，引起组织兴奋所需要的阈强度也不同。

没有一定的强度变化率，即使刺激的作用时间和强度达到阈值也不能引起兴奋。出现这种现象的原因可能是组织对缓慢变化的刺激产生了一定的适应，即使达到阈强度也不能引起兴奋。

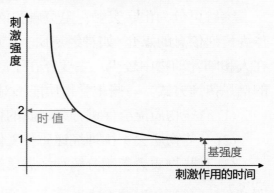

图 11.8　刺激作用的时间和强度的关系

① 刺激的作用时间越长、强度变化率越大，阈强度越小。

② 在可兴奋组织上，用不同的刺激作用时间，测出不同的阈强度，得到一系列的数据。

③ 刺激作用的时间长到一定的大小，阈强度就不再减小，这个最小的阈强度称为基强度。

④ 在 2 倍基强度下引起组织兴奋所需的最短刺激时间称为时值，时值是衡量组织兴奋性的重要指标之一。

11.3.2　静息电位的产生和维持

所有生物细胞的质膜两侧都存在电位差。我们将细胞质膜外侧的电位值规定为 0 mV，质膜内侧的电位称为跨膜电位，简称膜电位。膜电位可分为静息电位和动作电位。

静息电位产生 (见图 11.9) 的原因如下。

(1) 神经细胞膜内外各种离子浓度不同，主要是 Na^+ 和 K^+。Na^+ 和 K^+ 在细胞膜内外的不均匀分配是靠钠钾泵 (Sodium-Potassium pump) 维持的。钠钾泵每消耗 1 个 ATP 可将 3 个 Na^+ 运出细胞，并将 2 个 K^+ 运入细胞。钠钾泵永远在工作，钠钾泵会消耗神经元产生的总 ATP 的 1/2 左右。

(2) 神经元细胞膜上还存在一些非门控的、钠钾离子渗漏通道蛋白。这些渗漏通道蛋白对 K^+ 的通透性是 Na^+ 的 50 ~ 100 倍，这就使得 K^+ 较容易通过该通道蛋白流出细胞外，Na^+ 相对不容易通过其流入细胞内。因此会导致跨膜 Na^+ 的浓度差相对较大，K^+ 的浓度差相对较小。浓度的差异会加快 Na^+ 通过该通道蛋白，减慢 K^+ 通过该通道蛋白的速度。

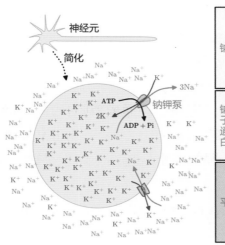

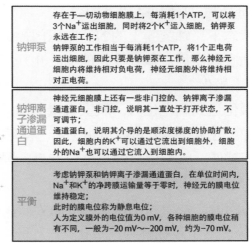

图 11.9　静息电位的产生和维持

当单位时间内，Na^+、K^+ 的净跨膜运输量为零时，膜电位稳定，称为静息电位，约 -70 mV。此时，神经元处于极化状态。极化是一个生理学术语，是指细胞膜内外两侧的电荷分布不均，导致细胞膜内外存在电位差。这种电位差可以在神经细胞和肌肉细胞等细胞类型中产生和维持动作电位，从而实现神经传递和肌肉收缩等生理功能。

植物、真菌、细菌的静息电位的形成和维持主要通过质子泵将 H^+ 泵出细胞来实现。

11.3.3 动作电位的产生

动作电位产生的结构基础是细胞膜上大量的配体门控通道蛋白和电压门控通道蛋白，包括 Na^+ 电压门控通道蛋白、K^+ 电压门控通道蛋白、Ca^{2+} 电压门控通道蛋白、Cl^- 电压门控通道蛋白等。这些门控通道蛋白在同一细胞不同位置上的通道类型和数量有差别。

当轴突细胞膜上某一点受到适宜刺激时，该处膜的通透性就会发生剧烈变化，导致膜电位由 -70 mV $\rightarrow$ $+50$ mV $\rightarrow$ -70 mV，这种快速变化的膜电位，称为动作电位。动作电位的产生非常迅速，每一个动作电位的持续时间大约为 1 ms。动作电位的产生和静息电位的恢复如图 11.10 所示。

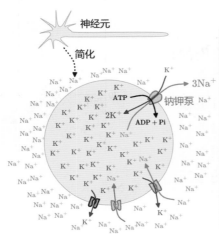

图 11.10　动作电位的产生和静息电位的恢复

动作电位的产生具体包括以下内容。

(1) 静息状态下，轴突膜上的 Na^+ 电压门控通道全部处于关闭状态。

(2) 受到适宜刺激后，该处少量的 Na^+ 电压门控通道打开，膜电位逐渐向 0 mV 变化，这个过程称为去极化。

(3) 当去极化达到阈电位时，膜上大量的 Na^+ 电压门控通道瞬间打开，导致大量 Na^+ 迅速内流，膜电位迅速变为 0 mV。阈电位一般高于静息电位 10 ~ 20 mV，如 -60 mV。质膜外 Ca^{2+} 浓度越低，阈电位离静息电位越近，膜的兴奋性越高，这也是缺钙时容易引起肌肉抽搐的其中一个原因。

(4) Na^+ 的内流，使得膜电位变为 0 mV 后，Na^+ 继续迅速内流，膜电位迅速变为约 50 mV 的动作电位，这个过程称为反极化。

动作电位并不能维持，而是迅速恢复，其过程涉及复极化和超极化过程。

复极化过程如下。

(1) 反极化完成时，轴突膜对 Na^+ 的通透性几乎达到最大。

(2) 之后，全部 Na^+ 电压门控通道迅速关闭并暂时失活，直至超常期。

(3) K^+ 电压门控通道其实也受膜电位变化的影响，但其滞后于 Na^+ 通道，此时，K^+ 电压门控通道打开，大量 K^+ 迅速外流，使得膜电位逐渐由正变为零再变为负。

(4) 膜电位为 -40 mV 时，细胞膜对 K^+ 的通透性达到最大，之后逐步关闭。

超极化过程是指当膜电位恢复到 -70 mV 的静息电位时，K^+ 电压门控通道尚未完全关闭，膜电位会继续变负，此时的膜电位显然超过了静息状态，因此称为超极化。

受到刺激后神经元细胞膜对 Na^+-k^+ 的通透性与膜电位的变化关系如图 11.11 所示。

神经纤维上发生的动作电位的传导称为神经冲动。不同的细胞，产生静息电位、动作电位和恢复静息电位过程所依赖的离子略有不同，具体如下。

(1) 骨骼肌的静息电位主要靠 Cl^- 内流。

(2) 心肌细胞的去极化和反极化依次靠 Na^+ 内流和 Ca^{2+} 内流。

(3) 平滑肌的去极化和反极化几乎只靠 Ca^{2+} 内流。

一切生物的细胞质膜都存在静息电位，但目前只发现动物的神经细胞、肌细胞和腺体细胞，以及原生动物细胞、含羞草的部分细胞的质膜上分布有大量的电压门控通道，因此这些细胞是可兴奋细胞。

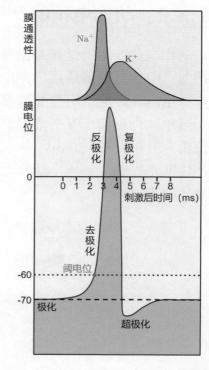

图 11.11　受到刺激后神经元细胞膜对 Na^+、K^+ 的通透性与膜电位的变化关系

在动物离体神经纤维的两端同时给予刺激，产生两个同等强度的神经冲动，这两个冲动传导至中点并相遇后会怎样呢？答案是相遇即停。这与神经元兴奋过程中的绝对不应期有关。神经元的兴奋周期可分为绝对不应期、相对不应期、超常期、低常期，如图 11.12 所示。

绝对不应期是指动作电位发生后的一个特定时间段，此时所有的 Na^+ 通道均处于失活状态，因此无论新刺激的强度多大，都不发生兴奋，即兴奋性下降为零。绝对不应期决定了两次相继兴奋之间的最小时间间隔，如果最小时间间隔是 2 ms，则每秒最多产生 500 次兴奋。绝对不应期也决定着兴奋在神经元上的传递不会回传。

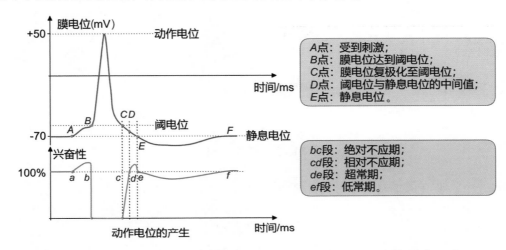

图 11.12　动作电位的产生及神经元的兴奋性随时间的变化模式示意

相对不应期是指负后电位的前半段时期，此时细胞的兴奋性逐渐恢复，但仍较低，即没有完全恢复。正常的阈刺激不足以使其产生兴奋，但刺激强度高于阈强度，依然可以引起兴奋。

超常期是指负后电位的后半段时期，此时质膜上的 Na^+ 电压门控通道已全部恢复，但膜电位比静息时低，实时膜电位距离阈电位较近，较易达到阈电位，从而触发大量 Na^+ 电压门控通道打开，产生动作电位，因此低于阈强度的刺激也可以使其兴奋。

低常期是指正后电位时期，即超极化时期。此时质膜上的 Na^+ 电压门控通道已全部恢复，但膜电位比静息时的膜电位高，实时膜电位距离阈电位较远，较难达到阈电位，因此需要超过阈强度的刺激才有可能使其兴奋。

11.3.4 兴奋的整合

单个刺激使突触小体一次兴奋，只有少量突触小泡释放少量神经递质，很难使突触后膜达到阈电位。与之类似，阈下刺激也不能使膜电位达到阈电位从而产生动作电位，只能使膜电位发生改变，产生小电位。小电位不可传播，或者说，小电位会迅速衰减，表现为在神经纤维上不可传播。

一个神经元的树突和胞体通常与众多神经元的轴突形成突触，这个神经元是否兴奋取决于与之相连的众多神经元的作用总和，这体现了神经元对兴奋的整合作用，如图 11.13 所示。给予同一神经元连续弱刺激（阈下刺激），会累加达到阈电位，产生动作电位，即刺激的时间可加和性。在一个神经元的不同位置，同时给予多个弱刺激，会累加达到阈电位，产生动作电位，即刺激的空间可加和性。与小电位不同，动作电位具有"全"或"无"的特点：若能产生，就会产生足额的动作电位；若不能产生，就不会产生。

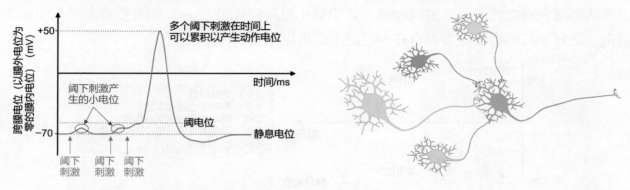

图 11.13 兴奋的整合

▶▶▶ 图 11.13 中，多个阈下刺激在时间上可以累积以产生动作电位。一个神经元的胞体和树突常与众多神经元的轴突末梢建立联系，形成突触，一个神经元兴奋与否取决于与之相联系的众多神经元的兴奋情况。

✳ 11.4 反射与反射弧

11.4.1 反射弧的结构

神经调节的方式是反射，反射的结构基础是反射弧。反射弧包括 5 个基本元件：感受器、传入神经、神经中枢 (nerve center)、传出神经、效应器 (effector)，如图 11.14 所示。缺少任何一个或几个，均不能称为反射。

感受器是指分布在体表或组织内部的、专门感受机体内外环境变化的游离感觉神经末梢。感受器能接受刺激，并把刺激转化为神经冲动，这种功能称为换能作用，本质

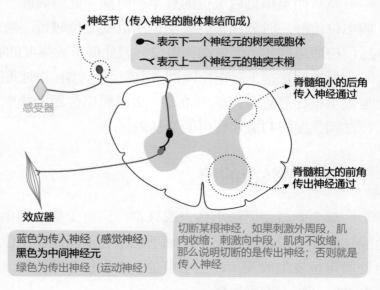

图 11.14 反射弧的基本结构

上是信号形式的转换。兴奋传至神经中枢后有以下两种作用方式。

(1) 可以传至大脑皮层，引起感觉，并进一步出现随意运动或不随意运动 (慢)。

(2) 可以通过传出神经，作用于效应器 (快)。

一种感受器只能感受某种特定的刺激 (如冷或热等)，所以感受器的构造是多种多样的，如温度感受器、味觉感受器、嗅觉感受器、视觉感受器等。它们具有以下共同生理特征。

(1) 每种感受器均有其适宜刺激。

(2) 均有发生兴奋所需的最低刺激强度。

(3) 均有适应现象。

根据感受器的分布和功能，可将其分为以下三大类。

(1) 外感受器：分布在皮肤、黏膜、视器和听器等处，感受来自外界环境的刺激，如痛、温、触、压、光、声等刺激。

(2) 本体感受器：接受肌、腱、关节、韧带、筋膜的刺激，产生运动感觉。外感受器和本体感受器的感觉都来自躯体，这些感觉有时统称为躯体感觉。

(3) 内感受器：接受内脏、血管的各种 (机械、化学、渗透等) 刺激。其又分为两种，即接受内脏、血管一般感觉的一般内脏感受器与接受嗅觉和味觉的特殊内脏感受器。

从神经末梢向神经中枢传导冲动的神经称为传入神经。实际上，把传入神经称为传入 (神经) 纤维 (afferent fiber) 或传入神经元则更为确切。从任何一个感觉部位出发，向神经中枢传导冲动的全部途径称为传入神经径路 (afferent pathway)。传入神经由感觉神经纤维组成，其直接接触到灰质的后角；与传出神经的最大区别是：传入神经有一个"α"形的神经节。

在灰质里，功能相同的神经元细胞体汇集在一起，调节人体的某一项相应的生理活动，这些调节某一特定生理功能的神经元集群叫作神经中枢，又称为反射中枢。在生理学上，神经中枢是中枢神经系统中负责调节和控制肌体的特定生理机能的神经细胞群组织，这些生理机能包括呼吸、吞咽、排泄、心血管功能、语言、视觉和听觉等。神经中枢分布在中枢神经系统的各个部位，如脊髓、延髓、脑桥、中脑、上下丘脑、小脑和大脑半球等不同的神经组织中，有的属于神经系统的低级部位，有的属于神经系统的高级部位。一些简单的反射，只需通过神经系统的低级部位就能完成，如膝跳反射的神经中枢位于脊髓。复杂反射的中枢，在中枢神经系统 (脑) 内分布较广，分布在几个不同的部位，如呼吸中枢位于延髓、脑桥以至大脑皮层，但延髓呼吸中枢是最基本的，其余各级中枢通过影响延髓呼吸中枢来调节呼吸运动。

传出神经将兴奋从神经中枢传递至各种效应器。传出神经又可分为以下两种。

(1) 运动神经，又叫作动物性神经，支配随意肌，与我们身体的随意运动有关。

(2) 自主神经，又叫作植物性神经，支配平滑肌和心肌，与内脏的自主运动有关。自主神经的神经中枢主要在脊髓，但瞳孔放大、缩小的中枢在脑干。自主神经又可以分为交感神经和副交感神经，通常来说，二者的作用相反，相互抗衡。

交感神经通常与应急、紧张、运动、焦虑等活动有关。如果交感神经兴奋，就会引起瞳孔放大、黏稠唾液少量分泌、心率加快、呼吸加深、支气管扩张、胃肠的蠕动减慢、糖原分解形成葡萄糖以升高血糖、肾上腺素和去甲肾上腺素分泌以应对应急反应、膀胱收缩受到抑制等。

副交感神经通常与静息、平静、睡眠活动有关。如果副交感神经兴奋，就会引起瞳孔缩小、稀薄唾液分泌增加、心率减慢、呼吸平缓、支气管收缩、胃肠的蠕动加快、促进胆汁的分泌、膀胱收缩、食困等。

交感神经和副交感神经处于平衡状态，如果这种平衡被打破，就会导致心悸、失眠、血压升高、消化不良、食欲不振、易疲劳等，称为植物神经紊乱征或植物神经失调征。

效应器是指传出神经纤维末梢及其所支配的肌肉或腺体，是反射弧的最后一个环节，是运动神经元轴突的末端结构，由神经中枢传向效应器的神经冲动在此发生转变，并传至各种器官、肌肉或腺体，从而以一定的活动表现出来。效应器分为以下两种。

(1) 分布到骨骼肌的运动神经末梢，称为躯体运动神经末梢。躯体运动神经末梢与肌纤维接触点称为运动终板 (motor end-plate)，是由运动神经末梢终末与所接触的肌纤维区组成的，又称神经—肌肉接头。轴突在进入运动终板前失去髓鞘，分支形成一些突起附着在肌膜上。此处肌浆丰富，线粒体及细胞核增多，每条有髓神经元可支配几条甚至上千条的肌纤维。

(2) 分布到内脏的运动神经末梢，称为内脏运动神经末梢。内脏运动神经末梢分布于内脏和血管的平滑肌及腺上皮细胞等处。纤维较细，无髓鞘，末梢分支呈串珠状或膨大小结，附于平滑肌纤维或穿行于腺细胞间。

如果效应器受损，当人体受到外来伤害或刺激时，人体大脑皮层的神经中枢会感受到疼痛，但无法做出任何动作。

反射的发生要有完整的反射弧和一定条件的刺激，如用针刺脚趾引起的缩腿行为。反应是指生物体对内外刺激作出的规律性应答，不需要完整的反射弧，如用针刺坐骨神经引起的与坐骨神经相连的肌肉的收缩。感觉是在大脑皮层形成的，需要感受器、传入神经、神经中枢参与，传出神经和效应器未参与此过程。

11.4.2 条件反射是脑的高级调节功能

反射包括条件反射和非条件反射。

非条件反射是生来就具有的先天性反射，如眨眼反射、婴儿的吮吸反射、进食过程中的吞咽反射等。而条件反射是建立在非条件反射的基础上，在生活过程中建立起来的反射，例如，当我们听到上课铃声时会做好上课的准备；经常用食物和铃声同时刺激实验狗，使得狗对铃声建立了条件反射，等等。这些反射活动是在后天生活的过程中建立起来的，是大脑皮层参与的高级神经活动。狗听到铃声就分泌唾液，是把铃声当作食物就要出现的信

号，有利于为进食提前做好准备。后天建立起来的条件反射提高了人或动物适应环境变化的能力。

引起条件反射的刺激称为条件刺激，引起非条件反射的刺激称为非条件刺激，不引起反射的刺激称为无关刺激。通过训练，无关刺激可以转变为条件刺激。

膝跳反射、脚被钉子扎到的疼痛逃避反射，其神经中枢都位于脊髓，仅仅依靠脊髓中的神经中枢就可以完成反射。膝跳反射中，先是小腿踢出，然后是脑感觉到膝盖下方被叩击。脚被钉子扎到的疼痛逃避反射中，先是腿部立即缩回，然后是脑感觉到脚部被钉子扎了。这些实例说明，脊髓通过上行的神经束将神经冲动传给大脑，产生感觉。

11.4.3 钙离子与兴奋

如前文所述，绝大多数细胞总是要努力维持细胞内高的 K^+ 浓度、细胞外高的 Na^+ 浓度、Ca^{2+} 浓度、Cl^- 浓度。

1. 钙离子与突触前膜处神经递质的释放

当兴奋传递到突触前神经元的轴突末梢，引起此处膜电位发生改变。膜电位的改变，引起此处细胞膜上的 Ca^{2+} 通道蛋白打开，细胞外的 Ca^{2+} 内流。Ca^{2+} 内流，引起细胞内的 Ca^{2+} 浓度增加，导致突触小泡以胞吐的形式将神经递质释放到突触间隙。因此，如果细胞外（溶液中）的 Ca^{2+} 浓度太低，就会导致神经递质无法正常释放，兴奋无法传递。

2. 钙离子与突触后膜处动作电位的产生

当神经递质与突触后膜上的受体结合，可能引起 Na^+ 通道蛋白打开。Na^+ 通道蛋白既可以转运 Na^+，也可以转运 Ca^{2+}，即 Ca^{2+} 与 Na^+ 是竞争关系。因此，如果细胞外的 Ca^{2+} 浓度低，Na^+ 内流就会更顺畅，就更容易产生动作电位；反之，Ca^{2+} 浓度高，则会抑制 Na^+ 内流，使突触后膜不容易产生动作电位。

> **知识拓展：Ca^{2+} 浓度低，究竟是容易产生兴奋还是不容易产生兴奋？**
>
> 上述两点并不矛盾，因为突触前膜和突触后膜对 Ca^{2+} 的浓度需求是不一样的。突触前膜处，Ca^{2+} 更像是一种信号分子，对 Ca^{2+} 的浓度要求很低，除非环境中完全没有 Ca^{2+}，才会抑制神经递质的释放。突触后膜处，Ca^{2+} 要与 Na^+ 形成竞争，因此，如果细胞外或溶液中的 Ca^{2+} 浓度低于生理状态下的 Ca^{2+} 浓度，就会导致 Na^+ 内流更顺畅，使突触后神经元容易兴奋，这也是缺钙引起肌肉抽搐的原因。

3. 钙离子与肌肉兴奋收缩

肌肉细胞为了维持细胞质基质（细胞质溶胶）中的低 Ca^{2+} 浓度状态，有以下两种方式。

（1）利用内质网膜上的钙泵（钙 – ATP 酶）消耗 ATP，将 Ca^{2+} 主动运输到内质网中。肌肉细胞的内质网中储存有很多的 Ca^{2+}，被称为肌质网。

（2）利用钠钾泵消耗 ATP，将 Na^+ 主动运输到细胞外。细胞外的 Na^+ 顺浓度梯度协助扩散内流到细胞内，同时，将细胞质基质中的 Ca^{2+} 主动运输到细胞外。

当神经递质作用于肌肉细胞时，会导致细胞膜上的 Ca^{2+} 通道蛋白打开，引起细胞外的 Ca^{2+} 内流。Ca^{2+} 内流，导致细胞质基质中的 Ca^{2+} 浓度增加，进而导致内质网膜上的 Ca^{2+} 通道蛋白打开，引起内质网中的 Ca^{2+} 外流。内质网中的 Ca^{2+} 外流会进一步导致细胞质基质中的 Ca^{2+} 浓度增加，引起肌肉收缩。

✳ 11.5 语言中枢是人脑特有的高级神经中枢

人的大脑有很多复杂的高级功能，因为大脑皮层有 140 多亿个神经元，组成了许多神经中枢，是整个神经系统中最高级的部位。它除了感知外部世界及控制机体的反射活动，还具有语言、学习和记忆等方面的高级功能；脑的高级功能使人类能够主动适应环境，创造出灿烂的人类文明。

11.5.1 语言功能

语言文字是人类社会信息传递的主要形式，也是人类进行思维的主要工具。语言功能是人脑特有的高级功能，它包括与语言、文字相关的全部智能活动，涉及人类的听、说、读、写。1860 年，法国外科医生皮埃尔·保尔·布罗卡 (Pierre Paul Broca，1824—1880) 发现，人类大脑左半球额叶后部的一个鸡蛋大的区域如果受到损伤，会导致患者可以理解语言，但不能说完整的句子，也不能通过书写表达他的思想。现在把这个区称为表达性"失语症区"，或"布罗卡区"。后来，卡尔·韦尼克 (Carl Wernicke，1848—1905) 又发现，人类大脑左半球颞叶的后部与顶叶和枕叶的相连接处是另一个与语言能力有关的皮层区，现在称为"韦尼克区"。这个区受损伤的患者可以说话，但不能理解语言，即可以听到声音，却不能理解它的含义。不同区域的皮层具有特定的功能分工，语言活动的神经中枢位于大脑皮层。

人类的语言活动是与大脑皮层某些特定区域相关的，这些特定区域称为言语区；而大脑皮层言语区的损伤则会导致特有的各种言语活动功能障碍。

（1）H 区：hear，听，若此区受损伤，则不能听懂话。

（2）S 区：sport/speak，说，若此区受损伤，则不能讲话。

（3）V 区：vision，视，若此区受损伤，则不能看懂文字。

（4）W 区：write，写，若此区受损伤，则不能写字。

大多数人主导语言功能的区域是在大脑的左半球，逻辑思维主要由左半球负责；而大脑的右半球主要负责形象思维，如音乐、绘画、空间识别等。

11.5.2 学习与记忆

学习与记忆也是脑的高级功能，是指神经系统不断地接受刺激，获得新的行为、习惯和积累经验的过程。条件反射的建立也就是动物学习的过程。如同人脑的其他高级功能一样，学习与记忆也不是由单一脑区控制的，而是由多个脑区和神经通路参与。

人类的记忆过程分为以下四个阶段。

(1) 感觉性记忆：感觉性记忆是转瞬即逝的，有效作用时间往往不超过 1 s，所记的信息并不构成真正的记忆。

(2) 第一级记忆：感觉性记忆的信息大部分迅速消退，如果对于某一信息加以注意，如老师讲话的听觉刺激，或书本上文字的视觉刺激，则可以将这个瞬时记忆转入第一级记忆；第一级记忆的信息保留的时间仍然很短，从数秒到数分钟，如临时记住某个验证码。

(3) 第二级记忆：第一级记忆中的小部分信息经过反复运用、强化，在第一级记忆中停留的时间延长，这样就很容易转入第二级记忆；第二级记忆的信息的持续时间从数分钟到数年不等，储存的信息可因之前或后来的信息干扰而遗忘。

(4) 第三级记忆：想要长久地记住信息，可以反复重复，并将新信息与已有的信息整合；有些信息，通过长年累月地运用则不易遗忘，就储存在第三级记忆中，成为永久记忆，如对自己姓名的记忆。

前两个阶段的记忆相当于短时记忆，后两个阶段的记忆相当于长时记忆。

注意

学习与记忆涉及脑内神经递质的作用及某些种类蛋白质的合成。短时记忆可能与神经元之间即时的信息交流有关，尤其是与大脑皮层下一个形状像海马的脑区有关。长时记忆可能与突触形态及功能的改变及新突触的建立有关。

12.1 促胰液素的发现

众所周知，胰腺与胃之间有导管相连。胰腺分泌的胰液（消化液）可以通过导管运输到胃和小肠，促进食物消化分解。那么胰腺如何分泌胰液？或者说，胰腺分泌胰液受到怎样的调控？

19 世纪，学术界普遍认为，胃酸（主要成分是盐酸）可以刺激小肠的神经（相当于感受器），然后兴奋通过传入神经传至神经中枢，再由传出神经将兴奋传递到胰腺（相当于效应器），最后胰腺分泌胰液（相当于效应器所产生的效应）。法国学者沃泰默（Wertherimer）通过以下实验证实了上述解释。

(1) 如果把稀盐酸注入狗的小肠肠腔，则会引起胰腺分泌胰液。

(2) 如果把稀盐酸注入狗的血液中，则不会引起胰腺分泌胰液。

但是，他又发现，如果把狗的小肠肠腔的神经去除，只保留小肠肠腔的血管，然后把稀盐酸注入小肠肠腔，依然会引起胰腺分泌胰液。这本来是可以用来否定胰腺分泌胰液是受到小肠肠腔的神经调节的一个重要实验，但是当时沃泰默错误地认为：小肠肠腔的神经非常难以去除干净。

英国的斯他林（Ernest H.Starling）和他的学生贝利斯（William M. Bayliss）在阅读了沃泰默的实验之后，提出了假设：在盐酸的作用下，小肠黏膜产生了能引起胰腺分泌胰液的化学物质。这种化学物质通过血液运输到胰腺，引起胰腺分泌胰液，而且他们还通过以下实验验证了自己的想法。

(1) 他们首先用稀盐酸处理小肠黏膜，然后将处理后的小肠黏膜研磨，并制成提取液。

(2) 将提取液注射到另外一只未经盐酸处理的小狗静脉中，发现可以促进胰腺分泌胰液；但稀盐酸直接注射到这只小狗静脉中并不能引起胰液分泌。

> **须知**
>
> 为什么盐酸可以作用于小肠黏膜引起促胰液素的分泌，然后促胰液素作用于胰腺，促进胰腺分泌胰液？生理意义是什么？正常情况下，盐酸（胃酸）是不会进入小肠的，或者说小肠是不会接触盐酸的。当胃中有食物的时候，由于食物的挤压，盐酸会来到小肠。所以对于小肠来说：当有盐酸过来，说明胃中有食物，于是小肠黏膜就会赶紧分泌促胰液素，促胰液素通过血液循环，作用于胰腺，促进胰腺分泌胰液。胰液是一种消化液，通过胰腺与胃和小肠之间的导管，进入消化道，促进食物消化。

12.2 激素调节概述

机体产生某种化学物质，该物质作为信息分子，通过体液的运输，作用于靶细胞，发挥调节作用，这样的调节方式称为体液调节。

激素调节是体液调节最主要的方式。激素调节又称为内分泌调节。激素是内分泌腺或内分泌细胞分泌的、具有调节作用的有机物，如图12.1所示。

内分泌腺与内分泌：内分泌是指细胞将激素直接分泌到体液中，与之对应的是外分泌，是指细胞将分泌物经过管道直接排出体

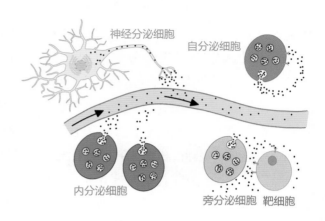

图 12.1　化学信号经体液运输作用于靶细胞

外（当然包括体腔）。更为重要的是，外分泌细胞所分泌的物质不像内分泌细胞分泌的物质那样具有高度的生物学活性。内分泌有多种形式，如远距离分泌、旁分泌、自分泌等。激素就是内分泌物，它们通过血液循环被运输到靶器官，这是最经典的内分泌形式，属于远距离分泌。有时内分泌细胞分泌的激素并不需要经过血液运输，而是直接在邻近组织间扩散，调节其周围细胞或自身的生命活动，称为旁分泌或自分泌。

有的内分泌细胞比较集中，会形成内分泌腺，例如，垂体分泌各种促激素、生长激素等；甲状腺分泌甲状腺激素；肾上腺髓质分泌肾上腺素；性腺分泌性激素；等等。有的内分泌细胞比较分散，如胃、肠黏膜中的内分泌细胞。有的神经元兼有内分泌作用，称为神经内分泌，具有内分泌功能的神经元主要集中在下丘脑的神经核团。神经内分泌系统是将神经系统和内分泌系统交汇融合的场所。外分泌将分泌物通过与之相连的导管或管腺直接运输至皮肤表面或与外界相通的消化道，相应的腺体就是外分泌腺。如汗腺分泌汗液、泪腺分泌泪液、皮脂腺分泌皮脂、唾液腺分泌唾液、乳腺分泌乳液、胃腺分泌胃液、肠腺分泌肠液、胰腺分泌胰液等。

调节：不管是动物激素还是植物激素，它们既不构成细胞结构，也不直接参与细胞代谢，更不会为细胞代谢提供物质和能量，而是调节细胞生命活动。换句话说，激素并不会发起细胞内原本没有的代谢。激素对机体的调节作用大致可归纳为以下几个方面。

(1) 参与内环境稳态的调节：胰岛素和胰高血糖素参与血糖平衡的调节；如肾上腺素和甲状腺激素参与体温的调节；抗利尿激素和醛固酮参与内环境渗透压的调节。

(2) 调节新陈代谢：多数激素都参与调节组织细胞的物质代谢和能量代谢，甲状腺激素、肾上腺素均可提高细胞代谢的速率。

(3) 调节发育和生殖过程：生长激素、甲状腺激素、性激素的生理作用。研究发现蝌蚪在切除甲状腺后可以长得更大，但不能变态发育为成蛙。如果用甲状腺激素喂养这些蝌蚪，变态发育又可正常出现。同时，给正常的蝌蚪喂甲状腺激素，可以加速其变态发育进程。

将幼年雄鸡的睾丸切除后，鸡冠将不能发育，而将另一只正常幼雄鸡的睾丸移植到去除睾丸的幼雄鸡体内，不久其鸡冠则恢复发育。

有机物：激素的化学形式多样，常见的激素有蛋白质多肽类激素、氨基酸的衍生物、类固醇激素等，将在 12.3 节"激素的种类和化学本质"中有详细叙述。

激素由内分泌腺或内分泌细胞分泌后，通过体液循环(血液循环)运输到全身，但只有特定的靶细胞或靶器官有相应的激素受体，所以激素只对特定的细胞、组织或器官起作用。例如，抗利尿激素 ADH，是下丘脑分泌并经由垂体释放的，运输到全身后只作用于肾小管和集合管，作用是促进肾小管和集合管对水的重吸收，将水从原尿吸收回血浆，从而降低内环境的渗透压。因此，题目中只要出现某一种激素定向运输到某些地方，大概率是错的。

虽然体液调节的主要方式是激素调节，但其他物质如 CO_2、葡萄糖、H^+ 等，也可以通过体液循环，调节生命活动。例如，CO_2，体液中的 CO_2 浓度要维持在适当的范围内。如果 CO_2 浓度升高，可以刺激脑干的呼吸中枢兴奋，使呼吸加快、加深，排出更多的 CO_2；反之，如果 CO_2 浓度降低，对脑干的呼吸中枢的刺激会减弱，使呼吸趋于平缓，排出 CO_2 相应减少。再如葡萄糖，血液中的糖称为血糖，主要是葡萄糖，要维持在适当的范围内。如果血糖升高，可以直接刺激胰岛 B 细胞分泌胰岛素，以降低血糖；如果血糖降低，可以直接刺激胰岛 A 细胞，使胰岛 A 细胞分泌胰高血糖素，以升高血糖。

12.3 激素的种类和化学本质

激素的化学本质多种多样，分类方式不一而足。有人将其分为肽类、胺类、类固醇类、脂肪酸类四类，有人将其分为含氮激素和脂类激素两类。这里，将其分为蛋白质多肽类激素、氨基酸的衍生物、类固醇激素三类。

激素的化学性质决定了它们的作用机制，如图 12.2 所示。类固醇激素的疏水性强，主要与细胞内的受体结合。一些氨基酸的衍生物类的激素和脂肪酸类的激素也可以进入细胞内。蛋白质多肽类激素的亲水性强，主要与细胞膜表面的受体结合，通过信号转导，在细胞内形成第二信使，发挥调节作用。

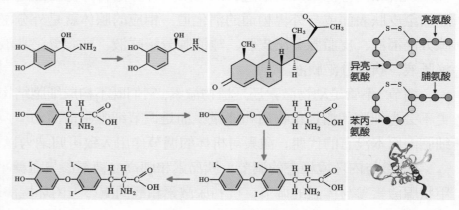

图 12.2 常见激素的结构

▶▶▶ 红色为去甲肾上腺素和肾上腺素，蓝色为醛固酮，绿色为甲状腺激素的合成过程，彩色分别为催产素(上)和抗利尿激素(下)，3D 结构模型为生长激素。

12.3.1 │ 蛋白质多肽类激素

　　蛋白质多肽类激素是最常见的、最重要的、种类最多的激素类别，如表12.1所示。例如，下丘脑分泌的促甲状腺激素释放激素、促肾上腺皮质激素释放激素、促性腺激素释放激素、抗利尿激素；腺垂体分泌的促甲状腺激素、促肾上腺皮质激素、促性腺激素（促卵泡激素和黄体生成素）、生长激素；胰岛B细胞分泌的胰岛素；胰岛A细胞分泌的胰高血糖素；小肠黏膜分泌的促胰液素等。

表 12.1　激素的种类

化学本质		激素名称	缩写	腺体
含氮激素	蛋白质多肽类激素	生长激素释放激素	GHRH	下丘脑
		生长抑素/生长激素释放抑制激素	GHRIH	下丘脑、中枢神经系统其他部位、胰岛D细胞、消化管
		促甲状腺激素释放激素	TRH	下丘脑、中枢神经系统其他部位
		催乳素释放因子	PRF	下丘脑
		催乳素释放抑制因子	PRIF	下丘脑
		促肾上腺皮质激素释放激素	CRF	下丘脑
		促性腺激素释放激素	GnRH	下丘脑、中枢神经系统其他部位
		抗利尿激素	ADH	下丘脑合成、神经垂体释放
		催产素	OXY	下丘脑、神经垂体
		生长激素	GH	腺垂体
		催乳素	PRL	腺垂体
		促卵泡激素	FSH	腺垂体
		黄体生成素	LH	腺垂体
		促甲状腺激素	TSH	腺垂体
		促肾上腺皮质激素	ACTH	腺垂体
		促黑色素细胞激素	MSH	腺垂体
		降钙素	CT	甲状腺C细胞
		甲状旁腺激素	PTH	甲状旁腺
		胰高血糖素		胰岛A细胞
		胰岛素		胰岛B细胞
	氨基酸的衍生物	去甲肾上腺素	NE	神经系统、肾上腺髓质
		肾上腺素	E	肾上腺髓质
		甲状腺素	T_4	甲状腺
		三碘甲腺原氨酸	T_3	甲状腺

化学本质	激素名称	缩 写	腺 体
类固醇激素	糖皮质激素		肾上腺皮质
	醛固酮		肾上腺皮质
	睾酮	T	睾丸间质细胞及胎盘
	雌二醇	E2	睾丸、卵泡、黄体、胎盘
	孕酮	P	黄体细胞、胎盘

12.3.2 氨基酸的衍生物

氨基酸的衍生物主要有甲状腺分泌的甲状腺激素和肾上腺髓质分泌的肾上腺素。

1. 甲状腺分泌的甲状腺激素

甲状腺激素包括甲状腺素（又称四碘甲腺原氨酸，T_4，含有 4 个碘）和三碘甲腺原氨酸（T_3，含有 3 个碘），都是酪氨酸的衍生物。甲状腺合成的甲状腺激素以 T_4 为主，但 T_4 的生物学活性远不如 T_3。

甲状腺是成人最大的内分泌腺，位于颈前部，是"H"形的红褐色腺体。甲状腺实质是由许多甲状腺滤泡组成的，这些滤泡的上皮细胞可以分泌甲状腺激素。甲状腺激素具有很高的脂溶性，可以较容易地进入细胞内，与位于细胞核内的甲状腺激素受体结合，启动甲状腺激素效应基因的表达。甲状腺激素的主要作用是促进机体新陈代谢、维持机体的正常生长发育、对于骨骼和神经系统的发育有较大的影响。如果在胎儿或婴儿时期甲状腺分泌功能丧失，会导致骨骼和脑的发育停滞，即呆小症。甲状腺功能亢进时，可出现心跳加快、失眠、急躁和手颤等，与交感神经和中枢神经兴奋性升高有关，即甲亢，相反则是甲减。

知识拓展：侏儒症与生长激素

侏儒症与呆小症都表现为身体矮小，但侏儒症患者的智力正常，是幼年时缺乏生长激素导致的。腺垂体分泌的生长激素是由 191 个氨基酸残基组成的蛋白质类激素。生长激素促进蛋白质的合成，促进骨、软骨和肌肉等组织细胞的生长和分裂，从而加速骨骼和肌肉的生长发育，对肌肉的增生和软骨的形成与钙化有特别重要的作用。生长激素分泌过多会患巨人症。

须知

身体内含碘的物质不只是甲状腺激素。例如，反三碘甲腺原氨酸（无生物学活性），以及甲状腺激素合成过程中的甲状腺球蛋白的酪氨酸残基可以结合一个或两个碘，生成一碘酪氨酸残基和二碘酪氨酸残基。但含碘的激素只有甲状腺激素。

甲状腺的滤泡旁细胞可以分泌降钙素。降钙素一方面降低骨中破骨细胞的活性，另一方面促进血钙和血磷的排出，实现降低血钙和血磷含量的目的。可以调节血钙和血磷含量的还有甲状旁腺分泌的甲状旁腺激素等。

甲状腺激素的分泌受下丘脑—垂体—甲状腺轴的调控。下丘脑分泌促甲状腺激素释放激素 (TRH) 作用于腺垂体，促进腺垂体分泌促甲状腺激素 (TSH)，TSH 作用于甲状腺，促进甲状腺分泌甲状腺激素，这样的调节方式称为分级调节。甲状腺激素在作用于其他靶器官或靶细胞的同时，也可以反过来作用于下丘脑和腺垂体，这样的调节方式称为反馈调节 (feedback)，如图 12.3 所示。甲状腺激素可以抑制下丘脑分泌促甲状腺激素释放激素和腺垂体分泌促甲状腺激素，这个过程称为负反馈 (negative feedback)。类似地，如果受控部分发出的反馈信息作用于控制部分，导致的结果是促进或加强了受控部分的某种活动，称为正反馈 (positive feedback)，如排尿、排便、呕吐、分娩、凝血等。显然，负反馈可以使系统在一定范围内维持稳态；而正反馈通常会使原有的稳态崩溃，建立新的稳态或毁灭。

当机体碘摄入不足时，甲状腺还可以提高聚碘能力，随着甲状腺聚碘量的增加，甲状腺的聚碘能力开始下降。这个过程不依赖于 TSH 和 TRH 的调节。如果长期摄碘量不足，甲状腺将会增生肥大，即为大脖子病。

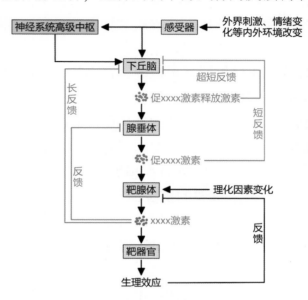

图 12.3　反馈调节

▶▶▶

因反馈多为负反馈，故图 12.3 中以┤线表示反馈，具体情况可能为正反馈，特此说明。

◁ 知识拓展：瘿和加碘盐 ⬡

地方性甲状腺肿大。2000 多年前的中医文献中已有关于瘿的记录。发病原因是饮食中碘摄入不足，导致甲状腺激素分泌不足，进而引起甲状腺过度生长和肥大。海藻中含碘丰富，多食海藻可以治疗地方性甲状腺肿，这就是中医文献中"海藻治瘿"的来历。我国自 1994 年起就实行了全民普遍食盐加碘，防治碘缺乏病的策略。2019 年，国家卫生健康委在全国范围进行饮用水水碘含量调查，依据调查结果绘制了我国"水碘地图"并发布了《全国生活饮用水水碘含量调查报告》。需要注意的是，如果生活在高水碘地区，可通过水摄入足够的碘，再长期吃高浓度的碘盐可能有碘摄入超标的风险。这也是食盐不能私自跨区运输和使用的原因。

2. 肾上腺髓质分泌的肾上腺素

肾上腺因位于两侧肾脏的上方而得名，左、右各一个，左肾上腺呈半月形，右肾上腺呈三角形，共约 30 g。肾上腺分为肾上腺皮质和肾上腺髓质两部分，二者在发生、结构、功能上差别很大，可看作两种内分泌腺。肾上腺皮质来源于中胚层，分泌类固醇激素，如盐皮质激素和糖皮质激素。肾上腺髓质来源于外胚层，分泌肾上腺素和去甲肾上腺素。

肾上腺皮质位于肾上腺的外部，由外向内依次是球状带、束状带、网状带。球状带分泌盐皮质激素，束状带分泌糖皮质激素，网状带可以分泌少量的性激素。胆固醇是肾上腺皮质激素的前体。盐皮质激素主要是醛固酮和去氧皮质酮，糖皮质激素主要是皮质醇和皮质酮。盐皮质激素作用于肾脏、唾液腺、汗腺、胃肠道等外分泌腺，用于调节水盐平衡。如作用于肾脏时，可以促进肾小管上皮细胞管腔面 Na^+ 通道蛋白的表达和基底面钠钾泵的表达，实现"保钠、保水、排钾"，如图 12.4 所示。糖皮质激素的作用非常广泛，在物质代谢、免疫反应、应激反应中均发挥作用。如糖皮质激素具有抗胰岛素样作用，可以抑制除心和脑之外的其他组织对葡萄糖的利用，还可以促进糖异生和糖原的合成、促进脂肪的水解、促进蛋白质的水解等。糖皮质激素是重要的抗炎激素，可以增强白细胞溶酶体膜的稳定性，减少溶酶体蛋白水解酶进入组织液，减轻炎症反应。

当血钠含量升高时，醛固酮分泌量减少，一样维持血钠含量平衡

图 12.4　醛固酮参与水盐调节

与下丘脑—垂体—甲状腺调节甲状腺分泌甲状腺激素、下丘脑—垂体—性腺调节性激素的分泌相似，肾上腺皮质激素的分泌受到下丘脑—垂体—腺体的分级调节：下丘脑分泌促肾上腺皮质激素释放激素，作用于垂体，促进垂体分泌促肾上腺皮质激素，作用于肾上腺皮质，促进肾上腺皮质分泌肾上腺皮质激素。肾上腺皮质激素除了作用于自身的靶细胞和靶器官，调节生命活动外，还可以反过来作用于下丘脑和垂体。

肾上腺髓质约占整个肾上腺的 10%，在胚胎发生中相当于交感神经的节后神经元，因此肾上腺髓质可以接受交感神经的支配。肾上腺髓质激素包括肾上腺素和去甲肾上腺素，都来源于酪氨酸，去甲肾上腺素可以甲基化为肾上腺素。肾上腺髓质激素有升高血压、促进肝糖原分解和脂肪分解、促进新陈代谢、升高体温、提高呼吸强度、加快心率等作用。肾上腺髓质可以接受来自下丘脑的直接的神经调控。下丘脑作为神经中枢，通过传出神经，作用于肾上腺髓质，肾上腺髓质相当于效应器 (严格来说，是效应器的一部分，因为效应器是指传出神经末梢及其所支配的肌肉或腺体)，受到刺激后，分泌肾上腺素，相当于效应器产生效应，这是神经调节。肾上腺素分泌后，通过血液循环，运输到全身，作用于特定的靶细胞和靶器官，调节生命活动：升高血糖、升高体温等，这是激素 / 体液调节。上述二者结合，称为"神经—体液"调节。

生物是门科学　不可思议的生命探险

12.3.3 类固醇激素

类固醇激素包括性激素和肾上腺皮质激素。性激素主要是性腺分泌的，包括雌激素、雄激素、孕激素等。肾上腺皮质激素在 12.3.2 小节中已有讲述，类固醇激素脂溶性很高，容易透过细胞膜，受体一般在细胞质或细胞核内，激素与受体形成的复合物以转录因子的形式发挥作用。

性激素是类固醇激素，是以胆固醇为原料合成的，属于亲脂激素。睾丸产生精子并分泌雄激素，卵巢产生卵子并分泌雌激素和孕酮。

雄激素的主要成分是睾酮。男性发育至青春期时，睾酮不仅促进精子产生，对全身还有多方面的作用，它可以促使全部附属生殖器官——输精管、腺体和阴茎生长，以利于发挥其成年后的功能。男性第二性征也依靠睾酮的刺激。男性第二性征包括阴阜、腋下和面部长出毛发，喉部长大，出现喉结，声音低沉，皮肤增厚和出油，骨骼生长和骨密度增加，骨骼肌发育增强。睾酮也会增加代谢率，促进蛋白质合成，影响人的行为。

雌激素的含量在青春期也会升高，它可以促进卵巢中的卵子成熟和卵泡生长，以及输卵管、子宫和阴道生长，准备支持妊娠活动，促进外生殖器成熟。雌激素还可以支持青春期突发性快速生长，使女孩在 12 ～ 13 岁时比男孩长得更快。雌激素还可以引发女性第二性征，包括乳腺生长，皮下脂肪积聚（特别是在臀部和乳房），骨盆变宽（适应于生育），腋下和阴阜长出毛发等。

孕激素与雌激素一起建立和调节月经周期，主要作用表现在妊娠时抑制子宫运动，并刺激乳房准备哺乳。

✿ 12.4 激素的作用和特点

12.4.1 神经系统通过下丘脑控制内分泌系统

众所周知，一些神经系统活动可以引起内分泌变化。例如，压力过大会引起内分泌失调；养鸡场会通过延长光照时间，提高性激素含量，提高鸡的产蛋量。那么，神经系统是如何影响内分泌的呢？

下丘脑是人体的内分泌调节中枢，同时，它也是脑的组成部分。下丘脑内存在大量的神经核团，位于下丘脑底部的神经核团细胞具有神经元和内分泌细胞的双重功能，可以将收到的神经信号转变为内分泌信号，因此，称为神经内分泌细胞。垂体位于脑的下部，通过一个垂体柄与下丘脑相连。成人的垂体如豌豆大小，分为垂体前叶、垂体中间叶、垂体后叶三部分。垂体前叶又称为腺垂体，不属于神经组织，下丘脑合成的促激素释放激素通过轴突释放到垂体门脉毛细血管中，经血液循环到达腺垂体，调控垂体分泌促激素。垂体

中间叶负责连接垂体前叶和垂体后叶。垂体后叶又称神经垂体，和下丘脑有共同的胚胎起源，是下丘脑的向下延伸。下丘脑的神经内分泌细胞的轴突直接延伸到垂体后叶，所以垂体后叶本身并不合成激素，而是储存和分泌下丘脑合成并运输到这里的激素，如催产素和抗利尿激素，如图 12.5 所示。

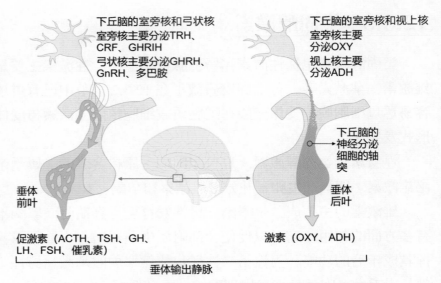

图 12.5　下丘脑与垂体结构的功能和联系

12.4.2　下丘脑—腺垂体—腺体轴

下面以下丘脑—腺垂体—甲状腺调控轴为例进行说明。甲状腺激素可以提高细胞代谢速率，使机体产热增加。当外界寒冷刺激人的冷觉感受器时，相应的神经冲动传到下丘脑，由下丘脑分泌促甲状腺激素释放激素。促甲状腺激素释放激素经垂体门脉血管运输至腺垂体，促进腺垂体分泌促甲状腺激素。促甲状腺激素通过体液循环运输到全身，作用于甲状腺，促进甲状腺分泌甲状腺激素。甲状腺激素通过降低单位有机物氧化分解时产生 ATP 的量，使机体消耗更多的有机物，自然释放的能量就增加了，用于应对寒冷环境。当甲状腺激素超过一定量时，又会反过来抑制下丘脑和垂体分泌相关激素，进而使甲状腺激素分泌量减少。这样会使甲状腺激素的含量不会过高，保持在正常范围内。内环境中甲状腺激素稳态的调节体现了机体的反馈调节机制。

除上述下丘脑—腺垂体—甲状腺调控轴之外，机体还存在下丘脑—腺垂体—性腺调控轴、下丘脑—腺垂体—肾上腺皮质调控轴等。当然，并不是所有内分泌腺的活动都受下丘脑—腺垂体—腺体轴的调节，如胰岛和肾上腺髓质直接受神经支配，并不受垂体分泌激素的调节。

12.4.3　激素的释放具有周期性和阶段性

激素的生理作用是否能合理发生，关键在于机体接收适当信息后，激素是否及时释放，以及是否及时停止释放。因此激素的分泌有一定的节律性，如昼夜节律、月运节律、年节律等。而且大多数激素的释放是在短时间内突然发生的，两次释放之间很少或不释放激素。

12.4.4 激素经血液运输

激素在血液中运输的时候，一部分与特殊的血浆蛋白结合，此时的激素为无活性状态，经过肝脏时也不易降解。可以理解为这些血浆蛋白是激素在血液中的临时贮存库，可延长激素的有效时间。当然还有一部分激素以游离状态在血中运输，是有活性的，可以较快地与靶细胞表面的受体结合，发挥功能，如图12.6所示。

结合态激素与游离态激素处于动态平衡，当游离态激素发挥作用后被失活或降解时，结合态激素可以转变为游离态激素，维持游离态激素的有活性的激素浓度在合适的范围。

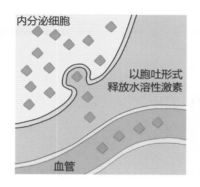
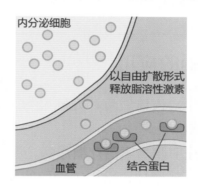

图 12.6　激素的释放和运输

12.4.5 激素的作用特点

激素与靶细胞的受体之间具有高度的特异性，如图12.7所示。有些激素与靶细胞受体之间有高度专一性，如促甲状腺激素，只能作用于甲状腺细胞；有些激素的专一性不强，作用范围很广，如甲状腺激素，几乎作用于全身各处所有细胞。

受体在靶细胞内部的激素作用机制	受体在靶细胞膜表面的激素作用机制
受体位于细胞质或细胞核中的蛋白质； 激素与受体结合后，形成复合物，一起作用于核内的遗传物质，启动特定基因的表达，从而影响细胞代谢和组织分化； 如肾上腺皮质激素、雌激素、雄激素等脂类激素，以及甲状腺激素等。	激素不能进入细胞内，只能与靶细胞表面的特异性受体结合，继而使细胞膜内表面产生 cAMP、cGMP、Ca^{2+}、IP_3、DAG 等第二信使；第二信使再引起细胞内一系列反应，即第二信使学说。 主要是一些水溶性激素，如多肽、蛋白质类、肾上腺素等。

图 12.7　激素发挥作用的方式

血液中的激素浓度很低，一般为 $10^{-12} \sim 10^{-9}\ \mathrm{mol \cdot L^{-1}}$，但激素与受体结合后会引起级联反应，产生很大的生理变化，称为信号放大。

激素作用于靶细胞后，引起的效应是多方面的，称为多功能效应，如胰岛素可以促进骨骼肌对葡萄糖的吸收、加速糖酵解、促进糖原的合成、抑制糖原的分解、增强骨骼肌对氨基酸的吸收、促进蛋白质的合成、抑制蛋白质的降解等。

◯ 知识拓展：协同与相抗衡 ◀

①胰岛素降低血糖，胰高血糖素升高血糖，所以在调节血糖方面，它们是相抗衡的。

②胰高血糖素升高血糖，肾上腺素也可以升高血糖，所以在调节血糖方面，它们是协同的。

③肾上腺素可以提高细胞的呼吸作用，增加新陈代谢强度，增加产热，升高体温；甲状腺激素也可以提高细胞的呼吸作用，增加新陈代谢强度，增加产热，升高体温，所以它们在体温调节方面是协同的。

12.4.6 激素的应用

促进人体健康：人体适量补充碘是为了防止因甲状腺激素合成不足而患地方性甲状腺肿大。

治疗疾病：注射胰岛素治疗糖尿病。

促进生长发育或避孕：给人工养殖的雌雄鱼类注射促性腺激素类似物，促进成鱼卵和精子的成熟，实现人工授精；给家畜注射生长激素，促进其生长，缩短生长周期等。切去家禽家畜的生殖腺，使其不具有性行为和生殖能力，易驯良，利肥育。

◯ 知识拓展：缺乏某种激素需要进行补充时 ◀

如果缺乏的是蛋白质多肽类激素，只能静脉注射或皮下注射，不可口服，因为口服时这些激素会被消化系统消化分解。如果缺乏的是氨基酸的衍生物或类固醇激素，可以静脉注射，也可以口服。当然，与静脉注射相比，皮下注射和口服一般见效慢一些，原因如下。

①皮下注射：药物注射到组织液→血浆→血液循环→全身各组织液→靶细胞。

②口服：药物在消化道要经过吸收→组织液→血浆→血液循环→全身各组织液→靶细胞。

③静脉注射：药物注射到血浆→血液循环→全身各组织液→靶细胞。

✲ 12.5 激素与稳态的调节

12.5.1 激素与血糖调节

1. 胰岛素的发现历史

胰腺既是外分泌腺又是内分泌腺。

作为外分泌腺，胰腺中的外分泌部可以分泌胰液，通过胰管运输到小肠的十二指肠，然后进入消化道。胰液中含有多种消化酶，是重要的消化液。作为内分泌腺，胰腺中还有 100 万～200 万个胰岛，约占胰腺总体积的 2%。胰岛中含有四种分泌细胞，分别是分泌胰高血糖素的胰岛 A 细胞、分泌胰岛素的胰岛 B 细胞、分泌生长抑素的胰岛 D 细胞、

分泌胰多肽的胰岛 F 细胞 (又称胰岛 PP 细胞)，如图 12.8 所示。胰岛 B 细胞最多，占四者总数的 60% ～ 75%，其次是胰岛 A 细胞，占四者总数的 20% 左右。生长抑素主要调控胰岛其他内分泌细胞的功能，胰多肽可以调控胃肠道的功能。这里我们重点关注胰岛素和胰高血糖素。

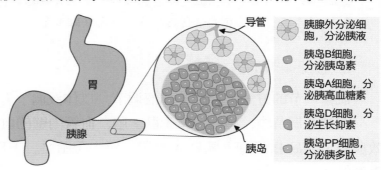

图 12.8　胰腺的结构示意

最早将胰腺与血糖调节联系起来的是德国医生奥斯卡·闵可夫斯基 (Oscar Minkowski)。他考虑到胰腺和胃之间有直接的导管相连，认为胰腺应该与消化有关，因此设想：如果把小狗的胰腺切除，小狗应该会出现消化不良、食欲不振的现象。结果还没等到小狗痊愈观察其食欲如何，闵可夫斯基就发现手术后的小狗的尿液吸引来大量的苍蝇、蚂蚁、蜜蜂，由此发现胰腺和糖尿病之间的关联，甚至确认是胰岛分泌了能够降低血糖的物质。他因为相关工作获得了六次诺贝尔奖提名，但终是抱憾而归。

加拿大科学家弗雷德里克·格兰特·班廷 (Frederick Grant Banting) 与贝斯特 (Charles Best) 等一同从动物胰腺中提取可供临床应用的胰岛素，为临床治疗糖尿病做出贡献。1920 年，他偶然在医学杂志上看到一篇文章，该文章指出结扎胰腺导管可以使分泌胰腺酶的细胞萎缩，而胰岛细胞却不受影响。他受到启发，决心解决当时的不治之症——糖尿病。1921 年，班廷怀着这种想法来到了多伦多大学。经过一番周折，他说服了生理学教授麦克劳德 (John James Richard Macleod)，其答应给他几间实验室，并同意给他 10 只狗作为实验对象，同时还为他委派了一名助手贝斯特，经过多次尝试，他们终于证明了小狗的胰腺提取液具有降低血糖的功能，如图 12.9 所示。

图 12.9　班廷和胰岛素的发现 (Li, Alison., 2011)

从图 12.9 中，从左至右的前 4 张图依次为麦克劳德、贝斯特、班廷、克里普 (James Collip)。克里普是一位年轻有为的化学家，当时正在多伦多大学访问，在听说了班廷的进展后表现出极大的兴趣，而班廷和麦克劳德也需要真正的化学家参与胰岛素的纯化工作。1921 年 12 月 12 日，四人组正式成立。1923 年，班廷和麦克劳德、克里普一起获得了诺贝尔生理学或医学奖。最右侧的图为 1922 年后，工人从大量动物胰脏中分离提取胰岛素。

2. 血糖调节的方式

血糖调节的方式是神经—体液调节，以体液调节为主。

在神经调节中，感受器位于肝、脑、血管内壁的血管内皮细胞，调节中枢位于下丘脑，效应器是胰岛 B 细胞、胰岛 A 细胞、肾上腺髓质。下丘脑中感知高血糖和低血糖的中枢是不同的。

(1) 下丘脑外侧区的葡萄糖感受器对低血糖敏感，兴奋后可在大脑皮层产生饥饿感。

(2) 旁室核和下丘脑围穹窿区的葡萄糖感受器对高血糖敏感，兴奋后可在大脑皮层产生饱腹感。

3. 血糖的来源与去路

血中的糖称为血糖，主要是葡萄糖。葡萄糖是人体的重要组成成分，也是能量的重要来源。正常人体每天需要很多的糖来提供能量，为各种组织、脏器的正常运作提供动力，所以血糖必须保持一定的水平 ($3.9 \sim 6.1$ mmol $\cdot$ L^{-1}) 才能维持体内各器官和组织的需要。

因为正常人的血糖的来源和去路大致相等，血糖的产生和利用处于动态平衡的状态，因此血糖可以维持在一个相对稳定的水平，如图 12.10 所示。

图 12.10　血糖的来源和去路

当血糖升高时，血糖可以用于合成肝糖原、肌糖原，以降低血糖。当血糖降低时，只有肝糖原分解，用于升高血糖而肌糖原也会分解，但不会用于升高血糖。

糖原分解的过程：糖原→ 葡萄糖 -1- 磷酸→ 葡萄糖 -6- 磷酸→ 葡萄糖。催化葡萄糖 -6- 磷酸转变为葡萄糖的酶是葡萄糖 -6- 磷酸酶。肝脏细胞中有这个酶，所以肝糖原分解的最终产物是葡萄糖，葡萄糖从肝脏细胞中运出，用于升高血糖。肌肉细胞中缺乏葡萄糖 -6- 磷酸酶，因此肌糖原分解的最终产物是葡萄糖 -6- 磷酸而不是葡萄糖。葡萄糖 -6- 磷酸带有负电荷，不能从肌肉细胞中运出（按照血糖的定义，即使葡萄糖 -6- 磷酸运出肌肉细胞，也不属于血糖）。在肌肉细胞中，葡萄糖 -6- 磷酸可用于呼吸作用，为肌肉细胞提供能量（糖酵解的第一步即为葡萄糖→ 葡萄糖 -6- 磷酸）。

4. 血糖调节的具体过程

当血糖过高时，其调节过程如下。

(1) 可以直接刺激胰岛 B 细胞→胰岛 B 细胞分泌胰岛素→ 胰岛素通过体液循环运输到全身→ 与靶细胞表面的胰岛素受体结合→ 促进靶细胞摄取、利用、储存葡萄糖→ 降低血糖。这个过程属于体液调节。

(2) 可以刺激血管内皮细胞（感受器）→ 通过传入神经→ 传至下丘脑血糖调节中枢→ 通过传出神经→ 作用于胰岛 B 细胞（效应器）→ 促进胰岛 B 细胞分泌胰岛素（效应器产生的效应）。这个过程属于神经调节。

(3) 可以刺激血管内皮细胞（感受器）→ 通过传入神经→ 传至下丘脑血糖调节中枢→ 通过传出神经→ 作用于胰岛 B 细胞（效应器）→ 促进胰岛 B 细胞分泌胰岛素（效应器产生的效应）→ 胰岛素通过体液循环运输到全身→ 与靶细胞表面的胰岛素受体结合→ 促进靶细胞摄取、利用、储存葡萄糖→降低血糖。这个过程属于神经—体液调节。

胰岛素分泌量增加，用来降低血糖，所以胰岛素也可以作用于胰岛 A 细胞：抑制胰高血糖素的分泌，如图 12.11 所示。

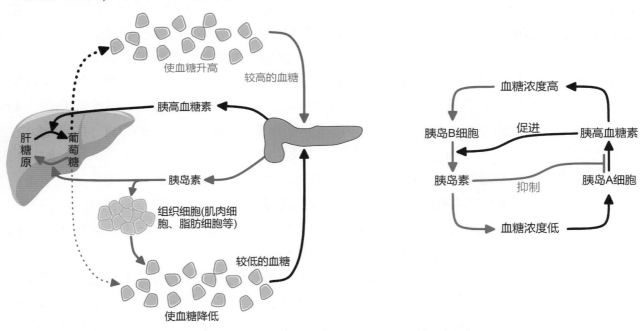

图 12.11　血糖调节及胰岛素与胰高血糖素的关系

当血糖过低时，其调节过程如下。

(1) 可以直接刺激胰岛 A 细胞→ 胰岛 A 细胞分泌胰高血糖素→ 胰高血糖素通过体液循环运输到全身→ 与靶细胞表面的胰高血糖素受体结合→ 促进肝糖原的分解和脂肪、氨基酸等非糖物质的转化→ 升高血糖。这个过程属于体液调节。

(2) 可以刺激血管内皮细胞（感受器）→ 通过传入神经→ 传至下丘脑血糖调节中枢→ 通过传出神经→ 作用于胰岛 A 细胞（效应器）→ 促进胰岛 A 细胞分泌胰高血糖素（效应器产生的效应）。这个过程属于神经调节。

（3）可以刺激血管内皮细胞（感受器）→ 通过传入神经→ 传至下丘脑血糖调节中枢→ 通过传出神经→ 作用于胰岛 A 细胞（效应器）→ 促进胰岛 A 细胞分泌胰高血糖素（效应器产生的效应）→ 胰高血糖素作用于靶细胞→ 促进肝糖原的分解和脂肪、氨基酸等非糖物质的转化→ 升高血糖。这个过程属于神经—体液调节。

（4）可以刺激血管内皮细胞（感受器）→ 通过传入神经→ 传至下丘脑血糖调节中枢→ 通过传出神经→ 作用于肾上腺髓质（效应器）→ 促进肾上腺素的分泌（效应器产生的效应）。这个过程属于神经调节。

（5）可以刺激血管内皮细胞（感受器）→ 通过传入神经→ 传至下丘脑血糖调节中枢→ 通过传出神经→ 作用于肾上腺髓质→ 促进肾上腺素的分泌→ 肾上腺素作用于靶细胞→ 促进肝糖原的分解、促进肌糖原的分解（并不能升高血糖）、促进脂肪和氨基酸等非糖物质的转化→ 升高血糖。这个过程属于神经—体液调节。

胰高血糖素分泌量增加用来升高血糖，但胰高血糖素也可以作用于胰岛 B 细胞，促进胰岛素的分泌。众所周知，除肾小管集合管细胞和小肠上皮细胞等少数细胞是主动运输、摄取葡萄糖外，其他组织细胞摄取葡萄糖的方式都是协助扩散（易化扩散）。所以，这些细胞吸收葡萄糖的速度取决于膜两侧的葡萄糖浓度差和膜上葡萄糖转运蛋白的数量。当胰高血糖素分泌时，说明血糖降低了，所以组织细胞吸收葡萄糖的速率自然降低。此时身体有两个任务：一是将血糖浓度升高到正常范围；二是将细胞吸收葡萄糖的速率升高到正常范围。

很显然，第二个任务比第一个任务更重要，因为完成第一个任务其实就是为了完成第二个任务。在组织细胞膜上，有一些葡萄糖转运蛋白（GLUTs），可以介导组织细胞以协助扩散的方式吸收葡萄糖。在组织细胞内，有一些储存葡萄糖转运载体（$GLUT_2$）的囊泡。在组织细胞膜上，有一些胰岛素的受体，当胰岛素与组织细胞膜上的胰岛素受体结合时，可以促使这些含有葡萄糖转运蛋白的囊泡与细胞膜融合，从而提高细胞膜上葡萄糖转运蛋白的数量，提高细胞吸收葡萄糖的速率。这是胰岛素能促进组织细胞摄取、利用、储存葡萄糖，进而降低血糖的原理。所以，当胰高血糖素分泌增加，对胰岛 B 细胞而言，它接收到的信号就是细胞吸收葡萄糖的速度降低，于是就开始分泌胰岛素。

理论上讲，一定是血糖浓度先发生变化，然后身体通过分泌激素来进行调节。例如，进食等导致血糖浓度升高，然后胰岛 B 细胞开始分泌胰岛素。血糖浓度下降，胰岛素浓度随之下降。当血糖浓度低于阈值时，胰岛 A 细胞开始分泌胰高血糖素，血糖浓度升高。因此，激素的变化是要滞后于血糖浓度的变化的。但我们追踪血糖浓度和胰岛素浓度的关系时，发现胰岛素浓度的变化几乎紧随血糖浓度的变化，没有表现出明显的滞后性，如图 12.12 所示。

这种迅速的响应，当然有利于维持血糖浓度在稳定的范围内，但胰岛 B 细胞是如何做到如此快的响应的？原来平时胰岛 B 细胞中就以囊泡形式储存有一定量的胰岛素，当血糖升高时，胰岛 B 细胞一方面将储存的胰岛素释放，缓解燃眉之急，另一方面促进胰岛素基因的表达，合成大量的胰岛素，用来更好地降低血糖。

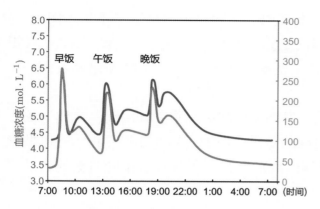

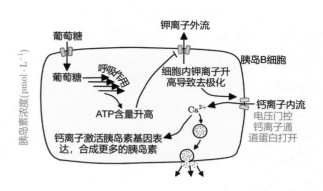

(a) 一天之中胰岛素浓度随血糖浓度的变化而变化　　(b) 血糖浓度升高促进胰岛 B 细胞中储存的胰岛素
释放的同时，也激活胰岛素的合成

图 12.12　血糖浓度与胰岛素浓度的关系

5. 糖尿病相关知识

糖尿病是一种以高血糖为特征的代谢性疾病。

正常情况下的空腹血糖浓度应该是 80 ～ 120 mg/dL(3.9 ～ 6.1 mmol · L^{-1})。如果空腹血糖浓度为 6.1 ～ 6.9 mmol · L^{-1}，则空腹血糖受损；如果空腹血糖浓度达到 7.0 mmol · L^{-1}，考虑患有糖尿病。餐后两小时，血糖浓度的正常值应低于 7.7 mmol · L^{-1}。如果餐后两小时，血糖浓度为 7.8 ～ 11.0 mmol · L^{-1}，则糖耐量减低；如果餐后两小时，血糖浓度达到或超过 11.1 mmol · L^{-1}，考虑患有糖尿病。

注　意

　　诊断糖尿病的关键是血糖，并不是尿糖；尿中出现葡萄糖不能说糖尿病，有可能是由于一次摄入较多的糖，或者其他疾病因素导致。

糖尿病主要有 I 型糖尿病和 II 型糖尿病两种，如图 12.13 所示。

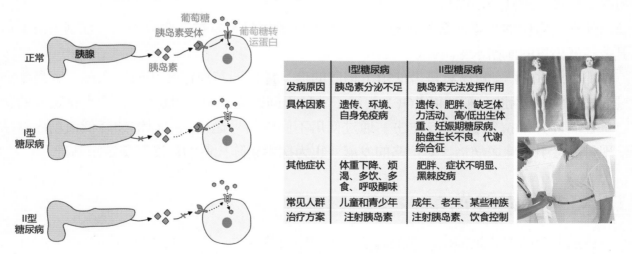

图 12.13　糖尿病的类型、发病原因与特征

Ⅰ型糖尿病又叫作胰岛素依赖型糖尿病，发病原因是胰岛素本身分泌不足。图12.13中的小女孩是一个Ⅰ型糖尿病患者，年仅11岁的她此时骨瘦如柴。庆幸的是，这张照片摄于1922年，胰岛素救了她。青少年糖尿病属于Ⅰ型糖尿病，大部分在25岁之前发病，一般病情较严重。

Ⅱ型糖尿病又叫作非胰岛素依赖型糖尿病，发病原因是胰岛素受体障碍，身体分泌正常甚至过量的胰岛素，但无法正常发挥降低血糖的效果。图12.13中的老人是一个Ⅱ型糖尿病患者，大多比较肥胖，多在40岁以上发病，病症较轻，需终身服用降血糖药物及严格的饮食控制。

6. FGF1通过抑制脂肪分解来调控血糖

自1921年发现胰岛素以来，其一直作为唯一降低血糖的激素，为数百万糖尿病患者开启了通向生命和希望的大门。2022年1月4日，来自索尔克(Salk)的科学家在《细胞代谢》(Cell Metabolism)杂志上发表了一篇题为 FGF1 and Insulin Control Lipolysis by Convergent Pathways 的文章，报告了一种被称作FGF1的激素能够通过抑制脂肪分解(脂解)来调节血糖，如图12.14所示。FGF1是脂肪组织中产生的成纤维细胞生长因子1。

当我们进食时，脂肪和葡萄糖进入血液，胰岛素通常将这些营养物质输送到肌肉和脂肪组织的细胞中利用或储存。在胰岛素抵抗患者体内，葡萄糖供能受阻，脂肪分解加速，导致血液中的脂肪酸水平升高。脂肪酸水平升高，加速了肝脏中葡萄糖的生成，导致葡萄糖水平进一步升高，而且，

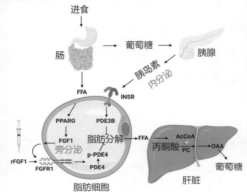

图12.14　FGF1与胰岛素共同调节血糖平衡 (Sancar G, 2022)

脂肪酸在器官中的积累，会加剧糖尿病和肥胖症的胰岛素抵抗。研究表明，注射FGF1可显著降低小鼠的血糖水平。

那么，FGF1和胰岛素是否使用了相同的信号途径调节血糖呢？研究发现，胰岛素通过PDE3B抑制脂肪分解，而FGF1使用了一种不同的途径——PDE4。这种平行路径的优点是在胰岛素抵抗患者体内，FGF1通过使用不同的信号途径，可以继续降低血糖。这项发现可能会引领糖尿病治疗新策略的发展，也为探索新陈代谢的新途径奠定了基础。

12.5.2 ∥体温调节

体温调节的方式是神经—体液调节，以神经调节为主，如图12.15所示。

在体液调节中，参与体温调节的激素有甲状腺激素、肾上腺素、促甲状腺激素释放激素、

促甲状腺激素等。在神经调节中，感受器不只分布在皮肤上，还广泛分布在黏膜及内脏器官中，体温调节中枢位于下丘脑，产生冷热感觉的中枢位于大脑皮层。

体温要想维持稳态，需要保持产热和散热的平衡。身体产热主要来源于细胞呼吸的代谢产热，主要的产热器官是肝、脑、骨骼肌、内脏器官等。散热器官有皮肤和肺，散热的主要方式是辐射、对流、传导、蒸发。散热速度主要取决于体表温度与环境温度之间的温差，温差越大，散热速度越快。

体温调节的方式包括生理性体温调节和行为性体温调节。生理性体温调节包括：通过改变机体代谢速率、骨骼肌不自主战栗与舒张、立毛肌收缩与舒张来调节产热；通过增加或减少汗液的分泌、调节毛细血管的收缩与舒张等来调节产热和散热。行为性体温调节是指大脑皮层控制身体采取保温或降温措施。

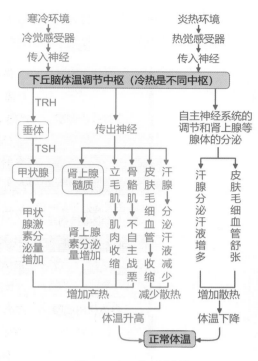

图 12.15　体温调节

关于甲状腺激素和肾上腺素如何增加产热以升高体温的问题，在第 5 章细胞的呼吸作用中已有详述，这里稍作讲解。

一个葡萄糖分子，通过有氧呼吸，第一阶段，产生两个 ATP。第二阶段，产生两个 ATP。第三阶段，首先 NADH 失去电子，变成 NAD^+ 和 H^+。NADH 失去的电子沿着线粒体内膜上的电子传递链传递，最终传递给 O_2，O_2 得到电子，变成 O^{2-}，和 H^+ 结合，生成水。在电子传递的过程中，不断地将线粒体基质中的 H^+ 逆浓度梯度运输到线粒体的膜间隙中，建立起跨线粒体内膜的 H^+ 浓度梯度。线粒体膜间隙中大量的 H^+ 顺浓度梯度通过线粒体内膜上的 ATP 合成酶，流回线粒体基质，驱动 ATP 合成酶的运转，产生大量的 ATP，1 个葡萄糖分子在该阶段约产生 26 个 ATP。

在身体的褐色脂肪组织细胞的线粒体内膜上，存在一些 H^+ 通道蛋白，称为 UCPs。这些 UCPs 平时是关闭的状态，所以不影响有氧呼吸第三阶段 ATP 的合成。当甲状腺激素和肾上腺素作用于细胞的时候，会引起 UCPs 通道蛋白打开，大量的 H^+ 通过 UCPs 流入线粒体基质，不再走 ATP 合成酶这个通路，所以产生的 ATP 就少了。细胞为了产生足够的 ATP，就会消耗更多的葡萄糖等有机物进行有氧呼吸，其产生的热量也就多了。因此，甲状腺激素和肾上腺素可以提高细胞呼吸作用强度，增加新陈代谢速率，增加产热，升高体温。

正常状态下，产热速度等于散热速度，体温维持稳态，如图 12.16 所示。

当所处环境发生变化时，因为皮肤表面温度和环境温度之间的温差发生了改变，因此散热速度会立即改变，此时产热速度未改变，所以产热与散热不相等，体温上升或下降。

身体会迅速作出调整，或增加产热、减少散热，或增加散热、减少产热。总之，调节的结果是产热重新等于散热，体温维持稳态。

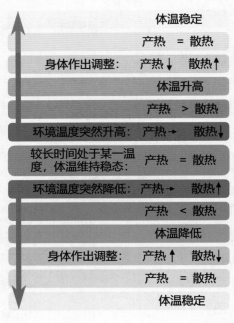

图 12.16　产热散热调节

知识拓展：体温调节应注意事项

① 寒冷条件下参与产热的激素有肾上腺素和甲状腺激素，前者的分泌是由下丘脑通过传出神经调节的，后者的分泌是由下丘脑和垂体分级调节的，两种激素之间表现为协同作用。

② 发高烧时，病人的体温继续升高时产热量大于散热量，如果体温保持不变，则产热量等于散热量。

③ 身体调节功能有限，长时间处于太高温度或太低温度的环境中当然会导致中暑或失温，是非常危险的。

12.5.3 水盐平衡调节的过程

水盐平衡的调节方式是神经—体液调节，以神经调节为主，如图 12.17 所示。

在神经调节中，感受器是下丘脑的渗透压感受器，调节中枢位于下丘脑。产生渴觉的中枢位于大脑皮层。水盐调节中参与的激素有抗利尿激素（下丘脑产生，垂体释放）、醛固酮（肾上腺皮质分泌）。如抗利尿激素，其主要作用于肾小管、集合管细胞，结果是增加靶细胞对水分的重吸收，将水分从原尿重吸收回到血浆，降低内环境的渗透压，增加血量，升高血压。

抗利尿激素又称为血管升压素，是与催产素结构非常相似的九肽激素。大多数动物（包括人），其抗利尿激素的第8个氨基酸都是精氨酸，因此又称为精氨酸升压素。生理浓度的抗利尿激素主要作用是抗利尿。但如果失血过多导致血压降低时，血液中的抗利尿激素浓度过度升高，此时它才有收

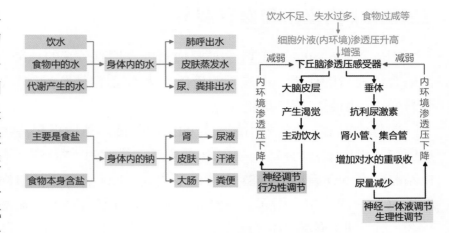

图 12.17　水盐平衡调节

缩血管、升高血压的作用。显然，抗利尿激素的抗利尿作用与升血压作用是其作用于不同的受体后的不同效果。抗利尿时的受体是位于肾小管、集合管处的 V2 受体，第二信使是 cAMP；升血压时的受体是位于血管平滑肌的 V1 受体，第二信使是 IP_3、DAG、Ca^{2+}。

正常成年人每日的尿量约为 1.5 L。缺乏抗利尿激素有可能导致肾脏对水的重吸收不足，尿量大幅增加，对应的饮水量也会增加，称为尿崩症。酒精对抗利尿激素的分泌有明显的抑制效果，这是饮酒后尿量增加的原因。

12.5.4 松果体和褪黑素

松果体位于胼胝体的后下方，第三脑室的后上方，因形似松果而得名。人类的松果体在胚胎发育早期即出现，出生后松果体的细胞不再分裂但细胞体积增加，少年时期松果体开始退化。低等动物的松果体有感光功能，哺乳动物的松果体有内分泌功能，分泌的激素有褪黑素、精氨酸缩宫素、抗促性腺激素等，与生物的节律、生殖、内分泌、神经、免疫等功能的调节有关。

褪黑素由色氨酸转化而来，因其可使两栖类动物皮肤褪色而得名，在哺乳动物中并无此效果。褪黑素的合成和分泌与日照周期同步，呈现明显的昼低夜高的特点。切除双侧眼球或切断支配松果体的交感神经后，褪黑素合成的昼夜节律消失，说明其合成和分泌受光线和交感神经的调节。视上核是控制褪黑素合成和分泌的节律中枢，无光刺激时，视上核发出的神经冲动经交感神经的节后神经纤维传至松果体，神经末梢释放去甲肾上腺素作为神经递质，促进褪黑素的合成和分泌。

褪黑素还通过影响中枢神经系统和内分泌系统，对免疫系统进行调节，因此长期的出差、熬夜等不规律生活会引起身体不适。另外，褪黑素还有抗炎、抗肿瘤的作用，可以促进肿瘤细胞凋亡。

褪黑素能抑制生长激素的分泌，抑制肾上腺皮质、甲状腺和甲状旁腺的功能。

12.5.5 内皮素和血管调节

内皮素 (endothelin, ET) 主要是血管内皮细胞分泌的一种多肽，有强烈的、持久的、广泛的收缩血管的作用。内皮素的受体均为 G 蛋白耦联受体，通过 PLC - IP$_3$ 和 DAG - Ca^{2+} 信号通路，引起血管平滑肌收缩。

静脉注射 ET 后首先引起短暂的血压降低，然后引起持续的血压升高。血压降低是内皮层与其受体结合后释放了 NO 和前列环素导致的。NO 是一种脂溶性的中性小分子物质，由精氨酸在 NO 合酶 (NOS) 的催化下生成。NO 进入平滑肌细胞后，激活鸟苷酸环化酶，促进 cGMP 的产生，引起血管舒张。硝酸甘油是甘油的三硝酸酯，是一种爆炸能力极强的炸药，但其进入体内后可分解产生 NO，迅速降低血压，用于冠心病、心绞痛等疾病的治疗。舌下静脉血管丰富，一般舌下含服，微甜并有灼烧感。需要注意的是，服药时要避免站立，防止血压降低导致头晕而摔伤。

12.5.6 瘦素

瘦素 (leptin) 的发现使人们意识到脂肪组织也可以是内分泌组织。瘦素主要由白色脂肪组织合成和分泌，进入血液后，与瘦素受体结合，激活 JAK-STAT 信号通路，抑制摄食、抑制脂肪合成、促进脂肪分解、促进能量转化、减少脂肪储存量。

然而，大多数肥胖者体内瘦素水平很高，因此，瘦素抵抗可能是其减肥的主要原因。瘦素受体有短型和长型两种，二者胞外结构相同但胞内差异较大。当瘦素与长型受体结合后，其胞内段发生磷酸化，激活细胞内的转录因子，后者进入细胞核中，调节基因的表达，最终引起体重减轻。短型受体可能无此效应。

12.5.7 前列腺素和布洛芬

前列腺素 (prostaglandin, PG)，因其最早从前列腺中提取而得名，虽然前列腺是男性生殖器附属腺中最大的实质性器官，但前列腺素却广泛存在于男女体内多种组织中。前列腺素是一类二十碳的多不饱和脂肪酸衍生物，前体是花生四烯酸 (ARA)。细胞膜磷脂在磷脂酶的作用下分解出 ARA，ARA 在环加氧酶的作用下形成环内过氧化物，再转变为各种前列腺素、白三烯、前列环素、血栓烷 A2 等。

前列腺素与相应受体结合后，广泛参与机体多种调节，可介导细胞增殖、分化、凋亡等过程，可调节雌性生殖功能和分娩过程，促进 / 抑制血小板聚集、影响血栓形成、影响毛细血管通透性、抑制胃酸分泌、刺激小肠运动、调节消化液的分泌，影响甲状腺、肾上腺、卵巢、睾丸的分泌，抑制脂肪分解等。

前列腺素促进子宫收缩，促进月经排出。如果子宫异常收缩，可能引起痛经。布洛芬可抑制环氧合酶 -1 和环氧合酶 -2，环氧合酶是前列腺素合成的关键酶。因此，使用一定量的布洛芬可减轻患者阵发性疼痛。

✳ 12.6 神经调节与体液调节的辨析

一个过程，只要有神经系统参与，就肯定有神经调节。

一个过程，只要有激素发挥作用，就肯定有体液调节。

一个过程，如果有某种激素分泌，那么其可能是神经调节，也可能是体液调节，还可能是神经—体液调节，具体分析如下。

(1) 可能是神经调节，示例如下。

① 如寒冷刺激→ 皮肤冷觉感受器→ 传入神经→ 下丘脑调节中枢→ 传出神经→ 肾上腺髓质 (效应器) → 肾上腺髓质分泌肾上腺素 (效应器所产生的效应)。

② 如血糖浓度升高→ 血管内皮血糖感受器→ 传入神经→ 下丘脑调节中枢→ 传出神经→ 胰岛 B 细胞 (效应器) → 胰岛 B 细胞分泌胰岛素 (效应器所产生的效应)。

(2) 可能是体液调节。如血糖浓度升高，直接刺激胰岛 B 细胞，引起胰岛素分泌。这里的血糖是信息分子。

(3) 可能是神经—体液调节。如寒冷刺激→ 皮肤冷觉感受器→ 传入神经→ 下丘脑调节中枢→ 下丘脑分泌促甲状腺激素释放激素→ 作用于垂体→ 引起垂体分泌促甲状腺激素→ 作用于甲状腺→ 引起甲状腺分泌甲状腺激素等。

第13章 免疫调节

❋ 13.1 免疫系统的组成

2000 多年前，人们就发现那些患过流行病且康复的人对相应的疾病具有一定的抗性，称为免疫 (immunity)。immunity 源于古拉丁文"immunis"，意思是免于徭役或兵役，后引申为对疾病尤其是传染病的免疫力。免疫功能是由机体的免疫系统 (immune system) 执行的。

作为机体执行免疫应答及免疫功能的重要系统，免疫系统由免疫器官、免疫细胞和免疫活性物质组成，如图 13.1 所示。免疫系统具有识别和排除抗原性异物、与机体其他系统相互协调，共同维持机体内环境稳定和生理平衡的功能。

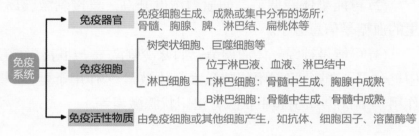

图 13.1　免疫系统的组成

13.1.1　免疫器官

免疫器官主要是指淋巴器官，是免疫细胞生成、成熟或集中分布的场所。淋巴器官包括中枢淋巴器官 (central lymphoid organ) 和外周淋巴器官 (peripheral lymphoid organ)，二者通过血液循环和淋巴循环相互联系，构成免疫系统的完整网络，如图 13.2 所示。

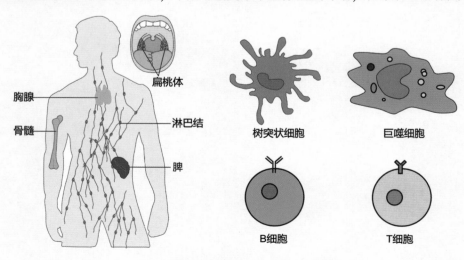

图 13.2　免疫器官和免疫细胞概览

1. 中枢淋巴器官

中枢淋巴器官是免疫细胞生成、发育、成熟的主要场所，人和其他哺乳动物的中枢淋巴器官包括骨髓和胸腺。

骨髓是各种血细胞（包括淋巴细胞）的发源地，也是人类和其他哺乳动物的 B 细胞发育、成熟的场所。骨髓位于骨髓腔中，分为红骨髓和黄骨髓。红骨髓具有活跃的造血功能，黄骨髓含有大量的脂肪，没有直接造血功能。5 岁前，人体骨骼中全是红骨髓，6 岁前后，人体长骨骨髓腔内的红骨髓逐渐转化为黄骨髓。但存在于骶、不规则骨、短骨、扁骨中的红骨髓可以终生存在。在患某种贫血症时，黄骨髓可重新转化为具有造血功能的红骨髓。

骨髓中的造血干细胞可以分裂分化为各种血细胞，其中白细胞是机体的免疫细胞。白细胞包括很多种类的细胞，其中，淋巴细胞在机体第三道防线（特异性免疫应答）中发挥着重要作用，淋巴细胞从功能上可分为 T 淋巴细胞和 B 淋巴细胞，这两类淋巴细胞都起源于骨髓中的淋巴干细胞。一部分淋巴干细胞在发育过程中先进入胸腺，在此分化、增殖、发育、成熟，这种淋巴细胞称为 T 淋巴细胞 (T-lymphocyte)，简称 T 细胞。在鸟类中，一部分淋巴干细胞在腔上囊（又称法氏囊，bursa of fabricius) 发育和成熟，因此这类淋巴细胞称为 B 淋巴细胞 (B-lymphocyte)，简称 B 细胞。哺乳动物的 B 淋巴细胞发育和成熟的场所主要在骨髓，但依然沿用了鸟类的叫法，称为 B 淋巴细胞。另外，还有一大类具有吞噬作用的免疫细胞，包括中性粒细胞、巨噬细胞等。

胸腺是 T 细胞分化、发育、成熟的场所。人在青春期时胸腺的体积最大，随后会萎缩，老年期胸腺的体积明显缩小，皮质和髓质被脂肪组织取代，T 细胞发育成熟减少，导致老年人的免疫功能减退。在骨髓中分化形成的 T 细胞迁移至胸腺后，在胸腺微环境下经过阳性筛选和阴性筛选，约 99% 的细胞发生凋亡，剩下的则发育为初始 T 细胞并经血液循环运输至外周淋巴器官。迪格奥尔格综合征 (DiGeorge's syndrome) 就是先天性胸腺发育不全，导致缺乏 T 细胞，极易发生病菌感染甚至死亡。阴性筛选时，能与胸腺基质细胞表面抗原结合的 T 细胞会凋亡，只有那些不能与自身细胞特异性结合的 T 细胞才能存活。显然，若胸腺基质细胞缺陷，阴性筛选过程障碍，胎儿出生后容易发生自身免疫病。

2. 外周淋巴器官

外周淋巴器官是成熟淋巴细胞集中分布的场所，也是淋巴细胞对外源性病原体产生免疫应答的主要场所，主要包括淋巴结和脾，以及泌尿生殖道的黏膜相关淋巴组织。

淋巴结是广泛分布于全身非黏膜部位的淋巴通道汇集部位，身体浅表部位的淋巴结常位于凹陷隐蔽处，如颈部、腋窝、腹股沟等，内脏的淋巴结多成群分布于器官门附近，如肺门淋巴结。T 淋巴细胞和 B 淋巴细胞成熟后，被释放到血液中，它们连续不断地挤过毛细血管的细胞间隙进入组织液，再进入毛细淋巴管，通过淋巴循环返回到血液，周而复始。淋巴细胞仿佛在血浆、组织液和淋巴间巡逻，途经各个淋巴结。当机体发生感染时，识别

感染源的淋巴细胞会停留在感染组织附近的淋巴结中，在此增殖、分化为抗击感染的效应细胞。

脾是胚胎时期的造血器官，后来骨髓开始造血，脾演变成人体最大的外周免疫器官。脾是成熟的 T 细胞和 B 细胞定居的场所，也是免疫应答发生的场所。与淋巴结的区别在于脾主要应对血源性抗原，淋巴结主要应对淋巴液中的抗原。脾是体内产生抗体的主要器官，B 细胞占脾淋巴细胞总数的 60% 左右。脾还可以合成并分泌多种免疫活性物质，如补体成分、细胞因子等。最后，脾内还含有吞噬能力很强的巨噬细胞和树突状细胞，可清除自身衰老损伤的血细胞及其他异物，发挥过滤功能。

因此，淋巴结和脾是截获抗原，并启动特异性免疫应答的部位。免疫器官的分布特征与功能如表 13.1 所示。

表 13.1　免疫器官的分布、特征与功能

免疫器官	分布与特征	功能
骨髓	骨髓腔和骨松质内	各种免疫细胞发生、分化、发育的场所，机体重要的免疫器官
胸腺	胸骨的后面，呈扁平的椭圆形，分左、右两叶，胸腺随年龄而增长，在青春期时达到高峰，以后逐渐退化	T 淋巴细胞分化、发育、成熟的场所
脾	在胃的左侧，呈椭圆形	含大量淋巴细胞，也参与制造新的血细胞与清除衰老的血细胞等
淋巴结	沿淋巴管遍布全身，主要集中在颈部、腋窝和腹股沟等处；呈圆形或豆状	淋巴细胞集中的地方，能阻止和消灭侵入体内的微生物
扁桃体	咽腭部，左右各一，形似扁桃	内部有许多免疫细胞，具有防御功能

13.1.2 免疫细胞

在骨髓造血诱导微环境中，骨髓中的造血干细胞最终分化为定向干细胞，包括淋巴样干细胞和髓样干细胞，如图 13.3 所示。淋巴样干细胞可分化为祖 B 细胞和祖 T 细胞。髓样干细胞最终可分化为粒细胞、单核细胞、红细胞、血小板等。树突状细胞可以来自髓样干细胞和淋巴样干细胞。

血液中红细胞数量远多于白细胞，成年男性的红细胞数量为 $(4.0 \sim 5.5) \times 10^{12}$ 个·L^{-1}，成年女性为 $(3.5 \sim 5.0) \times 10^{12}$ 个·L^{-1}，新生儿可高达 3.0×10^{12} 个·L^{-1}。正常成年人白细胞总数为 $(1.0 \sim 10.0) \times 10^{9}$ 个·L^{-1}，同样生理情况下，白细胞数目变动范围很大，新生儿高于成年人。此外，进食、疼痛、情绪激动及剧烈运动时白细胞数目均可升高，女性在月经、妊娠和分娩期，白细胞数目也有所升高，甚至昼夜之间白细胞的数目都有变动，下午较清晨时高。

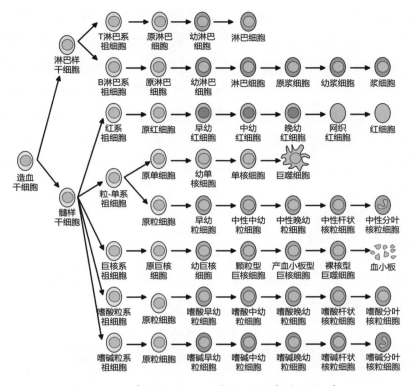

图 13.3　骨髓造血干细胞分化为多种血细胞

成熟的白细胞会迁移到外周组织，在血液和淋巴系统中循环，发挥免疫作用。

按照细胞质中有无颗粒，可以将白细胞分为颗粒细胞和无颗粒细胞。颗粒细胞又可以根据胞浆颗粒的嗜色特征分为中性粒细胞、嗜酸性粒细胞、嗜碱性粒细胞，无颗粒细胞分为单核细胞和淋巴细胞，如表 13.2 所示。

表 13.2　白细胞的类型简介

类　型	简　介
中性粒细胞	占白细胞总数的 50%～70%，寿命为 2～3 天； 具有很强的吞噬作用，可以吞噬细菌、真菌及其他异物，是非特异性免疫的重要成员
嗜酸性粒细胞	占白细胞总数的 1%～4%； 杀死抗体包被的寄生虫
嗜碱性粒细胞	占白细胞总数的 1%； 功能未知，被认为是对嗜酸性粒细胞和肥大细胞功能的补充； 占白细胞总数的 1%～7%，寿命长
单核细胞	单核细胞可发育为巨噬细胞，巨噬细胞是另一类吞噬细胞，吞噬功能强大，参与非特异性免疫和特异性免疫抗原呈递过程
淋巴细胞	占白细胞总数的 20%～40%； 分为 B 淋巴细胞和 T 淋巴细胞，参与特异性免疫应答
树突状细胞	吞噬细胞中的一类； 在外周组织中摄取抗原，在淋巴结中呈递抗原，参与特异性免疫应答

第 13 章　免疫调节

单核细胞是血细胞中体积最大的细胞，血液中的单核细胞是尚未成熟的细胞，由血液穿过血管壁进入外周组织后体积继续增大，活性增加，转变为巨噬细胞。单核细胞还可在组织中发育为树突状细胞。树突状细胞是已知最强的抗原呈递细胞，是机体特异性免疫应答的发起者。

不同种类的白细胞具有不同的功能。例如，中性粒细胞主要进行细菌和衰老红细胞的吞噬，嗜酸性粒细胞负责限制超敏反应，嗜碱性粒细胞可以释放组织胺和肝素；单核细胞负责吞噬各种病原体和衰老的红细胞，并可以释放多种细胞因子。

各种白细胞数量的变化可以反映人体的健康状况。例如，细菌感染初期，中性粒细胞数目会超过正常范围。

13.1.3 免疫活性物质

免疫活性物质包括抗体、细胞因子等，是由免疫细胞或其他细胞产生，并在免疫应答系统中发挥关键作用，如表 13.3 所示。

表 13.3　免疫活性物质及功能

免疫活性物质	来源与分布	种类	功能
抗体	浆细胞产生的专门对抗抗原的蛋白质	IgA、IgG、IgM、IgD、IgE	中和毒素和阻止病原体入侵； 激活补体产生攻膜复合物，使细胞溶解破坏； 调理吞噬和 ADCC 作用； 介导 I 型超敏反应
细胞因子	是由免疫细胞（单核、巨噬细胞、T 细胞、B 细胞、NK 细胞等）和某些非免疫细胞（内皮细胞、表皮细胞、纤维母细胞等）经刺激而合成、分泌的一类具有广泛生物学活性的小分子蛋白质	白细胞介素、干扰素、肿瘤坏死因子超家族、集落刺激因子、趋化因子、生长因子等	通过结合相应受体调节细胞生长、分化，调控固有免疫和适应性免疫应答，在治疗肿瘤、感染、造血功能障碍、自身免疫病等方面都有应用
溶菌酶	主要来源于免疫细胞，如单核细胞和中性粒细胞，也广泛存在于人体的多种细胞中，包括唾液腺细胞、泪腺细胞、呼吸道和消化道的黏膜细胞，以及皮肤的表皮细胞等	植物溶菌酶、动物溶菌酶、微生物溶菌酶、蛋清溶菌酶等	通过破坏细胞壁中的 N- 乙酰胞壁酸和 N- 乙酰氨基葡萄糖之间的 β-1,4- 糖苷键，使细胞壁不溶性黏多糖分解成可溶性糖肽，导致细胞壁破裂，内容物逸出，从而使细菌溶解。溶菌酶还可与带负电荷的病毒蛋白直接结合，与 DNA、RNA、脱辅基蛋白形成复合体，使病毒失活

✿ 13.2 免疫系统的功能

免疫系统的功能可以概括为机体识别和清除外来病原体及体内衰老、损伤、癌变的细胞以维持机体内环境稳态。免疫系统具有识别非己物质、防止非己物质入侵、清除体内非

己物质的功能。这里的非己物质可能是体外的抗原物质，如各种病原体、蜂毒、蛇毒等；也可能是机体自身产生的癌细胞，以及衰老、损伤的细胞等；也可能是被病原体侵染的自身细胞。

因此，免疫系统的功能可以概括为三个方面：免疫防御、免疫监视和免疫自稳。

免疫防御强调的是免疫系统识别并阻止或清除外源性抗原分子或细胞。若过强则导致过敏性反应，若过弱则导致免疫缺陷病。

免疫监视是指免疫系统可以随时发现并清除机体内出现的被病原体感染的细胞或衰老、损伤、癌变的细胞。若出错则导致自身免疫病，如风湿性心脏病、类风湿性关节炎、系统性红斑狼疮等，其若不足则导致病原体持续感染或肿瘤。渐冻症的发病原因有很多，其中一种是身体的免疫系统错误地将突触后膜上的神经递质的受体当成了抗原，因此产生了针对这些受体的抗体。抗体一旦与受体结合，就封闭了这些受体，使神经递质不能与相应的受体结合，导致兴奋无法传递。目前针对渐冻症并没有特别有效的治疗方案，有一种饮鸩止渴的方式，是切除胸腺。它在一定程度上，可以缓解渐冻症。而切除胸腺后，体液免疫大大减弱，所以产生抗体的能力显著降低，同时，细胞免疫完全丧失，因此无法清除自身衰老、损伤、癌变的细胞，后期一般会有恶性肿瘤的发生。

免疫自稳强调的是免疫系统通过自我调控机制调节免疫应答的程度，使免疫功能在机体生理范围内保持相对稳定的能力。一旦免疫自稳出现紊乱，就会导致免疫防御和监视异常。

◁─○ **知识拓展：人教版教材关于免疫系统功能的介绍** ◉─▷

免疫自稳方面：若该功能异常，则容易发生自身免疫病，因为免疫自稳一旦紊乱，就会导致免疫防御和监视异常，进而可能导致自身免疫病。

免疫监视方面：若此功能低下或失调，机体会有肿瘤发生或持续的病毒感染。

免疫防御方面：异常时，免疫反应过强、过弱或缺失，可能导致组织损伤或易被病原体感染等问题。

✳ 13.3 免疫的分类

按照不同的分类方式，免疫有多种类型，如机械保护和生理保护、非特异性免疫和特异性免疫、主动免疫和被动免疫、先天性免疫和后天性免疫等。下面以先天性免疫和后天性免疫为例进行说明。

13.3.1 先天性免疫

先天性免疫是指生来就有的、非特异性免疫，包括第一道防线和第二道防线。

注 意

婴儿从母体获得的抗体当然是生来就有的，但不属于先天性免疫，因为这是特异性免疫。

1. 第一道防线

免疫的第一道防线是生物体在长期进化过程中逐渐形成的天然免疫防御体系，包括身体表面的物理屏障、化学屏障、微生物屏障，以及体内的屏障，如血脑屏障、血胎屏障等。

由致密上皮细胞组成的皮肤和黏膜组织相互交错，形成机械屏障，可有效阻挡病原体的入侵。呼吸道黏膜上皮细胞游离面的纤毛定向摆动，以及黏膜表面分泌的黏液，都可以有效清除表面的病原体。

皮肤和黏膜分泌物中含有多种杀菌或抑菌物质，包括但不限于不饱和脂肪酸、乳酸、胃酸、溶菌酶、抗菌肽、乳铁蛋白等，这些物质构成抵抗病原体感染的化学屏障。

生活在体表和消化道的菌群可以分泌一些杀菌或抑菌物质，抵御病原体的感染。例如，唾液链球菌产生的 H_2O_2 可有效抑制白喉杆菌和脑膜炎球菌的感染，大肠杆菌产生的细菌素也可以抑制某些厌氧菌的生长。所以，如果滥用某些广谱抗生素，在杀死病原体的同时，也会导致消化道正常菌群失调。

即使病原体突破了皮肤黏膜屏障进入血液循环，体内的血脑屏障或血胎屏障也可以阻止病原体进入中枢神经或胎儿体内，实现对机体核心器官或胎儿的保护。

2. 第二道防线

免疫系统的第二道防线是指体内的非特异性保护作用，由某些血清蛋白和天然免疫细胞构成，是生理保护，通过非特异性反应实现，如溶菌酶、巨噬细胞、补体、干扰素等。

天然免疫细胞包括粒细胞、巨噬细胞、树突状细胞、肥大细胞、自然杀伤细胞 (NK 细胞) 等。

粒细胞主要分布于血液、黏膜等结缔组织中，包括中性粒细胞、嗜酸性粒细胞、嗜碱性粒细胞。粒细胞是参与炎症或过敏性炎症反应的重要效应细胞。

肥大细胞主要存在于黏膜和结缔组织中，表达趋化性受体和高亲和力的 IgE Fc 受体。在病原体感染等引起内皮细胞产生的趋化因子的作用下，肥大细胞可被招募到病原体感染部位并活化，通过分泌其他趋化因子、细胞因子，参与和促成炎症反应。肥大细胞如果被招募到变应原入侵部位，可以通过 IgE Fc 受体与变应原特异性 IgE 结合而处于致敏状态，最终可能释放组织胺、白三烯等过敏介质引起过敏反应。

单核细胞由粒细胞分化而来，在血液中停留 12 ～ 24 小时，随后在趋化因子的作用下迁移至全身各组织器官并发育为巨噬细胞。

巨噬细胞有定居和游走两种类型。定居巨噬细胞在不同的器官组织处有不同的名字，如中枢神经系统中的小胶质细胞、骨组织中的破骨细胞等。游走巨噬细胞具有很强的变形能力及识别、吞噬、杀伤、清除病原体的能力。作为专职抗原呈递细胞，巨噬细胞还具有摄取、

处理、呈递抗原以引发特异性免疫应答的能力。

树突状细胞包括来源于骨髓共同髓样前体的经典树突状细胞、来源于骨髓共同淋巴样前体的浆细胞样树突状细胞、来源于间充质祖细胞的滤泡树突状细胞。经典树突状细胞摄取、处理抗原的能力强，但呈递抗原启动特异性免疫应答的能力弱。浆细胞样树突状细胞对抗原的摄取、处理、呈递能力较弱，但可被病毒 ssRNA 或某些 DNA 病毒激活，产生大量的 I 型干扰素，在机体抗病毒免疫应答中发挥重要作用。滤泡树突状细胞没有抗原处理呈递功能，但其可以识别捕获细菌及其裂解物、抗原—抗体复合物等。

○── **知识拓展：干扰素 (interferon，IFN)** ◆──

　　化学本质是糖蛋白，具有高度的种属特异性。在免疫反应中具有抗病毒、抑制细胞增殖、调节免疫应答、抗肿瘤的作用。在人、小鼠、牛、马等哺乳动物中的干扰素均有 α、β、γ 三种类型。人的 α 和 β 干扰素基因位于 9 号染色体的短臂上，γ 干扰素基因位于 12 号染色体的长臂上。α 和 β 干扰素属于 I 型干扰素，由被病毒感染的体细胞产生。γ 干扰素属于 II 型干扰素，由白细胞产生，它可以对抗感染并抗击肿瘤。干扰素并不直接杀死病毒，而是作为信号刺激周围细胞产生另一种能抑制病毒复制的蛋白质，从而抵抗感染。

　　病原体或抗原分子与天然免疫细胞表面受体结合，启动抗原的非特异性清除，包括以下几种方式。

(1) 裂解死亡：肿瘤细胞和被感染的宿主细胞的质膜表面通常会有异常分子，能被天然免疫细胞表面受体识别并结合，导致前者裂解死亡。NK 细胞不需要抗原激活，也不需要抗体协助，就可以分泌穿孔素和颗粒酶，直接杀伤靶细胞，机理与细胞毒性 T 细胞类似。

(2) 炎症反应：白细胞吞噬并降解外源性物质或细胞碎片时，会产生一些化学信号，促进伤口愈合及分泌细胞因子以招募其他白细胞。这种导致天然性和获得性白细胞聚集到受伤部位的过程称为炎症反应。

(3) 吞噬作用：主要由中性粒细胞、树突状细胞、巨噬细胞这三种专职吞噬细胞完成吞噬清除工作。

○── **知识拓展：发炎** ◆──

　　炎症反应，是机体对刺激的一种防御反应。一旦有病原体突破宿主的物理、化学屏障，感知细胞可以及时发现并启动炎症反应，一般表现为红、肿、热、痛功能障碍。这是因为当皮肤破损时，毛细血管和细胞被破坏，损伤细胞会释放某种化学物质 (组织胺) 作为报警信号，引发神经冲动，使人产生痛觉。炎症反应还会使受损伤部位的微动脉和毛细血管舒张、扩大，皮肤变红，使毛细血管的通透性升高，蛋白质和液体逸出，形成局部肿胀，同时局部体温升高。这样，就可以提升白细胞吞噬侵入病原微生物的能力。通常情况下，炎症是有益的。

炎症反应中，粒细胞、正常组织、病原体会解体死亡，形成浓稠或稀薄的混合物，即脓液。脓液中的中性粒细胞大多数已经变性坏死，称为脓细胞。脓液出现，表示身体正在克服感染。

◆ 知识拓展：发热：一种非特异性防御机制 ◆

众所周知，下丘脑中有体温调节中枢，正常情况下它可以调控体温为 36.5℃ ± 0.5℃。有病原体入侵时，巨噬细胞释放白细胞介素-1、细菌产生的内毒素等可作为致热原，刺激下丘脑内的神经元，使体温升高，引起发热。发热一般是好的，可以促进机体的吞噬作用，促使肝、脾储存铁离子，以降低血液中的铁离子。由于细菌生长时需要大量的铁离子，所以这种降低铁离子的机制有助于增强机体的防御功能。但在癌症、恶性肿瘤中后期等也会经常发生发热现象，此时的发热已经不能保护机体，而是机体稳态失调的表现。另外，如果体温超过 39.4℃ 也会对人体造成伤害，超过 40.6℃ 甚至是致命的，所以说过度的保护属于损害，如图 13.4 所示。

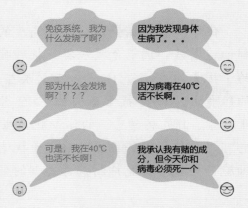

图 13.4 身体和免疫系统的对话

13.3.2 后天性免疫

后天性免疫，即特异性免疫，包括体液免疫和细胞免疫。

✺ 13.4 抗体

13.4.1 抗体的结构

抗体 (antibody，Ab) 是介导体液免疫的重要效应分子，是在抗原的刺激下，由 B 细胞或记忆 B 细胞增殖分化形成的浆细胞产生的、可与相应抗原发生特异性结合的免疫球蛋白 (immunoglobulin，Ig)。抗体主要分布在血清中，也分布在组织液、外分泌液、某些细胞膜的表面。

抗体的种类很多，可达 10^9，数量可达 10^{20}。哺乳动物的抗体可分为五大类型，其基本结构都相同，如图 13.5 所示。

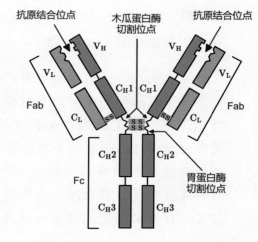

图 13.5 抗体的结构

生物是门科学 不可思议的生命探险

(1) 2 条重链 +2 条轻链，通过 -S-S- 形成 Y 形结构。

(2) 轻链包括 1 个 V 区和 1 个 C 区，重链包括 1 个 V 区和 3 个 C 区。

(3) C 区在同一类型的抗体中相当保守，变异主要表现在 V 区，两链的 V 区共同构成抗原的结合部位。

(4) 抗体是二价的，抗原是多价的。

(5) 用木瓜蛋白酶处理时，在铰链发生断裂，释放出基部片段 Fc 和两个单价的臂 Fab。

(6) 用胃蛋白酶处理时，产生一个称为 F(ab)$_2$ 的二价片段。

13.4.2 抗体的种类

众所周知，抗体主要分为五大类型，它们分别是：IgG，IgA、IgM、IgD、IgE，如图 13.6 所示。分类依据如下。

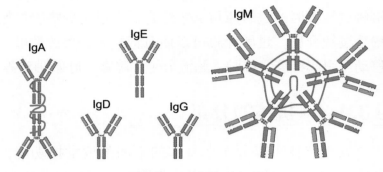

图 13.6　5 大类型抗体

(1) Ig 分子的 C$_L$ 的氨基酸序列分为两种基本类型：κ 和 λ，它们存在于所有 5 种 Ig 中，一个 Ig 分子只有其中一种。这里 C 表示 constant，恒定区；L 表示 light，轻链，类似的还有 V$_L$、C$_H$ 等。

(2) Ig 分子的 C$_H$ 的氨基酸序列分为 5 种基本类型：γ、α、μ、δ、ε，每个类别的 Ig 只含有其中一种类型，分别对应 IgG、IgA、IgM、IgD、IgE。

5 类抗体的具体内容如下。

(1) IgG：血清中最基本的一类抗体，在许多脊椎动物中只有 IgG。IgG 是记忆 B 细胞引发的再次免疫反应中的主要抗体，巨噬细胞表面除了 MHC-Ⅱ蛋白外，还有一类受体能识别并结合 IgG 的 Fc 区，一旦结合，巨噬细胞则通过吞噬作用吞没复合体。IgG 也是唯一能通过胎盘而进入胎儿体内的抗体，所以新生儿前几周是依靠母体的 IgG 抵御细菌病毒的。

(2) IgM：在对入侵抗原做初次免疫反应的早期产生，可以以单体（"Y"形）的形式结合在膜上，也可以以五聚体的形式存在。五聚体的分子很大，因此，只存在于血液中。IgM 的产生没有二次免疫的特征（见图 13.7）。IgM 的主要功能是抑制、凝集、溶解入侵血液的细菌。

(3) IgA：主要存在于身体的分泌物中，如唾液、泪液、乳液等，是初乳和乳汁中的主要抗体，

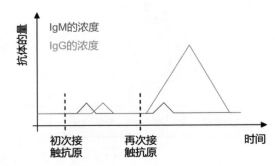

图 13.7　IgM 和 IgG 的量与接触抗原的时间关系

可以是单体、二聚体或三聚体。那么婴儿从乳汁中获得的抗体为什么没有被其消化系统降解，为什么能发挥免疫功能？一是因为婴儿的消化系统不健全；二是因为乳汁中的抗体可以在婴儿肠道的小肠绒毛上皮细胞游离面以胞吞的形式进入小肠绒毛上皮细胞，然后以胞吐的形式从小肠绒毛上皮细胞的基底面释放到内环境中。

(4) IgD：存在于 B 细胞的表面，某些 B 细胞在免疫反应中很快产生 IgD，其抗原结合部位与同一细胞产生的 IgM 相同，但 IgD 的功能尚不清楚。

(5) IgE：在过敏反应中发挥重要作用。引起过敏反应的物质称为过敏原 (allergen)，初次接触过敏原，我们身体会产生相应的抗体，其中就包括 IgE。免疫反应结束后，剩余的 IgE 可以结合在身体中的嗜碱性粒细胞和广泛分布于组织中的肥大细胞的细胞膜上，IgE 通过 Fc 区结合在这些细胞膜上，此时，我们可以将 IgE 看作这些细胞膜表面的受体。当再次接触过敏原时，过敏原与 IgE 结合，可以诱导嗜碱性粒细胞和肥大细胞释放组织胺、白三烯等过敏介质。过敏介质可以使血管扩张、渗透性增大，促使免疫细胞和物质向发炎部位移动，引起红疹、红肿、黏液分泌、哮喘、呼吸困难等过敏反应。

13.4.3 抗体的分布

五类抗体可以分布在身体的不同部位发挥功能，如图 13.8 所示。胞外病原体能够从呼吸道、消化道、生殖道黏膜等多个部位侵入体内，因此抗体必须分布在相应的区域以抗击病原体。很多病原体也会通过蚊虫叮咬等方式进入血液，所以身体黏膜和血液中也都分布有抗体。

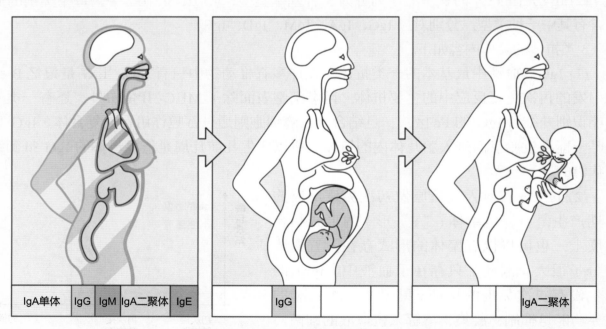

图 13.8　免疫球蛋白在人体中的分布 (Janeway CA Jr, 2001)

在健康女性（和男性）中，IgM、IgG 和单体 IgA 在血液中占主导地位。IgG 和单体 IgA 是细胞外液中的主要免疫球蛋白类型，二聚体 IgA 在黏膜上皮中占主导地位，IgE 主要与上皮表面下方结缔组织中的肥大细胞相关，主要在皮肤、呼吸道和胃肠道中。在胎儿的产前发育过程中，胎儿无法制造自己的免疫球蛋白，为了给胎儿提供保护性抗体，IgG 通过胎盘选择性地从母体转运至胎儿循环。这种 IgG 可以针对母亲经历过的感染提供保护，以应对最近和当前的感染。出生后通过母乳喂养，婴儿从母乳中获得二聚体 IgA，这是母乳中的一种主要免疫球蛋白。

13.5 抗原

抗原 (antigen，Ag)，又称免疫原，是指所有能诱导机体发生免疫应答的物质，具有异物性、大分子性、特异性等特点。抗原可以是任何进入体内，既能引发机体产生特异性免疫应答 (免疫原性)，又能与相应的免疫应答产物特异性结合 (反应原性) 的物质，也可以是机体自身产生的衰老、损伤、癌变的细胞或细胞释放的胞内蛋白，以及被病原体感染了的人体细胞、人体细胞内合成的异常蛋白质等。

如前文所述，我们可以根据抗原的来源不同，将其分为外源性抗原和内源性抗原。除此之外，还有一些其他的分类方式。

13.5.1 胸腺依赖性抗原和非胸腺依赖性抗原

根据激活特异性免疫产生抗体时是否需要辅助性 T 细胞 (Th 细胞) 的参与，可以将抗原分为胸腺依赖性抗原 (TD-Ag) 和非胸腺依赖性抗原 (TI-Ag) 两类。

绝大多数蛋白质抗原，如病原微生物、大分子化合物、血清蛋白等，在刺激 B 细胞产生抗体时，必须有 Th 细胞的辅助。天然抗原，如微生物、外毒素、卵清蛋白等大多是 TD-Ag。TD-Ag 既能引发细胞免疫，也能引发体液免疫，但免疫反应较慢。TD-Ag 对新生儿或未成熟 B 细胞没有刺激作用。因此，先天性胸腺缺陷或后天性 T 细胞功能缺陷的个体，应对 TD-Ag 的能力明显降低。

非胸腺依赖性抗原无须 Th 细胞辅助，可直接激活成熟 B 细胞产生抗体，多属于多糖抗原。TI-Ag 一般不引起细胞免疫，且只产生 IgM 和少量 IgG，无免疫记忆，反应迅速。TI-Ag 可分为 TI-1 Ag 和 TI-2 Ag 两类。前者主要是细菌脂多糖 (LPS) 等，可特异性或非特异性激活多种 B 细胞，后者主要是肺炎链球菌荚膜多糖、聚合鞭毛素等，可以与 B 细胞表面受体 (BCR) 结合，激活成熟的 B 细胞免疫应答。婴儿的 B 细胞发育不成熟，所以应对 TI-2 Ag 的能力较低。

13.5.2 完全抗原和半抗原

抗原具备免疫原性和反应原性。免疫原性是指抗原可以被 B 细胞或 T 细胞表面的特异性受体识别并结合，引发机体的特异性免疫反应。反应原性指的是抗原能够与其诱导的免疫反应的应答产物 (抗体或效应细胞毒性 T 细胞) 特异性结合。

同时具有免疫原性和反应原性的抗原称为完全抗原，只具有反应原性而不具有免疫原性的抗原称为半抗原。至于只具有免疫原性而不具有反应原性的抗原是不存在的。因为这种物质，能够激活我们的免疫反应，而我们的免疫反应产生的抗体或效应细胞毒性 T 细胞却不能与之结合，如果存在，会对人类的健康造成巨大的威胁。

完全抗原主要是蛋白质、糖类、脂质、核酸等类型的抗原。一个病原体的表面有不止一种抗原，有的能被含有特异性膜受体的淋巴细胞识别并结合，引发特异性免疫反应；有的能被单核细胞、巨噬细胞识别，引发非特异性免疫反应。半抗原主要有青霉素、吗啡、寡糖、脂类、核酸等。半抗原虽然没有免疫原性，但如果与某种蛋白质结合，可能就获得了免疫原性，变成完全抗原。如青霉素进入人体后，其降解产物如果和组织蛋白结合，就可能获得免疫原性，诱导机体产生 IgE 抗体并介导 I 型超敏反应，即青霉素过敏。

13.5.3 抗原决定簇

抗原虽然是大分子，但抗原分子能被抗体识别并结合的只有某些基团，这些基团由 3～8 个氨基酸残基组成，称为抗原决定簇或抗原表位。

一个抗原有 2～200 个抗原决定簇，抗体与抗原表位一一对应，如图 13.9 所示。有的抗原决定簇位于抗原分子的表面，因而有抗原作用，有的位于抗原分子的内部，因而没有抗原作用，须经抗原呈递细胞处理后，暴露出来，才能具有抗原作用。

一个半抗原相当于一个抗原表位，仅能与 BCR/TCR/抗体分子的一个结合部位结合。

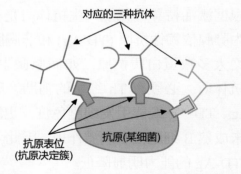

图 13.9　抗原表面有多个抗原决定簇 (抗原表位)，抗体与抗原表位一一对应

13.6 抗原与抗体的结合

抗体与抗原的非共价结合十分有利 (见图 13-10)，主要内容如下。

(1) 使抗原沉淀或凝集：抗体能使可溶性蛋白抗原相互凝聚，失去溶解性发生沉淀；也可以使具有抗原分子的细胞发生聚团而失去活动能力，如红细胞凝集。抗体结合在抗原上相当于为抗原加上一个标签，能准确被巨噬细胞、中性粒细胞、K 细胞、细胞毒性 T 细

胞的膜受体识别 (针对Fc)，进一步将抗原—抗体复合物吞噬清除或将细胞基团触杀裂解死亡。

(2) 激活补体系统：当细胞型病原体与相应抗体结合后，抗体分子的构象也会发生改变，隐藏在抗体分子内的寡糖链就暴露出来，其可激活补体，

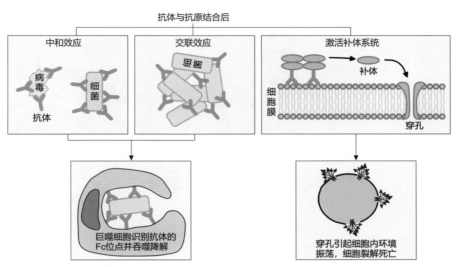

图 13.10　抗体与抗原结合后的效应

使被结合的病原微生物迅速被裂解死亡。抗原—抗体复合物会在血流较缓的部位，如关节、肾小球等处沉积。此时激活的补体会造成血管内皮细胞损伤，引发关节炎、肾小球肾炎等，临床上称为Ⅲ型过敏反应。

(3) 激活 K 细胞等：K 细胞即杀伤性淋巴细胞，存在于血液中，抗原—抗体复合物能激活 K 细胞以将靶细胞杀死。K 细胞必须在抗体 Fc 的协助下才能具有免疫杀伤作用，所以 K 细胞又称抗体依赖型细胞毒细胞。

❋ 13.7　B 细胞的成熟

造血干细胞 (hematopoietic stem cell, HSC) 在胚胎期存在于肝脏中，成年后存在于骨髓中。细胞分裂分化后，一部分维持干细胞状态，一部分产生淋巴母细胞。这些淋巴母细胞一部分随血液进入胸腺，形成 T 细胞，进一步分裂分化，形成具有多种特异性膜受体的成熟 T 细胞，一部分在骨髓或其他部位中分裂分化，形成 B 细胞，B 细胞有数十亿种，因此称为 B 淋巴细胞亚群。

理论上数十亿种 B 细胞可以识别世界上所有种类的抗原。每一种 B 细胞表面都有特异性的膜受体 (B-cell receptor, BCR)。这个受体与这个 B 细胞受到刺激后形成的浆细胞所能产生的抗体的空间结构几乎一模一样。

这些 B 淋巴细胞亚群，接下来会在骨髓中游走，游走的过程中会遇到我们自身的细胞，此时会发生两种情况：绝大多数 B 淋巴细胞不能与我们自身的细胞特异性结合，它将会被选择性保留下来，成为成熟的 B 细胞，少数的 B 淋巴细胞遇到了能与其特异性结合的我们自身的细胞，这些 B 淋巴细胞就会死掉。这个过程称为阴性筛选 (见图 13.11)。阴性筛选的结果是使那些不会与我们自身的细胞发生免疫反应的成熟 B 细胞能够存活下来，从而实现免疫耐受。

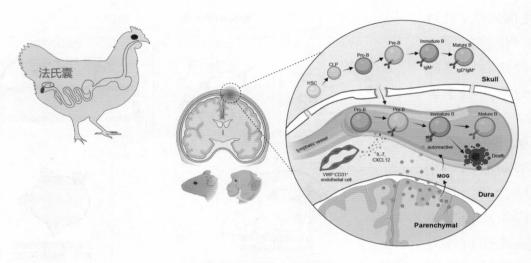

图 13.11　B 细胞成熟和阴性筛选 (Wang Y, 2021)

►►►

　　1965 年，人们在鸟类的法氏囊 (bursa of fabricius) 中发现 B 细胞。1974 年，类似的细胞在哺乳动物的骨髓中被发现，但 沿用了 B 细胞这个名字。过去认为，哺乳动物 B 细胞发育中的耐受筛选只发生在骨髓中，但某些神经功能相关蛋白只在中枢神经系统特异性表达，针对这些蛋白，自身免疫性 B 细胞如何实现免疫耐受呢？之前的解释是中枢神经系统的免疫豁免。免疫细胞进出中枢神经系统受到严格控制，从而避免了对中枢神经系统的攻击。2015 年以来，越来越多的研究证实大脑脑膜中存在着大量的、各种各样的免疫细胞，因此否定了免疫豁免学说。那么，中枢神经系统的免疫耐受是如何形成的呢？ 2021 年 10 月，西湖大学徐和平和何丹阳研究团队发现，除了成熟 B 细胞，小鼠脑膜中还含有处于各种早期发育阶段的 B 细胞，证实了脑膜中也存在一条 B 细胞成熟筛选途径以实现免疫耐受。

　　接下来，这些成熟的 B 淋巴细胞亚群会在体液中游走，游走的过程中，若一种成熟的 B 细胞没有遇到能与其表面的受体特异性结合的抗原，这个成熟的 B 细胞将会逐渐凋亡死掉，这样的 B 细胞占绝大多数。若一种成熟的 B 细胞遇到了能与其表面的受体特异性结合的抗原，这个成熟的 B 细胞将会被选择性保留下来，成为致敏 B 细胞，这样的 B 细胞是极少数的。这个过程称为阳性筛选。阳性筛选的结果是使特异性免疫反应具有特异性。

　　致敏 B 细胞在受到辅助性 T 细胞的刺激，以及辅助性 T 细胞释放的细胞因子的刺激时，会增殖分化，形成浆细胞和记忆 B 细胞，具体如下。

　　(1) 浆细胞。浆细胞可以合成并分泌大量的抗体。浆细胞分泌的抗体的结构，与形成该浆细胞的 B 细胞的细胞膜上受体的结构几乎完全一样，因此抗体就可以和引起这种抗体分泌的抗原特异性结合。又因为抗体是二价的，抗原是多价的，所以抗体与抗原结合，形成抗原—抗体复合物，引起病原体聚集、沉淀，形成细胞基团，干扰了病原体的增殖、扩散，阻止了病原体对机体组织的黏附、感染。最终抗原—抗体复合物被吞噬细胞吞噬、清除。

　　(2) 记忆 B 细胞。当机体再次遇到相同抗原时，记忆 B 细胞会迅速增殖分化，形成大量的浆细胞和记忆 B 细胞。浆细胞会产生大量的抗体，从而在我们表现出病症之前清除病原体。这个过程称为二次免疫，特点是反应速度更快、抗体水平更高、免疫反应更强。

13.8 T 细胞的成熟

T 细胞和 B 细胞在相应器官中分裂、分化、成熟的过程与抗原无关，但受激素 (胸腺素) 和多种细胞因子的影响。通过阴性筛选，使能识别自身成分的那部分淋巴细胞选择性凋亡，所以最终形成的免疫系统理论上都不会针对我们自身的细胞、成分发生免疫反应，即免疫耐受。

骨髓中的多能造血干细胞 (HSC) 在骨髓中分化形成淋巴样祖细胞后经过血液循环进入胸腺，在这里发育为成熟的 T 细胞，再经血液循环进入外周淋巴器官发挥作用。T 细胞在成熟的过程中主要经历多样性 TCR 的表达、自身 MHC 限制性 (阳性筛选)、自身免疫耐受 (阴性筛选) 的过程，如图 13.12 所示。

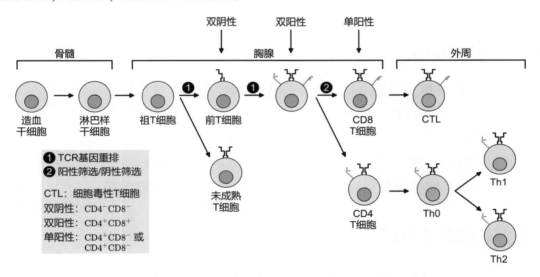

图 13.12　T 细胞的成熟过程 (曹雪涛 , 2013)

13.8.1 TCR 的重排

T 细胞在胸腺成熟的过程中，根据其 CD4 和 CD8 的表达情况，可分为双阴性细胞、双阳性细胞、单阳性细胞三个阶段。

T 细胞表面的 TCR 可分为 αβT 细胞和 γδT 细胞，从祖 T 细胞 (pro-T) 开始重排 TCR，这两类 T 细胞各自重排自己的 α 基因、β 基因、γ 基因、δ 基因。成功表达前 TCR 的细胞称为前 T 细胞，随后在细胞因子的诱导下，前 T 细胞增殖并表达 CD4 和 CD8，形成双阳性 T 细胞。

双阳性 T 细胞经过阳性筛选形成单阳性 T 细胞，随后单阳性 T 细胞经过阴性筛选形成成熟 T 细胞，进入外周免疫器官。

TCR 基因群与 BCR 基因群结构相似，其重排过程也相似，最终形成的 TCR 的多样性高达 10^{16} 种。

13.8.2 阳性筛选

在胸腺皮质中，双阳性 T 细胞的 TCR 与胸腺上皮细胞表面的自身抗原 - MHC - Ⅰ 复合物或自身抗原肽 - MHC - Ⅱ 复合物相互作用，具体如下。

(1) 能以适当亲和力结合的双阳性 T 细胞得以存活并获得 MHC 限制性，不足 5%。

(2) 不能结合或亲和力过高的双阳性 T 细胞发生凋亡，占全部双阳性 T 细胞的 95% 以上。

与自身抗原 - MHC - Ⅰ 复合物结合的双阳性 T 细胞，CD8 的表达水平升高，CD4 的表达水平降低直至丢失；与自身抗原肽 - MHC - Ⅱ 复合物结合的双阳性 T 细胞，CD4 的表达水平升高，CD8 的表达水平降低直至丢失。

经过阳性筛选，双阳性 T 细胞分化为单阳性 T 细胞并获得 MHC 限制性。

13.8.3 阴性筛选

单阳性 T 细胞与树突状细胞、巨噬细胞等细胞表面的自身抗原 - MHC - Ⅰ 或自身抗原 -MHC- Ⅱ 复合物相互作用，具体如下。

(1) 高亲和力的单阳性 T 细胞发生凋亡，少部分分化为调节性 T 细胞。

(2) 不能结合的单阳性 T 细胞得以存活，形成成熟的 T 细胞。

阴性筛选清除了那些自身反应性 T 细胞，维持 T 细胞的免疫耐受。

13.8.4 T 细胞的分类

根据功能不同，T 细胞可分为辅助性 T 细胞 (Th 细胞)、细胞毒性 T 细胞 (CTL)、调节性 T 细胞 (regulator T cell, Treg) 等。

辅助性 T 细胞均表达 CD4，通常所说的 $CD4^+T$ 细胞是指 Th 细胞。未经抗原刺激的初始 $CD4^+T$ 细胞为 Th0。Th0 受抗原和细胞因子的调控，分化为不同的类型。例如，细胞内病原体、肿瘤抗原、IL-12、IFN-γ 诱导 Th0 分化为 Th1，普通细菌、可溶性抗原、IL-4 诱导 Th0 分化为 Th2 等。

细胞毒性 T 细胞均表达 CD8，通常所说的 $CD8^+T$ 细胞是指 CTL。CTL 主要识别内源性抗原肽 -MHC- Ⅰ 复合物进而杀伤靶细胞，具体机制有以下两种。

(1) 分泌穿孔素、颗粒酶等直接杀伤靶细胞。

(2) 通过表达死亡配体 FasL 或分泌 TNF-α，分别与靶细胞表面的死亡受体 Fas 或 TNF 受体结合，诱导靶细胞凋亡。

CTL 在杀伤靶细胞的过程中，自身不受伤害，因此可以连续杀伤多个靶细胞。

生物是门科学 不可思议的生命探险

调节性 T 细胞主要通过两种方式降低免疫应答强度，一是通过直接接触抑制靶细胞活化，二是分泌 TGF-β、IL-10 等细胞因子抑制免疫应答。

13.9 MHC

人类和脊椎动物的有核细胞的细胞膜表面，都有一类在同种异体组织或器官移植后能引发排斥反应的抗原，称为主要组织相容性复合体 (major histocompatibility complex, MHC)，是每个动物个体特有的分子标签。一个 MHC 分子由两条不同的肽链组成，每个细胞膜上有多个不同种类的 MHC 分子。

人的 MHC 称为人类白细胞抗原 (human leukocyte antigen, HLA)。1999 年《自然》(Nature) 杂志报道了人的 HLA 基因序列，HLA 基因复合体位于人的 6 号染色体短臂上，全长 3.6 Mb，共有 224 个基因座，其中 128 个为有功能的基因座，每个基因编码一种特异性蛋白。另外，这 128 个基因中，每个基因又各自拥有众多的等位基因。截至 2022 年，HLA-A 有 3489 个等位基因、HLA-B 有 4356 个等位基因，HLA-C 有 3111 个等位基因，这 128 个基因座上的等位基因共有 35 000 多个，据估计等位基因的总量超过百万。所以除了同卵双生的两个人外，没有两个人的 MHC 标签是完全相同的。而且，每个人的 HLA 结构终身不变，所以可以用于亲子鉴定或身份证明。

MHC 基因分为 Ⅰ 类基因、Ⅱ 类基因、Ⅲ 类基因。Ⅰ 类基因和 Ⅱ 类基因的产物具有抗原呈递功能，直接参与辅助性 T 细胞的活化，调节特异性免疫应答。Ⅰ 类 MHC 分布于除红细胞外的所有细胞膜表面，只与内源性抗原结合；Ⅱ 类 MHC 只位于单核细胞、巨噬细胞、成熟 B 细胞等抗原呈递细胞的细胞膜表面，只与外源性抗原结合，Ⅲ 类基因参与调控固有免疫应答或抗原的加工。

13.10 抗原呈递细胞和抗原呈递过程

免疫应答主要是从抗原呈递细胞 (APC) 对外源性抗原的摄取、处理和呈递给其他淋巴细胞开始的。APC 包括树突状细胞、单核细胞、巨噬细胞、B 细胞、内皮细胞。广义的 APC 还包括被病原体感染后，呈递有抗原肽 -MHC-Ⅰ复合物的靶细胞。

树突状细胞由红骨髓产生，具有多种亚群，是目前已知功能最强的 APC，因为它既有分支状形态和吞噬功能，又能呈递内源性和外源性抗原。

初次免疫时，Th 细胞和 Tc 细胞无一例外是从外周淋巴组织中接受树突状细胞呈递的抗原肽 -MHC-Ⅱ复合物和抗原 -MHC-Ⅰ复合物后活化的。二次免疫中，数量更多、抗原亲和力更强的记忆 B 细胞也可以作为 APC，用于活化 Th 细胞，如图 13.13 所示。

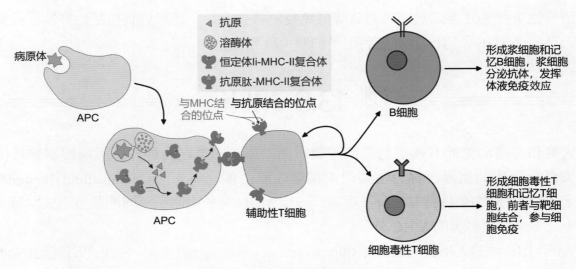

图 13.13　抗原呈递细胞工作示意

13.10.1 外源性抗原的呈递

　　外源性抗原的呈递主要由 MHC-Ⅱ 分子完成。APC 主要通过模式识别受体识别外源性抗原，以胞饮作用、吞噬作用、受体介导的内吞作用和内化作用等方式摄取抗原。微生物或大分子蛋白质被 APC 内吞后，在 APC 的溶酶体内被降解成适合与 MHC-Ⅱ 分子结合的、含有 10～30 个氨基酸的短肽，称为外源性抗原肽。内质网中新合成的 MHC-Ⅱ 分子原本与称为恒定链的 Ii 结合。Ii 的作用除了能促进 MHC-Ⅱ 分子的组装和折叠外，还可以阻止 MHC-Ⅱ 分子与其他内源性多肽结合。外源性抗原肽接下来会代替 Ii，与 MHC-Ⅱ 结合，形成抗原 -MHC-Ⅱ 复合物。然后该复合物转移到细胞膜表面，呈递给 CD4$^+$ T 细胞。

　　部分外源性抗原也可以不通过上述途径，直接与细胞膜表面的空载的 MHC-Ⅱ 分子结合，呈递给 CD4$^+$ T 细胞。

13.10.2 内源性抗原的呈递

　　因为所有的有核细胞都能表达 MHC-Ⅰ 分子，所以所有的有核细胞都具有通过 MHC-Ⅰ 分子对内源性抗原进行加工和呈递的功能。内源性抗原包括由细菌合成或病毒在宿主核糖体上合成的蛋白质，或癌细胞合成的异常蛋白。这些内源性抗原经泛素 - 蛋白酶体途径降解形成抗原肽后，转移到 rER 上，与这里的 MHC-Ⅰ 结合，形成抗原肽 -MHC-Ⅰ 复合物，经高尔基体转移到细胞膜上，呈递给 CD8$^+$ T 细胞。

　　可能有的同学会问：泛素 - 蛋白酶体不是会将蛋白质降解成氨基酸吗？怎么这里是抗原肽呢？这是因为在干扰素的作用下，细胞会产生一些低分子量的多肽 (LMP)，这些 LMP 与蛋白酶体结合，改变了蛋白酶体的工作模式，降解产物不再是氨基酸，而是含有 6～30 个氨基酸的抗原肽。这种改造后的蛋白酶体称为免疫蛋白酶体。内质网膜上有一种依赖于

ATP 的通道蛋白，可以将免疫蛋白酶体产生的抗原肽转运进内质网腔，与其中的 MHC-I 分子结合。

13.10.3 交叉呈递

抗原的交叉呈递又称为交叉致敏，指的是 APC 能将外源性抗原通过 MHC-Ⅰ 分子途径呈递给 CD8[+] T 细胞或内源性抗原通过 MHC-Ⅱ 分子途径呈递给 CD4[+] T 细胞。

抗原的交叉呈递主要发生在病毒、胞外细菌、大多数肿瘤的免疫应答中，它并不是抗原呈递的主要方式。

13.10.4 脂类抗原的呈递

脂类抗原不能被特异性识别抗原 -MHC 复合物的 T 细胞识别，而是通过 CD1 分子呈递的。CD1 分子属于 MHC-Ⅰ 样分子，可与脂类抗原的乙酰基结合，形成复合物，呈递在 APC 细胞的表面，过程中没有明显的抗原加工过程。

13.11 细胞免疫直接杀死靶细胞

细胞免疫可以杀死被病毒侵染的体细胞、自身癌变细胞和异体细胞。参与细胞免疫的成熟 T 淋巴细胞分为不同的类群，其中包括辅助性 T 细胞 (Th) 和细胞毒性 T 细胞。

胸腺中成熟的初始 T 细胞迁出胸腺后进入血液循环并归巢于外周淋巴器官。初始 T 细胞表面表达有 TCR，可以与 APC 表面的抗原肽 -MHC 复合物结合，然后活化、增殖、分化为效应 T 细胞，完成对抗原的清除和对免疫应答的调节。T 细胞介导的细胞免疫包括感应阶段、增殖分化阶段、效应阶段。

13.11.1 感应阶段

初始 T 细胞在体液中循环时，从血液循环中挤过毛细血管壁的细胞间隙，经组织液进入毛细淋巴管，然后再通过淋巴管返回到血液。在这个过程中，呈递有抗原 -MHC 复合物的 APC 就像兜售商品的小贩："看一看，瞧一瞧，这个抗原有谁要？"

这个过程中只有少数初始 T 细胞的 TCR 与 APC 呈递的抗原肽 -MHC 复合物特异性结合，这个过程称为抗原识别，是 T 细胞活化的第一步。

这一步是 MHC 限制性的，即 TCR 在特异性识别抗原肽的同时，也会特异性识别 MHC。MHC 限制性决定了任何 T 细胞都只能识别同一个体的 APC 呈递的抗原肽 -MHC 复合物。T 细胞表面的 CD4 和 CD8 是 TCR 的共受体，在 T 细胞与 APC 的抗原肽 -MHC 复合物结合后，CD4 或 CD8 可以分别与 APC 的 MHC-Ⅱ 或 MHC-Ⅰ 分子结合，增强 TCR 与抗原肽 -MHC 复合物的结合力。

初始 T 细胞的 TCR 与 APC 的抗原肽结合后，会导致 T 细胞膜上的 CD3 与共受体 (CD4 或 CD8 相互作用) 在细胞质内侧区域相互作用，激活相关蛋白激酶，启动信号分子级联反应，使 T 细胞初步活化。抗原刺激信号是 T 细胞活化的第一信号。

与此同时，与 T 细胞结合的 APC 也被活化，上调共刺激分子的表达。T 细胞与 APC 细胞表面有多对共刺激分子相互作用，构成 T 细胞活化的第二信号，即共刺激信号。结果是 T 细胞完全活化，如图 13.14 所示。如果缺乏共刺激信号，第一信号不仅不能激活特异性T细胞，反而会导致 T 细胞失能。

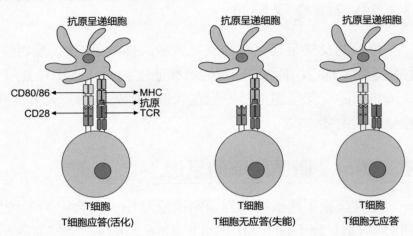

图 13.14　T 细胞双信号激活过程 (曹雪涛，2013)

13.11.2 ｜ 增殖分化阶段

T 细胞活化后，还要依赖多种细胞因子的作用才能增殖分化，其中 IL-1 和 IL-2 对 T 细胞的增殖至关重要。如果没有这些细胞因子的作用，即使 T 细胞已经被活化，也将凋亡。在这些细胞因子的作用下，T 细胞会迅速增殖分化为不同功能的效应 T 细胞。

初始 CD4[+] T 细胞经活化后增殖分化形成 Th1、Th2、Treg 等。Th1 主要介导细胞免疫应答，Th2 主要介导体液免疫应答；Treg 主要通过分泌细胞因子或与细胞接触等方式，下调免疫应答强度，对维持自身免疫耐受方面至关重要。

初始 CD8[+] T 细胞的激活和分化有两种方式，区别是 Th 细胞依赖性和 Th 细胞非依赖性。CD8[+] T 细胞最终增殖分化为细胞毒性 T 细胞 (CTL)。

13.11.3 ｜ 效应阶段

Th1 可以直接接触诱导 CTL 的分化，也可以通过释放细胞因子以募集和活化单核细胞、巨噬细胞、淋巴细胞，诱导细胞免疫。

CTL 可特异性杀伤被病原体侵染的细胞、肿瘤细胞、异体器官移植的细胞等靶细胞，具体过程包括识别并结合靶细胞、胞内细胞器的重新定向、颗粒胞吐和靶细胞裂解。CTL 也能产生细胞因子，调节免疫应答。

CTL 一经形成，便离开淋巴结，向感染部位或肿瘤聚集。CTL 表面含有能特异性识别抗原的受体，这有助于 CTL 在靶细胞处聚集。一旦结合，CTL 内的某些细胞器会重新分布，以保证 CTL 中的效应分子释放后能有效作用于靶细胞。这些效应分子包括穿孔素、颗粒

酶、死亡配体等。在钙离子存在时，穿孔素能嵌入靶细胞膜上，形成孔道，使颗粒酶顺利进入靶细胞。这些颗粒酶能激活靶细胞内与细胞凋亡相关基因的表达，诱导靶细胞凋亡。死亡受体是指靶细胞表面的 Fas 和 TNF，死亡配体是指 CTL 释放的对应的 FasL 和 TNF-α，死亡受体与死亡配体结合后可以激活靶细胞内的信号转导途径，诱导靶细胞凋亡。

细胞凋亡能杀死宿主细胞，也能直接作用于细胞内的病原体。例如，在凋亡中活化的核酸酶能破坏细胞的 DNA，也能降解病毒的 DNA，这就防止了病毒的装配和释放。

免疫记忆是适应性免疫应答的重要特征。记忆 T 细胞 (Tm) 一般由初始 T 细胞或 CTL 分化而来，但分化机制尚不清楚。当靶细胞被清除后，记忆 T 细胞可以长久存在。而且，与初始 T 细胞相比，Tm 更容易被激活，也能分泌更多的细胞因子，还对细胞因子的作用更敏感，因此可以介导更强烈的免疫反应。

🦠 13.12 体液免疫依靠抗体发挥作用

机体对细胞外的、体液中的病原体的免疫过程主要通过体液免疫应答完成。过程中产生的抗体可以通过中和作用、调理作用、活化补体等作用，来阻止病原体的增殖、扩散以及对正常组织的吸附、感染。

B 淋巴细胞介导的体液免疫也分为三个阶段：感应阶段、增殖分化阶段和效应阶段。根据免疫应答过程中是否需要 Th 细胞的辅助，体液免疫分为胸腺依赖性抗原免疫应答和非胸腺依赖性抗原免疫应答。接下来介绍胸腺依赖性抗原免疫应答的途径。

13.12.1 感应阶段

BCR 是 B 细胞特异性识别抗原的受体。与 TCR 不同，BCR 不仅能识别蛋白质类抗原，还能识别核酸、多糖、脂类、小分子化合物类抗原。另外，因为 B 细胞本身具有抗原呈递功能，所以 BCR 对抗原的识别不需要 APC 的呈递，也没有 MHC 限制性。

B 细胞的抗原呈递功能是指 B 细胞与抗原特异性结合后：一方面产生 B 细胞活化的第一信号；另一方面，B 细胞还可以内化这个抗原，并将抗原加工成抗原肽-MHC-Ⅱ 复合物，然后呈递给能特异性识别它的 Th 细胞。Th 细胞与 B 细胞呈递的抗原肽-MHC-Ⅱ 复合物结合后活化，表达 CD40L，与 B 细胞表面的 CD40 结合，这是 B 细胞活化的第二信号。

如果只有第一信号没有第二信号，B 细胞不仅不能活化，还会进入失能状态。

活化的 T 细胞分泌的细胞因子与活化的 B 细胞上的受体结合，诱导活化的 B 细胞大量增殖分化。

因此，胸腺依赖性抗原的体液免疫应答途径的胸腺依赖性表现在以下两个方面。

(1) 活化的 T 细胞表达的共刺激分子为 B 细胞的活化提供第二信号。

(2) 活化的 T 细胞分泌的细胞因子促进 B 细胞的活化、增殖、分化。

13.12.2 增殖分化阶段

经双信号刺激彻底活化的 B 细胞在外周淋巴器官的 T、B 细胞区的交界处形成初级聚合灶。 B 细胞可以直接在这里分化为浆母细胞分泌抗体，也可以迁移到淋巴滤泡处形成生发中心，并经历体细胞高频突变、Ig 亲和力成熟、类别转换，分化为浆细胞和记忆 B 细胞，发挥体液免疫功能。

生发中心的 B 细胞分裂能力极强，但不产生抗体，称为中心母细胞。中心母细胞分裂产生的子细胞称为中心细胞，其分裂速度减慢并能产生抗体。体细胞高频突变是指中心母细胞的轻链和重链的 V 区的基因可发生高频突变，每次分裂，大约有 1/1000 的碱基对突变，远高于体细胞自发突变的频率（$10^{-10} \sim 10^{-7}$）。体细胞高频突变与 Ig 基因重排共同导致了 BCR 和抗体的多样性。

突变毕竟是随机的、不定向的，因此体细胞高频突变后产生的 BCR 对抗原的结合能力不一定提高，甚至可能不再产生 BCR。但少部分突变的 B 细胞产生了对抗原结合能力更强的 BCR，这些 B 细胞因能表达抗凋亡蛋白而得以存活，这是抗体亲和力成熟过程中的一个表现。另一个表现是初次免疫时产生的抗体大多是低亲和力抗体，当大量抗原被清除或二次免疫时，表达高亲和力抗体的 B 细胞会被优先激活，因此二次免疫反应速度更快、抗体水平更高、免疫反应更强。

众所周知，免疫应答中首先表达的是 IgM，随着 B 细胞受抗原刺激、T 细胞辅助而活化增殖，分泌的抗体也从 IgM 转变为 IgG、IgA、IgE。它们的 V 区相同，而 C 区不同，原因是编码 IgM 的 V 区的基因原本是与 Cμ 连接的，后续转换为与 Cγ、Cα、Cε 连接，对应的抗体也就变成了 IgG、IgA、IgE。这个过程称为 Ig 的类别转换。

浆细胞又称为效应 B 细胞或抗体形成细胞 (antibody forming cell，AFC)，有发达的粗面内质网和高尔基体，可以大量合成和分泌特异性抗体 (大约每秒合成 2000 个抗体分子)。浆细胞不再表达 BCR 和 MHC-Ⅱ，所以不能识别抗原，也失去了与 Th 细胞相互作用的能力。

大部分浆细胞迁入骨髓中，在那里产生大量抗体，但寿命只有几天，随后便死去。生发中心还有一部分 B 细胞分化为记忆 B 细胞 (memory B cell，Bm)，大部分 Bm 会离开生发中心，进入血液循环。Bm 不能产生抗体，但可以在遇到统一抗原后迅速活化，形成大量的浆细胞和记忆细胞，产生更强烈的体液免疫反应。

13.12.3 效应阶段

抗体分泌到体液中发挥作用。

抗体的 V 区可以识别并特异性结合抗原。抗体结合病原微生物及其产物，并不清除病原体，更像是给抗原贴上标签，形成沉淀或细胞基团，然后招募吞噬细胞去吞噬、清除它。

抗体的 C 区功能多样。与抗原结合后，抗体的构象会发生改变，C 区的补体结合位点暴露出来，通过经典途径激活补体系统。IgG、IgA、IgE 还可以通过其 Fc 段与表面具有 Fc 受体 (FcR) 的细胞结合，产生复杂的生物学效应，具体如下。

(1) 针对细菌的抗体，一方面通过 Fab 段与细菌结合；另一方面通过 Fc 段与巨噬细胞或中性粒细胞表面的 FcR 结合，促进吞噬细胞对细菌的吞噬。

(2) 针对被病毒感染的细胞或肿瘤细胞的抗体，一方面通过 Fab 段与靶细胞结合；另一方面通过 Fc 段与杀伤细胞 (NK 细胞、巨噬细胞) 表面的 FcR 结合，介导杀伤细胞直接杀死靶细胞。

(3) IgE 为亲细胞抗体，可通过其 Fc 段与肥大细胞和嗜碱性粒细胞表面的 FcR 结合，使这些细胞致敏。一旦相同的抗原进入机体并与这些致敏细胞表面的 IgE 结合，就会促使这些细胞释放组织胺、白三烯等介质，引起 I 型超敏反应。

(4) IgG 是唯一能够通过胎盘进入胎儿体内的抗体，这是因为胎盘的母体面的滋养层细胞表达有能与母体的 IgG 的 Fc 段特异性结合的受体，其能将母体的 IgG 转入胎儿血液循环中。同样地，分泌型 IgA 转运到呼吸道和消化道黏膜的过程也与之类似，在此不再赘述。

在一次免疫应答中产生的抗体不会全部用完，各种各样的抗体会在血液中循环。因此，检查血液中的某一种抗体便可确定一个人是否曾经受到过某种特定病原体的侵袭。如受肝炎或艾滋病的病毒侵袭后，机体会产生对应的抗体。

◁▷ 知识拓展：非胸腺依赖性抗原的体液免疫应答 ◁▷

非胸腺依赖性抗原 (TI-Ag)，如细菌多糖、多聚蛋白质、脂多糖 (LPS) 等，能直接激活初始 B 细胞，过程无须 Th 细胞的辅助。根据激活 B 细胞的方式，又可分为 TI-1 抗原和 TI-2 抗原两类。

TI-1 抗原除了能与 BCR 结合，还能通过其丝裂原与 B 细胞表面的丝裂原受体结合，从而激活 B 细胞，因此 TI-1 抗原又称为 B 细胞丝裂原，如 LPS 等。TI-1 诱导产生的是低亲和力的 IgM。这也就解释了为什么 IgM 具有产生早、无二次免疫的特点。因为无须 Th 细胞的辅助，所以产生的免疫应答较早；因为 TI-1 抗原单独不足以诱导 Ig 类别转换、抗体亲和力成熟和记忆 B 细胞形成，所以对抗原的亲和力较低且无二次免疫特点。

TI-2 抗原一般是细菌细胞壁和荚膜多糖，具有多个重复的表位。TI-2 仅能激活成熟的 B1 细胞，而人体的 B1 细胞一般在 5 岁时才发育成熟，因此婴幼儿容易感染含有 TI-2 抗原的病原体。B 细胞对 TI-2 抗原的应答很重要，因为大多数胞外菌都有细胞壁多糖和荚膜，这些结构的作用是抵抗吞噬细胞的吞噬，而 B 细胞针对 TI-2 抗原产生的抗体可以促进吞噬细胞对病原体的吞噬作用。

13.13 免疫接种可以战胜许多传染性疾病

13.13.1 接种疫苗的历史

免疫学的研究和应用由来已久，现代免疫学理论在预防医学和临床医学中已得到广泛应用，新型疫苗和免疫治疗方法的研究更是有着广阔的前景。

在历史上，免疫接种最早可以追溯到我国古代发明的接种人痘预防天花。18 世纪，爱德华·詹纳 (Edward Jenner，1749—1823) 用接种牛痘来预防天花，牛痘病毒在人体内诱发出抵抗天花病毒的免疫力。19 世纪，路易斯·巴斯德 (Louis Pasteur，1822—1895) 发明了灭活和减毒的疫苗。

根据获得特异性免疫的方式不同，可分为自然免疫和人工免疫。自然免疫指的是机体感染病原体并痊愈后所获得的免疫力，也包括胎儿或婴幼儿从母乳中获得的抗体。人工免疫是指以人为的方式使机体获得的免疫力，包括人工主动免疫和人工被动免疫。前者指的是通过注射 (或口服) 抗原或能产生抗原的物质 (mRNA 或 DNA 等)，激活机体的特异性免疫系统而建立的免疫力，主要对象是健康人群，用于疾病的预防。后者指的是为患者注射抗体，使机体被动地获得针对相应病原体的特异性免疫。

13.13.2 疫苗的种类

根据疫苗的发展历程，疫苗分为第一代、第二代、第三代。第一代传统疫苗包括减毒活疫苗、灭活疫苗、类毒素疫苗。第二代疫苗包括由微生物的天然成分及其产物制成的亚单位疫苗；能激发免疫应答的成分，经基因工程制成的重组蛋白疫苗也属于第二代疫苗。第三代疫苗的代表是基因疫苗，包括重组病毒载体疫苗和核酸疫苗 (DNA 疫苗和 mRNA 疫苗)。

减毒活疫苗是通过自然选取或人工培育致病力低下或不致病的株系，使原本致病的病毒或细菌毒力下降到不能致病但可刺激人体产生免疫应答的状态，以获得对特定疾病的免疫力。常见的减毒活疫苗包括：卡介苗、脊灰减毒活疫苗、水痘减毒活疫苗等。其优势是免疫效果好、作用时间长。但缺点是活疫苗可能存在"毒力返祖"的现象，并且对储存和运输要求较高，需要全程冷链运输保存。

灭活疫苗又称为"死疫苗"，是用物理或化学方法将具有感染性的病毒杀死但同时保持其抗原颗粒的完整性制备而成的，因此灭活疫苗没有致病性但保留抗原性。常见的灭活疫苗包括：百白破疫苗、脊灰灭活疫苗等。灭活疫苗的安全性较好，不会出现"毒力返祖"现象，疫苗较为稳定，对储存和运输条件的要求不高，节省了疫苗成本。但它引起机体产生的免疫力持续时间较短，因此灭活疫苗通常需要多剂次接种。

类毒素疫苗是用细菌的外毒素经甲醛处理后制备的，没有毒性但保留了免疫原性。如破伤风疫苗、白喉类毒素疫苗等。

亚单位疫苗是通过蛋白质水解，提取、筛选具有免疫活性蛋白质片段制成的疫苗。与全病毒疫苗相比，亚单位疫苗安全性和稳定性更好，但疫苗的免疫原性相对较低，而且亚单位疫苗可能发生抗原变性，导致产生的抗体失效。

重组蛋白疫苗是将病毒内能够诱导免疫反应发生的基因片段植入到工具细胞中，规模化地生产我们所需要的蛋白质，在收集、纯化这些蛋白质后就可以制成重组蛋白疫苗。

重组病毒载体疫苗是将病毒中能够诱导合成具有免疫原性的蛋白质或亚单位的基因片段通过基因工程手段转移到没有致病性或致病性极低的病毒中，该病毒载体携基因片段进入人体，就能够诱导免疫反应的发生。如甲肝疫苗、乙肝疫苗、麻疹疫苗、单纯疱疹疫苗等。

核酸疫苗又称基因疫苗，包括 DNA 疫苗和 mRNA 疫苗。核酸疫苗是将决定病毒或细菌免疫原性的遗传物质直接导入人体，依靠人体自身细胞来产生抗原，并激活免疫系统产生免疫应答。两者的区别是：DNA 需先转录成 mRNA 后再进行抗原蛋白质的合成，而 mRNA 则是直接合成。mRNA 疫苗作为目前最新的疫苗生产技术，优势明显：不用依赖细胞扩增，制备工艺简单、研发周期短，疫苗产能得到了极大提升。但它也存在一定弊端，mRNA 极易降解，需借助特殊载体（脂质体）送达体内，并且对运输和储存要求也非常严格。

从小到大我们接种过许多种疫苗，2007 年起，国家扩大了儿童免费疫苗种类，传染病的发病率大幅下降。我国儿童免疫规划疫苗接种种类与时间如表 13.4 所示。

表 13.4　我国儿童免疫规划疫苗接种种类与时间

疫苗名称	第一次	第二次	第三次	加强	预防传染病
卡介苗	出生				结核病
乙肝疫苗	出生	1 月龄	6 月龄		乙型病毒性肝炎
脊髓灰质炎疫苗	2 月龄	3 月龄	4 月龄	4 周岁	脊髓灰质炎
百白破疫苗	3 月龄	4 月龄	5 月龄	18～24 月龄	百日咳、白喉、破伤风
白破疫苗	6 周岁				白喉、破伤风
麻风疫苗	8 月龄	2 周岁			麻疹、风疹
麻腮风疫苗	18～24 月龄				麻疹、流行性腮腺炎、风疹
乙脑疫苗	8 月龄	2 周岁			流行性脊髓膜炎
A 群流脑疫苗	6～18 月龄	间隔 3 个月			流行性脑脊髓膜炎
A+C 群流脑疫苗	3 周岁	6 周岁			流行性脑脊髓膜炎
甲肝疫苗	18 月龄				甲型肝炎

13.13.3 佐剂

佐剂是一种非特异性免疫增强剂，可显著增强疫苗接种后的免疫效应，延长疫苗诱导的免疫应答时间，减少疫苗的注射量和接种次数，甚至改变免疫应答的类型。传统的减毒活疫苗和灭活疫苗由于具有很好的免疫原性，无须佐剂辅助。但亚单位疫苗、DNA疫苗等新型疫苗的免疫原性有限，需要佐剂配合才能发挥长期有效的保护效果。

佐剂的类型有很多，如生物性佐剂、无机佐剂、人工合成佐剂、植物油、矿物油、羊毛脂、弗氏佐剂等。无机佐剂如氢氧化铝、明矾、磷酸铝等。

弗氏佐剂又分不完全弗氏佐剂和完全弗氏佐剂，不完全弗氏佐剂是由液体石蜡与羊毛脂混合而成，组分比为1∶1～5∶1，可根据需要而定，通常为2∶1。不完全弗氏佐剂中加卡介苗或死的结核分枝杆菌，即为完全弗氏佐剂。弗氏佐剂是目前动物实验中最常见的佐剂，但易在注射局部形成肉芽肿和持久性溃疡，因此不适用于人体。近年来，人工合成胞壁酰二肽作为卡介苗细胞壁中的一种成分，用于提高疫苗的接种效果，是对人体无不良反应的有效佐剂。

13.14 免疫失调

免疫系统是防卫病原体入侵最有效的武器，它能发现并清除异物、外来病原微生物等引起内环境波动的因素。和其他稳态（如血糖、体温、血压等）一样，免疫系统也需要调控在合适的强度水平以维持内环境的稳态，称为免疫调节。如果免疫调节功能失调或异常，就会导致如超敏反应、免疫缺陷、自身免疫病等，称为免疫系统失调。

13.14.1 超敏反应

超敏反应，又称变态反应或过敏反应，是指机体受到某些抗原刺激时，出现生理功能紊乱或组织细胞损伤的异常的特异性免疫反应，如图13.15所示。

根据反应发生的机制和临床特点，超敏反应可分为Ⅰ、Ⅱ、Ⅲ、Ⅳ类型。

Ⅰ型超敏反应是由IgE介导的肥大细胞或嗜碱性粒

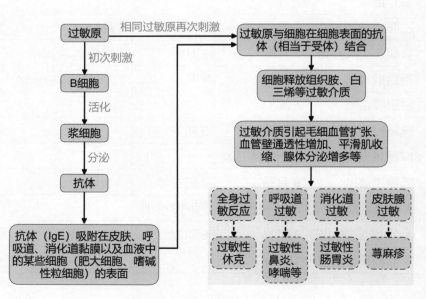

图13.15 过敏反应

细胞等释放组织胺或白三烯等过敏介质引起的如皮肤红肿、哮喘、呼吸困难、打喷嚏等症状。Ⅰ型超敏反应一般不会造成组织细胞损伤，而且具有明显的个体差异和遗传倾向。高中生物教材所说的过敏反应就是指这种类型。引发过敏反应的抗原物质称为过敏原，如青霉素、磺胺、有机碘化合物、花粉颗粒、尘螨、真菌孢子、昆虫毒液、动物皮毛、奶蛋鱼贝等食物蛋白或肽类等。根据反应发生的快慢和持续时间的长短，可分为速发相反应和迟发相反应。速发相反应通常在接触过敏原后数秒内发生，可持续数小时。迟发相反应在过敏原刺激 4～6 小时后发生，可持续数天。

Ⅱ型超敏反应是由抗细胞表面和细胞外基质抗原的特异性 IgG 或 IgM 介导的，在补体、吞噬细胞、NK 细胞参与下，引起的以细胞溶解或组织损伤为主的病理性免疫反应，发作较快。对应的临床疾病有输血反应、新生儿溶血、自身免疫性溶血性贫血、药物过敏性血细胞减少、甲状腺功能亢进等。甲状腺激素受体的抗体能结合在 TSH 受体上，导致甲状腺细胞持续分泌大量甲状腺激素，导致甲亢。

Ⅲ型超敏反应是抗原—抗体复合物沉积在身体局部或多处毛细血管基底膜后激活补体系统，在中性粒细胞、血小板、嗜碱性粒细胞等的参与下，引起的以充血水肿、局部坏死、中性粒细胞浸润为主要特征的炎症反应和组织损伤。例如，Ⅰ型糖尿病的发病原因是胰岛 B 细胞受损等导致的胰岛素本身分泌不足，所以注射胰岛素，就可以较好地控制血糖，因此又称为胰岛素依赖型糖尿病。但如果局部反复注射胰岛素，可能刺激机体产生针对胰岛素的 IgG 抗体。后续注射胰岛素时，就会出现局部红肿、出血甚至坏死等炎症反应。又如肾小球肾炎可导致组织水肿，肾小球肾炎的发病原因可能是机体感染溶血性链球菌后，产生的抗体与链球菌形成免疫复合物，该免疫复合物沉积在肾小球基底膜上，引起免疫复合物型肾炎。其他病原微生物，如葡萄球菌、肺炎链球菌、乙肝病毒、疟原虫等也会导致免疫复合物型肾小球肾炎。

Ⅳ型超敏反应发作较慢，又称为迟发型超敏反应，是由效应 T 细胞介导的、以巨噬细胞浸润为主要特征的炎症性免疫应答。巨噬细胞既是 APC，也是主要的效应细胞。临床常见疾病如结核病、接触性皮炎、类风湿性关节炎、银屑病、细胞毒性 T 细胞介导的 Ⅰ 型糖尿病等。

13.14.2 免疫缺陷

免疫缺陷病是一种综合性疾病，有两种类型，一是由遗传因素导致的免疫系统先天发育障碍，二是由其他因素导致的免疫系统后天损伤。一般表现为对病原体甚至条件性病原体微生物高度易感；对自身免疫病及超敏反应性疾病易感，某些肿瘤，尤其是淋巴细胞恶性肿瘤的发生率较高；等等。

根据发病原因，分为原发性免疫缺陷和获得性免疫缺陷。

原发性免疫缺陷又称先天性免疫缺陷，是由遗传因素导致的免疫缺陷，如重症联合免

疫缺陷病，患者多为新生儿和婴幼儿。具体发病原因可细分为 T 细胞和 B 细胞联合免疫缺陷、以抗体缺陷为主的免疫缺陷、吞噬细胞数量或功能先天性免疫缺陷、补体缺陷、固有免疫缺陷等。

获得性免疫缺陷病是由感染、肿瘤或其他理化因素导致的暂时性或永久性免疫功能受损。其包括病毒、细菌、真菌、原生动物等多种病原体感染常常导致机体免疫功能低下，引起病情迁延且易与其他病原体感染合并，如人类免疫缺陷病毒 (HIV)(见图 13.16) 感染引起的获得性免疫缺陷综合征 (AIDS)。

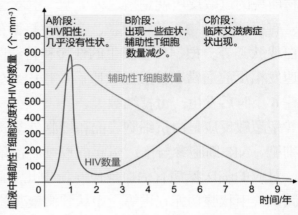

图 13.16　HIV 浓度和辅助性 T 细胞的数量随时间的变化图

HIV 是逆转录病毒，包括 HIV-1 和 HIV-2 两种类型，95% 的 AIDS 是由 HIV-1 引起的，HIV-2 致病能力较弱，病程较长，主要局限于非洲西部地区。HIV 通过其外膜糖蛋白 gp120 与靶细胞表面的 CD4 分子结合，所以 CD4$^+$ 细胞都是其靶细胞，如辅助性 T 细胞、单核细胞、巨噬细胞、树突状细胞、神经胶质细胞等。

HIV 在靶细胞内增殖，可直接或间接损伤免疫细胞，如图 13.17 所示，具体如下。

(1) 直接杀死靶细胞：HIV 病毒颗粒以出芽方式从细胞中释放，导致细胞膜损伤。HIV 抑制细胞膜磷脂的合成。HIV 导致 CD4$^+$ 细胞融合成多核巨细胞，加速细胞死亡。

(2) 间接杀伤靶细胞：HIV 诱导靶细胞产生细胞毒性细胞因子，抑制正常细胞生长因子。HIV 诱导产生特异性细胞毒性 T 细胞或抗体，杀伤被感染的 CD4$^+$ T 细胞。

(3) 直接诱导细胞凋亡：HIV 感染的树突状细胞表面表达 gp120，与 T 细胞表面的 CD4 交联，引起细胞内 Ca^{2+} 升高，导致细胞凋亡。gp120 与 CD4 交联还会导致靶细胞表达死亡受体 Fas，通过 Fas/FasL 途径诱导凋亡。HIV 编码的 TAT 蛋白可以增强 CD4$^+$ T 细胞对 Fas/FasL 的敏感性。

HIV 感染机体后，还可以通过不同的机制逃避免疫系统的识别和攻击，具体如下。

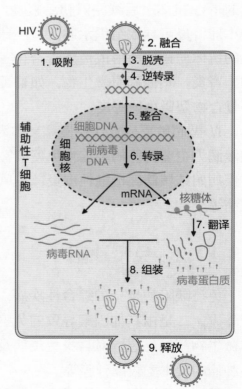

图 13.17　HIV 在辅助性 T 细胞内增殖

(1) HIV 抗原表位可频繁发生变异，导致细胞毒性 T 细胞无法准确识别靶细胞，产生免疫逃逸病毒株。另外，HIV 抗原表位某些氨基酸的改变也可以使其逃避抗体的中和作用。

(2) 树突状细胞表面有一种名为 DC-SIGN 的跨膜蛋白，在树突状细胞的黏附、迁移、触发免疫应答等方面发挥重要作用。但 HIV 的 gp120 可以高亲和地与 DC-SIGN 结合，然后进入树突状细胞内并使 HIV 免于失活。在适当的条件下，树突状细胞还可将病毒颗粒传递给 CD4$^+$ T 细胞，提高病毒的感染率。另外，HIV 感染细胞后还可以进入潜伏阶段，此时被感染的细胞表面并不表达 HIV 蛋白，所以细胞毒性 T 细胞无法识别和攻击，HIV 的 Nef 蛋白还可使细胞表面的 CD4 和 MHC 分子表达量下调，降低细胞毒性 T 细胞的杀伤力。

艾滋病人往往很消瘦，也可能出现痴呆。从症状出现起，艾滋病人的预期寿命只有 1～3 年。根据世界卫生组织发布的数据，自 1981 年首例艾滋病例以来，全球已有 200 多个国家和地区受到艾滋病的严重威胁。2019—2023 年间，约有 8840 万人感染 HIV 病毒，约有 4230 万人死于 HIV。我国自 1985 年发现首例艾滋病人以来，HIV 感染者已超过百万。这是一个严峻的形势，必须引起高度重视，采取有力措施预防和控制艾滋病。

预防艾滋病感染应注意洁身自爱，避免不正当的性关系，使用避孕套。输血时要严格检查，严格消毒。远离毒品。对已感染 HIV 的孕妇应用药物控制，实施剖宫产，并对其婴儿采用人工哺乳。

目前尚未研制出有效的 HIV 疫苗，主要原因是 HIV 易发生基因突变，而疫苗从研制到临床周期较长。

AIDS 的治疗策略主要是用不同药物在多个环境共同抑制病毒的复制。高效抗逆转录病毒疗法，俗称"鸡尾酒疗法"，采用 2 种或 3 种逆转录酶的抑制剂以及至少 1 种蛋白酶抑制剂联合治疗，是目前临床上最行之有效的针对 HIV 感染早期的治疗方案。另外，针对 HIV 感染靶细胞的机制，将表面 HIV 阻断肽的基因与 CD4 基因融合后导入骨髓干细胞中，然后将这些转基因干细胞输入患者体内，分化为 CD4$^+$ T 细胞，这些 T 细胞可以分泌阻断肽，保护淋巴细胞免受病毒感染。2011 年，同时有艾滋病和白血病的患者接受来自高加索人先天缺陷 CCR5 关键表位的供体的骨髓移植，在治愈白血病的同时也治愈了艾滋病，成为世界首例艾滋病治愈者，又称为"柏林病人"。2013 年，一例感染 HIV 的幼儿被"功能性治愈"：体内 HIV 检测为阴性，机体免疫功能也正常，称为"密西西比案例"。相信距离人类战胜 AIDS 已经不远了。

一般的身体接触（食物、握手、马桶座等）或空气途径（打喷嚏、咳嗽等）并不会引起 HIV 感染，HIV 也不能通过蚊虫叮咬等形式传播。在生活中面对 HIV 感染者，我们应该用平常的眼光对待他们、关爱他们，不应歧视他们。

13.14.3 自身免疫病

正常的免疫系统能够区分"自己"和"非己"，只会对非己抗原产生免疫应答，对自身抗原一般是无应答或微弱应答状态，称为免疫耐受。这些自身反应性 T 细胞和自身抗体能协助清除自身衰老、损伤的细胞，维持机体稳态。但在某些特殊的情况下，免疫系统会对自身成分发生较强的、较长时间的免疫反应，对组织和器官造成损伤并出现症状，这种情况称为自身免疫病。

总的来说，自身免疫病的原因可以概括为自身抗原发生改变和免疫系统异常两个方面。

机体的某些器官和组织，如脑、睾丸、眼球、心肌、子宫等，是与免疫系统相对隔离的，称为免疫豁免区。在淋巴细胞成熟的阴性筛选过程中，这些豁免区的特异性细胞并未参与，因此针对自身抗原的淋巴细胞并未被清除，称为隐蔽抗原或隔离抗原。手术、外伤、感染等情况下，隔离抗原可能与免疫系统接触，引发自身免疫病。

肺炎支原体感染可改变红细胞的抗原性，诱发机体产生抗红细胞抗体，导致溶血性贫血。IgG 正常情况下不会作为抗原诱发机体产生免疫应答，但抗原性发生改变后就有可能产生针对 IgG 的抗体，主要是一些 IgM 类自身抗体，称为类风湿因子，引发诸如类风湿性关节炎等多种自身免疫病。系统性红斑狼疮是慢性弥漫性结缔组织病，发病原因是紫外线照射引起皮肤细胞 DNA 单链上相邻的胸腺嘧啶形成二聚体，使自身 DNA 成为抗原。机体雌激素含量与系统性红斑狼疮的发病密切相关，因此在育龄女性中发病率较高。

某些微生物具有与人体某些细胞相同或相似的抗原表位，因此针对这些微生物的免疫应答也会攻击相应的人体细胞，这种现象称为分子模拟。例如，A 型溶血性链球菌细胞壁上的 M 蛋白抗原与人的肾小球基底膜、心肌间质、心瓣膜等处的细胞有相似的抗原表位，感染该菌后可能引发肾小球肾炎、风湿性心脏病等。

其他的自身免疫病还有很多，如重症肌无力、桥本甲状腺炎、风湿热、不孕症、强直性脊柱炎、胰岛素依赖型糖尿病等。

第14章 神经调节、体液调节与免疫调节的关系

机体稳态的维持需要神经—体液—免疫共同调节，而且神经系统、内分泌系统与免疫系统三者之间并不是相互独立的，而是存在着千丝万缕的联系和相互调节，通过信息分子构成一个复杂网络，它们之间的任何一方都不能取代另外两方，如图 14.1 所示。

神经调节、体液调节与免疫调节的实现依赖于一系列信息分子的参与，例如，神经递质是神经调节的信息分子，激素是体液调节的主要信息分子，细胞因子在免疫调节中发挥着重要作用。这些信息分子或与细胞表面的受体结合，通过跨膜信号转导途径，将信息传递到细胞内，产生第二信使，或直接进入细胞内，与细胞质基质甚至细胞核内的受体结合，形成信息分子——受体复合物，调节细胞的生命活动。信息分子与受体的结合具有特异性，确保了信息传递的准确性。通过这些信息分子形成的复杂的调控网络，才能够实现机体稳态的维持。

神经调节的方式是反射，结构基础是反射弧，特点是反应迅速，作用时间短，作用范围小。体液调节通过体液运输，反应时间相对较慢，作用时间长，作用范围较广泛。很多内分泌腺都受到神经系统的控制，因此体液调节可以看作神经调节的一个环节。另外，内分泌腺分泌的激素也可以影响神经系统的功能。免疫系统不仅能及时发现外源病原体，还能监视体内的状态，及时发现并清除被病原体侵染的细胞、自身衰老损伤癌变的细胞、异体器官移植的细胞等，维持机体的稳态。免疫活性物质可能作用于机体的正常细胞，引发自身免疫病，影响正常的神经系统和内分泌系统。免疫系统稳态的维持也受到神经系统和内分泌系统的调节。

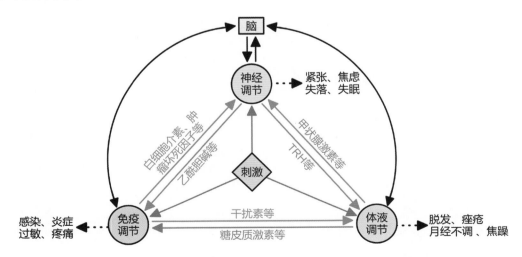

图 14.1 神经系统、内分泌系统与免疫系统通过信息分子相互作用示例

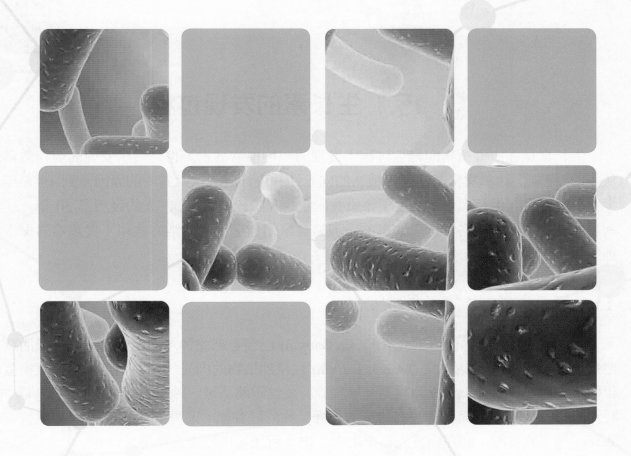

第 4 部分

植 物 生 理 学

第15章 生长素

✿ 15.1 生长素的发现过程

生长素是在研究植物向光性过程中发现的一种植物激素，也是最早发现的植物激素。从 19 世纪末，达尔文父子注意到植物的向光性并设计实验探索其中的原因，到 1946 年科学家分离出具有生长素效应的化学物质并确定为吲哚乙酸 (IAA)，大约经历了 50 年。这期间虽然受到了战争等各种因素的影响，但科学家们创造性的思维方式和不畏艰难的探索精神仍值得我们学习。

15.1.1 达尔文父子的实验

1880 年，查尔斯·达尔文 (Charles Darwin) 已经老态龙钟，但他的思维依然很活跃，他和儿子弗朗西斯·达尔文 (Francis Darvin) 注意到植物的向光性，并利用禾本科植物金丝雀虉草 (phalaris canariensis) 为材料开展实验。金丝雀虉草是一种单子叶植物，种子萌发时，胚芽的第一片叶子呈筒状，包在幼苗的外面，称为胚芽鞘 (见图 15.1)，它能保护生长中的胚芽。种子萌发时，胚芽鞘首先钻出地面，出土后还能进行光合作用。

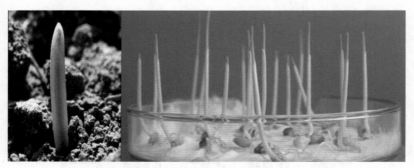

图 15.1　胚芽鞘

达尔文父子将一部分金丝雀虉草幼苗的胚芽鞘的顶部套上不透光的锡箔纸，放在窗前，而将另一部分幼苗不套锡箔纸，也放在窗前。8 小时后，顶部套有锡箔纸的幼苗失去向光性而向上生长，对照组的幼苗则弯向窗外。然后他们将幼苗上的锡箔纸取走，仍放在窗前，8 小时后，幼苗向窗外弯曲。他们还发现，如果将胚芽鞘顶端切除，胚芽鞘就不再生长，也不再向窗外弯曲，如图 15.2 所示。

达尔文父子通过实验推断：胚芽鞘的顶端对光敏感，顶端接受光刺激后，产生一种"影响"从顶端向下传递，从而引起胚芽鞘下面部分的弯曲。

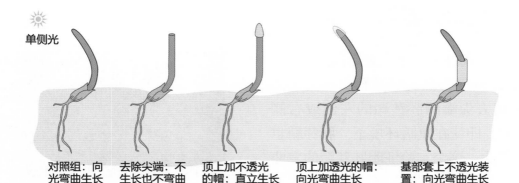

| 对照组：向光弯曲生长 | 去除尖端：不生长也不弯曲 | 顶上加不透光的帽：直立生长 | 顶上加透光的帽：向光弯曲生长 | 基部套上不透光装置：向光弯曲生长 |

图 15.2　达尔文父子的实验示意

▶▶▶

　　在达尔文父子的实验中，分别遮住胚芽鞘尖端和其下面一段，是采用排除法，观察某一部分不受单侧光刺激时，胚芽鞘的反应，从而确定是胚芽鞘的哪一部分在起作用。胚芽鞘有向光性，单侧光照射下，尖端下方向光弯曲生长。向光性可能与尖端有关，因为单侧光是否照射尖端与是否有向光性密切相关。这说明是胚芽鞘尖端接受单侧光照射后，产生某种"影响"，传递到下面，引起下面一段弯曲生长。

　　1880 年，达尔文父子将其实验结果整理在他们合作完成的《植物运动的力量》(The Power of Movement in Plants) 一书中。

15.1.2　鲍森·詹森的实验

　　1910 年，丹麦人彼得·鲍森·詹森 (Peter Boysen-Jensen, 1883—1959) 用燕麦作了以下实验 (见图 15.3)。他将燕麦胚芽鞘的尖端切去，将一块琼脂块 (化学物质能够透过) 放在切口上，再把切下的胚芽鞘放在琼脂块上，然后从侧面向胚芽鞘的尖端照光，结果发现琼脂块下面的胚芽鞘残株向光源弯曲。如果在胚芽鞘背光的一半横插一片不能透过化学物质的云母片，把尖端和背光的一半隔开，胚芽鞘就不向光弯曲。如果把云母片横插在向光的一半，胚芽鞘则仍能向光弯曲。

　　由此实验，鲍森·詹森相信达尔文所说的"影响"应该是一种胚芽鞘尖端产生的、能扩散的化学物质。鲍森·詹森还进行了进一步推理，认为这种物质在光照时，从背光的一侧向下运输，引起背光一侧的生长更快一些。就是因为背光一侧和向光一侧的生长不平衡，导致胚芽鞘的弯曲生长。

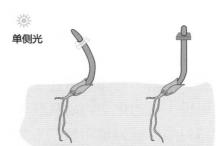

| 用琼脂块将幼苗尖端与下部隔开：向光弯曲生长 | 用云母片将幼苗尖端与下部隔开：不生长也不弯曲 |

图 15.3　鲍森·詹森的实验示意

▶▶▶

　　在鲍森·詹森的实验中，切下胚芽鞘尖端后，切口处放琼脂块，再放上胚芽鞘尖端。在单侧光照射下，胚芽鞘依然会向光生长，说明达尔文所说的那种"影响"是可以透过琼脂块向下传递的。

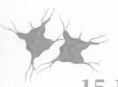

15.1.3 | 阿尔帕德·拜尔的实验

1914 年，匈牙利学者阿尔帕德·拜尔 (Arpad Paal) 发现将燕麦胚芽鞘尖端切下，把它放在切去尖端的胚芽鞘的左侧或右侧（见图 15.4)。即使在黑暗环境下，胚芽鞘也会向一边弯曲。这个实验证明胚芽鞘的弯曲生长是尖端产生的"影响"向下传递分布不均匀导致的。

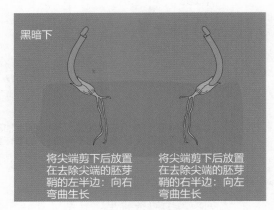

黑暗下

将尖端剪下后放置在去除尖端的胚芽鞘的左半边：向右弯曲生长

将尖端剪下后放置在去除尖端的胚芽鞘的右半边：向左弯曲生长

图 15.4　拜尔的实验示意

总结

以上这些实验，初步证明胚芽鞘产生的"影响"可能是一种化学物质，这种化学物质在单侧光刺激下的分布不均匀，造成了胚芽鞘的弯曲生长。

15.1.4 | 弗里茨·温特的实验

20 世纪 20 年代后期，荷兰植物学家弗里茨·温特 (Fritz Went，1903—1990) 的实验最后证实了这种影响植物生长的化学物质的存在。

温特将燕麦胚芽鞘尖端切去后放在琼脂块上。约 1 小时后将胚芽鞘尖端移去，将琼脂块置于切去尖端的胚芽鞘的左侧或右侧。在黑暗条件下，胚芽鞘会向放置琼脂块的对侧弯曲生长，但如果放的是空白琼脂块胚芽鞘则不弯曲。由此证明促进生长的化学物质从胚芽鞘尖端传输到琼脂块，再从琼脂块传递到切去尖端的胚芽鞘上，如图 15.5 所示。

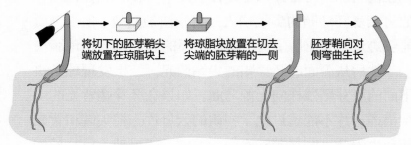

将切下的胚芽鞘尖端放置在琼脂块上

将琼脂块放置在切去尖端的胚芽鞘的一侧

胚芽鞘向对侧弯曲生长

图 15.5　温特的实验示意

温特根据这种化学物质有促进生长的作用，将它命名为"auxin"，来自希腊文"auxein"，意为"生长"，中文译作"生长素"。

不仅如此，温特和同事还做了一些定量实验。他们收集了大量燕麦胚芽鞘，取下尖端，放在琼脂块上，使琼脂块含有从胚芽鞘尖端渗入的生长素，然后将琼脂块切成小块，把每一个小块放在一个去除尖端的胚芽鞘切面的一侧，观察胚芽鞘弯曲的程度。结果发现，胚芽鞘弯曲的程度是随着琼脂块中生长素含量的增加而增加的。这一测定生长素的实验称为燕麦实验。

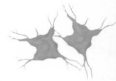

温特的工作非常重要，不仅证实了胚芽鞘尖端存在调节物质，而且建立了定量测定生长素含量的燕麦弯曲测试法，推动了植物激素的研究。

15.1.5 后续的研究

温特的研究促进了活性物质的提取工作。植物体内的生长素含量极低，有人做过这样的比喻：每 1 kg 植物组织中的吲哚乙酸含量，可以比作 22 吨枯草中的一根细针。

1934 年，荷兰科学家弗里茨·郭葛 (Fritz Kögl, 1897—1959) 从玉米油、根霉、麦芽等材料中分离纯化出了生长素，经测定，这种生长素是吲哚乙酸，如图 15.6 所示。

生长素普遍存在于高等植物中。人们还在植物中陆续发现了其他一些也具有生长素效应的化合物，如吲哚丁酸 (IBA)、苯乙酸 (PPA) 等，它们都属于生长素，IAA 是植物体内最主要的生长素，如图 15.7 所示。

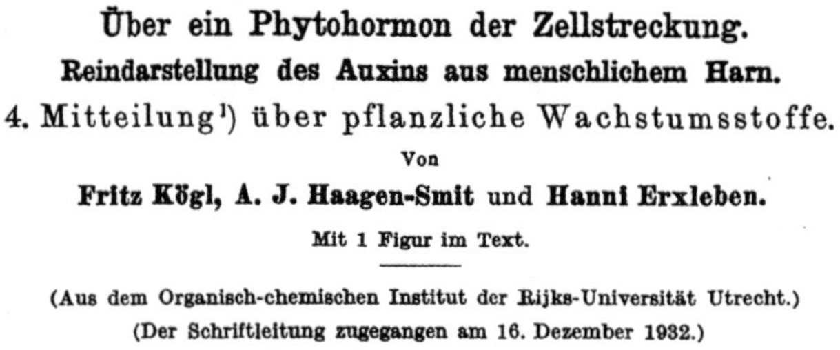

Über ein Phytohormon der Zellstreckung.

Reindarstellung des Auxins aus menschlichem Harn.

4. Mitteilung¹) über pflanzliche Wachstumsstoffe.

Von

Fritz Kögl, A. J. Haagen-Smit und Hanni Erxleben.

Mit 1 Figur im Text.

(Aus dem Organisch-chemischen Institut der Rijks-Universität Utrecht.)

(Der Schriftleitung zugegangen am 16. Dezember 1932.)

图 15.6　郭葛发表的论文

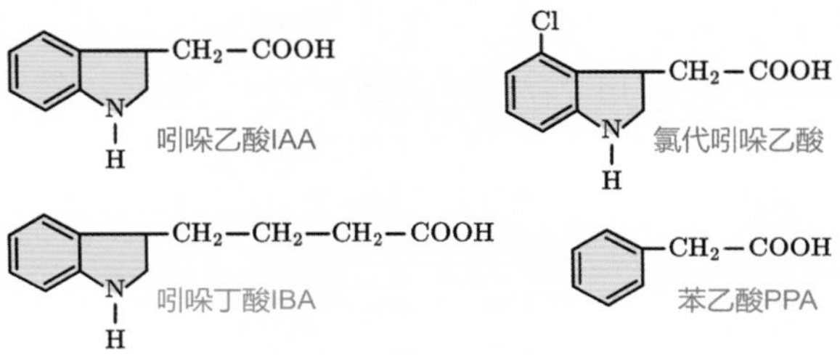

图 15.7　吲哚乙酸等生长素

在发现生长素之后，人们又陆续发现了赤霉素 (gibberellin, GA)、细胞分裂素 (cytokinin, CTK)、脱落酸 (Abscisic Acid，ABA) 和乙烯等物质。人们把这类由植物体内产生、能从产生部位运送到作用部位、对植物的生长发育有显著影响的微量有机物，叫作植物激素 (phytohormone)。植物激素作为信息分子，几乎参与调节植物生长、发育过程中的所有生命活动。

15.1.6 植物向光性的原因

高等植物不能像动物一样自由移动，但植物的器官可以在一定程度上发生运动，以更好地适应环境。植物的运动可分为向性运动和感性运动。向性运动是指由光、重力等有方向性的外界刺激引起的、运动方向与刺激方向有关的运动，如向光性、向重力性、向化性等。感性运动的方向与外界刺激的方向无关，如偏上性、偏下性、感夜性、感热性、感震性等。含羞草对震动很敏感，受到刺激后，0.1 s 就会发生叶片合拢现象，而且无论从哪个角度，哪个方向进行刺激，叶片都会合拢，这就是感性运动。

我们这里重点介绍向光性。单侧光的照射下，胚芽鞘尖端的生长素发生横向运输 (见图 15.8)，从向光侧运输到背光侧，这是一种主动运输。然后尖端 (包括向光侧和背光侧) 的生

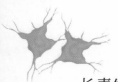

长素发生极性运输，从形态学的上端运输到形态学的下端，导致向光侧生长素浓度低，背光侧生长素浓度高。因此，背光侧的细胞伸长更快，导致胚芽鞘向光弯曲。

蓝光是诱导向光弯曲最有效的信号，感受蓝光的受体是位于表皮细胞膜、叶肉细胞膜、保卫细胞膜上的向光素。

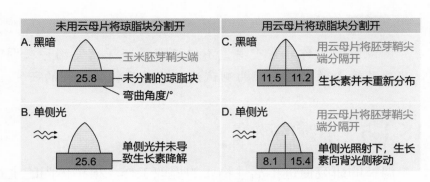

图 15.8 生长素的横向运输

植物不同器官的向光性有正向光性、负向光性、横向光性之分。正向光性主要表现在植物的地上部分，如胚芽鞘；负向光性主要表现在植物的地下部分，如根尖；横向光性最经典的例子是向日葵随太阳光而转动的现象。

不同植物的向光性的机制可能不尽相同。例如，科学家用向日葵下胚轴、萝卜下胚轴、玉米胚芽鞘和黄化燕麦胚芽鞘等材料进行实验，发现它们都会向光弯曲，但其胚芽鞘两侧的生长素浓度并没有显著差别，相反，他们发现向光侧的生长抑制物多于背光侧。

15.2 生长素的作用

生长素在植物体内有两种存在形式：自由型和束缚型。自由生长素能自由移动，具有生理活性。束缚型生长素是被其他分子结合的生长素，没有生理活性，但可以作为生长素的贮存形式和运输形式，还可以避免自由型生长素过多对植物产生毒害。自由型生长素和束缚型生长素可以相互转化。

植物体内生长素的含量虽然很低，但是生长素的作用不容忽视。

15.2.1 生长素促进植物生长

从细胞水平上看，生长素的主要生理功能是促进细胞伸长。在幼嫩的茎或枝条中，茎尖或枝条尖端合成的生长素向下运输，尖端下部的伸长区的细胞会对生长素产生非常迅速的反应，很快便开始显著伸长。此外，生长素也影响细胞的分裂和分化。

从器官水平上看，生长素作用于各种广义的生长现象。生长素不仅能促进茎伸长，促进地上部分向上生长，还能促进不定根和侧根形成，促进叶片生长和维管束分化，促进果实生长，促进种子发芽，防止落叶、落花、落果等。

15.2.2 生长素促进细胞伸长的作用机理

"酸生长学说"认为，生长素激活了伸长区细胞膜上的质子泵，质子泵在数分钟内将

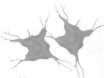

H⁺ 大量泵出到细胞膜外。质子外排，一方面，使细胞壁酸化，从而激活细胞壁中的一种酶，破坏纤维素分子间的氢键，使细胞壁结构变得松散；另一方面，则导致膜电位升高，促进离子进入细胞，增大细胞渗透压，使细胞吸水膨胀。如此一来，细胞便迅速伸长，如图 15.9 所示。这一假说已经被多种不同的实验方法证实。

生长素"酸生长学说"的说明，如图 15.10 所示。

(1) 生长素与细胞表面的生长素受体结合；

(2) 激活细胞膜表面的 H⁺ － ATP 酶，以主动运输的方式将 H⁺ 运输到细胞外；

(3) 细胞外的 pH 值降低，细胞壁酸化；

(4) 激活细胞壁中的纤维素酶，将细胞壁中的纤维之间的交联键水解，纤维素变得松弛，细胞吸水膨胀；

(5) 生长素 (IAA) 与受体结合，还可以产生胞内第二信使 [三磷酸肌醇 (IP3)、二酰基甘油 (DAG)、钙离子等]，进入细胞核中，与相关基因的启动子结合，启动基因的转录、翻译，合成更多的 H⁺ － ATP 酶，加快细胞壁酸化过程。

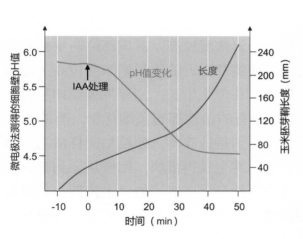

图 15.9　生长素处理与细胞壁的关系

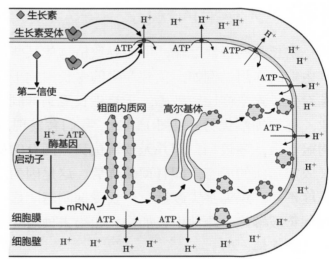

图 15.10　生长素酸生长学说示意

当然，细胞的生长还需要更多的细胞质和细胞壁成分，生长素也会迅速作用于细胞内的基因表达，使伸长区细胞在数分钟内合成新的蛋白质，这些蛋白质又能够调控其他基因的表达，从而促使细胞合成生长所需的各种成分。

15.2.3 生长素调节植物生长时表现出两重性

在调节植物生长时，低浓度的生长素可以促进植物生长，但浓度太高时会抑制植物生长，甚至导致植物死亡，如图 15.11 所示。

(1) 细胞年龄不同，对生长素的敏感程度不同。一般来说，幼嫩细胞对生长素反应非常敏感，衰老细胞则反应比较迟钝。

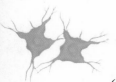

(2) 植物的不同器官对生长素的敏感程度也不一样。一般来说，根最敏感，其最适浓度为 10^{-10} mol · L^{-1} 左右；芽居中，最适浓度为 10^{-8} mol · L^{-1} 左右；茎最不敏感，最适浓度为 10^{-4} mol · L^{-1} 左右。

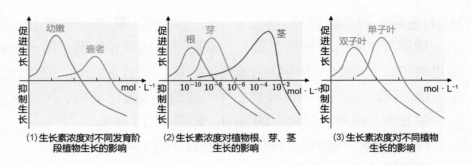

(1) 生长素浓度对不同发育阶段植物生长的影响　(2) 生长素浓度对植物根、芽、茎生长的影响　(3) 生长素浓度对不同植物生长的影响

图 15.11　不同植物、不同器官、不同发育阶段对生长素的敏感程度

(3) 不同的植物对生长素的敏感程度也不同。一般来说，双子叶植物比单子叶植物更敏感，因此我们可以用生长素及其类似物作为除草剂，杀死玉米（单子叶植物）田中的双子叶杂草。

15.2.4 顶端优势

生长素的极性运输，可能导致植物体某些部位生长素浓度过高，对该部位的生长发育产生抑制作用。例如，顶芽产生的生长素向下运输，使侧芽附近的生长素浓度较高，而侧芽对生长素浓度比较敏感，于是生长受到抑制。这种顶芽优先生长，侧芽生长受抑制的现象，称为顶端优势（见图 15.12）。我们会发现，不是所有的植物都有顶端优势，有的植物树冠很大，茎较细，即并无顶端优势；而有的植物，特别是针叶树，如桧柏、杉树等，会长成宝塔状的形态，即有顶端优势。这是因为后者的顶芽生长得很快，侧枝从上到下生长速度不同，距离茎尖越近，生长受抑制越明显，整个植株呈宝塔形。如果去掉顶芽，则顶端优势被解除，侧芽生长加快。如果去顶后立即在切口处套上含生长素的胶囊，则继续保持顶端优势。

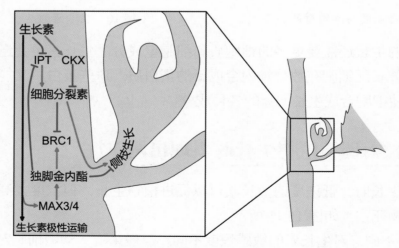

图 15.12　激素调节顶端优势示意

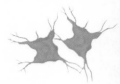

15.3 生长素的产生、运输和分布

生长素在植物组织中的精细分布是它实现众多生理功能的基础，而这种精细分布取决于生长素的合成和运输。

15.3.1 生长素的合成

生长素的合成部位主要是顶芽、幼叶和胚，成熟的叶片和根尖也能产生生长素，但数量很少。在植物体内，生长素的合成途径主要包括色氨酸依赖途径和非色氨酸依赖途径两种。

色氨酸依赖的合成途径又可以分为吲哚丙酮酸途径、色胺途径、吲哚乙醛肟途径、吲哚乙醛胺途径。其中吲哚丙酮酸途径（见图 15.13）是植物体内最基本最主要的生长素合成途径，是色氨酸经脱氨 – 氧化 – 脱羧形成的。其他途径一般见于不同的植物科属中。

1992 年，人们发现有一种色氨酸营养完全缺失突变体的玉米，其 IAA 含量比野生型高 50 多倍，而且喷施外源色氨酸无法转变为 IAA，这就提示人们在植物体内还存在非色氨酸依赖型生长素合成途径。

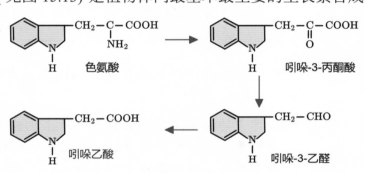

图 15.13　生长素的合成途径之吲哚丙酮酸途径

15.3.2 生长素的运输

在高等植物体内，生长素的运输方式有以下三种。

非极性运输：在成熟组织中，生长素可以像其他激素及营养物质一样通过韧皮部和木质部进行运输，韧皮部运输属于自由扩散，木质部运输的动力来自蒸腾作用。

极性运输：生长素特有的运输方式，只能从植物体的形态学上端向形态学下端运输，而与重力无关。这是一种局限于胚芽鞘、幼茎、幼根的薄壁细胞之间的短距离单向运输，属于主动转运。

横向运输：在单侧光的照射下，生长素从向光侧运输到背光侧。

15.3.3 生长素的分布

生长素在植物体各器官中都有分布，但大多集中在生长旺盛的部位，如胚芽鞘、芽和根尖端的分生组织、形成层、受精后的子房、发育中的种子和果实等，而在趋向衰老的组织和器官中含量很少。

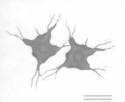

1931 年，科学家首次从人的尿液中分离出吲哚乙酸，发现用它处理植物时会产生与温特等所描述的生长素相同的效果。此时虽然人们猜测吲哚乙酸就是生长素，但由于这是从人的尿液中而非植物体内分离到的物质，所以并不能确定其是否就是生长素。虽然后来证明了吲哚乙酸就是最主要的生长素，但引发了一个问题：人的尿液中为什么会有生长素呢？

15.4.1 食物来源说

食物来源说认为人体从食用的植物嫩叶等食物中摄取了一部分吲哚乙酸，而由于人体缺少分解吲哚乙酸的酶，摄入的吲哚乙酸经人体循环系统后进入了尿液，并排出体外，因此，这部分吲哚乙酸究其来源是植物体内合成的，也确实应该认为是植物激素。

> **知识拓展：**
>
> 我们经常遇到这样的题目：在人的尿液中发现并提取出了生长素，你认为可能的原因是（ ）。
> A. 人体中的某些组织、器官也可产生生长素
> B. 生长素对人的生长发育也有明显的促进作用
> C. 生长素在体内不能被分解而随尿液排出
> D. 人体肾脏中含有将色氨酸转变成生长素的酶，所以人的尿液中有吲哚乙酸
> 答案：C。

15.4.2 人体代谢产物说

人类基因组计划完成后，我们在人类基因组中找到了相关的酶，证明吲哚乙酸可能是人体内色氨酸的脱羧产物，或者色氨酸的氧化脱氨基产物。因此，有人认为吲哚乙酸是人自身的代谢产物。正常人的尿液中会检出吲哚乙酸，而苯丙酮尿症患者的尿液中吲哚乙酸的浓度比正常人高一些。目前来说，支持这种观点的人多一些。

> **知识拓展：**
>
> "尿泥生根"是因为"尿泥"中的吲哚乙酸在起作用，而这些吲哚乙酸有一部分是人体合成的，更贴合"植物生长调节剂"的概念范畴。

15.4.3 肠道菌群合成说

很多微生物也可以合成吲哚乙酸，在根瘤农杆菌 (Agrobacterium tumefaciens) 和假单胞菌 (Pseudomonas savastannai) 中发现了吲哚乙酰胺途径。因此我们肠道菌群中的微生物也可能合成吲哚乙酸，最终以尿液的形式排出。

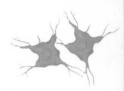

第16章 其他植物激素

❋ 16.1 其他常见植物激素的种类和作用

16.1.1 赤霉素

1. 研究历史

1926 年，日本的一名农业技师黑泽英一 (Eiichi Kurosawa) 在我国台湾地区开展对水稻恶苗病的研究时发现，患有恶苗病的水稻茎秆比正常水稻的茎秆高近一倍，但一般不能开花结实或结实率极大降低。后来他从患病的水稻苗中分离出一种真菌：赤霉菌。他将赤霉菌的无菌滤液（通过细菌过滤器）施用于水稻幼苗，发现幼苗像患恶苗病一样生长。因此他得出结论：恶苗病是由赤霉菌的分泌物引起的。1935 年，东京大学科学家薮田贞治郎 (Sadaro Sugida) 等获得了赤霉菌分泌物的结晶，并将其命名为赤霉素。

> **须知**
>
> 赤霉素不是单一的化合物，而是六七十种类似化合物的总称，其中人们最熟知的是赤霉酸。

1959 年，赤霉素的化学结构被人们确定。赤霉素是一类以赤霉烷碳骨架为基本结构的二萜类物质，由四个异戊二烯组成，如图 16.1 所示。

赤霉素分子内有 4 个环，根据双键和羟基的数目和位置不同，可以形成各种赤霉素，目前已发现的有 136 种。根据发现顺序，以下标进行区分，如 GA_1、GA_2 等。根据碳原子数目的不同，可分为 C_{19} -

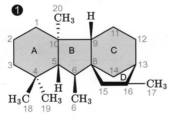

❶ 赤霉素烷
❷ $GA_{12}(C_{20} - GA)$
❸ $GA_9(C_{19} - GA)$
❹ $GA_1(C_{19} - GA)$
❺ $GA_3(C_{19} - GA)$
❻ $GA_4(C_{19} - GA)$
❼ $GA_7(C_{19} - GA)$

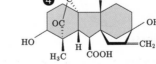
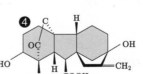
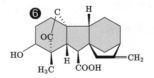
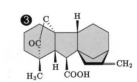
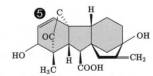
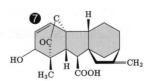

图 16.1 赤霉素烷及各种赤霉素分子结构

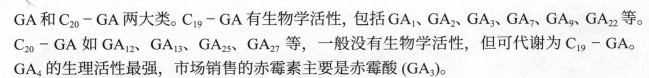

GA 和 C_{20} – GA 两大类。C_{19} – GA 有生物学活性,包括 GA_1、GA_2、GA_3、GA_7、GA_9、GA_{22} 等。C_{20} – GA 如 GA_{12}、GA_{13}、GA_{25}、GA_{27} 等,一般没有生物学活性,但可代谢为 C_{19} – GA。GA_4 的生理活性最强,市场销售的赤霉素主要是赤霉酸 (GA_3)。

与生长素的存在形式一样,赤霉素也有自由型和束缚型之分。

2. 合成部位

赤霉素的合成部位主要是幼芽、幼根、未成熟的种子、发育中的果实以及伸长生长中的茎顶端等。

赤霉素在细胞内的合成部位是质体、内质网、细胞质基质等。

3. 主要作用

赤霉素的主要作用是促进植物细胞的分裂和伸长生长。在葡萄开花前应用 GA 处理,能使花粉和胚珠发育异常,而开花后应用能促进细胞增大,是诱导葡萄形成无籽果实最常用的生长调节剂。赤霉素还可以促进细胞伸长,从而引起植株增高,促进细胞分裂与分化,促进种子萌发、开花和果实发育。

GID1 是人们从水稻矮化突变体中分离到的第一个 GA 受体,其位于细胞核中。GID1 的 C 端形成一个结合 GA 的口袋,N 端可以盖在口袋上。一旦有 GA 与 GID1 结合形成 GA-GID1 复合物,复合物就可以和 DELLA 蛋白结合,形成 GA-GID1-DELLA 复合物。随后 DELLA 与 SCF 结合,活化 SCF,导致 DELLA 被泛素化,泛素化后的 DELLA 随后被 26S 蛋白酶体降解,如图 16.2 所示。DELLA 蛋白是一类蛋白质,它们的前五个氨基酸的首字母缩写是 D、E、L、L、A,因此得名。DELLA 可以结合在 DNA 上,抑制 GA 相关基因的表达,抑制植物生长。因此,GA 引起 DELLA 的降解,使相关基因得以表达,促进植物生长。

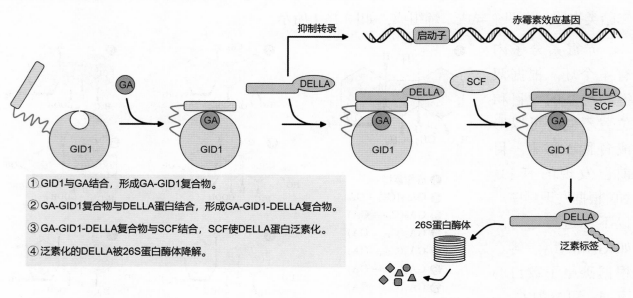

① GID1与GA结合,形成GA-GID1复合物。

② GA-GID1复合物与DELLA蛋白结合,形成GA-GID1-DELLA复合物。

③ GA-GID1-DELLA复合物与SCF结合,SCF使DELLA蛋白泛素化。

④ 泛素化的DELLA被26S蛋白酶体降解。

图 16.2　赤霉素信号转导示意 (Lincoln Taiz, 2014)

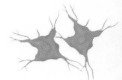

16.1.2 | 细胞分裂素

1. 研究历史

20 世纪初，德国植物学家哈伯兰特 (G. Haberlandt) 发现将植物韧皮部细胞打碎放在马铃薯块茎的伤口上，伤口附近的薄壁细胞竟然分裂了。20 世纪 40 年代，美国植物生理学家奥弗贝克 (J. van Overbeek) 发现椰子乳 (椰子的胚乳液) 能刺激离体培养的曼陀罗幼胚的生长，因此推测椰子乳中存在不同于已知的任何激素的促生长物质。

20 世纪 50 年代初，美国的斯科格 (F. K. Skoog) 和米勒 (C. O. Miller) 等人在实验室培养烟草的薄壁组织时发现，薄壁组织在离体条件下可以长大成瘤状的细胞体，即愈伤组织。愈伤组织细胞一般都较大，但不分裂，有时细胞核分裂，但细胞壁却不能生长。他们将椰子乳或酵母提取物加入培养基中，细胞竟然正常分裂了，由此推测起作用的可能是与核酸代谢有关的物质。1955 年，他们终于分离出一种有刺激细胞分裂作用的核酸降解产物，并把这种化合物称为激动素。后来又有科学家分离出来几种类似的化合物，于是，把所有能促进细胞分裂的化合物统称为细胞分裂素，如图 16.3 所示。

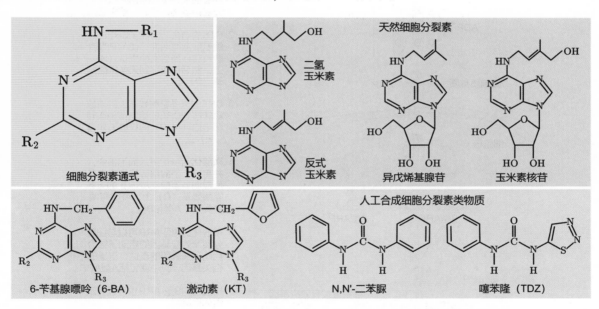

图 16.3　细胞分裂素及天然细胞分裂素和人工合成细胞分裂素类物质

2. 合成部位

天然存在的细胞分裂素可分为游离型细胞分裂素和存在于 tRNA 中的细胞分裂素。游离型细胞分裂素主要是 N6 的氢原子被 R 基取代的腺嘌呤的衍生物。

与生长素、赤霉素一样，细胞分裂素也有自由型和束缚型两种类型。

细胞分裂素的合成主要在根尖，合成后经木质部运输到地上部分。在茎端、叶片以及发育中的果实和种子中也能合成少量的细胞分裂素。合成的具体部位在细胞的质体，可以是 tRNA 的降解，也可以从头合成。

细胞分裂素分布于细菌、真菌、藻类、高等植物中，主要集中在细胞分离旺盛的部位，如茎尖、根尖、未成熟的种子、生长中的果实等。

3. 主要作用

细胞分裂素具有促进细胞分裂、芽的分化、侧枝发育、叶绿素合成，以及抑制顶端优势，延缓叶片衰老等作用。

拟南芥中已知的 3 个细胞分裂素受体 (AHK2、AHK3、AHK4) 主要位于内质网膜上。细胞分裂素与受体结合后，引起受体的组氨酸残基磷酸化。组氨酸的磷酸基团最终传递到细胞质基质中的组氨酸磷酸转移蛋白 (AHP) 上。磷酸化的 AHP 再将磷酸根转移到细胞核中的拟南芥反应调节蛋白 (ARR) 上。ARR 有两种构型：A 型 ARR 和 B 型 ARR。磷酸化的 B 型 ARR 可以与细胞分裂素的靶基因的启动子结合，激活其表达，如图 16.4 所示。

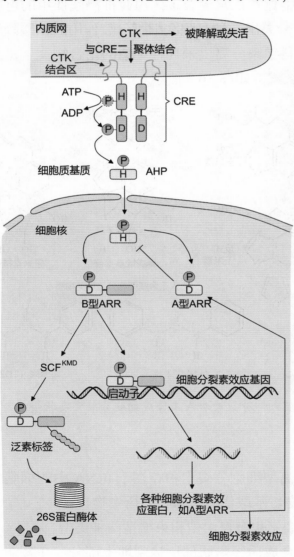

① CTK或与CRE二聚体结合，或被细胞分裂素氧化酶氧化，或被糖基化，总之，被失活。

② CTK的结合，激活了CRE的组氨酸激酶活性，使ATP的磷酸根转移到组氨酸残基（H）上，然后再转移到天冬氨酸残基（D）上。

③ CRE的天冬氨酸残基上的磷酸再转移到CRE的组氨酸磷酸转移蛋白（AHP）的组氨酸残基（H）上。

④ 磷酸化的AHP进入细胞核中，并将这个磷酸根转移到拟南芥反应调节蛋白（ARR）的天冬氨酸残基（D）上；ARR有两种类型：A型和B型。

⑤ 磷酸化的B型-ARR可以与细胞分裂素效应基因的启动子结合，启动相关基因的表达；这里的相关基因，其中就包括A型ARR。

⑥ 磷酸化的B型-ARR也可以被泛素化后降解。

⑦ A型-ARR定位在细胞核和细胞质基质中；磷酸化的A型-ARR负反馈抑制细胞分裂素效应。

⑧ A型ARR比B型ARR相对更稳定，且由于B型ARR启动A型ARR基因的表达，产生更多的A型ARR，所以A型ARR的量随细胞分裂素的作用而增加。

图 16.4　细胞分裂素信号转导模式 (Lincoln Taiz, 2014)

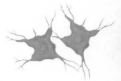

16.1.3 脱落酸

1. 研究历史

脱落酸是植物学家于 20 世纪 60 年代，从棉花、马铃薯、枫树和桦树等植物的叶片中分离出来的激素。20 世纪 60 年代，人们在研究棉花幼铃的脱落时，从成束的干棉壳中分离纯化出促进脱落的物质，并将其命名为脱落素 (后来称为脱落素 I)。1963 年，科学家从鲜棉铃中分离纯化出具有高度活性的、促进脱落的物质，命名为脱落素 II。在研究棉铃脱落的同时，英国的韦尔林 (P. F. Wareing) 和康福斯 (J. W. Cornforth) 领导的小组正在进行木本植物休眠的研究。几乎在发现脱落素 II 的同时，韦尔林等从桦树叶片中制备出一种能抑制生长并诱导旺盛生长的枝条进入休眠的物质，他们将其命名为休眠素。1965 年，康福斯等从秋天的干槭树叶片中制备了休眠素结晶。通过与脱落素 II 的分子量、红外光谱和熔点等比较鉴定，确定休眠素和脱落素 II 是同一种物质。1967 年，在渥太华召开的第六届国际植物生长物质会议上，这种生长调节物质被正式命名为脱落酸。

2. 合成部位

脱落酸是一种以异戊二烯为基本单位的倍半萜羧酸，含有 15 个碳原子，有顺式和反式两种旋光异构体 (见图 16.5)。天然 ABA 都是右旋的，记为 S – ABA 或 (+)ABA。

图 16.5　ABA 的顺反异构

植物的根、茎、叶、果实、种子都可以合成脱落酸，主要合成场所为细胞的质体和细胞质基质。ABA 是弱酸，而质体中的 pH 值高于细胞质基质，液泡中的 pH 值低于细胞质基质，因此 ABA 大量地以离子的形式存在于叶绿体中，如图 16.6 所示。

脱落酸和赤霉素及细胞分裂素都与甲羟戊酸和异戊二烯有关，如图 16.7 所示。

脱落酸存在于蕨类植物、裸子植物、被子植物中，主要分布在根冠、将要脱落或进入休眠的器官和组织中，如萎蔫的叶片等。

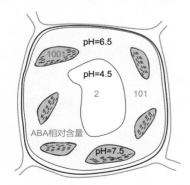

图 16.6　ABA 在细胞中的相对含量差异

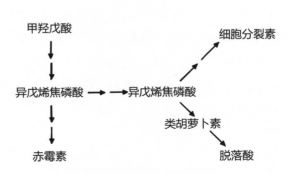

图 16.7　甲羟戊酸代谢与植物激素

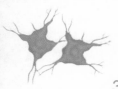

3. 主要作用

拟南芥中 ABA 的受体有三类：细胞膜上的 GTG1、GTG2，细胞质基质中的 PYR、PYL、RCAR，以及叶绿体中的 ABAR、CHLH。细胞质基质中的三种受体是重要的 ABA 受体。

ABA 可显著影响植物的多种生理过程，通常在环境胁迫时含量显著增加以增强植物的抗逆性，因此被称为胁迫激素。ABA 被认为是生长抑制型激素，可以抑制细胞分裂，抑制 IAA 的运输，抑制植物生长。ABA 还可以促进气孔关闭，促进叶和果实的衰老和脱落，维持种子休眠。

ABA 通过促进阴离子通道活性和抑制 PP1 酶活性起到关闭气孔的作用，如图 16.8 所示。

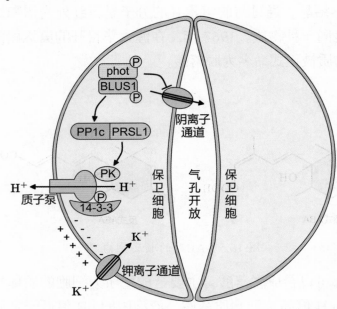

① 向光素吸收蓝光，发生自磷酸化而活化。

② 活化的向光素将保卫特有的膜蛋白激酶 BLUS1磷酸化。

③ BLUS1聚集在磷酸酶PPA的PP1c亚基上，活化磷酸酶的PRSL1亚基。

④ 活化的PRSL1亚基调节蛋白激酶PK的活性。

⑤ PK促进14-3-3蛋白与质子泵结合，稳定质子泵的活性。

⑥ 质子泵将质子运出细胞膜，膜电位和pH梯度加大，钾离子进入细胞。

⑦ 细胞内的水势降低，细胞吸水，气孔打开。

⑧ 活化的向光素还能抑制阴离子通道蛋白活性，使氯离子和硝酸根等阴离子运出细胞受阻，也有助于细胞吸水，气孔打开。

⑨ ABA通过促进阴离子通道蛋白的活性和抑制PP1酶的活性，发挥相反的作用，使气孔关闭。

图 16.8　向光素调节气孔运动的机理 (Lincoln Taiz, 2014)

4. 脱落酸抑制种子萌发

研究表明，当种子成熟时，其体内的脱落酸含量会上升 100 多倍。高浓度的脱落酸能抑制种子的萌发，并且诱导合成一些特殊的蛋白质，帮助种子度过极端脱水的休眠状态。只有当种子中的脱落酸浓度降低或失活时，种子才会结束休眠。一些沙漠中的植物的种子只有经历暴雨冲洗，体内的脱落酸浓度降低以后才能开始萌发。而一些体内脱落酸功能障碍的植物突变体，则会在果实还挂在枝头的时候，种子就提前发芽。如果在作物收获期遭遇连绵阴雨天气，有可能导致种子在穗上萌发，严重影响农作物的产量和品质，从而造成巨大的经济损失，如图 16.9 所示。

图 16.9　种子在穗上萌发

16.1.4 乙烯

1. 研究历史

1864 年，就有关于燃气街灯漏气会促进附近树叶脱落的报道。但直到 1901 年，俄国植物生理学家奈久包夫 (D. N. Neljubov) 才证明这一现象是燃气中的乙烯引起的。在后续的研究中，奈久包夫发现燃气中的乙烯会引起黑暗中生长的豌豆幼苗发生三重反应，包括抑制茎的伸长生长、促进茎或根的增粗、引起叶柄和胚轴偏上生长。这是乙烯的典型生物效应。

第一个发现植物能产生一种气体并对邻近植物的生长产生影响的人是考曾斯 (H. H. Cousins)，他发现橘子产生的气体能催熟同船混装的香蕉。虽然 1930 年以前，人们就已经认识到乙烯对植物具有多方面的影响，但直到 1934 年，科学家才获得植物组织确实能产生乙烯的化学证据。1959 年，由于气相色谱的应用，科学家测出了未成熟果实中有极少量的乙烯产生，随着果实的成熟，产生的乙烯量不断增加。此后几年，在乙烯的生物化学和生理学研究方面取得了许多成果，并证明高等植物的各个部位都能产生乙烯。1965 年，乙烯被公认为植物的天然激素。

2. 合成部位

乙烯是一种简单的不饱和烃类物质，分子式是 C_2H_4，相对分子质量为 28.05，比空气轻。

乙烯广泛存在于苔藓植物、蕨类植物、裸子植物、被子植物中。一般在种子萌发、花叶脱落、花衰老、果实成熟时，乙烯含量最多。乙烯存在于植物体的各个部位，植物体在受到机械损害或环境胁迫时也会产生较多的乙烯。

1979 年，华裔科学家杨祥发及同事发现甲硫氨酸在甲硫氨酸腺苷转移酶的作用下转变为 S- 腺苷甲硫氨酸 (SAM)。SAM 在 ACC 合酶的作用下形成 1- 氨基环丙烷 -1- 羧酸 (ACC)。ACC 在有氧条件下，被 ACC 氧化酶氧化为乙烯。乙烯的两个碳都来自甲硫氨酸，但植物

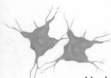

体内甲硫氨酸含量有限，那么如何能够源源不断地合成乙烯呢？原来甲硫氨酸在产生 ACC 的同时也形成 5' - 甲硫基腺苷，5' - 甲硫基腺苷经过几步循环则又回到甲硫氨酸。这个过程是杨祥发发现的，因此称为"杨式循环"(Yang Cycle)。

　　1932 年，杨祥发教授出生于中国台湾，植物学家，美国国家科学院院士，"中央研究院"院士，沃尔夫农业奖获得者，2007 年病故于美国加州戴维斯。

ACC 合酶的活性与乙烯的含量密切相关。种子萌发、果实成熟、器官衰老时，ACC 合酶活性增强，机械伤害、干旱、水淹、冷害、病虫害等也会引起 ACC 合酶的活性提高，从而促进植物产生更多的乙烯。ACC 合酶存在于细胞质基质中，以磷酸吡哆醛为辅基，因此，ACC 合酶对磷酸吡哆醛抑制剂很敏感。

生长素可以在转录水平上诱导 ACC 合酶的合成，从而促使植物产生更多的乙烯。

乙烯还有自我催化现象。例如，苹果是跃变型果实，用乙烯处理可以促进苹果合成 ACC，然后氧化为乙烯，而这些乙烯又会进一步提高乙烯的浓度。

乙烯还可以抑制营养组织和非跃变型果实的乙烯的合成。例如，用乙烯处理跃变型的番茄和非跃变型的葡萄等，都可以有效抑制 ACC 的合成。机制是乙烯抑制了 ACC 合酶的合成或促进了 ACC 合酶的降解。

3. 主要作用

乙烯在植物的整个生命周期中发挥着重要的作用。既能促进植物营养器官的生长，又能影响开花结果，尤其是在抗逆过程中作用显著。具体来说，乙烯可以促进开花和果实成熟，促进叶、花、果实脱落。另外，乙烯还可以抑制某种植物开花、生长素的运输、根和茎的伸长生长等。

ETR1 是乙烯的受体之一，分布在内质网膜上。当乙烯不存在或含量很低时，ETR1 二聚体与 CTR1 结合，使下游的 EIN2 磷酸化，导致信号无法传递。当乙烯与 ETR1 结合时，ETR1 不再与 CTR1 结合。游离的 CTR1 无法将下游的 EIN2 磷酸化，未被磷酸化的 EIN2 将被切去 C 端，切下的 EIN2 的 C 端进入细胞核内，抑制 EBF 的活性。EBF 可以催化转录因子 EIN3 的泛素化过程，泛素化的 EIN3 接下来被 26S 蛋白酶体降解。当 EIN2 的 C 端与 EBF 结合后，EIN3 将不被降解，因此 EIN3 就可以启动乙烯相关基因的表达了，如图 16.10 所示。

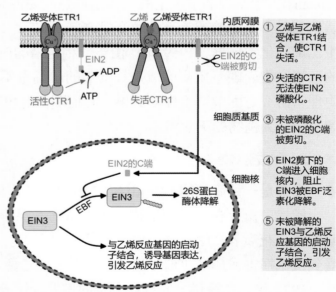

图 16.10　乙烯的信号转导示意 (Lincoln Taiz, 2014)

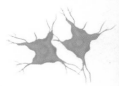

4. 乙烯催熟果实的作用机制和市场应用

果实通过释放大量的乙烯来启动成熟过程。细胞壁中的果胶质被降解为可溶性果胶，令果实变软。淀粉类多糖水解成蔗糖、葡萄糖等可溶性二糖或单糖，令果实变甜。果皮中的叶绿素被分解，叶绿体中的类胡萝卜素颜色逐渐显现出来，或者由于细胞液中花色素苷的形成，令果实变色。

为了延长保存时间，许多水果都是在还没有完全成熟时就被果农采摘下来，而在运输途中，则采取充入 CO_2、加强空气流通等措施来减少乙烯的释放和积聚。通过这种方式，苹果可以一直保鲜至第二年夏天。另外，科学家还通过基因工程技术获得乙烯合成缺陷型番茄品种，这样的番茄，不会自然启动成熟过程，而是在需要的时候人为用乙烯迅速催熟。

✳ 16.2 植物激素间的相互作用

植物体的各项生命活动都处在植物激素的调控当中，如图 16.11 所示。

在植物的生长发育和适应环境变化的过程中，某种激素的含量会发生变化。大多数情况下，各种植物激素并不是孤立地起作用，而是多种激素共同调控植物的生长发育和对环境的适应能力。

	种子萌发	营养生长	植物开花	果实发育	叶片脱落	种子休眠
赤霉素	✓	✓	✓	✓	✗	✗
生长素	✗	✓	✓	✓	✗	✗
细胞分裂素	✗	✓	✓	✓	✗	✗
乙烯	✗	✗	✓	✓	✓	✗
脱落酸	✗	✗	✗	✗	✓	✓

图 16.11　植物体的各项生命活动都受植物激素的调控

各类激素的含量及作用，在不同种类的植物中也会有所不同。苹果果实成熟时，乙烯含量达到峰值；而柑橘、葡萄果实成熟时，则是脱落酸含量最高。

在植物生长发育的过程中，不同激素的调节往往还表现出一定的顺序性，如图 16.12 所示。在植物的萌芽植根期、营养生长期、开花繁殖期、果实成熟期及其他生命时期，赤霉素、生长素、细胞分裂素、乙烯、脱落酸的含量会像接力一样逐一出现高峰，调节植物由一个阶段发展为另一个阶段。

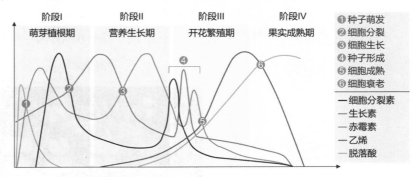

图 16.12　多种激素共同调控植物的生长发育

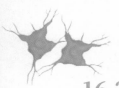

16.2.1 植物激素间的相互作用概览

植物激素间的相互作用如图 16.13 所示。

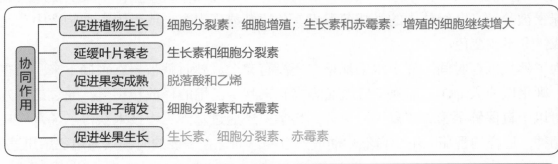

协同作用	促进植物生长	细胞分裂素：细胞增殖；生长素和赤霉素：增殖的细胞继续增大
	延缓叶片衰老	生长素和细胞分裂素
	促进果实成熟	脱落酸和乙烯
	促进种子萌发	细胞分裂素和赤霉素
	促进坐果生长	生长素、细胞分裂素、赤霉素

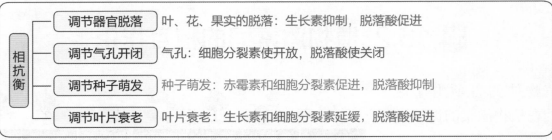

相抗衡	调节器官脱落	叶、花、果实的脱落：生长素抑制，脱落酸促进
	调节气孔开闭	气孔：细胞分裂素使开放，脱落酸使关闭
	调节种子萌发	种子萌发：赤霉素和细胞分裂素促进，脱落酸抑制
	调节叶片衰老	叶片衰老：生长素和细胞分裂素延缓，脱落酸促进

图 16.13　植物激素间的相互作用

16.2.2 细胞分裂素和生长素

细胞分裂素一般与生长素共同作用，促进植物细胞的分裂和分化。

生长素主要促进细胞核的分裂，细胞分裂素主要促进细胞质的分裂。二者协调促进细胞分裂的完成，表现出协同作用。

植物组织培养中，在培养基中加入生长素和细胞分裂素的比例，将决定愈伤组织的分化方向，如图 16.14 所示。

(1) 如果细胞分裂素太多而生长素少，就会只长茎叶不长根。

(2) 如果生长素太多而细胞分裂素少，则只长根不长茎叶。

(3) 当生长素少，细胞分裂素也不多时，愈伤组织继续生长，不发生分化。

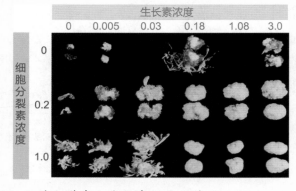

图 16.14　细胞分裂素和生长素的共同作用 (Eichorn S E，2013)

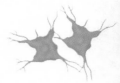

16.2.3 赤霉素和脱落酸

在调节种子萌发的过程中，赤霉素促进萌发，脱落酸抑制萌发，二者作用效果相反。

在黄瓜茎端，如果脱落酸与赤霉素的浓度比值较高，则有利于分化形成雌花；而脱落酸与赤霉素的浓度比值较低，则有利于分化形成雄花。

16.2.4 生长素和赤霉素

生长素和赤霉素往往协同作用，共同促进茎的伸长。

16.2.5 生长素和乙烯

当生长素浓度升高到一定值时，就会促进乙烯的合成。乙烯含量的升高，反过来会抑制生长素的作用。

当顶芽合成的生长素向下运输时，会引发侧芽周围的组织产生乙烯，而乙烯会抑制侧芽的生长。乙烯还可能以同样的方式抑制根和茎的伸长生长。由此可见，高浓度的生长素抑制生长，很可能是通过乙烯起作用的。

16.2.6 脱落酸和乙烯

脱落酸和乙烯也常常协同作用，共同促进叶片脱落等。

《植物生理学》一书中提到了脱落酸可以引起器官脱落。然而，现在的观点认为，在少部分植物中确实存在脱落酸诱导植物器官脱落的现象，大部分情况下，脱落酸不直接参与诱导器官脱落，而是介导发生在脱落之前的衰老过程。较高浓度的脱落酸可以加速叶片的脱落，浓度低时没有此效应。而且，高浓度脱落酸处理时乙烯浓度上升，推测脱落酸引起乙烯合成，乙烯诱导叶片脱落，从而使脱落酸间接加速叶片脱落 (Finkelstein R, 2013)。

16.3 其他新发现的天然植物激素

除上述五大类植物激素外，随着研究的不断深入，近年来科学家发现植物体内还存在其他天然的植物激素 (见图 16.15)，如油菜素内酯 (brassinolide)、多胺 (polyamine)、独脚金内酯 (Strigolac tone)、茉莉酸 (jasmonic acid, JA)、水杨酸 (Salicylic acid, SA) 等，对植物的生长发育起着促进或者抑制作用，尤其在提高植物的抗逆性或抗病能力方面发挥着重要作用。

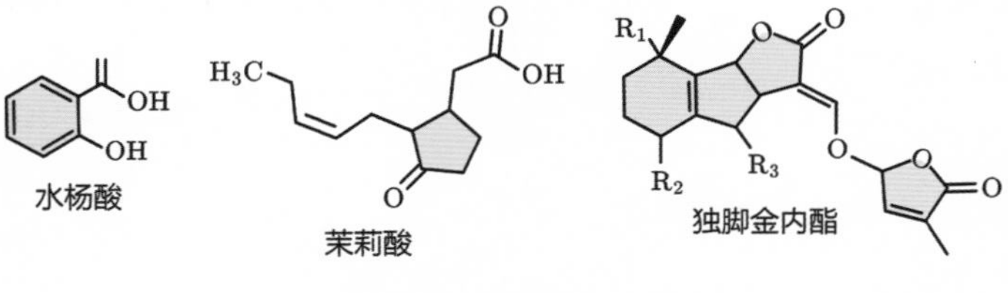

水杨酸

茉莉酸

独脚金内酯

图 16.15 其他新发现的天然植物激素

16.3.1 油菜素内酯

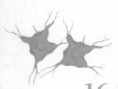

油菜素内酯又称油菜素甾醇或油菜素类固醇，是一种甾醇内酯化合物，因 20 世纪 70 年代由美国的迈克尔·格罗福 (Michael D. Grove) 研究小组在油菜花粉中发现而得名，对菜豆幼苗的生长具有极强的促进作用。

1978 年，布珊·曼达瓦 (N. Bhushan Mandava) 等用 227 kg 油菜花粉提取得到 4 mg 的高活性结晶，并证明这是一种甾醇内酯化合物，将其命名为油菜素内酯。迄今为止，在植物中发现了 70 多种 BL 和 CS(Castasterone，BL 的直接前体) 的类似物，统称为油菜素甾醇类化合物 (brassinosteroid，BRs)。BR 由包含 A、B、C、D 四个碳环的类固醇骨架和烷烃侧链组成 (见图 16.16)。BR 与昆虫的蜕皮激素、哺乳动物中的甾类激素结构类似，它们的结构变化主要在于 A、B 碳环及烷烃侧链上取代基的不同。

(a) 油菜素内酯

(b) 昆虫的蜕皮激素

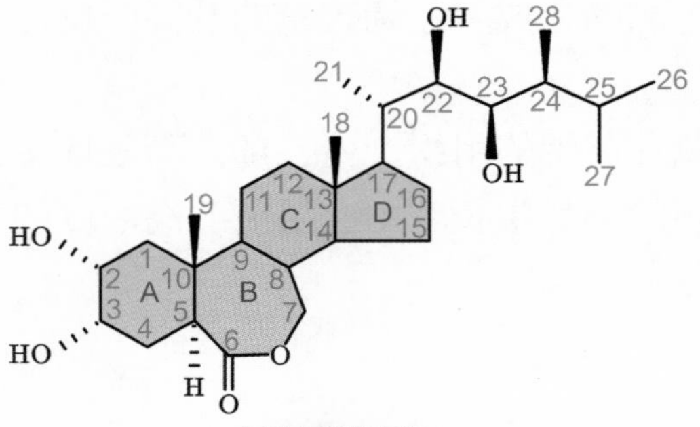

图 16.16 油菜素内酯与昆虫蜕皮激素

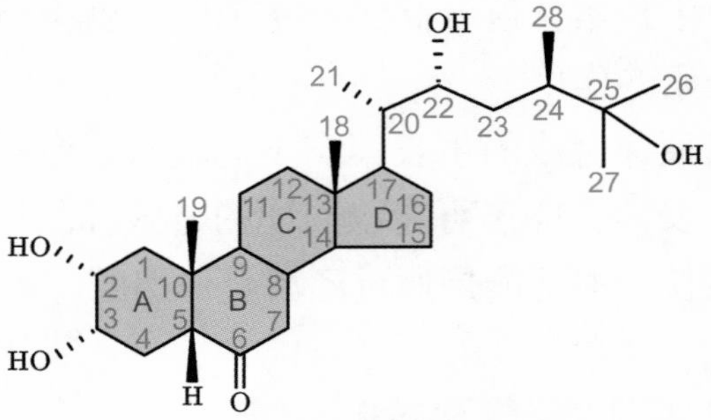

在天然 BR 中，BL 的生物活性最高。油菜素内酯在裸子植物和被子植物中广泛存在，尤其在花粉中最多，此外在海藻中也已经发现其存在，因此，油菜素内酯已经被正式认定为第六类植物激素。

BL 具有促进细胞伸长和分裂，促进维管组织发育、延缓器官衰老等作用，还可以促进茎、叶细胞的扩展和分裂，促进花粉管生长、种子萌发。环境信号能激活油菜素内酯的作用，提高作物的抗冷性、抗旱性和抗盐性。在玉米、小麦等植物的花期施用，可提高产量。

BRI1 是 BL 的受体，当二者结合后，可以激活细胞膜上的相应激酶，活化细胞质基质中的磷酸酶 BSU1(见图 16.17)。BSU1 使 BIN2 去磷酸化而失活，无法将下游的 BZR1 和 BES1 磷酸化。BES1 和 BZR1 可以调节相应基因的表达或不表达，引起包括促进细胞分裂和伸长，促进种子萌发，促进茎和花粉管的形成，促进叶的伸展，促进同化物的运输，提高抗逆性，抑制主根的伸长，抑制光的形态建成等效应。

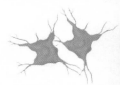

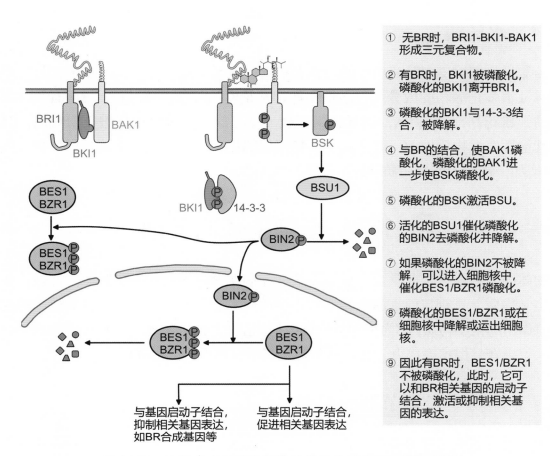

① 无BR时, BRI1-BKI1-BAK1 形成三元复合物。

② 有BR时, BKI1被磷酸化, 磷酸化的BKI1离开BRI1。

③ 磷酸化的BKI1与14-3-3结合, 被降解。

④ 与BR的结合, 使BAK1磷酸化, 磷酸化的BAK1进一步使BSK磷酸化。

⑤ 磷酸化的BSK激活BSU。

⑥ 活化的BSU1催化磷酸化的BIN2去磷酸化并降解。

⑦ 如果磷酸化的BIN2不被降解, 可以进入细胞核中, 催化BES1/BZR1磷酸化。

⑧ 磷酸化的BES1/BZR1或在细胞核中降解或运出细胞核。

⑨ 因此有BR时, BES1/BZR1不被磷酸化, 此时, 它可以和BR相关基因的启动子结合, 激活或抑制相关基因的表达。

图 16.17　油菜素内酯信号转导途径示意 (Lincoln Taiz, 2014)

16.3.2 多胺

多胺是一类脂肪族含氮碱, 广泛分布在高等植物中, 主要有以下 5 种: 腐胺、尸胺、亚精胺、精胺和鲱精胺。不同器官的多胺含量不同, 一般来说, 细胞分裂旺盛的地方多胺含量较高。亚精胺和精胺的合成与 S- 腺苷甲硫氨酸有关, 因此多胺和乙烯在生物合成中相互竞争共同的底物 SAM。多胺的生理功能包括促进生长, 延缓衰老, 提高细胞适应缺钾、缺镁、高渗等不利环境的能力, 提高坐果率。

16.3.3 茉莉酸

茉莉素包括茉莉酸、茉莉酸甲酯 (MJ)、茉莉酸异亮氨酸等衍生物。JA 和 MJ 普遍存在于高等植物中, JA 最早是从真菌培养液中分离得到的, 而 MJ 是从茉莉花精油中分离出来的。茉莉酸在抵御昆虫侵害方面发挥信息分子的作用, 可以诱导作物产生蛋白酶抑制剂, 分布在伤口甚至远离伤口处, 保护未受伤的组织。茉莉酸可以促进乙烯的合成, 促进叶片的衰老脱落, 促进气孔关闭, 促进蛋白质的合成, 提高植物对病虫害和机械伤害的防卫能力, 抑制种子萌发, 抑制营养生长, 抑制光合作用。

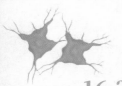

16.3.4 水杨酸

水杨酸是从柳树皮中分离出来的一种有机酸，化学本质是邻羟基苯甲酸，是常用药品阿司匹林及很多止痛药的成分。很多植物都有开花发热现象，该过程与 SA 有关。在佛焰苞开花前，雄花基部产生 SA，诱导抗氰呼吸，开花放热现象可以促进花粉成熟，有利于胺类和其他挥发性物质扩散，吸引具有独特喜好的昆虫传粉。植物受病原微生物入侵后，SA 含量增加，诱导一些蛋白质合成，提高抗病能力。

16.4 植物生长调节剂

植物体内的激素含量非常少，提取困难。人们在多年的研究和实践中，发现一些人工合成的化学物质，具有与植物激素相似的化学性质。这些由人工合成的、对植物的生长发育有调节作用的化学物质，称为植物生长调节剂。植物生长调节剂具有原料广泛、容易合成、价格低、效果好且稳定等优点，在农林园艺生产中得到了广泛的应用。

16.4.1 植物生长调节剂的类型

植物生长调节剂可分为植物生长促进剂、植物生长抑制剂、植物生长延缓剂三大类。这里主要介绍植物生长促进剂。

植物生长促进剂种类很多，生长素类如吲哚丙酸、吲哚丁酸、α-萘乙酸(NAA)、2,4-D(2,4-二氯苯氧乙酸)等；赤霉素类主要是从赤霉菌的培养液中提出的 GA$_3$；细胞分裂素类如 6-BA 和激动素；乙烯类如 2-氯乙基膦酸，商品名为乙烯利。

从分子结构来看，植物生长调节剂主要有两大类，一类是分子结构和生理效应与植物激素类似的，如吲哚丙酸 α-萘乙酸；另一类是分子结构与植物激素完全不同的，但具有与植物激素类似的生理效应，如矮壮素、2,4-D 等，如图 16.18 所示。

α-萘乙酸 矮壮素 2,4-D

图 16.18　萘乙酸、矮壮素和 2,4-D

16.4.2 植物生长调节剂的应用警示

植物生长调节剂在农业中的应用对提高作物产量、改善作物品质及增强作物抗逆性具有显著作用。然而，过量或不正确施用植物生长调节剂也会对植物和环境带来一定的负面影响，如造成药害、破坏生态平衡等。因此，在实践中，应遵循科学的用药原则，严格控制植物生长调节剂施用剂量和施用方法，以确保其合理应用。

众所周知，在种植葡萄的过程中施用植物生长调节剂，并不必然会增产、增收。在具

生物是门科学　不可思议的生命探险

体的农业生产过程中，是否施用、如何施用植物生长调节剂，需要理性评估。植物生长调节剂不是营养物质，也不是万能药，只有配合浇水、施肥等措施，适时施用，才能发挥效果。植物生长调节剂施用不当，则可能影响作物产量和产品品质。过量施用植物生长调节剂，还可能对人体健康和环境带来不利影响，甚至导致惨痛的教训。

在越南战争中，美军对越南丛林使用橙剂，给越南人民和参加越战的美国士兵带来了严重的后果，美军的行为也在全球范围内引发热烈的争议。根据美军的数据，他们在越南共使用了约 2000 万加仑的橙剂和蓝剂。橙剂的主要成分是二氯苯氧乙酸和四氯酸。在越南战争中，美军为使藏身于密林之中的越南游击队完全暴露于美军的火力之下，曾用飞机向越南丛林中喷洒了大量的橙剂，使树木落叶。橙剂在生产过程中，无法避免地会产生少量的二噁英 (dioxin) 杂质。二噁英是一类剧毒的有机化合物，只要十亿分之几的剂量就能导致肝或肺的疾病、白血病、流产、生育缺陷等，甚至直接导致实验动物死亡。二噁英化学性质稳定，不容易被降解，并能通过食物链富集。橙剂不仅伤害了越南士兵和民众，美国士兵也深受其害。而且，橙剂还会影响后代，导致先天性缺陷。

我国对于植物生长调节剂的生产、销售和使用有以下明确的规定。

(1) 植物生长调节剂必须经国家指定单位检验并进行正规田间试验，充分证明其效益、无毒、无害方可批准登记。

(2) 在销售中禁止夸大植物生长调节剂的功能。

(3) 禁止在肥料中添加植物生长调节剂等。

16.4.3 植物生长调节剂的施用

植物生长调节剂种类繁多，在生产上首先需要根据实际情况，选择恰当的植物生长调节剂。例如，要解决的生产问题是促进扦插枝条的生根，我们可以选用生长素类植物生长调节剂，而若要对果实催熟，则可以选择乙烯利。

此外，我们还要综合考虑施用目的、效果和毒性、调节剂残留、价格和施用是否方便等因素。对于某种植物生长调节剂来说，施用浓度、时间、部位及施用时植物的生理状态和气候条件等，都会影响施用效果，施用不当甚至会影响生产。

通过预实验，可以预先熟悉研究条件，帮助研究者了解实验的可行性和可靠性，同时也为正式实验提供重要的参考。在预实验中，研究者可以了解实验中可能存在的未知因素。同时，预实验也可以帮助研究者确定合适的样本量和实验的重复次数，以确保实验的准确性和可靠性。预实验的样本量一般要达到正式实验总样本量的 30% 左右。

> 知识拓展：预实验
>
> 在探索生长素类调节剂促进扦插枝条生根的最适浓度时，通过预实验确定有效浓度的大致范围，可为确定最适浓度打下基础。预实验也必须像正式实验一样认真进行，以确保实验的准确性和可靠性。

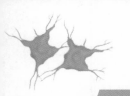

第 17 章

环境因素参与调节植物的生命活动

植物生存的环境不是一成不变的。不同的地区光照、水分、温度、土质等千差万别，同一地区，一年四季也会有冷、热、旱、涝之分。植物可以感知光照、温度、水分等多种环境信号，并通过基因的表达、细胞的代谢调控、生理反应转变、形态结构变化等方式，更好地适应环境。

✳ 17.1 向性运动是植物对环境信号做出的生长反应

前文在介绍向光性时已经提到植物的向性运动。除了向光性，还有一种常见且重要的向性运动是向重力性。

如果将植物幼苗横放一段时间，会发现茎会向上弯曲，称为负向重力性；根会向下生长，称为正向重力性；地下茎水平生长，称为横向重力性，这三者都属于向重力性。向重力性就是植物在重力的影响下，保持一定方向生长的特性。

在无重力作用的太空中，横放的植物的根和茎都会径直生长，说明茎和根的生长方向是由重力决定的。下面以根的正向重力性为例进行说明。根中感受重力的细胞在根冠，而进行不对称生长使根向下弯曲的是伸长区的细胞。根冠细胞内感受重力的细胞器是平衡石 (statolith)，平衡石感受到重力信号后将其转变为生长素的浓度信号，运输至根尖的伸长区，导致根的正向重力性生长。

平衡石原指甲壳类动物器官中一种管理平衡的砂粒，植物的平衡石是指淀粉体，是一种充满淀粉粒的质体，每个淀粉体外有一层膜包裹，内含 1～8 个淀粉体。植物的平衡石分布在根冠和茎部的维管束周围的 1～2 层细胞中。

如图 17.1 所示，当根正常生长时，在重力影响下，平衡石会下沉到细胞底部，刺激内质网释放出 Ca^{2+}，IAA均匀地运输到根冠两侧，根垂直生长。当根横放时，平衡石沉降到根冠细胞的底部，刺激内质网释放 Ca^{2+} 到细胞

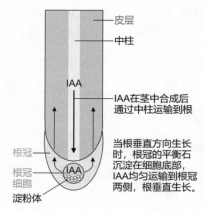

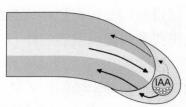

皮层
中柱
IAA
IAA在茎中合成后通过中柱运输到根

当根垂直方向生长时，根冠的平衡石沉淀在细胞底部，IAA均匀运输到根冠两侧，根垂直生长。

根冠
根冠细胞
淀粉体

当根水平生长时，根冠淀粉体沉淀在细胞底部，IAA继续运输到根冠的一侧，导致根部发生以下改变：
① 下侧的皮层IAA浓度高，抑制细胞伸长。
② 上侧的皮层IAA浓度低，促进细胞伸长；根向下弯曲生长。

图 17.1　玉米根向重力性生长时的 IAA 再分配

质中，Ca^{2+} 和特定蛋白质相结合，激活细胞底部的钙泵和生长素泵，导致下侧的皮层 IAA 浓度高，抑制细胞伸长，上侧的皮层 IAA 浓度低，促进细胞伸长，于是根向下弯曲生长。

茎的负向重力性与之类似，但茎对生长素的作用不如根敏感，因此近地侧高浓度的生长素的促进效果优于远地侧低浓度的生长素的促进效果，茎向上弯曲生长。

植物的根还表现为向水性和向化性。向水性与细胞分裂素的不均匀分布有关，由低渗透压侧运输至高渗透压侧，导致远水侧细胞分裂更快，根向水而生。向化性是由某些化学物质在植物周围分布不均匀而引起的定向生长。植物根部生长的方向就有向化性，它们朝向肥料较多的土壤生长。水稻深层施肥的目的之一就是使水稻的根向更深处生长；在种植香蕉的时候，可以采用以肥引芽的方法，把肥料施用在人们希望长苗的空旷地方。

❈ 17.2 感性运动是不定向的外界刺激引起的植物局部运动

如果叶片或花瓣等器官的下表面比上表面长得快，则称为偏上性生长，反之称为偏下性生长，如图 17.2 所示。生长素和乙烯可引起叶片偏上性生长，而赤霉素则可引起叶片偏下性生长。

其他如感震性前文已提到，而感热性、感夜性等不再赘述。

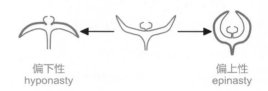

偏下性
hyponasty

偏上性
epinasty

图 17.2　植物的偏下性和偏上性

❈ 17.3 植物的营养生长和生殖生长

17.3.1 影响营养生长向生殖生长转变的因素

植物的一生可分为营养生长和生殖生长两个阶段。开花植物的营养生长和生殖生长以花芽分化为界限。

营养生长是指植物体积的增加和形态的改变，植物通过光合作用、吸收水分和养分等方式，不断地吸收和转化营养物质，从而促进植物体积的增加和形态的改变。生殖生长是指植物的繁殖器官发育和繁殖物的产生，植物在生殖器官中产生花粉和卵子，从而进行有性或无性繁殖。

营养生长和生殖生长相互依存。首先，营养生长对于植物的生殖生长非常重要，只有植物体积足够大，才能够产生足够的养分和能量，从而支持繁殖器官的发育和繁殖物的产生。其次，生殖生长对于植物的营养生长也有一定的影响，在植物的生殖过程中，需要消耗大量的养分和能量，这会影响植物的营养生长。另外，在植物的繁殖过程中，也需要一定的环境条件和适宜的温度、湿度等，这些条件也会影响植物的营养生长。

只有保持营养生长和生殖生长的平衡，才能够保证植物的健康生长和繁殖成功。植物

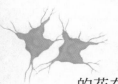

的花在何时、何处形成，是一个严格受控的过程。

首先，植物要发育到一定阶段，营养器官发育成熟，具备了生殖能力，才有可能在适当的光、温度等环境信号刺激下转向生殖生长。例如，对幼年期植物的任何处理都不能诱导其开花。植物从幼年期向成年生殖期的转变过程中，有两个小分子 RNA 发挥着重要作用：miR156 和 miR172，如图 17.3 所示。

miR156 是控制植物从幼年期向成年生殖期转变的高度保守

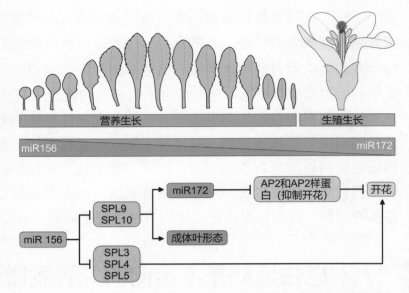

图 17.3　miR156+SPL 调控植物由幼年期向成年生殖期转变
(Lincoln Taiz, 2014)

的 RNA，在很多植物中，幼年期表达较多的 miR156，随着其表达水平的下降，植物也将向生殖期转变。而 miR172 则相反，在植物从幼年期向生殖期过渡时，表达量逐渐升高。

植物幼年期不能开花，但可以采用一些手段使其快速通过幼年期。例如，连续长日照可使桦树的幼年期从 5～10 年缩短至不到 1 年，如园艺学中常使用嫁接方式使幼年接穗提早开花；外施赤霉素一般会延长幼年期，但在很多裸子植物中施用反而会使其提前开花。

光周期 (photoperiod) 和春化是触发生长条件允许植物转向生殖生长的关键信号。

17.3.2 光周期与植物的成花诱导

光周期是指一天 24 h 内昼夜的相对长度。生物体对光周期的生理反应，称为光周期现象 (photoperiodism)。

很多植物的开花都与光周期的季节性变化有着极为密切的关系。

◁—◁ 知识拓展：

长日照植物： 只有当日照长度超过一定小时数时才能开花的植物，一般在春天或者初夏时开花，如菠菜、萝卜、生菜、甘蓝、燕麦、鸢尾等。

短日照植物： 只有当日照长度短于一定小时数时才能开花的植物，一般在夏末或者秋冬时开花，如烟草、菊花、大豆、苍耳、晚稻、甘蔗、棉花等。

日照中性植物： 开花不受光周期影响，当它们成熟后，不管日照长短，只要它们有足够的光照强度就能开花。不过，它们的开花可能会受到温度等其他因素的影响，如番茄、蒲公英等。

研究表明，控制植物开花及其他光周期现象的是夜长(暗期的长度)，而非日照长度，如图 17.4 所示。对于短日照植物而言，通过短时间暗室处理来打断光照期，发现其开花不受影响。通过照光，哪怕仅仅是几分钟的微弱光照射来打断它的暗期，就能阻止它开花。对于长日照植物而言，如果通过照光几分钟来打断夜长，它就会开花。可见，植物的开花与日照长度无关，而是需要一定时间的持续夜长。因此，短日照植物实际是长夜植物，而长日照植物实际是短夜植物。

利用光周期的知识，可以通过人为控制光照条件来控制植物的花期(见图 17.5)，从而满足更广泛的需求，创造出更大的经济价值。

植物体感受光周期变化的部位是叶片，叶片细胞中有一种色素称为光敏色素(phytochrome)，能够感受夜长。

1952 年，美国农业部贝尔茨维尔(Beltsville)农业研究中心用单色光处理莴苣种子时发现，红光促进种子萌发，而远红光抑制种子萌发。如果用红光和远红光交替照射种子，则两种波长的光对种子萌发的影响可以相互逆转。种子萌发率高低取决于最后一次曝光波长(见表 7.1)。根据这一结果，贝尔茨维尔农业研究中心推测吸收红光和远红光的光受体可能是具有两种存在形式的单一色素。1959 年，美国的巴特尔(Butler)等人研制出双波长分光光度计，在测定黄化玉米幼苗的吸收光谱时证实了光敏色素的存在。

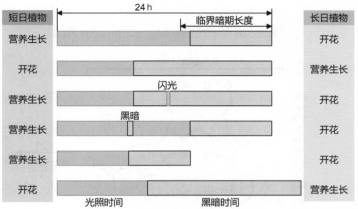

图 17.4　暗期长短对开花的影响

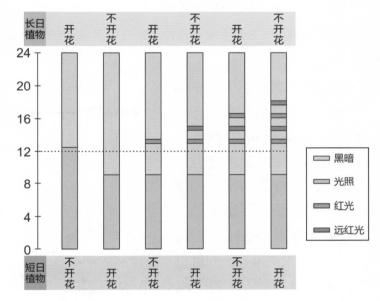

图 17.5　开花与否取决于最后一次照光是红光还是远红光

表 17.1　红光 (R) 和远红光 (FR) 处理与莴苣种子萌发率的关系

光处理	萌发率 (%)
R	70
R-FR	6
R-FR-R	74
R-FR-R-FR	6
R-FR-R-FR-R	76
R-FR-R-FR-R-FR	7

光敏色素是一种易溶于水的色素蛋白复合物，是由两个亚基组成的二聚体，每个亚基都是由生色基团和脱辅基蛋白构成，如图 17.6 所示。

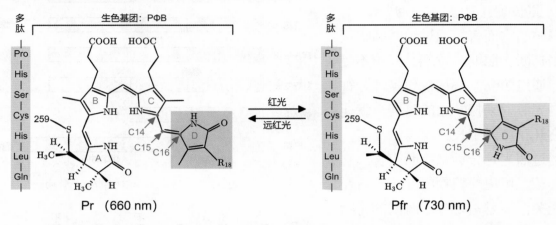

图 17.6　红光吸收型 (Pr) 和远红光吸收型 (Pfr) 生色团与肽链的连接即生色基团的顺反异构
(Lincoln Taiz, 2014)

光敏色素有 Pr 和 Pfr 两个构象。Pr 是生理失活型，可以吸收 660 nm 的红光，转变为 Pfr。Pfr 是生理激活型，能促进种子萌发、抑制茎的垂直生长、促进分枝、调节生物节律、控制花期等。Pfr 可以吸收 730 nm 的远红光转变为 Pr，如图 17.7 所示。另外，Pfr 的稳定性不如 Pr，半衰期为 20 min 至 4 h，在黑暗中自发转变为 Pr。

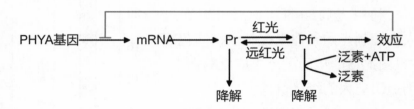

图 17.7　Pr、Pfr 相互转变

质体中合成的生色基团与细胞质基质中翻译出的脱辅基蛋白结合，形成光敏色素全蛋白。红光下，Pr 发生顺反异构，转变为 Pfr，暴露出脱辅基蛋白的 C 端，C 端是光敏色素的入核区域，因此 Pfr 能够进入细胞核，调节基因的表达，如图 17.8 所示。

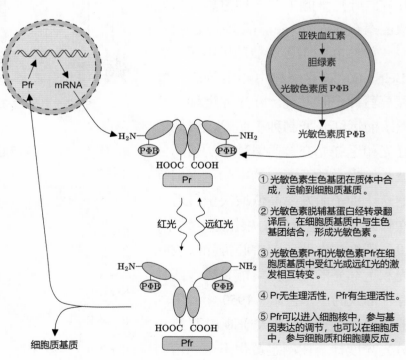

① 光敏色素生色基团在质体中合成，运输到细胞质基质。

② 光敏色素脱辅基蛋白经转录翻译后，在细胞质基质中与生色基团结合，形成光敏色素。

③ 光敏色素Pr和光敏色素Pfr在细胞质基质中受红光或远红光的激发相互转变。

④ Pr无生理活性，Pfr有生理活性。

⑤ Pfr可以进入细胞核中，参与基因表达的调节，也可以在细胞质中，参与细胞质和细胞膜反应。

图 17.8　光敏色素的合成、装配、活化与发挥作用
(Lincoln Taiz, 2014)

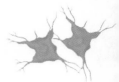

光敏色素在植株的幼嫩部位分布较多。

植物体内总光敏色素记为 P_{tot}，$P_{tot} = Pr + Pfr$。另外，生理活性的 Pfr 占 P_{tot} 的比例称为光稳定平衡，记为 φ，即 $\varphi = \dfrac{Pfr}{P_{tot}}$。阳光中红光和远红光都有，远红光的比例相对较低，一般在 5% 以下，而红光的比例则在 15% 左右。Pr 吸收红光，转变为 Pfr 的速度比 Pfr 转变为 Pr 的速度快。因此，在自然条件下，像莴苣这样的可被光诱导萌发的种子，一旦暴露在充足的阳光下，Pfr 浓度就会升高，就会启动萌发过程。

光敏色素还作为环境中红光和远红光比例的感受器，传递不同光质、不同照光时间的信息，调节植物的发育。不同的光质会影响 φ 值。白芥幼苗在饱和红光下的 φ 值为 0.8，在饱和远红光下的 φ 值只有 0.025。因为植物叶片中的叶绿素吸收红光，透过或反射远红光，所以，当植物受到周围植物的遮阴时，体内 Pr 比例会升高。阳生植物在这样的条件下，茎垂直生长速度加快，以获取更多的阳光。而一旦得到阳光直射，Pfr 比例便升高，抑制茎的垂直生长，促进分枝。这种现象称为"避阴反应"(shade avoidance response)，如图 17.9 所示。

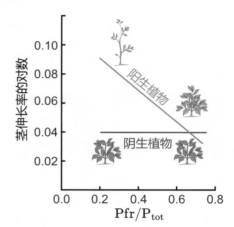

图 17.9　避阴反应 (Lincoln Taiz, 2014)

植物只需一段时间的光周期处理，后续即使不处于适宜的光周期下，也可以长期保持诱导效果，这种现象称为光周期诱导。不同植物的光周期诱导所需要的光周期处理天数不同。短日照植物如苍耳只需要一片叶子接收到一个光诱导周期，就可以满足开花条件，甚至将五株苍耳相互嫁接，仅把一株植物的一片叶子放在短日光周期下，五株苍耳都能开花。这说明植株间确实有开花刺激物进行传递。再进一步，短日照植物的短日处理可以诱导不处于长日光照的长日植物开花，反之亦然，如图 17.10 所示。这说明两种光周期反应类型的植物所产生的开花刺激物没有区别。

叶片感受到光周期刺激

图 17.10　嫁接实验证明植株间确有开花刺激物传递

后，又是如何把信息传递到开花部位——茎尖或叶腋处的呢？科学家推测，有一种激素在起作用，并将它命名为开花素或成花素 (florigen)。但至今未能鉴定出其化学本质。此外，还可能存在一些大分子有机物，如 mRNA 和一些蛋白质，也参与这个过程的信息传递。

光周期作为信号，控制很多植物的开花，这是长期进化的结果。这样各种植物都能在非生物环境条件最佳、有传粉媒介可利用、与其他植物的资源竞争较少时，完成生殖过程，实现物种的延续。

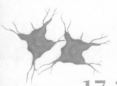

17.3.3 光周期与南北引种

众所周知，北半球的日照规律是从春分到秋分的夏半年，越往北，日照时间越长，北极甚至出现极昼；而从秋分到第二年春分的冬半年，越往北，日照时间越短，北极甚至出现极夜，如图 17.11 所示。

生产中经常会需要从外地引入优良品种，实现优质高产的目的。如果是同纬度地区进行引种，因为日照周期相同，只是时差问题，所以在综合评估安全性和可行性的前提下，可以进行引种，而且一般容易成功。但如果要在不同纬度间进行引种，问题就会麻烦一些。

对于长日照植物而言，应注意以下两点。

(1) 南种北引时，由于日照时间延长，将加快发育和成熟 (相对较强)，但温度较低，会延迟发育和成熟 (相对较弱)，最终，提前开花。

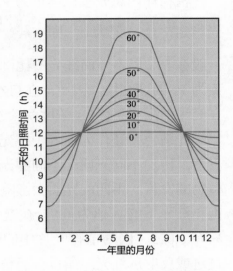

图 17.11　北半球不同纬度不同月份的日照时间变化

(2) 北种南引时，由于日照时间缩短，将延迟发育和成熟 (相对较强)，但温度较高，会加快发育和成熟 (相对较弱)，最终，延迟开花。

对于短日照植物而言，应注意以下两点。

(1) 南种北引时，由于日照时间延长，将延迟发育和成熟，加上温度较低，进一步延迟发育和成熟，最终，延迟开花，严重时甚至不能抽穗与开花结实。为使其能及时成熟，宜引用较早熟的品种或感光性较弱的品种。

(2) 北种南引时，由于日照时间缩短，将加快发育和成熟，加上温度较高，进一步加快发育和成熟，最终，提前开花。但如果生育期太短，将影响营养体的生长和产量。为保持高产，宜选用迟熟及感光性弱的品种，或调整播种期，以便在季节上利用南方相对较长的日照。

17.3.4 其他光受体

除了感受红光和远红光的光敏色素外，还有感受蓝光、近紫外光的隐花色素 (cryptochrome，CRY)、向光素，以及感受 UV-B 区域光的紫外光 B 受体。

隐花色素在细菌、动物、植物中都有分布，编码色素蛋白的基因 (CRY) 非常保守，N 端含有 PHR 结构域，C 端为 CCT 或 CCE 结构域，具有核定位信号。隐花色素的生色基团是黄素腺嘌呤二核苷酸 (FAD)。吸收蓝光后，生色基团构象发生改变，导致相关基因表达，产生蓝光效应，如图 17.12 所示。

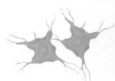

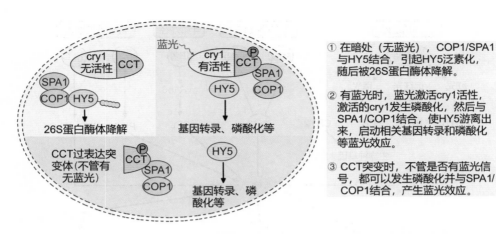

图 17.12　cry1 通过 COP1/1SPA1 介导的光形态建成 (Lincoln Taiz, 2014)

图中文字：

蓝光

cry1
无活性 CCT

SPA1
COP1 HY5

26S蛋白酶体降解

CCT过表达突
变体(不管有
无蓝光)

P
CCT
SPA1
COP1

cry1
有活性 CCT
SPA1
HY5 COP1

基因转录、磷酸化等

HY5

基因转录、磷
酸化等

① 在暗处（无蓝光），COP1/SPA1
与HY5结合，引起HY5泛素化，
随后被26S蛋白酶体降解。

② 有蓝光时，蓝光激活cry1活性，
激活的cry1发生磷酸化，然后与
SPA1/COP1结合，使HY5游离出
来，启动相关基因转录和磷酸化
等蓝光效应。

③ CCT突变时，不管是否有蓝光信
号，都可以发生磷酸化并与SPA1/
COP1结合，产生蓝光效应。

17.3.5 低温诱导与春化作用

　　除了受光周期影响，还有一些植物的开花主要受温度影响，这些植物主要是一些二年生植物，如芹菜、胡萝卜、葱、蒜、百合、风信子等，以及一些冬性一年生植物，如冬小麦、冬黑麦等，因为它们是在第一年秋季萌发，以营养体过冬，第二年夏初开花结实，所以也存在春化作用。对于这些植物而言，其营养体阶段的秋末冬初的低温是其开花的必备条件。当然，如果对其种子进行低温处理，也可以在春季播种，夏初时也能正常抽穗开花。

　　植物感受低温刺激的部位一般在茎尖和嫩叶，确切来说，凡是有分裂能力的细胞都可以接受春化刺激。茎尖感受刺激以后，会形成一种名为春化素 (vernalin) 的物质，进行信息的传递，但这种物质至今还没被分离出来。之所以确信这是一种化学物质，是因为春化作用和生长素及成花素一样，也可以在植株间传导。例如，将春化后的天仙子叶片嫁接到未春化的同种植物的砧木上，可以诱导未春化的植株开花。

　　春化作用也可能与赤霉素有关。研究表明，小麦、油菜、燕麦等多种作物的种子经过低温处理后，体内赤霉素含量升高，而一些需要春化的植物未经低温处理而施用赤霉素后，也能开花。

　　低温作为信号，影响这些植物的开花，也是进化的结果。经过长期的进化过程，这些能够度过寒冷冬季的物种得以延续下来。

17.3.6 花器官原基的形成

　　除了光周期和低温春化外，还有很多其他因素会影响植物的开花，如环境温度、激素、蔗糖等。以拟南芥、金鱼草、矮牵牛为模式生物，科学家总结出 6 条成花诱导的信号转导途径，如图17.13所示。各途径最终集中在 SOC1、FT 上，它们对各种信号和刺激进行整合，调节相关基因的表达，决定开花还是不开花。

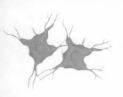

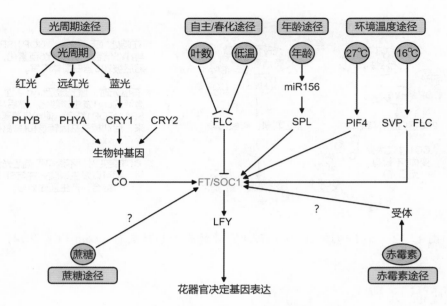

图 17.13　植物开花的 6 条信号转导途径

满足各种开花条件后，植物的营养顶端转变为生殖顶端，形成花器官原基。花器官原基的形成是分生组织决定基因表达的结果。被子植物的完全花自外向内依次是萼片、花瓣、雄蕊、心皮、雌蕊。1989 年开始，人们逐渐克隆出相关的决定基因，即 AP1、AP2、AP3、PI，并提出了花器官形成的 ABC 模型。后来，科伦坡 (L. Colombo) 和扬诺夫斯基 (M. F. Yanofsky) 又鉴定出 D 基因 和 E 基因，发展出 ABCDE 模型，如图 17.14 所示。其内容如下。

(1) A 基因控制 1 ～ 2 轮的发育，A 基因突变会导致萼片变成心皮，花瓣变成雄蕊。

(2) B 基因控制 2 ～ 3 轮的发育，突变导致花瓣变成萼片，雄蕊变成心皮。

(3) C 基因控制 3 ～ 5 轮的发育，突变导致雄蕊变成花瓣，心皮变成萼片。

(4) D 基因控制 5 轮的发育，突变导致缺乏胚珠。

(5) E 基因控制 1 ～ 5 轮的发育，突变导致全部花器官发育成叶片结构，如图 17.15 所示。

拟南芥的 AP1、AP2、AP3、PI、Ag 基因均突变的个体，花发育成类似叶片的结构如图 17.15 所示。

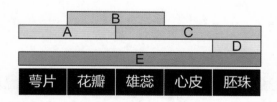

图 17.14　花器官发育的 ABCDE 模型 (Lincoln Taiz, 2014)　图 17.15　花发育成类似叶片的结构

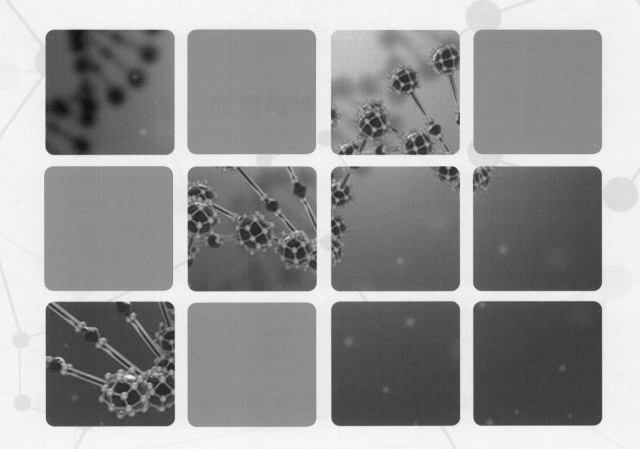

第 5 部分

宏 观 生 态 学

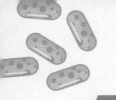

第18章

种群及其动态

❋ 18.1 种群概述

　　种群 (population) 是生活在同一时期内占有一定空间的同种生物的全部个体。种群内的生物个体之间通过种内关系组成一个统一体或系统。种群是物种存在的基本单位、生物繁殖的基本单位、进化的基本单位、生命系统更高组织层次"群落"的基本组成单位。

　　种群不是个体的简单累加，而是具有一定的种群特征，是一个能够自我调节、动态变化和发展的有机整体。种群虽然是由个体组成的，但种群具有个体所不具有的特征，这些特征大多具有统计的性质。例如，个体可以用出生、死亡、性别、基因型、寿命、活动期、休眠期、发育阶段等特征来描述，而种群则只能用这些特征的相应统计值来描述，即出生率 (natality)、死亡率 (mortality)、性别比例 (Sex ratio)、基因频率和基因型频率、平均寿命、休眠率等。此外，种群还有更高的研究层次，如种群密度 (Population density)、分布型、扩散型、聚集型、数量动态型等特征。

　　概括起来，种群的基本特征可归纳为三个方面：空间特征、数量特征、遗传特征。

❋ 18.2 种群的空间分布

　　种群的空间分布包括集群分布、均匀分布和随机分布三种类型。

18.2.1 集群分布

　　集群分布是最常见的分布类型，集群的大小和密度可能差别很大，每个集群的分布可以是随机的，也可以是非随机的，如图 18.1 所示。每个集群内部的个体不固定，且集群内部个体的分布可以是随机的，也可以是非随机的。集群包括低水平集群和高水平集群。前者是各个体被共同的食物、水源、隐蔽场所等吸引而产生的集群，如灯蛾的趋光性、蚯蚓的趋湿性和负趋光性；后者则是集群内部的个体分工与互助合作，如人类、蜜蜂、白蚁、蚂蚁等社会性生活的动物集群。

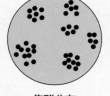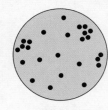

集群分布　　　　均匀分布　　　　随机分布

图 18.1　种群的空间分布

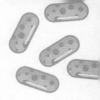

集群分布的原因有以下几种。

(1) 资源分布不均匀。

(2) 植物种子的传播以母体为扩散中心。

(3) 动物的社会行为。例如，人类的人口分布就是集群分布，主要是由社会行为、经济因素和地理因素决定的。

18.2.2 均匀分布

均匀分布较罕见，是种群内相邻个体之间的距离一致的分布形式。均匀分布是在相当均质的环境中，由于种群成员进行种内斗争所引起的，如沙漠植物为争夺水分而发展成均匀分布。人工栽培的作物也是这种情况，如水稻等。

18.2.3 随机分布

随机分布是最罕见的分布类型，种群内每一个个体的生活空间不受其他个体分布的影响，因此每一个个体在种群领地中的各个点出现的机会相等。只有当环境十分均一、资源在时空上平均分配、种群内成员的相互作用并不导致任何形式的吸引和排斥时，才可能出现随机分布，如分布在森林底层的某种无脊椎动物、种子植物在刚刚入侵到一个新环境时、森林落叶下的狼蛛、玉米田中玉米螟的卵等。

18.2.4 用空间分布指数检验分布型

首先，将一个被调查的种群的生活空间分为若干小方块，然后对小方块内的个体进行统计，得出方差 V 和平均数 $\bar{x}$，而空间分布指数 $I = \dfrac{V}{\bar{x}}$。

(1) 当 $I > 1$ 时，种群为集群分布。

(2) 当 $I < 1$ 时，种群为均匀分布。

(3) 当 $I = 1$ 时，种群为随机分布。

✿ 18.3 种群的数量特征

18.3.1 种群密度

种群密度是指单位面积或单位体积中的个体数，是反映种群大小的最常用指标，可作为人类判断生物有益或有害、需要保护或防治的依据，也可作为评价保护和防治效果的指标。

种群密度是种群最基本的数量特征。

18.3.2 种群密度的调查方式

1. 样方法

样方法一般适用于活动能力弱、活动范围小的生物种群，如植物、跳蝻、蚯蚓、昆虫的卵等。使用样方法调查的关键在于随机取样，为了保证随机性，人们规定了五点取样法和等距取样法。

实际工作中，即使按照这样的方式设置样方，依然有其他因素影响我们的调查结果。如图 18.2 所示，在 5 点取样法中，绿色的 5 个样方、黑色的 5 个样方和红色的 5 个样方，都是符合 5 点取样的，但因为样方面积和样方位置不同，可能导致结果有所偏差。在等距取样法中，样方的数量和样方的面积也会影响调查结果，尤其是样方面积。可以想象，当样方面积很小时，调查结果会比真实值偏低。随着样方面积的增加，调查结果会逐渐增加，逐渐接近真实值。当样方面积达到一定的数值，调查结果就会趋近真实值，这个数值就是最小样方面积。继续增加样方面积，调查结果将不再增加。

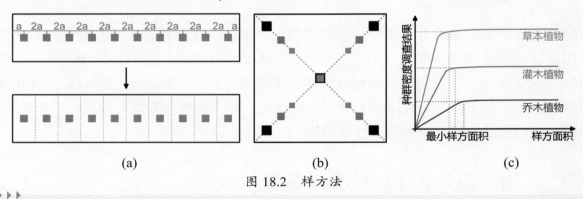

(a)	(b)	(c)

图 18.2　样方法

▶▶▶ 样方法的关键在于每个样方所代表的面积是一致的。如图 18.2(a) 所示，现有 100 m 长的农田，以等距取样法设置 10 个 1 m² 样方为例，只需先将农田分为 10 份，每个样方位于每一份的中心即可。所以第一个样方的中心点距离农田短边的距离为 5 m，各样方中心点之间的距离为 10 m。图 18.2(b) 同样是 5 点取样法，黑色、绿色、红色因样方面积和样方位置的不同，最终的结果可能有差异。如图 18.2(c) 所示，在一定范围内，随着样方面积的增加，调查结果逐步增加并最终稳定在真实的数值。不同的生物最小样方面积不同，调查时，设置的样方面积不应小于该生物的最小样方面积。

最小样方面积与物种本身的大小（主要影响因素）、样地的均匀度、种群个体的空间分布类型等因素有关。在使用样方法取样前需确定当前调查范围内的该物种的最小样方面积，实际操作时的样方面积不能小于最小样方面积。

2. 标记重捕法

标记重捕法又称 Peterson 方法或 Lincoln 方法，最早由丹麦渔业学家卡尔·格奥尔格·约翰内斯·彼得森 (Carl Georg Johannes Peterson, 1860—1928) 在 1898 年发展运用，主要适用于活动能力强、活动范围广的生物，要求在初捕—标记—放回后，被标记个体能够迅速深入"群众"中去，使两次捕获时，每个个体被捕获的概率是相同的，即重捕个体中有标记个体的比例 = 全部个体中有标记个体的比例。在浙科版、苏教版、沪科版生物教材中称

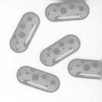

为"标志重捕法"。

需要注意的是，对于标记物来说，应不易脱落、不过于醒目、不能影响被标记个体的正常生活。除此之外，在初捕和重捕之间，该种群的种群密度不应有大的变化，如不能有大量的迁入或迁出、出生或死亡等，如图18.3所示。

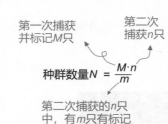

第一次捕获并标记M只　　第二次捕获n只

种群数量 $N = \dfrac{M \cdot n}{m}$

第二次捕获的n只中，有m只有标记

如果m偏小，计算所得N偏大，则说明以下几点。
①标记物脱落。
②标记物导致被标记个体易被天敌发现。
③个体一次被捕后，再次被捕获的概率降低。

如果m偏大，计算所得N偏小，则说明以下两点。
①被标记个体放回后还未充分融入群体就再次被捕获。
②在被标记个体密集处重捕等。

调查期间，若调查区域有较多个体出生、死亡、迁入、迁出，则会导致计算结果偏离实际结果。

图 18.3　标记重捕法调查种群密度误差分析

调查池塘中鲤鱼的种群数量或密度时，还需要考虑以下因素。

(1) 初捕用小网眼渔网，重捕用小网眼渔网：统计值约等于真实值。

(2) 初捕用小网眼渔网，重捕用大网眼渔网：统计值约等于真实值。

(3) 初捕用大网眼渔网，重捕用小网眼渔网：统计值约等于真实值。

(4) 初捕用大网眼渔网，重捕用大网眼渔网：统计值约等于池塘中大鲤鱼数量，小于真实值。

3. 其他调查种群密度的方法

直接计数法：适用于较小范围内、种群个体数量较少、体型较大的情况，如一些珍稀动植物。

黑光灯诱捕法：对于有趋光性的昆虫，还可以用黑光灯诱捕的方法调查种群密度。黑光灯是一种特制的气体放电灯，它发出 330～400 nm 的紫外光波。这是人类不敏感的光，因此人眼看着好像是不发光的，但趋光性昆虫的视网膜上有一种色素，它能够吸收某一特殊波长的光，并引起光反应，刺激视觉神经，通过神经系统指挥运动器官，从而引起昆虫翅和足的运动，使其趋向光源。

◇ **知识拓展：趋光性和飞蛾扑火** ◆

趋光性分为正趋光性和负趋光性。正趋光性是指生物体在光的刺激下所产生的移动反应，具体表现为朝向光源的移动。在植物界，具有叶绿体的游走性植物，如游走性绿藻、各种藻类的游走孢子、鞭毛藻、双鞭藻和红色细菌等都具有明显的正趋光性，没有鞭毛、依靠滑行运动的蓝细菌、硅藻和鼓藻也具有这种性质。这种特性对于植物等自养生物来说十分重要，因为趋光性可以帮助植物获得更多阳光以进行光合作用。飞蛾扑火是最常见的趋光性实例，但是飞蛾扑火对它自己有什么好处吗？飞蛾既然趋光，为什么不会飞向太阳或月亮呢？其实飞蛾扑火并不是因为趋光性，而是它们的根据光线进行导航的系统受到了人工光源的干扰。自然界中，太阳或月亮等相当于无限远的平行光源，飞蛾等昆虫可以通过监测自己飞行方向与光线的夹角来判断自己飞行的方向，如图18.4所示。但人类会使

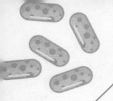

用火之后，各种火把、蜡烛、灯泡等都是点光源，飞蛾等以此为导航的时候，就会不断调整自己的飞行方向，以为自己还是在沿着直线飞行，最终可能导致扑火。

负趋光性也可称为避光性或趋暗性，具有负趋光性的动物主要有西瓜虫和我们常见的蜗牛及各种土壤里的小动物。

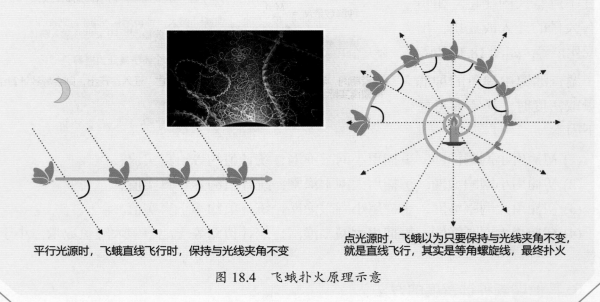

平行光源时，飞蛾直线飞行时，保持与光线夹角不变

点光源时，飞蛾以为只要保持与光线夹角不变，就是直线飞行，其实是等角螺旋线，最终扑火

图 18.4　飞蛾扑火原理示意

样线法：调查鸟类时，一般使用样线法。在调查地点选择多条样线，通过肉眼或借助望远镜在开阔生境中，记录鸟类的数量分布。样线法易于操作，不受季节的限制，灵活性强。一般适用于平坦、简单的地势。

除此之外，对于一些特殊的、珍稀的生物，也可以采用如红外遥感、动物粪便、动物叫声、取样器等方法调查种群的密度。

18.3.3 ｜ 种群的其他数量特征

1. 出生率和死亡率

出生率是指一段时间内出生的个体数占初始时全部个体的比例。不同种类动物，由于性成熟的时间、每次产仔（卵）数、每年生殖次数、生殖期的长度不同，出生率也有所差异。一般情况下，高等动物的出生率要低于低等动物。

类似地，死亡率是指一段时间内死亡的个体数占原始个体数的比例。个体死亡对该种群来说，未必是不利的，因为只有衰老的个体不断死去，新的个体不断产生，才能保持物种的延续和遗传的多样性，从而使种群不断适应环境的变化。

生物个体的生理寿命是决定死亡率的内在因素，疾病、饥饿、寒冷、干旱、被捕食、意外死亡等，是造成死亡率升高的外在因素。

种群密度过大时，其死亡率也会升高。

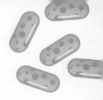

2. 迁入率和迁出率

迁入率 (immigration rate) 是指一段时间内迁入的个体数占原始个体数的比例，迁出率 (emigration rate) 是指一段时间内迁出的个体数占原始个体数的比例。种群间的界限一般不明显，因此，实际工作中，迁入率和迁出率的研究比较困难，通常需要借助遥感技术。

3. 性别比例

性别比例是指种群内雌性和雄性个体数量的相对比例。

大多数高等动物的种群，性别比例基本保持为 1:1。在一雌一雄婚配方式的种群中，生殖期的个体的性别比例越接近 1:1，出生率越高，因此性别比例会影响种群的出生率。有的种群以具有生殖能力的雌性个体为主，如轮虫、枝角类等可进行孤雌生殖的种群。而白蚁、蜜蜂等社会性生物，其雄性个体数量远超过雌性个体数量。

另外，并不是所有的种群都存在性别比例，如大肠杆菌、酵母菌等无性别之分的生物，以及豌豆、蚯蚓等雌雄同体的生物。

生产实践中，人们常采用干扰和破坏害虫的自然性别比例的方法来降低害虫的出生率，从而控制其数量。

4. 年龄结构

年龄结构 (age structure) 是指种群中各年龄组个体数量的比例关系，如图 18.5 所示。年龄组的划分可以基于特定的分类标准，如年龄或月龄，也可以根据生活史的不同阶段，如卵、幼虫、蛹和龄期。

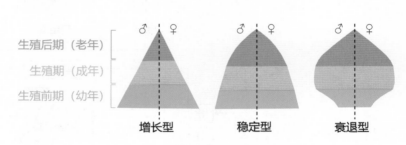

图 18.5　年龄金字塔的三种类型

生态学家通常将种群个体分为生殖前期 (幼年)、生殖期 (成年)、生殖后期 (老年) 三个年龄组，具体如下。

(1) 生殖前期指尚无生殖能力的年龄阶段。

(2) 生殖期指具有繁殖能力的年龄阶段。

(3) 生殖后期指丧失了生殖能力的年龄阶段。

> **注　意**
>
> 　　并不是所有的生物都有这样三个年龄组。有些昆虫生殖前期较长，生殖期极短，生殖后期迅速死亡，即生殖后期等于零，如蜉蝣和蝉等。

可根据各年龄组个体数量的比例关系绘制种群的年龄金字塔。年龄金字塔分为以下三种类型。

(1) 增长型：表示种群中有大量处于生殖前期的个体，而处于生殖后期的个体数较少，出生率大于死亡率，种群数量趋向于增长。

(2) 稳定型：表示种群中处于生殖前期的个体数与处于生殖后期的个体数大致相等，出生率等于死亡率，种群数量较为稳定。

(3) 衰退型：表示种群中处于生殖前期的个体数少，而处于生殖后期的个体数多，出生率小于死亡率，种群数量趋向于减少。

通过分析年龄结构可预测种群数量的变化趋势。

5. 种群数量特征间的相互关系

种群数量多，种群密度不一定大，二者没有直接的关系，因为还要考虑种群所占的面积或体积。直接决定种群密度的是出生率和死亡率、迁入率和迁出率，如图 18.6 所示。

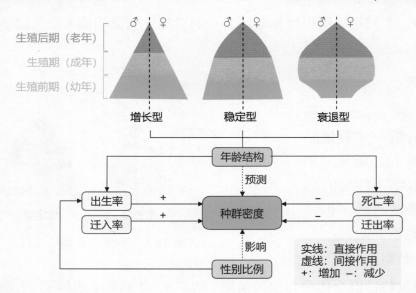

图 18.6 出生率、死亡率、迁入率、迁出率、年龄结构和性别比例对种群密度的影响

年龄结构和性别比例可以影响种群密度，但不是直接决定因素。具体如下。

(1) 年龄结构通过影响种群的出生率和死亡率来影响种群密度，还能在一定程度上预测种群数量的变化趋势，但该趋势不一定能够实现，还要看影响种群密度变化的其他因素，如天敌等。

(2) 性别比例能够通过影响种群的出生率而间接影响种群密度，例如用昆虫性外激素诱杀雄虫即是通过破坏性别比例来达到降低出生率，从而减小其种群密度的目的。

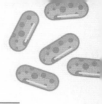

18.4 种群数量的变化

随着时间的变化，建立种群数量的动态数学模型，对于阐明种群的动态变化规律、影响种群数量变化的因素具有重要意义，也可以更好地指导人们的生产工作。

18.4.1 种群的"J"形增长

种群的"J"形增长又称为指数增长，是在理想状态下，资源和空间无限的情况下，或者一种生物来到全新的环境下的最初阶段，气候适宜，没有天敌，没有竞争，没有种内斗争的情况下所表现出的种群数量变化趋势。

积分公式表达式为

$$N_t = N_0 \cdot \lambda^t = N_0 \cdot (1+r)^t = N_0 \cdot e^{rt}$$

微分公式表达式为

$$\frac{\mathrm{d}N}{\mathrm{d}t} = (b-d) \cdot N = r \cdot N$$

式中，λ 表示两个相邻时间段种群数量的比值，即 $\lambda = \dfrac{N_{t+1}}{N_t} = \dfrac{N_t}{N_{t-1}}$，$b$ 表示出生率，d 表示死亡率，r 表示自然增长率，即 $r = b - d$。

自然增长率与增长率的区别在于：自然增长率不考虑迁入率和迁出率，而增长率则要考虑。简单来说，自然增长率 = 出生率 − 死亡率，增长率 = 出生率 − 死亡率 + 迁入率 − 迁出率。因此，在不考虑迁入率和迁出率时，自然增长率等于增长率。事实上，我们在分析种群数量增长时，经常不考虑因实际情况而无法考虑迁入率和迁出率的。

当然，增长率也等于 $\dfrac{N_{t+1} - N_t}{N_t}$ 或 $\dfrac{N_t - N_{t-1}}{N_{t-1}}$。根据定义，显然，$\lambda =$ 增长率 +1。

增长速率是指单位时间内种群的增长量。举例说明，一个种群有 1000 个个体，一年后增加到 1100 个，则该种群的增长率为 $\dfrac{1100-1000}{1000} \times 100\%$；而增长速率为 $\dfrac{1100-1000}{1\text{年}}$ =100 个 / 年。

18.4.2 种群的"S"形增长

现实生活中，资源和空间一般都不是无限的，生物自身也会限制种群的增长，因此大多数种群的"J"形增长都是暂时的，只在种群密度较低的早期阶段发生。人们用酵母菌进行相关实验时发现，每 3 h 更换一次培养液，种群增长曲线可在较长时间维持"J"形增长。随着更换培养液时间的延长，种群增长逐渐受限，逐渐趋向于"S"形，如图 18.7 所示。

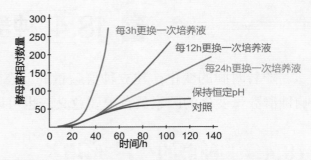

"S"形增长又称为逻辑斯谛增长，是指在一定的环境条件下，种群的数量增长有上限，这个上限称为环境容纳量，即K值。K值是指环境条件不受破坏的情况下，一定空间中所能长时间维持的种群最大数量。不要认为种群数量最大值为K值，也不要认为种群数量不会超越K值，K值会随着环境的改变而发生变化。当环境遭到破坏时，K值会下降，当环境条件改善时，K值会上升；但不能说K值随着时间而改变。

图 18.7　酵母菌种群的增长曲线 (Kormondy E. 1996)

积分公式表达式为

$$N_t = \frac{K}{1 + \left(\dfrac{K}{N_0 - 1}\right) \cdot e^{-rt}}$$

微分公式表达式为

$$\frac{\mathrm{d}N}{\mathrm{d}t} = (b - d) \cdot N \cdot \left(1 - \frac{N}{K}\right) = \frac{r}{K} \cdot \left[\frac{K^2}{4} - \left(\frac{K}{2} - N\right)^2\right]$$

上述公式的含义是：真实的情况下，资源和空间并不是无限的，种群数量也不能无限增长下去，而是存在一个K值，那么每个个体所占有的资源为$\dfrac{1}{K}$。当环境中已有N个个体时，资源就已被占有了$\dfrac{N}{K}$，可供种群继续增长的剩余资源就为$\left(1 - \dfrac{N}{K}\right)$。

根据上述公式，可以很容易得出：在"S"形增长中，当种群数量达到$\dfrac{K}{2}$时，种群的增长速率达到最大。因此，整个"S"形增长过程中，增长速率先增加后减少。

18.4.3 ┃ "J"形增长和"S"形增长总结比较

种群的"J"形增长和"S"形增长如图 18.8 所示。

"J"形增长没有K值，起始增长很慢，但随着种群基数的增大，增长会越来越快。每单位时间都按种群的一定百分数或倍数增长。

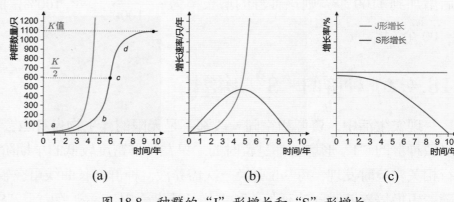

图 18.8　种群的"J"形增长和"S"形增长

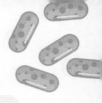

> "J"形增长的增长率保持不变，增长速率呈"J"形增长。"S"形增长的增长率一直在下降，增长速率先增加后减少，在种群数量为 $\frac{K}{2}$ 时达到最大。

"S"形增长曲线常划分为以下 5 个时期。

(1) 开始期 a，种群的个体数很少，种群数量增长缓慢。

(2) 加速期 b，随着个体数的增加，种群数量增长逐渐加快。

(3) 转折期 c，种群个体数达到 $\frac{K}{2}$ 时，种群数量增长最快。

(4) 减速期 d，种群个体数超过 $\frac{K}{2}$ 以后，种群数量增长逐渐变慢。

(5) 饱和期 e，种群个体数接近或达到 K 时，种群数量不再继续增长或在 K 值上下波动。

18.4.4 种群的繁殖对策

处于不稳定环境中的生物，会以更多的能量用于生殖以实现高生殖率来适应环境，称为 r 对策。处于较稳定环境中的生物总是以极少的能量用于生殖，较多的能量用于自身个体的生长，称为 K 对策。除个别种群外，绝大多数种群的生长对策都属于 r 对策和 K 对策之间的某一过渡状态。另外，演替早期，群落中的生物主要以 r 对策者为主，随着演替的进行，K 对策者逐渐增加，顶极群落中主要以 K 对策者为主。

r 对策：在不可预测的多变环境中，种群个体经常处于数量上升期，种群通过高出生率和高死亡率来适应多变环境。这些生物一般具有个体小、寿命短、早熟、生殖力强、单次生殖、死亡率高、散布能力强、个体竞争力弱、以量取胜的特点，这样的繁殖对策有利于产生新物种。r 对策种群的死亡率主要与种群的非密度制约因素有关，其种群数量通常处于"S"形增长曲线的 $\frac{K}{2}$ 之前增长阶段。

K 对策：一些乔木、大型鸟类、哺乳动物，则是通过增强单个个体的生存能力来实现种群对环境的适应。这些生物一般具有个体大、寿命长、晚熟、生殖力弱而存活力高、多次生殖、育雏行为、死亡率低、散布能力弱、个体竞争力强、以质取胜的特点。其种群个体数量经常保持在环境容纳量附近。

18.4.5 种群的存活曲线

一个种群中年龄为 X 的全部个体，在单位时间后，实际存活的个体数量与起始时刻个体数量的比值，就是这个种群中该年龄 (X) 个体的即时存活率 (L_x)。存活率随年龄的变化情况通常用存活曲线来表示：以 $\lg N_x$ 对年龄 (X) 作图，即得到存活曲线，如图 18.9 所示。

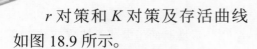

r 对策和 K 对策及存活曲线如图 18.9 所示。

存活曲线能直观地表达不同年龄组的生物的存活情况随年龄 X 的变化规律，具体说明如下。

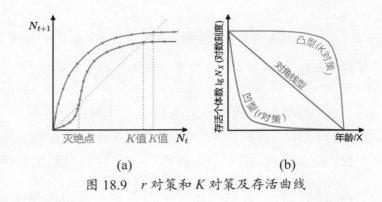

图 18.9　r 对策和 K 对策及存活曲线

(1) Ⅰ 型：凸型曲线，表示幼体存活率高，而老年个体尤其是在接近生理寿命前的死亡率非常高，如大型哺乳动物和人的存活曲线。

(2) Ⅱ 型：对角线型，表示该生物种群在整个生活史中，不同年龄组的死亡率基本相同，即存活率 L 基本恒定，如一些鸟类、小型哺乳动物等的存活曲线。

(3) Ⅲ 型：凹型曲线，幼体死亡率很高，但一旦渡过危险期，绝大多数个体能够活到生理寿命，如产卵的鱼类、贝类、寄生虫等的存活曲线。

为什么存活曲线要以 $\lg N_X$ 对年龄 (X) 作图，而不是以 (N_X) 对年龄 (X) 作图呢？这是因为如果以 (N_X) 对年龄 (X) 作图，上述三种不同类群的存活率变化就不会有明显的区别，因为当不同年龄组的存活率差别不大时，即使 Ⅰ 型的存活曲线也可能是凹型的。

18.4.6 ｜ 血细胞计数板

血细胞计数板有两种规格：16×25(即一个大方格分成 16 个中方格，每个中方格中含有 25 个小方格)，25×16(即一个大方格分成 25 个中方格，每个中方格中含有 16 个小方格)。计算时，需要乘以 10^4，这是因为血细胞计数板的厚度是 0.1 mm，每个计数室中的大方格的长和宽都是 1 mm，所以一个大方格的体积是 0.1 mm^3，即 10^{-4} mL，如图 18.10 所示。使用血细胞计数板时，应注意以下几点。

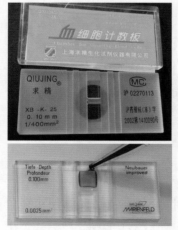
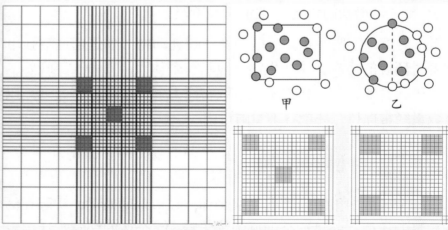

图 18.10　血细胞计数板示意

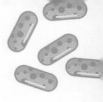

(1) 先盖盖玻片，再加样品。

(2) 多余的培养液用滤纸吸去。

(3) 稍等片刻，等酵母菌全部沉降到计数室的底部。

(4) 计上不计下，计左不计右（其实只要统计的是两个相邻的边及它们夹角上的细胞即可，并不会使我们的计算结果误差变大）。类似地，我们在使用样方法调查种群密度的时候也遵循这样的原则。同时，除了样方，也可以是样圆、样带、样三角等，我们的计算原则都一样。

注意

从试管中吸出培养液进行计数前，需将试管轻轻振荡几次，目的是使培养液中的酵母菌均匀分布，减小误差。本实验不需要额外设置对照实验，因不同时间取样已形成对照；需要做重复实验，目的是尽量减小误差，需对每个样品计数三次，取其平均值。如果一个小方格内酵母菌过多，难以数清，就应当稀释培养液重新计数；稀释的目的是便于酵母菌悬液的计数。连续观察 7 天，每天计数酵母菌数量的时间要固定。后期数量下降的原因有：营养物质随着消耗逐渐减少，有害产物逐渐积累，培养液的 pH 值等理化性质发生改变，等等。

❋ 18.5 影响种群数量变化的因素

18.5.1 种群的数量总是在波动中

种群是一个动态系统，在自然状态下，有的种群能够在一段时期内维持数量的相对稳定，但大多数生物的种群，种群数量总是处于波动状态，可能会爆发（蝗灾、鼠灾、赤潮）、衰退（鲸、北极熊）、消亡（大颅榄树、渡渡鸟、野驴、貘）。任何一个特定环境中种群的生存资源总是有限的，周围的环境条件在不断发生着变化，从而引起种群出生率、死亡率、迁入率和迁出率的改变，使种群个体数量不断发生变化，使种群数量在环境容纳量（K 值）上下波动。

种群数量波动包括周期性波动和非周期性波动。严格地说，任何波动只要在两个相邻波峰之间相隔的时间基本相等就可称之为周期性波动，反之为非周期性波动。不同种群数量变化的周期长短是不一样的，在一些无脊椎动物中，周期性波动的周期往往是几天，甚至几小时，这主要与其生活史较短有关。

周期性波动，主要表现为季节性波动和年间波动。季节性波动主要由环境的周期性季节变化所决定，种群数量随季节变化而改变，年年如此。种群数量以多年为一个周期进行的重复波动，称为年间波动。这种波动的周期常常是几年，甚至更长。例如，北美地区雪兔和猞猁这两种动物都极其明显地表现出每隔9～10年出现一次数量高峰（见图18.11），波动原因主要涉及植物、雪兔、猞猁三者之间的数量互动关系。种群数量的周期性年间波动主要发生在成分比较简单的高纬度环境中，如北方针叶林和苔原地带。

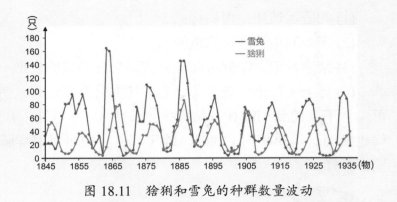

图 18.11　猞猁和雪兔的种群数量波动

大多数种群的年间数量动态变化表现为非周期性波动，与食物、天敌、气候、疾病等多种因素有关，如东亚飞蝗种群的数量波动（见图18.12）、北极旅鼠种群的数量波动等。

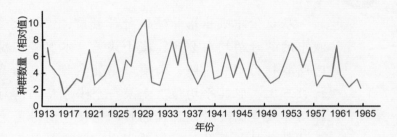

图 18.12　东亚飞蝗种群的数量波动

18.5.2 密度制约、非密度制约、反密度制约

如果出生率随着种群密度的增加而下降，那么这种出生率称为密度制约出生率。如果死亡率随着种群密度的增加而增加，那么这种死亡率称为密度制约死亡率。如果出生率（或死亡率）的变化与种群密度的改变无关，就称为非密度制约出生率（或死亡率）。如果出生率随着种群密度的增加而增加（或者死亡率随着种群密度的增加而下降），就称为反密度制约出生率（或死亡率）。

种群密度的影响因素包括生物因素和非生物因素（见图18.13）两种。一般情况下，生物因素属于密度制约因素，非生物因素属于非密度制约因素。密度制约因素是指这种因素对种群密度的影响力度随着种群密度的变化而变化。如食物和天敌等生物因素对种群数量的作用强度与该种群的密度是相关的。非密度制约因素是指这种因素对种群密度的影响力度与种群本身的密度无关，如气温和干旱等气候因素及地震、火灾等自然灾害，对种群的作用强度与该种群的密度无关。

有的生物，当生存条件优越而种群密度低时，交配机会太少，生殖率不高，如运动能力较差的蚯蚓；或种群太小，御敌能力差，如小的牛群难以抵御狮群或狼群等，这样的情况称为反密度制约。反密度制约因素绝不会使种群密度走向平衡状态。

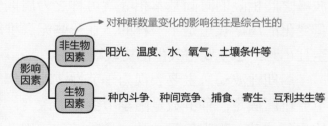

图 18.13　种群密度的影响因素

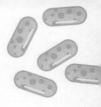

18.5.3 种群密度调节的基本理论

地球上的各种生物种群大多是处于动态的平衡期。这种动态的平衡一方面是由于许多非生物因素、生物因素都能影响种群的出生率和死亡率，称为外源性种群调节理论；另一方面是通过种群内部的自我调节来保持种群平衡，称为内源性种群调节理论。

1. 外源性种群调节理论

外源性种群调节理论强调外因对种群数量变动的主导作用，分为生物学派、气候学派、折中学派三种。

(1) 生物学派：主张捕食、寄生、种间竞争等密度制约因素对种群调节的决定性作用。密度制约种群数量的变化有反馈调节的特点，如疾病、寄生物等是限制高密度种群的重要因素，种群密度越高，流行性传染病、寄生虫病越容易蔓延，结果个体死亡多，种群密度降低。种群密度降低后，疾病反而不易传播了，结果种群密度逐渐恢复。但是，对于动物，尤其是具有社群行为的动物来说，种群密度过低会正反馈地导致种群的灭绝，因为密度过低时，个体容易被捕食或遭到伤害，寻找食物和捕食的成功率下降，雌雄个体间相遇和交配机会减少，近交的可能性会增大，导致生存力衰退。

(2) 气候学派：最早提出气候决定昆虫种群密度的是以色列的昆虫生物学家博登海默 (Bodenheimer)，他认为天气条件，如刮风、下雨、降雪、气温、地震、火山爆发等非密度制约因素通过影响昆虫的发育和存活来决定种群密度。气候学派多以昆虫为研究对象，认为种群数量从来就没有足够的时间增长到环境容纳量，不会产生食物竞争。非密度制约因素虽然没有负反馈调节，但它们的作用会受到密度制约因素的调节。

(3) 折中学派：20 世纪 50 年代，气候学派和生物学派发生激烈论战之时，也有学者提出折中观点。他们既承认密度制约因素对种群调节的决定作用，也承认非密度制约因素具有决定作用。他们将种群数量动态分为 3 个区：极高数量、普通数量和极低数量。在对物种最有利的典型环境中，种群数量最高，密度制约因素决定种群数量的变化；在环境条件极为恶劣时，非密度制约因素决定种群数量的变化。折中学派认为，气候学派和生物学派的争论反映了他们工作区域环境条件的不同。

2. 内源性种群调节理论

内源性种群调节理论强调种群内成员的异质性，特别是各个体之间的相互关系在行为、生理和遗传特性上的反映，分为行为调节、内分泌调节和遗传调节三种。

(1) 行为调节：建立在鸟类种群研究的基础上，认为社群行为是一种调节种群密度的机制。通过社群等级和领域性的社群行为，可把动物消耗于竞争食物、空间、繁殖权利的能量减到最少，使食物供应和繁殖场所等在种群内得到合理分配，限制了环境中动物的数量，使资源不至于消耗殆尽。

(2) 内分泌调节：认为当种群密度上升时，种群内个体受到的社群压力增加，增强了对中枢神经系统的刺激，影响了垂体和肾上腺的功能，使生长激素和促性腺激素分泌减少、促肾上腺皮质激素分泌增加，个体的抵抗力减弱，生殖力下降，幼体的成活率减少，种群密度降低。其主要适用于兽类。

(3) 遗传调节：认为在种群密度增长期间，自然选择压力较小，死亡率较低，结果种群内变异类型增加，许多劣质基因保存下来。当条件恢复正常时，这些劣质个体由于自然选择压力的增加而被淘汰，于是降低了种群内部的变异类型。种群中的遗传多样性是种群数量自我调节的基础，整个种群质量的下降防止了种群密度无限增加的可能，而无须借助于天地、恶劣气候或资源耗尽的反作用。

18.5.4 种群的适应对策

环境可以影响生物，生物也会通过调整自身的形态、生理、生殖、生态等特征以适应环境。

能量分配对策如下。

一是能量主要用于自身生存。虎、豹、牛、象等动物以更多的能量用于个体自身的生长发育，形成大的体型以提高个体的生存力，达到长寿。

二是能量主要用于繁衍后代。蛾、蝶、梨树、橘树等以更多的能量用于繁殖后代。这种能量分配方式又可分为两种情况。

(1) 将大量的能量一次性用于生殖，如三化螟等蛾类、水稻等一年生植物；

(2) 将大量的能量均匀地用于多次生殖，如南瓜、番茄等植物，一生中至少 3/4 的时间用于多次繁殖。

形态对策：植物的旱生与水生、阴生与阳生以及虫媒、风媒与水媒等；动物的体型的大小、体表面积的大小、保护色、警戒色、拟态等。一般情况下，体型与寿命有很强的正相关关系，但与内禀增长率有很强的负相关关系。这是因为体型越小，单位质量的代谢率越高，能耗越大，寿命越短，生殖期不足必须提高内禀增长率来加以补偿。内禀增长率是指在实验状态下，种群最大的增长能力。

生理对策：生物通过生物钟的调节、应激反应、滞育、休眠等来提高个体的生存能力。衰老和死亡有利于种群的更新和生存。例如，人来到高原上一定时间后，血液中的红细胞和血红蛋白的含量都会有所增加。

生殖对策：前文已述的 r 对策和 K 对策，在此不再赘述。

行为对策：植物的感性运动和向性运动等，动物的各种先天性行为和后天性行为等。

生态对策：日照的季节性变化使动植物进行季节性的繁殖。动物的迁徙、洄游 (索饵洄游、越冬洄游、产卵洄游) 等也与日照的季节性变化有关。

有人认为，上述除形态对策外的所有的生物在生态斗争中获得的生存对策，都可以称为生态对策。

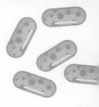

18.5.5 种内关系

种内互助：主要体现在自身生存的社会分工和合作关系、延续种族的两性关系；这些互助关系在生存资源丰富的情况下，有利于个体和种群的生存和发展。在稳定的、有利的环境中，宜进行无性繁殖，因为无性繁殖可以减少减数分裂、基因重组、交配等亲代投入，植物在开拓新栖息地时常进行无性繁殖。在多变的、不利的环境中，宜进行有性繁殖，因为有性繁殖可以产生变异后代，在多变的环境中能避免物种的灭绝。

种内斗争：通常只在生物所利用的资源相同且资源是有限的情况下才会发生。种内斗争的两种基本形式：争夺式竞争和分摊式竞争。争夺式竞争是指胜利者获得足够多的资源而生存，失败者得不到基本的食物而死亡。而分摊式竞争中没有完全的胜利者和失败者，全部个体的生存都会受损。

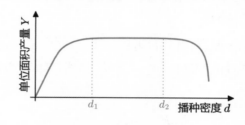

图 18.14　最后产量恒值法则

最后产量恒值法则：一些植物（或动物）种群在一定的密度范围 $[d_1, d_2]$ 内，不论起始播种或种苗密度的大小，最后的产量 $Y = W \times d = C$ 总是一定的。式中，Y 表示单位面积的总产量，W 表示平均每个个体的质量，d 表示种群密度，C 为常数，如图 18.14 所示。

$-3/2$ 自疏法则：密度 d 与平均个体质量 W 之间的关系是 $W = C \times d^{-\frac{3}{2}}$。在一个池塘中，放养的鱼苗可以适当多一些，当鱼生长到一定质量 W 时，就会开始发生自疏，此时可以捕捞一定量的鱼，将鱼塘的鱼数控制在不会有明显的自疏之前，如图 18.15 所示。

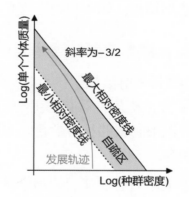

图 18.15　$-3/2$ 自然法则

化感作用：一种植物通过向体外分泌代谢产生的特定化学物质，对其他植物产生直接或间接的不良影响。

歇地现象：在农业上，有些农作物必须与其他作物轮作，不宜连作，否则会影响长势和产量，称为歇地现象。一般禾本科、十字花科、百合科等作物较耐连作；豆科、菊科、葫芦科作物不耐连作。连作对深根植物的危害大于浅根植物，对夏季作物的危害大于冬季作物。

适合度：某一基因型个体相对于其他基因型个体来说，能够存活下去并繁衍的相对能力大小称为适合度；适合度高的个体在种内斗争中占优势。

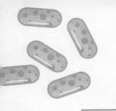

18.6 种群研究的意义和应用

18.6.1 意义

研究种群的特征和数量变化的规律，在野生生物资源的合理利用和保护、有害生物的防治等方面都有重要意义。

18.6.2 应用

图 18.16 所示为"J"形增长和"S"形增长的种群数量。

(1) b 点：防治害虫应尽早进行，将种群数量控制在加速期（b 点）之前，严防种群增长进入加速期。

(2) c 点：$\dfrac{K}{2}$。对有害生物，应该严防种群数量达到该点，如灭鼠时若鼠的种群数量达到

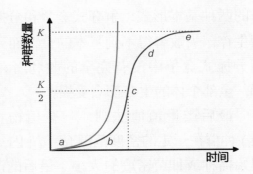

图 18.16 "J"形增长和"S"形增长的数量

$\dfrac{K}{2}$ 时，鼠害将难以控制。对有益生物，这里是黄金利用点，当资源利用后（渔业捕捞后的剩余量）维持种群数量于该点时，将具有最强更新能力，实现可持续发展。

(3) e 点：K 值。对有害生物，需要限制生存条件，降低环境容纳量，如封存粮食、硬化地面等以限制鼠的种群数量。对有益生物，可以改善生存条件，尽量提升 K 值，如建立自然保护区。

关于上述渔业捕获后的剩余量处于 $\dfrac{K}{2}$ 时可获得最大的产量，其实并不严谨。如果某池塘养殖的鲤鱼，环境容纳量 K 为 5000 只，那么我们是在 3000 只的时候进行捕获，每次捕获 500 只，还是在 3500 只的时候进行捕获，每次捕获 1000 只，或是采用其他方案呢？显然，我们有无数种方案都可以满足捕获后的剩余量为 $\dfrac{K}{2}$ 这一要求，但对于各种方案，每次捕获量不同，捕获周期也不同。理论上，捕获的间隔时间越短，总效益越高，但这其中还涉及人工成本，因此，仅根据捕获后的剩余量处于 $\dfrac{K}{2}$ 并不能指导我们获得最大的产量。

最大持续产量 (maximum sustainable yield, MSY)，是指人们可以长期从种群收获的最大数量。在假定一个恒定不变的环境和一条不变的补充量曲线的前提下，忽略种群的年龄结构，不考虑存活率和繁殖力随年龄的变化，种群的增长率 $\dfrac{\mathrm{d}N}{\mathrm{d}t} = r \cdot N\left(1 - \dfrac{N}{K}\right)$，当 $N = \dfrac{K}{2}$ 时，种群的增长率 $\dfrac{\mathrm{d}N}{\mathrm{d}t}$ 最大，为 $\dfrac{r \cdot K}{4}$。我们只要了解某一种群的环境容纳量 K 和瞬时增长率 r，就能求出理论上的 MSY 和提供保持该产量的种群密度 $N_\mathrm{m} = \dfrac{K}{2}$。

收获 MSY 一般有两种简单的方法，即配额 (quota) 限制与努力 (effort) 限制，如图 18.17 所示。

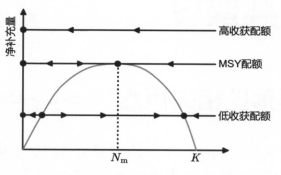

(a) 不同收获配额水平对种群的影响

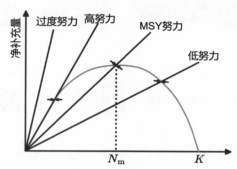

(b) 不同收获努力水平对种群的影响

图 18.17　配额限制与努力限制 (牛翠娟 , 2007)

▶▶▶

　　图 18.17(a) 中，箭头表示一定收获制度和密度条件下的种群轨迹，黑点表示平衡点。仅有的稳定平衡出现在种群灭绝和收获配额低而种群密度高两种情况下。图 18.17(b) 中，黑点表示平衡点。不管原来种群密度如何，除过度努力导致种群灭绝外，所有平衡都是稳定的。

　　配额限制是指控制一定时期内收获对象个体的数量或生物量，允许收获者在每一季节或每年收获一定数量的猎物。MSY 配额是正好平衡净补充量的收获量。这种方式比较受欢迎，因为经营者可估计其收入，但配额限制实际上具有一定的风险，因为平衡点是不稳定的。如果种群受到其他因素干扰，N_m 发生了改变，但经营者仍以 MSY 进行收获，最终会导致种群灭绝。只有当收获配额低于 MSY 配额时，才能实现稳定平衡的收获，但这显然是与人类逐利的本性相悖的。因此，配额限制虽已在海洋渔业中得到广泛应用，但成功的例子并不多。

　　通过调节收获努力，可以减少配额限制带来的风险，这样的方法即为努力限制。显然，当猎物数量减少时，经营者要付出更多的努力才能获取足够的猎物，即在一定的收获努力条件下，收获量随种群大小的变化而变化。当种群密度低于 N_m 时，经营者继续保持 MSY 努力水平，收获量会降低，并不会导致种群灭绝。如果坚持使用较高的收获努力，种群会在较低的密度下建立新的平衡。这是对资源的浪费，因为此时如果改用较低的收获努力，可获得更高的 MSY 。对降低了的种群密度，应当减少收获努力，意味着在 MSY 收获努力水平之下有一个最适经济努力点，在最适经济努力水平下获得的收获量称为最大经济产量 (maximum economic yield，MEY)。

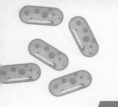

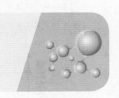

第19章 群落及其演替

✿ 19.1 群落的相关概念

群落 (community) 是指相同时间内一定区域内所有生物的全部个体。群落的物种组成是区分不同群落的重要特征，也是决定群落性质最重要的因素。物种丰富度 (species richness) 可以反映群落中物种数目的多少。

群落是生活在同一片区域的种群的有机集合，具有区别于种群和生态系统的特征。

(1) 群落具有一定的物种组成：任何一个生物群落都是由一定的动物、植物和微生物种群组成的，不同的种群组成构成不同的群落类型。

(2) 群落中各物种之间是相互联系的：生物群落并非不同种群的简单集合，所有种群都必须共同适应它们所处的无机环境，而且种群内部的相互关系必须取得协调和平衡。

(3) 群落具有自己的内部环境：生物不仅能适应环境，还能改造环境，由于生物的作用，群落内部的环境，如温度、湿度、光照等，有别于群落外部和其他群落。

(4) 群落具有一定的结构：每个群落都具有自己的结构，表现为空间上的成层性、时间上的季相变化等。

(5) 群落具有一定的动态特征：生物群落在不断地发展变化，任何一个群落都有它的发生、发展、成熟、衰败和灭亡的阶段。

(6) 群落具有一定的分布范围：不同群落的生境和分布范围不同，与光照、温度、降雨、地质条件等有关。

(7) 群落具有边界特征：群落有清晰或不清晰的边界，不同群落之间一般有过渡带，称为群落交错区，有明显的边缘效应。

(8) 群落中各物种的群落学重要性不同：根据不同生物在群落中的重要性和贡献，可分为优势种 (dominant species)、建群种、伴生种、偶见种、冗余种等。

优势种是指对群落的结构和内部环境的形成有明显决定作用的物种。不同的群落往往有不同的优势种，优势种具有高度的生态适应性，并且在环境条件相对稳定的群落中，它们的竞争优势常常是持久不变的。优势种通常是群落中个体数量较多、生活力较强的物种。优势种能够凭借自己的数量和生活力对群落的结构和内部环境起决定性的作用，并在很大程度上影响其他物种的生存和生长。若把优势种去除，必然会导致群落的结构和内部环境发生变化。因此，对群落的保护，不仅要保护珍稀濒危物种，也要保护其优势种。

群落中不同的层次可以有各自的优势种。例如，森林群落中可分为乔木层、灌木层、草本层和地被层，每个层次各有自己的优势种。其中，乔木层是森林群落的优势层，优势层的优势种常被称为建群种。

伴生种与优势种相伴存在，但其对群落环境的影响较小。偶见种可能是由于人类活动偶然引入或因某种因素侵入群落中的生物，也可能是群落衰退的残遗种群，它们在群落中出现的频率很低，但有时候偶见种的出现具有生态指示意义。冗余种是 1992 年澳大利亚生态学家沃克 (B. H. Walker) 首次提出的概念，其认为在生态系统中，某些物种在生态功能上存在相当程度的重叠，因此，即使这些物种中的某一个或几个消失，对生态系统的结构和功能也不会造成太大的影响。冗余种的存在为生态系统提供了一定的保险，当生态系统中的一些功能相同或相近的物种消失时，冗余种能够填补空缺，保证生态系统的正常运行。

✾ 19.2 群落的结构

19.2.1 群落的空间结构

1. 群落的垂直结构

层片是群落结构的基本单位之一。层片是指由相同生活型或相似生态要求的物种组成的机能群落。

群落的垂直结构最直观的就是它的成层性。成层性不仅表现在地面上，也表现在地下。通常热带雨林的结构最复杂，仅其乔木层和灌木层就可各分为 2 ～ 3 个层次。而北方针叶林群落则结构简单，只有一个乔木层、一个灌木层和一个草本植物层。

对群落地下分层的研究一般多在草本植物间进行，地下成层性通常分为浅层、中层和深层。成层现象是群落中各种群之间及种群和环境直接相互竞争与相互选择的结果。成层现象不仅缓解了植物之间争夺阳光、空间、水分和矿质元素的矛盾，而且由于植物在空间上的成层排列，扩大了植物利用环境的范围，提高了光合作用的强度和效率。

由于食性、不同植物层次提供的栖息地、与其他动物的种间关系等原因，群落中的动物也有分层现象。另外，水生动物也有分层现象，主要与阳光、温度、食物、溶解氧等因素有关。

2. 群落的水平结构

群落不仅有垂直方向上的结构，还有水平方向上的结构。群落水平结构的主要特征是镶嵌化。镶嵌化是生物个体在水平方向上的分布不均匀造成的，从而形成很多小群落。小群落的形成与生态因子的不均匀分布有关，如地形变化、土壤湿度、盐碱度差异、光照强度的不同。当然，生物自身生长特点的不同及人与动物的影响等生物因素也会影响群落的水平结构。

群落的水平结构是在长期自然选择的基础上形成，是对环境适应的结果，它有利于群落整体对自然资源的充分利用。

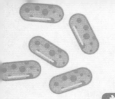

补充

"竹林中的竹子高低错落有致"不属于群落的垂直结构，竹林中的竹子是一个种群，不具有群落的空间结构。

高山上植物的分布取决于温度，从山顶到山脚下，分布着不同的植物类群，属于植被的垂直地带性分布，不属于群落的垂直结构，而是群落的水平结构。

不同潮间带，其所处区域的条件(如光照、海水浸入程度、植物或动物分布等)差异较大，不同地段分布的物种类型不同，这属于群落的水平结构，而不属于垂直结构。

19.2.2 群落的时间结构

1. 群落的季节性

阳光、温度、水分等随季节而变化，因此，群落的外貌和结构也会随之发生有规律的变化。

温度影响植物的生长、发育：有些种类的植物在早春来临时开始萌发，并迅速开花和结实，到了夏季，其生命周期结束；另一些种类的植物则在夏季达到生命活动的高峰。温度还会影响动物的生命活动，如迁徙、冬眠、夏眠等。

河流两岸生物群落随雨季、旱季出现明显变化，这种季节性气候也是导致群落呈现季节性变化的因素。更明显的季节性因素是阳光，可以影响种子萌发、植物开花、动物繁殖等，进而导致群落的外貌和结构出现规律性变化。这种季相的变化结果导致群落的物种组成和空间结构发生改变。

2. 群落的昼夜变化

短时间范围内，如昼夜之间，植物的光合作用因光照的有无而改变，植物的呼吸作用因温度的改变而改变。动物有昼伏夜出、夜伏昼出、晨昏活动等，这些与光照、温度、食物活动规律、天敌活动规律均有关。

19.2.3 物种丰富度

群落中的物种数目的多少和变异性可以用生物多样性来表示。生物多样性有以下两个含义。

(1) 种的数目，也称为丰富度，是指一个群落中物种数目的多少。

(2) 种的均匀度，是指群落中全部物种个体数目的分布情况。

生物多样性的测定方式有很多，常见的有辛普森多样性指数和香农－威纳指数。

辛普森多样性指数的公式是：辛普森多样性指数 = 随机取样的两个个体属于不同种的概率 =1－随机抽取的两个个体属于同种的概率。例如，甲群落有 A、B 两个物种，A 和 B

的个体数分别是 99 和 1; 乙群落也有 A、B 两个物种, A 和 B 的个体数均为 50。按辛普森多样性指数公式计算甲、乙两个群落的多样性指数 $D_甲$ 和 $D_乙$:

$$D_甲 = 1 - \sum_{i=1}^{2} \left(\frac{N_i}{N} \right)^2 = 1 - \left[\left(\frac{99}{100} \right)^2 + \left(\frac{1}{100} \right)^2 \right] = 0.0198$$

$$D_乙 = 1 - \sum_{i=1}^{2} \left(\frac{N_i}{N} \right)^2 = 1 - \left[\left(\frac{50}{100} \right)^2 + \left(\frac{50}{100} \right)^2 \right] = 0.5000$$

因此, 乙群落的辛普森多样性指数高于甲群落, 主要原因是甲群落中两个物种分布不均匀, 即两个群落的物种丰富度相同, 但均匀度不同。

香农—威纳指数用来描述个体出现的不确定性, 不确定性越高, 多样性就越高。其公式为

$$H = -\sum_{i=1}^{S} P_i \cdot \log_2 P_i$$

式中, S 表示物种数目, P_i 表示种 i 的个体数在全部个体中的比例。依然用上例进行说明, 即

$$H_甲 = -\sum_{i=1}^{2} P_i \cdot \log_2 P_i = -(0.99 \times \log_2 0.99 + 0.01 \times \log_2 0.01) = 0.081$$

$$H_乙 = -\sum_{i=1}^{2} P_i \cdot \log_2 P_i = -(0.50 \times \log_2 0.50 + 0.50 \times \log_2 0.50) = 1.000$$

因此, 乙群落的香农 – 威纳指数高于甲群落, 与辛普森多样性指数结果一致。

物种多样性随纬度的增高而逐渐降低, 随海拔的升高而降低, 随水体深度的增加而降低。群落的生态环境越优越, 组成群落的物种数量就越多, 反之则越少。另外, 群落中的物种组成不是固定不变的。

19.2.4 群落交错区与边缘效应

如前文所述, 两个或多个群落之间的过渡区域称为群落交错区, 又称为生态过渡带。

群落交错区是一个交叉地带或种群竞争的进行地带。在群落交错区, 物种的数目和个体密度较大, 称为边缘效应。群落交错区是多种要素的联合区和转换区, 各要素相互作用强烈, 而且, 虽然生物多样性很高, 但抗干扰能力弱, 加以这里的生态环境变化很快, 物种的空间迁移能力强, 所以一旦遭到破坏, 就很难恢复。

19.2.5 土壤中小动物类群丰富度的研究实验

许多土壤动物 (鼠妇、蚯蚓、蜈蚣等) 有较强的活动能力, 且身体微小, 不适于用样方法进行调查, 常用取样器取样法进行采集、调查。

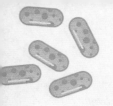

常用的统计物种相对数量的方法有以下两种。

(1) 记名计算法：在一定面积的样地中，直接数出各个种群的个体数目。一般用于个体较大、种群数量有限的物种。

(2) 目测估计法：按预先确定的多度等级来估计单位面积 (体积) 中的种群数量。等级的划分和表示方法有：非常多、多、较多、较少、少、很少等。

知识拓展：常用的调查方法

① 调查土壤中小动物类群丰富度可用取样器取样法。取样器取样时误差分析：未能给予最适"诱捕"条件，即未能充分利用土壤动物"趋湿""避光""避热"特性，如未打开电灯可导致诱捕到的动物个体减少；未做到土壤类型、取样时间、土层深度保持一致而导致计数误差。对"不知名"的动物不予计数而导致误差，正确做法是记为"待鉴定某某"，并记下其特征。

② 调查某种植物或活动能力弱、活动范围较小的动物或昆虫卵的种群密度可以用 样方法。

③ 调查活动能力强、活动范围较大的动物的种群密度可用标记重捕法。

④ 研究培养液中的酵母菌种群数量变化可用抽样检测法。

19.2.6 种间关系

种间关系 (见表 19.1) 虽然是复杂的和多方面的，但对任何一个物种来说，都只有三种可能性：受益 (+)、中性 (0) 和受害 (-)。

表 19.1　种间关系

种间关系		弱小的生物 B		
		+	0	−
强大的生物 A	+	+/+ 原始合作或互利共生	+/0 偏利共栖	+/− 捕食
	0	0/+ 偏利共栖	0/0 中性	0/− 偏害或竞争
	−	−/+ 寄生或拟寄生	-/0 偏害或抗生	−/− 互抗

1. 原始合作

原始合作指两种生物生活在一起，对双方都有利，但二者的关系没有发展到相依为命的程度，即使解除这种关系，双方也能正常生存，如海葵和寄居蟹、蚂蚁和蚜虫、蜜蜂与

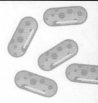

虫媒植物等。蚁穴中可有多种动物和真菌共存。具体如下。

(1) 蚂蚁会用触角拍打蚜虫，促使它们分泌"蜜露"，供蚂蚁吸吮；蚂蚁甚至还会将蚜虫赶至叶片上经营"畜牧业"。

(2) 有些蚂蚁还会将树叶、动物粪便运回巢穴，将其嚼碎铺平，使真菌生长；蚂蚁采食真菌，堪称"农业"活动。

(3) 热带地区还有一种战斗能力很强的蚂蚁，它们会把较小的其他种蚂蚁的蛹俘虏到巢穴，待其孵化后作为"奴隶"，负责采食和育雏。

2. 互利共生

互利共生指的是两种生物合则双赢，分则至少有一方不能生存，如地衣中的真菌和单细胞藻类、白蚁与其肠道中的多鞭毛虫等。

3. 偏利共栖

偏利共栖，如藤蔓植物依附高大乔木生长，藤蔓植物从中获利，但这种依附对乔木并无实质的损害。麻雀、椋鸟常把巢筑在鹰、鱼鹰等猛禽巢穴旁以得到保护，但这些猛禽从不伤害它们。

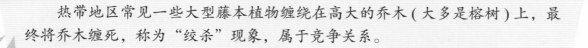

注意

    热带地区常见一些大型藤本植物缠绕在高大的乔木(大多是榕树)上，最终将乔木缠死，称为"绞杀"现象，属于竞争关系。

4. 捕食

捕食是指一种生物以另一种生物的全部或部分为食。捕食关系有很多种类型，如植食，大部分植食性动物只吃植物的非要害部分，不会对植物造成重大损害。植物虽然不能逃避被食，但也发展出了各种补偿机制，例如，大豆能通过增加种子的粒重来补偿豆荚的损失等。适度放牧可以调节植物的种间关系，使牧场植被保持稳定，但过度放牧显然会使群落的稳定性遭到破坏。植食性动物对被食植物的个体更新、传粉、种子传播、萌发等都有积极意义。又如肉食，肉食动物往往只捕食老弱病残个体，一方面使健壮个体有更充分的生活资源，另一方面减少了病原体在被食动物种群中传播的概率。再如拟寄生，寄生者进入宿主体内吸收营养物质并把宿主逐渐杀死，拟寄生是介于寄生和捕食之间的一种种间关系。一般认为，拟寄生属于捕食，如"螟蛉有子，蜾蠃负之"就是一种拟寄生关系。

捕食者—猎物模型是20世纪40年代，美国数学家洛特卡(Alfred J. Lotka)和意大利数学家沃尔泰拉(Vito Volterra)各自独立提出的种群数量变化模型，现在该模型被称为Lotka-Volterra模型或捕食者—猎物(predator-prey)模型，如图19.1所示。该模型的假设如下。

(1) 相互关系中仅有一种捕食者和一种猎物。

（2）如果捕食者数量下降到某一阈值以下，猎物数量就能得以回升；如果捕食者数量增多，猎物数量就会下降，反之亦然。

（3）猎物种群在没有捕食者存在的情况下呈"J"形增长，捕食者在没有猎物的条件下呈指数减少。在这个假设下，猎物数量上升会导致捕食者数量随之上升，猎物数量的上升会导致猎物数量的减少，然后导致捕食者数量的减少。

食草是广义捕食的一种类型，特点是植物不能逃避被食。同时，食草动物对植物的伤害往往只是使其部分机体受损害，留下的部分仍能生长。

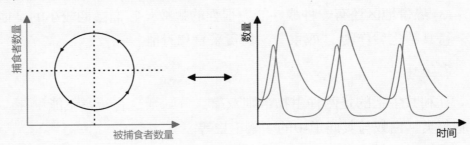

图 19.1　捕食者—猎物模型

▶▶▶
捕食者数量是可以多于被捕食者数量的，如棉花和棉铃虫。

植物因被"捕食"而受损害的程度与被捕食部位、植物发育阶段、捕食者种类有很大关联。在生长季早期栎叶被损害会极大减少木材量，而在生长季晚期叶子被损害对木材产量可能影响不大。同时，植物也进化出了相应的补偿机制。例如，一些植物的枝叶被损害后，其自然落叶会减少，整株植物的光合效率可能会增加。俗话说，"牛食如浇，羊食如烧"，意思是说，牛吃过的草好像灌过水，长得很好；而羊吃过草的地方却好像被火烧了一样，变成不毛之地。这是因为牛吃草的时候，用舌头包着，只吃草的较高部分，唾液还可以作为养料，让牛吃过的草又能长得茂盛；而绵羊体型小，牙齿密实，放牧时，常常把草连根都吃掉，草自然枯萎。

当然，植物也会通过一些机制避免自己被食，例如，产生有毒物质和不好的口感，以及发展出钩、刺等防御性结构。

植物—食草动物系统也称为放牧系统。在该系统中，食草动物和植物之间具有复杂的相互关系（见图 19.2）。例如，在乌克兰草原上，曾保存 500 hm² 的原始针茅草原，禁止人们放牧。若干年后，那里长满杂草，变成不能放牧的地方。这是因为针茅的繁茂生长阻碍了其嫩枝发芽，最终牧场变成了杂草地。放牧活动能调节植物的种间关系，使牧场植被保持一定的稳定性，当然过度放牧也会破坏草原群落。

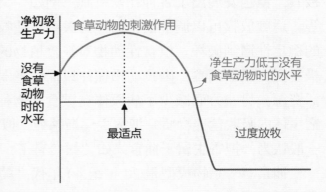

图 19.2　食草动物的食草作用对植物净生产力影响的模型（牛翠娟，2007）

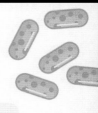

> 在放牧系统中，食草动物的采食活动在一定范围内能刺激植物净生产力的提高，超过此范围，净初级生产力开始降低。随着放牧强度的增加，就会逐渐出现过度放牧的情况。该系统对于牧场管理有重要的指导意义。

如果两种捕食者捕食同一种食物，一种捕食者对食物的利用显然会对另一种捕食者造成不利影响。如果两种生物被同一种捕食者捕食，其中一种被捕食者数量增加，会导致捕食者数量增加，然后数量增加的捕食者对另一种被捕食者的捕食强度也会增加。像这样，两种生物通过共同的被捕食者或捕食者而建立的类似竞争作用的关系，被美国生态学家霍尔特 (Robert D. Holt) 称为似然竞争。

5. 种间竞争

种间竞争是指不同物种之间为了争夺生活空间、资源、食物等而产生的直接或间接抑制对方的现象。种间竞争是自然界中普遍存在的现象，可以分为两种主要类型：资源利用性竞争和相互干涉性竞争。资源利用性竞争是指因资源总量减少而产生的对竞争对手存活、生殖和生长的间接影响，而相互干涉性竞争则包括格斗、相互吃卵和他感作用等在内的直接干涉。

种间竞争的能力取决于物种的生态习性、生活型和生态幅度等因素，因此种间竞争的后果往往具有不对称性，即竞争后果的不等性，一个物种占优势，另一个物种则占劣势而受抑制甚至被消灭。具有相似生态习性的植物种群，尤其在资源需求和获取资源手段上的竞争十分激烈。

种间竞争不仅影响物种的生存，还在群落结构和生态系统形成过程中扮演着重要的角色。生态位完全相同的两个物种在同一群落中无法长期共存，这一基本生态学原理称为竞争排除原理。但如果两个物种的生态位只是有重叠，那么在竞争中，其生态位会发生迁移，减少重叠面积，实现共存。

高斯 (G.F.Gause) 以双小核草履虫和大草履虫为研究对象发现，双小核草履虫在竞争中占优势，最终大草履虫消失。但双小核草履虫和袋状草履虫一起培养时却形成了共存现象：双小核草履虫多生活在培养液的中上部，以细菌为食，而袋状草履虫则生活在培养液的底部，以酵母菌为食。这说明两种草履虫的种间竞争导致了它们食性和栖息环境的分化。

蒂尔曼 (David Tilman) 以星杆藻和针杆藻为研究对象发现，针杆藻可迅速将培养液中的硅酸盐降低到星杆藻无法利用的水平，因此星杆藻很快被排斥。

勇地雀和仙人掌地雀都生活在加拉帕戈斯的一座小岛上。20 世纪 70 年代晚期的一次干旱导致二者食物短缺，但它们都在这场干旱中活了下来，因为它们改变了食性：勇地雀取食小的仙人掌种子，仙人掌地雀取食大的仙人掌种子。这是在竞争中通过生态位转换实现共存的例子。

高斯以草履虫竞争实验提出著名的高斯假说，后人将其发展为竞争排斥原理，即在一个稳定的环境中，在资源受限的前提下，如果两个（或更多）物种具有相同的资源利用方式，那么它们是不能长期共存的。换句话说，完全的竞争者不能共存。

但现实生活中，这种稳定的环境并不常见，环境条件的改变能阻碍竞争作用发展到竞争排斥的程度。例如，在强光照条件下，A 物种比 B 物种生活得更好，但自然条件下，很少会有持续的强光照，一旦强光照转变为弱光照，原本即将被淘汰的 B 物种很可能逐渐处于优势。

Lotka-Volterra 模型是逻辑斯谛模型的延伸。假定两种生物（物种 1 和物种 2）相互竞争，N_1 和 N_2 为二者的种群密度，K_1 和 K_2 为二者的环境容纳量，r_1 和 r_2 为二者的种群增长率。按照"S"形增长模型，得到的公式为

$$\frac{\mathrm{d}N_1}{\mathrm{d}t} = r_1 \cdot N_1 \cdot \left(1 - \frac{N_1}{K_1}\right)$$

因为，此时除了物种 1 利用资源，还有物种 2 也利用资源，假定一个物种 2 利用的资源量相当于 α 个物种 1 利用的资源量，则上述公式应该校正为

$$\frac{\mathrm{d}N_1}{\mathrm{d}t} = r_1 \cdot N_1 \cdot \left(1 - \frac{N_1}{K_1} - \alpha \cdot \frac{N_2}{K_2}\right) \tag{1}$$

类似的假定一个物种 1 利用的资源量相当于 β 个物种 2 利用的资源量，对于物种 2，相应的公式为

$$\frac{\mathrm{d}N_2}{\mathrm{d}t} = r_2 \cdot N_2 \cdot \left(1 - \frac{N_2}{K_2} - \beta \cdot \frac{N_1}{K_1}\right) \tag{2}$$

公式 (1) 和公式 (2) 就是 Lotka-Volterra 竞争模型。图 19.3 分别表示物种 1 和物种 2 处于平衡状态（即 $\frac{\mathrm{d}N_1}{\mathrm{d}t} = 0$ 或 $\frac{\mathrm{d}N_2}{\mathrm{d}t} = 0$）时的条件。在图 19.3(a) 中，最极端的两种平衡如下。

(1) 全部空间都被物种 1 占据，即 $N_1 = K_1$，$N_2 = 0$。

(2) 全部空间都被物种 2 占据，即 $N_1 = 0$，代入公式 (1)，可得 $N_2 = \frac{K_1}{\alpha}$。

连接这两个点，即代表了所有的平衡条件。在对角线下方表示 N_1 增长，对角线上方表示 N_1 下降。

图 19.3(b) 也是这种情况，两个端点分别是 $\frac{K_2}{\beta}$ 和 K_2，对角线下方表示 N_2 增长，对角线上方表示 N_2 下降。

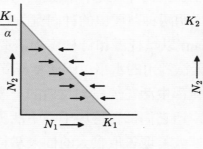
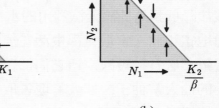

(a)　　　　　　　　　(b)

图 19.3　Lotka-Volterra 竞争模型所产生的物种 1 和物种 2 的平衡线

横坐标表示物种 1 的数量变化，箭头向右代表物种 1 的数量在增加，箭头向左代表对物种 1 数量增加的抑制作用；纵坐标表示物种 2 的数量变化，箭头向上代表物种 2 的数量在增加，箭头向下代表对物种 2 数量增加的抑制作用。

由于 K_1、K_2、$\dfrac{K_1}{\alpha}$、$\dfrac{K_2}{\beta}$ 的数值不同，当我们将图 19.3(a) 与图 19.3(b) 叠加时，能得到 4 种不同的情况，如图 19.4 所示。

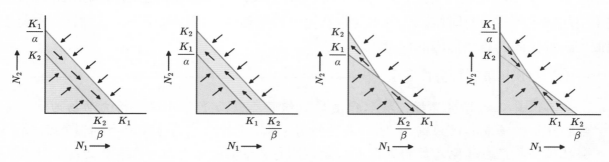

图 19.4　Lotka-Volterra 竞争模型产生的 4 种可能结果

在具体解释这 4 张图之前，我们需要引入一些概念。K_1 表示物种 1 的环境容纳量，K_1 越大，说明特定环境可以容纳的物种个体越多，则种内斗争相对越小，可以用 $\dfrac{1}{K_1}$ 来表示。类似地，物种 2 的种内斗争强度可以用 $\dfrac{1}{K_2}$ 来表示。同时，一个物种 2 利用的资源量相当于 α 个物种 1 利用的资源量，因此，物种 2 对物种 1 的种间竞争强度可以用 $\dfrac{\alpha}{K_1}$ 来表示；类似地，物种 1 对物种 2 的种间竞争强度可以用 $\dfrac{\beta}{K_2}$ 来表示。

下面分析图 19.4 的几种情况。

(1) 当 $K_1 > \dfrac{K_2}{\beta}$，$K_2 < \dfrac{K_1}{\alpha}$ 时，物种 1 获胜，物种 2 被排除。因为在红线和绿线的中间区域，N_2 已经超过环境容纳量，无法继续增长，但 N_1 仍能继续生长，最终物种 1 获胜，物种 2 被排除。当然，我们也可以对其求倒数，此时 $\dfrac{1}{K_1} < \dfrac{\beta}{K_2}$，$\dfrac{1}{K_2} > \dfrac{\alpha}{K_1}$，说明物种 1 种内斗争小于种间竞争；物种 2 种内斗争大于种间竞争，最终物种 1 获胜，物种 2 被排除。

(2) 当 $K_2 > \dfrac{K_2}{\alpha}$，$K_1 < \dfrac{K_2}{\beta}$ 时，物种 2 获胜，物种 1 被排除。因为在红线和绿线的中间区域，N_1 已经超过环境容纳量，无法继续增长，但 N_2 仍能继续生长，最终 N_2 获胜。此时，物种 2 种内斗争小于种间竞争；物种 1 种内斗争大于种间竞争，最终物种 2 获胜，物种 1 被排除。

(3) 当 $K_1 > \dfrac{K_2}{\beta}$，$K_2 > \dfrac{K_1}{\alpha}$ 时，两条线相交，出现平衡点，但这样的平衡很不稳定；可能是物种 1 获胜，物种 2 被排除；也可能是物种 1 被排除，物种 2 获胜。此时，两物种的种内斗争强度小，种间竞争强度大，所以物种 1 和物种 2 都有可能获胜。

(4) 当 $K_1 < \dfrac{K_2}{\beta}$，$K_2 < \dfrac{K_1}{\alpha}$ 时，两条线相交，出现平衡点，这样的平衡很稳定，即物种 1 和物种 2 得以共存。此时，两物种的种内斗争强度大，种间竞争强度小，彼此都不能将对方排除，即物种 1 和物种 2 得以共存。

6. 寄生

一种生物以另一种生物的体液、组织细胞、已消化的物质为食物。寄生物可分为微寄生物和大寄生物两大类。寄生物一般阻碍宿主的生长、降低宿主的生活力和生殖力，但往往不引起宿主死亡。有时候，宿主本身也在另一种生物体内或体表寄生，这种称为重寄生，如僵尸蚂蚁体内的真菌体内的病毒。

◇ 知识拓展：社会性寄生 ◆

不像真正的寄生那样，摄取宿主的组织营养，而是通过强迫宿主动物为寄生物提供食物或其他利益。例如，鸟类的窝寄生，分为种内窝寄生和种间窝寄生。如杜鹃将卵产在其他鸟类的巢穴中，让其他鸟类帮其孵卵育雏。人类强迫牛、马等动物劳作等，也是一种寄生。

7. 其他种间关系

生物个体之间还有一些其他关系，如化学互助与抗生。土壤微生物产生生长素、赤霉素、维生素等，促进植物生长，植物的根系和枯枝败叶为微生物提供有机物。某些青霉菌产生青霉素能抑制革兰氏阳性菌的生长，这种关系称为化学抗生。如果两种生物相互作用对彼此都不利，这种关系则称为互抗，如蜜蜂蜇人后自己也会死亡、牛吃了含有毒素的植物也会中毒身亡等。中性现象在两种生物共同的生活资源十分丰富，种间生态位重叠很少时发生。

说明：上述种间关系都有利于种群的进化。

竞争关系可使处于劣势的种群趋于灭亡，以利于优势种得到更多的资源和空间。因此，捕食、竞争并非都不利，被淘汰的都是不能适应环境的，有利于对环境资源的更合理利用，并使生存下来的个体得到更充分的生活条件。

两种生物以同一种植物为食，但取食的部位不同并不构成种间竞争关系。例如，人吃玉米籽粒，而牛吃玉米秸秆。

一般情况下，捕食者不会将被捕食者全部捕获；寄生生物一般会给宿主造成一定的伤害，但不会立即导致宿主死亡。

寄生不同于腐生：寄生是从活的生物体获得营养物质，腐生是从死的生物体获得营养物质。

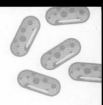

19.2.7 生态位

生态位 (niche) 是指群落中某个物种在时间和空间上的位置及其与其他相关物种之间的功能关系，没有哪个物种是在世界上任何地方都能生存的，它们都要适应自己的生态位。生态位可以表示物种在群落中所处的地位、作用和重要性。

1910 年，美国学者约翰逊 (R. H.Johnson) 第一次在生态学论述中使用"生态位"一词。1917 年，美国生态学家格林内尔 (J. Grinnell) 的《加州鸲的生态位关系》一文使该名词流传开来，但他当时所注意的是物种区系，因此侧重从生物分布的角度解释生态位概念，后人称之为"空间生态位"。1927 年，英国生态动物学家埃尔顿 (C. S. Elton) 所著的《动物生态学》一书，首次把生态位概念的重点转移到生物群落上来，他认为，"一个动物的生态位是指它在生物环境中的地位及它与食物和天敌的关系"，所以，埃尔顿强调的是"功能生态位"。另外，食物链的概念也是埃尔顿于 1927 年首次提出的。

1957 年，哈钦森 (G. E. Hutchinson) 建议用数学语言和抽象空间来描绘生态位。例如，一个物种只能在一定的温度、湿度范围内生活，摄取食物的大小也有一定的限度，如果把温度、湿度和食物大小 3 个因子作为参数，就可以将这个物种的生态位描绘在一个三维空间内，如图 19.5 所示。如果再添加其他生态因子，就要增加坐标轴，将三维空间改为多维空间，所划定的多维体就可以看作生态位的抽象描绘，他称之为基本生态位；但在自然界中，因为各物种相互竞争，每一物种只能占据基本生态位的一部分，哈钦森称这部分为实际生态位。后来，美国生态学家惠特克 (R. H. Whittaker) 等人建议在生态位多维体的每一点上，还可累加一个表示物种反应的数量，如种群密度、资源利用情况等。于是，可以想象在多维体空间内弥漫着一片云雾，其各点的浓淡表示累加的数量，这样就进一步描绘了多维体内各点的情况。此外，再增加一个时间轴，就可以把瞬时生态位转变为连续生态位，使不同时间内采用相同资源的两个物种，在同一多维空间中各占不同的多维体。如果进一步把参与竞争的其他物种都纳入多维空间坐标系统，所得结果便相当于哈钦森的实际生态位。

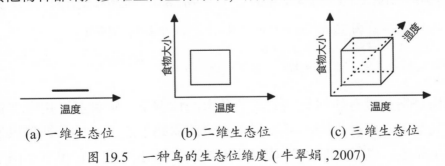

(a) 一维生态位　　　(b) 二维生态位　　　(c) 三维生态位

图 19.5　一种鸟的生态位维度 (牛翠娟 , 2007)

▶▶▶
　　一维生态位覆盖温度耐受度；二维生态位，包括温度和食物大小；三维生态位，包括温度、食物大小和湿度。

对于一个能量分布相对不均衡的特定区域而言，其不仅需要能量均衡分布，还需要尽快地实现均衡分布，这就意味着这个特定区域需要一种能量平衡能力，该能量平衡能力主要体现在驱动能量在能量相对较高的能量供体和能量相对较低的能量受体之间流动的能力。能量传递能力的载体称为能量传递载体，生物便是一种能量传递载体，其在自然界中的价值就是驱动自然界中的能量分布得相对更加均衡。

一个物种的生态位不仅取决于它所栖息的场所，而且取决于它与食物、天敌以及其他物种的关系。群落中不同的物种往往占据不同的生态位，一个群落中两个物种的生态位不可能是完全重叠的。因为当两个物种的生态位重叠时会发生竞争，且生态位重叠越多，竞争就越激烈，以致竞争优势较大的物种有可能把另一个物种完全排除掉，这就是竞争排斥原理。

两个拥有相似功能的生态位，但分布于不同区域的生物，在一定程度上可称为生态等值生物。生态位宽度(niche breadth)是指被一个生物利用的各种不同资源的总和。生态位分化又称生态位迁移，是指在同一地区内，生物的种类越丰富，物种间为了共同食物(营养)、生活空间或其他资源而出现的竞争越激烈，这样，对某一特定物种来说，其占有的实际生态位就可能越来越小，如图 19.6 所示。生态位分化的结果是在进化过程中，两个生态上很接近的物种向着占据不同的空间(栖息地分化)、摄取不同的食物(食性上的特化)、在不同的时间活动(时间分化)或发展其他生态习性上分化，以降低竞争的紧张度，从而使两个物种之间可能形成平衡而共存。需要注意的是生态位分化会导致两种生物的生态位重叠减小，但不会导致完全分离，因为完全分离意味着有资源会被浪费。

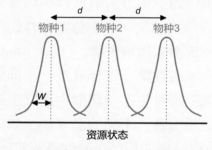
(a) 各物种生态位狭窄，相互重叠少

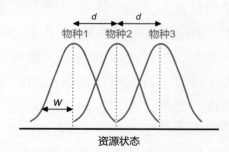
(b) 各物种生态位宽，相互重叠多

图 19.6　生态位的宽度与分化 (牛翠娟，2007)

▶▶▶

d 为曲线峰值间的距离，w 为曲线的标准差。

生理生态位是指在没有任何竞争或其他敌害的情况下，物种能利用全部资源。生态生态位是指因种间竞争，一种生物不可能利用其全部原始生态位，所占据的只是该种生物处于最佳优势的生态位。例如，仙人掌其实并不喜欢生活在沙漠，它也喜欢雨水相对较多、温度相对较低的环境，但在那些地方，仙人掌完全没有竞争优势，只有在沙漠地区，仙人掌的优势才能体现出来。因此生活在舒服的地方，是仙人掌的生理生态位；而生活在沙漠地区则是仙人掌的生态生态位。

对高等植物的竞争和生态位的分化及共存的研究有很大的难度，因为植物是自养生物，都需要相同的生态因子，如光照、水分、CO_2、营养物等。蒂尔曼以竞争两种资源的两种植物的分布范围，确定其胜败或共存。当五种植物竞争两种资源时，其结局就非常多样了，除了有 A+B、B+C、C+D 这样的两两共存模式外，还有 3 种共存模式、4 种共存模式、5 种共存模式。这表明仅对两种资源的竞争就可以使多种植物共存，如图 19.7 所示。另外，一个生境中各种生态因子的分布并不均一，空间的异质性也是生物共存的另一个原因。

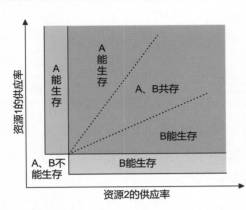
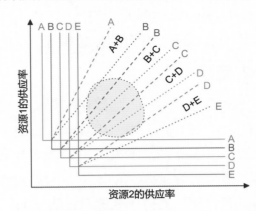

(a) 两种植物竞争两种资源的 Tilman 模型的各种结局　　(b) 5 种植物竞争两种资源的 Tilman 模型的各种结局

图 19.7　Tilman 模型 (牛翠娟，2007)

▶▶▶

黄色圈内，5 种植物可以共存。

动物在生态位上的分化方式主要有以下几种。

(1) 改变食物的种类，形成不同食性。

(2) 划分分布区域和活动范围。

(3) 错开活动时间。

生态位分化是生物对环境的长期适应及自然选择的结果。

❀ 19.3 群落的主要类型

19.3.1 常见陆地群落类型

生物群落主要通过植物的特征进行分类，同时兼顾温度、降雨量等特征。动物种类也是生物群落的一项重要特征。

1. 苔原

在极地冰盖之下，成片的苔原 (tundra) 穿越欧洲北部、亚洲西伯利亚地区、北美洲等。苔原土壤的永冻层是该群落最为独特的现象。永冻层是指土层下方永久处于冻结状态的岩土层，深度从数米至数百米不等。永冻层的存在阻碍了地表水的渗透，引起土壤的沼泽化。苔原生物群落中植物稀少，结构简单，优势种有苔藓、地衣、灌木、少数草本植物。其植物生长季节短、生长缓慢，如北极柳在一年中枝条仅增长 1 ~ 5 mm，因此几乎全是多年生植物，没有一年生植物，并且多数为常绿植物。植物几乎完全依靠营养繁殖，低矮呈莲座状甚至紧贴地面匍匐生长以适应强风和保持土壤温度。苔原群落中的动物种类较少，昆虫种类少但数量较多，几乎没有爬行类和两栖类动物，哺乳动物有北极兔、旅鼠等，也有大型的哺乳动物如驯鹿、麝牛等。在同种动物中，生活在较冷气候中的种群的体型比生活在较暖气候中的种群大，因为根据贝格曼定律，在相等的环境条件下，一切恒温动物身体上每单位表面面积发散的热量相等。

2. 荒漠

除欧洲外，所有大陆都存在荒漠，其主要分布在亚热带和温带的干旱地区。荒漠生态条件严酷，不仅气温干燥，年降雨量也很少，水分的年蒸发量高于年降雨量 (蒸发量甚至是降雨量的 7 ～ 50 倍)，多大风和尘暴，土壤贫瘠。但荒漠并不是生命的禁区，荒漠也可能有动植物非常丰富的绿洲。植物主要是灌木和半灌木，如蒿属和藜属植物，它们具有发达的根系、小而厚的叶片，植物体被覆白色的茸毛以减少水分的散失和阳光的灼晒。具有肉质茎或肉质叶的仙人掌科和百合科植物体内有贮水组织，称为多浆液植物，根系极为发达，也能适应荒漠气候，如北美的仙人掌树高达 15 ～ 20 m，可贮水 2 t，西非的猴面包树更是可贮水 4 t 之多。荒漠群落中的动物以小型啮齿类和爬行类为主，一般善于穴居和奔跑，多昼伏夜出或晨昏活动，少数昼行性动物也进化出了躲进洞穴或把身体埋在沙里以逃避高温的习性。昆虫、爬行类动物、鸟类和啮齿类动物都有夏眠的习性。为了减少水分的损失，多数爬行类动物以尿酸盐的形式排尿，兽类的汗腺也不发达，大便干结，小便很少。许多欧亚大陆的沙土鼠能以干种子为生而不需要饮水，也不需要水调节体温，白天排出很浓的尿液，在洞穴中营造一个湿度较大 (30% ～ 50%) 的微环境，晚上荒漠的相对湿度为 0 ～ 15%，这些动物才从洞穴中爬出来活动。因此，这些动物对荒漠的适应既是行为上的，也是生理上的。荒漠的初级生产力极低，生产力与降水量之间呈线性函数关系。通常荒漠动物不是特化的捕食者，因为它们不能依靠单一类型的食物获得足够的能量，必须寻觅可能利用的各种能量来源。

3. 草原

草原分为温带草原 (temperate grassland) 和热带草原 (tropical savanna)。世界草原总面积占陆地总面积的 1/6，有肥沃的土壤，生长着茂盛的青草，大部分被作为天然放牧场。例如，温带草原中，亚洲有大草原 (steppes)，北美洲有北美大草原 (prairies)，澳大利亚的草原被称为牧场 (rangeland)。热带草原的特征是生长着草本植物和散生的灌木和乔木，在气候方面比其他热带地区降雨量少。由于气候干旱、食草动物啃食及发生火灾等原因，草原不能发展为森林。火灾虽毁坏了大部分的植被，但地下茎和芽得以保留，因此草原植被得以“春风吹又生”。草原群落的季相变化非常明显，建群种一般在雨季迅速生长，干旱季节枯黄但地面芽存留。草原植被主要是禾本科、豆科和菊科植物，生长期很短。动物种类贫乏，以善于建造洞穴和集群生活的啮齿类动物为主，也有善于奔跑的蹄兽类动物，如野驴、黄羊、野牛、长颈鹿等。

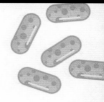

4. 森林

森林的类型很多，自北向南有北方针叶林、温带落叶阔叶林、热带雨林等。北方针叶林分布在北半球高纬度地区，针叶植物如红松、云杉、冷杉等非常丰富，是全球重要的木材产出地。北方针叶林中动物种类较少，多营定居生活，因为动物一般有储食或冬眠习性，少数动物通过迁徙越冬。温带落叶阔叶林植被种类丰富，具有明显的季相变化，春季万物复苏，夏季郁郁葱葱，秋季硕果累累，冬季肃杀萧条。动物中，地栖动物的种类和数量都多于热带雨林，但树栖动物较少。受制于植物和气候，动物的活动也有明显的季节变化。热带雨林群落的特征是气候温暖，年降雨量大，是物种最丰富的陆地生物群落。高大的阔叶树枝繁叶茂，往往形成支柱根和板状根，构成热带雨林的树冠层。树干上还布满苔藓、蕨类和兰科植物。较矮的灌木、蕨类、匍匐植物形成林中落叶层，一般叶大而薄，气孔常开放，具有泌水组织。动物以树栖攀缘种类占优，这些动物往往形成了许多适应特征，如树懒弯曲而锋利的钩爪、树蛙趾端的吸盘、金丝猴长而有力的尾巴等。

19.3.2 常见水生群落类型

淡水生物群落包括湖泊、池塘、河流等群落，通常是互相隔离的。

淡水群落一般分为流水和静水两大群落类型，流水群落又分为急流和缓流两类。急流群落中含氧量高，水底没有污泥沉积，生物多附着在岩石表面或隐匿于石下，有根植物难以生长。缓流群落的水底多污泥，底层易缺氧，浮游动物很多。

静水群落，如湖泊等，由外而内分为若干带，由上而下分为若干层。在沿岸带，阳光能穿透到底，常有有根植物生长，包括沉水植物、挺水植物、浮叶根生植物等，逐渐过渡为陆生群落。离岸更远的水域，根据是否有阳光透入，分为上层的湖沼带和下层的深底带。由上而下依次可分为表水层、斜温层、静水层、底泥层。表水层是浮游生物活动的主要场所，斜温层夏季温度变化较大；静水层水的密度最大，水温大约是 4℃；底泥层是动植物的遗体残骸发生腐败和分解的主要场所。

海洋植物以孢子植物为主，主要是各种藻类。由于水生环境的均一性，海洋植物的生态类型比较单一，群落结构简单。与陆地植物区系相反，寒冷的海域生物较为丰富，热带海洋中的种属反而较为贫乏。与湖泊群落一样，海洋群落也分为若干带。与陆地相接的地区称为潮间带或沿岸带，特点是有周期性的潮汐，这里的生物除了要抵御海浪的冲刷，还要能耐受温度变化以及水淹与暴露之间的快速交替。从数米深到 200 米深的大陆架范围称为近海带或亚沿岸带，世界主要经济渔场几乎都位于这里。浅海带以下沿大陆坡之上为半深海带，而海洋底部的大部分地区为深海带。从沿岸带往开阔大洋深入，深至日光能透入的最深界限，称为大洋带，大洋带缺乏动物隐蔽场所，因此这里的动物一般有明显的保护色。

河口湾是大陆水系进入海洋的特殊生态系统。因此，许多河口湾是人类海陆的交通要地，受人类活动干扰很大，也容易出现赤潮，因此，河口湾生态系统是一个重要的研究领域。

一些学者在深海中央海嵴的火山口周围发现有大量的生物生存。这里的水温高达200 ℃，这些生物的食物是那些依靠火山喷出的还原性物质的氧化而制造有机物的细菌。

19.3.3 其他群落类型

1. 高山

随着山的增高，温度和降雨等非生物因素发生显著变化，使一座山上可能存在多种群落，在山脚下可能是生机盎然的热带雨林，在山顶可能存在与苔原类似的群落。例如，长白山植被垂直带结构自下而上依次为：落叶阔叶林→针阔叶混交林→亚寒带针叶林→矮曲林→高山冻原。植被带大体与山坡等高线平行并且具有一定的垂直厚度（宽度），称为植被垂直带性，如图 19.8 所示。山地植被垂直带性的组合排列和更迭顺序形成一定的体系，称为植被垂直带谱或植被垂直带结构。

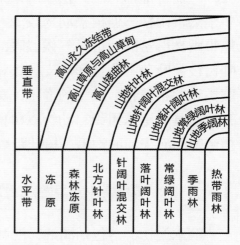

图 19.8　植被垂直带性与水平带性的关系示意（牛翠娟，2007）

青藏高原，被誉为"地球第三极"，地处亚热带和温带，平均海拔高度为 4000 m。自东南向西北逐渐增高，相对高度差达到 2000 m 甚至更高。青藏高原面积辽阔，跨越 13 个纬度和 30 个经度。这样的地理特征赋予了青藏高原的生态和植被独一的特征：光照充足，植被分布界限高；大陆性强，植被的旱生性明显；植被带宽广，山地植被垂直带明显。

2. 极地

极地在高纬度地区与苔原相接，分布在地球的南北极，全年寒冷，被厚厚的冰川覆盖，看上去不可能存在生命，但南极企鹅、北极狐、北极熊、鲸、海豹等生物却可以适应这样的环境，甚至有历史记载，人类也曾在北极居住。虽然冬天北极的平均温度约为 –30℃，但短暂的夏季也足够温暖，一些植物得以生长繁衍。

3. 岛屿

岛屿因为与大陆隔离，常被生物学家当作研究进化和生态问题的天然实验室。"岛"，强调的是一片特殊的区域，其自然条件明显区别于周围环境，并不一定是位于水体中的陆地。例如，湖泊被陆地包围，可将湖泊看作由陆地围成的"水岛"；高山顶峰可看作低海拔地区围成的"高海拔岛"；一个自然保护区可看作由周围生态环境围成的"岛屿"。岛屿上物种数目会随着岛屿面积的增加而增加，二者的对数值呈线性关系，称为岛屿效应。一般认为，大的岛屿之所以具有较多物种数，是因为其含有较多生境，即生境多样性导致物种的多样性。岛屿面积越大，物种迁入越容易，灭绝越难，群落最终的物种数越多。岛屿处于相对隔离状态，其迁入和迁出的强度明显弱于周围连续的环境。岛屿距大陆的远近直接影响生物的迁入和迁出。如近陆岛屿，生物的迁入和迁出较容易，其物种类型很容易与大陆趋近。岛屿上的物种数取决于物种迁入和死亡的动态平衡，与时间无关。物种的迁入率与岛屿面积、距大陆的远近、已定居的物种数有关。物种的死亡率与岛屿面积、已定居的物种数有关，如图 19.9 所示。

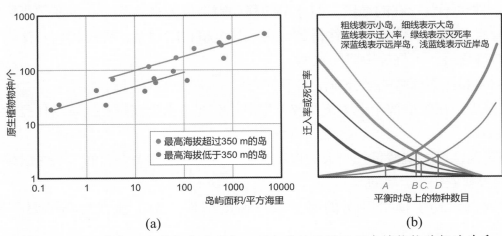

图 19.9　迁入率或死亡率与岛屿面积、距大陆的远近及原生植物物种数的关系

▶▶▶

　　图 19.9(a)：Galapagos 群岛的原生植物种数与岛屿面积的关系。图 19.9(b)：岛屿生物地理平衡学说。

　　由此引出一个问题：在同样的总面积下，一个大保护区好还是若干小保护区好？答案需要分以下几种情况进行讨论。

　　(1) 若每一个小保护区支持的都是相同的物种，则大保护区能支持更多物种。

　　(2) 从疾病传播的角度讲，隔离的小保护区有更好的阻断传播作用。

　　(3) 如果在一个具有相当高的异质性的区域建立保护区，多个小保护区能更好地保护物种多样性。

　　(4) 对物种密度低、增长率慢的大型动物而言，较大的保护区是必需的，保护区过小，可能因近交而衰败，丢失优良性状，甚至灭绝。

　　另外，各小保护区之间的"通道"或"走廊"也很重要，它不仅能减少被保护物种灭绝的风险，还便于物种在不同保护区间的迁徙和基因交流。

❀ 19.4 群落的演替

19.4.1 演替的概念

　　任何一个群落都不是一成不变的，而是随着时间的推移，不断地变化和发展。由于非生物因素和生物因素的改变，在生态系统中，一个群落取代另一个群落的过程，称为群落演替 (community succession)。

植物的演替是指植物群落发展过程中，由低级到高级、由简单到复杂，一个阶段接着一个阶段，一个群落代替另一个群落的过程。演替过程中主要受到植物的传播、植物的定居、植物之间的竞争 3 个方面的影响。

　　群落的演替包括初生演替 (primary succession) 和次生演替 (secondary succession)。初生演替，又称为原生演替，发生在从来没有植物覆盖的地面，或原有的植被被彻底消灭，原有的土壤条件也不复存在的地段，如冰川的移动等造成的裸地等。次生演替指原有的植被虽然不复存在，但原有的土壤条件得到保留，甚至植物的根系、种子和繁殖体仍然存在的情况，如森林砍伐、火烧等造成的裸地。

　　初生演替和次生演替的区分方法如下。

　　(1) 看起点：初生演替无土壤条件或无生命体存在，次生演替有土壤条件且含有一些生命体。

　　(2) 看起因：初生演替是一些大的自然灾害 (如火山喷发) 引起的，次生演替一般是人类活动 (如弃耕农田) 引起的。

　　(3) 看时间：初生演替经历的时间长，速度缓慢，次生演替经历的时间短，速度较快。

注意

　　① 演替并不是"取而代之"：演替过程中一些种群取代另一些种群，往往是一种"优势取代"而非"取而代之"。例如，形成森林后，乔木占据优势地位，但森林中仍有灌木、草本植物和苔藓等。

　　② 演替是不可逆的：演替是生物和环境反复相互作用，发生在时间和空间上的不可逆变化，但人类活动可使其不按自然演替的方向和速度进行。

　　③ 群落的演替是有其速度和方向的，一般向着有机物增加、物种多样性增加、群落的结构变得更复杂这样的方向进行；但人类活动可以改变自然演替的速度和方向。

　　④ 群落的演替并不是永远在进行，当其演替到与当地的土壤条件和气候 (包括年平均温度和年降雨量) 相适宜的时候，群落就不再演替，此时的群落称为顶极群落；即演替终点不一定是最高的乔木阶段。

　　⑤ 顶极群落处于与当地的自然条件相适宜的状态，因此，当环境条件发生改变时，顶极群落会继续演替，直到达到新的平衡。

　　⑥ 有一些群落的演替有周期性的变化，由一个类型转变为另一个类型，然后又回到原有的类型，称为周期性演替。如石楠群落，其优势物种是石楠，在石楠逐渐老化后被石蕊入侵，石蕊死亡后出现裸露的土壤，于是熊果入侵，最后石楠又重新优势取代，如此循环往复。

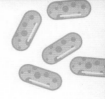

19.4.2 演替的类型

首先，按照演替发生的时间进程，可分为快速演替、长期演替和世纪演替三种类型。

(1) 快速演替：在几年内发生的演替，如地鼠类的洞穴、草原撂荒地上的演替等，在这种情况下，地面可以很快就被原有的植被覆盖。

(2) 长期演替：持续时间一般在几十年甚至上百年，如云杉林被砍伐后的恢复等。

(3) 世纪演替：持续时间一般以地质年代计算，常伴有气候的变迁和地貌的大规模改造。

其次，按照引起演替的主导因素，可分为群落发生演替、内因生态演替和外因生态演替三种类型。

(1) 群落发生演替：一般发生在原生演替中，首先是先锋植物侵入，然后先锋植物被其他植物取代。

(2) 内因生态演替：演替是由环境变化决定的，而这种环境变化是植物的生命活动导致的，即植物群落改变了生态环境，对原有的植物不利，但有利于其他植物的生存。

(3) 外因生态演替：演替也是由环境变化决定的，但环境变化不是植物生命活动的结果，而是外界环境因素造成的，如火成演替、气候性演替、土壤性演替、动物性演替、人为演替等。

另外，还可以按群落代谢特征划分成自养性演替和异养性演替等。我国植物生态学家刘慎谔把演替划分为时间演替、空间演替、植被类型发生演替三种。时间演替强调的是地点相同而时间不同的演替，又称为群落发生演替。空间演替强调的是时间相同而空间不同。植被类型发生演替实质也是时间演替，但不是现在的植被演替，而是从古至今的植被演替。其他还有如按演替代谢特征，可分为自养性演替和异养性演替，如图 19.10 所示。自养性演替中，光合作用所固定的生物量积累越来越多。异养性演替，如出现有机污染的水体，由于细菌和真菌分解能力强，有机物质是随着演替而减少的。

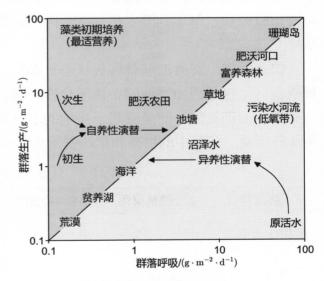

图 19.10 按群落代谢特征分类
(Eugene P. Odum, 2009)

▶▶▶

对角线左侧的绿色区域为自养性演替，右侧的黄色区域为异养性演替。

最后，按照基质性质，可分为水生演替和旱生演替。

水生群落演替系列包括以下几个阶段。

(1) 自由漂浮植物阶段：漂浮植物的遗体残骸可以增加水体底部的有机物质聚集，同时，雨水冲刷和河流汇入也能增加水底的有机物质质量。

(2) 沉水植物阶段：一些沉水植物，如金鱼藻、黑藻等高等水生植物开始出现，这些植物生长繁殖能力强，使水底的有机物质积累更快。

(3) 浮叶根生植物阶段：随着湖底的日益变化，莲、睡莲等浮叶根生植物开始出现。这些植物一方面遮蔽了光的透入，抑制了沉水植物的生长，迫使它们向更深的水域转移；另一方面，浮叶根生植物对抬高水底的作用也更强。

(4) 挺水植物阶段：浮叶根生植物使水深极大降低，为挺水植物的出现创造了条件，使芦苇、香蒲、泽泻等植物开始出现。这些植物的根茎相互缠绕，使水底快速抬高甚至形成浮岛，为陆生植物的出现提供可能。

(5) 沼生植物阶段：莎草科和禾本科的一些沼生植物开始出现。如果此地带气候干旱，这个阶段不会太久，很快就会被旱生草本植物取代；如果此地带适合发展成森林，则很快会向森林群落演替。

(6) 木本植物阶段：在沼泽植物阶段其实就会出现一些木本植物，如灌木，而后就会有大型乔木出现并逐步演替成森林。

旱生群落演替系列发生在裸岩或砂地上，包括地衣植物群落阶段、苔藓植物群落阶段、草本植物群落阶段、灌木植物群落阶段、森林群落阶段。一般来说，地衣和苔藓植物群落阶段历时较长，草本到灌木植物群落阶段较快，而到了森林群落阶段，其演替速度又开始变缓。

综上所述，群落的演替终极状态是森林。但目前地球上的群落类型多样，并未全部演替成森林，这是因为当地的条件不允许。演替的最终状态是森林，但并不是每个地区都能达到最高的理论值，而是受限于当地的土壤条件和气候因素，气候因素主要是年平均温度和年降雨量。演替中的群落和顶级群落比较如表 19.2 所示。

表 19.2　演替中的群落和顶极群落比较

群落特征	顶极群落	演替中的群落	群落特征	顶极群落	演替中的群落
生物体大小	大	小	腐屑在营养物再生中的作用	重要	不重要
生物的繁殖和散布能力	弱	强	营养保持能力	强	弱
生物寿命	长	短	内部共生关系	发达	不发达
物种多样性	高	低	抗干扰能力	强	弱
生命周期	长、复杂	短、简单	信息量	多	少
群落结构层次	复杂	简单	总生产量/呼吸量	1	>1
食物链类型	腐食食物链	捕食食物链	总生产量/生物量	低	高
群落净生产量	低	高	熵	低	高
有机物总量	多	少	生态位	窄	宽
无机物循环	封闭	开放			

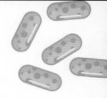

19.4.3 演替发生的三个主要理论

促进作用理论：这是最早的、最经典的演替理论。该理论认为，前一种生物的活动将环境改造得对自己越来越不利，因此给了其他生物可乘之机。这种情况一再发生，直到顶极群落形成。因此物种替代是一个有顺序的、可预测的、有方向的过程。

抑制作用理论：与促进作用理论相反，抑制作用理论认为，任何一个地点的演替都取决于谁首先到达这里。每一个物种都试图排挤和压制任何新来的定居者，使演替带有很强的个体性。没有一个物种在面对其他物种时处于永久优势，先定居者总是面临后来者的挑战。因此，演替不一定是有序的，也是难以预测的。

忍耐作用理论：这种理论介于促进作用理论和抑制作用理论之间，认为早期演替物种的存在并不重要，任何物种都可以开始演替，而较能忍受有限资源的物种将会取代其他物种，演替是靠后来者的侵入或原有物种的逐渐减少进行的。

总的来说，上述三个理论都认为，演替过程中，先锋物种总是最早出现，这些生物往往生长快，种子量大，具有较高的扩散能力。三者的主要区别在于物种取代的机制不同，是现存生物促进演替的发生，还是抑制，或是现存生物对替代的影响不大。三类演替模型如图 19.11 所示。

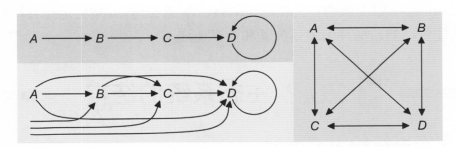

图 19.11　三类演替模型 (牛翠娟，2007)

▶▶▶
绿色为促进模型，黄色为抑制模型，红色为忍耐模型。A、B、C、D 为四个物种，箭头表示一种生物被另一种生物代替。

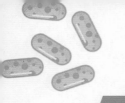

第20章 生态系统及其稳定性

20.1 生态系统简介

系统是指彼此相互作用、相互依赖的事物有规律地联合而成的整体。构成系统至少要具备以下三个条件。

(1) 系统由许多成分组成。

(2) 各成分间不是孤立的，而是存在密切的相互作用和联系。

(3) 系统具有独立的、特定的功能。

生态系统是指在一定空间内由生物群落与它的非生物环境相互作用而形成的统一整体。生态系统有大有小，既可以是一种生态瓶，也可以是生物圈。

生态系统的结构包括组成成分和营养结构。组成成分包括生产者、消费者、分解者和非生物的物质和能量（如有机物、无机物、气候、能源），营养结构是指食物链和食物网。生态系统的功能包括物质循环、能量流动和信息传递。

20.2 生态系统的结构

20.2.1 生态系统的组成成分

生产者是能以简单的无机物为原料、以太阳能或化学能为驱动，合成有机物的生物，即自养型生物。包括光合自养型生物，如绿色植物和蓝细菌等，以及化能自养型生物，如硝化细菌等。生产者是生态系统的基石，是生态系统的主要成分，其制造的有机物除了供自身的生长发育消耗外，还为消费者提供食物和栖息场所，以及为分解者提供能量。

消费者不能将无机物制造成有机物，只能直接或间接地依赖生产者制造的有机物制造自身的有机物，因此都是异养型生物，包括食草动物、食肉动物、寄生植物（如菟丝子等）以及寄生细菌、病毒等。消费者是生态系统中最活跃的部分，它们的生命活动可以稳定生态系统平衡、加快生态系统的物质循环、帮助植物传粉和传播种子。

分解者也是异养型生物，包括腐生细菌和真菌以及腐食动物，如蚯蚓、秃鹫等。但与消费者不同，它们不是利用活体的有机物，而是将动植物遗体和动物的排遗物中的有机物分解为无机物，供生产者重新利用。分解者是生态系统的关键成分和必要成分，如果没有分解者，动植物尸体将会堆积如山，物质循环将难以进行，生态系统将面临毁灭性的打击。

注 意

三类"不一定"包括以下内容。

① 生产者不一定是植物(如蓝细菌、硝化细菌),植物不一定是生产者(如菟丝子营寄生生活,属于消费者)。

② 消费者不一定是动物(如营寄生生活的微生物、和豆科植物互利共生的根瘤菌等),动物不一定是消费者(如秃鹫、蚯蚓、蜣螂等以动植物遗体或排遗物为食的腐生动物属于分解者)。

③ 分解者不一定是微生物(如蚯蚓等动物),微生物不一定是分解者(如硝化细菌、蓝细菌属于生产者,寄生细菌属于消费者)。

两类"一定"包括以下内容。

① 生产者一定是自养型生物,自养型生物一定是生产者。

② 营腐生生活的生物一定是分解者,分解者一定是营腐生生活的生物。

非生物的物质和能量包括光、热、水、空气、无机盐等,是生物群落中物质和能量的根本来源,是生态系统存在的基础。

20.2.2 生态系统的营养结构

生态系统的营养结构是指食物链和食物网。

食物链是指生态系统中各生物之间由于营养关系形成的营养结构。食物链分为捕食食物链、腐生食物链和寄生食物链。这里以捕食食物链为例进行介绍,捕食食物链是指各生物之间由于捕食关系形成的营养结构,一般具有以下特点。

(1) 起点是生产者,为第一营养级。

(2) 终点是顶级消费者,不被其他动物捕食的动物,是最高营养级。

(3) 一般不会超过 5 个营养级。

(4) 种间关系只有捕食关系(捕食与被捕食)。

(5) 只包含生产者和消费者,不包括分解者。

(6) 食物链中的捕食关系是经过长期自然选择形成的,通常不会逆转,具有单向性。

(7) 每个营养级,是指该营养级的所有生物,不是某个生物个体,也不是某个种群。

补 充

腐生食物链以植物的枯枝败叶、动物的遗体残骸或排遗物为营养起点,通过腐烂、分解,将有机物分解为无机物,包括真菌、绝大多数细菌、土壤中的某些小动物,如动植物遗体→蚯蚓→线虫→节肢动物→鸟类。

寄生食物链以活的动植物为营养起点,逐级寄生,如动物→跳蚤→细菌→病毒。

生态系统中的食物链彼此交错连接，形成一个网状结构，就是食物网。食物网的复杂程度主要取决于有食物联系的生物种类，而不是生物数量。食物网是生态系统能量流动和物质循环的渠道，食物网中的同一种消费者在不同的食物链中，可以占据不同的营养级，但生产者永远只是第一营养级。种间关系有捕食和竞争两种。

生态系统的组成成分和营养结构如图20.1所示。

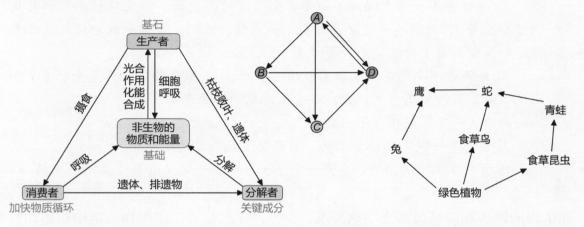

图20.1　生态系统的组成成分和营养结构

▶▶▶
　　左：生产者和分解者是联系生物群落与非生物的物质和能量的两大"桥梁"。中：A有三个箭头伸出，是生产者；B是消费者；C是分解者；各种箭头都可以指向D，因此，D是无机环境。右：一个简单的食物网模型。

生态系统中的食物链不是固定不变的。动物在幼体和成体阶段，食性会发生改变，导致食物链改变。例如，蜻蜓的幼虫水虿捕食青蛙的幼虫蝌蚪，各自变态发育后，青蛙捕食蜻蜓。但在生态系统中那些居于核心地位的、数量占优势的种类，其食物关系相对稳定。

在一个复杂的食物网生态系统中，某一种生物数量减少甚至消失，对整个生态系统无足轻重。但在简单的食物网生态系统中，尤其是在生态系统的功能上起关键作用的物种的变动会导致系统的剧烈波动。一般地，食物链的第一营养级生物数量减少，相关生物数量都减少，即出现连锁反应，因为第一营养级的生物是其他生物直接或间接的食物来源。"天敌"减少，被捕食者数量增加，但随着其数量增加，种内斗争会加剧，种群密度还要下降，直到趋于稳定。"中间"营养级生物减少，如图20.1中的青蛙突然减少，则以它为食的蛇将减少。蛇的减少会导致鹰增加对兔和食草鸟的捕食，导致兔、食草鸟减少。因为鹰不止捕食蛇一种生物，所以它可以依靠其他食物来源维持数量基本不变。

◇── 知识拓展：捕食者对被捕食者种群大小的影响 ──◈

　　捕食者是否真的能调节被捕食者种群的大小？
　　对于这一问题，有很多学者认为不能。一是任何一个捕食者的作用只占被捕食者总死亡率的很小一部分，因此去除捕食者，对被捕食者种群的影响微乎其微。二是捕食者只利用了被捕食者中超出环境所能支持的那部分个体，对被捕食者最终的种群的大小没有影响。相关的证据是英国的威萨姆森林 (Wytham wood) 在禁用杀虫剂后雀鹰对大山雀的捕食数据，当时，有雀鹰捕食导致大山雀的死亡率从 1% 上升到 30%，但大山雀的数量却没有减少。

但也有学者认为，捕食者对被捕食者种群数量有明显影响并提出了相关证据，如太平洋关岛上引入林蛇导致 10 种土著鸟消失或大量减少的实例。

在第二种观点的那些例子中，被捕食者没有被捕食的进化历史，也就没有发展出相应的反捕食对策。此时如果人为地使被捕食者长期处于捕食者的捕食压力下，捕食者的影响力会很大。最后，当限制被捕食者种群数量的因素是其他因素而非捕食者时，捕食者对被捕食者种群数量的影响自然就很小了。

✳ 20.3 生态系统的能量流动

20.3.1 生态系统中的初级生产和次级生产

初级生产：生态系统中的能量流动开始于绿色植物的光合作用对太阳能的固定，这是生态系统中第一次能量固定，称为初级生产量，对应的，生产者称为初级生产者。生产量通常用每年每平方米所同化的有机物干重或固定的能量表示，因此，生产量本身就有速度的含义，初级生产量也可称为初级生产力。初级生产者也要进行呼吸消耗，因此，净初级生产量 NP = 总初级生产量 GP − 呼吸量 R。

全球海洋面积约占地球表面积的 2/3，但海洋的净初级生产量只占全球的 1/3，陆地净初级生产量每年约为 115×10^9 吨干物质，海洋净初级生产量每年约为 55×10^9 吨干物质，如图 20.2 所示。

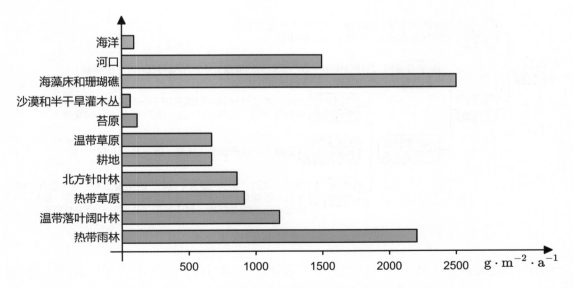

图 20.2 地球上各种生态系统净初级生产力 (Ricklefs, 2014)

次级生产：各种异养型生物（包括消费者和分解者）的生产量统称为次级生产量。海洋生态系统中，植食动物利用藻类（主要是单细胞藻类，可整个吞食，且纤维素含量少）的效率是陆地动物利用植物的 5 倍，因此，海洋的次级生产量是陆地次级生产量的 3 倍多。

20.3.2 生态系统能量流动和能量传递效率

生态系统中能量流动的特点如下。

(1) 单向流动：植物光合作用固定的太阳能最终被各营养级的生物个体转化为以热能为主的各种形式的能而散失，因此，在食物链上的传递是单向的，称为能流，而不是能的循环。

(2) 逐级递减：一般来说，从绿色植物流入植食动物的能量只占绿色植物生产量的 10% 左右；从植食动物到肉食动物的能量也只占植食动物生产量的 10% 或略高一些。这是因为植物固定的全部太阳能有一部分供自身的呼吸消耗了，一部分被微生物分解了，还有一部分暂时未进入食物链、食物网中，所以植食性动物只能获得绿色植物的很少一部分能量。其他营养级之间的情况也与其类似。

现以"草 → 羊 → 狼"这样一个最简单的食物链为例，说明食物链中的能量流动关系（见图 20.3)，以及某一营养级的能量去向，如图 20.4 所示。

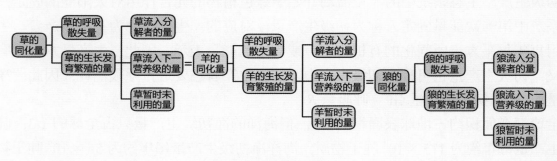

图 20.3 能量流动关系

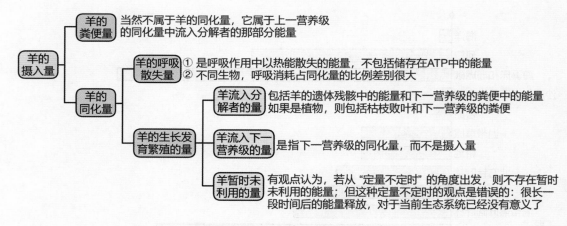

图 20.4 某一营养级的能量去向

一般地，摄入量用 I 表示，同化量用 A 表示，呼吸消耗量用 R 表示，用于生长发育繁殖的能量用 P 表示，显然，$A = P + R$。

生产效率 (production efficiency) 是指用于生长发育繁殖的能量占其同化量的比例，用 P_e 表示生产效率，即 $P_e = \dfrac{P_n}{A_n}$。

消费效率 (consumption efficiency) 是指下一营养级的摄入量占本营养级生长发育繁殖量的比例，用 C_e 表示消费效率，即 $C_e = \dfrac{I_{n+1}}{P_n}$。

林德曼效率 (Lindemans efficiency) 是指下一营养级的摄入量占本营养级的摄入量的比例，用 L_e 代表林德曼效率，即 $L_e = \dfrac{I_{n+1}}{I_n} = \dfrac{A_n}{I_n} \times \dfrac{P_n}{A_n} \times \dfrac{I_{n+1}}{P_n}$。

能量传递效率是指两个营养级的同化量的比值，即 $\dfrac{A_{n+1}}{A_n}$。也有人将林德曼效率视为能量传递效率，这一点很重要，因为很多计算题，都是基于此设计的。

注意

① 摄入量≠同化量：同化量 = 摄入量 − 粪便中的能量。动物的粪便不曾被动物消化吸收而同化，不属于同化量，如兔吃草时，兔粪便中的能量应为草流向分解者的能量，而不属于兔的同化量。

② 粪便中的能量≠尿液中的能量：粪便中的能量不属于动物同化量，但尿液中尿素所含能量应属于动物同化量的一部分。

③ 能量传递效率是指相邻两营养级之间全部生物的同化量的比值，即 $\dfrac{\text{下一营养级全部生物同化量}}{\text{上一营养级全部生物同化量}} \times 100\%$，而不是相邻营养级中某个体间的传递效率，如一只狼捕获一只羊时，狼获得了羊的大部分能量而不是获得 10% ~ 20% 的能量，所有狼可获得所有羊的能量才是 10% ~ 20%。

④ 能量传递效率体现的是能量流动过程中所遵循的客观规律，不能随意改变；但能量利用率可以人为改变，例如充分利用作物秸秆就可以提高能量利用率。

20.3.3 生态金字塔

食物链和食物网是生态系统中物种之间的捕食和竞争关系，无法用图解的方法完全表示。为了便于定量地研究生态系统中的能量和物质关系，生态学家提出营养级的概念。一个营养级是指处于食物链某一环节上的所有生物的总和。

能量通过营养级逐渐减少，如果把通过各营养级的能量由低到高绘制出来，就成了一个金字塔形状，称为能量锥体或能量金字塔，如图 20.5 所示。类似地，如果表示的是营养级之间的生物量或个体数，就是生物量金字塔或数量金字塔。能量金字塔、生物量金字塔和数量金字塔统称为生态金字塔。

生态金字塔形象地说明了最高营养级的能量很少，不可能有更高的营养水平，因此，食物链的长度有限，一般为 5 ～ 6 个营养级。

（1）能量金字塔：因为能量沿食物链单向传递、逐级递减，所以能量金字塔一定是下宽上窄，表现为正金字塔，不可能出现倒置的情况。

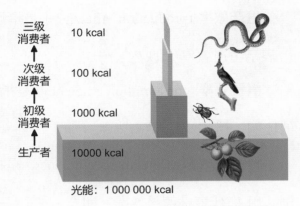

图 20.5 生态金字塔之能量金字塔

（2）数量金字塔：一般是正金字塔，但有时候，前一个营养级的生物个体较大，后一个营养级的生物个体很小，可能出现倒金字塔的情况，如一棵大树可以供养很多昆虫。

（3）生物量金字塔：一般是正金字塔，出现倒金字塔的情况也有，如海洋生态系统中，生产者（浮游植物）的生物量往往小于浮游动物，因为浮游植物繁殖非常快，可以迅速地产生新个体，而浮游动物的生物量是长时间积累的结果。

20.3.4 研究能量流动的实践意义

首先，研究生态系统的能量流动，可以帮助人们将生物在时间、空间上进行合理配置，增加流入某个生态系统的总能量。例如，农田生态系统中的间作、套作和轮作，蔬菜大棚中的多层育苗，稻—萍—蛙等立体农业，都可以提高空间和资源的利用效率。

其次，研究生态系统的能量流动，可以帮助人们科学地规划和设计人工生态系统，使能量得到最有效的利用，提高能量利用率。例如，农业生态系统中，将原本用于焚烧的秸秆用于喂养牲畜，从而获得肉、蛋、奶；牲畜的粪便用于沼气发酵池，产生清洁可再生的新能源—沼气；沼渣可以用于肥料还田，为农作物提供无机盐。

最后，研究生态系统的能量流动，可以帮助人们合理地调整生态系统的能量流动关系，使能量持续高效地流向对人类最有益的部分。例如，一个草场，如果放养的牲畜太少，则不能充分利用牧草所固定的能量，而放养的牲畜过多，则会导致草场退化，畜产品的质量和产量下降。只有根据草场的能量流动特点，合理确定草场的载畜量，才能保持畜产品的持续高产。

20.4 生态系统的物质循环

20.4.1 物质循环概述

能量流动和物质循环是生态系统的两大基本功能，而且二者相互依存，不可分割。能量的固定、储存、转移、释放，都离不开物质的合成和分解等过程，物质是能量沿食物链和食物网流动的载体，能量是物质在生态系统中循环往复的动力。但二者也有以下明显的区别。

(1) 生物固定能量通常是一次性的，并逐渐以热能的形式散失。能量一旦转化成热，就不能再被有机体用于做功或合成有机物，散失到无机环境中的热能也不能再被生物体利用。

(2) 物质在生态系统中可以反复利用，因此，称为物质循环，发生在生物群落和无机环境之间，特点是全球性的循环往复运动，因此又称为生物地球化学循环。

生态系统物质循环分为三大类型：水循环、气体循环和沉积型循环。气体循环包括氧循环、碳循环、氮循环等；沉积型循环过程中没有气体形态，并主要通过岩石风化和沉积物分解形成，如磷、钙、钠、镁等。气体循环和沉积型循环受太阳能驱动并依托于水循环。

20.4.2 水循环

如前文所述，没有水循环就没有生物地球化学循环。

海洋是水的主要来源，太阳辐射使水蒸发进入大气，风推动大气中的水蒸气在全球范围内重新排布并以降雨等形式落在海洋和陆地上。大陆上的水可暂时储存在土壤、河流、湖泊、冰川中，或以水蒸气的形式返回大气中，也可以流回海洋。

水循环分为大循环和小循环。大循环是指海陆之间的循环，小循环是指陆地内部或海洋内部的循环。

水在大气中的滞留时间约为两周，但水在地球表面的滞留时间约为 2800 年。

20.4.3 碳循环

碳循环是指组成生物体的碳元素，不断地从非生物环境进入生物群落，又从生物群落回到非生物环境的循环过程。其过程如下。

(1) 发生在生物群落内部的同化作用和异化作用，是以含碳有机物和 CO_2 的形式存在和传递。

(2) 发生在大气和海洋之间的 CO_2 交换。

(3) 碳酸盐的沉积作用。

碳库主要包括大气中的 CO_2、海洋中的无机碳、生物体中的有机碳。据估算，海洋中的碳总量是大气中的 50 多倍，是陆地植物的 68 倍。最主要的碳流通发生在大气和海洋之间、大气和陆地植物之间。碳在大气中的平均滞留时间大约为 5 年。

人类活动显著影响大气中的 CO_2 含量。900—1750 年，大气中的 CO_2 平均值在 2.7‰ ~ 2.8‰，但从 1750 年工业革命以来，由于化石燃料的大量燃烧，大气中的 CO_2 持续而迅速地上升，目前基本为 3.7‰ 左右。另外，大气中的 CO_2 含量还存在季节性变化，夏季下降，冬季上升，这可能与人类使用化石燃料的季节性差异及植物光合作用的季节性变化有关。

20.4.4 温室效应

温室效应的形成原因是大量化石燃料的燃烧，导致大气中的 CO_2 含量迅速增加，打破了生物圈中碳循环的平衡。其影响是气温升高，加快极地和高山冰川的融化，导致海平面上升，进而对人类和其他许多生物的生存构成威胁。

温室效应的应对措施是植树造林，增加绿地面积；减少化石燃料的燃烧；开发清洁可再生的新能源；秸秆还田，增加农田土壤储碳量。

人类活动向大气中净释放的碳量约为 $6.9 \times 10^{15} g \cdot a^{-1}$，其中导致大气中的 CO_2 上升的有 $3.2 \times 10^{15} g \cdot a^{-1}$，被海洋吸收的有 $2.0 \times 10^{15} g \cdot a^{-1}$，未知去向的有 $1.7 \times 10^{15} g \cdot a^{-1}$。也就是说，人类活动释放的 CO_2 约有 25% 去向尚不清楚，这称为失汇，是目前生态学中的研究热点。在分析碳循环各个构成元素的基础上，方精云院士主编的《全球生态学——气候变化与生态响应》一书中提出了中国陆地生态系统碳循环模式。他们把生态系统的碳收入和碳支出的差值定义为生态系统的净生产量 (NEP)。如果 NEP 是正值，说明生态系统是 CO_2 汇；反之，说明生态系统是 CO_2 源。

(1) 不考虑人类活动，中国植被是 CO_2 汇，每年吸收 $0.37 \times 10^{15} g$ 的碳，相当于 $1.36 \times 10^{15} g$ 的 CO_2。

(2) 考虑化石燃料的燃烧和人类其他活动，每年向大气排放 $0.62 \times 10^{15} g$ 的碳，相当于 $2.27 \times 10^{15} g$ 的 CO_2。

(3) 总结：如果仅考虑植被生态系统，中国陆地生态系统则起着一个大气 CO_2 汇的作用；而考虑人为因素，中国陆地生态系统则起着一个大气 CO_2 源的作用，每年向大气中释放的 CO_2 源占全球总释放量的 6.4%。如果考虑人均释放量，中国所释放的 CO_2 源比全球平均小得多。需要注意的是，这是 2000 年的数据，近年来，中国大力发展节能减排和绿色能源，秉承"绿水青山就是金山银山"的理念，单位 GDP 二氧化碳排放量累计下降了大约 34%，节能减排全球领先。

20.4.5 氮循环

大气是最大的氮库，土壤和陆地植物的氮库比较小。虽然大气中的氮含量很多，但生物不能直接利用，必须通过固氮作用形成氨态氮或硝态氮才能进入生物群落。固氮方式包括人工固氮和天然固氮，而人工固氮又包括工业固氮和化石燃料燃烧释放，天然固氮包括生物固氮和高能固氮。固氮作用具有重要意义。首先，在全球尺度上有平衡反硝化作用。其次，在像熔岩流过和冰河退去的缺氮环境里，最初的入侵者都是固氮生物，因此，固氮作用在局域尺度上也是非常重要的。另外，大气中的氮只有通过固氮作用才能进入生物循环。全球氮循环如图 20.6 所示。

氨化作用是指蛋白质通过水解形成氨基酸，然后氨基酸中的氮被氧化进而释放出氨的过程。硝化作用是氨的氧化过程。首先，通过土壤中的亚硝化毛杆菌或海洋中的亚硝化球菌将氨氧化为亚硝酸根，然后由土壤中的硝化杆菌或海洋中硝化球菌进一步氧化为硝酸根。

与之相反，反硝化作用是将硝酸根还原为亚硝酸根，亚硝酸根进一步还原为 N_2O 和 N_2 的过程。

人工固氮对于粮食增产和人口增长具有重大贡献，但也为全球氮循环带来了不良后果。其中，人们关注较多的是水体富营养化。由于水体中的氮、磷含量增加，蓝藻等浮游藻类大爆发，细胞死亡后的分解过程消耗了水体中的溶解氧，造成水体中的浮游动物、鱼虾贝类等大量死亡。一些微囊藻等还会产生生物毒素，危害水生动物甚至人类安全。

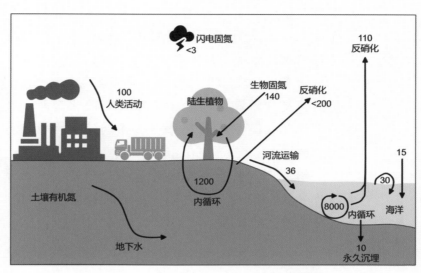

图 20.6　全球氮循环 (方精云，2000)(单位：10^{12} gN $\cdot$ a^{-1})

20.4.6 生物积累、生物富集、生物放大

有研究称，DDT 农药在海水中的浓度为 5.0×10^{-11}，在浮游植物中的浓度为 4.0×10^{-8}，在蛤中的浓度为 4.2×10^{-7}，银鸥体内的浓度则达 75.5×10^{-6}，比环境中扩大了百万倍。这种能被生物吸收、吸附、吞食，而又不易被分解和排出的物质，通过食物链和食物网的传递，浓度在生物体内逐渐增加的现象，称为生物放大。除了上述的 DDT 农药外，还包括有机氯农药、二噁英、氯化联苯 (GCB5)(见图 20.7) 等，以及铅、汞等重金属。

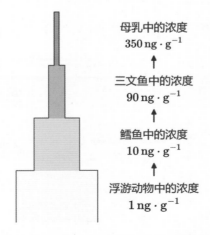

图 20.7　食物链中不同生物体内氯化联苯的浓度

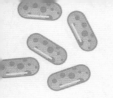

生物积累：生物个体在整个代谢活跃期都在通过吸收、吸附、吞食等各种过程，从周围环境中蓄积某些元素或难分解的化合物，以致随着生物的生长发育，浓缩系数不断增大的现象。其强调的是同一生物个体在不同生长发育阶段机体内某有害物浓度在不断地增加。浓缩系数是指生物体内该物质的浓度与它所处环境中该物质浓度的比值。

生物富集：又称生物浓缩，是指生物机体或处于同一营养级的生物种群，从周围环境中蓄积某些元素或难分解的化合物，使生物体内该物质的浓度超过环境中该物质浓度的现象。其强调的是生物机体内某有害物浓度高于环境中的浓度。

生物放大：在生态系统的统一食物链上，由于高营养级生物以低营养级生物为食物，某些元素或难分解的化合物在其机体中的浓度随着营养级的提高而逐步增大的现象。

20.5 生态系统的信息传递

信息时代，每个人都能切身体会到"每天都淹没在各种各样的信息中"。生态系统中也有信息传递，是指种群内部个体之间、种群之间、生物与非生物环境之间的传递，不包括多细胞生物不同细胞之间的传递。具体过程是信息源（非生物环境、生物自身）→信道（空气、水和其他介质）→信息受体（动植物的器官或植物细胞中的特殊物质，如光敏色素等）。

生态系统的信息传递既可以是双向的，也可以是单向的；既可以从低营养级向高营养级传递，也可以从高营养级向低营养级传递，还可以从非生物环境向生物群落传递。生物可以通过一种或多种信息类型进行交流，例如，孔雀既可以通过开屏等行为信息进行求偶，也可以通过鸣叫等物理信息与同类进行交流。

生态系统的信息有物理信息、化学信息、行为信息三大类，如表20.1所示。

表20.1 生态系统信息的种类和特点

信息类型	含　义	来　源	传递形式	实　例
物理信息	自然界中的光、声、温度、湿度、磁场等，通过物理过程传递的信息	非生物环境（光、声、温度、湿度、磁场等）和生物个体或群体（声、颜色、形状等）	物理过程	蜘蛛网的振动频率、狼的呼叫声、植物的颜色、海豚的回声定位
化学信息	生物产生的可以传递信息的化学物质	植物的生物碱、有机酸等代谢产物，动物的性外激素等	以化学物质为信息载体	昆虫的性外激素、狗的尿液和粪便、植物体散发出的花香气味

信息类型	含　义	来　源	传递形式	实　例
行为信息	生物通过其特殊行为向同种或异种生物传递的某种信息	动物的特殊行为，主要指各种动作	动物的异常表现及行为	牛椋鸟的鸣叫与跳跃等报警行为、昆虫的舞蹈、孔雀开屏、豪猪竖刺等

知识拓展：判断生态系统信息类型的技巧

涉及声音、颜色、植物形状、磁场、温度、湿度等信号，能通过动物感觉器官如皮肤、耳朵、眼或植物光敏色素、叶、芽等感知上述信息，则判断为物理信息。

若涉及化学物质挥发性（如性外激素等）这一特点，则判断为化学信息；凡涉及"肢体语言"者均属于行为信息。

在影响视线的环境中（如深山密林），生物间多依靠"声音"这种物理形式传递信息；在嘈杂的环境中（如瀑布旁），生物多以"肢体语言"这种行为进行信息交流。

下面我们从个体、种群、群落和生态系统三个维度去分析信息传递的作用。

(1) 对个体而言，生命活动的正常进行离不开信息传递。例如，海豚进行捕食、探路、定位、躲避天敌等行为几乎都依赖超声波；莴苣的种子必须接收某种波长的光信号才能萌发生长；动物的换毛现象受光信息的刺激；等等。

(2) 对种群而言，生物种群的繁衍离不开信息的传递。例如，在自然界中，植物开花需要光信号的刺激，当日照时间达到一定长度时，植物才能开花；昆虫通过分泌性外激素，引诱异性个体交尾繁殖；等等。

(3) 上升到群落和生态系统层面，信息可以调节生物的种间关系，维持生态系统的平衡与稳定。例如，在草原上，当草原返青时，绿色为草原动物提供了可以开始采食的信息；在森林中，狼既能用眼睛辨别猎物，也可以根据耳朵听到的声音作出反应，以追捕猎物；兔同样能够依据狼的气味或行为特征躲避猎捕。

另外，信息传递在农业生产中的应用也有很多方面。例如，可以提高农畜产品的产量，具体包括通过吸引传粉动物以提高传粉效率和结实率、通过延长光照时间以提高母鸡产蛋率等。同时，还可以利用信息传递的特点，对有害动物进行控制，如生物防治。生态系统的防治方式如表 20.2 所示。

表 20.2　生态系统的防治方式

防治方式	措　施	优　点	缺　点
化学防治	喷施化学药剂等	作用迅速；短期效果明显	害虫逐渐产生抗药性；杀灭害虫天敌，破坏生态平衡，污染环境
机械防治	人工捕捉等	无污染，见效快，效果好	费时费力；对体型很小的害虫无法实施

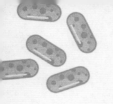

防治方式	措　施	优　点	缺　点
生物防治	引入天敌、寄生虫或使用信息素等	效果好且持久，成本低，无污染	天敌数量不好确定；可能引发生态危机

生物防治是指利用有害生物的天敌来防治有害生物的方法，主要有以下四种。

(1) 从另一个地理区域引入天敌，这个区域常常是有害生物的起源地，其有害生物数量低于经济损害水平 EIL(economic injury level)，这种类型通常称为经典的生物防治或输入。

(2) 与 (1) 类似，但需要阶段性释放防治生物，因其不能持续地贯穿一年，一般仅能防治几代有害生物，称为接种。

(3) 释放土著天敌以增补现存种群，需要多次进行，通常与快速的有害生物种群生长时期一致。

(4) 一次大量释放天敌以杀害当时存在的有害生物，但不期望提供长期的防治。

20.6 生态系统的稳定性

生态平衡是指生态系统的结构与功能处于相对稳定的状态。

生态平衡并不是一成不变的，而是一种动态的平衡。生态平衡包括以下三个方面。

(1) 结构平衡：生态系统的各部分保持相对稳定。

(2) 功能平衡：生产—消费—分解的生态过程正常进行，保证了物质总在循环、能量在不断流动、生物个体持续发展和更新。

(3) 收支平衡：在某个生态系统中，植物在一定时间内制造的可供其他生物利用的有机物的量，处于比较稳定的状态。

之所以能够维持平衡，是因为生态系统内部具有一定的自我调节能力，平衡的基础是负反馈调节。

生态系统的稳定性包括以下两个方面。

(1) 抵抗力稳定性：生态系统抵抗外界干扰并使自身的结构与功能保持原状 (不受破坏) 的能力。一般来说，生态系统中，物种丰富度越大，营养结构越复杂，抵抗力稳定性就越高。

(2) 恢复力稳定性：生态系统在受到外界因素干扰和破坏后恢复原状的能力。一般来说，生态系统中，物种丰富度越小，营养结构越简单，恢复力稳定性越高。

因此，抵抗力稳定性和恢复力稳定性一般呈负相关关系，抵抗力稳定性强的生态系统，恢复力稳定性差，反之亦然。但也有例外，如冻原、沙漠等生态系统，其生物多样性较低，因此抵抗力稳定性低。同时因其条件恶劣，植被生长缓慢，一旦被破坏，较难恢复。所以恢复力稳定性也低。抵抗力和恢复力是同时存在于同一系统中的两种截然不同的作用力，它们的相互作用共同维持生态系统的稳定。某一个生态系统在被彻底破坏之前，受到外界干扰，遭到一定程度的破坏而恢复的过程，应视为抵抗力稳定性，如河流轻度污染的净化。若遭到彻底破坏，则其恢复的过程应视为恢复力稳定性，如火灾过后草原的恢复等。

提高生态系统稳定性的措施如下。

(1) 应控制对生态系统的干扰强度，在不超过生态系统自我调节能力的范围内，合理适度地利用生态系统。

(2) 对人类利用强度较大的生态系统，应给予相应的物质和能量投入，保证生态系统内部结构与功能的协调。

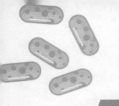

第21章 人类与环境

🔆 21.1 人类活动对生态环境的影响

21.1.1 水体富营养化

水体富营养化的产生机制主要是工业废水、生活污水等富含氮、磷的污染物未经妥善处理便排入水体，导致水体的自净能力无法承受负荷，从而引起的环境破坏。

富营养化发生在海洋和湖泊中的具体表现不同，发生在海洋中称为赤潮，发生在湖泊等淡水流域中称为水华，如图21.1所示。

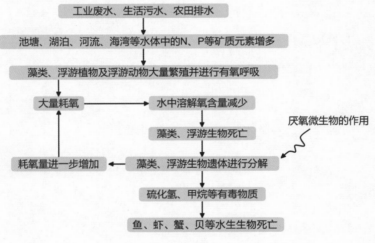

图 21.1　水体富营养化

解决水污染最有效的方法是减少排放，对不可避免产生的污水，要集中到处理厂进行净化。常用的方法有物理沉降过滤、化学反应分解等，当然，最符合生态学原理的是利用生物分解的方法降解。

21.1.2 生态足迹

生态足迹又称为生态占用，是指在现有技术条件下，维持某一人口单位（一个人、一个城市、一个国家或全人类）生存所需的生产资源和吸纳废物的土地及水域的面积。生态足迹的值越大，代表人类所需的资源越多，对生态和环境的影响就越大。人口规模、生活消费水平、技术条件和生产力水平等都会影响生态足迹的大小，生活方式不同，生态足迹的大小可能不同。

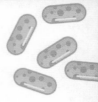

21.1.3 关注全球性生态环境问题

环境问题如表 21.1 所示。

表 21.1　环境问题

环境问题	形成原因	危　害	防治措施
全球气候变化	煤、石油和天然气的大量燃烧及水泥的生产等，导致大气中的 CO_2 浓度升高	温室效应加剧，全球变暖，导致南极冰盖融化，地球海平面上升，进而对人类和许多生物的生存产生威胁	植树造林、减少化石燃料的燃烧，使用清洁能源
水资源短缺	人口多，水资源污染严重	人类和动植物的生存受到影响	节约用水；治理污染、南水北调等
臭氧层破坏	氟利昂、哈龙等化合物的使用	臭氧层变薄，到达地面的紫外线增强，会对人和其他生物的生存造成极大危害	减少使用和排放氟利昂、哈龙等物质
土地荒漠化	植被被破坏	气候恶化，沙尘暴肆虐	保护草地，植树造林
生物多样性丧失	生物生存的环境被破坏	生物多样性急剧下降	就地保护和易地保护等
环境污染	排放到大气、水体和土壤中的污染物过多	导致酸雨、雾霾、水体富营养化频发	减少污染物排放，对污染物进行无害化处理等

21.2 生物多样性及其保护

生物多样性包括遗传多样性、物种多样性和生态系统多样性三个方面。

遗传多样性又称基因多样性，是物种多样性的前提。其在分子水平的表现是基因 (DNA) 的多样性，在细胞水平的表现是染色体的多样性，在个体水平的表现是表型的多样性。物种多样性是生物多样性最直观、最基本的表现；物种多样性是生态系统多样性的基础。生态系统多样性是生物多样性的宏观表现，其为物种多样性提供了环境条件。

从分子水平看，DNA 多样性是生物多样性的根本原因，表达出的蛋白质多样性是生物多样性的直接原因。从进化角度看，物种多样性与生态系统多样性主要是生物的不定向变异与自然的定向选择在进化过程中协同作用的结果。

知识拓展：生物多样性

　　① 同种生物 (无生殖隔离) 不同个体 (或种群) 间存在遗传多样性或基因多样性。

　　② 不同生物 (具有生殖隔离) 即不同物种间存在物种多样性。

　　③ 不同生态系统 (生物群落 + 无机环境) 间存在生态系统多样性。

　　由此可见，生物多样性并不仅仅局限于生物范畴。

生物多样性具有多种价值。直接价值是其对人类有食用、药用和工业原料等实用意义，以及有旅游观赏、科学研究和文学艺术创作等非实用意义。间接价值强调的是其对生态系统起重要调节作用的价值，即生态功能。目前，人类不清楚的价值，即还没发现的对人类或生态系统有何种作用的价值，称为潜在价值。毋庸置疑，生物多样性的间接价值大于直接价值。

须知

　　生物多样性的间接价值是指生物在涵养水源、保持水土、调节气候、维持生态系统稳定性等方面的生态功能，这种功能价值应远远大于其在工业原料、食用、药用等方面的直接价值。这也是不能将那些直接价值为"有害"的物种消灭殆尽的原因。

保护生物多样性的措施如下。

(1) 就地保护。设立自然保护区是就地保护的具体措施之一，就地保护是最有效的保护措施。

(2) 易地保护。把保护对象从原地迁出，在异地进行专门保护。如建立植物园、动物园以及濒危动植物繁育中心等，这是为即将灭绝的物种提供最后的生存机会。一旦人工繁育成功，就可以将这些野生生物放回野外。

(3) 其他方式。例如，开展生物多样性保护的科学研究，制定生物多样性保护的法律和政策，开展生物多样性保护方面的宣传和教育，也是保护生物多样性的重要补充措施。

注意　保护生物多样性最根本的措施是保护野生动植物的栖息地。

生物入侵是指某物种由它的原产地经自然或人为途径迁移到另一个新的环境，并对当地生物多样性造成危害的过程。生物入侵危害很大，入侵生物会破坏原有生态系统的稳定性或生态平衡，使原有生态系统的生物多样性受到严重威胁，引发生态危机。引发生态危机的原因如下。

(1) 入侵生物占据原有生物的生态位。

(2) 外来物种适应能力强，缺少天敌，繁殖能力强，在短时间内实现种群的"J"形增长。

(3) 如果引入的物种对当地生物的生存是不利的，则会引起本地物种数目锐减。

✿ 21.3 生态工程

21.3.1 生态工程涉及的基本原理

生态工程是运用生态学原理和工程学手段，对污染进行预防，对环境进行保护的科学。其中涉及的生态学基本原理有自生、循环、协调和整体等，如表21.2所示。

表 21.2　生态工程涉及的基本原理

原　理	概　念	原　则	核心关键词	分　析
自生	由生物组分产生的自组织、自我优化、自我调节、自我更新和维持称为系统的自生	有效选择生物组分并合理布设；要创造有益于生物组分生长、发育、繁殖，以及与它们形成互利共存关系的条件	生物多样性、自我调节	从生态系统的结构角度考虑，构建的生态工程中动植物及微生物等生物种类越多，群落的结构就越复杂，其自我调节能力越强
循环	循环是指在生态工程中促进系统的物质迁移与转化，既保证各个环节的物质迁移顺畅，也保证主要物质或元素的转化率较高	实现物质不断循环，使前一个环节产生的废物尽可能地被后一个环节利用，减少整个生产环节中"废物"的产生	物质循环、无废弃物	从生态系统功能之一"物质循环"的角度考虑，物质循环顺畅无阻
协调	协调是指生态系统中生物与环境、生物与生物的协调与平衡	引进的物种与当地气候是否适应，考虑环境容纳量，生物数量不能超过环境承载力的限度，否则会引起系统的失衡与破坏	生物之间的协调、生物与环境的协调	外来物种入侵、大量种植单一树种，会挤占其他生物的空间，破坏了生物之间的协调；引入不适应当地气候的生物，未遵循生物与环境的协调
整体	每个生态工程均由多个组分构成，只有形成一个统一的整体才能产生最大作用	要遵从自然生态系统的规律，各组分间要有适当的比例，不同组分之间应构成有序的结构，通过改变和优化结构，达到改善系统功能的目的；进行生态工程建设时，不仅要考虑自然生态系统的规律，还要考虑经济和社会等系统的影响力	自然、经济、社会	构建生态工程是为人类的生活创造更好的生存环境（自然环境和社会环境）及生活条件（发展经济）

21.3.2　生态工程的实例和发展前景

　　1962 年美国的霍华德·托马斯·奥德姆 (Howard Thomas Odum，1913—2002) 首次提出生态工程的概念后，生态工程在欧洲及美国逐渐发展起来。我国的生态工程概念和实践是已故的生态学家、生态工程建设先驱马世骏先生在 1979 年首次倡导的，此后，我国对生态系统的发展和生态工程的建设的重视日益加深，综合农、林、渔、加工、环境工程等多个学科原理，在农业生产、城镇建设、环境修复和保护方面可谓"遍地开花"，成果斐然。生态工程实例如表 21.3 所示。

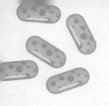

表 21.3　生态工程实例

类　型	问　题	对　策	主要原理	实　例
农村综合发展型生态工程	资源有限，人多地少，产出不足	建立综合发展型生态工程，实现物质的多级循环利用，保证在资源有限的条件下有较多产出	循环原理、整体原理	北京郊区某村以沼气工程为中心的生态工程
湿地生态恢复工程	湿地面积的缩小和破坏	控制污染；引进动植物物种、建立缓冲带等	自生原理、协调原理、整体原理	厦门筼筜湖生态恢复工程
矿区废弃地的生态恢复工程	矿区生态环境的破坏	修复土地，恢复植被	协调原理、整体原理	赤峰市元宝山矿区生态恢复工程

知识拓展：常见生态破坏及恢复工程所违背/遵循的原理

① 无废弃物农业：遵循循环原理。

② 在人工林中增加植被层次：遵循自生原理。

③ 太湖水体富营养化引起大面积水华：违背自生原理和协调原理。

④ 前面造林，后面砍树：违背整体原理。

⑤ 草原确定合理载畜量，不能过度放牧：遵循协调原理。

⑥ 单一人工林比天然混合林稳定性低，易暴发虫害：违背自生原理。

⑦ 湿地的破坏，水体的污染：违背自生原理。

⑧ 引种时考虑是否适应环境：遵循协调原理。

⑨ 在进行林业生态工程建设时，既号召农民种树又要考虑农民的生活问题：遵循整体原理。

第 6 部分

生 物 技 术 与 工 程 学

第22章 发酵工程

22.1 传统发酵技术的应用

22.1.1 发酵工程的应用研究历史

1857 年，法国微生物学家路易斯·巴斯德 (Louis Paster) 用实验证明：酒精发酵是活的酵母菌引起的，其他不同的发酵产物则是由不同的微生物作用引起的。1897 年，德国化学家爱德华·布赫纳 (Eduard Buchner) 发现磨碎的酵母菌 (没有活性的酵母菌) 依然能够使糖发酵产生酒精，他把这种具有发酵能力的物质称为酶。这些发现引导人们对发酵有了正确的认识，开始了大规模的发酵生产。

19 世纪到 20 世纪 30 年代，主要的发酵产品包括酒精、甘油、丙酮等，这是第一代生物工程产品，这些发酵工程属于厌氧发酵。生产酒精时，酵母菌进行无氧呼吸，发生了复杂的生化反应，发酵液中的淀粉、糊精在糖化酶的作用下，水解生成小分子的糖。发酵液中的蛋白质在蛋白酶的作用下，水解生成小分子的肽和各种氨基酸。这些水解产物，一部分被酵母菌吸收并用来合成菌体，一部分则发酵生成酒精和 CO_2。甘油是制造炸药的原料，在第一次世界大战期间，德国微生物学家卡尔·亚历山大·纽伯格 (Carl Alexander Neuberg, 1877—1956) 发明了用发酵的方法来制造甘油的技术，糖类等原料加亚硫酸钠等后，灭菌、冷却、接种酵母菌，在 30℃～ 35℃ 下发酵。

20 世纪 40 年代初，随着青霉素的发现，抗生素发酵工业逐渐兴起。青霉素一般是由青霉菌产生的，青霉菌是需氧型真核生物。微生物学家在厌氧发酵技术的基础上，成功地引进了通气搅拌和一整套无菌技术，建立了深层通气发酵技术。这些技术极大促进了发酵工业的发展，使抗生素、有机酸、维生素、激素等都可以用发酵法大规模生产。

20 世纪 40 年代，日本用微生物生产谷氨酸成功。如今，21 种氨基酸都可以用发酵法生产。氨基酸发酵工业的发展，是建立在代谢控制发酵技术的基础上的。20 世纪 70 年代以后，基因工程、细胞工程等生物工程技术的开发，使发酵工程进入了定向育种的新阶段。

22.1.2 发酵技术的发展

发酵工程的发展是建立在一系列技术的突破和发展的基础上的，具体来说，包括以下几种。

(1) 纯培养技术：该技术始于 19 世纪末至 20 世纪初，在显微镜下挑选单一微生物，在密闭容器中进行厌氧发酵生产乙醇等工业产品。

(2) 深层通气发酵技术：1941 年，美国和英国进行合作生产青霉素的研究中建立了深层培养技术，解决了深层培养的供氧问题，成功建立了深层通气培养和一系列发酵工艺，包括向罐内通入无菌气体、搅拌、通氧量、培养基的灭菌、无菌接种、pH、培养物供给问题等。

(3) 代谢控制发酵技术：科学家在深入研究微生物代谢途径的基础上，通过对微生物进行人工诱变，先得到适合生产某种产品的突变类型，选育高产菌种，再在人工控制的条件下培养，实现有选择地产生目的产物。

(4) 发酵放大技术：20 世纪 60 年代，发酵罐在大型化、多样化、连续化、自动化方面取得长足进展，能够自动记录发酵过程中的各项参数和控制发酵过程。

(5) 固定化酶技术：20 世纪 70 年代，为了解决酶能够重复利用的问题，科学家将酶或生产酶的细菌固定在某种载体上，原料从载体的一端流入，产品从载体的另一端流出，使酶能够重复利用，形成一套连续运转的生物反应器；该技术已经应用到污水处理系统。

(6) 工程菌技术：20 世纪 80 年代，随着基因重组技术的出现，使外源基因导入受体细胞、得到高效表达的菌类细胞株系成为可能；在发酵工程中引入工程菌，可以极大提高发酵效率。

22.1.3 发酵与传统发酵技术

1. 从传统发酵到发酵工程

传统发酵技术主要用于生成发酵食品，如面包、酸奶、腐乳、果酒、果醋、泡菜等。发展到发酵工程阶段，主要进行工业化生产发酵产品，如啤酒、味精、胰岛素等。

传统发酵工艺是直接利用原材料中天然存在的微生物或利用前一次发酵保存下来的面团、卤汁等发酵物中的微生物进行发酵、制作食品的技术。其特点是混合菌种、固体发酵或半固体发酵、通常是家庭式或作坊式。

以腐乳的制作为例：经过微生物 (如酵母、曲霉、毛霉等，主要是毛霉) 的发酵，豆腐中的蛋白质被分解为小分子的肽和氨基酸，脂肪被分解为甘油和脂肪酸，赋予发酵物鲜美的风味，并易于消化吸收，而腐乳本身又便于保存。

2. 泡菜的制作

制作泡菜的菌种是附在蔬菜上的乳酸菌。

在无氧条件下，乳酸菌将葡萄糖分解为乳酸，反应式为 $C_6H_{12}O_6 \xrightarrow{\text{酶}} 2C_3H_6O_3 +$ 能量。

制作泡菜的具体流程如下。

(1) 将新鲜的蔬菜洗净，切成块状或条状，晾干后，装入泡菜坛内；如果蔬菜放置时间过长，蔬菜中的硝酸盐易被还原为亚硝酸盐，如图 22.1 和表 22.1 所示。

(2) 装至半坛时，加入调味剂，继续装至八成满。

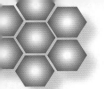

(3) 配制质量百分比为 5% ~ 20% 的盐水，煮沸，冷却待用，煮沸的目的是除去水中的 O_2，以及杀灭盐水中的其他细菌。

(4) 盐水没过全部菜料，盖好坛盖，水封，发酵过程中及时补水。

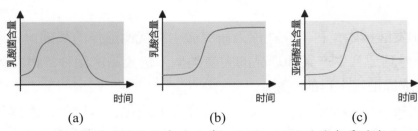

图 22.1　泡菜发酵过程中乳酸菌、乳酸、亚硝酸盐含量的变化

制作泡菜的过程中应注意以下事项。

(1) 防止杂菌污染：每次取样的用具要洗净，并迅速封口。

(2) 防止腐烂：泡菜坛要选择密封性好的容器，以创造无氧环境，有利于乳酸发酵，防止蔬菜腐烂。

(3) 无氧环境：泡菜坛盖边沿的水槽中要注满水，以保证乳酸菌发酵所需要的无氧环境，并注意在发酵过程中经常补水。

(4) 温度：发酵过程中温度控制在室温即可：温度过高，容易滋生杂菌；温度过低，会延长发酵时间。

表 22.1　泡菜发酵过程中，乳酸菌、乳酸、亚硝酸盐含量的变化

项　　目	初　　期	中　　期	后　　期
乳酸菌	少，因为有 O_2，乳酸菌被抑制	最多，乳酸菌是优势菌株,同时,乳酸也抑制了其他菌的活动	减少，乳酸继续积累，pH 值降低，抑制了乳酸菌的活动
乳酸	少，乳酸菌还很少且不活跃	积累，pH 值下降	继续增多，pH 值继续下降，直至稳定
亚硝酸盐	增加，硝酸盐还原菌的作用	下降，硝酸盐还原菌被抑制，还有一部分亚硝酸盐被转化	下降至相对稳定，硝酸盐还原菌被完全抑制

3. 制作果酒和果醋

果酒和果醋发酵的区别主要体现在以下几方面。

(1) 菌种不同：果酒主要是酵母菌，果醋主要是醋酸菌。

(2) 菌种来源不同：酵母菌主要来源于新鲜水果果皮表面附着的大量不同种类的野生酵母菌；醋酸菌主要是空气中的野生型醋酸菌或购买的醋酸菌菌种或从食醋中分离的醋酸菌。

(3) 发酵原理不同：果酒发酵中，酵母菌在有氧和无氧条件下的反应式分别为

$$C_6H_{12}O_6 + 6H_2O + 6O_2 \xrightarrow{\text{酶}} 12H_2O + 6CO_2 + \text{能量}$$

$$C_6H_{12}O_6 \xrightarrow{\text{酶}} 2C_2H_5OH + 2CO_2 + \text{能量}$$

而果醋发酵中，在氧气和糖源充足时和缺少糖源时的反应式分别为

$$C_6H_{12}O_6 + 2O_2 \xrightarrow{酶} 2CH_3COOH + 2CO_2 + 2H_2O + 能量$$

$$C_2H_5OH + O_2 \xrightarrow{酶} CH_3COOH + H_2O + 能量$$

(4) 发酵条件不同：果酒发酵时一般控制环境温度为 18℃～ 30℃，发酵时间约为 10 ～ 12 d，初期需要氧气，后期不需要氧气，最适宜的 pH 值为 4.5 ～ 5.0；而果醋发酵时一般控制环境温度为 30℃～ 35℃，发酵时间为 7 ～ 8 d，始终需要氧气，最适宜的 pH 值为 5.4 ～ 6.0。

知识拓展：果酒和果醋的发酵

果酒发酵的步骤如下。

① 葡萄等物料的准备：先用清水冲洗葡萄，再除去枝梗，避免污染。自然发酵时不要过度冲洗，防止洗去葡萄皮上的野生酵母菌。

② 榨汁：将榨汁机洗净、消毒并晾干，防止污染发酵液。

③ 酒精发酵：将发酵装置用洗洁精清洗干净，并用体积分数为 70% 的酒精消毒，防止污染发酵液。将葡萄汁装入发酵瓶中，留 1/3 的空间，防止发酵液溢出，同时有利于酵母菌进行有氧呼吸从而大量繁殖。

④ 倒入葡萄汁后，拧紧瓶盖，创造无氧环境进行酒精发酵，并可以防止好氧微生物污染发酵液。

⑤ 将发酵温度严格控制在 18℃～ 30℃。

⑥ 在发酵过程中，每隔 12 小时左右将瓶盖拧松一次，排出酵母菌细胞呼吸产生的 CO_2，然后拧紧瓶盖。

⑦ 结果分析：葡萄酒呈现深红色的原因是红葡萄皮的色素进入发酵液。为提高果酒的品质，并能更好地抑制其他微生物的生长，一般工厂生产果酒时采取的措施是直接在果汁中加入人工培养的酵母菌。

果醋发酵的步骤如下。

① 用上述酒精发酵装置，打开瓶盖，盖上一层纱布。

② 将发酵温度严格控制在 30℃～ 35℃。

③ 发酵过程中，可以通过观察菌膜的形成、嗅味、品尝，进行初步鉴定，也可以通过检测和比较乙酸发酵前后发酵液的 pH 值进一步鉴定。

④ 发酵一段时间后在发酵液表面形成一层白色薄膜，是由醋酸菌和产膜酵母的活动所致。

果酒和果醋的发酵装置如图 22.2 所示。

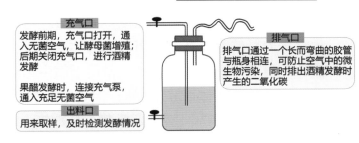

图 22.2　果酒和果醋的发酵装置

4. 几种传统发酵技术制作的发酵食品中微生物的特点

除了果酒和果醋，人们还利用乳酸菌制作酸爽的泡菜、利用霉菌制作鲜美的腐乳等。几种传统发酵技术制作的发酵食品中微生物的特点是我们需要了解的，如表 22.2 所示。

表 22.2 几种传统发酵技术制作的发酵食品中微生物的特点

食品	主要菌种	生物类型	代谢方式	适宜温度	对氧的需求
腐乳	毛霉	真核	异养需氧	15℃~18℃	前期毛霉发酵需要氧气；后期密封发酵不需要氧气
泡菜	乳酸菌	原核	异养厌氧	30℃~45℃	密闭不需要氧气
果酒	酵母菌	真核	异养兼性厌氧	18℃~30℃	前期需要氧气；后期不需要氧气
果醋	醋酸菌	原核	异养需氧	30℃~35℃	需要氧气

22.2 微生物的培养技术与应用

22.2.1 微生物的基本培养技术

1. 培养基及其分类

培养基 (culture/medium) 就是人们按照微生物对营养物质的不同需求，配制出供其生长繁殖的营养基质。在营养组成方面，培养基一般都含有水、碳源、氮源、无机盐等。此外，为了满足特定微生物生长对 pH、特殊营养物质、O_2 的需求，我们还会对培养基进行"因地制宜"的调整。例如，培养乳酸杆菌时需要添加维生素，培养霉菌时需要将培养基调至酸性，而培养细菌时需要将培养基调至中性或弱碱性，培养厌氧微生物时要为其提供无氧的条件。

> **知识拓展**
>
> "细菌喜荤，霉菌喜素"：一般来说，在培养细菌时，需要添加动物性营养物质，如蛋白胨等；而在培养霉菌时，一般需要添加植物性营养成分，如豆芽汁等。

培养基的类型的样，可以根据不同的分类方法进行划分。

根据培养基的物理状态，可分为液体培养基、固体培养基和半固体培养基。

液体培养基：不加入凝固剂，常用于微生物的转化和扩大培养。

固体培养基：液体培养基中加入 1.5%～2% 的琼脂、明胶、硅胶等凝固剂，用于微生物的分离、纯化、筛选、鉴定、保藏、计数等。琼脂是一种海藻多糖，几乎不会被微生物分解。

半固体培养基：液体培养基中加入 0.75% 的凝固剂，可用于观察细菌的运动能力 (见图 22.3)、鉴定菌种、确定异化作用方式和测定噬菌体的效价等。半固体培养基一般使用接种针进行穿刺接种。

根据培养基的功能，可分为选择培养基和鉴别培养基。

在微生物学中，将允许特定种类的微生物生长，同时抑制或阻止其他种类的微生物生长的培养基称为选择培养基。使用选择培养基进行微生物培养的操作称为选择培养。配制选择培养基时，可以：

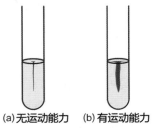

(a) 无运动能力　(b) 有运动能力

图 22.3　用接种针穿刺接种菌种至半固体培养基上探究细菌是否具有运动能力

(1) 依据某些微生物对某些物质的抗性，在培养基中加入某些物质，以抑制不需要的微生物的生长，促进所需要的微生物的生长。例如，在培养基中加入青霉素时可以抑制细菌和放线菌的生长，从而分离得到酵母菌和霉菌。

(2) 改变培养基的营养成分。例如，培养基缺乏氮源时，可分离自生固氮菌，非自生固氮菌因为缺乏氮源而无法生存；又如，培养基缺乏有机碳源时，异养微生物无法生存，自养微生物可以利用空气中的 CO_2 制造有机物而生存。

(3) 利用培养基的特定化学成分分离微生物。例如，当石油为唯一碳源时，不能利用石油的微生物不能生存，能利用石油的微生物能生存，从而分离出能降解石油的微生物；又如，当尿素是唯一氮源时，不能利用尿素的微生物缺乏氮源而不能正常生长，能够分解尿素的微生物能够正常生长；再如，当培养基中含有丰富的纤维素时，能分解纤维素的微生物具有更多的生存机会而大量繁殖。

(4) 通过某些的特殊环境分离微生物。例如，在高盐环境中，可分离得到耐盐菌，其他菌在盐浓度高时会因失水无法生存；又如，在高温环境中，可分离得到耐热菌，其他微生物在高温环境中因酶会失活而无法生存。

鉴别培养基：在培养基中加入某种试剂或化学药品，使培养后发生某种变化，从而区别不同类型的微生物。例如，在培养基中加入酚红，尿素被分解时产生的氨会使培养基呈碱性，酚红指示剂变红，可用于鉴别能分解尿素的细菌。在纤维素作为唯一碳源的培养基中加入刚果红可用于筛选能分解纤维素的微生物，因为刚果红可与纤维素形成红色复合物，如果微生物能分解纤维素，则会出现透明圈。

根据培养基的组成成分，可分为天然培养基和组合培养基，以及半合成培养基。

天然培养基是指利用动植物、微生物或其提取物配制的培养基，如牛肉膏蛋白胨培养基、麦芽汁培养基、LB(Luria-Bertani) 培养基等。牛肉膏蛋白胨培养基是一种应用十分广泛的天然培养基，其中的牛肉膏为微生物 (主要是细菌) 提供碳源、磷酸盐和维生素，蛋白胨主要提供氮源和维生素，NaCl 提供无机盐。

麦芽汁培养基是常用的真菌 (霉菌和酵母菌) 培养基，配制方法如下。

（1）取大麦或小麦若干，洗净后浸水 6～12 小时，覆盖纱布于 15℃ 阴暗处发芽，每日早、中、晚各淋水一次。待麦芽伸长至麦粒的两倍时，让其停止发芽，摊开晒干或烘干，贮存备用。

（2）将干麦芽磨碎，加入 4 倍量的水，在 65℃ 水浴锅中糖化 3～4 h 至完全糖化，糖化程度可用碘液滴定检测，完全糖化时滴加碘液无蓝色。

（3）将糖化液用 4～6 层纱布过滤，若滤液浑浊不清，可用鸡蛋清澄清，方法是将一个鸡蛋清中加入约 20 mL 的水，调匀后倒在糖化液中，搅拌煮沸后再过滤。

（4）将滤液稀释到 5～6 波美度，pH 值约为 6.4，加入 2% 琼脂，并在 121℃ 下灭菌 30 min。

LB 培养基，根据其发明人朱塞佩·贝尔塔尼 (Giuseppe Bertani, 1923—2015) 的说法，这个名字来源于英语的 lysogeny broth，即溶菌肉汤，是一种应用最广泛和最普通的细菌基础培养基。牛肉膏蛋白胨培养基和 LB 培养基的配方如表 22.3 所示。

表 22.3　牛肉膏蛋白胨培养基和 LB 培养基的配方

牛肉膏蛋白胨培养基		LB 培养基	
养　分	含　量	养　分	含　量
蛋白胨	10 g	胰蛋白胨	10 g
牛肉膏	3 g	酵母粉	5 g
NaCl	5 g	NaCl	10 g
琼脂	15～20 g	琼脂	15 g
蒸馏水	1000 mL	蒸馏水	1000 mL

组合培养基又称为合成培养基，根据天然培养基的成分，用化学物质合成，如 MS(Murashige-Skoog) 培养基、f/2 培养基等。MS 培养基的特点是无机盐和离子浓度较高，是较稳定的离子平衡溶液。它的硝酸盐含量高，各成分比例合适，能满足植物细胞的营养和生理需要，因此适用范围比较广泛，多数植物组织培养快速繁殖时用它作为培养基的基本培养基，如表 22.4 所示。

表 22.4　MS 培养基的配方

母　液	成　分	规定用量 $(mg \cdot L^{-1})$	扩大倍数	称取量 (mg)	母液定容至 (mL)	配制 1 L MS 培养基需加入量 (mL)
大量元素	KNO_3	1900	10	19000	1000	100
	NH_4NO_3	1650	10	16500	1000	100
	$MgSO_4 \cdot 7H_2O$	370	10	3700	1000	100
	KH_2PO_4	170	10	1700	1000	100
	$CaCl_2 \cdot 2H_2O$	440	10	4400	1000	100
微量元素	$MnSO_4 \cdot 4H_2O$	22.3	1000	22300	1000	1
	$ZnSO_4 \cdot 7H_2O$	8.6	1000	8600	1000	1
	H_3BO_3	6.2	1000	8300	1000	1
	KI	0.83	1000	830	1000	1
	$Na_2MoO_4 \cdot 2H_2O$	0.25	1000	250	1000	1
	$CuSO_4 \cdot 5H_2O$	0.025	1000	25	1000	1
	$CoCl_2 \cdot 6H_2O$	0.025	1000	25	1000	1

母　液	成　分	规定用量 $(mg \cdot L^{-1})$	扩大倍数	称取量 (mg)	母液定容至 (mL)	配制 1 L MS 培养基需加入量 (mL)
铁盐	$Na_2 \cdot EDTA$	37.3	100	3730	1000	10
	$FeSO_4 \cdot 7H_2O$	28.7	100	2870	1000	10
有机物	烟酸	0.5	50	25	500	10
	维生素 B_6	0.5	50	25	500	10
	维生素 B_1	0.1	50	25	500	10
	肌醇	100	50	5000	500	10
	甘氨酸	2	50	100	500	10

　　f/2 培养基是常用的培养海水微藻的培养基。其配方如表 22.5 所示。

表 22.5　f/2 培养基的配方

试　剂	每 1 L 需加入量 (g)	每 5 L 需加入量 (g)	每 10 L 需加入量 (g)
NaCl	21.1939	105.9695	211.939
$NaSO_4$	3.55	17.75	35.5
KCl	0.5993	2.9965	5.993
$NaHCO_3$	0.2935	1.4675	2.935
KBr	0.08627	0.43135	0.2297
H_3BO_3	0.02297	0.11485	0.8627
NaF	0.00275	0.01375	0.0275
$MgCl_2 \cdot 6H_2O$	9.5922	47.961	95.922
$CaCl_2$	1.0143	5.0715	10.143
$SrCl_2 \cdot 6H_2O$	0.02186	0.1093	0.2186

　　半合成培养基可以理解为天然培养基和组合培养基的结合，主要以化学试剂配制，但也加入某些天然成分，如马铃薯蔗糖培养基等。

　　根据培养基的营养成分是否完全，分为基本培养基、补充培养基和完全培养基。

　　基本培养基：最低限度培养基，仅能满足野生型微生物菌株的生长需求，往往缺乏某些生长因子，因此，诱变后的营养缺陷型菌株不能生长。

　　补充培养基：只能满足相应营养缺陷型菌株生长需求的组合培养基，是在基本培养基的基础上加入该菌株不能合成的营养因子构成的。

　　完全培养基：基本培养基中添加血清、抗生素等物质，也称（血清）细胞培养基，可以满足各种营养缺陷型菌株的生长需求。

第 22 章

发酵工程

457

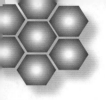

2. 无菌技术——消毒和灭菌

无菌技术是指在培养微生物的操作中，所有防止杂菌污染的方法。消毒和灭菌是常见的无菌技术，原理都是使微生物的蛋白质和核酸变性，但二者又有本质不同。

消毒是采用较为温和的物理、化学、生物等方法，杀死物体表面或内部的部分微生物，一般不包括芽孢和孢子。常见的方法有煮沸消毒法、巴氏消毒法、化学药剂消毒法和紫外线消毒法，主要适用于对操作空间、操作者的衣着和手等进行消毒。

(1) 煮沸消毒法：日常食品、罐装食品等；100℃煮沸 5 ～ 6 min，可以杀死微生物的营养细胞和一部分芽孢。

(2) 巴氏消毒法：牛奶等不耐高温的液体等；在 63℃～ 65℃ 保温 30 min 或 72℃～76℃ 保温 15 s 或 80℃～ 85℃ 保温 10 ～ 15 s，可以杀死牛奶中的绝大多数微生物，但不破坏牛奶的营养成分。

(3) 化学药剂消毒法：用体积分数为 70% ～ 75% 的酒精擦拭操作者的双手、用氯气消毒水源等。

(4) 紫外线消毒法：紫外线照射 30 min，可用于接种室、接种箱、超净工作台等的消毒。

灭菌是采用强烈的理化方法，杀死物体内外所有的微生物，包括芽孢和孢子。常见的方法有灼烧灭菌法、干热灭菌法、湿热灭菌法、辐照灭菌法和环氧乙烷灭菌法。主要适用于对接种环、接种针、玻璃器皿、培养基等进行灭菌。

(1) 灼烧灭菌法：可用于涂布器、接种环、接种针或其他金属用具的灭菌，直接在酒精灯火焰的外沿灼烧，也可用于试管口或瓶口等易污染部位的灭菌。

(2) 干热灭菌法：温度为 160℃～ 170℃，时间为 1 ～ 2 h，主要针对耐高温且需要保持干燥的物品，如玻璃器皿、吸管、培养皿、金属用具等。

(3) 湿热灭菌法：为高压蒸汽灭菌，气压为 100 kPa，温度为 121℃，时间为 15 ～ 30 min，可用于对培养基和容器等进行灭菌。

(4) 辐照灭菌法：利用电离辐射 (包括电子束、X 射线、射线等) 产生的电磁波杀死大多数微生物的方法。

(5) 环氧乙烷灭菌法：可用于一次性医疗器具的灭菌，环氧乙烷是广谱杀菌剂，可在常温下杀死各种微生物，包括芽孢、结核杆菌、细菌、病毒、真菌等。

知识拓展：芽孢和孢子

芽孢是指微生物 (主要是细菌) 为了度过不良时期形成的、细胞壁很厚、代谢活力很低的休眠体。芽孢的抗逆能力极高，难以杀死。待到条件适宜，芽孢又可以萌发，形成一个活菌，因此不是繁殖体。

孢子主要是真菌形成的繁殖体，就像植物产生种子 (有性) 一样，真菌也会产生孢子 (无性)。孢子也具有抗逆能力极高、难以杀死的特点。

3. 培养基的配制流程

配制培养基的基本要求是：目的明确，营养协调，pH 值适宜。

固体培养基的配置流程 (见图 22.4)：计算→ 称量→ 溶解→ 定容→ 调节 pH 值→ 灭菌→ 倒平板。

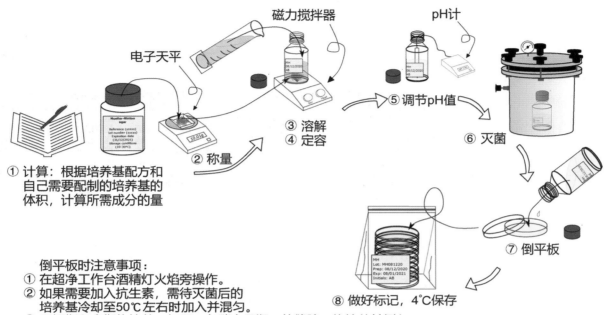

倒平板时注意事项：
① 在超净工作台酒精灯火焰旁操作。
② 如果需要加入抗生素，需待灭菌后的培养基冷却至 50℃ 左右时加入并混匀。
③ 用拇指和食指将培养皿打开一条稍大于瓶口的缝隙，将培养基倒入 10 ~ 20 mL。
④ 倒入培养基后盖上培养皿盖，防止污染；待培养基冷却凝固后，将培养皿倒置放置。

图 22.4　固体培养基的配制流程

◇ **知识拓展：倒平板的操作步骤** ◆

① 培养基要冷却到 50℃ 左右时开始倒平板：温度过高会烫手，还会导致加入的抗生素失活，还会导致冷却时冷凝水大量积聚在培养皿盖上，但温度过低培养基又会凝固。

② 要使锥形瓶的瓶口通过酒精灯火焰；通过灼烧灭菌，防止瓶口的微生物污染培养基。

③ 倒平板时，要用左手的拇指和食指将培养皿打开一条稍大于瓶口的缝隙，不要完全打开，以免杂菌污染培养基。

④ 平板冷凝后，要将平板倒置；因为平板冷凝后，皿盖上会凝结水珠，平板倒置后，既可避免培养基表面的水分过快地挥发，又可防止皿盖上的水珠落入培养基，造成污染。

⑤ 整个操作过程要在酒精灯火焰旁进行，避免杂菌污染。

4. 微生物的接种方法

接种是微生物学中的术语，指按无菌操作技术要求，将目的微生物移接到培养基质中的过程。可以通过平板划线法和稀释涂布平板法对微生物进行接种和分离。

平板划线法是常用的微生物接种方法，一般用于微生物的分离和纯化操作。其特点是操作简单，通常在一个培养皿上即可实现菌液的梯度稀释，从而获得单菌落，如图 22.5 所示。菌落是微生物在适宜的培养基表面或内部生长繁殖到一定程度形成的肉眼可见的具有一定形态结构的微生物生长群体，单菌落是指由单个微生物个体生长繁殖形成的菌群。

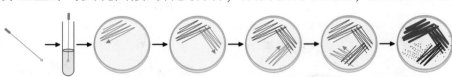

① 将接种环放在酒精灯外焰上灼烧，直到接种环的金属丝烧红。
② 一次性接种环可省略次步骤。
③ 在酒精灯火焰旁冷却接种环，同时拔出装有酵母菌培养液的试管的棉塞。

① 将试管口通过酒精灯火焰。
② 在火焰附近，用接种环蘸取菌液。

① 将试管口通过酒精灯火焰，并塞上棉塞。
② 在火焰附近，将培养皿盖打开一条缝隙，用接种环在培养皿表面迅速划3～5条平行线。
③ 盖上培养皿盖。

① 灼烧接种环，待其冷却后，从第一次划线的末端开始作第二次划线。
② 重复以上操作，进行第三、四、五次划线，注意：不要使最后一次划线与第一次划线相连。
③ 将平板倒置，放入培养箱中培养。

图 22.5　平板划线法

培养过程中需要将培养皿倒置培养，目的是防止冷凝水在培养皿盖上凝结，然后滴落在培养基表面，造成污染。同时，要设置空白对照，即将未接种的空白培养皿也放置在相同的条件下培养。如果空白组也长有菌落，说明培养基被杂菌污染或是操作过程不规范或灭菌不彻底。实验组一般在 37℃ 下培养 8 小时即可形成肉眼可见的菌落，菌落大小、形状、颜色等可以作为微生物初步鉴定的标准。

稀释涂布平板法是将菌液进行一系列的梯度稀释（见图 22.6）后，将不同稀释度的菌液分别涂布到固体培养基表面进行培养，一般用于微生物数量测定，如图 22.7 所示。其原理是每个菌落是由一个单细胞形成的。

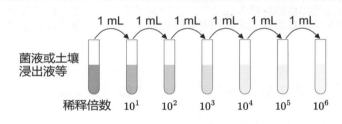

菌液或土壤浸出液等

稀释倍数　　10^1　　10^2　　10^3　　10^4　　10^5　　10^6

图 22.6　梯度稀释

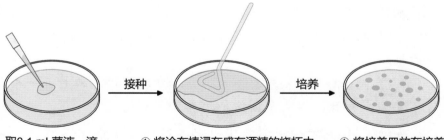

取0.1 mL菌液，滴加到培养基表面

① 将涂布棒浸在盛有酒精的烧杯中。
② 将涂布器放在酒精灯火焰上灼烧。
③ 待酒精燃尽、涂布器冷却后，方可进行涂布。
④ 用涂布器将菌液均匀地涂布在培养基表面；涂布时可转动培养皿，使涂布均匀。

接种

① 将培养皿放在培养箱中倒置培养。
② 一般8 h即可观察到菌落。

培养

图 22.7　稀释涂布平板法

因此，当样品的稀释度足够高时，培养基表面生长的一个单菌落，来源于样品稀释液中的一个活菌。通过统计平板上的菌落数，就能推测出样品中大约含有多少活菌，又称间接计数法或活菌计数法。计算公式为：每克样品中的菌株数 $= \dfrac{C}{V} \times M$。C 代表某一稀释度下平板上生长的平均菌落数，V 代表涂布平板时所用的稀释液的体积，单位是 mL，M 代表稀释倍数。

注意

① 为了保证结果准确，一般选择菌落数为 30～300 个，适于计数的平板计数。

② 在同一稀释度下，应至少对 3 个平板进行重复计数，并求平均值，以增强实验的说服力与准确性。

③ 用这种方法统计的菌落数目往往比活菌的实际数目少，因为当两个或更多细胞连在一起时，平板上只能观察到一个菌落。

平板划线法一般用于菌种的纯化。其优点是操作便捷，缺点是无法计数。稀释涂布平板法一般用于菌种的筛选。例如，在基因工程中，我们将重组质粒导入受体细胞后，一般用稀释涂布平板法在选择培养基上进行筛选。其缺点是操作麻烦，梯度稀释过程是得出准确结果的关键，一旦稀释过程不严谨，计数结果的准确性也就无从谈起。两者的具体比较如图 22.8 所示。

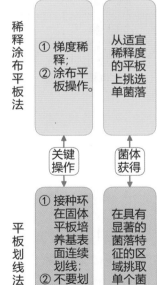

稀释涂布平板法

① 梯度稀释；
② 涂布平板操作。

关键操作 → 从适宜稀释度的平板上挑选单菌落 ← **菌体获得**

① 稀释操作时，所有盛有 9 mL 无菌水的试管、移液管等均需灭菌，操作时，试管口和移液管应在离酒精灯火焰 1～2 cm 处；
② 涂布器末端用体积分数为 70% 的酒精消毒，取出时，让多余的酒精在烧杯中滴尽，然后将沾有少量酒精的涂布器在火焰上引燃；
③ 不要将过热的涂布器放在盛有酒精的烧杯中，以免引燃其中的酒精；
④ 酒精灯与培养皿距离要合适，移液管管头不要接触任何物体。

成功关键

① 既可以获得单细胞菌落，又可以对微生物进行计数；
② 操作复杂，需要涂布多个平板。

优缺点

平板划线法

① 接种环在固体平板培养基表面连续划线；
② 不要划破培养基表面。

在具有显著的菌落特征的区域挑取单个菌落

① 接种环使用前要进行灼烧，以杀死其上的微生物，避免污染培养物；
② 蘸取或挑取菌种后，在培养基表面连续划线；
③ 每次划线结束后都要将接种环在酒精灯火焰上灼烧，以免污染下次划线或环境；
④ 接种环灼烧后要冷却，以免温度太高杀死菌种；
⑤ 划线时，最后区域不要与第一区域相连；
⑥ 划线用力要适宜，避免用力过大，划破培养基表面。

① 可以根据菌落的特点，获得某种微生物的单细胞菌落；
② 操作简单，在一个培养皿上即可获得单菌落；
③ 不能对微生物进行计数。

图 22.8 稀释涂布平板法与平板划线法的比较

在使用稀释涂布平板法进行菌体计数时，因为我们无法预知多少的稀释浓度是适宜的，所以一般会选择连续的 3 个稀释浓度，每个浓度设置 3 个培养皿的重复。这样的操作显然是比较麻烦的。而且，结果最快也需要 8 h 之后才能观察到，时效性低。因此我们还有一些其他的方法对菌体进行更快速的测定，常用的是利用特定的血细胞计数板或细菌计数板在显微镜下观察、计数，然后再计算一定容积的样品中微生物的数量。血细胞计数板常用于相对较大的酵母菌细胞、霉菌孢子等的计数，细菌计数板常用于相对较小的细菌等的计数。

关于血细胞计数板的知识，虽然在介绍种群数量时已有涉及，这里再次强调。每个血细胞计数板有两个计数室，每个计数室有 9 个大方格，每个大方格的长和宽均为 1 mm，厚度为 0.1 mm，因此，每个大方格的体积为 0.1 mm^3。每个大方格划分为 25 个中方格，每个中方格划分为 16 个小方格，这样的血细胞计数板一般称为 25 × 16 型的血细胞计数板。类似地，还有 16 × 25 型的血细胞计数板，如图 22.9 所示。

对于 25 × 16 型的血细胞计数板，我们按照五点取样法，在显微镜下统计 5 个中方格中菌的数量，一般遵循"计上不计下，计左不计右"的原则。取平均值后，乘以 25，得到每个大方格的菌数，单位是"个 /0.1 mm^3"，因此每毫升的菌数只需再乘以 10^4 即可。血细胞计数板的操作概括起来，即盖（盖上盖玻片）、滴（滴加样品）、等（等待沉降）、数（显微镜计数）。

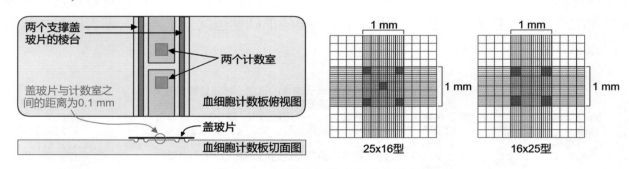

图 22.9　不同规格的血细胞计数板

22.2.2 微生物的筛选实例

1. 土壤中分解尿素的微生物的分离与计数

土壤中的一部分微生物因能产生脲酶而可以将尿素降解为氨，作为其生长的氮源。当培养基中只有尿素作为唯一氮源时，能够在该培养基中生长的微生物就是能分解尿素的微生物。

操作步骤如下。

(1) 土壤取样：从酸碱度接近中性且潮湿的土壤中取样；先铲去表层土，在距地表 3 ～ 8 cm 的土壤层中取样。

(2) 样品稀释：因为样品的稀释度会直接影响平板上生长的菌落数，所以选用一定稀释倍数的稀释溶液进行培养，可以保证每平板获得的菌落数在 30 ~ 300 个；在第一次进行实验时，可以将稀释的范围放宽一些。

(3) 微生物的培养与观察：将不同稀释度的土壤稀释液涂布接种至平板上，在 37℃ 恒温培养箱中倒置培养，每隔 24 h，选取菌落数目稳定时的记录作为结果。

判断培养基是否具有筛选作用：选择培养基上的菌落数目少于牛肉膏蛋白胨培养基上的菌落数，说明选择培养基具有筛选作用。

2. 土壤中分解纤维素的微生物的分离

利用富含纤维素的选择培养基进行选择培养，即纤维素作为唯一碳源。刚果红遇纤维素显红色，如果纤维素被降解，则红色消失，形成透明圈。因为培养基中含有丰富的纤维素，所以能够分解纤维素的微生物具有更多的生存机会而大量繁殖。纤维素酶是一种复合酶，包括 C_1 酶、C_X 酶和葡萄糖苷酶。C_1 酶和 C_X 酶会将纤维素分解为纤维二糖，而葡萄糖苷酶则将纤维二糖分解为葡萄糖。

操作步骤在此不再赘述。

✳ 22.3 发酵工程及其应用

22.3.1 发酵工程的基本环节

发酵工程一般包括菌种的选育、扩大培养、配制培养基、灭菌、接种、发酵、产品的分离和提纯等步骤。

菌种的选育：可以从自然界中筛选常规菌种，也可以通过诱变育种或基因工程育种获得菌种。

扩大培养：目的是逐级增加菌种数量，所用培养基一般为液体培养基。

配制培养基：基本要求为目的明确、营养协调、pH 值适宜；营养构成为水、无机盐、碳源、氮源等。

灭菌：目的是防止杂菌污染，对象包括培养基和发酵设备。

接种：全程须无菌操作。

　　　　培养基使用前要经过反复试验才能用于大规模生产。

发酵是发酵工程的中心环节，要实时监控以下内容。

(1) 随时监测培养液中微生物的数量、产物浓度，以了解发酵进程。

（2）及时添加必需营养组分来延长菌体生长稳定期的时间，以得到更多发酵产物。

（3）严格控制温度、pH 值、溶解氧等发酵条件，以保证产品质量和产量。

进行产品的分离和提纯时应注意以下两点。

（1）若产品是微生物细胞本身，可采用过滤、沉淀等方法分离、干燥。

（2）若产品为代谢物，可根据代谢物性质，采用蒸馏、萃取等方法分离提纯。

获得产品时应注意以下两点。

（1）利用传统发酵技术得到的产品一般不进行分离、提纯，而利用发酵工程得到的产品须根据发酵产品类型进行分离、提纯。

（2）发酵生产排出的气体和废弃物不能直接排放到外界环境中，以免污染环境。

22.3.2 发酵工程的应用

发酵工程在诸多领域都有应用。

在食品工业上的应用包括但不限于生产传统发酵产品（酒类、酱油等）、生产食品添加剂（柠檬酸、味精等）、生产酶制剂（淀粉酶、果胶酶等）。在医药工业上的应用如生产各种药物、疫苗等。在农牧业上的应用，如生产微生物肥料（根瘤菌肥、固氮菌肥等）、生产微生物农药（白僵菌、井冈霉素等）、生产微生物饲料（单细胞蛋白等）。发酵工程在其他方面的应用也很广泛，例如，利用纤维废料发酵生产乙醇、乙烯等能源物质，以及一些极端微生物的应用，如产甲烷菌等。

1. 发酵过程的影响因素

温度是发酵过程的重要影响因素。微生物分解有机物释放的能量和机械搅拌产生的一部分热量会引起发酵温度的升高；而发酵罐壁散热、水分蒸发会带走部分热量，使发酵温度降低。此外，发酵罐壁外还能通过冷却水进行温度的调节。

pH 值发生变化的主要原因是培养液中营养成分的利用和代谢物的积累。例如，谷氨酸的发酵生产：在中性和弱碱性条件下会积累谷氨酸，在酸性条件下则容易形成谷氨酰胺和 N- 乙酰谷氨酰胺。因此，可以通过在培养液中添加缓冲液或直接添加酸或碱的方式调节和控制培养液的 pH 值。

另外，溶解氧也是发酵过程中要密切关注的因素。对于好氧型微生物，要保证溶解氧充足，而培养厌氧型微生物时要提供严格的无氧环境。溶解氧的调控通过发酵罐的通气口来完成。

2. 啤酒的工业化生产流程

啤酒的工业化生产流程如图 22.10 所示。

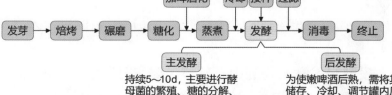

图 22.10　啤酒的工业化生产流程

麦芽制备：在人工控制的外界条件下，将大麦经发芽和焙烤制成酥脆香甜的麦芽，这个过程称为制麦。刚收获的大麦有休眠期，发芽力低，要进行储存后熟。之后，再精选大麦，除去杂质。在浸麦槽中，用水浸泡大麦 2～3 天，同时洗净，除去浮麦，使大麦的水分达到 42%～48%。让浸水后的大麦在控温通风条件下发芽，形成多种酶，使麦粒内容物溶解。发芽适宜温度为 13℃～18℃，发芽周期为 4～6 天，当根芽伸长为粒长的 1～1.5 倍时，这样的湿麦芽称为绿麦芽。在 82℃～85℃ 的温度下焙烤绿麦芽，终止绿麦芽的生长，使麦芽形成给啤酒带来色、香、味的物质，并除去根芽。焙烤后的麦芽水分为 3%～5%，冷却后将它们放入混凝土贮仓或金属贮仓中储存。

麦汁制备：用粉碎机将干燥的麦芽碾磨成麦芽粉。然后分别在糊化罐和糖化罐中将粉碎的麦芽和淀粉质辅料（如大米、玉米等）用温水混合。调节温度，使糖化罐温度先维持在 45℃～52℃，该温度适合蛋白质水解酶的作用。将糊化罐中液化完全的醪液兑入糖化罐后，将维持温度调节为 62℃～70℃，该温度适合糖化酶作用，以便制造麦醪。过滤出麦汁后，进行蒸煮，并添加啤酒花和糖浆，调整成适当的浓度后，将上述混合物送入回旋沉淀槽中分离出热凝固物，澄清的麦汁则装入冷却器中冷却至 5℃～8℃。

啤酒发酵：向冷却后的麦汁中添加酵母，送入圆柱锥底发酵罐中进行发酵。主发酵一般持续 5～10 天，主发酵结束时的啤酒称为嫩啤酒。

后处理：对啤酒进行消毒，杀死活的酵母菌和其他微生物，延长它的保质期。最后对啤酒进行调节、分装，即可出售。

> **知识拓展：后熟**
>
> 为使嫩啤酒后熟，需要进行后发酵或将嫩啤酒送入储酒罐中，或继续在圆柱锥底发酵罐中，冷却至 0℃ 左右，调节罐内压力，使 CO_2 溶入啤酒中。后发酵一般持续 1～2 个月，经过后发酵的成熟酒，其残余酵母菌和蛋白质会沉积于底部，有少量可能悬浮于酒中。为使啤酒澄清透明，需要在低温下进行过滤，过滤方式有硅藻土过滤、纸板过滤和微孔薄膜过滤等。

第23章 细胞工程

✿ 23.1 植物细胞工程

23.1.1 植物细胞工程研究历史

1. 植物组织培养相关历史

1902 年，德国植物学家哈伯兰特 (G.Haber Landt) 在细胞学说的基础上，大胆提出可以在试管中人工培育植物的设想，并预言离体的植物细胞具有全能性，能够发育成完整的植物体。他提出的细胞的全能性理论是植物组织培养的理论基础。哈伯兰特和其他研究者用植物的根、茎、叶及花的小块组织和细胞，进行了离体组织或细胞的无菌培养实验。

1937 年，美国科学家怀特 (P. R. White) 配制出植物组织培养基，并且认识到植物激素和维生素在组织培养中的重要作用。他用烟草的茎段和胡萝卜根的小块组织，成功诱导生成愈伤组织，但没有从愈伤组织诱导形成芽和根。1937 年，法国科学家高特雷 (R. J. Gautheret) 和诺比考特 (P. Nobecourt) 确定了胡萝卜培养的营养条件。怀特、高特里特、诺比考特被誉为"植物组织培养的奠基人"。

1948 年，我国植物生理学家崔澂和美国科学家合作，用不同种类的植物激素处理离体培养的烟草茎段，发现腺嘌呤和生长素的比例是控制形成芽和根的主要条件之一。

1958 年，美国植物学家斯图尔德 (F.C.Steward) 等人用胡萝卜韧皮部细胞进行培养，终于得到了完整的植株，并且这一植株能够开花结果，证实了哈伯兰特关于细胞全能性的预言。

2. 植物体细胞杂交相关历史

1960 年，英国植物生理学家科金 (E. C. Cocking) 首次用纤维素酶去除了番茄幼苗根细胞的细胞壁，得到了原生质体，这是植物组织培养的第二次突破。1971 年，科学家从烟草原生质体得到再生植株，这是人类首次获得原生质体植株。因此，单个原生质体具有正常细胞的全能性。植物细胞脱去细胞壁后形成原生质体，原生质体在培养中不能进行细胞分裂，但再生出细胞壁后可持续分裂，形成愈伤组织，进而形成不定胚或器官，再生出完整植株。

1986 年，复旦大学遗传学研究所利用水稻单细胞培育出植株。1987 年，该所的葛扣麟研究组利用赤豆叶肉原生质体培育出植株。

植物体细胞杂交是以原生质体融合为基础的。原生质体融合以聚乙二醇 (PEG) 为融合诱导剂，结合高浓度 Ca^{2+} 和高 pH 值，可得到高频率的融合细胞；也可使用电融合法进行

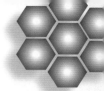

融合。原生质体融合有可能克服有性杂交的不亲和性，还能使叶绿体、线粒体等细胞质基因组合在一起，得到染色体外基因的杂合。高等植物的优良性状大多受多基因甚至是连锁基因的控制，利用原生质体融合可以使控制优良性状的基因转移到希望的植物中。

1972 年，美国科学家卡尔逊 (P. S. Carlson) 将粉蓝烟草与郎氏烟草进行细胞融合，得到了双二倍体 (异源四倍体)。1999 年，山东大学的陈惠民团队利用体细胞杂交获得小麦与高冰草的属间杂交植株，并成功培养出第三代植株，其表现出优良性状，具有高抗盐性和高蛋白质含量，这是一项突破性的重大研究成果。

23.1.2 植物细胞的全能性

植物细胞的全能性是指细胞经分裂和分化后，仍然具有产生完整生物体或分化成其他各种细胞的潜能。其原理是细胞内含有本物种的全部遗传信息。植物细胞虽然具有全能性，但并不是随时随地都能由一个细胞发育成整个植株，即全能性的表现需要一定的条件，一般要求为有完整的细胞结构，处于离体状态，提供一定的营养、激素 (生长素和细胞分裂素) 和其他适宜的外界条件 (无菌环境)。

23.1.3 植物组织培养技术

植物组织培养技术的原理：植物细胞一般具有全能性。

接下来，我们需要对以下概念进行说明。

(1) 外植体：用于植物组织培养的离体的植物器官、组织或细胞。

(2) 脱分化：又称去分化，是指在一定的激素和营养等条件的诱导下，已经分化的细胞经过脱分化，失去其特有的结构和功能，转变成未分化细胞的过程。

(3) 愈伤组织：由一团松散排列的、没有组织分化 (或分化程度很低)、没有特定的形态和功能 (当然也不具备光合作用能力)、高度液泡化、原生质层很薄的薄壁细胞构成，其细胞的全能性高。

(4) 再分化：脱分化产生的愈伤组织继续进行培养，又可以重新分化出根或芽等器官的过程。

脱分化与再分化如图 23.1 所示。

图 23.1 脱分化与再分化

下面以菊花的组织培养为例进行介绍。

(1) 外植体的消毒：将用流水充分冲洗后的外植体用酒精消毒 30 s，然后立即用无菌水清洗 2 ~ 3 次，再用次氯酸钠溶液处理 30 min 后，立即用无菌水清洗 2 ~ 3 次。

(2) 外植体的分割：用无菌滤纸吸去表面的水分，然后用解剖刀将外植体切成 0.5 ~ 1 cm 长的小段。

（3）接种：在酒精灯火焰旁，将外植体的 1/3 ～ 1/2 插入诱导愈伤组织的培养基中。

（4）培养：将接种了外植体的锥形瓶或植物组织培养瓶置于 18℃～ 22℃的培养箱中培养；定期观察和记录愈伤组织的生长情况。

（5）转移培养：将生长良好的愈伤组织转接到诱导生芽的培养基上；长出芽后，再将其转接到诱导生根的培养基上，进一步诱导形成试管苗。

（6）移栽：将试管苗移植到消过毒的蛭石或珍珠岩等环境中，壮苗（炼苗）后再移栽入土。

注意

实验中使用的培养基和所有的器械都要灭菌；接种操作必须在酒精灯火焰旁进行，并且每次使用后的器械都要灭菌。接种时注意外植体的方向，不要倒插。诱导愈伤组织形成期间一般不需要光照，在后续的培养过程中，每日需要给予适当时间和强度的光照，脱分化阶段不需要给予光照，再分化阶段需要给予光照，以利于叶绿素的形成。

植物激素显著影响植物组织培养过程中愈伤组织的分化。按照不同的顺序使用生长素和细胞分裂素这两类激素，会得到以下不同的实验结果。

（1）先使用生长素，后使用细胞分裂素：有利于细胞分裂，但细胞不分化。

（2）先使用细胞分裂素，后使用生长素：细胞既分裂也分化。

（3）同时使用：分化频率提高。此时，生长素和细胞分裂素的浓度和比例也影响植物细胞的发育方向。其中，生长素和细胞分裂素的比例：生长素比值高时有利于根的分化，抑制芽的形成；生长素比值低时有利于芽的分化，抑制根的形成；二者适中且浓度均不高时可以保持愈伤组织的状态。

实际操作时，我们要先诱导长芽后诱导生根，因为顶芽可以产生生长素促进生根，同时生芽后可以进行光合作用，有利于幼苗生长。

23.1.4 植物体细胞杂交技术

1. 基本概念和操作流程

植物体细胞杂交技术是指将不同来源的植物体细胞，在一定条件下融合成杂种细胞，并把杂种细胞培育成新植物体的技术。其原理是：体细胞杂交利用了细胞膜的流动性，杂种细胞培育成杂种植株利用了植物细胞的全能性，如图 23.2 所示。

去除细胞壁时，可以采用酶解法（纤维素酶、果胶酶），获得原生质体。去除细胞壁的时候最好在甘露醇溶液中，其可用于维持等渗或高渗的状态。一般情况下，高渗会更好一些，因为此时植物细胞处于轻度的质壁分离状态，更方便进行去壁。除了酶解法，我们也可以用机械法去壁。

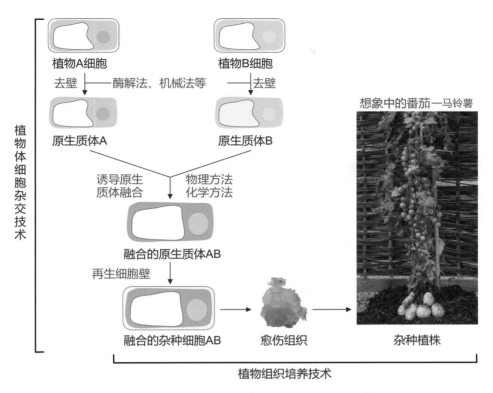

图 23.2　植物体细胞杂交和植物组织培养

去壁之后我们要对得到的原生质体进行活力检测，可以用台盼蓝进行染色。台盼蓝是用来鉴定细胞膜通透性的，活细胞的细胞膜具有选择透过性，细胞内部不会被染色；死细胞的细胞膜没有选择透过性，台盼蓝可以进入细胞内。另外，也可以直接在显微镜下观察原生质体是否完整，细胞内容物是否外泄。

诱导原生质体融合的方法有物理方法和化学方法两种。物理方法现在常用的是电融合法，其原理是通过高压电击在细胞膜上形成穿孔，两个细胞的小孔相连接，就会导致两个原生质体融合。除此之外，还可以采用离心、振荡等方法。化学方法常用的有聚乙二醇融合法和高 Ca^{2+} - 高 pH 融合法。

融合的原生质体要诱导再生细胞壁才能进行后续的培养。在诱导形成细胞壁的过程中，高尔基体发挥重要作用。

2. 特点和意义

植物体细胞杂交属于无性繁殖，经植物体细胞杂交形成的杂种细胞虽然具有两种细胞的遗传物质，但这些遗传物质并不一定都表达。遗传物质的传递也不遵循孟德尔遗传规律。经植物体细胞杂交形成的杂种细胞，染色体数、染色体组数都采用直接相加的方法。例如，一个植物细胞含有 $2x$ 条染色体，2 个染色体组，基因型为 Aabb；另一个植物细胞含有 $2y$ 条染色体，2 个染色体组，基因型为 ccDd，则新植株应为四倍体，其体细胞中染色体数为 $2x+2y$，染色体组数为 4，基因型为 AabbccDd。

植物体细胞杂交的意义是打破生殖隔离，实现远缘杂交育种，培育植物新品种。但其局限性是不能按照人的要求表达性状。例如，"番茄—马铃薯"超级杂种植株没有像科学家想象的那样：地上长番茄，地下结马铃薯。其原因是：生物基因的表达不是孤立的，它们之间是相互调控、相互影响的，番茄—马铃薯杂交植株的细胞中虽然具备两个物种的遗传物质，但这些遗传物质的表达相互干扰，不能像马铃薯或番茄植株中的遗传物质一样有序表达。

23.1.5 植物繁殖的新途径

1. 快速繁殖

用于快速繁殖优良品种的植物组织培养技术，被人们形象地称为植物的快速繁殖技术，也叫作微型繁殖技术。其特点如下。

(1) 无性繁殖，保持优良品种的遗传特性。

(2) 高效、快速地实现种苗的大量繁殖。

(3) 可实现工厂化生产。

实例有甘蔗、铁皮石斛等试管苗的生产。

2. 作物脱毒

在马铃薯栽培过程中，如果出现叶片皱缩卷曲，叶色浓淡不均，茎秆矮小细弱，块茎变形龟裂，产量逐年下降等现象，就表明马铃薯已经发生退化。种薯退化是病毒的侵染及其在薯块内积累造成的，也是引起产量降低和商品性状变差的主要原因。植物病毒作为重要的病原物，每年给世界各地的农作物生产造成的损失高达200亿美元。茎尖培养脱毒是目前最稳定、可靠的清除植物体内病毒、获得脱毒植物的生物技术，已在马铃薯、花卉、水果、蔬菜等作物生产上得到了广泛应用。

植物作物脱毒一般选取植物顶端分生区附近 (如茎尖)，因为这里病毒极少，甚至无病毒。操作过程为切取一定大小的茎尖进行组织培养，再生的植株就有可能不带病毒，从而获得脱毒苗。需要注意的是，脱毒苗不等于抗毒苗，具体如下。

(1) 脱毒苗是选择植物的分生区如茎尖 (刚形成，病毒含量极少，甚至无病毒) 进行组织培养而获得的，属于细胞工程的范畴；脱毒苗只是体内不含病毒，不能抵抗病毒的侵染。

(2) 抗毒苗是把抗某种病毒的基因导入受体细胞中，并通过一定的方法培养形成的，属于基因工程的范畴，但转入抗病毒基因的植物细胞也需经植物组织培养才能得到抗病毒的植株。

3. 作物新品种的培育

单倍体育种：常规选育出一个可以稳定遗传的作物优良品种，一般要经过 5 ~ 6 年的连续筛选，而单倍体育种可以先通过花药 (或花粉) 离体培养，得到单倍体植株，然后经过诱导染色体加倍，当年就能培育出遗传性状相对稳定的纯合二倍体植株，极大地缩短了育种年限，节约了大量的人力和物力。大多数单倍体植株的细胞中只含有一套染色体，染色体加倍后得到的植株的隐性性状容易显现，因此它也是进行体细胞诱变育种和研究遗传突变的理想材料。1974 年，我国就培育出世界上第一个单倍体作物新品种——单育 1 号烟草，后来又有水稻、玉米、油菜、甘蓝、甜椒等作物问世。

突变体的利用：在植物的组织培养过程中，由于培养细胞一直处于不断增殖的状态，因此容易受到培养调节和诱变因素 (如射线、化学物质等) 的影响而发生突变。从产生突变的个体中可以筛选出对人们有用的突变体，进而培育成新品种。世界各国的科学家已用这种方法筛选出抗病、抗盐、高产、蛋白质含量高的各种优良突变株，有的品种已经用于生产，如抗花叶病毒的甘蔗、抗盐碱的烟草等。

4. 细胞产物的工厂化生产

次级代谢产物是指植物代谢产生的一些一般认为不是植物基本生命活动所必需的产物，如酚类、萜类、含氮化合物等。与之对应，初生代谢是生物生长和生存所必需的代谢活动，因此，在整个生命过程中它一直进行着，初生代谢物有糖类、脂质、蛋白质、核酸等。

次级代谢产物在植物抗病、抗虫等方面发挥了重要作用，也是很多药物、香料和色素等的重要来源。但问题在于以下两点。

(1) 植物细胞的次级代谢产物含量很低。

(2) 有些产物不能或难以通过化学合成途径得到。

因此，人们尝试利用植物细胞培养来获得目标产物，这个过程就是细胞产物的工厂化生产。

细胞产物的工厂化生产是指在离体条件下对单个植物细胞或细胞团进行培养使其增殖来获得目标产物的过程，如图 23.3 所示。

图 23.3　细胞产物的工厂化生产过程

细胞产物工厂化生产的优点是不占用耕地，几乎不受季节、天气等的限制，对于社会、经济、环境保护具有重要意义。实例有紫草宁、紫杉醇、人参皂苷等的生产。

> **须知**
>
> 　　植物细胞培养与植物组织培养不完全相同，细胞培养不需要经过再分化的过程。利用植物细胞培养获得细胞产物只需要通过脱分化得到愈伤组织，然后利用液体培养基大量培养愈伤组织细胞，从中提取所需目标产物。

23.2 动物细胞工程

23.2.1 动物细胞工程研究历史

1. 动物细胞培养技术历史

1907 年，美国生物学家哈里森 (R. G. Harrison) 取两栖动物胚胎神经管组织进行悬滴培养，神经细胞一直存活了许多天，他观察到神经细胞分化成神经元、伸出轴突，证明神经纤维是由神经细胞长出来的，而不是由一些细胞融合而成的。真正大规模的动物细胞培养是在 20 世纪 40 年代，厄尔·威尔伯·萨瑟兰 (Earl Wibur Sutherland, 1915—1974) 和杜尔贝科 (R. Dulbecco) 设计出细胞培养液配方，并将组织分散成单个细胞，进行悬浮培育。

针对不同种类的细胞，研究者设计出许多细胞培养液配方，目前广泛使用化学合成培养基，如 TC199、RPMI1640 等。通常在培养基中加入动物或人的血清，目的是补充促生长因子，近年来，已研究出无血清培养技术。

培养方式有以下几种。

(1) 群体培养：细胞贴壁生长，形成均匀的单细胞层。

(2) 克隆培养：细胞贴壁后，每个细胞形成一个细胞集落。

(3) 转鼓培养：培养细胞始终悬浮不贴壁。

2. 杂交瘤技术历史

1975 年，阿根廷免疫学家米尔斯坦 (C. Milstein) 和德国免疫学家科勒 (G. J. F. Köhler) 创立了将能够产生抗体的 B 淋巴细胞与瘤细胞融合的技术，制备了既能无限增殖，又能产生特定抗体的杂交瘤细胞，开创了单克隆抗体的先河。二人也因此获得了 1984 年诺贝尔生理学或医学奖。

3. 哺乳动物克隆技术历史

1967 年，科学家发现细胞松弛素能诱发体外培养的小鼠细胞排核。1972 年，科学家用细胞松弛素 B 处理细胞，结合离心技术，把细胞拆分为核体和胞质体两部分，胞质体的纯度达 90%；在 PEG 或仙台病毒的介导下，核体与另一来源的胞质体融合，形成重组细胞。1983 年，索尔特 (Solter) 等人改进了哺乳动物核移植技术，该技术要在显微镜下用显微操作仪操作，用这种技术进行核移植的总效率达到 91%。其改进的要点如下。

(1) 将小鼠受精卵在细胞松弛素和秋水酰胺中孵育。

(2) 将去核微吸管穿过透明袋，在近原核处将原核连同少量细胞质一起吸出。

(3) 将吸有原核核体的微吸管，再吸取与原核核体等量的病毒悬液，然后用羟丙酸 - β - 内酯将病毒灭活。

(4) 注入去核卵透明带下方的卵周隙中。

(5) 在 37° C 下温育 1 h，原核核体即与去核细胞发生融合。

1997 年 2 月，《自然》杂志报道了英国罗斯林研究所威尔穆特 (I. Wilmut) 等人创造的克隆羊多莉的诞生，成为当时动物细胞工程的最新进展。1999 年，中国科学院动物研究所生殖生物学国家重点实验室以陈大元为首的课题组，将熊猫体细胞核移植入家兔去核卵细胞中，重组细胞在体外培养发育到早期胚胎阶段。如此远缘核质杂交能发育到囊胚时期，在世界尚属首例。2018 年 1 月，中国科学家在世界上首次成功利用体细胞克隆技术克隆出两只食蟹猴，在世界上实现了灵长类动物的无性克隆。

4. 胚胎移植相关技术历史

20 世纪 60 年代至 80 年代中期，人们以家兔、小鼠、大鼠等人为实验材料，进行了大量基础研究，在精子获能机制和获能方法方面取得很大进展。1978 年，第一个试管婴儿在英国诞生。20 世纪 80 年代中期以后，以牛为代表的家畜体外受精 (IVF) 技术发展迅速。1981 年，英国剑桥大学的埃文斯 (M. J. Evans) 和考夫曼 (M. H. Kaufman) 从小鼠胚胎中分离到胚胎干细胞(ES 细胞)，并利用 ES 细胞首先建立了小鼠的 ES 细胞系。在此后近 20 年里，科学家相继从早期胚胎建立了仓鼠、猪、兔、水貂、大鼠、鱼、鸟、牛、灵长类动物(恒河猴、狨)和人的 ES 细胞系。1986 —1987 年，罗伯森 (E. J. Robertson) 等科学家先后对 ES 细胞进行遗传操作，并成功培育出了来源于这些 ES 细胞的小鼠；中国科学院生物化学与细胞生物学研究所建立有 ES 细胞系；中国科学院发育生物学研究所和北京大学的科学家在 ES 细胞的分离培养方面也做出了杰出贡献。1986 年，科学家用含有肝素的介质处理牛的冷冻精液，然后与体外成熟的卵母细胞受精并取得成功。

2000 年，科学家研究证明碱性成纤维细胞生长因子 (bFGF) 可将 ES 细胞定向诱导成造血干细胞，其介导的信号对造血干细胞的增殖起关键作用。转录因子 GATA-1 是生成正常红细胞所必需的，GATA-1 的缺失使造血干细胞不能正常分化而凋亡。2008 年 1 月 17 日，美国加利福尼亚一家生物技术公司宣布，他们用 2 名男性的皮肤细胞成功克隆出 5 个人体胚胎，这一突破使制造患者匹配型干细胞成为可能。2008 年 4 月 1 日，英国纽卡斯尔大学伯恩 (J. Burn) 教授领导的研究小组将人的皮肤细胞的细胞核植入几乎被完全剔除遗传物质的牛卵细胞或兔卵细胞中，成功培育出人牛或人兔混合胚胎，用于探索帕金森病、肌萎缩侧索硬化症等疾病的治疗方法。

23.2.2 动物细胞培养

动物细胞工程是指从动物体中取出相关的组织，将它分散成单个细胞，然后在适宜的培养条件下，让这些细胞生长和增殖的技术。动物细胞工程的技术手段主要有动物细胞培养、动物细胞融合和动物细胞核移植等。动物细胞培养 (见图 23.4) 是动物细胞工程的基础。

动物细胞培养的条件如下。

(1) 营养：培养基中应含有细胞所需要的各种营养物质，如糖类、氨基酸、无机盐、维

生素等。由于人们对细胞所需的营养物质尚未全部研究清楚，因此通常需要加入血清、血浆等天然成分。

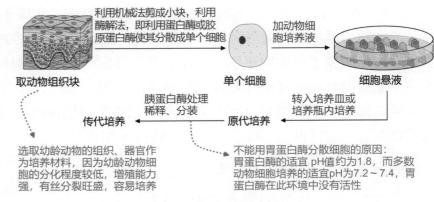

图23.4 动物细胞培养示意

(2) 无菌、无毒的环境：培养液和培养用具进行灭菌处理；在无菌环境下进行操作；定期更换培养液，清除代谢产物。

(3) 温度、pH值和渗透压：适宜的温度指的是 36.5℃ ± 0.5℃；适宜的pH值为 7.2～7.4；渗透压也是动物细胞培养过程中需要考虑的一个重要环境参数。

(4) 气体环境：95% 的空气加 5% 的 CO_2；其中 O_2 是细胞代谢所必需的；CO_2 用于维持培养液的 pH 值。

动物细胞培养时一般有贴壁生长和接触抑制两个特点。贴壁生长是指体外培养的动物细胞大多数贴附在培养瓶的瓶壁上，而接触抑制是指当贴壁细胞分裂生长到表面相互接触时，细胞通常会停止分裂增殖。

须知

原代培养是指分瓶之前的细胞培养，即动物组织经处理后的初次培养；而分瓶后的细胞培养称为传代培养。

进行动物细胞培养时常用胰蛋白酶分散细胞，这说明细胞间的物质主要是蛋白质。这样操作的意义有以下两点。

(1) 使细胞与培养液充分接触，一方面保证细胞所需氧气和营养的供应，另一方面保证细胞内代谢产物的及时排出。

(2) 使在细胞水平操作的其他技术得以实现。

需要注意的是，使用胰蛋白酶时，要控制好作用时间，因为胰蛋白酶不仅能分解细胞间的蛋白质，长时间作用还会分解细胞膜蛋白等，对细胞造成损伤；进行动物细胞培养时不能用胃蛋白酶分散细胞，主要是因为 pH 值不合适。

动物细胞的整个培养过程中可能多次用到胰蛋白酶或胶原蛋白酶。第一次使用的目的是使组织细胞分散开；而贴壁细胞传代培养时使用的目的则是使细胞从瓶壁上脱离下来，分散成单个细胞，便于分瓶后继续培养。

动物细胞培养时，为保证细胞能顺利生长和繁殖，一般需添加血清、血浆等天然成分。要在培养基中加入血清、血浆等天然成分的原因是血清和血浆中含有多种维持细胞正常代谢和生长的物质，如蛋白质、氨基酸、未知的促生长因子等。

如前文所述，大多数细胞需要贴附于某些基质表面（往往贴附于培养瓶的瓶壁上），需

要重新用胰蛋白酶等处理，使之分散成单个细胞，然后再用离心法进行收集。这些细胞生长和增殖受阻的原因是接触抑制。少数能够悬浮在培养液中生长增殖的细胞，在培养过程中也会因为细胞密度过大、有害代谢物积累和培养液中营养物质缺乏等因素而分裂受阻。此时也可以用离心法进行收集。

23.2.3 干细胞培养及其应用

在第 6 章第 2 节细胞的生命历程中已提及干细胞相关内容，这里稍作补充。干细胞分布在早期胚胎、骨髓和脐带血等多种组织和器官中。胚胎干细胞属于全能干细胞，存在于早期胚胎中，具有分化为成年动物体内任何一种类型的细胞，并进一步形成机体的所有组织和器官甚至个体的潜能。而成体干细胞包括多能干细胞和单能干细胞（专能干细胞），成体组织或器官内的干细胞，包括造血干细胞、神经干细胞及精原干细胞，具有组织特异性，只能分化成特定的细胞或组织，不具有发育成完整个体的能力。

诱导多能干细胞 (iPSC) 是通过体外诱导成纤维细胞，获得的类似胚胎干细胞的一类细胞。日本学者山中伸弥 (Shinya Yamanaka) 最初从小鼠胚胎细胞中筛选出 24 个与胚胎干细胞的功能密切相关的基因，推测将这些基因转入成熟小鼠的成纤维细胞中，可诱导这些细胞干细胞化。结果确实如此，转入这 24 个基因的小鼠成纤维细胞表达了原本不表达且只在胚胎干细胞中特异性表达的 Fbx15 基因，这个基因的激活使这些成纤维细胞获得了胚胎干细胞的特性且能永久传代。接下来，山中伸弥从这 24 个基因中具体筛选出 4 个基因，即 Oct4、Sox2、c－Myc、Klf 4。这四个基因都能单独激活 Fbx15 基因的表达，但四者联合激活效果更强。

山中伸弥关于诱导多能干细胞的第一篇文章发表于 2006 年，2012 年，他与约翰·戈登 (John Gurdon) 共同获得了诺贝尔生理学或医学奖，可见这一成果的重要性。但当时，距离 iPSC 在临床上的应用还有很多问题。首先，如果按照山中伸弥的方法，成纤维细胞诱导为多能干细胞的成功率仅有 0.01% ～ 0.1%。其次，该方法使用病毒载体将 Oct4、Sox2、c－Myc、Klf 4 基因导入细胞，病毒基因序列会随机整合到受体细胞基因组 DNA 上，有可能造成基因突变。最后，使用的病毒载体还可能激活癌细胞，导致肿瘤，因为导入的这四个基因或多或少都与肿瘤的发生有关，尤其是 c－Myc 本身就是一个癌基因。为了解决这些问题，科学家进行了很多研究。我国科学家也开发出无须基因导入，仅需一些小分子物质的鸡尾酒法，即可诱导多能干细胞。

有着自我更新能力及分化潜能的干细胞，与组织、器官的发育、再生和修复等密切相关，因此在医学上应用广泛。胚胎干细胞必须从胚胎中获取，这涉及伦理问题，因此限制了它在医学上的应用，而诱导多能干细胞不涉及伦理问题，且理论上可以避免免疫排斥反应。2018 年，日本政府批准了日本京都大学利用诱导多能干细胞治疗帕金森病的临床试验计划。同年，日本京都大学又利用 iPSC 培养出可定向攻击癌细胞的细胞毒性 T 细胞。这些成果将强力推动现代生物医学的进展，从而更好地服务人类。各个细胞的应用如表 23.1 所示。

表 23.1　干细胞的应用

类　型	应　用	优　点
造血干细胞	治疗白血病及一些恶性肿瘤在放疗或化疗后引起的造血系统、免疫系统功能障碍等疾病	来源于病人自身的体细胞，将它移植回病人体内后，理论上可以避免免疫排斥反应
神经干细胞	治疗神经组织损伤和神经系统退行性疾病，如帕金森病、阿尔茨海默病等	
诱导多能干细胞	治疗小鼠的镰状细胞贫血，在治疗阿尔茨海默病、心血管疾病等领域也有较好的前景	

23.2.4 动物细胞融合技术与单克隆抗体

1. 动物细胞融合技术

动物细胞融合技术涉及的原理是细胞膜具有流动性，常用的诱导细胞融合的方法有 PEG 融合法、电融合法和灭活病毒诱导法等。不灭活的病毒会感染细胞，因而不能用于诱导动物细胞融合。灭活的病毒是诱导动物细胞融合的特有方法，不能用于诱导植物原生质体融合。

2. 单克隆抗体的制备

B 淋巴细胞中的浆细胞可以产生特定的抗体，但不能无限增殖，而癌细胞可以无限增殖，但不能产生特定的抗体。如果我们把二者融合，是否能获得一种既可以无限增殖也能产生特定抗体的杂种细胞呢？有可能。那有没有可能产生一种既不能无限增殖又不能产生特定抗体的杂种细胞呢？当然也有可能，但概率相对低一些，因为细胞融合的过程是功能相加的过程，即强强联合。

1974 年，乔治斯·科勒 (Georges JF. Kohler) 和塞沙·米尔斯坦 (Cesar Milstein) 把一种 B 淋巴细胞与能在体外大量增殖的骨髓瘤细胞融合，然后通过筛选，得到了既能无限增殖又能产生特定抗体的杂交瘤细胞，如图 23.5 所示。二人也因此获得了 1984 年的诺贝尔生理学或医学奖。一同获奖的还有英裔丹麦籍免疫学家尼尔斯·杰尼 (Niels Kaj Jerne)。1969 年，杰尼前往瑞士，担任巴塞尔免疫研究所所长。这期间，杰尼提出的关于免疫的网络理论 (network theory) 是让他获得诺贝尔奖的原因，该理论改写了免疫学的基础。

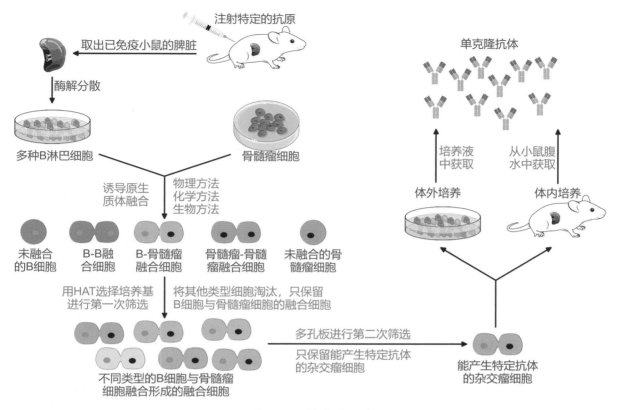

图 23.5　单克隆抗体

须知

给小鼠注射特定抗原的目的是获得能产生相应抗体的 B 淋巴细胞。

◇ 知识拓展：筛选 ◆

第一次筛选的内容如下。

① 诱导融合后，融合体系中有多种细胞：B 细胞——B 细胞形成的融合细胞、B 细胞——骨髓瘤细胞融合的杂交瘤细胞、骨髓瘤细胞——骨髓瘤细胞形成的融合细胞。另外，还会有更多类型的三细胞融合细胞甚至四细胞融合细胞，这些细胞大多不稳定，很快会死掉。当然，还有未融合的 B 细胞和骨髓瘤细胞。

② 我们需要的只是 B 细胞——骨髓瘤细胞融合的杂交瘤细胞，此时可以通过 HAT 选择培养基进行筛选。DNA 合成时所需的脱氧核苷酸有两种来源：从头合成途径和补救途径。从头合成途径又称 D 途径，D 是 *de ～ novo* 的缩写，指的是细胞利用甘氨酸、甲酸、谷氨酰酸、天冬氨酸等合成嘌呤以及利用谷氨酰胺、CO_2、天冬氨酸合成嘧啶。而补救途径又称 S 途径，S 是 salvage 的缩写，即细胞利用外源的或分解代谢产生的碱基和核苷重新合成核苷一磷酸，再形成核苷二磷酸、核苷三磷酸的过程。在设计实验的时候就考虑到了筛选的稳态，选用的骨髓瘤细胞是一种代谢缺陷型的株系：只有 D 途径，没有 S 途径。

③ HAT 培养基中的 H 表示次黄嘌呤，A 表示氨基蝶呤 (aminopterin)，T 表示胸腺嘧啶脱氧核苷，即在正常动物细胞培养基中添加有这三种物质，其中氨基蝶呤可以通过抑制 D 途径抑制 DNA 的合成，抑制细胞分裂，是常用的抑癌药物，对应的药物称为癌得宁。而次黄嘌呤和胸腺嘧啶脱氧核苷是 S 途径所需要的。

④ 在 HAT 选择培养基上各细胞的生长情况如下。

- B 细胞、B 细胞—B 细胞融合细胞：理论上可以生长，但它们本身不能增殖分化，因此无法生长。

- B 细胞—骨髓瘤细胞融合细胞：具有 S 途径，又具有分裂能力，因此可以分裂生长。

- 骨髓瘤细胞、骨髓瘤细胞—骨髓瘤细胞融合细胞：仅有的 D 途径被氨基蝶呤抑制了，因此无法生长。

第二次筛选的内容如下。

① 小鼠在生活中还受到其他抗原的刺激，即 B 细胞本身就是混杂的 B 细胞，因此，我们得到的杂交瘤细胞，有的能产生针对我们注射的特定抗原的抗体，有的能产生针对其他抗原的抗体。我们需要进行第二次筛选，用多孔培养皿培养。

② 将第一次筛选得到的细胞培养物进行足够的稀释，稀释至 7 个 /mL 以下。

③ 将稀释液分装在 96 孔板或 384 孔板 (见图 23.6) 上，每个孔的体积为 0.1 mL;

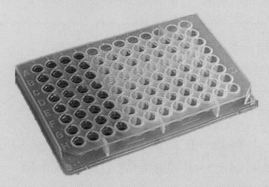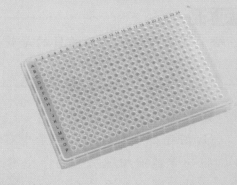

图 23.6　96 孔板和 384 孔板

④ 理论上讲，每个孔中的细胞为 0.7 个，即每个孔要么没有细胞，要么只有一个杂交瘤细胞。

⑤ 将这些多孔板进行培养，获得的细胞都是单个细胞的子细胞，即单克隆培养。

⑥ 向生长有细胞的孔中添加最初的抗原，如果该孔中的细胞能够产生相应的抗体，则可以观察到抗原—抗体聚集沉淀现象。

⑦ 经多次筛选得到能产生特异性抗体的细胞群。

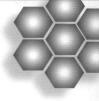

> **注意** 杂交瘤细胞是异源四倍体细胞，遗传性质不稳定，在培养过程中会有染色体丢失现象，直到细胞呈现稳定状态为止。因此在建立杂交瘤细胞系的过程中要经常检查抗体的效价。

获得稳定的单克隆瘤细胞后，可以将它们注射到哺乳动物（如小鼠）的腹腔中，然后从其腹水中分离纯化出单克隆抗体；也可以将它们培养在生物反应器中，然后从培养液中获取单克隆抗体。

单克隆抗体的制备过程运用了动物细胞融合和动物细胞培养等动物细胞工程技术。血清抗体由浆细胞分泌，一般从血清中分离，产量低，纯度低，特异性差。与传统的血清抗体相比，单克隆抗体具有特异性强、灵敏度高、可大量制备的优点。但是，任何一种病原体都不止激活产生一种抗体，因此，从血清中分离到的抗体是多克隆抗体，即使病原体发生部分变异后，多克隆抗体也能发挥作用，而单克隆抗体因此就可能不能与之结合了。

3. 单克隆抗体的发展

单克隆抗体一经提出就得到迅猛发展。2020 年，全球单克隆抗体药物的总销售额约为 1700 亿美元。截至 2021 年 5 月，共有 53 种单克隆抗体药物在我国获批上市，包括 31 种进口药物和 22 种国产药物。

随着市场的扩大和使用面的扩张，一些问题逐渐暴露出来：最初人们在使用单克隆抗体的时候，效果很好，但随着使用次数的增加，效果逐渐减弱。这是因为这些单克隆抗体是用小鼠的浆细胞与骨髓瘤细胞融合形成杂交瘤细胞来制备的，本质上来讲，属于外源蛋白。注射到病人体内后，病人体内的免疫系统产生了针对这些抗体的抗体（抗抗体，或称为人抗鼠抗体，human anti-mouse antibody，HAMA），迅速将这些单克隆抗体中和掉了。另外，鼠源的抗体毕竟属于外源蛋白，注射到人体内，有可能引起过敏反应。

因此，人们不断探索，对单克隆抗体进行了升级改造。

鼠源性单克隆抗体：我们前文介绍的第一代单克隆抗体，2003 年以后就不再有鼠源性单克隆抗体进入临床应用了。

嵌合抗体：1984 年，科学家将鼠抗体的可变区基因片段与人抗体的恒定区基因片段融合，获得了人—鼠嵌合抗体。嵌合抗体保留了小鼠抗体的可变区，既保留了其与抗原结合的亲和力和特异性，又降低了异源性，提高了使用的安全性。但嵌合抗体中仍存在鼠源性成分，在人体内仍有诱发 HAMA 反应的可能性，因此其不是我们的终极目标。

人源化单克隆抗体：抗体的可变区又可分为高变区和骨架区，高变区即互补决定区（complementarity determining region, CDR），是抗体与抗原特异性结合的部位；可变区除高变区之外的其他部位称为骨架区，主要起维持 CDR 构象的作用。如果我们进一步把除

CDR 之外的所有区域（包括骨架区和恒定区）都进行人源化（人源化程度最高可达 97%），就可以进一步降低 HAMA 的程度，提高其使用安全性和有效性。目前已经广泛使用的人源化单克隆抗体有 pembrolizumab、nivolumab、trastuzumab、bevacizumab 等。前两种的靶标是 PD-1，PD-1 在 T 细胞、NK 细胞、B 细胞、树突状细胞表面均有表达。正常细胞表面表达有 PD-L1；PD-L1 与 PD-1 特异性结合，可以抑制免疫细胞的活化，防止免疫反应过强和自身免疫病的发生。在肿瘤细胞表面异常大量表达 PD-L1，极大降低了免疫应答强度，实现肿瘤细胞免疫逃逸的目的。注射针对 PD-1 的抗体，阻止了肿瘤细胞的 PD-L1 与免疫细胞的 PD-1 的结合，也就阻止了肿瘤细胞的免疫逃逸，达到杀伤肿瘤细胞的目的。后两种的靶标都是生长因子，通过与表皮细胞膜表面的受体或血管内皮细胞表面的受体结合，阻止相应的生长因子与这些受体的结合，达到抑制肿瘤生长和转移的目的。

全人源化单克隆抗体：我们的终极目标是没有 HAMA，因此，只有与人的抗体序列完全一致的全人源化抗体才是最好的。但是我们不能把抗原注射到一个人的体内，然后取出他的脾脏，利用胰蛋白酶处理，再诱导融合，最后筛选，获得单克隆抗体。不过我们有其他办法，目前获得全人源单克隆抗体的技术主要有噬菌体抗体库技术、核糖体展示技术、转基因小鼠制备技术等。噬菌体抗体库技术就是将编码人抗体的基因转入丝状噬菌体中并表达呈现在噬菌体的表面。核糖体展示技术就是利用核糖体、mRNA、抗体蛋白及其他蛋白质翻译必要成分，在非细胞体系 (in vitro) 中完成翻译。转基因小鼠制备技术是全人源化抗体生产的主要方式，向抗体基因缺失的小鼠中转入编码人类抗体的基因，使其表达人的抗体。

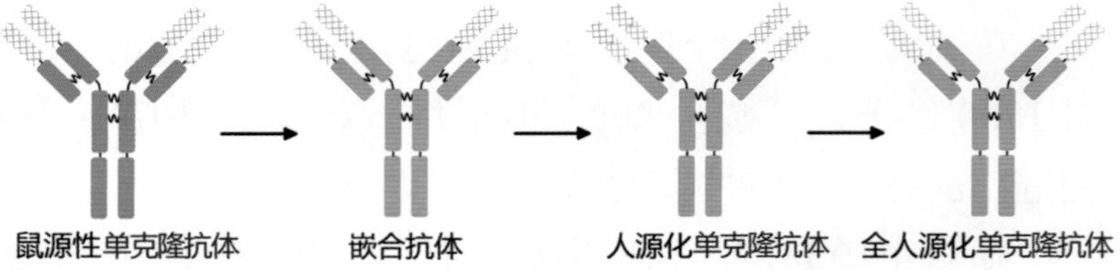

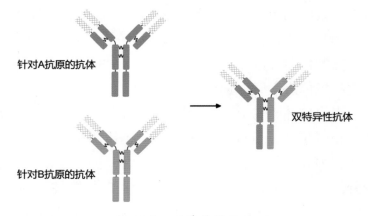

图 23.7　单克隆抗体的发展

▶▶▶

实线表示恒定区 C，虚线表示高变区。蓝色表示鼠源部分，红色表示人源部分，比例仅示意，不代表真实情况。

单克隆抗体的发展如图 23.7 所示。

另外，还有一种双特异性抗体，原理很简单，它是含有两种特异性抗原结合位点的人工抗体，能在靶细胞和功能分子（细胞）之间架起桥梁，激发具有导向性的免疫反应，如图 23.8 所示。

图 23.8　双特异性抗体

4. 单克隆抗体的应用

单克隆抗体可以作为诊断试剂，具有准确、高效、简易、快速的优点，还可以用于治疗疾病和运载药物，如抗体药物耦联物 (antibody-drug conjugates，ADC)。ADC 又称免疫耦联物，是通过一个接头，将单克隆抗体与小分子药物连接，形成的复合物，这种复合物克服了单克隆抗体的靶向性强但药效较弱、小分子药物药效很强但靶向性低的缺陷，真正实现了精准医疗。

根据所结合的小分子药物类型的不同，ADC 可以分为以下三大类。

(1) 化学免疫耦联物：由单克隆抗体和治疗药物 (如博安霉素、柔红霉素等) 相连接。

(2) 免疫毒素耦联物：由单克隆抗体和毒素蛋白 (如白喉毒素等) 共价耦联而成。

(3) 放射性免疫耦联物：由单克隆抗体与放射性物质 (如钇等) 相耦联。

植物细胞杂交和动物细胞融合的比较如表 23.2 所示。

表 23.2　植物细胞杂交和动物细胞融合的比较

项　目	植物细胞杂交	动物细胞融合
实质理论基础	改变遗传物质、产生新的性状，获得细胞产品 (使后代具有双亲的特性) 细胞膜的流动性、植物细胞全能性	细胞膜的流动性、细胞增殖
诱导融合方法	物理法：离心、振荡、电击等 化学法：聚乙二醇	物理法：离心、振荡、电击等 化学法：聚乙二醇
过程	去细胞壁 (纤维素酶、果胶酶) → 原生质体融合 (获得杂种原生质体) → 植物细胞的筛选和培养 (获得植株)	生物法：灭活病毒 (灭活仙台病毒) 获得分离的单个动物细胞 (胰蛋白酶处理) → 诱导融合形成杂交细胞→ 动物细胞培养 (细胞产品)
应用	白菜—甘蓝等杂种植物	单克隆抗体的制备 (杂交瘤细胞)
意义和用途	克服了远缘杂交不亲和的障碍，极大扩展了可用于杂交的亲本组合范围；克服了有性杂交的母系遗传的局限性，获得了细胞质基因的杂合子，有利于研究细胞质遗传	制备单克隆抗体；诊断、治疗、预防疾病，如单克隆抗体诊断盒、"生物导弹"治疗癌症

5. CAR-T 技术

2021 年 9 月，一则题为 "'顶级奢侈品' —— 120 万一针，2 个月癌细胞'清零'中国首例患者出院"的新闻在网上发布，随之而来，CAR-T 疗法也引起了人们的广泛关注。CAR-T 疗法，全称是 chimeric antigen receptor T-cell immunotherapy，意思是嵌合抗原受体—T 细胞免疫疗法。其基本原理是在体外对患者自身的 T 细胞进行改造，使它能识别自身的癌细胞，大量培养这些改造的 T 细胞，将其输回患者体内，用于特异性清除体内的癌细胞，如图 23.9 所示。

众所周知，T 细胞有多种类型。例如，细胞毒性 T 细胞 (cytotoxic T cell) 表面含有 CD8，能识别诸如被病原体感染的体细胞或癌细胞表面的特异性抗原并诱导这些靶细胞裂解死亡；辅助性 T 细胞 (helper T cell) 表面含有 CD4，能分泌多种细胞因子，促进其他淋巴细胞 (如致敏 B 细胞和细胞毒性 T 细胞等) 的增殖分化；调节性 / 抑制性 T 细胞 (regulatory/

suppressor T cell) 负责调节机体免疫应答强度，避免自身免疫反应和过敏反应；记忆 T 细胞 (memory T cell) 参与二次免疫。

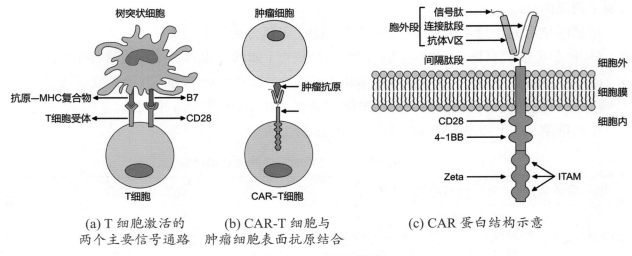

(a) T 细胞激活的
两个主要信号通路

(b) CAR-T 细胞与
肿瘤细胞表面抗原结合

(c) CAR 蛋白结构示意

图 23.9　CAR-T 技术

正常情况下，T 细胞不能识别抗原，需要两个激活信号激活后才能识别抗原，称为双信号系统。首先，树突状细胞等抗原呈递细胞将处理好的抗原肽以抗原—MHC 复合物的形式呈递在细胞表面并被 T 细胞表面的 T 细胞受体 (TCR) 结合，这是激活 T 细胞的第一个信号。其次，树突状细胞表面的 B7 蛋白与 T 细胞表面的 CD28 受体结合，产生共刺激信号，这是激活 T 细胞的第二个信号。

CAR-T 技术将上述两个过程整合为一个。CAR 是一个跨膜蛋白，之所以称为嵌合抗原受体，是因为它的结构来源于不同蛋白质的组合，结构上分为胞外段、跨膜区段和胞内区段三部分。

(1) 胞外段包括两部分：一是用于引导 CAR 进入内质网合成跨膜蛋白的信号肽；二是由单克隆抗体的重链和轻链的可变区改造的单链肽，它负责与肿瘤细胞相关抗原结合。

(2) 跨膜区段来源于 CD28 受体的跨膜区段。

(3) 胞内段整合了多个 T 细胞激活信号的胞内段，除了 CD28 的胞内段外，还有 TCR 结合蛋白的 Zeta 胞内段 (含有三个免疫受体酪氨酸激活结构域 (ITAM)，一旦抗原与 CAR 结合，ITAM 可迅速磷酸化，传递信号)、4-1BB 受体 (又称为 CD137 受体，是肿瘤坏死因子受体超家族的成员，介导的共刺激信号可增强 T 细胞的功能) 的胞内段等，这些胞内段共同作用，提高 T 细胞对靶细胞 (肿瘤细胞) 的杀伤。

显然，CAR-T 技术成功的前提是找到肿瘤细胞表面特异性抗原。如目前最成功的 CAR-T 疗法是与 B 细胞病变有关的白血病疗法，包括急性 B 细胞白血病和 B 细胞淋巴瘤等，这是因为无论是正常 B 细胞还是白血病或淋巴瘤 B 细胞，在其细胞表面都稳定地表达有 CD19 抗原，针对 CD19 抗原的 CAR-T 技术，虽然在杀死癌变的 B 细胞的同时，也杀死了正常的 B 细胞，但可以通过定期注射免疫球蛋白的方式来弥补。

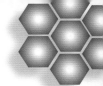

CAR-T 疗法一般包括分离、修饰、扩增、回输和监控 5 个步骤。分离即从患者体内分离 T 细胞。修饰是用基因工程手段给 T 细胞加入一个能识别肿瘤细胞并同时能激活 T 细胞的嵌合抗体，也就是 CAR-T 的制备过程。扩增是指大量培养制备 CAR-T，一般一个患者需要几十亿个甚至上百亿个 CAR-T。然后将扩增好的 CAR-T 输回患者体内并严密监控患者身体反应和体内癌细胞状况。回输的最初几天，会有细胞因子，尤其是白细胞介素 -6(IL-6)的大量释放，IL-6 是最主要的促炎症因子。可在进行 CAR-T 治疗的同时，辅以 IL-6 的拮抗剂以减缓副作用。

23.2.5 动物体细胞核移植技术和克隆动物

动物细胞核移植技术是将一个动物细胞的细胞核移入去核的卵母细胞中，使这个重新组合的细胞发育成新胚胎，继而发育成动物个体的技术。该个体不经过有性生殖过程，其遗传物质与细胞核供体基本相同，叫作克隆动物。克隆技术的理论基础是动物细胞核的全能性。

哺乳动物核移植可以分为胚胎细胞核移植和体细胞核移植。动物体细胞核移植的难度明显高于胚胎细胞核移植，这是因为动物胚胎细胞分化程度低，表现全能性相对容易，而动物体细胞分化程度高，表现全能性十分困难。

在动物体细胞核移植中，非人灵长类动物的体细胞核移植非常困难，主要原因如下。

(1) 供体细胞的细胞核在去核卵母细胞中不能完全恢复其分化前的功能状态，这导致了胚胎发育率低。

(2) 对非人灵长类动物胚胎进行操作的技术尚不完善。

图 23.10 以克隆高产奶牛为例，简要说明了动物体细胞核移植的过程。

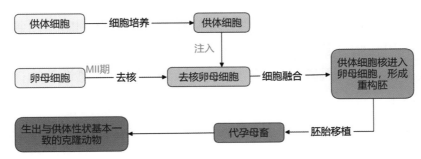

图 23.10　动物体细胞核移植

供体细胞一般选优良动物的传代 10 代以内的细胞，这是因为培养的动物细胞一般当传代至 10 ~ 50 代时，部分细胞核型可能会发生变化，其细胞遗传物质可能会发生突变，而 10 代以内的细胞一般能保持正常的二倍体核型。而选用去核卵母细胞的原因如下。

(1) 卵母细胞比较大，易操作。

(2) 卵母细胞，细胞质多，营养丰富，含有促进核全能性表达的物质。

核移植中核供体动物、提供卵母细胞的动物、代孕动物与克隆动物之间的关系如下。

(1) 克隆动物绝大部分性状与核供体动物相同。

(2) 克隆动物的少数由线粒体DNA控制的性状与提供卵母细胞的动物相同。

(3) 克隆动物与代孕动物只有营养和代谢上的联系，无遗传关系。

动物体细胞核移植技术（克隆）从生殖方式的角度看属于无性生殖，重组细胞相当于受精卵，需要动物细胞培养和胚胎工程技术的支持。体细胞核移植技术的应用前景如下。

(1) 畜牧生产方面：加速家畜遗传改良进程，促进优良畜群繁育。

(2) 医药卫生领域：转基因克隆动物作为生物反应器，生产珍贵的医用蛋白；转基因克隆动物的细胞、组织和器官可作为异种移植的供体；人的核移植胚胎干细胞经诱导分化，形成相应的细胞、组织、器官后，可用于组织器官的移植。

(3) 了解胚胎发育及衰老过程。用克隆动物做疾病模型，使人们更好地追踪研究疾病的发展过程和治疗疾病。

(4) 保护濒危物种，增加濒危动物的存活数量。

体细胞核移植技术存在的问题如下。

(1) 体细胞核移植技术的成功率非常低。

(2) 核移植的理论研究较为滞后。

(3) 克隆动物存在健康问题，表现出遗传和生理缺陷等。

✳ 23.3 胚胎工程

23.3.1 胚胎工程的理论基础

胚胎工程的操作对象是动物生殖细胞、受精卵或早期胚胎细胞，用到的技术手段有体外受精、胚胎移植和胚胎分割等。其实质是在体外条件下，对动物自然受精和早期胚胎发育条件进行的模拟操作。经过处理后获得的胚胎，还需移植到雌性动物体内生产后代，以满足人类的各种需求。

23.3.2 受精作用

受精作用是指精子与卵子结合形成合子（即受精卵）的过程，此过程发生在雌性动物的输卵管内，如图23.11所示。

刚采集到的精子还没有受精能力，必须先对精子进行获能处理，才能进一步受精，这一步称为精子获能。精子获能是指精子获得受精能力，而不是获得能量。同样地，刚排出的卵子在受精前也要经历类似精子获能的过程，要在输卵管内进一步成熟，到MII期才具备与精子结合的能力。

生物是门科学　不可思议的生命探险 ▽

准备阶段 ┬ 精子获能：在雌性动物生殖道内获能
        └ 卵子准备：发育到MII期时，才具备受精能力

受精阶段 ┬ 获能后的精子与卵子相遇：释放多种酶，以溶解卵细胞膜外的一些结构，如放射冠等
        ├ 精子触及卵细胞膜的瞬间，卵细胞膜外的透明带会迅速发生生理反应，阻止后来的精子进入透明带，称为透明带反应，是防止多精入卵的第一道屏障
        ├ 精子入卵后，卵细胞膜也会立即发生生理反应，拒绝其他精子再进入卵子内，称为卵细胞膜反应，是防止多精入卵的第二道屏障
        ├ 进入卵细胞的精子的细胞核经历核膜解体、染色体解旋、重新形成染色体、核膜重建，形成雄原核
        ├ 在精子的刺激下，MII中期的次级卵母细胞迅速完成第二次减数分裂，形成雌原核，并将第二极体排出卵细胞外
        └ 雄原核和雌原核的融合，标志着受精作用的结束

图 23.11　受精作用

防止多精入卵有两道屏障，依次是透明带反应和卵细胞膜反应。其意义是保证受精卵中的遗传物质与亲代体细胞一致，从而保证遗传的稳定性。

受精的标志不等于受精完成的标志，其原因如下。

(1) 受精的标志是在透明带和卵细胞膜之间观察到两个极体或观察到雌、雄原核。

(2) 受精完成的标志是雌、雄原核的融合。

23.3.3 胚胎早期发育

胚胎早期发育过程如图 23.12 所示。

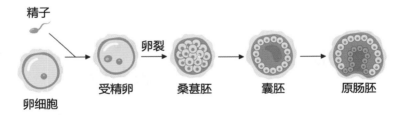

图 23.12　胚胎早期发育过程

(1) 受精卵：受精卵是新生命的第一个细胞，其全能性最高；动物细胞全能性随分化程度的提高而越来越难以表现。

(2) 卵裂：细胞在输卵管内进行有丝分裂，细胞数目增加，但胚胎总体积并不增加或略有减小。

(3) 桑葚胚：这个阶段前的每一个细胞都具有发育成完整胚胎的潜能，属于全能细胞。

(4) 囊胚：包括内细胞团和滋养层细胞，有囊胚腔；囊胚从透明带中伸展出来称为孵化。囊胚阶段细胞开始出现分化，该阶段的内细胞团细胞具有全能性；内细胞团细胞将来发育为胎儿的各种组织；滋养层细胞则发育为胎儿的胎膜和胎盘。

(5) 原肠胚: 内细胞团表层的细胞形成外胚层, 下方的细胞形成内胚层; 在原肠胚末期, 处在外胚层和内胚层之间的细胞发育为中胚层, 这时的胚胎称为原肠胚, 由内胚层包围的囊腔称为原肠腔。

卵裂期胚胎发育过程中物质和体积变化的规律如下。

(1) 有机物: 胚胎没有和母体建立联系, 没有从母体获取有机物, 而一直进行细胞呼吸, 有机物总量减少。

(2) 细胞体积: 胚胎总体积不增加, 但细胞数目增多, 因此每个细胞体积减小。

(3) 细胞中 DNA 含量: 伴随细胞分裂, 细胞数目增多, 总 DNA 含量增多, 但每个细胞核内 DNA 含量保持相对稳定。

几种动物受精卵发育及其进入子宫的时间, 如表 23.3 所示。

表 23.3　几种动物受精卵发育及其进入子宫的时间

动物种类	受精卵发育的时间 /h					进入子宫时受精卵的发育天数和发育阶段	
	2 细胞	4 细胞	8 细胞	16 细胞	桑葚胚	天数	发育阶段
小鼠	24～38	38～50	50～60	60～70	68～80	3	桑葚胚
绵羊	36～38	42	48	67～72	96	3～4	16 细胞
猪	21～51	51～66	66～72	90～110	110～114	2～2.5	4～6 细胞
马	24	30～36	50～60	72	98～106	6	囊胚
牛	27～42	44～65	46～90	96～120	120～144	4～5	8～16 细胞

23.3.4 体外受精

试管动物是通过人工操作使卵子在体外受精, 经培养发育为早期胚胎后, 再进行移植产生的个体。体外受精的主要步骤是卵母细胞的采集和精子的获取及受精等, 如图 23.13 所示。

采集到的卵母细胞和精子, 要分别在体外进行成熟培养和获能处理, 然后才能用于体外受精。一般情况下, 可以将获能的精子和培养成熟的卵子置于适当的培养液中共同培养一段时间, 来促使它们完成受精。

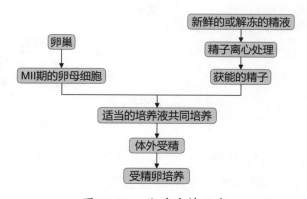

图 23.13　体外受精示意

体外受精的意义如下。

(1) 体外受精是提高动物繁殖能力的有效措施。

(2) 体外受精可以为胚胎移植提供可用的胚胎。

体内受精、人工授精、体外受精的比较如表 23.4 所示。

表 23.4 体内受精、人工授精与体外受精的比较

项目	不同点		相同点
	过程	场所	
体内受精	雌雄动物交配完成	雌性动物输卵管中	精子获能、卵子成熟后才能完成受精过程；都是有性生殖
人工授精	用人工的方法将公畜的精液注入母畜的生殖道内，完成受精	雌性动物输卵管中	
体外受精	人工获取精子、卵子，在体外培养液中完成受精过程	体外培养液中	

23.3.5 胚胎移植

胚胎移植是指将通过体外受精及其他方式得到的胚胎，移植到同种的、生理状态相同的雌性动物体内，使之继续发育为新个体的技术，如图 23.14 所示。

首先对卵供体需要用促性腺激素进行超数排卵处理，而对卵受体需要使用激素进行同期发情处理。其次是配种或人工授精。再次进行胚胎收集并检查，可以采用冲卵 (早期胚胎) 的方式，并对收集到的早期胚胎进行检查，确认其发育状态和活力。将状态良好的、发育到桑椹胚或囊胚阶段的胚胎进行胚胎移植，移植可以通过手术法 (引出受体子宫和卵巢将其注入) 和非手术法 (用移植管将其送入受体子宫)。最后，对移植后的代孕母畜和胚胎进行检查，如是否妊娠及胚胎的发育情况。

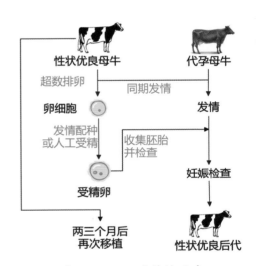

图 23.14 胚胎移植示意

胚胎移植的意义是充分发挥雌性优良个体的繁殖潜力，供体的主要职能是产生优良特性的胚胎，缩短繁殖周期。

胚胎移植能够成功的理论基础如下。

(1) 同种动物，不管是否妊娠，只要处于发情期，体内的生理状态都是相似的，这为胚胎移植提供了可能性。

(2) 代孕母畜对移入体内的早期胚胎几乎不发生免疫排斥反应，这为移植胚胎的存活提供了可能性。

(3) 早期胚胎在孵化着床 (囊胚的后期) 之前，一直处于游离状态，这为我们获得早期胚胎提供了可能性。

(4) 早期胚胎与代孕母畜之间只是建立营养和代谢之间的联系，它们的遗传物质是独立的。

23.3.6 胚胎分割

胚胎分割是指采用机械方法将早期胚胎（发育良好、形态正常的桑葚胚或囊胚）切割成 2、4 或 8 等份等，然后经移植获得同卵双胎或多胎的技术。所用到的设备有体视显微镜和显微操作仪、分割针或分割刀等。胚胎分割的意义是可增加动物后代，来自同一胚胎的后代具有相同的遗传物质，胚胎分割属于无性繁殖。需要注意的是，分割囊胚时要将内细胞团均等分割，否则会影响分割后胚胎的恢复和进一步发育。此时还可用分割针分割滋养层，做胚胎 DNA 分析和性别鉴定。但胚胎分割也有一定的局限性，例如，刚出生的动物体重偏低，毛色和斑纹上存在差异；同卵多胎的可能性有限；等等。

生物是门科学　不可思议的生命探险 ▽

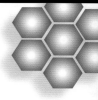

第24章 基因工程

❀ 24.1 基因工程简介

24.1.1 基因工程的历史

1952 年，莱德伯格 (J. Lederberg, 1925—2008) 等人发现了噬菌体的转导作用，即噬菌体能把一小段细菌的 DNA 从一个细菌传递给另一个细菌。1967 年，科学家们发现了细菌 DNA 之外的质粒具有自我复制能力，并可以在细菌细胞间转移，这一发现为基因转移找到了一种转运工具。前文已经提到，莱德伯格和爱德华·塔图姆 (Edward Tatum)、乔治·比德尔 (George Beadle) 共同获得了 1958 年诺贝尔生理学或医学奖。1965 年，瑞士微生物遗传学家维尔纳·阿尔伯 (Werner Arber, 1929—) 首次提出生物体内存在一种具有切割基因功能的限制酶；1968 年，他成功分离出限制酶 I。1970 年，美国分子生物学家、遗传学家史密斯 (H. O. Smith, 1931—) 分离出限制酶 II。1971 年，美国微生物遗传学家那森斯 (D. Nathans, 1928—1999) 使用限制酶 II 首次完成了对基因的切割。三人共同获得了 1978 年诺贝尔生理学或医学奖。

1972 年，美国生物化学家保罗·伯格 (Paul Berg, 1926—2023) 首次在体外将切割后的不同 DNA 分子连接成新的 DNA 分子，首创了基因重组技术，伯格、沃尔特·吉尔伯特 (Walter Gibert) 和弗雷德里克·桑格 (Frederick Sanger) 共同获得了 1980 年诺贝尔化学奖。同年，美国生物化学家哈尔·戈宾德·科拉纳 (Har Gobin Khorana, 1922—2011) 合成了含有 77 个核苷酸的 DNA 链；1976 年，他又合成了第一个具有生物活性的 DNA 链 (含有 206 个核苷酸)。1973 年，科恩和博耶合作，完成了两种不同基因拼接的复合基因导入细菌的实验，并在 1974 年申报了第一个基因重组技术的专利。他们将重组 DNA 转入大肠杆菌 DNA 中，转录出相应的 mRNA，证明了质粒可以作为基因工程的载体，重组 DNA 可以进入受体细胞，外源基因可以在原核细胞中成功表达，从而实现物种之间的基因交流。此工作表明基因工程正式问世，如图 24.1 所示。

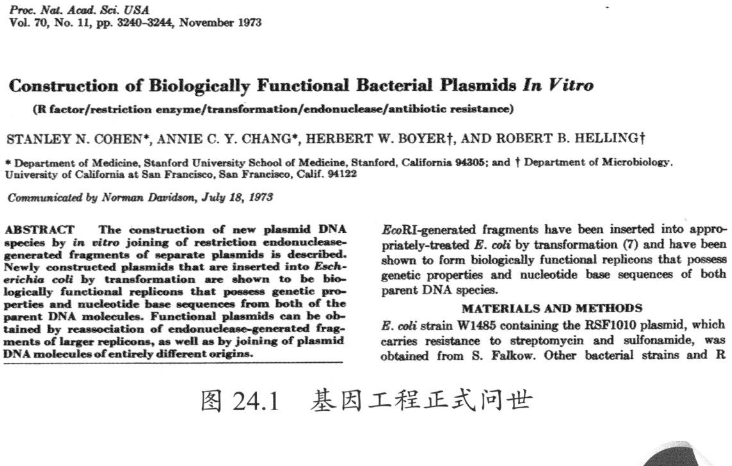

Proc. Nat. Acad. Sci. USA
Vol. 70, No. 11, pp. 3240–3244, November 1973

Construction of Biologically Functional Bacterial Plasmids *In Vitro*

(R factor/restriction enzyme/transformation/endonuclease/antibiotic resistance)

STANLEY N. COHEN*, ANNIE C. Y. CHANG*, HERBERT W. BOYER†, AND ROBERT B. HELLING†

* Department of Medicine, Stanford University School of Medicine, Stanford, California 94305; and † Department of Microbiology, University of California at San Francisco, San Francisco, Calif. 94122

Communicated by Norman Davidson, July 18, 1973

ABSTRACT The construction of new plasmid DNA species by *in vitro* joining of restriction endonuclease-generated fragments of separate plasmids is described. Newly constructed plasmids that are inserted into *Escherichia coli* by transformation are shown to be biologically functional replicons that possess genetic properties and nucleotide base sequences from both of the parent DNA molecules. Functional plasmids can be obtained by reassociation of endonuclease-generated fragments of larger replicons, as well as by joining of plasmid DNA molecules of entirely different origins.

*Eco*RI-generated fragments have been inserted into appropriately-treated *E. coli* by transformation (7) and have been shown to form biologically functional replicons that possess genetic properties and nucleotide base sequences of both parent DNA species.

MATERIALS AND METHODS

E. coli strain W1485 containing the RSF1010 plasmid, which carries resistance to streptomycin and sulfonamide, was obtained from S. Falkow. Other bacterial strains and R

图 24.1 基因工程正式问世

1977 年，桑格发明了 DNA 测序技术，并因此第二次获得了诺贝尔化学奖。1982 年，桑格又发明了鸟枪法全基因组测序技术。之后，DNA 合成仪的问世，又为引物、DNA 探针、小分子量的 DNA 片段的制备提供了便利。1983 年，穆利斯 (K. Mullis, 1944—2019) 发明了 PCR 技术，该技术可以使极微量的 DNA 短时间内复制，得到大量 DNA，使基因工程又获得了一个新工具。PCR 技术是一个划时代的发明，穆利斯也因此获得了 1993 年的诺贝尔化学奖。由此衍生出的实时荧光定量 PCR(real time-qPCR)、数字 PCR、touchdown PCR、LAMP、不对称 PCR、修饰引物 PCR、定点突变技术和基因融合技术，都使得分子生物学的研究突飞猛进、日新月异。

24.1.2 基因工程过程概览

基因工程的过程是：获取目的基因→ 构建基因表达载体→ 将基因表达载体导入受体细胞中→ 对受体细胞进行筛选和鉴定→ 对筛选得到的转基因细胞或个体进行发酵、细胞培养、养殖或栽培→最终获得所需的遗传性状或基因表达产物。

24.2 目的基因的获取

24.2.1 全基因合成或化学合成

对于全部序列已知的基因，在无法通过 PCR 获得 (如没有模板 DNA 等) 或无法从基因文库调取 (如没有基因文库等) 的前提下，我们可以通过化学合成的方式获取目的基因。需要用到的仪器是 DNA 合成仪。

24.2.2 基因文库调取

对于序列未知的基因，可以从基因文库中调取。

1. 基因文库的分类

基因文库包括基因组文库和 cDNA 文库两类。

1) 基因组文库

基因组文库从理论上讲，它含有这种生物所有的基因。其大致构建流程如下。

(1) 从某一种生物中提取它的全部遗传物质。

(2) 用适宜的限制酶对其进行切割。

(3) 将得到的全部片段连接到合适的载体上。

(4) 将所有的载体导入合适的受体细胞中。

这样便得到一个受体细胞群，称其为该物种的基因组文库，如图 24.2 所示。

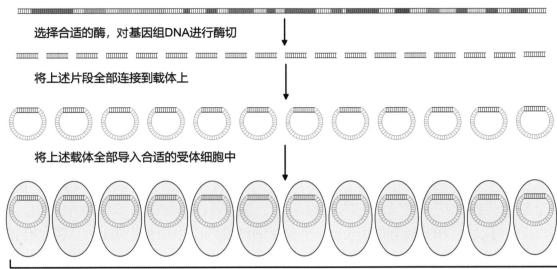

选择合适的酶，对基因组DNA进行酶切

将上述片段全部连接到载体上

将上述载体全部导入合适的受体细胞中

这些受体细胞群，理论上含有我们目的生物的全部基因
这样的一个群体，称其为这种生物的基因组文库

图 24.2　基因组文库的构建

那么一个基因文库要包括多少个菌体，才能涵盖这种生物的全部（或者说 99.99%）基因呢？我们可以用下面的公式计算：

$$N = \frac{\ln(1-P)}{\ln(1-f)}$$

其中，N 表示基因文库所需的总克隆数；P 表示任一基因存在于基因文库中的概率，一般要大于 99.99%，f 表示克隆片段的平均大小占该生物基因组的比例。

以大肠杆菌为例，其基因组 DNA 有 4 600 000 bp，如果我们用限制酶切割，得到的片段为 4096 bp，则 $f = \dfrac{4096}{4\,600\,000}$，若要 $P>99.99\%$，则 $N = 1.03 \times 10^4$。人的基因组约有 3 × 10^9bp，则 $N = 6.75 \times 10^6$。这样的结果显然是有点大的，不方便维护，因此人们一般选用的是 cDNA 文库。

2) cDNA 文库

cDNA 文库是从某一种生长状态的某种生物的某一类细胞中提取 mRNA，使用逆转录酶将 mRNA 逆转录成 cDNA，c 表示互补，complementary。然后将 cDNA 连接到合适的载体上，将构建好的载体全部导入合适的细胞中。这样的一个细胞群，称为 cDNA 文库，理论上讲，它含有这类细胞表达的全部基因。

2. 基因组文库与 cDNA 文库

cDNA 文库相较基因组文库要小得多，因为 cDNA 文库只含有该生物的部分基因。除此之外，cDNA 文库的基因相较基因组文库能方便地进行跨物种的基因工程操作。这得益于 cDNA 文库中的基因没有启动子和内含子。

(1) cDNA 文库中的基因没有启动子，这在基因工程中是一个优势。因为我们在基因工

程中，经常需要根据受体细胞的不同，将基因原本的启动子更换为在受体细胞中特异性表达的基因的启动子，从而控制目的基因在受体细胞或个体中时间和组织的特异性表达。如我们将人的胰岛素基因导入牛的受精卵中，然后将这个受精卵培养成一头小牛。理论上，这头小牛浑身上下任何一个细胞，都含有人的胰岛素基因。我们希望人的胰岛素基因能够在 (甚至只在) 小牛的乳腺细胞中表达，这样挤出的牛奶就会含有胰岛素。这如何实现呢？我们可以在人的胰岛素基因前面，连上牛的乳清蛋白基因的启动子。牛的乳清蛋白基因在牛的乳腺细胞中特异性表达，所以乳清蛋白的启动子后面连上胰岛素基因，就可以使人的胰岛素基因在牛的乳腺细胞中特异性表达，而不在其他组织器官中表达。再如，我们想要将某一个基因转到棉花中去，我们的目的是这个基因只在棉花的纤维细胞中表达，那如何实现呢？我们可以在目的基因前面连上一个棉花的纤维细胞中特异性表达的基因的启动子。

(2) cDNA 文库中的基因没有内含子，这也是一个优势。因为如果我们将真核细胞的基因放在原核细胞中表达，就需要将真核基因的内含子去除，才能保证目的基因在原核细胞中正确转录和翻译。如将人的胰岛素基因转到大肠杆菌中去表达，很可能得到的产物没有任何降低血糖的效果，因为人的胰岛素基因是真核细胞的基因，含有外显子和内含子。基因转录后生成的 RNA 需要经过加工过程 (将内含子对应的序列切去，再将外显子对应的序列连接起来，形成一条成熟的 mRNA)，才能作为翻译的模板 (加工过程发生在细胞核)。大肠杆菌中没有相应的转录后加工过程，所以无法正确地表达出胰岛素。应对方法很简单：我们不要从基因组文库中获取胰岛素基因，而是从用胰岛 B 细胞的 mRNA 构建的 cDNA 文库中获取胰岛素基因。这样得到的胰岛素基因自然就不含内含子序列。如果这样做了之后，得到的表达产物依然没有降低血糖的效果，那么可能是因为胰岛素本身是真核生物的分泌蛋白，所以在表达的时候，需要经过内质网、高尔基体的加工折叠，然后形成正确的空间结构，才能具有相应的生物学活性。而大肠杆菌是原核细胞，没有相应的细胞器和翻译后的加工修饰过程，所以得到的胰岛素可能并没有折叠成正确的空间结构。应对的方法很简单：可以直接将胰岛素基因放在酵母菌 (真核生物) 中表达，也可以将胰岛素分段在大肠杆菌中表达，然后提取基因表达产物，在细胞外人工折叠。现代基因工程获得的胰岛素主要是通过第二种方式获得的。

24.2.3 ‖ PCR

1. PCR 简介

PCR 的全称是聚合酶链式反应，其本质就是在细胞外 (in vitro，试管中) 进行 DNA 的复制，如图 24.3 所示。

在细胞内，DNA 复制的时候，需要解旋酶来断开氢键，使双链 DNA 变成单链 DNA，然后再由 DNA 聚合酶将一个个的脱氧核糖核苷酸形成脱氧核糖核酸 (DNA)。在细胞外，进行 PCR 的时候，我们通过加热使 DNA 从双链变成单链，然后再通过降温，使单链变成双链。

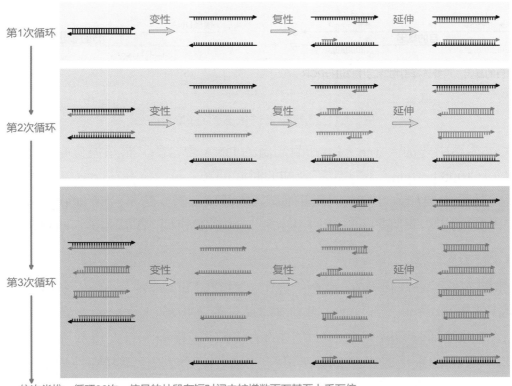

依次类推，循环30次，使目的片段在短时间内扩增数百万甚至上千万倍

图 24.3　PCR 循环示意图

2. PCR 体系

在 PCR 试管中，我们需要加入哪些组分？

(1) 模板。其本质是双链 DNA。

(2) 引物。其本质是一段单链 DNA 分子，是我们根据目的片段两端的已知序列、按照碱基互补配对原则设计的。引物具有以下特点。

① 引物具有方向性 (见图 24.4(a))，是 5' → 3'。

② 引物是成对的，包括 F 引物和 R(B) 引物。

③ 引物具有一定的特异性 (和模板 DNA 特异性结合)，一般有 18 ～ 25 个核苷酸。在一定范围内，引物越长，其特异性越高；在一定范围内，引物的 (G+C)% 越高，其特异性越高。

注意

① 引物的 3' 端必须严格地和模板 DNA 碱基互补配对。

② 引物的中间部位可以有个别碱基不与模板 DNA 碱基互补配对，据此可以进行定点突变。

③ 引物的 5' 端可以不严格地和模板 DNA 碱基互补配对，所以我们可以加上一些限制酶的识别位点，方便后续对 PCR 产物进行酶切和连接。不配对的序列甚至可以长达 45 nt 而不影响引物正确结合在目的区域，如图 24.4(b) 所示。

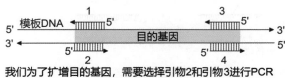

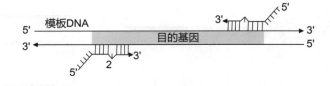

我们为了扩增目的基因，需要选择引物2和引物3进行PCR

(a)   (b)

图 24.4　引物与模板碱基互补配对问题

(3) PCR 体系中要加入 Taq 酶，即耐高温的 DNA 聚合酶，最适温度是 72℃。Taq 酶的扩增速度约为 1000 bp/min，它决定了延伸的时间问题。

(4) 反应体系中要加入 dNTP，即四种脱氧核糖核苷酸，这是合成 DNA 的原料。

(5) 加入其他如缓冲溶液 buffer 用于维持反应体系的 pH 和离子浓度、ddH$_2$O(双蒸水) 等。

3. PCR 程序

首先是预变性，一般设置在 95℃～ 98℃，持续时间为 1 ～ 2 min。有时候，我们会直接省去 DNA 提取这一步，直接把一些细胞 (菌) 作为模板，加入 PCR 体系中。通过预变性的高温操作，使细胞裂解死亡，释放出的 DNA 作为模板，有人将其称为菌落 PCR。当然，即使我们使用的是提取好的 DNA，由于 DNA 长度较长，不易变性为单链，我们也会在 PCR 循环步骤之前加入预变性操作，会使 PCR 结果更好。

循环阶段主要是变性、复性和延伸三步。

(1) 变性：95℃ for 30 s：在这样的温度下，双链 DNA 变性为单链 DNA。使 DNA 变性的方式有很多，通过加热使之变性的称为熔解。

(2) 复性：50℃ for 30 s：通过降温使单链 DNA 复性为双链 DNA。使 DNA 复性的方式有很多，通过降温使之复性的称为退火。

注意

虽然理论上模板 DNA 的两条单链也有可能复性，但因为两个原因，实际上它们几乎不可能复性成双链 DNA。

① 我们在 PCR 体系中加入的引物远大于模板的量。

② 模板 DNA 的长度较长，正常情况下，我们如果要通过降温使其复性，需要缓慢降温。而 PCR 中的温度变化非常迅猛，所以单链模板 DNA 复性成双链 DNA 的概率极低。

这里的退火温度取决于引物的 T_m 值，一般比两条引物的平均 T_m 值低 3℃～ 5℃为宜。退火温度不宜太高，太高会导致引物不能够有效地结合在模板上，甚至导致无法获得扩增结果。退火温度也不宜太低，太低会导致引物非特异性结合在模板的其他位置，产生非特异性条带。通常软件会根据经验公式 $(G + C)\% = (T_m - 69.3) \times 2.44$，给出可能的 T_m 值。我们从生物公司合成的引物订单上也会发现有推荐的 T_m 值，这些一般都是可以直接使用的。如果

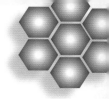

使用的时候发现不能很好地进行扩增，在排除其他原因的情况下，可以通过 touchdown PCR 进行扩增，也可以进行预实验，摸索该引物的最适退火温度。现在的 PCR 仪都可以单独设置每个孔的退火温度，极大地简化了这个过程。

(3) 延伸：72℃ for 1 min，在最适温度下，Taq 酶的扩增速度约为 1 kb/min，所以我们要根据目的片段的长度调整延伸时间。

补充

　　如果延伸的时间不够，会导致我们无法得到扩增片段，而不是长度缩短的片段，这是因为 PCR 的过程其实是上一轮 PCR 的产物作为下一轮 PCR 的模板。如果上一轮 PCR 未完成，在进行下一轮 PCR 的时候，引物就没有结合位点了。

　　既然如此，是否可以将扩增的时间延长一点？当然是不能的，因为温度对酶的伤害会随时间和温度积累，即使是最适温度，酶的活性也在逐渐丧失，所以我们才要在低温下保存酶。为了保持 PCR 的扩增效率，应该在不影响结果的情况下，尽可能地使延伸时间和整个 PCR 的时长缩短一些。

　　上述三个步骤（变性、复性和延伸）一般循环 30 次，理论上可以将目的片段扩大数百万倍。为什么不是 $2^{30} = 1\ 073\ 741\ 824$ 倍呢？因为上文提到的 PCR 效率问题，实际上的扩增效率能达到 1.8 就不错了。

　　循环程序结束后，一般我们还会设置一个 72℃维持 10 min 的补齐步骤，用于防止在 PCR 的后期，酶的活性降低，导致片段未能扩增完整，尽量提高实验的成功率。

　　最后，保险起见，设置一个 4℃持续时间为∞ 的步骤：这一步其实是把 PCR 仪当 4℃ 冰箱使用。因为我们不能一直守着 PCR 或保证 PCR 结束后能够及时取出 PCR 管，这时候如果任由它处于常温，扩增产物可能被降解。当然，这不是个好习惯，大家应该规划好自己的实验安排。

4. PCR 产物数量计算与鉴定

　　PCR 产物的量不仅与 PCR 的循环数有关，还与引物在模板 DNA 上的位置有关，如图 24.5 所示。

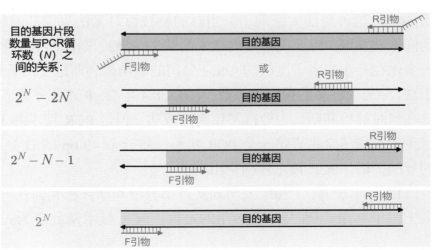

图 24.5　PCR 产物量和循环数 (N) 与引物和模板位置之间的关系

5. PCR 结果的检测

一般可以通过电泳方式对 PCR 结果进行检测。DNA 电泳常见的有聚丙烯酰胺凝胶电泳和琼脂糖凝胶电泳两种。二者都是利用分子筛的原理，DNA 分子在电泳缓冲液中带负电荷，在电场作用下向正极移动。移动的速度与电场强度 (即电压)、温度、凝胶浓度、DNA 分子大小、DNA 分子构象等因素有关。一般情况下，除 DNA 分子大小外，在一个电泳槽中，其他因素可以认为是等同的，因此 DNA 分子量越大，移动速度越慢，距离点样孔越近，反之移动速度越快，距离点样孔越远。聚丙烯酰胺凝胶电泳的分辨率优于琼脂糖凝胶电泳，可以将两个仅差 1 个碱基对的 DNA 分子区分为两个条带。

电泳结果分析如下。

(1) 电泳后没有特异性条带，甚至没有条带，可能的原因如下。

① 复性时的温度太高，导致引物未能结合在目的基因两侧。应对办法：适当降低复性温度。

② 延伸时间不够，导致 PCR 循环没有结束。应对办法：适当延长延伸时间。

③ 引物设计不合理。应对办法：重新设计引物。

(2) 电泳后有非特异性条带，可能的原因如下。

① 复性时的温度太低，导致引物在非目的基因位点也出现了结合。应对办法：适当升高复性温度。

② 引物的特异性不够。应对办法：适当延长引物长度或提高引物的 G、C 含量，以提高引物的特异性。

6. PCR 的发明和 Taq 酶的发现

最初种下 PCR 技术思想种子的是一位生物学巨匠——美籍印裔科学家、发现了遗传密码而被誉为基因合成的奠基人哈尔·葛宾·科拉纳 (Har Gobind Khorana)，他最早认识到经过 DNA 变性，与合适的引物杂交，用 DNA 聚合酶延伸引物，并不断重复该过程便可合成 tRNA 基因。这样超前的关于核酸体外合成的设想几乎让 PCR 的雏形呼之欲出。但可惜的是，这种想法太超前了，当时的科技暂时无法支撑其设想，尤其是热稳定 DNA 聚合酶尚未被发现，这至关重要的技术的缺失，导致该设想暂时被埋没。直到 1983 年的春天，一个正在开车去乡下度假的 Cetus 公司的职员穆利斯迸发出了要做出一个扩增 DNA 技术的想法。经历了许多的探究和失败，他在 1984 年春，扩增出了人 β- 珠蛋白基因的 58 个碱基对，这在当时被穆利斯认为取得了伟大的成功，但是 PCR 技术并未真正成型。直到 1984 年 11 月正式完成了全世界第一个 PCR 实验，将一个 49 bp 的 DNA 片段进行了 PCR 循环 10 次的复制扩增，PCR 技术才横空出世！

1986 年 5 月，Cetus 公司向沃森举荐穆利斯，穆利斯在"人类分子生物学"专题研讨会上做了 PCR 原理及实验应用的报告，PCR 技术从此广为人知。这里要着重说一下中国科学家在 PCR 技术中的贡献——Taq 酶的发现。钱嘉韵，中国台湾科学家，是第一个分离出耐高温的 DNA 聚合酶 (Taq 酶) 的人。1973 年，钱嘉韵就读于美国俄亥俄州辛辛那提大学生物系，由于她的导师对在黄石国家公园地热温泉中发现的嗜热菌很感兴趣，钱嘉韵以该菌为研究对象，最终从中成功分离到 Taq 酶，并于 1976 年在《细菌学杂志》上以第一作者身份发表了相关论文。

现在，PCR 的应用无处不在，人们也相应地开发出各种 PCR 的变式。

7. rt-qPCR 实时荧光定量 PCR

普通 PCR 只能进行定性或半定量，但我们经常需要了解 PCR 体系中模板的量，通过与内参或外参基因对比，考察相关基因的表达程度，这时候就需要用到实时荧光定量 PCR(real time-quantitative PCR)。在该方法中，如果是 DNA，可以直接作为模板，如果是总 RNA 或信使 RNA(mRNA)，需要首先通过逆转录酶转录成互补 DNA(cDNA)，然后以 cDNA 为模板进行 qPCR 反应。rt-qPCR 已被用于多种分子生物学的应用中，其中包括基因表达分析、RNA 干扰验证、微阵列验证、病原体检测、基因测试和疾病研究。

rt-qPCR 可通过一步法或两步法来完成。一步法 rt-qPCR 把逆转录与 PCR 扩增结合在一起，使逆转录酶与 DNA 聚合酶在同一管内同样缓冲液条件下完成反应。一步法 rt-qPCR 只需要利用序列特异性引物。在两步法 rt-qPCR 中，逆转录和 PCR 扩增过程是在两个管中完成，使用不同的优化的缓冲液、反应条件以及引物设计策略。

在 rt-qPCR 中，使用的 PCR 仪与普通的 PCR 仪差别很大，或者说，要高端很多。普通的 PCR 仪，说白了，就是个温度控制较好的水浴金属浴锅，按照我们设定好的程序进行升温和降温。而 rt-qPCR 中用到的是荧光 PCR 仪，需要对 PCR 管中的荧光信号进行实时 (real time) 检测。

根据加入的荧光分子不同，实时荧光定量 PCR 主要分为：TaqMan 探针 qPCR 和 SYBR Green qPCR 两种。

(1) TaqMan 探针 qPCR 指的是在反应体系中，除了加入常规的 PCR 所需物质外，还加入了我们根据目的片段的碱基序列、按照碱基互补配对原则设计的探针 (见图 24.6)。探针的本质就是一段单链 DNA 分子，但这里的探针的两端还连有一个荧光基团和一个淬灭基团。荧光基团会发出荧光，淬灭基团在距离荧光基团比

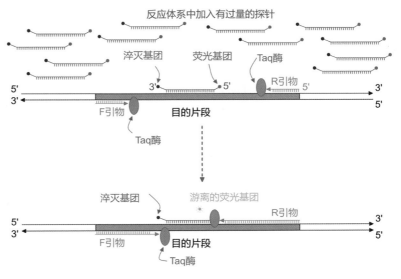

图 24.6　qPCR 之 TaqMan 探针法

较近的时候，会将荧光基团发出的荧光淬灭掉。比如现在，它俩被探针拴在一起，距离就属于比较近的情况。所以此时，不管是与模板结合的探针，还是在 PCR 体系中游离的探针，都不会发出荧光。但是，随着 Taq 酶的移动，当遇到探针的时候，Taq 酶会发挥它 5' → 3' 的外切酶活性，将探针降解，此时就会释放出游离的荧光基团，发出荧光。随着 PCR 的进行，试管中的荧光信号也会随之指数增长。试管中的荧光信号除了与 PCR 的循环数有关外，还与 PCR 体系中的模板量有关，所以我们可以据此反推出试管中的模板量。

(2) 和 TaqMan 探针相比，SYBR Green qPCR 相对简单。SYBR Green 是一种能够和双链 DNA 结合的荧光染料。游离状态下，SYBR Green I 发出微弱的荧光，一旦与双链 DNA 结合后，荧光大大增强。所以可以用于指示 PCR 体系中双链 DNA 的量。

8. 巢式 PCR

常规 PCR 在对模板进行扩增的过程中，引物与模板之间会出现非特异性配对，导致产生非特异性产物。

为了提高 PCR 扩增的特异性，人们对常规 PCR 进行技术改良，发明了巢式 PCR(nested PCR)，如图 24.7 所示。巢式 PCR 利用两套 PCR 引物进行两轮 PCR 扩增，第二轮的扩增产物才是目的基因片段，具体来说，就是：

(1) 根据 DNA 模板序列设计两对引物，利用第一对引物 (称为外引物) 对靶 DNA 进行 15 ～ 30 次循环的标准扩增。

(2) 第一轮扩增结束后，将一小部分起始扩增产物稀释 100 ～ 1000 倍加入第二轮扩增体系中作为模板，利用第二对引物 (称为内引物或巢式引物，结合在第一轮 PCR 产物的内部) 进行 15 ～ 30 次循环的扩增。

第二轮 PCR 的扩增片段短于第一轮。与常规 PCR 技术相比，两套引物的使用提高了扩增的特异性，因为和两套引物都互补的靶序列很少。如果第一次扩增产生了错误片段，内引物与错误片段配对扩增的概率极低，因此提高了 PCR 扩增反应的特异性与灵敏度。

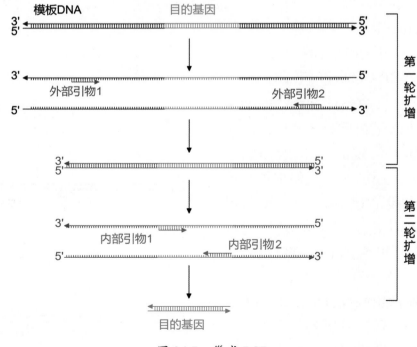

图 24.7　巢式 PCR

9. LAMP

环介导等温扩增 (loop-mediated isothermal amplification，LAMP) 是日本学者纳富继宣 (Tsugunori Notomi) 等人于 2000 年提出的一种新的核酸扩增技术，已被广泛地应用于病原微生物检测和传染性疾病诊断等领域。LAMP 技术利用一种具有高链置换活性的 Bst DNA 聚合酶，较传统核酸扩增技术具有以下优势。

(1) 等温条件下扩增，避免了常规 PCR 对温度循环的特殊要求所带来的种种不便。

(2) 高效灵敏。在 45～60 min 的时间内，扩增效率可达到 10^9～10^{10} 个数量级，扩增模板极限仅为几个拷贝。

(3) 特异性强。使用 4～6 条引物，识别靶基因的 6 个位点，保证扩增的特异性。

(4) 费用低。不需要昂贵的精密仪器和特殊试剂。

(5) 操作简便。不需要进行双链 DNA 的预变性，在同一管内即可以完成全部检测。

(6) 检测简单。在核酸大量合成时，产生副产物——焦磷酸镁沉淀，有极高的特异性，只要用肉眼观察或浊度仪检测沉淀浊度就能够判断扩增与否。

(7) 扩增 RNA 模板，在反应体系中加入逆转录酶，即可一步实现 RNA 的高效扩增。

LAMP 中使用的引物对如图 24.8 所示：内部引物，包括正向内部引物 (FIP) 和反向内部引物 (BIP)；外部引物，包括正向外部引物 (F3) 和反向外部引物 (B3)；可选的环引物，包括正向环引物 (FL) 和反向环引物 (BL)。

内部引物很长 (45～49 bp)，与模板上的两个远距离位置 (正义链和反义链) 互补。外部引物较短 (21～24 bp)，并且在反应混合物中以较低浓度施用，与模板结合的速度比内部引物慢。内部和外部引物，包括正向和反向，与 Bst DNA 聚合酶结合，在 60℃～65℃ 时显示出高链置换活性，形成哑铃状 DNA 结构。

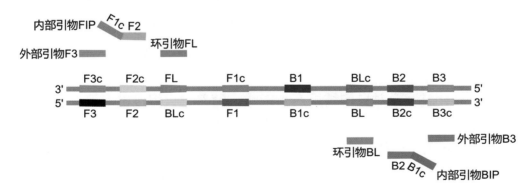

图 24.8　LAMP 反应中使用的引物 (Soroka M, 2021)

▶▶▶

FIP(正向内部引物) 包含一个与基质的 F2c 互补的区域 F2，以及一个新形成的链上与 F1 互补的自由区域 F1c；BIP(反向内部引物) 包含一个与模板的 B2c 互补的区域 B2，以及一个新形成的链上与 B1 互补的游离区域 B1c；F3(正向外部引物) 包含与模板的 F3c 互补的区域 F3；B3(反向外部引物) 包含与模板的 B3c 互补的区域 B3；FL(正向环引物) 是 F2 和 F1 区域之间单链环的补充；BL(反向环引物) 是对区域 B2 和 B1 之间的单链环的补充。

这种结构可作为进一步扩增的模板。添加与哑铃状结构 DNA 互补的环引物可增加 LAMP 反应过程中的"起始点"数量，因此，环引物显著提高了反应的效率和灵敏度，并将所需的时间缩短了 50%(见图 24.9)。此外，当人工模板被创建时，环引物仅激活一次，这大大提高了反应的选择性。

LAMP 技术不涉及 DNA 变性阶段，因为由于 Bst DNA 聚合酶的链置换活性，该反应可以在等温条件下进行。LAMP 的所有阶段均在 60℃～ 65℃ 的稳定温度下进行，无须使用热循环仪来精确调整热和时间曲线，这对于众所周知的 PCR 技术是必要的。LAMP 技术可分为三个阶段：生产用于反应的起始材料、循环扩增和伸长率与再循环。第一阶段最重要的一步是以单链 DNA 的形式产生具有哑铃状结构的人工模板。

随后的阶段涉及自启动模板的指数扩增和链的替换，从而产生双链 DNA 的混合物。LAMP 的最终输出是花椰菜状结构。

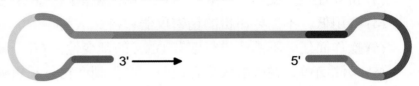

图 24.9　单链 DNA 哑铃状结构示意

10. touchdown PCR

尽管目前 PCR 技术已相当普遍和成熟，但 PCR 反应中许多条件 (如 Mg^{2+}、dNTPs、引物、模板、循环中的参数等) 仍然会影响实验结果，特别是对于一些复杂的基因组 DNA 模板，普通 PCR 往往存在非特异性扩增，得不到理想的产物。为了解决 PCR 非特异性扩增的问题，Don 等人于 1991 年发明了降落 PCR(touchdown PCR，TD-PCR) 技术。

降落 PCR 是通过对反应体系中退火温度进行优化来提高反应的特异性，其基本原理是根据引物的 T_m 值，设置一系列从高到低的退火温度，开始选择的退火温度高于估计的 T_m 值，每一个 (或 n 个) 循环降低 1℃ (或 n℃) 退火温度。随着循环的进行，退火温度逐渐降低至 T_m 值，最终低于 T_m 值并达到一个较低的退火温度。最后以此退火温度进行 10 个左右的循环。

PCR 反应中退火温度会对扩增结果产生影响，随着退火温度的升高，扩增特异性会变好，同时扩增效率会变低。退火温度过高会使 PCR 效率过低，退火温度过低则会使非特异性扩增过多。降落 PCR 一开始先用高温扩增，以保证扩增的严谨性 (在较高的退火温度下通常得到特异性扩增产物)，待目的基因的丰度上升后，降低扩增的温度，提高扩增的效率。当退火温度降到非特异扩增发生的水平时，特异产物会有一个几何级数的起始优势，在剩余反应中非特异的位点由于丰度低无法和特异位点竞争，从而产生单一的占主导地位的扩增产物。

降落 PCR 具有以下三个特点。

(1) 低水平、高特异性的扩增在循环的早期开始，此时的退火温度高于"最合适"的退火温度。

(2) 当退火温度在目的产物的 T_m 值与假阳性产物的 T_m 值之间时，目的产物的竞争优势更加明显。

(3) 较低的退火温度能有效地增加目的产物的产量，同时使非特异性的扩增降到最低，因为特异序列在较高退火温度时得到扩增，等退火温度降到较低时，已积累了大量的特异产物，减少了特异引物与非特异序列结合的机会。

通常降落 PCR 的退火温度范围可跨越 15℃，从高于 T_m 值几度到低于其 10℃ 左右，在每个温度上循环 1 ～ 2 个周期，然后在较低的退火温度上循环 10 个周期左右。

11. 不对称 PCR

不对称 PCR 是指在 PCR 反应中采用两种不同浓度的引物，经若干轮循环后，低浓度的引物被消耗完，以后的循环只产生高浓度的延伸产物，其结果产生大量特异长度的单链 DNA。因为在 PCR 反应中使用的两种引物浓度不同，故称为不对称 PCR，用此法产生的单链 DNA 可用作杂交探针或 DNA 测序的模板，如图 24.10 所示。

进行不对称 PCR 有两种方法：一是在 PCR 反应开始时即采用不同浓度的引物；二是进行二次 PCR 扩增，第一次 PCR 用等浓度的引物，以期获得较多的目的 DNA 片段，提高不对称 PCR 产率，取第一次扩增产物 (含双链 PCR 片段) 用单引物进行第二次 PCR 扩增产生单链 DNA。

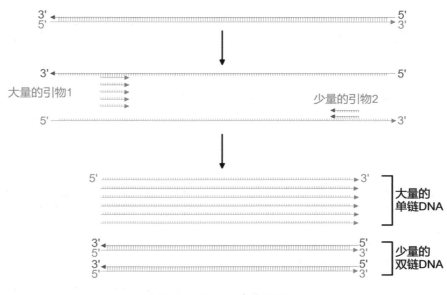

图 24.10　不对称 PCR

方法一的缺点是大大地降低了 PCR 产率，容易降低反应的特异性。方法二可提高单链的概率，但操作稍微麻烦一些。无论采用哪种方法，不对称 PCR 的效率较标准的对称 PCR 要低。

注意

不对称 PCR 由于最终只有一个引物延伸，其扩增产物不是以指数形式增加，而是线性增加，因此不对称 PCR 较一般 PCR 产率低。不对称 PCR 的产量随引物比率的不同而变化，而且反应中模板 DNA 的量决定了循环次数。

12. 修饰引物 PCR

PCR 的延伸是从引物的 3' 端开始的，并决定着 PCR 产物的特异性，需要与模板 DNA 严格地碱基互补配对。5' 端并无此要求，所以我们经常在引物的 5' 端加上一段有意义的序列，使得产物的两端带有特殊的碱基对序列，这对于 PCR 产物的分析与进一步操作有很大的方便。加序列的方法很简单，在合成引物时，在 5' 端之间额外加上所需的序列即可。在加酶切位点时，需注意在酶切位点的 5 端应再加上 2～4 个无关碱基，以确保产物的酶切效果。

13. 定点突变 PCR

PCR 定点突变技术是最常用的基因定点突变技术，通过设计含有非特异性配对碱基的引物，再通过 PCR 将突变位点引入产物中。PCR 定点突变技术具有突变回收率高、可在任意位点引入突变、材料和试剂容易获得、操作简单等优点，它又可以分为重叠延伸 PCR、大引物 PCR 等。

(1) 重叠延伸 PCR 是发展最早的 PCR 定点突变技术，该技术要使用四条引物。其中引物 2 和引物 3 的突起处代表与模板链不能互补的突变位点，而这两条引物有部分碱基（包括突变位点）是可以互补的。因此，分别利用引物 1 和引物 3、引物 2 和引物 4 进行 PCR。由于引物 3 和引物 4 的位置关系，两次 PCR 得到的产物有一段是互补区域。PCR1 和 PCR2 的扩增产物变性再复性后获得的产物有两类，其中一种可以在 DNA 聚合酶的作用下延伸，而成为一条完整的 DNA 片段。最后，用引物 1 和引物 4 进行扩增，得到含有突变位点的 DNA 片段，如图 24.11 所示。通过测序可以检验定点突变是否成功。

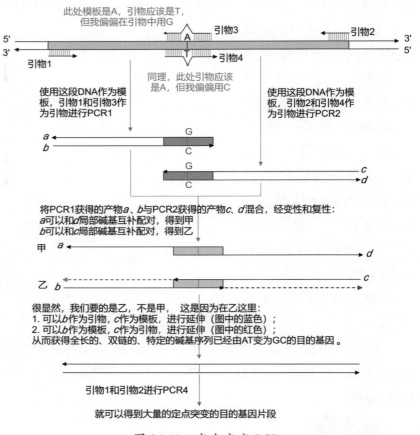

图 24.11　定点突变 PCR

▶▶▶

在这里，我们以需要将目的基因中间原本的 AT 碱基对改造成 GC 为例。

(2) 大引物 PCR 需要用到三条引物进行两轮 PCR, 这三条引物分别是突变上游引物、常规上游引物和常规下游引物。该技术的流程如图 24.12 所示, 第一轮 PCR 利用突变上游引物和常规下游引物进行扩增, 得到不完整的含有突变位点的 DNA 片段。第二轮 PCR 利用第一轮扩增产物中的一条 DNA 链作为下游大引物, 它与常规上游引物一起扩增得到完整的含有突变位点的 DNA 片段。

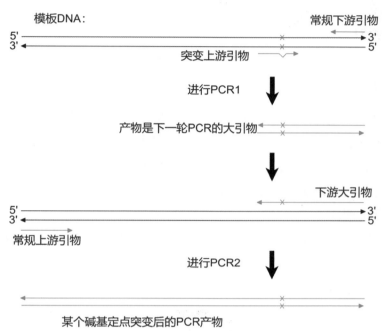

图 24.12　大引物 PCR

寡核苷酸介导的定点突变技术以 M13 噬菌体的单链环状 DNA 作为载体, 先将目的基因 (单链 DNA) 插入 M13 噬菌体的 +DNA 上, 制备含有目的基因的单链重组 DNA, 然后用含有突变碱基的寡核苷酸片段作为引物, 启动单链 DNA 分子的复制, 如图 24.13 所示。这段寡核苷酸引物便成为新合成的 DNA 的一部分, 经过筛选, 即可获得突变后的目的基因。

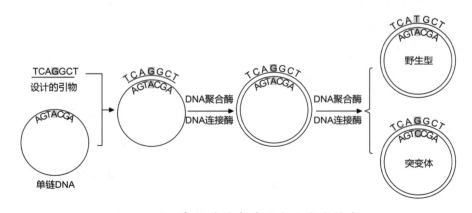

图 24.13　寡核苷酸介导的定点突变技术

盒式定点突变技术更加直白, 用一段双链的、人工合成的、含有突变序列的寡核苷酸片段, 取代野生型基因中的相应序列, 即可获得突变的目的基因, 如图 24.14 所示。

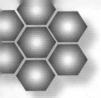

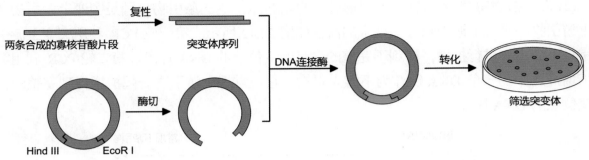

图 24.14　盒式定点突变技术

14. 反向 PCR

常规的 PCR 技术只能对两端序列已知的 DNA 片段进行扩增，但在实际工作中常常需要通过基因上一小段已知序列对其邻近序列进行扩增。

为了解决这一问题，科学家们对常规 PCR 进行技术改进，发明了多种获得已知基因两侧序列的方法，包括反向 PCR、锚定 PCR、RACE-cDNA 末端的快速扩增等。下面简单介绍一下反向 PCR 的原理。

反向 PCR(inverse-PCR，IPCR) 具有与常规 PCR 方向相反的引物，并且 IPCR 的扩增方向与普通 PCR 相反，因此称其为反向 PCR，如图 24.15 所示。IPCR 实验是将待扩增片段环化，通过一对方向相反的引物实现已知序列两侧基因序列的扩增。常规 PCR 的方向是相对的，可以扩增一对引物之间的片段，因此想要扩增引物两侧的基因片段，需要设计方向相反的引物。但用方向相反的引物进行 PCR 扩增，是无法得到足够的产物的，因为每个引物只能对各自的模板线性扩增，无法进行指数级增长。为了解决这个问题，需要对扩增的 DNA 模板先进行酶切，然后连接环化，使其引物方向成为相对，然后再进行 PCR 扩增。

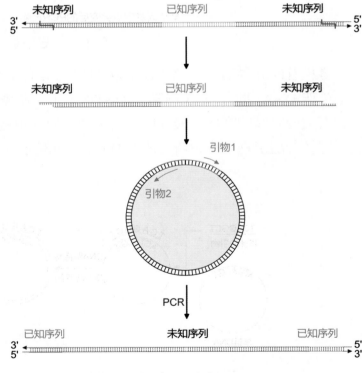

图 24.15　反向 PCR

24.3 基因表达载体的构建

24.3.1 工具

1. 限制酶

在微生物培养中，人们观察到生长在大肠杆菌某些菌株（如 K 株）中的噬菌体不能在其他菌株（如 B 株）中存活，或者生长能力受到严重限制，于是便产生这样的疑问：大肠杆菌不同菌株对噬菌体生长的这种限制是由什么决定的？为了解答这一问题，研究人员作了如下的实验设计：将 B 株或 K 株分别与其他大肠杆菌菌株按一定比例混合培养，然后再用噬菌体感染这种细菌混合培养物。结果显示：从其他大肠杆菌菌株中释放出来的噬菌体感染 B 株或 K 株的能力也大打折扣。进一步分析发现，这种限制效应是由菌株产生的一种酶引起的，这种酶能识别"外源"噬菌体 DNA 中的特异性位点并裂解它，因此这种酶被命名为"限制性内切核酸酶"，简称限制酶。

须知

更为奇妙的是：为了保护其自身的 DNA 免遭自己的限制酶切割，细菌还会表达一种 DNA 甲基化酶，催化限制酶识别的序列发生甲基化修饰，从而使限制酶不能识别。细菌的这种限制 - 修饰机制相当于脊椎动物体内的先天性免疫系统，不具备免疫记忆功能。

迄今分离的限制酶有数千种，主要是从一些原核生物中分离纯化出来的。它们能够识别双链 DNA 分子的特定核苷酸序列，并且使每一条链中特定部位的磷酸二酯键断开。

限制酶的命名规则是：用首次分离到该酶的生物的属名的第一个字母 + 种名的前两个字母，组成 3 个字母，再加上分离的顺序。如一种限制酶是从大肠杆菌 (Escherichia coli) 的 R 型菌株分离来的，就用字母 EcoR 表示；如果它是从大肠杆菌 R 型菌株中分离出来的第一个限制酶，则进一步表示成 EcoRI。

从名字即可看出限制酶有 3 个特点：限制性、核酸、内切。

限制性指的是每一种酶都有自己固定的识别位点，只会在特定位点处进行识别和切割，而不是随意切割。限制酶的识别位点可包括 4～7 个碱基对，一般是 6 个，这些碱基序列大多沿中心轴旋转 180° 可以重合，即回文对称，如图 24.16 所示。也有一些限制酶识别的是简并碱基，如 Hind II 的识别位点为 5'-GTYRAC-3'，Ava I 的识别位点为 5'-CYCGRG-3'，EcoR II 的识别位点为 5'-CCWGG-3'，其中 R 表示 A 或 G，Y 表示 C 或 T，M 表示 A 或 C，K 表示 G 或 T，S 表示 G 或 C，W 表示 A 或 T，H 表示除了 G，B 表示除了 A，V 表示除了 T，D 表示除了 C，N 表示 A 或 T 或 C 或 G。这样一来，我们就可以用一个字母表示任意种类碱基。

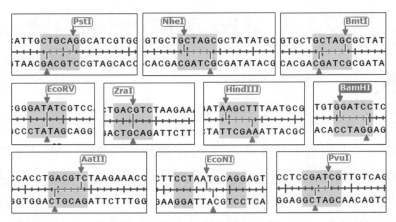

图 24.16　常见限制酶的识别位点

目前已知的限制酶有 4000 多种，但识别位点仅上百种，这很好理解，因为限制酶的命名是根据其来源命名的，与其识别位点没有关系。

内切是和外切相对应的，即限制酶会在识别位点处将双链 DNA 的两个磷酸二酯键进行切割，将一条 DNA 分子切成两条 DNA 分子。如果是交互着切割，得到的是黏性末端；如果是对称着切割，得到的是平末端。

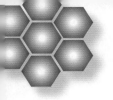

须知

①Ⅰ型限制酶：同时具有修饰 (modification) 及识别切割 (restriction) 的作用，通常其切割位 (cleavage site) 距离认知位 (recognition site) 可达数千个碱基之远。例如，EcoB、EcoK。

②Ⅱ型限制酶：只具有识别和切割的作用，所识别的位点大多是短的回文序列 (palin- drome sequence)，所剪切的碱基序列通常即为所认知的序列，正是我们上面所说的限制酶，是实用性较高的限制酶种类。例如：EcoRI、HindIII 等。

③Ⅲ型限制酶：与Ⅰ型限制酶类似，同时具有修饰及识别切割的作用。它可识别短的不对称序列，切割位与识别序列相距 24 ~ 26 个碱基对。例如，EcoPI、Hinf III，有一点用，后文会有涉及。

核酸酶：虽然核酸包括 DNA 和 RNA，这两个各自又有双链和单链之分，但基因工程中使用的限制酶只能识别双链 DNA 分子。

以图 24.16 中的 Hind III 为例，其识别位点为 5' - A↓AGCTT - 3'，并在 A 与 A 之间进行切割，得到的黏性末端为 AGCT。所以，两种酶，可能会出现：

(1) 识别位点不同，黏性末端不同；

(2) 识别位点不同，黏性末端相同，这样的酶称为同尾酶；

(3) 识别位点相同，黏性末端不同，这样的酶称为不完全同裂酶；

(4) 识别位点相同，黏性末端相同，这样的酶称为完全同裂酶。

2. 连接酶

1967 年，世界上几个实验室几乎同时发现了一种能够将两个 DNA 片段连接起来的酶，称之为 DNA 连接酶 (DNA ligase)。黏性末端之间在低温条件下形成的氢键并不牢固，而连接酶可以将两个黏性末端牢固地连为一体。大多数生物的 DNA 连接酶能封闭双链 DNA 分子中的单链"缺口"，即一条链上相邻两个脱氧核苷酸之间断开的化学键 (共价键)，因此特别适合将两个黏性末端牢固地连为一体。

在基因工程操作中，DNA 连接酶主要有以下两类。

(1) 从大肠杆菌中分离得到的，称为 E.coli DNA 连接酶。

(2) 从 T_4 噬菌体中分离出来的，称为 T_4 DNA 连接酶。

这两类酶都能将双链 DNA 片段"缝合"起来，恢复被限制酶切开的磷酸二酯键，但这两种酶的作用有所差别。E.coli DNA 连接酶只能将具有互补黏性末端的 DNA 片段连接起来，不能连接具有平末端的 DNA 片段，而 T_4 DNA 连接酶既可以"缝合"双链 DNA 片段互补的黏性末端，又可以"缝合"双链 DNA 片段的平末端，但连接平末端的效率相对较低。

3. 载体

载体 (vector) 的本质就是具有自我复制能力的 DNA 分子。如何才能具有自我复制能力？当然是含有自主复制序列 (即复制原点)。基因工程中常用的载体是质粒。

质粒 (plasmid) 是一种裸露、结构简单、独立于真核细胞细胞核或原核细胞拟核 DNA 之外，并具有自我复制能力的环状双链 DNA 分子。质粒 DNA 分子上有一个到多个限制酶切割位点，供外源 DNA 片段 (基因) 插入其中。携带外源 DNA 片段的质粒进入受体细胞后，能在细胞中进行自我复制，或整合到受体 DNA 上，随受体 DNA 同步复制。在基因工程操作中，真正被用作载体的质粒，都是在天然质粒的基础上进行过人工改造的，这些质粒上常有特殊的标记基因，如四环素抗性基因 Tet^R、氨苄青霉素抗性基因 Amp^R 等，便于重组 DNA 分子的筛选。如图 24.17 所示就是基因工程中常用的一种质粒(pBR322)的结构示意图。

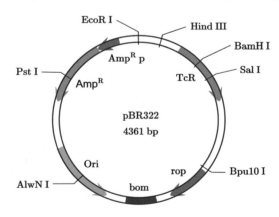

图 24.17　pBR322 质粒示意

▶ ▶ ▶

pBR322 质粒共有 4361 对碱基，橙色的 Ori 表示复制原点，是解旋酶和 DNA 聚合酶的识别和结合位点，用来启动 DNA 复制。绿色的 Amp^R 表示氨苄青霉素的抗性基因序列，深绿色的 Amp^R p 表示 Amp^R 基因的启动子。蓝色的 TcR 表示四环素外排蛋白的基因序列，可以理解为四环素的抗性基因。深灰色的 bom 表示 basis of mobility region from pBR322，质粒在结合生殖时需要特殊

的 DNA 内切酶将质粒 DNA 中的一条链降解，然后将单链 DNA 经由两个细胞的结合处传送到受株中，同时以滚环复制的方式完成 DNA 的复制。质粒 DNA 中被切开的特定的地方就是 oriT 或称为 bom。紫色的 rop 基因可以合成 rop 蛋白，用于维持受体细胞内质粒的低拷贝数，即 pBR322 是一个严谨型质粒。质粒周围的那些黑色的标记表示限制酶的识别和酶切位点，在图 24.17 中仅标出部分限制酶识别位点。

基因工程中常见的载体，除了质粒，还有如 λ 噬菌体的衍生物、动植物病毒、改造的染色体等。

24.3.2 ‖ 方法

如图 24.18 所示，如果我们用单一的限制酶切割目的基因，同时用该限制酶切割质粒，然后将切割后的目的基因和切割后的质粒混合，用连接酶进行连接，那么由于目的基因两端的黏性末端是可以碱基互补配对的，质粒上的两个黏性末端也是可以碱基互补配对的，所以连接时，至少有以下四种情况出现。

(1) 目的基因正确连接到载体上。

(2) 目的基因反向连接到载体上。

(3) 质粒自身重新连接环化。

(4) 目的基因自身连接环化。

很显然，我们希望的一般是正向连接的情况，其他三种情况都不是我们希望的。那么如何避免另外三种情况呢？双酶切！我们用两种限制酶(为了方便描述，我们称其为酶 A 和酶 B) 去切割目的基因。当然，载体也要用两种限制酶(我们称其为酶 C 和酶 D) 去切割质粒。

(1) 酶 A 和酶 B 的识别位点和黏性末端必须均不同。

(2) 酶 C 和酶 D 的识别位点和黏性末端必须均不同。

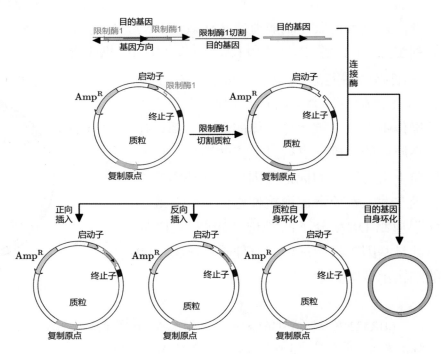

图 24.18 基因工程单酶切

(3) 酶 A 和酶 C 可以是同一种酶，也可以是同尾酶，即黏性末端必须相同。
(4) 酶 B 和酶 D 可以是同一种酶，也可以是同尾酶，即黏性末端必须相同。

24.3.3 存档

　　如果我们将连接后得到的质粒直接进行下一步的操作，如导入受体细胞中。但万一实验失败了，难道要从获取目的基因开始？我们一般会把得到的重组质粒导入大肠杆菌等受体细胞中保存，使重组质粒在受体细胞中稳定地存在，然后将这些含有重组质粒的受体细胞进行保藏。当我们需要的时候，只需将这些受体细胞液体进行摇床培养，然后提取质粒，即可获得取之不尽、用之不竭的重组质粒，这样我们就可以放心大胆地进行后续的操作了。

　　下面我们介绍一下如何确定重组质粒是否成功导入大肠杆菌等受体细胞中。可以将这一部分操作理解为基因工程第三步的"导入受体细胞"之"导入微生物细胞"的相关内容。我们将连接酶连接后的产物与经 $CaCl_2$ 处理后的、处于感受态的大肠杆菌 (DH5α) 混合，大肠杆菌就可能吸收重组质粒，这个过程称为转化。

　　转化的前提条件是受体细胞要处于感受态。所谓感受态，指的是能从周围环境中吸取 DNA 的一种生理状态。细菌生长到一定阶段会分泌一种称之为感受态因子的蛋白质，并与细胞表面受体相互作用，诱导表达一些"感受态特异蛋白"，其中的自溶素能使细胞表面的 DNA 结合蛋白及核酸酶裸露出来，核酸酶可以将细胞表面结合的双链 DNA 的其中一条链切割降解，DNA 结合蛋白协助剩余的单链 DNA 进入细胞，并以同源重组的方式整合到基因组 DNA 上，如图 24.19 所示。

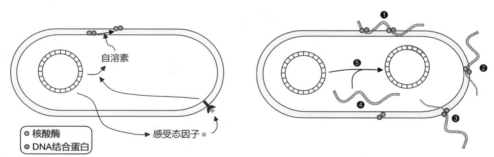

图 24.19　转化过程示意图

▶▶▶

　　钙离子可以使细胞膨胀，促进细胞外膜与细胞内膜之间的核酸酶暴露出来，钙离子还可以与外源 DNA 相黏附并在细胞表面形成羟基—磷酸钙复合物，促进外源 DNA 进入细胞内。

◇ 知识拓展：转化、转染、转导、接合 ◆

　　转化：受体细胞从外界吸收了来自供体细胞的 DNA 片段，并与其核 DNA 同源片段进行遗传物质交换，从而使受体细胞获得了新的遗传特性。

　　转染：自然感受态除了能摄取线性 DNA 分子外，也能摄取质粒 DNA 和噬菌体 DNA，后者又称为转染。

> **转导**：通过完全缺陷或部分缺陷的噬菌体为媒介，把一个细菌（供体细菌）的DNA片段转移到另一个细菌（受体细菌）中，并使后者发生遗传变异的过程。
>
> **接合**：指供体菌和受体菌的完整细胞互相接触产生接合管，通过接合管而进行较大片段的DNA传递的过程。

但是，转化过程其实并不是这么简单，如图24.20所示，当我们将连接后的液体和感受态大肠杆菌混合后，所得到的大肠杆菌至少有以下3种类型。

(1) 大肠杆菌1：未吸收任何质粒。

(2) 大肠杆菌2：吸收了重组质粒。

(3) 大肠杆菌3：吸收了空质粒。

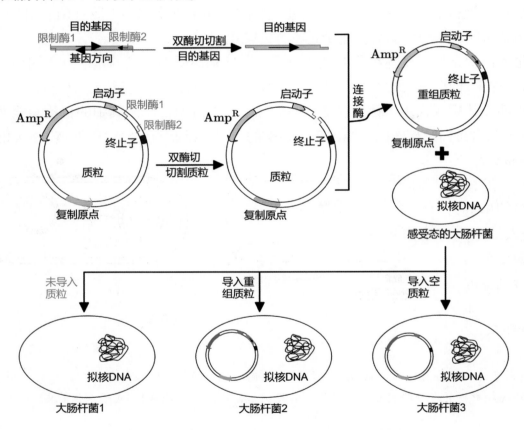

图 24.20 重组质粒导入大肠杆菌中并进行筛选

我们需要的是大肠杆菌2，那么如何将大肠杆菌1和大肠杆菌3淘汰掉？

首先，我们要把大肠杆菌1和大肠杆菌2以及大肠杆菌3进行区分。这个很简单的，因为我们的质粒上携带有标记基因，如图24.20中所示的氨苄青霉素的抗性基因 Amp^R。这个基因的存在，就可以赋予它的宿主细胞一种能够抵抗氨苄青霉素的能力，即能够在含有氨苄青霉素的培养基上生长的能力。所以我们可以把得到的全部大肠杆菌稀释涂布在含有

Amp^R 的选择培养基上，大肠杆菌 1 无法生长，生长出来的菌落不是大肠杆菌 2 就是大肠杆菌 3。

其次，如何区分大肠杆菌 2 和大肠杆菌 3 的问题。我们常用的做法有两种：双抗筛选法和蓝白斑筛选法。

(1) 双抗筛选法：这种方法是传统的方法，其原理很简单，操作稍麻烦。我们选用的质粒，除了有 Amp^R 外，还有一个抗生素的抗性基因，如四环素的抗性基因 Tet^R。将我们的目的基因插入其中一个标记基因的内部，如 Tet^R 基因的内部。由于目的基因的插入，导致 Tet^R 基因被破坏了，也就不再能够赋予宿主细胞抗四环素的能力了。所以现在的情况是：

① 大肠杆菌 1 既不能抗氨苄青霉素，也不能抗四环素；

② 大肠杆菌 2 只能抗氨苄青霉素；

③ 大肠杆菌 3 既能抗氨苄青霉素，也能抗四环素。

所以我们可以把得到的大肠杆菌涂布在含有氨苄青霉素的培养基上，大肠杆菌 1 无法生长，得到的菌落是大肠杆菌 2 或大肠杆菌 3。然后我们把这些菌落原位转印到含有四环素的培养基上，有些菌落可以生长 (大肠杆菌 3)，有些菌落无法生长 (大肠杆菌 2)。我们需要的就是在氨苄青霉素的培养基上可以生长而在四环素的培养基上无法生长的那些大肠杆菌。

(2) 蓝白斑筛选法：这种方法是目前实验室经常使用的方法，原理说起来有点麻烦，但操作很简单。我们选用的质粒，除了有 Amp^R 外，还有一个 LacZ 基因。LacZ 基因编码的 β- 半乳糖苷酶，该酶可以将 X - gal 降解为 X 和 gal。X - gal 就是 5- 溴 -4- 氯 -3- 吲哚 -β-D-吡喃半乳糖苷。X- gal 本身无色，被 β- 半乳糖苷酶水解得到 5- 溴 -4- 氯 -3- 羟基 - 吲哚和半乳糖。5- 溴 -4- 氯 -3- 羟基 - 吲哚本身无色，但在空气中会自发二聚并氧化为 5,5'- 二溴 -4,4'-二氯靛染料，是一种不溶的深蓝色产物。半乳糖本身无色。

我们的目的基因一定要插入 LacZ 基因的内部，即由于目的基因的插入，要将 LacZ 基因破坏掉。这样，我们只需要将得到的大肠杆菌涂布在含有氨苄青霉素以及 X - gal 的培养基上：

① 大肠杆菌 1 被氨苄青霉素杀死了；

② 大肠杆菌 2 由于 LacZ 基因已经被破坏了，所以无法降解 X - gal，形成白色的菌落；

③ 大肠杆菌 3 由于没有目的基因插入，LacZ 基因可以表达，所以可以降解 X - gal，形成蓝色的菌落，如图 24.21 所示。

图 24.21　蓝白斑筛选法示意

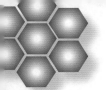

注意

蓝色的菌落肯定不是我们需要的菌落；白色的菌落有的是我们需要的菌落，有的并不是我们需要的菌落。所以后续一般还需要通过 PCR 等方式进行确认。

24.4 导入受体细胞

24.4.1 一些说明

(1) 导入微生物细胞与导入动植物细胞的区别。将质粒导入微生物细胞中，质粒只要进入细胞内，就可以在细胞内存在，并发挥作用。而将质粒导入动物细胞或植物细胞中，质粒并不能在细胞质中存在，它要进入细胞核中，整合到真核细胞的基因组 DNA 上，才能稳定存在。我们一般只会想方设法提高质粒等载体进入细胞的效率，至于载体进入细胞后，如何进入细胞核内、如何整合到基因组 DNA 上，则完全听天由命。当然，现在也有一些使用同源重组等方式实现目的基因定向插入基因组 DNA 上的特定位置的方式。

(2) 导入植物细胞与导入动物细胞的区别。由于植物细胞具有全能性，所以我们将目的基因导入到植物细胞中，这个植物的受体细胞基本上就是可以分裂培养的，甚至是可以较方便地将其培养成一个植株的。理论上，所有的植物细胞都可以作为基因工程中的受体细胞，但考虑到植物细胞全能性表现的难易程度，我们一般选择茎尖、芽尖、愈伤组织、幼嫩的胚、植物体细胞杂交获得的杂种细胞等作为基因工程中的受体细胞。动物细胞没有全能性，甚至说很多动物细胞都不具有分裂能力。如果受体细胞不能分裂，那么我们的操作将会没有任何意义，因为基因工程的目的就是获得基因表达产物，或遗传物质改变了的受体细胞或个体。所以，动物细胞转基因中，受体细胞一般是卵细胞、受精卵细胞、早期胚胎细胞等。

24.4.2 导入微生物细胞

一般用 Ca^{2+} 处理微生物细胞，用于提高细胞的通透性，让细胞处于一种能够吸收环境 DNA 分子的状态，这种状态就叫作感受态，对应的方法称为感受态细胞法或钙离子处理法。

24.4.3 导入动物细胞

如前所述，基因工程中的动物受体细胞一般是卵细胞、受精卵细胞、早期胚胎细胞，细胞体积相对较大，所以我们可以采用显微注射法，利用显微镜和显微操作仪，将构建好的重组质粒直接注射到受体细胞中。

24.4.4 导入植物细胞

1. 农杆菌转化法

农杆菌 (Agrobacterium) 是一种能够侵染植物并引起侵染部位形成肿瘤的原核生物。农杆菌中，有一种特殊的质粒，称为 Ti 质粒，在农杆菌侵染植物时，会将 Ti 质粒注射到植物细胞内。进入植物细胞中的 Ti 质粒，上面有一段特殊的 DNA，我们将其称为 T-DNA。这一段 T-DNA 会整合到植物细胞的基因组 DNA 上。

注意

农杆菌之所以会把这段 T-DNA 想方设法整合到植物细胞的基因组 DNA 上，当然不是为人所用的，而是因为这段 T-DNA 含有生长素、细胞分裂素、冠瘿碱等的合成相关基因。前两者可以促使感染部位的植物细胞大量生长，形成肿瘤，而冠瘿碱是农杆菌生长所需要的，所以这个富含冠瘿碱的肿瘤就成为农杆菌大量滋生的老巢。既然如此，我们在利用的时候，一般会将这些基因破坏掉，防止转基因植物形成肿瘤，导致发育异常。

利用上述过程，将我们的目的基因插入农杆菌 Ti 质粒的 T-DNA 的内部。这样一来，我们的目的基因就会随着 Ti 质粒一起进入植物细胞中，并随着 T-DNA 一起整合到植物细胞的基因组 DNA 上，如图 24.22 所示。农杆菌转化法主要适用于双子叶植物和裸子植物，因为这些植物在伤口处会分泌一些酚类物质，这些酚类物质会吸引农杆菌向伤口处移动。

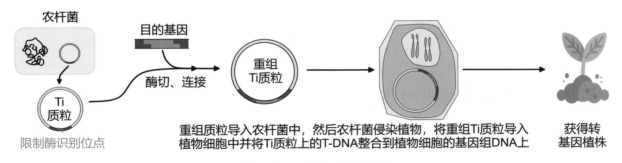

图 24.22　农杆菌转化法

对于单子叶植物，如水稻、玉米等，我们可以在额外提供酚类物质的前提下，使用农杆菌转化法，也可以选用其他方法，如基因枪法或花粉管通道法等。

2. 基因枪法

基因枪法又叫霰弹法或鸟枪法。我们将构建好的重组质粒涂布在金粉或钨粉的表面，然后让这些粉末在电场中加速。控制好电场强度，可以轰击这些金属粉末进入细胞内，然后我们的重组质粒会溶解在细胞中，金属粉末会被植物细胞排至细胞外。

第 24 章　基因工程

3. 花粉管通道法

花粉管通道法是中国人发明的方法。当花粉落到柱头上后，会萌发形成花粉管，花粉中的精子沿着花粉管进入子房，与子房中的胚珠（卵细胞）结合，形成受精胚珠（受精卵）。我们利用这个花粉管通道，将我们的重组质粒涂抹在柱头上，这些质粒就有可能沿着花粉管通道一起进入子房中，再进入受精卵中，如图 24.23 所示。

图 24.23　花粉管通道法原理

24.5　目的基因的检测与鉴定

24.5.1　为什么要进行检测与鉴定

如果我们是将目的基因（重组质粒）导入微生物细胞中，那么只要导入，基本就能稳定存在。如果我们是将目的基因（重组质粒）导入动植物细胞中，那么我们的目的基因需要整合到受体细胞的基因组 DNA 上，才能稳定存在。所以我们要对转基因后的受体细胞进行检测与鉴定。

24.5.2　检测受体细胞中是否含有目的基因

1. DNA 分子杂交技术

从转基因的固体培养基上挑选一些单菌落分别进行培养，比如我们挑选了 10 个单菌落，然后分别提取它们的 DNA，进行适当的酶切。再进行琼脂糖凝胶电泳或聚丙烯酰胺凝胶电泳，将电泳凝胶转移到硝酸纤维素膜上。接着将硝酸纤维素膜浸泡在含有用目的基因制成的荧光探针的溶液中，使探针与样品进行特异性碱基互补配对结合。最后将未结合的荧光探针洗去，检测荧光信号。哪些出现杂交带，哪些细胞就含有我们的目的基因。

2. PCR

PCR "无所不能"，我们只需设计针对目的基因的引物，然后用从转基因的细胞中提取的 DNA 作为模板，看是否能够扩增出目的条带，即可确定目的基因是否成功转入受体细胞中。

24.5.3 检测受体细胞中的目的基因是否成功转录

与 DNA 分子杂交方法类似，我们从确定含有目的基因的受体细胞中提取它们的 RNA(mRNA)，通过逆转录，将 RNA 转变为 cDNA。然后进行琼脂糖凝胶电泳或聚丙烯酰胺凝胶电泳，再将电泳凝胶转移到硝酸纤维素膜上。接着将硝酸纤维素膜浸泡在含有用目的基因制成的荧光探针的溶液中，使探针与样品进行特异性碱基互补配对结合。最后将未结合的荧光探针洗去，检测荧光信号。哪些有杂交带的出现，哪些细胞就含有我们的目的基因的 mRNA，即说明在这些细胞中我们的目的基因成功转录了。

PCR 与检测受体细胞中是否有目的基因类似，这里不再赘述。

24.5.4 检测受体细胞中的目的基因是否成功翻译

检测受体细胞中的目的基因是否成功翻译成蛋白质，我们一般是利用抗原－抗体杂交技术，目的基因表达产物是抗原，抗体是额外制备的。抗体的制备过程如下：将目的基因导入大肠杆菌或酵母菌中，使其表达，然后提取目的蛋白，将提取得到的目的蛋白反复、少量、多次注射到老鼠或兔子体内。老鼠或兔子体内就会产生相应的抗体，我们就可以从它们的血液中分离纯化出针对目的蛋白的抗体。

与此同时，我们从确定目的基因已经转录的受体细胞中，提取蛋白质，作为抗原，加入从兔子或老鼠的血液中分离纯化的抗体，看一下是否有免疫沉淀。哪些有免疫沉淀(抗原-抗体反应)，说明哪些就含有我们的目的蛋白。

24.5.5 检测受体细胞中翻译的蛋白质是否具有生物学活性

前三种检测都是分子水平的检测。但转基因个体表达的蛋白质是否有生物学活性，我们还需要进行个体水平的检测，一般是直接进行抗虫或抗病的接种实验。

✳ 24.6 一些其他需要说明的问题

24.6.1 如何避免转基因污染问题

当我们将转基因抗虫棉与普通棉花邻近种植的时候，可能会发现以下问题。

(1) 转基因棉花收获的种子种下去后，有些依然具备抗虫的性状，有些则不再抗虫。这很好理解，因为我们最初所获得的转基因抗虫棉很可能只是把一个抗虫基因插入棉花的某一条染色体上，即抗虫基因是显性的，这个抗虫棉是杂合子，它自交的后代出现性状分离是合情合理的。

(2) 普通棉花收获的种子种下去后，居然有一些也获得了抗虫的性状，这也是很好理解的，但却是不可接受的。说它可以理解，是因为这显然是因为抗虫棉的花粉中可能携带了抗虫基因，然后飘到了普通棉花的雌蕊柱头上，形成抗虫的后代。说它不可接受，是因为这有可能会导致转基因污染问题，它能飘到普通棉花上，就能飘到其他近源的植物上，就有可能产生一些抗虫的、抗病的、抗除草剂的杂草等，这显然是我们要想办法避免的。

如何避免转基因污染呢？

比较容易想到的方法是我们可以设法将目的基因转入线粒体或叶绿体中，由于花粉（精子）几乎不携带细胞质，所以可以有效地避免转基因污染问题。

还有一种方法是将目的基因、育性恢复基因、花粉致死基因融合（三者紧密连锁，不因染色体交换而重组），共同导入雄性不育株中。其中育性恢复基因可以使该雄性不育株恢复可育，即可以产生雄性配子。产生的雄配子有两种：含有目的基因、育性恢复基因、花粉致死基因的转基因配子和不含这些基因的野生型配子，而前者会因为花粉致死基因而死亡，所以花粉中只有野生型配子存在，也就避免了目的基因随花粉到处飘散的问题。雌配子也有两种，但无致死现象，所以这样的转基因个体自交后代为转基因株系：野生型=1：1，可通过目的基因或标记基因进行筛选鉴定。

24.6.2 融合基因

我们经常会在目的基因的下游连上一个标记基因，如绿色荧光蛋白基因，形成融合基因，导入受体细胞中。标记基因的作用是用来检验或指示我们的目的基因是否成功导入受体细胞并表达。

(1) 标记基因要和目的基因处在同一套启动子和终止子内部。这样才能保证标记基因表达的时候，目的基因也表达了。如果二者在独立的两个基因表达调控系统下，那标记的意义不大。

(2) 标记基因一般建议连在目的基因的下游，这样才能更确信表达了标记基因的转基因细胞或个体，也表达了我们的目的基因（宁可有漏网之鱼，不可有鱼目混珠）。如果标记基因在前而目的基因在后，有可能有的受体细胞或个体只成功表达标记基因而没有表达目的基因，这就不好了。

(3) 我们还希望目的基因和标记基因只是 DNA 水平和 mRNA 水平是融合的，翻译成蛋白质的时候最好能翻译成两个独立的蛋白质。如果二者翻译成一条多肽链，有可能影响彼此的折叠和空间结构，进而影响彼此的生物学活性。如果二者翻译成一条多肽链，还有可能影响彼此的亚细胞定位，导致我们的目的蛋白不能正确地进入它正常要去的场所（如某些细胞器、细胞核等），导致不能正确地发挥生物学功能。

如何实现上述要求呢？

我们可以将 2A 序列插入目的基因和标记基因之间，如图 24.24 所示。2A 序列是一段来源于病毒的短肽(18 ～ 25 个氨基酸)，通常被称为“自我剪切”肽，能使一条转录产物产生多种蛋白。原理是核糖体在翻译到 2A 序列最后的两个氨基酸（甘氨酸和脯氨酸）时，

无法催化这两个氨基酸之间形成肽键，导致 2A 肽的其他氨基酸都和前面的目的基因融合在一起，而 2A 肽的最后一个氨基酸 (脯氨酸) 则和后面的标记基因融合在一起。目前有四种常用的 2A 肽，分别是 P2A、T2A、E2A 和 F2A，来源于四种不同的病毒。

我们还可以使用 IRES 序列。IRES 是 internal ribosome entry site 的缩写，即内部核糖体进入位点序列，能招募核糖体对 mRNA 进行翻译。当我们希望使用单个启动子启动多个蛋白质的表达时，可以将多个基因通过 IRES 分隔开，单个 mRNA 转录物将会产生多个蛋白。

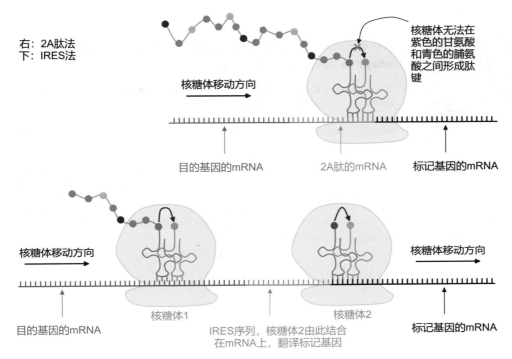

右：2A 肽法
下：IRES 法

核糖体无法在紫色的甘氨酸和青色的脯氨酸之间形成肽键

核糖体移动方向

目的基因的 mRNA　　　2A 肽的 mRNA　　　标记基因的 mRNA

核糖体移动方向　　　　　　　　　　　　　　　　　　核糖体移动方向

目的基因的 mRNA　　核糖体 1　　IRES 序列，核糖体 2 由此结合在 mRNA 上，翻译标记基因　　核糖体 2　　标记基因的 mRNA

图 24.24　2A 肽法和 IRES 法

24.6.3 CRISPR-Cas9 技术

1. CRISPR-Cas9 简史

1987 年，科学家在大肠杆菌的基因组中首次发现了一个特殊的重复间隔序列——CRISPR (clustered regularly interspaced short palindromic repeats，成簇的、规律间隔的、短的回文重复序列)。随后，在其他细菌和古菌中也发现了这一特殊序列。2005 年，人们发现这些 CRISPR 序列和噬菌体的基因序列匹配度极高，说明 CRISPR 可能参与了微生物的免疫防御。2011 年，CRISPR/Cas 系统的分子机制被揭示：和之前我们介绍过的限制酶 / 甲基化酶系统作为细菌的非特异性免疫系统类似，CRISPR/Cas 系统相当于细菌的特异性免疫系统。2013 年，科学家发现 CRISPR/Cas9 系统可高效地编辑基因组，随后张锋等科学家使用 CRISPR 系统成功地在人类细胞和小鼠细胞中实现了基因编辑。

2009 年，CRISPR 受到众多研究者的关注，但还没有人真正成功地分离出 CRISPR 系统中的分子成分，也没人进行检测和弄清其结构，詹妮弗·杜德纳 (Jennifer A. Doudna) 决定转向 CRISPR 基因编辑方法的研究。2011 年，同样在研究 CRISPR 的法国生物学家埃玛纽埃勒·沙尔庞捷 (Emmanuelle Charpentier) 遇到了研究瓶颈，她感到自己需要一名生物化学家的帮助，从试管中分离各个化学成分，弄清各成分的作用。于是她找到了杜德纳。2012 年，她们的研究成果发表在《科学》杂志上，后来这项成果为她们赢得了 2020 年的诺贝尔化学奖，这是有史以来第一次有两名女性共同获得科学领域的诺贝尔奖，如图 24.25 所示。

A programmable dual RNA-guided DNA endonuclease in adaptive bacterial immunity

Martin Jinek[#1,2], Krzysztof Chylinski[#3,4], Ines Fonfara[4], Michael Hauer[2,5], Jennifer A. Doudna[1,2,6,7,*], and Emmanuelle Charpentier[4,*]

[1]Howard Hughes Medical Institute, University of California, Berkeley, California 94720, USA. [2]Department of Molecular and Cell Biology, University of California, Berkeley, California 94720, USA. [3]Max F. Perutz Laboratories, University of Vienna, A-1030 Vienna, Austria. [4]The Laboratory for Molecular Infection Medicine Sweden (MIMS), Umeå Centre for Microbial Research (UCMR), Department of Molecular Biology, Umeå University, S-90187 Umeå, Sweden. [5]Present address: Friedrich Miescher Institute for Biomedical Research, 4058 Basel, Switzerland. [6]Department of Chemistry, University of California, Berkeley, California 94720, USA. [7]Physical Biosciences Division, Lawrence Berkeley National Laboratory, Berkeley, California 94720, USA.

[#] These authors contributed equally to this work.

图 24.25　2020 年诺贝尔化学奖获得者及相关论文 (上为沙尔庞捷，下为杜德纳)

2. CRISPR-Cas9 的优势

在 CRISPR 技术问世之前，最常使用的基因编辑技术是第一代的 ZFP 和第二代的 TALEN。ZFP 技术存在很多不足，例如，严重的脱靶效应与烦琐的筛选。TALEN 技术很大程度上避免了功能蛋白脱靶，与 ZFP 技术相比，其设计和工程没有那么复杂，也不像 ZFP 那样容易受周围连接环境绑定的影响。但是装配 TALEN 编码质粒却是一个冗长的、高强度的工作过程。

CRISPR-Cas9 的发现使原本烦琐复杂的细胞基因编辑工作能在几周甚至更短的时间内完成，推动了各个领域基因编辑技术的发展，无论是在设计和构建的复杂性、系统的尺寸大小、基因编辑效率、成分等各个方面，都比上一代的 TALEN 卓越得多。

3. CRISPR-Cas9 的原理与操作

CRISPR 是原核生物基因组中的一组 DNA 序列，这些序列来自先前感染原核生物的病毒的 DNA 片段，用于在今后再次遇到同种病毒感染时，检测和破坏来自病毒的 DNA。病毒 DNA 入侵时，Cas1 和 Cas2 识别入侵的 DNA 并将其切割成原间隔 (protospacers)，细菌自身的 DNA 修复机制将原间隔连接到邻近前导序列的重复序列 repeat 上，通过单链延伸和 DNA 缺口修复，成功将外源病毒 DNA 整合到细菌基因族中，完成防御系统的建立。

Cas9 是一种核酸酶，能识别 CRISPR 序列并以其为向导，切割与之碱基互补配对的外源 DNA 序列。当有病毒二次感染时，细菌基因组 DNA 上的重复间隔序列会被转录为一个长的前体 RNA。长的前体 RNA 被裂解成小片段，称为 crRNA 前体。随后经过修剪，形成 crRNA。crRNA 与 Cas9 蛋白结合，形成复合物。crRNA 通过碱基互补配对，识别二次感染的病毒 DNA。Cas9 蛋白切割与 crRNA 碱基互补配对的病毒 DNA，如图 24.26 所示。

我们要想特异性地编辑某一个基因，只需进行以下操作。

(1) 设计 sgRNA 序列。sgRNA 即 single guide RNA，其角色相当于上文中的 crRNA。我们需要根据目的基因的部分碱基序列，设计一段能够转录得到 sgRNA 的 DNA，通常选择的区域是编码区域或靠近外显子的区域。还需要使用专门的软件来设计合适的 sgRNA 序列，以确保其具有高度的特异性和准确性。sgRNA 可以在受体细胞中转录生成，也可以在体外合成后注入受体细胞中。

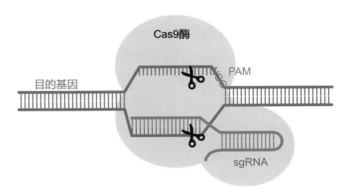

图 24.26　CRISPR-Cas9 示意

(2) 将 Cas9 蛋白注入细胞中，或将 Cas9 蛋白的基因转入受体细胞中。

(3) 一旦细胞中同时含有 sgRNA 和 Cas9，Cas9 就会与 sgRNA 结合在一起，并在 sgRNA 的带领下，来到能够与 sgRNA 碱基互补配对的目的基因处，特异性地切割目的基因。

24.6.4 Cre-LoxP 技术

基因敲除 (gene knock-out) 又称基因打靶，是一种通过外源 DNA 与基因组 DNA 的同源重组，进而精准地定点修饰和基因改造的技术，它具有专一性强、基因组 DNA 可与目的片段共同稳定遗传等特点。1985 年，科学家利用同源重组将一段外源质粒 pΔβ117 插入人类染色体 DNA β-珠蛋白序列上，首次获得哺乳动物基因打靶。

基因敲除可分为完全基因敲除和条件型基因敲除两种。

1. 完全基因敲除

完全基因敲除是通过同源重组完全消除细胞或动物个体中的靶基因活性。这种基因敲除技术有一些缺点，下面以小鼠为例说明。

(1) knock-out 小鼠的所有细胞基因组上都存在基因的缺失或突变，往往引发严重的发育缺陷或胚胎死亡，不利于在发育后期阶段进行基因功能的分析。

(2) 即使它不死，顽强地发育成了一只完整的突变体小鼠，对于 knock-out 表型的分析解释往往会遇到以下两个问题。

① 所有体细胞都存在基因的敲除，很难将特异的表型归因于某一类细胞或组织。

② 很难排除在成熟动物上由于发育缺陷所引起的异常表型。

另外，基因敲除技术必须使用新霉素抗性基因 Neo 等筛选系统筛选阳性小鼠，然而阳性小鼠体内始终残留外源的选择标记基因，Neo 基因在基因组上的插入可能会影响插入位点相邻基因的表达，不利于突变表型的精确分析。

2. 条件型基因敲除

条件型基因敲除又称不完全基因敲除，是指通过定位重组系统实现特定时间和空间的基因敲除，如噬菌体 Cre-LoxP 系统、Gin-Gix 系统，以及酵母细胞的 FLP-FRT 系统、R-RS 系统。条件型基因敲除的优势在于时空特异性、高效性、准确性、快速性。下面我们以 Cre-LoxP 为例进行说明。

(1) 快速性：LoxP 位点是一段很短的 DNA 序列，因此非常容易合成。

(2) 准确性：Cre 重组酶是一种比较稳定的蛋白质，因此可以在生物体不同的组织、生理条件下发挥作用。目前在动物 Cre-LoxP 模型中，从未发现过非特异性重组。

(3) 时空特异性：Cre 重组酶的编码基因可以置于任何一种启动子的调控之下，从而使 Cre 重组酶在生物体不同的细胞、组织、器官以及不同的发育阶段或不同的生理条件下表达，进而发挥作用。

(4) 高效性：Cre 重组酶与具有 LoxP 位点的 DNA 片段形成复合物后，可以提供足够的能量，引发之后的 DNA 重组过程。因此该系统不需要细胞提供其他的辅助因子。此外，Cre 重组酶的重组效率高达 70%，保证了其快速高效行使功能。

Cre 重组酶是 1981 年从 P1 噬菌体中发现的，Cre 重组酶基因的编码区序列全长 1029 bp，编码 343 个氨基酸组成的 38 kDa 的单体蛋白。Cre 重组酶能特异性识别一段 DNA 序列 (LoxP 位点)，并因 LoxP 方向和位置的不同，导致 LoxP 位点之间的基因序列被删除或重组。

LoxP 位点长 34 bp，包括两个 13 bp 的反向重复序列和一个 8 bp 的间隔序列。反向重复序列是 Cre 重组酶的特异识别位点，间隔序列决定了 LoxP 位点的方向，如图 24.27 所示。

Cre酶的酶切位点

5'-ATAACTTCGTATA GCATACAT TATACGAAGTTAT-3'
3'-TATTGAAGCATAT CGTATGTA ATATGCTTCAATA-5'

13 bp的反向重复序列　　　　13 bp的反向重复序列

图 24.27　LoxP 位点

所以：

(1) 当两个 LoxP 位点位于同一条 DNA 链上且方向相同，Cre 重组酶将敲除 LoxP 间的序列；

(2) 当两个 LoxP 位点位于同一条 DNA 链上且方向相反，Cre 重组酶将反转 LoxP 间的序列；

(3) 当两个 LoxP 位点位于不同的 DNA 链上，Cre 重组酶将诱导两条 DNA 链发生交换或易位；

(4) 当四个或三个 LoxP 位点分别位于两条 DNA 链上，Cre 重组酶将诱导 LoxP 间的序列互换。

Gre-LoxP 示意如图 24.28 所示。

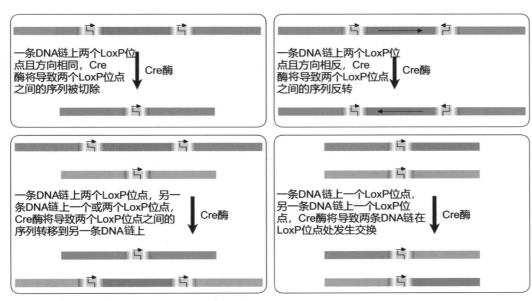

红色渐变表示LoxP序列的反向重复序列，浅绿色的表示LoxP序列内部的间隔序列，浅绿色中间的黑色虚线表示酶切位点，箭头表示识别LoxP序列的方向；其他的，诸如灰色、蓝色、青色、紫色，均表示DNA序列。

图 24.28　Cre-LoxP 示意

24.6.5 ┃ 电泳技术

电泳技术的原理是若将一种分子放置在电场中，它就会以一定的速率移向适当的电极。电泳分子在电场作用下的迁移速率称为电泳的迁移率，它与电场强度、电泳分子本身所携带的静电荷数成正比。由于在电泳中常常使用无反应活性的、稳定的支持介质，如琼脂糖凝胶和聚丙烯酰胺凝胶等，故电泳的迁移率与分子的摩擦系数成反比。摩擦系数是分子大小、极性及介质黏度的函数，因此根据分子大小的不同、构型或性状的差异、所带静电荷的多少，便可以通过电泳将蛋白质或核酸分子分开。摩擦系数与分子的大小、构型、介质黏度有关。

1. 核酸电泳

生理状态下，核酸分子的磷酸基团是呈离子状态的，所以 DNA 和 RNA 被称为多聚阴离子，在电场中向正电极的方向移动。由于糖 - 磷酸骨架在结构上是重复性质，相同数量的双链 DNA 几乎具有等量的电荷，迁移速率取决于核酸分子本身的大小和构型。构型相似的分子，其分子量越大，迁移越慢。分子量相同的分子，超螺旋环状迁移最快，线性次之，切口环状最慢。

琼脂糖凝胶电泳中使用的琼脂糖是一种从红色海藻产物琼脂中提取出来的线性多糖聚合物，琼脂糖凝胶能分辨的 DNA 片段范围为 0.2 ～ 50 kb。如 2% 的琼脂糖凝胶可分离 300 bp 的 DNA 片段，而要分离大片段的 DNA，要使用 0.3% ～ 1% 的凝胶。

普通琼脂糖凝胶电泳很难分离大于 50 kb 的 DNA 分子，为了进行超大片段 DNA 的分离，科学家发明了脉冲电场凝胶电泳 (PFGE) 技术。在脉冲电场下，DNA 分子的迁移方向随着电场方向的周期性变化而变化。应用该技术，可分离相对分子质量高达 10^7 bp 的 DNA 分子。

聚丙烯酰胺凝胶电泳的分辨率为 1～1000 bp。凝胶浓度的高低影响凝胶介质的孔隙，浓度越高，孔隙越小，分辨率就越高。如 20% 的聚丙烯酰胺凝胶可分离 1～6 bp 的 DNA 片段，若要分离 1000 bp 的 DNA 片段，就要使用 3% 的凝胶。

分离的 DNA 可以用染色法观察。最常用的 DNA 染色剂是溴化乙啶 (EB)。EB 可以嵌入 DNA 的碱基之间，大约每 2.5 个碱基插入 1 个 EB，在紫外光下，结合了 EB 染料的 DNA 分子就会发出荧光。

2. 蛋白质电泳

蛋白质电泳包括非变性和变性两大类。

非变性聚丙烯酰胺凝胶电泳 Native-PAGE 的优点是蛋白质能够保持完整状态，但其缺点也很明显：迁移速度与蛋白质分子的大小、蛋白质的形状、蛋白质本身所携带的电荷有关。

变性凝胶电泳最常见的是 SDS- 聚丙烯酰胺凝胶电泳，如图 24.29 所示。

SDS 即十二烷基苯磺酸钠，是阴离子去垢剂，在这里作为变性剂和助溶剂，能断裂分子内和分子间的氢键，使蛋白质去折叠，破坏蛋白质的二级、三级结构，消除不同蛋白质间的电荷差异和结构差异。经 SDS 变性后的蛋白质迁移速率只与其相对分子质量有关。SDS-PAGE 一般采用不连续缓冲系统 (5% 的浓缩胶和 6%～15% 的分离胶)，以获得更高的分辨率。

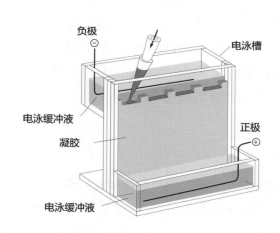

通电后，形成的电场会驱动被带负电的 SDS 密密麻麻包裹的、已经变性的蛋白质由负极向正极移动。因为 SDS 所携带的负电荷很多，所以蛋白质分子本身所带电荷的种类和强度已经微不足道了，且蛋白质已经被 SDS 变性，变成舒展状态，故迁移速率只与蛋白质的相对分子质量呈负相关；

巯基乙醇是强还原剂，可以破坏蛋白质中的二硫键。

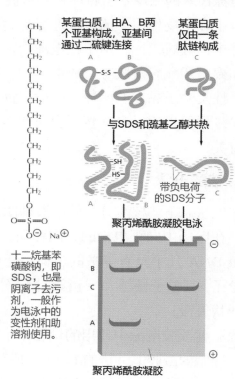

十二烷基苯磺酸钠，即 SDS，也是阴离子去污剂，一般作为电泳中的变性剂和助溶剂使用。

图 24.29　SDS- 聚丙烯酰胺凝胶电泳 (Alberts B, 2013)

等电聚焦电泳是将两性电解质加入盛有pH 梯度缓冲液的电泳槽中，当其处于低于其本身等电点的环境的时候就带正电，向负极移动。当其处于高于其本身等电点的环境的时候就带负电，向正极移动。

我们可以将等电聚焦电泳和 SDS- 聚丙烯酰胺凝胶电泳结合起来，即双向电泳 (2-DE)，如图 24.30 所示。2-DE 是分离大量混合蛋白质组分的最有效方法。科学家大约在1975 年首次将等电聚焦电泳和 SDS-PAGE结合起来，开发出了双向电泳技术。蛋白质是两性分子，在不同 pH 的缓冲液中表现出不同的带电性。因此在电流的作用下，以两性电解质为介质的电泳体系中，不同等电点

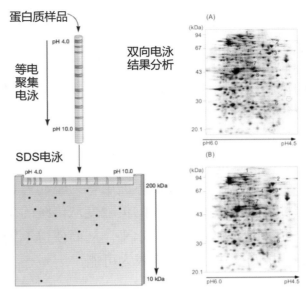

图 24.30　双向电泳

的蛋白质会聚集在介质上不同的区域 (等电点) 而实现分离。蛋白质的相对分子质量决定了 SDS- 蛋白质复合物在凝胶电泳中的迁移率。因为聚丙烯酰胺凝胶中的去垢剂 SDS 带有大量的负电荷，与之相比，蛋白质所带电荷量和性质可以忽略不计，所以蛋白质在 SDS 凝胶电场中的运动速率和距离完全取决于其相对分子质量，不受其所带电荷的影响。固相化pH 梯度技术 IPG 的应用，建立了稳定的、可精确设定的 pH 梯度，直接避免了载体两性电介质向阴极漂移等缺点，增大了蛋白质上样量，大大提高了双向凝胶电泳结果的可重复性，分辨率已达到每块胶 10000 个蛋白点。电泳结束后，可以通过银染或考马斯亮蓝染色来可视化蛋白质，并使用质谱(MS)技术，如基质辅助激光解吸 / 电离飞行时间质谱(NAKDU-TOF MS)，对不同处理的样品中蛋白质的种类和含量进行分析。

质谱的原理是色谱分离后的化合物进入质谱仪，通过电子轰击 (EI) 或化学电离 (CI) 等方法将其转化为离子，然后这些离子进入质谱仪中的质谱分析器，根据各离子在磁场中的偏转程度和时间来确定其质量与电荷 i 比 (m/z)。通过与标准库中的数据进行比对，即可确定样品中的化合物种类和含量。

利用常规 2-DE 技术鉴定并建立某一生物体在特定时期的全部蛋白表达谱，但是蛋白质谱在各个生命进程中是动态变化的，不同生物的个体、组织、细胞在不同发育时期、分化阶段以及不同的生理、病理条件下，基因表达是不一致的，所对应的蛋白质组也具有特异性。于是比较蛋白质组学应运而生，并逐渐成为后基因组学时代的重要学科。荧光差异显示双向电泳技术 2D-DIGE 的发明基本解决了传统 2-DE 难以克服的系统误差问题，提高了实验结果的可重复性和可信度，如图 24.31 所示。 2D-DIGE 技术得益于 CyDye DIGE 荧光标记染料的发现和应用，在最小标记法中，三种荧光染料对不同样本分别进行标记，当所有标记样本混合后，在同一块凝胶上通过双向电泳分离，对每块凝胶进行 Cy2、Cy3、

Cy5 三次扫描，所得图像经过统计分析软件自动匹配和分析，鉴定和定量分析不同样本间的生物学差异。该方法可检测低至 25 pg 的单一蛋白，而常规银染法只能检测低至 1 ～ 60 ng 的蛋白质，能对多达 5 个数量级的蛋白质浓度变化给出线性反应，而常规银染法仅有约 2 个数量级的线性动态范围。

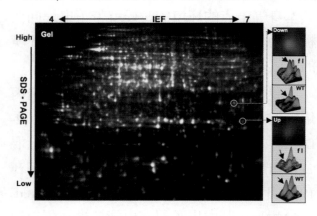

毛细管电泳 (capillary electrophoresis, CE) 是一种液相分离技术，它使用毛细管作为分离通道，并以高压直流电场为驱动力。这种技术使得分析化学的灵敏度从传统的微升提高到纳升甚至皮升水平，从而使得单细胞分析乃至单分子分析成为可能。

图 24.31　2D-DIGE 示意图 (朱玉贤，2019)

3. 凝胶阻滞电泳

凝胶阻滞电泳 (electrophoretic mobility shift assay，EMSA) 是一种研究蛋白质与 DNA 或 RNA 相互作用的技术。其原理是将蛋白质与标记的 DNA 或 RNA 混合，在非变性条件下进行凝胶电泳。与蛋白质结合后的 DNA 或 RNA 迁移速度会减慢，与对照组形成差异条带 (见图 24.32)。标记 DNA 或 RNA 的方式有荧光标记、放射性标记等。

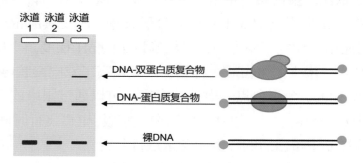

图 24.32　凝胶阻滞实验示意图

▶▶▶

泳道 1 显示裸 DNA 的高迁移率。泳道 2 显示蛋白质结合 DNA 后迁移受阻滞。泳道 3 显示 DNA- 蛋白质复合物再结合第二种蛋白质后的超阻滞现象。黄色圆点标识 DNA 末段标记物。

24.6.6 蛋白质工程与蛋白质的分离纯化

1. 蛋白质工程

20 世纪 80 年代初，美国 Gene 公司的凯文·乌尔默 (Kevin M. Ulmer) 在 *Science* 上发表了题为 "Protein Engineering" 的论文，明确提出了蛋白质工程的概念，标志着蛋白质工程的诞生。蛋白质工程是指以蛋白质分子的结构规律及其与生物功能的关系作为基础，通过改造或合成基因，来改造现有蛋白质，或制造一种新的蛋白质，以满足人类生产和生活的需求。

与之对应，基因工程原则上只能生产自然界中已存在的蛋白质。

2. 蛋白质的分离纯化

蛋白质的分离纯化包括细胞破碎、纯化、浓缩等步骤。

除分泌蛋白 (如胞外酶等) 外，蛋白质的分离首先要进行细胞破碎，方法有很多。动植物细胞一般使用高速组织捣碎机、组织匀浆机进行破碎，微生物细胞可采用酶解法、化学方法、机械法进行破碎。细胞破碎时要注意避免产生高温。

纯化蛋白质的方法要依据目的蛋白的特性而灵活选用，包括沉淀分离法、离心分离法、过滤和膜分离法、层析分离法等。

沉淀分离法是蛋白质纯化常用的方法，其操作简单，成本低廉，但一般纯度不高，属于粗分离手段。常用的还有中性盐沉淀法 (即盐析)、有机溶剂沉淀法、等电点沉淀法等。等电点沉淀法的原理是不同蛋白质的等电点不同，而蛋白质在等电点处的溶解度最低，因此通过改变溶液的 pH 值可将目的蛋白或杂蛋白沉淀析出。

层析分离法又称色谱，利用待分离组分在固定相和流动相中的溶解度、吸附力、分子极性、分子大小等的差异实现组分的分离。一种物质在流动相和固定相中的分配情况称为分配系数 (K_d)，不同组分间的分配系数差异越大，越容易分批次流出，越能实现较好的分离纯化效果。根据流动相和固定相的特征，可分为气相色谱 (GC)、液相色谱 (LC)、高效液相色谱 (HPLC)、凝胶色谱 (GPC)、凝胶过滤色谱 (GFC) 等。在色谱图中，流出时间反映的是待分离组分的性质，可对其定性，即不同的物质保留时间不同，对各色谱峰进行积分所得的面积反映的是各组分的含量，即定量分析。有时，为了提高定性准确度，会将色谱和质谱联立，如 GC-MS 等。

凝胶过滤色谱又称为排阻凝胶层析。其所用的凝胶实际上是一些微小的多孔球体，由多糖类化合物如葡聚糖或琼脂糖构成。在这些球体内有很多微孔通道。当待分离组分经过装填有凝胶的柱子时，大分子蛋白质不能进入凝胶内部，径直从各凝胶球体之间的间隙穿过，速度很快，先流出。小分子蛋白质会自由进入凝胶内部的通道，通过柱子的路径较长，迂回曲折，后流出。最终按蛋白质的相对分子质量由大到小依次流出层析柱。

离子交换色谱利用离子交换剂作为固定相，可以吸附带有相反电荷的离子，带有相同电荷的离子和不带电荷的离子则会快速通过层析柱。通过改变洗脱液的 pH 值或盐浓度，可以使待分离组分分批次洗脱。这是所有蛋白质纯化技术中最有效的方法之一。离子交换色谱又可分为阴离子交换层析和阳离子交换层析。以阴离子交换层析为例，蛋白质在高于等电点的 pH 溶液中带负电荷，可以与阴离子交换树脂结合。随着洗脱液的 pH 的降低，逐渐有些碱性蛋白质不再带有负电荷，将被洗脱下来，继续降低洗脱液的 pH，中性蛋白质也不再带有负电荷，被洗脱下来，最后连酸性蛋白质也因 pH 低于其等电点而被洗脱下来。

其他诸如疏水层析、吸附层析等，其原理大同小异，这里不再赘述。

参考文献

1. https://aquimediosdecomunicacion.com/2021/10/15/la-historia-de-un-invento-crucial-el-mi- croscopio/.

2. https://www.britannica.com/biography/Robert-Hooke/media/1/271280/99713.

3. Donaldson IM. Robert Hooke's Micrographia of 1665 and 1667. J R Coll Physicians Edinb. 2010, 40(4): 374-6. doi: 10.4997/JRCPE.2010.420.

4. Cocquyt, Tiemen. Positioning Van Leeuwenhoek's microscopes in 17th-century microscopic practice.ǎFEMS Microbiology Letters. 2022,ǎ369.1: fnac031.

5. Kutschera U. Antonie van Leeuwenhoek (1632-1723): Master of Fleas and Father of Microbiol- ogy. Microorganisms. 2023, 11(8):1994. doi: 10.3390/microorganisms11081994.

6. Reece J B, Taylor M R, Simon E J, et al. Campbell Biology: Concepts & Connections[M], 2024.

7. https://travelfoodatlas.com/kiviak-bizarre-greenland-inuit-delicacy.

8. https://acidcow.com/pics/50961-kiviak-7-pics-video.html.

9. https://www.sciencefocus.com/news/smart-sperm-whales-can-teach-each-other-to-avoid-hunters.

10. https://www.sciencefocus.com/nature/how-are-birds-feathers-waterproofed.

11. https://scitechdaily.com/more-efficient-thermal-cooling-method-bioinspired-by-plants.

12. Kerr J F R, Wyllie A H, Currie A R. Apoptosis: A Basic Biological Phenomenon with Wideranging Implications in Tissue Kinetics. Br J Cancer. 1972, 239-257.

13. Knudsen C., Gallage N. J., Hansen C. C., Møller B. L., & Laursen T. Dynamic metabolic solutions to the sessile life style of plants. Natural Product Reports. 2018, 35(11) 1140-1155. doi:10.1039/C8NP00037A.

14. https://rsscience.com/nucleus-function.

15. https://www.stolaf.edu/people/giannini/cell/nuc.html.

16. Kerr JF, Wyllie AH, Currie AR. Apoptosis: a basic biological phenomenon with wide-

ranging implications in tissue kinetics. Br J Cancer. 1972, 26(4):239-57. doi: 10.1038/bjc.1972.33.

17. Don M. M., Ablett G,. Bishop C. J., Bundesen P. G., Donald K. J., Searle J., Kerr J. F. Death of cells by apoptosis following attachment of specifically allergized lymphocytes in vitro. Aust J Exp Biol Med Sci. 1977, 55(4):407-17. doi: 10.1038/icb.1977.38.

18. Ellis H. M., Horvitz H. R. Genetic control of programmed cell death in the nematode C. elegans. Cell. 1986, 44(6): 817-29. doi: 10.1016/0092-8674(86)90004-8.

19. De Jesús-González L. A., Palacios-Rápalo S., Reyes-Ruiz J. M., Osuna-Ramos J. F., Cordero- Rivera C. D., Farfan-Morales C. N., Gutiérrez-Escolano A. L., Del Ángel R. M. The Nuclear Pore Complex Is a Key Target of Viral Proteases to Promote Viral Replication. Viruses. 2021, 19; 13(4): 706. doi: 10.3390/v13040706.

20. Xuechen Zhu et al., Structure of the cytoplasmic ring of the Xenopus laevis nuclear pore complex. Science 376, eabl8280(2022). DOI:10.1126/science.abl8280.

21. Dunn, R. K., & Kingston, R. E. Gene Regulation in the Postgenomic Era: Technology Takes the Wheel. Molecular Cell. 2007. 28(5), 708-714. doi:10.1016/j.molcel.2007.11.022.

22. Gilbert S. F., Barresi M. J. F. DEVELOPMENTAL BIOLOGY, 11TH EDITION. American Journal of Medical Genetics Part A, 2017. 173(5). DOI:10.1002/ajmg.a.38166.

23. Merlin G. Butler, Syed K. Rafi and Ann M. Manzardo. High-Resolution Chromosome Ideogram Representation of Currently Recognized Genes for Autism Spectrum Disorders. Int. J. Mol. Sci. 2015, 16(3), 6464-6495. doi:10.3390/ijms16036464.

24. Rich P. R. A perspective on Peter Mitchell and the chemiosmotic theory. J Bioenerg Biomembr. 2008, 40(5): 407-10. doi: 10.1007/s10863-008-9173-7.

25. Chan K. Y., Yan C. S., Roan H. Y., Hsu S. C., Tseng T. L., Hsiao C. D., Hsu C. P., Chen C. H. Skin cells undergo asynthetic fission to expand body surfaces in zebrafish. Nature. 2022, 605(7908): 119-125. doi: 10.1038/s41586-022-04641-0.

26. INOUE S. Polarization optical studies of the mitotic spindle. I. The demonstration of spindle fibers in living cells. Chromosoma. 1953, 5(5): 487-500. doi: 10.1007/BF01271498.

27. Mazid M. A., Ward C., Luo Z., Liu C., Li Y., Lai Y., Wu L., Li J., Jia W., Jiang Y., Liu H., Fu L., Yang Y., Ibañez D. P., Lai J., Wei X., An J., Guo P., Yuan Y., Deng Q., Wang Y., Liu Y., Gao F., Wang J., Zaman S., Qin B., Wu G., Maxwell P. H., Xu X., Liu L., Li W., Esteban M. A.. Rolling back human pluripotent stem cells to an eight-cell embryo-like stage. Nature. 2022, 605(7909):

315-324. doi: 10.1038/s41586-022-04625-0.

28. Hu Y., Yang Y., Tan P., Zhang Y., Han M., Yu J., Zhang X., Jia Z., Wang D., Yao K., Pang H., Hu Z., Li Y., Ma T., Liu K., Ding S.. Induction of mouse totipotent stem cells by a defined chemical cocktail. Nature. 2023, 617(7962): 792-797. doi: 10.1038/s41586-022-04967-9.

29. Hu X. M., Li Z. X., Lin R. H., Shan J. Q., Yu Q. W., Wang R. X., Liao L. S., Yan W. T., Wang Z., Shang L., Huang Y., Zhang Q., Xiong K.. Guidelines for Regulated Cell Death Assays: A Systematic Summary, A Categorical Comparison, A Prospective. Front Cell Dev Biol. 2021, 9: 634690. doi: 10.3389/fcell.2021.634690.

30. Dickman, M., Williams, B., Li, Y. et al. Reassessing apoptosis in plants. Nature Plants 2017, 3, 773-779. https://doi.org/10.1038/s41477-017-0020-x

31. Ellis T. H., Hofer J. M., Timmerman-Vaughan G. M., Coyne C. J., Hellens R. P. Mendel, 150 years on. Trends Plant Sci. 2011, 16(11): 590-6. doi: 10.1016/j.tplants.2011.06.006.

32. https://commons.wikimedia.org/wiki/File:Aminoacids_table.svg.

33. Huntington G. On chorea. Med Surg Rep. 1872, 26:317-321.

34. Tiffon C. The Impact of Nutrition and Environmental Epigenetics on Human Health and Disease. International Journal of Molecular Sciences. 2018, 19(11):3425.

35. Joosten, S. C., Smits, K. M., Aarts, M. J. et al. Epigenetics in renal cell cancer: mechanisms and clinical applications. Nat Rev Urol. 2018, 15, 430–451.

36. Charles J. Ecology: the experimental analysis of distribution and abundance[M]. 科学出版社, 2003[影印版].

37. https://commons.wikimedia.org/wiki/File:2202_Lymphatic_Capillaries_big.png.

38. Taylor, M., et al. Campbell Biology: Concepts & Connections, 2023.

39. Vila-Pueyo, M., Gliga, O., Gallardo, V.J., Pozo-Rosich, P. The Role of Glial Cells in Different Phases of Migraine: Lessons from Preclinical Studies. Int. J. Mol. Sci. 2023, 24, 12553.

40. Li, Alison. Insulin's centenary: complexity and collaboration. The Lancet. 2021, 398: 1796-1797.

41. Sancar G., Liu S., Gasser E., Alvarez J. G., Moutos C., Kim K., van Zutphen T., Wang Y., Huddy T. F., Ross B., Dai Y., Zepeda D., Collins B., Tilley E., Kolar M. J., Yu R. T., Atkins A. R., van Dijk T. H., Saghatelian A., Jonker J. W., Downes M., Evans R. M. FGF1 and insulin control lipolysis by convergent pathways. Cell Metab. 2022, 34(1): 171-183.

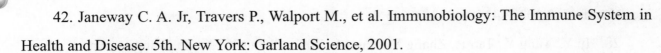

42. Janeway C. A. Jr, Travers P., Walport M., et al. Immunobiology: The Immune System in Health and Disease. 5th. New York: Garland Science, 2001.

43. Wang Y., Chen D., Xu D., Huang C., Xing R., He D., Xu H.. Early developing B cells undergo negative selection by central nervous system-specific antigens in the meninges. Immunity. 2021, 54(12): 2784-2794.

44. Lincoln Taiz, Eduardo Zeiger, Ian Max Moller, & Angus Murphy. Plant Physiology and Development, 6th, 2014.

45. Eichorn S. E., Evert R. F. Raven Biology of Plants, 2013.

46. Finkelstein R. Abscisic Acid synthesis and response. Arabidopsis Book. 2013, e0166. doi: 10.1199/tab.0166.

47. Kormondy E. J. Concepts of ecology 4th[M]. New York: prentice Hall, Inc, 1996.

48. Holt R. D. Predation, apparent competition, and structure of prey communities. Theoretical Population Biology, 1977, 12(2): 197-129.

49. Ricklefs Robert E., and R. Relyea. The Economy of Nature. 2014.

50. Soroka M, Wasowicz B, Rymaszewska A. Loop-Mediated Isothermal Amplification (LAMP): The Better Sibling of PCR? Cells. 2021, 10(8):1931.

51. Alberts, B., Bray, D., Hopkin, K., Johnson, A. D., Lewis, J., Raff, M., Roberts, K., Walter, P. Essential cell biology 4th. Garland Publishing, 2013.

52. 翟中和，王喜忠，丁明孝．细胞生物学 [M]. 3 版．北京：高等教育出版社，2007.

53. 赵铁建，朱大诚．生理学 [M]. 新世纪 5 版．北京：中国中医药出版社，2021.

54. 潘瑞炽，王小菁，李娘辉．植物生理学 [M]. 7 版．北京：高等教育出版社，2012.

55. 武维华．植物生理学 [M]. 3 版．北京：科学出版社，2018.

56. 曹雪涛．医学免疫学 [M]. 6 版．北京：人民卫生出版社，2013.

57. 牛翠娟，娄安如，孙儒泳，等．基础生态学 [M]. 2 版．北京：高等教育出版社，2007.

58. Eugene P. Odum Gary W. Barrett. 生态学基础，[M]. 陆健健，王伟，王天慧，等，译．5 版．北京：高等教育出版社，2009.

59. 方精云，唐艳鸿，林俊达．全球生态学 [M]. 北京：高等教育出版社，2000.

60. 朱玉贤，李毅，郑晓峰，等．现代分子生物学 [M]. 5 版．北京：高等教育出版社，2019.